U0150655

THE
JOURNEY
OF
SCIENCE

科学的历程

吴国盛 —— 著

湖南科学技术出版社
博集天卷
CS-BOOKY

图书在版编目（CIP）数据

科学的历程 / 吴国盛著 . —4 版 . —长沙：湖南
科学技术出版社，2018.8（2023.8 重印）
ISBN 978-7-5357-9837-4

Ⅰ.①科… Ⅱ.①吴… Ⅲ.①自然科学史—世界
Ⅳ.①N091

中国版本图书馆 CIP 数据核字（2018）第 136103 号

上架建议：畅销·科普

KEXUE DE LICHENG
科学的历程

作　　者：吴国盛
出 版 人：张旭东
责任编辑：林澧波
监　　制：吴文娟
策划编辑：许韩茹　董　卉
特约编辑：陈晓梦
营销编辑：傅　丽
封面设计：张海军
版式设计：李　洁
出版发行：湖南科学技术出版社（长沙市湘雅路 276 号　邮编：410008）
网　　址：www.hnstp.com
经　　销：新华书店
印　　刷：河北鹏润印刷有限公司
开　　本：715mm×955mm　1/16
字　　数：802 千字
印　　张：48
版　　次：2018 年 8 月第 1 版
印　　次：2023 年 8 月第 7 次印刷
书　　号：ISBN 978-7-5357-9837-4
定　　价：138.00 元

若有质量问题，请致电质量监督电话：010-59096394
团购电话：010-59320018

目　录

Contents

THE JOURNEY
OF SCIENCE

第一版　序　周光召　1

第二版　序　席泽宗　2

第三版　序　韩启德　3

第四版　自序　4

绪　论 7

第一章　科学史的意义 9

　　1. 了解科学史有助于理科教学 10

　　2. 了解科学史有助于理解科学的批判性和统一性 15

　　3. 了解科学史有助于理解科学的社会角色和人文意义 20

第二章　科学史的方法 23

　　1. 科学史与技术史：哲学家传统与工匠传统 23

　　2. 思想史与社会史 27

　　3. 综合史与分科史、断代史、国别史 30

　　4. 科学史著作简介 31

第三章　五千年的历程 36

第一卷　**东方**　古老文明的源头 *43*

第一章　从自然史到文明史 *45*
　　1. 宇宙的起源与演化 *45*
　　2. 地球演化与生命起源 *48*
　　3. 人类的起源与进化 *51*
　　4. 文明史的序幕 *55*

第二章　东方的四大古老文明 *59*
　　1. 埃及 *59*
　　2. 美索不达米亚 *66*
　　3. 印度 *72*
　　4. 中国 *76*

第二卷　**希腊**　科学精神的起源 *81*

第三章　希腊奇迹与科学精神的起源 *83*
　　1. 希腊奇迹 *84*
　　2. 光大东方科学遗产 *85*
　　3. 希腊奴隶制与城邦民主制 *88*
　　4. 希腊思维方式与科学精神的起源 *91*

第四章　希腊古典时代的科学 *94*
　　1. 第一个自然哲学家泰勒斯 *96*
　　2. 毕达哥拉斯及其学派 *100*
　　3. 芝诺的运动悖论 *104*
　　4. 原子论思想 *107*
　　5. 医学之父希波克拉底 *108*
　　6. 智者与希腊数学三大难题 *110*
　　7. 默冬周期的发现 *113*
　　8. 柏拉图学园：不懂数学者不得入内 *114*
　　9. 亚里士多德：百科全书式的学者 *118*

10. 希腊建筑 **122**

第五章　希腊化时期的科学 123
1. 亚历山大里亚 **124**
2. 欧几里得的《几何原本》 **126**
3. 阿里斯塔克：日心说的先驱 **129**
4. 古代科学巨匠阿基米德 **130**
5. 埃拉托色尼测定地球大小 **134**
6. 希帕克斯创立球面三角 **136**
7. 希罗与亚历山大里亚的技术成就 **137**
8. 希腊天文学的集大成者托勒密 **139**
9. 希腊医学的集大成者盖伦 **141**
10. 代数学的创始人刁番都 **142**

第六章　罗马帝国时期的科学 143
1. 罗马性格与希腊气质 **144**
2. 儒略历的诞生 **145**
3. 卢克莱修与《物性论》 **146**
4. 维特鲁维：建筑学之鼻祖 **147**
5. 塞尔苏斯与罗马医学的百科全书 **147**
6. 普林尼与《自然志》 **148**
7. 罗马人的技术成就 **149**

第三卷　中世纪　西方不亮东方亮 153

第七章　古典文化的衰落与欧洲黑暗年代 155
1. 基督教的兴起 **155**
2. 西罗马帝国灭亡 **156**
3. 柏拉图学园被封闭 **157**
4. 亚历山大图书馆被烧毁 **158**
5. 蛮族入侵与五百年黑暗年代 **160**
6. 波依修斯：漫漫长夜中的微弱星光 **161**

第八章　阿拉伯人的科学与技术 162

1. 阿拔斯王朝与阿拉伯科学的兴盛 163
2. 贾比尔：炼金术之父 163
3. 花拉子模与阿拉伯数学 167
4. 阿尔巴塔尼与阿拉伯天文学 169
5. 阿尔哈曾与阿拉伯物理学 169
6. 阿维森纳与阿拉伯医学 170
7. 阿维罗意与亚里士多德学说的复活 171

第九章　中国独立发展的科技文明 173

1. 农学 173
2. 中医药学 176
3. 天文学 180
4. 数学 186
5. 陶瓷技术 189
6. 丝织技术 191
7. 华夏建筑 192

第十章　中国对世界科学的贡献 195

1. 纸的发明与西传 195
2. 印刷术 198
3. 火药与炼丹术 200
4. 指南针与航海技术 202

第十一章　西学东渐与近代中国科学技术的落后 204

1. 明末四大科技名著与传统科学技术体系的终结 204
2. 满清社会对中国科学发展的影响 206
3. 传教士与西学东渐 206
4. 近代中国科学技术的落后及其原因 209

第十二章　中世纪后期欧洲学术的复兴 212

1. 十字军东征与欧洲学术的复兴 212
2. 大学的出现 214

3. 托马斯·阿奎那：经院哲学的峰巅 *215*

4. 罗吉尔·培根：近代实验科学的先驱 *216*

5. 城市与教堂建筑 *218*

第四卷　16、17 世纪　近代科学的诞生 *219*

第十三章　文艺复兴、宗教改革与地理大发现 *221*

1. 意大利文艺复兴 *221*

2. 莱奥纳多·达·芬奇 *223*

3. 宗教改革与人的解放 *224*

4. 罗盘、枪炮、印刷术和钟表的出现 *226*

5. 地理大发现：哥伦布、达·伽马、麦哲伦 *229*

第十四章　哥白尼革命 *235*

1. 中世纪的宇宙结构 *235*

2. 哥白尼革命 *236*

3. 布鲁诺 *242*

4. 第谷·布拉赫：天才的观测家 *244*

5. 开普勒：天空立法者 *247*

第十五章　新物理学的诞生 *251*

1. 伽利略：近代物理学之父 *251*

2. 斯台文的静力学研究 *258*

3. 吉尔伯特的磁学研究 *259*

4. 真空问题：托里拆利、帕斯卡、盖里克与波义耳 *261*

5. 胡克与弹性定律 *266*

6. 惠更斯：摆的研究 *267*

7. 牛顿力学的建立 *269*

第十六章　从炼金术到化学 *277*

1. 帕拉塞尔苏斯：医药化学的创始者 *277*

2. 阿格里科拉：近代矿物学之父 *278*

　　　　3. 赫尔蒙特　*279*

　　　　4. 波义耳：近代化学的诞生　*280*

第十七章　近代生命科学的肇始　*283*

　　　　1. 维萨留斯的《人体结构》　*283*

　　　　2. 血液循环的发现：塞尔维特、法布里修斯和哈维　*286*

　　　　3. 显微镜下的新世界：马尔比基、列文虎克、胡克和斯旺

　　　　麦丹　*289*

第十八章　机械自然观与科学方法论的确立　*293*

　　　　1. 弗兰西斯·培根：知识就是力量　*293*

　　　　2. 笛卡尔：我思故我在　*296*

　　　　3. 伽利略与牛顿的科学方法　*299*

　　　　4. 伽桑狄、波义耳与原子论的复兴　*300*

　　　　5. 自然的数学化与机械自然观的确立　*301*

第十九章　科学活动的组织化与科研机构的建立　*303*

　　　　1. 意大利：自然秘密研究会、林琴学院、齐曼托学院　*303*

　　　　2. 英国：哲学学会、皇家学会　*305*

　　　　3. 弗拉姆斯特德、哈雷与格林尼治天文台　*307*

　　　　4. 法国：巴黎科学院　*309*

　　　　5. 皮卡尔、卡西尼与巴黎天文台　*310*

　　　　6. 莱布尼茨与柏林科学院　*311*

第五卷　**18 世纪**　技术革命与理性启蒙　*315*

第二十章　技术发明与英国产业革命　*317*

　　　　1. 纺织业的发展与纺织机的发明和改进　*318*

　　　　2. 蒸汽动力机的发明、制造与使用：巴本、纽可门、

　　　　瓦特　*319*

　　　　3. 钢铁冶炼技术的革新　*325*

　　　　4. 化工技术的发展　*326*

第二十一章　法国启蒙运动与科学精神的传播 328

1. 启蒙运动与牛顿原理在法国的传播 328
2. 《百科全书》 331
3. 大革命时期的法国科学 333

第二十二章　力学的分析化与热学、电学的早期发展 337

1. 运动量守恒与活力守恒原理的建立 337
2. 从矢量力学到分析力学：达朗贝尔、莫培督、欧拉、
   拉格朗日 339
3. 计温学的发展：阿蒙顿、华伦海、摄尔修斯 343
4. 量热学与热质说：布莱克 344
5. 摩擦电研究：迪费、马森布罗克、富兰克林 345
6. 流电研究：伽伐尼、伏打 349
7. 静电的定量研究：卡文迪许与库仑 351

第二十三章　18 世纪的天文学 354

1. 拉普拉斯：集天体力学之大成 354
2. 布拉德雷与光行差 356
3. 赫舍尔的天文观测 358

第二十四章　化学革命 364

1. 燃素说：斯塔尔 364
2. 气体研究与氧的发现：普里斯特利、舍勒 365
3. 拉瓦锡的化学革命 370

第二十五章　进化思想的起源 376

1. 生物分类学：林奈 376
2. 进化思想的肇始：布丰 379
3. 地质学中的水火之争：维尔纳与赫顿 382
4. 拉马克：进化论的伟大先驱 384

第六卷 **19 世纪** 古典科学的全面发展 *387*

第二十六章 *19 世纪的电磁学* 389
   1. 电流的磁效应：奥斯特、安培 389
   2. 欧姆定律 391
   3. 法拉第的电磁感应定律 392
   4. 电磁理论之集大成：麦克斯韦 397
   5. 电磁波的实验发现：赫兹 399

第二十七章 *19 世纪的光学* 401
   1. 波动说与微粒说的对立 402
   2. 波动说的复兴：托马斯·杨、菲涅尔 402
   3. 光速的测定：菲索、傅科 405
   4. 光谱研究：夫琅和费、基尔霍夫 406
   5. 光学与电磁学的统一 408

第二十八章 热力学与能量定律的建立 409
   1. 热之唯动说：伦福德伯爵、戴维 409
   2. 热力学的建立：卡诺 411
   3. 热力学第一定律（能量守恒定律）：迈尔、焦耳、赫尔姆霍茨 413
   4. 热力学第二定律（能量耗散定律）：开尔文、克劳修斯 416

第二十九章 物理和化学中的原子论的兴起 420
   1. 气体定律与气体模型 420
   2. 分子运动论：克劳修斯、麦克斯韦、玻耳兹曼 421
   3. 道尔顿的原子论 423
   4. 原子量的测定 425
   5. 元素周期律的发现：门捷列夫 426
   6. 有机化学的诞生：维勒、李比希 429

第三十章 *19 世纪的天文学* 431
   1. 恒星周年视差的发现 431

2. 海王星的发现 *432*

3. 光谱分析与天体物理学的诞生 *436*

第三十一章　进化论的创立 *441*

1. 居维叶的灾变说 *441*

2. 赖尔的地质渐变说 *443*

3. 生物进化论的创立：达尔文、华莱士 *444*

4. 达尔文主义的影响：赫胥黎、海克尔、斯宾塞 *453*

第三十二章　19 世纪的生物学与医学 *456*

1. 细胞学说：施莱登、施旺、微耳和 *456*

2. 实验生理学：伯纳尔 *459*

3. 遗传学：孟德尔、魏斯曼 *462*

4. 微生物学与现代医学的诞生：巴斯德、科赫 *468*

第七卷　**19 世纪**　科学的技术化、社会化 *475*

第三十三章　科学强国的兴衰 *477*

1. 法国 *477*

2. 英国 *479*

3. 德国 *481*

4. 美国 *483*

5. 俄国 *485*

第三十四章　运输机械的革命 *487*

1. 汽船：菲奇、富尔顿 *487*

2. 铁路与火车：特里维西克、斯蒂芬逊 *490*

3. 从蒸汽机到内燃机：勒努瓦、奥托、戴姆勒、狄塞尔 *493*

4. 汽车：本茨、戴姆勒、福特 *497*

第三十五章　电力革命与电气时代 *501*

1. 电动机与发电机：皮克希、惠斯通、西门子 *501*

2. 发电站与远距输电：德波里 *504*

3. 电灯、电影：爱迪生 *506*

4. 电报：亨利、莫尔斯 *511*

5. 电话：贝尔 *513*

6. 无线电：马可尼、波波夫 *517*

第八卷 **20 世纪** 探究宇宙与生命之谜 *521*

第三十六章 世纪之交的物理学革命 *523*

1. 第一朵乌云：以太漂移实验 *523*

2. 爱因斯坦与相对论 *526*

3. X 射线、放射性和电子的发现 *536*

4. 紫外灾难与量子理论的提出：普朗克、爱因斯坦 *539*

5. 量子力学的建立：玻尔、德布罗意、海森堡、薛定谔、狄拉克 *540*

6. 诺贝尔奖与 20 世纪科学进程 *545*

第三十七章 穷宇宙之际 *549*

1. 河外星系的观测与红移的发现 *549*

2. 现代宇宙学的兴起 *551*

3. 射电望远镜与 20 世纪 60 年代的四大发现 *557*

第三十八章 探粒子之微 *560*

1. 中子、质子的发现 *560*

2. 原子核结构的研究与强、弱相互作用理论 *562*

3. 基本粒子群的发现与夸克模型 *565*

第三十九章 20 世纪的遗传学 *569*

1. 孟德尔的再发现 *569*

2. 染色体 – 基因遗传理论：摩尔根 *570*

3. DNA 双螺旋模型的建立与分子生物学的诞生 *573*

第四十章　现代地学革命 *577*

   1. 大陆漂移说：魏格纳 *577*

   2. 海底扩张说 *580*

   3. 板块学说 *581*

第九卷　**20 世纪**　**高技术时代** *583*

第四十一章　**原子能时代** *587*

   1. 核裂变链式反应的发现 *587*

   2. 推动原子弹的研制：齐拉德 *590*

   3. 曼哈顿工程：第一颗原子弹的研制 *594*

   4. 科学家反对使用原子弹 *596*

   5. 核军备竞赛与国际战略格局 *598*

   6. 核能的和平利用 *599*

第四十二章　**航空航天时代** *602*

   1. 气球与飞艇 *602*

   2. 飞机的诞生 *605*

   3. 战火中飞速发展 *609*

   4. 航空工业 *611*

   5. 航天的观念 *614*

   6. 火箭与导弹技术 *615*

   7. 卫星上天 *619*

   8. 人类飞向太空 *621*

   9. 阿波罗计划：人类登上月球 *622*

   10. 空间站与航天飞机 *625*

第四十三章　**电子技术与信息时代** *629*

   1. 电子管、晶体管和集成电路：弗莱明、德福雷斯特、肖克莱 *629*

   2. 无线广播：费森登 *632*

   3. 电视：尼普科、兹沃里金 *633*

4. 电子计算机：巴比奇、莫克莱、冯·诺伊曼 *636*

5. 互联网与虚拟生活 *645*

第四十四章 生物技术时代 *648*

1. 抗生素与化学药物：缪勒、弗莱明 *649*

2. 避孕与生殖技术 *652*

3. 基因工程 *654*

第十卷 **科学处在转折点上** *657*

第四十五章 世界图景的重建 *659*

1. 经典框架的内部冲突 *660*

2. 时间性的发现：霍金与普里戈金 *661*

3. 还原论与古典科学 *666*

4. 量子力学与整体论 *671*

5. 系统科学：申农、维纳、贝塔朗菲、普里戈金、哈肯、托姆、艾根、洛伦兹 *677*

6. 生态科学 *686*

第四十六章 科学与人类未来 *692*

著名科学家编年表 *695*

人名译名对照表 *700*

人名索引 *715*

第一版　序

　　科学技术是第一生产力，社会主义的现代化建设事业首先需要科学技术的现代化。大力发展科学技术已成为我国的基本国策。我们不仅需要广大科技工作者在各自的领域奋发努力，赶超世界一流水平，而且需要提高全体国民的科学文化素质。唯有科学知识得以普及，科学精神深入人心，我们的社会才算真正走入了科学时代，科技才能真正推动各个方面的现代化。

　　应当看到，科学普及工作在当前仍然是一项相当艰巨的任务。不懂科学，不按科学办事，在我们的社会生活中屡见不鲜，另一方面，各种伪科学却借着科学的名义到处招摇撞骗。不仅是科普工作者，广大科技工作者和教育工作者都应加入普及科学知识、宣传科学精神的行列中来。

　　科学史在帮助公众理解科学方面可以起到重要的作用。通过科学史，非专业人员可以对科学理论及其演变过程有一个大概的了解，特别是，它能提供一般教科书所不能提供的科学家做出科学发现的具体过程，从而使人体会到探索自然奥秘的幸福和艰辛；它还能宏观地揭示科学作为一种社会活动的发展规律，具体地展现科学技术作为推动历史的杠杆的巨大作用。不仅对于公众，对于科技工作者和管理工作者，学习科技史也是十分有益的。

　　湖南科技出版社组织编写这本书，是做了一件十分有意义的工作。这本书以通俗的语言和大量的文献图片，全方位地展示了世界科学技术的发展历程。我相信，它将有助于广大读者开阔眼界，加深对科学的认识，特别是，在实施科教兴国战略的今天，激发青年读者献身科学的热情。

周光召

1995 年 12 月

第二版　序

我和吴国盛同志是在 1988 年张家界开的天文学哲学会议上认识的，当时他就给我留下了深刻的印象。我觉得（当时与会的许多老一辈科学家也都这么看）他思想敏锐，是一位非常有才华的青年学者。这些年，他的研究成果一本接一本地出版，而且水平都很高，印证了我的第一印象。

吴国盛同志涉及科学史和科学哲学两大研究领域，均出版过专著。他关于希腊空间概念、时间观念史、西方宇宙论思想史、西方自然观念史的专门研究和专题著作，在国内属开创性工作；他主编的《科学思想史指南》的出版，对国内科学史的学科建设起到了积极的推动作用，因为此前国内对西方科学编史学非常不了解，有些标榜"科学思想史"的书，实际上并不是科学思想史。

吴国盛同志的《科学的历程》自 1995 年年底出版以来，深受众多读者的欢迎，也获得了不少学术上的荣誉。在荣誉面前他不自满，现在又把这部好书进一步修订，在保持原来定位和框架的情况下，新增文字约 10 万、图片 200 多幅，补充了参考文献，编制了人名索引，可以说是更趋完善、更趋精美。并且，他还在努力工作，准备在不久的将来，推出一本学术性更强的、更高水平的科学通史教材，以满足高等学校教学的需要。

关于科学史的重要性，周光召先生在第一版序中已经说得非常清楚。关于这部书的评论已经很多，1996 年我也写过一篇短文，在那篇文章里我曾经称赞这本书"写得有声有色，既有深刻的理论分析，又有激情的描绘，雅俗共赏，晓畅易懂，可读性极强"，这里不再多说。这部书写作时，作者是在中国社会科学院工作，而现在是在北京大学任教；这部书第一版是由湖南科学技术出版社出版，而现在第二版转到了北京大学出版社出版。在人和书的转移过程中，我尽了一点引线作用。现在我愿意再次向广大读者引荐这个新的版本。是为序。

2002 年 4 月 5 日

第三版　序

　　国盛教授的著作《科学的历程》要出第三版，嘱我为之作序。我愿意趁此讲几句话。

　　当代科学技术飞速发展，为人类带来了从未有过的福恩，但我们也需要看到事物的另一些方面。现在有一个值得关注的现象是，技术至上的倾向使得科学与人文渐行渐远。就拿医学技术来说，20世纪由于其他学科发展的推动，这一领域发生了根本性的变化，人类诊治疾病的能力大大提高。然而，人们过于倚重技术，忽视了诸如生活方式、自然环境、社会环境、经济环境等其他影响健康的因素，其结果是疾病没有减少，人类的健康并未得到充分的保护。医生过分依赖仪器设备、药品和手术，"看病"而不"看病人"，医学与人的距离拉大。高技术的广泛应用使医疗费用大幅上涨，社会、家庭和个人不堪重负，加重了社会不公。让医学回归人文，让科学回归人文，是时代的召唤。

　　国盛的《科学的历程》自1995年首版以来，受到了读书界的广泛好评，赢得了众多的读者。我认为，本书成功的一个重要的原因是，作者充分认识到科学的人文价值，并且通过历史叙事的方式，阐明科学的社会角色和人文意义，从而沟通文理，在科学与人文之间架设桥梁。正是本书的这个特色，使它在同类书籍中脱颖而出。我相信，经过较大文字修订并且全彩印制的第三版一定会继续受到读者的喜爱，在沟通科学与人文方面继续发挥作用。

韩启德

2012 年 9 月 27 日

第四版　自序

　　1992年夏天，我在中国社会科学院哲学所工作，湖南科技出版社的编辑李永平找到我，说他们想出一本大部头的普及性的科学史书，问能不能约几个人一起来做。我对合作编书兴趣不大，想一个人试试。他们考虑后决定让我先试写一下。我那时20多岁，虽写过一些论文，但还没有出过书，把这部重头戏交给我独自唱，是有点冒险的。我拟定了提纲，试写了绪论，交给出版社。他们看了觉得可以，就决定把这个任务交给我。从1992年年底到1993年年底，比较密集地写了一年，完成了主要的写作任务。后期制作拖了一些时间，书最终于1995年年底面世。

　　那时科普工作刚刚开始重新引起全社会的重视，但经历了20世纪80年代末90年代初的出版低谷后，好的科普书籍实在不多。这本书写得还算通俗，又用了很多图片，让人觉得十分新鲜，最先在1995年年底的全国科普大会上引起了代表们的兴趣。后来，湖南科技出版社运作有方，打开了市场，销售了好几万册，拥有了一个不小的读者群。许多地方把它列入了青少年读书活动的常备书目，许多无理科背景的读者把它当作了解自然科学的工具书、参考书，还有些高校用它作为科学史教材。此外，本书也获得了不少学术上的荣誉，受到不少专家的好评。这些常使我有"世无英雄，遂使竖子成名"的感觉。我自己十分清楚，这总归只是一部通俗著作，即使按普及性著作来要求，毛病也不少。读者越多，获得的好评越多，我越是诚惶诚恐，好几次暗下决心，一定要下功夫修订一番。

　　2001年，我已经由社科院调到北大哲学系教书，本书的第一版合同到期。北大出版社愿意接着出第二版，但希望修订一下。自初版以来的六年间，我在西方科学思想史领域做了一些研究。从2000年开始，我在北大全校开"科学通史"课程。为准备课程，我广泛阅读了西方同行们的科学史著作。阅读和研究越多，越觉得科学通史写作之不易，也越觉得当初写作本书实在是无知者无畏，不知天高地厚。不过，书有自己的命运。既然出版者和读者需要它，那它就有存在的理由。因此，第二版的修订继续维持原先的普及读物定位，再做一些弥补工作。这次修订，增加了

20世纪和结语卷的内容，补充了参考文献，编制了人名索引以便于查考，改正了老版的错别字，文字全部再润色，图片也做了一些调整和充实。

十年间（2002—2012），北大版反复重印，传播得更广。这十年，虽然有大批优秀的国外科学史著作翻译成中文出版，但由于中国读者的科学文化意识广泛觉醒，催生了对科学文化类图书的巨大需求，拙著得以混迹其间，继续受到读者们的欢迎。

第二版合同到期后，老东家湖南科技出版社要求出第三版，对此我和北大社都无法拒绝，于是，第三版由湖南科技出版社于2013年推出。这个版本主要有两方面的变化。一是开本、版式和图片全部刷新，图片以彩图为主，数目也大大扩充，可谓豪华版。二是文字内容上，除了文字润色、数据纠错、遣词造句重新推敲、人名索引重新编制外，在若干历史叙事方面有比较大的改动。第一，绪论中关于比萨斜塔实验的说法，前两版都主张伽利略实际上并没有做此实验，现根据专业科学史家的研究成果，改为伽利略有可能在比萨斜塔做过落体实验。第二，把原来作为注释出现的关于科学史著作的介绍挪到正文中，成为绪论第二章的一节。第三，正文第一章对生命起源问题做了新的表述。第四，第一章讲到人类起源问题，按照最新的古人类学和分子遗传学的研究进展做了修改，明确反对人类多地区起源说，支持现代人类的非洲单一起源说，明确了中国人并不是周口店北京人的后代。第五，前两版第七章提到伊斯兰教徒焚毁亚历山大图书馆一节，但这个说法是有争议的，新版补充"许多现代阿拉伯历史学家并不认同这些历史记载，他们认为亚历山大图书馆在阿拉伯人攻占之前早已不存在了"等字样。第六，第十四章关于布鲁诺一节，前两版沿袭布鲁诺为科学献身的说法，新版援引科学史研究的新成果，认为布鲁诺并非因为主张哥白尼学说而被处死，他并不是"近代科学的殉难者，相反，他是他的宗教信念和哲学思想的殉难者"。第七，第三十章关于海王星的发现一节，前两版按照传统说法，认为亚当斯和勒维列共同分享发现的荣誉，新版根据最新的科学史研究，主张勒维列应该独享发现海王星的荣誉。第八，第二版第三十六章提到中国科学家人工合成牛胰岛素这一成果之所以未能获得诺贝尔奖，是因为集体攻关提不出一个三人以内的名单，最新的研究表明情况不是这样，故将这一节删除。尽管有以上这些修订，第三版的正文主体上仍沿袭了北大版。

眼下的第四版，基本沿袭第三版的正文，只做了很少几处修订。本版最大的变化是在图片方面。近十年来，我或借着学术会议之机或专门自费旅游，访问了不少科学家故居和墓地、科学博物馆，以及其他各种科学胜地、遗址，拍下了不少照片。本版大量采用了这些我亲自拍摄的照片，以增强现场感。

值此新版问世之际，我想向为第一版作序的周光召院士（1929— ）、为第二版作序的席泽宗院士（1927—2008）、为第三版作序的韩启德院士（1945— ）表示诚挚的谢意，正是这些科学前辈的提携和鼓励，使这本书产生了较大的影响。我也想感谢第一版的责编李永平先生、第二版的责编张凤珠女士、第三版的责编雷蕾女士，以及本版的责编许韩茹女士，正是他（她）们耐心的督促、认真仔细的编辑，使本书的历版都以恰当的时机和较好的质量面世，受到读者们的欢迎。我还要感谢读者们。二十多年来，我收到了无数的读者来信，或表扬，或批评，或指出错误，或提出建议，使我有动力持续不断改进文本。一如既往，希望读者和专家对这个新版提出批评意见。

吴国盛

2018 年 3 月 1 日于清华荷清苑

The Journey of Science

绪 论

　　在科学已经无孔不入地渗透了人类生活各个层面的今天，我们不再对身边的科学表现出惊奇，我们已经对科学无动于衷，而恰恰在此时，我们需要回顾科学的历史，因为读史使人明智，阅读科学的历史将使科学时代的人们变得深思熟虑、深谋远虑。

培根《伟大的复兴》（1620）封面。一艘大船正在穿过传说中的大西洋上的海格力斯之柱。古代欧洲人认为它就是世界的边界。画面象征着科学正在突破已知世界的界限，向未知世界进发。

第一章
科学史的意义

我坐在这里，应邀为正在或将要学习自然科学的年轻人写一部科学技术的历史。夏秋时节温暖的阳光从宽大的钢窗中投洒进来，使人感到几分安逸和慵倦。远处建筑工地的轰鸣声和农贸市场的嘈杂声，显示了外面世界正发生的热烈的经济生活。然而一想到科学的历史，我心头就会掠过一阵异样的激动。数千年来科学先贤们为摆脱观念的困扰、扩大知识的领地所做的艰苦卓绝的工作，仿佛一部英雄史诗，勾起人们的崇敬和景仰之情。但今天，在这个由科学自身造就的繁忙的世界里，谁还有闲暇来回顾过去呢？科学的历史就其作为猎奇的材料而言已远远不如科幻作品。在当代，年轻的读者也许会提出这样的问题：学习科学史有什么意义？我们在学习科学知识的同时为什么还要了解科学的历史？这确实是一个必须首先回答的问题。

今天，不大可能有人问科学有什么用了。科学的实际用处随处可见。事实上，我们日常生活的每个细节几乎都由科学来规定和支撑。蔬菜瓜果的栽培方式是科学的，食品的烹制方式是科学的，面料纺织和服装加工都运用了现代科学的工艺。我们的居室里塞满了电灯、电话、电视、电冰箱、洗衣机、录像机、组合音响；我们的楼房，是带电梯的混凝土钢架高层建筑……我们享受着科技文明的成果，谁也不会怀疑科学的用处。相反，当代中国人已经充分意识到科技对于

退役了的奋进号航天飞机，现存于洛杉矶加州科学中心。吴国盛摄

英国国家铁路博物馆里的火车头。吴国盛摄

发展生产力、发展经济的决定性意义。

约 400 年前，科学的用处远未变得像今天这样显明，但英国哲学家弗兰西斯·培根提出了"知识就是力量"的口号。这是一句脍炙人口的名言。从巨大的起重机，到牵引长龙似的列车的蒸汽机、内燃机和电动机，再到一瞬间毁灭一个城市的原子武器和载人登上月球的航天器，近代自然科学已经一步步向世人展示了这句名言的真理性。不过，培根还有另外一段关于知识的名言值得引用：

　　阅读使人充实，会谈使人敏捷，写作与笔记使人精确……读史使人明智，诗歌使人巧慧，数学使人精细，博物使人深沉，伦理之学使人庄重，逻辑与修辞使人善辩。[1]

这位在近代科学的创建时期为新时代高声呐喊的英国哲人，这位未来科学时代的预言家，同样说了一句对本书而言很重要的话："读史使人明智。"在科学已经无孔不入地渗透了人类生活各个层面的今天，我们不再对身边的科学表现出惊奇，我们已经对科学无动于衷，而恰恰在此时，我们需要回顾科学的历史，因为读史使人明智，阅读科学的历史将使科学时代的人们变得深思熟虑、深谋远虑。

1. 了解科学史有助于理科教学

尽管直到 20 世纪科学史才受到人们的广泛关注，正式成为一门学科，科学史

[1] 培根：《培根论说文集·论学问》，水天同译，商务印书馆，1983 年第 2 版，第 180 页。

的研究却一直受到不少科学家的重视。他们在向学生讲授专业知识时，为了增强趣味性，总是愿意略微提一下这门学科的历史。确实，了解科学史可以增强自然科学教学的趣味性，有助于理科教学。

历史故事总是使功课变得有趣。我们在儿时谁没有听过几个科学家的传奇故事？阿基米德在浴盆里顿悟到如何测量不规则物体的体积之后，赤身裸体地跑上街道大喊大叫"尤里卡、尤里卡"（我发现了，我发现了）；伽利略为了证明自由落体定律，把一个木球和同样大小的一个铁球从比萨斜塔上扔下，结果它们同时着地，成功反驳了亚里士多德派哲学家认为重者先落的理论；[1]牛顿在一个炎热的午后躺在一株苹果树下思考行星运动的规律，结果一个熟透了的苹果掉下来打中了他，使他茅塞顿开，发现了万有引力定律；[2]瓦特在外祖母家度假，有一天他偶然发现烧水壶的壶盖被沸腾的开水所掀动，结果他发明了蒸汽机……

这类科学传奇故事确实诱发了儿童对神奇的科学世界的向往。但我们也应该看到，能够诱发儿童热爱科学、向往科学事业的传奇故事，对于正规的理科课程学习并不见得有很大的帮助。甚至，某些以讹传讹的传奇故事对于深入理解科学理论还是有害的。再说，传奇故事往往过于强调科学发现的偶然性、随机性，使人们容易忽略科

英国剑桥三一学院的一株苹果树，是牛顿家乡那株据说导致了伟大发现的苹果树的子树，20 世纪 50 年代移植。吴国盛摄

学发现的真实历史条件和科学工作的极端艰苦。

除了传奇之外，科学史所能告诉人们的科学思想的逻辑行程和历史行程，对学习科学理论肯定是有益的。当我们开始学习物理学时，我们为那些与常识格格不入

---

[1] 这个故事在伽利略本人的著作中没有记载，来源是他的学生维维安尼写的《伽利略传》。
[2] 这个故事来源于牛顿晚年的朋友、医生和他的第一位传记作者斯图克莱（William Skukeley）。

的观念而烦恼，这时候，如果我们去了解一下这些物理学观念逐步建立的历史，接受它们就变得容易多了。科学家们并不是一开始就这样"古怪"地思考问题，他们建立"古怪的"科学概念的过程极好理解而且引人入胜。

以"运动"为例。物体为什么会运动呢？希腊大哲学家亚里士多德说，运动有两种，一种是天然运动，另一种是受迫运动。轻的东西有"轻性"，如气、火，它们天然地向上走；重的东西有"重性"，如水、土，天然地向下跑。这些都是天然运动，是由它们的本性决定的。俗话所说的"人往高处走，水往低处流"，表达的也是这个意思。世间万物都向往它们各自的天然位置，有各归其所的倾向，这个说法我们是容易理解的。轻的东西天然处所在上面，重的东西天然处所在下面，在"各归其所"的倾向支配下，它们自动地、出自本性地向上或向下运动。如果轻的东西向下运动、重的东西向上运动，那就不是出自本性的天然运动，而是受迫运动。物体到达自己的天然位置之后，就不再有运动的倾向了，如果它这时候还在运动，那也是受迫运动。受迫运动依赖于外力，一旦外力消失，受迫运动也就停止了。

亚里士多德关于运动的这些观念很符合常识。比如，从其天然运动理论可以得出重的东西下落得快，而轻的东西下落得慢的结论，而这是得到经验证实的。玻璃弹子当然比羽毛下落得快。又比如，由其受迫运动理论可以得出，一个静止的物体如果没有外力推动就不会运动，推力越大运动越快，如果外力撤销，物体就会重归静止状态。这个说法也有经验证据，比如地板上的一只装满东西的重箱子就是这样。亚里士多德的运动理论受到了常识的支持，但近代物理学首先要挑战这个理论。"运动"观念上的变革首先是由伽利略挑起的。

伽利略从一个逻辑推理开始批评亚里士多德的理论。他设想一个重物（如铁球）与一个轻物（如纸团）同时下落。按亚里士多德的理论，当然是铁球落得快，纸团落得慢，因为较重物含有更多的重性。现在，伽利略设想把重物与轻物绑在一起下落会发生什么情况。一方面，绑在一起的两个物体构成了一个新的更重的物体，因此，它的速度应该比原来的铁球还快，因为它比铁球更重；但另一方面，两个不同下落速度的物体绑在一起，快的物体必然被慢的物体拖住，不再那么快，同时，慢的物体也被快的物体所带动，比之前更快一些，这样，绑在一起的两个物体最终会达到一个平衡速度，这个速度比原来铁球的速度小，但比原来纸团的速度大。从同一个理论前提出发，可以推出两个相互不一致的结论，伽利略据此推测理论前提有问题，也就是说，亚里士多德关于落体速度与其重量有关的说法值得怀疑。从逻辑上讲，解决这个矛盾的唯一途径是：下落速度与重量无关，所有物体的下落速度都相同。

当然，科学的进步并不完全是凭借逻辑推理取得的。伽利略这位真正的近代科学之父，近代实验科学精神的缔造者，并未满足于逻辑推理，而是继续做了斜面实验。他发现，落体的速度越来越快，是一种匀加速运动，而且加速度与重量无关。他还发现，斜面越陡，加速度越大，斜面越

比萨斜塔。吴国盛摄

平，加速度越小。在极限情况下，斜面垂直，则相当于自由下落，所有物体的加速度都是一样的。当斜面完全水平时，加速度为零，这时一个运动物体就应该沿直线永远运动下去。斜面实验表明，物体运动的保持并不需要力，需要力的是物体运动的改变。这是一个重大的观念更新！

伽利略没有办法直接对落体运动进行精确观测，因为自由落体加速度太大，当时准确的计时装置还未出现。只要想一想，伽利略发现摆的等时性时是用自己的脉搏计时的，就可以知道当时科学仪器何等缺乏。斜面可以使物体下落的加速度减小，因而可以对其进行比较精确的观测。在此基础上，伽利略最终借助"思想实验"由斜面的情形推导出自由落体和水平运动的情形。在伽利略的手稿中谈到了从塔上释放重量不同的物体，以验证是否重物先着地。他并没有说明是在哪个塔上做的实验，但许多人猜想是在著名的比萨斜塔上。这种猜想不无道理，因为记载这些实验的手稿就是在比萨城写下的。值得注意的是，伽利略的实验报告并没有说两个不同重量的物体完全同时落地，而是重物先于轻物"几乎同时落地"，其差别没有它们之间的重量差那么大。我们知道这是空气阻力造成的。

佛罗伦萨伽利略博物馆里收藏的斜面实验装置。吴国盛摄

　　这个关于"运动问题"的科学史故事,对读者深入学习牛顿力学知识是有好处的,因为在回顾这个观念如何更替的过程中,我们自己的观念也不知不觉地发生了改变,这当然比直接从概念、定律和公式出发去学习牛顿力学要生动有趣得多,而且印象深刻得多。当然,前面所讲的极为简短,实际发生的还要复杂得多。比如,伽利略报告说,他观察到轻物在一开始的时候反而比重物落得快,重物是在后来追上轻物的。这是如何实现的呢?直到20世纪80年代,谜团才被解开。原来在实验中,实验者拿着两个不同重量的物体,很难做到同时释放,即使他本人以为是同时释放的。相反,他往往先释放轻的那一个。[1]

　　追究科学史的用处,使我们有必要在"知道"(Knowing)和"理解"(Understanding)之间做出区别。为了掌握一门科学知识,我们大多不是从阅读这门学科的历史开始,相反,我们从记住一大堆陌生的符号、公式、定律开始,然后在教师和课本的示范下,反复做各种情形下的练习题,直至能把这些陌生的公式、定律灵活运用于处理各种情况,我们才算掌握了这些知识。但我们真的"理解"这些知识吗?那可不一定。理解这些定律的含义完全可以是另一回事。我知道一位非常年轻的大学生,他高考

[1] 科恩:《新物理学的诞生》,张卜天译,湖南科学技术出版社,2010年版,第167页。

的物理成绩几乎是满分，但是在兴高采烈地去大学报到的旅途中，他却一直在苦苦思考一个问题：为什么人从轮船和火车上跳起来时，仍能落回原处，而轮船或火车在他跳离的这段时间里居然没有从他脚底下移动一段距离。可怜的孩子，他在轮船上试了好几次，情况都差不多，轮船一点也没有将他抛离的意思。后来，他突然想起，地球时时刻刻都在转动，而且转速极大，也从来没有发生过跳起来落不回原地的事情，这是怎么回事呢？想着想着，高分的大学生睡着了。直到后来，他读了一本有关的科学史书，懂得了牛顿第一定律的真正含义，他才恍然大悟，痛骂自己愚昧无知。

这个故事应该很恰当地说明了"知道"与"理解"的区别。这是一个真实的故事，因为这位年轻大学生的故事正是我自己早年的经历。有了知识并不等于理解，会解题不意味着掌握了物理概念，在深入地理解物理定律的本质方面，科学史是有用处的。

不幸的是，教科书大多不谈历史，如果有也只是历史知识方面的点缀，诸如牛顿的生卒年月等。把科学史有机地揉进理科教科书中，是当代科学教育界所大力提倡的，但做起来很困难，而且效果不好。这是可以预见的。自然科学本身技术性太强，科学教育必须把大部分精力花在训练学生的技能方面，而科学史的引入肯定会分散精力，削弱技能训练。但教育界仍在努力。当代美国著名科学史家、哈佛大学物理学和科学史教授杰拉德·霍尔顿从 20 世纪 60 年代开始主持"哈佛物理教学改革计划"，陆续编写出版了《改革物理教程》作为新的中学物理教科书。此外，他还写出过供大学文科学生阅读的物理教科书《物理科学的概念和理论导论》，这些书贯彻了史论结合的原则，而且是以史带论，极大地影响了美国的物理学教学。这两套书我国都出了中译本，前者由文化教育出版社出版，更名为《中学物理教程》，分"课本和手册"以及"学生读物"两部分，各六册；后者由人民教育出版社分上、下两册出版。不过，似乎都未产生积极有效的反响。

2. 了解科学史有助于理解科学的批判性和统一性

也许是文化传统的关系，中国教育界盛行的依然是分数教育、技能型教育。这种应试教育的一个消极后果是培育了不少科学神话，树立了不正确的科学形象，形成了对科学不正确的看法。首先是将科学理论固定化、僵化，使学生以为科学理论都是万古不变的永恒真理；其次是将科学理论神圣化、教条化，使学生以为科学的东西都是毋庸置疑、神圣不可侵犯的；最后是将科学技术化、实用化、工具化，忽视了科学的文化功能和精神价值。不用说，试图破除种种科学神话，纠正不正确的科学形象，正是本书的重要使命。

当代科学的专门化、专业化带来了高等教育严重的分科化。学问先分文理，理科再分成数理化生，以及更细致的二级学科、三级学科，等等。分科教育很显然是为了造就专门人才，但在中学和大学低年级，通才教育是更有实际意义的。只有少数人将来会成为科学家，但即使对于他们，狭窄的专门训练也不利于培养创新意识和创造潜力。大多数人真正需要的是领会科学的精神、掌握科学的方法、树立恰如其分的科学形象，以便在这个科学时代理智地对待科学、对待社会、对待生活。

在教科书中纷至沓来的新概念、新术语、新公式、新定律面前，学生逐渐形成了这样的观念：这就是真理，学习它，记住它。久而久之，历史性的、进化着的科学理论被神圣化、教条化。人们不知道这个理论从何而来，为什么会是这样，但我

牛津大学自然史博物馆。1860 年 6 月 30 日，赫胥黎、威尔伯福斯和其他人在这里争论达尔文的物种起源说。吴国盛摄

们仍旧相信它是真的，因为它是科学。这种教条的态度明显与科学精神格格不入，但却是目前的科学教育导致的一个普遍的态度。学生不知道一个理论源于哪些问题，有多少种解决问题的方案，以及为什么人们选择了其中一种并称之为科学理论；学生也不知道这种理论是可质疑的，并非万古不变的教条，也许自己经过思考就能对伟大科学家的解决方案提出异议。所有这一切，在以灌输知识为目的的教学中肯定得不到应有的反映。它不自觉地剥夺了学生的怀疑和批判精神，而怀疑和批判精神对于科学发展恰恰是不可或缺的。我们经常看到，人们对科学理论永远怀着一种崇敬心理，似乎只要是科学的，就一定是正确的、好的。这种心态无论对于理解科学理论的真正价值，还是理解该理论的条件性和局限性都没有益处。

　　在我的印象中，达尔文的进化论一直享受着真理的地位。达尔文之后，生物学界对进化论的发展在普通教育界一直是模糊的，仿佛它已进入了绝对真理的行列。

久为传颂的是达尔文主义所经受的诘难以及对这些诘难所做的成功驳斥。那是在 1860 年的英国牛津，达尔文的《物种起源》刚刚在上一年出版并引起广泛的注意和争论，学术界内部亦有分歧。达尔文主义的著名斗士赫胥黎坚定地捍卫进化论，遭到牛津大主教威尔伯福斯的讥讽。他责问道："赫胥黎先生，我恳请指教，你声称人类是从猴子传下来的，这究竟是通过您的祖父，还是通过您的祖母传下来的呢？"面对这恶意中伤，赫胥黎从容不迫地先从科学事实方面进行驳斥，然后说："我曾说过，现在我再重复一次，一个人没有任何理由因为他的祖父是一个无尾猿而感到羞耻。如果有一个祖先使我在追念时感到羞耻的话，那么他大概是这样一个人，他多才多艺而不安分守己，他不满足于他在自己的活动范围内所取得的令人怀疑的成功，要插手于他不真正熟悉的科学问

作者在牛津大学自然史博物馆南门前与纪念碑合影，此碑立于 2010 年，纪念这个著名论争发生 150 周年。

题，结果只是以一种没有目的的辞令把这些问题弄得模糊不清，而且用一些善辩的，但是离题的议论，以及巧妙地利用宗教上的偏见，把听众的注意力由争辩的真正焦点引到别的地方去。"[1]

这段故事一直被当作捍卫真理的典范来传颂，然而，如果从进化论本身的缺陷以及面临的发展的角度来看，威尔伯福斯主教的责问有相当重要的科学意义。他实际上表达了这样一个问题：是否"存在一种通过特殊遗传积累有利变异的能力，它与竞争规律以及所出现的有利变异一起在自然界中积极地起作用"。[2]达尔文生活的时代，细胞学说刚刚建立，遗传学尚在萌芽阶段，这样的"能力"，也就是在进化中起作用的遗传因子，尚未被发现，主教的讥讽中所包含的有意义的问题实际上无法得到回答。今天，进化论已经过了新达尔文主义，进入了综合进化论时期，威尔伯福斯的问题可以回答了，其作为恶意中伤已变得毫无力量，而这恰恰是生物学的进步和进化论本身的发展所带来的。

科学理论不是一成不变的，它是发展的、进化的。几乎没有什么比科学史更能使人认识到这一点了。不仅如此，自然科学各个分支领域相互联系，这在按学科分块的教科书中肯定得不到体现，而科学史却能够给出一个综合。我想举热力学第一定律为例，说明科学史何以能够体现科学的统一性。这个定律又称为能量守恒定律。就我自己的经验，从教科书中我始终未能获得关于这个定律的完整理解，因为它涉及的面太广了。从历史上看，它首先来自运动不灭原理，虽然古代哲学家们已经提出过运动不灭的思想，但只有给出了运动的量度，运动不灭原理才可能成为一个科学原理并诉诸应用。有意思的是，运动的量度一开始就出现了分歧，有人把质量与速度的乘积作为运动的量度，也有人认为运动量应由质量与速度的平方的乘积来标度。经过长时间的争论和力学本身的发展，人们在 18 世纪发现了机械能的守恒定律。

能量守恒原理的最终确立有赖于更多领域里相关研究的出现。首先是对热与机械运动相互转换的研究。当时，人们连热究竟是怎么一回事都不清楚。开始人们以

---

[1] 故事及引文转引自弗朗西斯·达尔文编《达尔文自传与书信集》（下册），叶笃庄、孟光裕译，科学出版社，1994 年版，第 108 页。

[2] R. H. Brown，*The Wisdom of Science*，*Its Relevance to Culture and Religion*，Cambridge University Press，1986，chapter 2.9.

为热也是一种物质，一种特殊的、看不见的、无重量的流体，仿照物质守恒原理，有人还提出了热质守恒原理。这个原理可以用来解释热平衡过程。例如，热水和冷水混合，热水中的热质多，跑一部分到冷水中，结果温度降低了。可是，美国人本杰明·汤普森（又称伦福德伯爵）在德国从事炮膛钻孔实验时，发现只要不停地钻，几乎可以不停地放出热。这么多热从哪里来呢？若用热质守恒说根本解释不通，这促使人们研究热量与做功之间的关系，并定量测定其转化系数。这一工作的最终完成，也就是能量守恒定律的正式确立。

焦耳测定热功当量的搅水器，由曼彻斯特科学与工业博物馆收藏。吴国盛摄

第二是化学和生物学上的研究。德国化学家李比希设想，动物的体热和活动的机械能可能来自食物中包含的化学能。此外，俄国化学家赫斯发现了化学反应过程中的能量守恒定律。

第三是电学和磁学的研究。德国物理学家楞次研究电流的热效应，发现通电导体放出的热量与电流强度的平方、导体的电阻以及通电时间成正比。这在今天被称为焦耳－楞次定律，这一定律直接导向能量守恒定律的精确形式。

现在各路人马都在奔向一个伟大的定律。在提出或表述能量守恒定律的科学家中，有德国医生罗伯特·迈尔，他几乎是从哲学上明确地推导出这个定律的；有德国物理学家赫尔姆霍茨；有英国物理学家焦耳，他是在测量热功当量的过程中发现这一定律的；还有法国工程师卡诺、英国律师格罗夫、丹麦工程师柯尔丁。这么多人大致在同一时间提出同一科学定律，真是科学史上罕见的事情。

如果不了解科学史，我们就无法理解"能量"这一概念的普遍性，它在全部自然科学中的地位，它对于人类理解自然现象的意义。"能量"概念提醒我们自然科学的统一性，提醒我们不要深陷在各门学科的技术细节中，忘记了自然科学的根本任务是为人类建立一个关于外在世界的统一的整体图像。在学科分化愈演愈烈的今天，人们尤其需要这种统一的图像。

3. 了解科学史有助于理解科学的社会角色和人文意义

我们的时代是一个科学的时代。今天，我们对许多科学的东西耳熟能详，我们觉得许多科学的道理理所当然。但正如黑格尔曾经说过的，"熟知"往往并非"真知"。一切理所当然的东西都逃避了理性的反思，反而成为一种盲目的东西。科学对人类的命运影响如此之大，而我们对科学的本质也许还缺乏认识，这应该引起高度警醒。了解科学史可以帮助我们理解科学的社会角色和人文意义。

爱因斯坦在朋友家的院子里骑自行车玩。

在诸种科学神话中，关于科学家的神话也许是流传最广的。很长时间以来，科学家被看作在某一方面有惊人才智的天才，掌握了与自然界进行对话的神秘钥匙，但在日常生活中完全是个低能儿，而且表现得离奇古怪。人们广泛传播诸如牛顿煮鸡蛋，结果把手表放进锅里；爱因斯坦走路时头撞着一棵树，还连声说对不起之类的故事。这些有趣的故事也许是真的，但不可把这看作科学家的本质特征。人们由于专注于某件事情而忘了周围的一切，这种情况并不罕见，并非只有科学家如此。另一方面，科学家在他的研究工作之外，与常人并无不同，在参与社会文化生活和从事艺术宗教活动方面，并不比一般人出色。这一点有必要大大强调，因为我们陷入这类科学家神话中太深了，不仅歪曲了科学家的形象，而且对培养自己的科学家相当不利——年轻人往往照公认的科学家形象规范自己。危害倒不在于年轻人将来在日常生活中表现得无能，生活不能自理，而在于他可能不再关心社会、关心他人，不再关心道德和艺术，而甘于做一个对世事不闻不问、对人类漠不关心的人，只在某一狭窄领域当熟练工匠。实际上，真正的科学家不仅增长人类的自然知识，还传播独立思考、有条理地怀疑的科学精神，传播在人类生活中相当宝贵的协作、友爱和宽容的精神，是最富有人性的。真实的、富有人性的科学家形象只有在科学史中才能得到恢复，因为在学习科学理论时，我们可能完全不知道该理论的创造者是一个怎样的人。

　　说到科学家的形象，我们不免会想起科学的技术化和科学的实用化、工具化问题，因为前面那种看似传奇实则愚蠢的科学家形象，是与错误的非人性的科学形象相适应的。无疑，科学是有实用意义的，特别是在当代，这种实用意义相当显著，但是，科学不只有实际用途。它既有物质的方面，也有精神的方面；它既有认识和改造世界的方面，也有锻炼人性的方面。一味强调一方面而忽视另一方面，科学的生命就要完结。在古代，科学的实际用处还未表现出来，注重实用的罗马人就对科学不加重视，刚刚由希腊人创造出来的科学马上断送在罗马人手里。今天，科学正在发挥着从前人们难以想象的实际作用，科学召唤出来的力量已经大到令人类无法驾驭的程度。核能的开发是一个伟大的科学成就，但造出的原子弹令人担忧，当今世界各国存有的核武器足够把地球炸毁好几次。此外，科学带来了经济的高速增长、物质财富的极大丰富，但也带来了环境污染和能源短缺。大气污染有可能破坏数万年来保护人类和地球生命的大气层，陆地和海洋污染破坏了生态平衡，水污染危及人的生命之源。这一切的根源均在于过分把科学工具化、实用化，唯有激活科学的精神方面，建立健全的发展思路，才有可能最终解决这些问题。

　　固然，技术上的不良后果只有通过更新技术来解决，但技术上的解决并不能触及根本的问题，那就是，究竟为什么要发展科学？要发展什么样的科学？要回答这些问题，我们首先要回溯科学的本质。科学不只是一些方法性、技巧性的东西，它是一种文化。它既面对自然，以理性的态度看待自然，它也深入人性，在科学活动中弘扬诚实、合作，为追求真理而不屈不挠的献身精神。其次，不可以视科学为一种手段，一种为达到某种目的（比如发展经济）而采取的手段，相反，科学自身就可以作为目的。"为科学而科学"长期以来受到批判，现在应该承认它有合理之处。诚然，生产上的需要促成了科学的产生和发展。同样，为了求知，为了解开自然界的奥秘，人类也致力于发展科学。亚里士多德提到科学和哲学产生的原因时说：

　　古往今来人们开始哲理探索，都应起于对自然万物的惊异；他们先是惊异于种种迷惑的现象，逐渐积累一点一滴的解释，对一些较重大的问题，例如日月与星的运行以及宇宙之创生，作成说明。一个有所迷惑与惊异的人，每自愧愚蠢（因此神话所编录的全是怪异，凡爱好神话的人也是爱好智慧的人）；他们探索哲理只是为想脱离愚蠢，显然，他们为求知而从事学术，并无任何实用的目的。[1]

　　受中国传统文化中实用理性的支配，中国人不大能接受"为科学而科学"的说法。不过，对我们中国人而言，比较缺乏的也许恰恰是"为科学而科学"的精神。在科学的历史中，我们将看到，这种精神如何成为科学发展的原动力。

　　今天，理解科学成了一项迫切的任务，因为科学在社会生活中已占据相当重要的位置，而人们对它又太缺乏了解。仅有的了解常常是片面的、不正确的。正在成长的一代年轻人将主宰未来的社会发展，如果一开始他们通过熟悉科学的历史全面地理解科学，那么，科学就能更好地为人类造福。

---

[1] 亚里士多德:《形而上学》982b14-21，吴寿彭译，商务印书馆，1959年版，第5页。

第二章
科学史的方法

　　科学的历史是从什么时候开始的？包括哪些内容？对这些问题的回答关系到科学史的不同编史方法，也决定了本书的写法。就科学史这一学科而言，是从何写起，写什么的问题，它涉及如何看待科学，如何回答"科学究竟是什么"这个问题。只有弄清楚"科学"一词的外延和内涵，我们才能确定本书的写法。

　　我们至少可以举出如下三种关于科学的界说：一、科学是系统化了的自然知识；二、科学是生产力；三、科学是一种社会活动。如果按这三种科学定义来写科学史，可以分别写出理论科学史、技术史和科学社会史。作为一本普及性的科学史通俗读物，我不想让其中一种排斥另外一种，因为大多数读者需要全面地了解科学，所以，需要同时了解这三种历史。照此理解，本书打算写成一部综合的科学技术与社会史。

　　科学的历史如同人类其他的历史一样，千头万绪，材料无限丰富。一部综合科学史如何选材，如何布局，都是问题。不同的科学史书有不同的写法。有的专写观念发展的思想史，有的则专写科学活动的社会史；有的注重科学理论中的哲学家传统，有的则注重科学实验中的工匠传统；有的根本不涉及技术和工艺的历史，有的则根本不谈具体的科学理论本身。此外，按照年代顺序的编年史写法与按照学科内在逻辑发展编史，或按照民族、国别的独立发展线索编史，形成鲜明的对照。对种种不同的写法，我打算取一个折中的态度，为了表明如何折中，下面简单回顾一下科学史的不同写法。

1. 科学史与技术史：哲学家传统与工匠传统

　　对当代技术史而言，不涉及科学史是不可想象的，因为今天的技术本质上是科学的技术，是科学的某种应用。但在古代，甚至直到19世纪，科学与技术的关系是不大密切的。科学由一些有知识、有学问、有身份的人所掌握，而技术则由一些无名的工匠传授。科学没有为技术革新做什么贡献，也很难做什么。这种情况使得早期的科学成就与技术成就只能大致按照年代顺序简单地放在一起叙述。

人们常说，科学是认识世界的学问，但并不是所有认识世界的学问都是科学。认识世界的方式很多，神话、宗教和艺术亦提供对世界的认识，提供某种世界图像，但它们不是科学。科学是一种特殊的认知方式。它追求清晰和条理性，不像艺术家那样因激情而丧失明晰和条理；它强调知识来源于经验，不像宗教强调知识来源于圣典；它追求理论与观测经验的一致，不像神话肆意妄为地构造世界图景而不顾经验意义上的事实。不过，科学的认知方式脱胎于原始的宗教、神话和诗的认知方式，对这些前科学的宇宙图景，我们也将提及。

人们也常说，技术是改造世界的学问，可是改造世界的学问并不都是技术。在古代，改造世界的工作包括建筑、水利、交通运输工程，这些多由没有文化的工匠主持，谈不上学问。古代世界谈得上学问的改造世界的工作，可能要数炼金术了。炼金术士们的目标是变贱金属为贵重金属，最终炼出黄金来。今天我们知道，他们的目标在根本上是达不到的，因为通过化学方法绝不可能把一种金属转变为另一种金属。但是，他们用烧杯和蒸馏器的确完成了物质的化合和变化，他们使自然界发生了改变。炼金术当然不能算技术科学的代表，但它里面包含了化学和化工的因素，即使它不完全是科学的，也不完全是技术的。从现代的眼光看，我们可以认为炼金术是伪科学，是骗人的把戏，但它在科学技术史上必须占有一席之地。

今日所谓的科学在人类历史上是非

英国画家约瑟夫·赖特（Joseph Wright, 1734—1797）的作品《寻找哲人石的炼金术士发现磷》（1771），收藏于英国德比博物馆。一般认为，是德国汉堡的炼金术士勃兰特（Hennig Brandt）于1669年发现了磷。

常晚近的东西。许多读者也许不信，"科学家"（Scientist）一词直到 19 世纪才出现。1833 年，在剑桥召开的英国科学促进会的一次会议上，著名科学史和科学哲学家威廉·休厄尔建议仿照"艺术家"（Artist）一词创造一个新词"科学家"，用来称呼像法拉第那样在实验室中探索自然奥秘、丰富人类自然知识的人。读者也许要问，在"科学家"一词出现之前，像牛顿那样的大科学家被称作什么呢？要知道，到了 1833 年，人类历史上出现的大科学家已经不计其数了，他们的名分是什么？原来，他们自称也被称为自然哲学家，他们自以为从事的是自然哲学研究。这一点，我们从许多科学著作的名字中亦能看出。牛顿创立牛顿力

威廉·休厄尔

学体系的著作名为《自然哲学的数学原理》（1687），进化论最伟大的先驱拉马克的代表作是《动物哲学》（1809），近代原子论在化学中的复兴者道尔顿的著作名为《化学哲学的新系统》（1808），光之波动说的光大者、英国物理学家托马斯·杨写过《自然哲学讲义》（1807），而且以这个题目作为当时教科书的名字是比较普遍的。

这些事实说明了什么呢？独立的科学传统的形成是非常晚的事情，在此之前，科学寄附在其他传统之上。"在近代历史之前，很少有什么不同于哲学家传统，又不同于工匠传统的科学传统可言。但是，科学是源远流长的，可以追溯到文明出现以前。不管我们把历史追溯多远，总可以从工匠或学者的知识中发现某些带有科学性的技术、事实和见解；不过，在近代以前，这些知识或服从于哲学传统，或服从于工艺传统要求。"[1]因此，在人类漫长的文明史中，一直存在着两个传统，它们共同构成了科学的历史渊源。

科学一开始就有两个来源。首先是好奇心，以及获得一个整体世界观的内在要求。人类永远需要为自己的心灵创造一个家园，一个不会因为千变万化的眼前现象而经常改变的理解框架，一种系统地理解世界的方式。这种内在的要求构成科学史上的哲学家传统。第二个来源是，为满足物质生活需要，人类必须提高自己制造、使用和改进工具的技艺和能力，广而言之，人类需要提高支配自然界为自己服务的

[1] 梅森：《自然科学史》，周煦良等译，上海译文出版社，1980 年版，第 1 页。

能力。技术和工艺的进步，以及近代大工业的发展，构成了科学史上的工匠传统。

有很长一段时期，人们对工匠传统是不重视的，一提到科学史，往往会想到一些伟大的科学家，如牛顿、爱因斯坦，想到科学理论如何在卓越天才的头脑中被创造出来。这当然是科学史的重要部分，但不是全部。科学的进步在某些时候完全是被科学仪器的发明所推动的，而科学仪器往往一开始是由工匠造出来的。近代天文学的进步肯定应该归功于望远镜的发明，而生物学和医学则应归功于显微镜的发明。这两样东西都是工匠而不是科学家发明的。

HANS LIPPERHEY
secundus Conspicilorum inventor.

汉斯·利珀希

望远镜大概最早出现在 1608 年的荷兰，据说是眼镜制造商汉斯·利珀希发明的。有一次，他的徒弟偶然拿着两块眼镜片一前一后地观看教堂的尖顶，结果看到了放大的景象，年轻人吓了一跳，把这一奇怪的现象告诉了利珀希。望远镜就这样发明了。可以想见，在有着制造眼镜的悠久历史的欧洲，望远镜完全可能在几千年前就被人发明出来，不知为什么一直拖到这个时候。但这个时代已经为望远镜的使用准备了足够充分的条件，人们对空间的征服正是从望远镜的使用开始的。天文学家最先看到了望远镜的重要意义。这一发明的消息一传到意大利，伽利略就立即动手制作了他自己的望远镜。通过望远镜，他发现了全新的宇宙景象：木星有卫星，月球上有山脉，太阳上有黑子，金星有位相的周期变化。这些新现象大大不利于传统的亚里士多德的宇宙论，而强有力地支持了哥白尼的日心理论。

显微镜大概最早也是在荷兰出现的，首先将其用于科学发现的是阿姆斯特丹的商人列文虎克。第一批使用显微镜进行科学观察的人还有英国的罗伯特·胡克。在显微镜底下，列文虎克看见了细菌、原生动物、精子、红细胞和毛细血管，胡克则发现软木和其他植物都有细胞状结构。可以想象，如果没有显微镜，近代生理学简直无从谈起。

望远镜和显微镜的发明典型地反映了工匠传统对于科学发展的重要意义。这样的例子还有许多，我们以后将更为详尽地讲述。对科学史上的哲学家传统和工匠传统同样重视，将是本书的一大写作原则。虽然在篇幅上后者会短一些，但这主要是出于史料来源方面的原因。哲学家传统中的科学，或所谓的纯科学、理论科学、基础科学，往往通过著作的方式传到现在；而工匠传统中的科学，其实物随着时间的推移而湮灭，其发明的过程只在传说中极不可靠地流传到现在。

2. 思想史与社会史

科学思想史与科学社会史在编史原则上的对立，对读者来说也许是一个过于学术的问题，但由于它们决定了本书叙述的历史线索，这里也有必要多说几句。

编写科学的历史一开始是零散的、偶然的，属于个别人的业余爱好，在它成为一门有讲究的学问后，就出现了所谓科学的编史学。科学编史学大致经历了三个阶段，分别建立了三种类型的科学史编史原则和编史方法。

第一阶段是以萨顿为代表的实证主义的编年史方法。乔治·萨顿是科学史学科的创始人，国际最权威科学史杂志《爱西斯》（*Isis*）的创办人。他生于比利时的根特，第一次世界大战期间到了美国，一直在哈佛大学教授科学史。萨顿倡导实证主义的编史方法，他强调，科学的历史实际上是实证知识积累的历史，科学史家的任务就是尽量无遗漏地将历史上出现的所有科学知识都记录下来，并按照年代的顺序编写出来。萨顿的巨著《科学史导论》就是按照这一思路来写的。他以半个世纪为一个单元，逐个考证过去年代在许多知识部门里出现过的实证知识。可以想见，编写这样的历史，其工作量是无比巨大的，在萨顿的

萨顿

有生之年，《科学史导论》出版了三卷五册，才写到 14 世纪。

萨顿的编年史是对他之前广泛流行的专科史的反驳。萨顿坚信，"科学史是人类统一的历史，人类崇高目标的历史和人类救赎的历史"[1]。科学是一个统一的整

---

[1] G. Sarton, *Introduction to the History of Science*, vol.1, *From Homer to Omar Khayyam*, Robert E. Krieger Publisher Company, 1975, introduction, section 5.

柯瓦雷

体，只有综合史才能反映科学史的真实面貌。这是一个非常有价值的思想，是萨顿的科学人文主义或新人文主义的具体体现，也是本书作者极为赞赏的。但是，完全抛开分科史写法，纯以编年的方式写作，也存在不少问题。特别是到了近代，自然科学的学科领域划分越来越细、越来越专，抛开分科史的线索就完全不能完整地叙述历史，实证知识的编年史必将忽视或掩盖科学发展的逻辑线索。况且，近代以来的实证知识内容无边无际，事无巨细地搜集整理罗列，事实上是不可能的。

编史学的第二阶段是以亚历山大·柯瓦雷为代表的思想史编史方法。思想史又称观念史或内史，注重追溯科学概念的内在逻辑发展线索。在这个研究纲领下，出现了一大批极为杰出的研究成果，特别是关于近代科学起源以及 16、17 世纪科学革命的研究。柯瓦雷生于俄罗斯的塔冈洛克，20 年代以后一直在法国生活，用法语写作，代表作是出版于 1939 年的《伽利略研究》。在这部著作中，柯瓦雷展示了"概念分析方法"的威力，揭示了近代科学形成过程中所发生的各种基本观念上的变化。第二次世界大战期间，柯瓦雷来到美国讲学，把他的"概念分析技术"带到了美国科学史界，产生了巨大的影响。迄今为止，大部分最优秀的科学史著作都遵循思想史的编史纲领。

值得注意的是，思想史的编史方法获得成功的学科领域往往是数理科学，特别是天文学、力学和几何光学，时段主要在从哥白尼到牛顿这段历史时期。这段时期，科学思想发生了戏剧性的变革。迎接新思想的到来所需要的细节上的改变一环紧扣一环。每一环节都由一个伟大的人物来完成，整个科学的进展仿佛是早已安排好的一幕戏剧的上演。这样的历史当然使思想史或观念史大有用武之地，可是这种情况在科学史上并不总是出现。到了 18 世纪，科学发展的线索就不那么分明了，科学史

库恩

不再是少数几个成熟学科观念的变革史，而是许多新学科的诞生史。20 世纪著名的科学史和科学哲学家托马斯·库恩曾提出过近代物理学史上数学传统和实验传统的对立。他认为天文学、声学、数学、光学与静力学这五大学科属于古典物理科学，几乎从古代连续地传到近代，这些学科在近代的主要发展是观念革命。"古典科学在科学革命时期的转变，更多地归因于人们以新眼光去看旧现象，而较少得力于一系列以前未预见到的实验发现。"[1]电学、磁学、热学、化学等学科则极大地依赖实验，库恩称之为培根科学，因为培根曾在他的《新工具》中为这些学科的发展设计过蓝图。库恩指出，数学传统的古典科学和实验传统的培根科学直到 19 世纪仍然是分离的、独立发展的，不能用一种发展模式来概括全部科学史。库恩的观点对克服思想史编史方法的局限性很有益处。

默顿

编史学的第三阶段是以默顿和贝尔纳为代表的社会史编史方法。默顿的代表作《十七世纪英格兰的科学、技术与社会》被认为是科学社会学的奠基之作，而贝尔纳的《科学的社会功能》则被认为是科学学的奠基之作。不论是科学社会学还是科学学，都重视研究科学与社会的关系。科学社会学把科学活动本身作为社会学的研究对象，考察科学共同体的运作机制；科学学则注重研究科学发展与外部社会条件的相互制约关系。这两个方面在科学史研究中构成了所谓的外史学派。

贝尔纳

科学社会史的研究无疑是对科学思想史的极大补充，虽然内史学派与外史学派之间存在着很深的学术分歧。比如，柯瓦雷就坚决反对社会经济因素在科学理论的发展中起决定性的作用。柯瓦雷的异议有他的道理。在近代早期，科学与技术还没有挂上钩，科学对技术的促进并不明显。另一方面，古典科学已形成其固有的学术传统，技术对科学虽有促进，但绝不是决定性的。但是，在科学史的其他时期和其他领域，特别是技术领域，生产和经济的因素可能起着决定性的作用。比如蒸汽机的发明，就明显来源于生产上的需要。它一开始

---

[1] 库恩：《必要的张力》，范岱年、纪树立等译，北京大学出版社，2004 年版，第 41 页。

被用于矿井抽水，后来则成了万能动力机，被用于一切动力机械上。由此可见，对全面理解科学史而言，思想史与社会史有和平共存的必要性和可能性。

作为一部通俗的科学技术通史，本书不敢妄称在方法上对内史学派和外史学派进行综合，我所能做的只是简单地不忽略这两个方面，尽量同时顾及它们。

3. 综合史与分科史、断代史、国别史

一开始，所有的科学史著作都是分科史，大多作为著名科学家的讲义的第一章出现。分科史内容集中，条理分明，容易满足学生的需要，并对他们熟悉正在学习的课程有一定的帮助。不过，正如萨顿所说，分科史是不完善的科学史，尤其不能反映科学作为统一的整体，以及作为人类文明这个统一体的一部分的历史事实。本书大体采取综合史的写法，但对于某个历史时期的带头学科，则以专门章节叙述该学科的专科史。

综合史常常以编年的方式写作，本书也不例外。年代顺序是本书的基本框架，不过考虑到上述诸多关系，年代顺序不可能严格遵循。除了分科的缘故，各民族之间科学发展的不平衡也是无法严格遵循年代顺序的原因。虽然古埃及和古巴比伦的科学文明的影响持续到了公元后，但我们也只能在第一卷一并写完。中国文明与世界其他文明隔绝，它独自发展，走着一条独特的路线。如果严格按照编年的顺序，则会破坏对中国科学史的完整叙述，也使近代以来的世界科学史丧失了连续性。有鉴于此，中国的科学技术史基本上都放在第三卷。

总的来讲，本书将写成一部综合各方面的科学技术史。这种写法的弊病是显而易见的：它什么都写到了，但可能什么都没写好。萨顿以来，国际科学史界致力于专题史、断代史、国别史、科学家传记的著述，通史出版得不多，因为往往吃力不讨好。但对普通读者而言，这样的通史是十分必要的。在西方国家，不断有各种形式的通俗科学通史著作出版，能够满足读者的需要。我国普及性的科学史著作也出了不少，但史话居多，缺乏历史线索的连贯性。作为教材的小部头科学通史也编了不少，但目前看来还没有能力编写大型的西方科学通史。

本书力求保持的另一特色是插图丰富。对科学史著作而言，配以特定的历史图

片，将使所叙述的历史事件变得生动、直观、亲切，使人仿佛身临其境，能否达到这一效果，请读者明鉴。

4. 科学史著作简介

过去 30 多年间，我国流传最广的西方科学史著作始终是丹皮尔的《科学史》（商务印书馆 1975 年出版）和梅森的《自然科学史》（上海人民出版社 1971 年出版，1980 年由上海译文出版社出新版）。这两本书的作者都不是职业科学史家，丹皮尔是位作家，梅森是位化学家，加之出版时间较早，它们未能吸收职业科学史界的研究成果。近十几年，有不少新的西方科学史著作被翻译引进，值得一提的有三本：麦克莱伦第三的《世界科学技术通史》（原名《世界史上的科学与技术》，上海世纪出版集团 2007 年版）、罗南的《剑桥插图世界科学史》（山东画报出版社 2009 年版）、阿里奥托的《西方科学史》（商务印书馆 2011 年版）。这三本书均出自职业科学史家之手，出版年代较近，比丹皮尔和梅森的著作更为权威。

由西方专业科学史家编写的大型科学通史本来就不多，国内译本更少，其中值得一提的是贝尔纳的《历史上的科学》（科学出版社 1959 年版）。20 世纪 60 年代以来最好的多卷本科学通史大概要数法国科学史家塔顿主编的四卷本《科学通史》，原文是法文，英文本第一卷《古代和中世纪科学》，1963 年出版，第二卷《近代科学的开端，从 1450 年至 1800 年》，1964 年出版，第三卷《十九世纪的科学》，1965 年出版，第四卷《二十世纪的科学》，1966 年出版。这四大卷科学通史可在一定程度上满足学术界的需要，但至今未译成中文。21 世纪，剑桥出版社邀请美国著名科学史家、萨顿奖获得者林德伯格和南博斯联合主编了一套八卷本的《剑桥科学史》，原书正在陆续推出。河南大象出版社购得版权，也在陆续推出中译本，到 2011 年已经出版了第四卷《十八世纪科学》和第七卷《现代社会科学》。

20 世纪后半期西方科学史界的主要成果是由专业科学史家编写的分科史、断代史，国内推出了不少译本，这里试做一个简单的介绍。

值得首先推荐的是复旦大学出版社 2000 年出版的 11 册的"剑桥科学史丛书"，

包括格兰特的《中世纪的物理科学思想》、狄博斯的《文艺复兴时期的人与自然》、韦斯特福尔的《近代科学的建构》、汉金斯的《科学与启蒙运动》、科尔曼的《十九世纪的生物学和人学》、哈曼的《十九世纪物理学概念的发展》、拜纳姆的《十九世纪医学科学史》、艾伦的《二十世纪的生命科学史》、巴萨拉的《技术发展简史》、布鲁克的《科学与宗教》。这套丛书缺古代部分，如果加上中国对外翻译出版公司2001年出版的林德伯格的《西方科学的起源》，就可以构成一个比较完整的通俗版西方科学通史系列，具有大学文化水平的普通读者将受益匪浅。

更具专业性的著作也出版了不少。在断代史方面，除了上述系列外，商务印书馆分别于1985年、1991年出版了沃尔夫的《十六、十七世纪科学、技术和哲学史》以及《十八世纪科学、技术和哲学史》，专家认为，两书所搜集的史料依然有查考价值。商务印书馆1998年出版的科恩的《科学中的革命》、四川人民出版社1991年出版的霍伊卡的《宗教与现代科学的兴起》，是专业性很强的专题研究。大象出版社新近出版的萨顿的《希腊黄金时代的古代科学》有丰富的资料。

属于内史传统的著作有北京大学出版社2002年推出的"北大科技史与科技哲学丛书"，包括柯瓦雷的《从封闭世界到无限宇宙》《牛顿研究》《伽利略研究》，库恩的《哥白尼革命》，伯特的《近代物理科学的形而上学基础》；还有江西教育出版社1999年出版的"三思文库·科学史经典系列"的三部著作：科恩的《牛顿革命》、鲍勒的《进化思想史》、吉利思俾的《创世纪与地质学》；华夏出版社1988年出版的巴特菲尔德的《近代科学的起源》、河北教育出版社1990年出版的许良英编选的霍尔顿的《科学思想史论集》也属内史范围。由张卜天主编、湖南科学技术出版社出版的"科学源流丛书"汇集了科学思想史的许多经典著作，包括戴克斯特霍伊斯的《世界图景的机械化》、格兰特的《近代科学在中世纪的基础》、科恩的《新物理学的诞生》、吉莱斯皮的《现代性的神学起源》、科恩的《世界的重新创造：近代科学是如何产生的》。

属于外史传统的著作有商务印书馆1982年出版的贝尔纳的《科学的社会功能》、2000年出版的默顿的《十七世纪英格兰的科学、技术与社会》，中共中央党校出版社1992年出版的普赖斯的《巴比伦以来的科学》。北京大学出版社2010年出版的《近代科学为什么诞生在西方》也属此列。

数学史方面，上海科学技术出版社1979年出版的克莱因的《古今数学思想》，中文分四册，对西方数学史有比较全面而权威的勾画；商务印书馆 1985 年出版的丹齐克的《数：科学的语言》是一部非常有名的数学史话，据说爱因斯坦十分喜欢读；上海人民出版社 1977 年出版的波耶的《微积分概念史》是一部较好的数学专题史。

物理学史方面，内蒙古人民出版社 1981 年出版过卡约里的《物理学史》，此书实证主义味道很浓，但也有不少资料；商务印书馆 1986 年出版的马吉编的《物理学原著选读》是一个权威的物理学史资料选本；人民教育出版社 1982 年出版的霍尔顿的《物理科学的概念与理论导论》（下册 1987 年改由高等教育出版社出版）是一本以史带论的物理学导论，也可以当成物理学史读；商务印书馆 1981 年出版的伽莫夫的《物理学发展史》是一本非常有趣的著作。此外，相对论史和量子论史译本更多，不一一述说。

化学史方面，商务印书馆 1979 年出版的柏廷顿的《化学简史》是一个权威的化学通史读本，但只写到了 20 世纪初年。

天文学史方面，霍斯金主编的《剑桥插图天文学史》（山东画报出版社 2003 年版）是一部比较出色的西方天文学通史著作；伏古勒尔的《天文学简史》（广西师范大学出版社 2003 年版）是一部经典的作品，但只写到了 20 世纪 60 年代。

地学史方面，奥尔德罗伊德的《地球探赜索隐录》（上海世纪出版集团 2006 年版）是一个重要的译本，还有商务印书馆 1982 年出版的詹姆斯的《地理学思想史》和克拉瓦尔的《地理学思想史》（北京大学出版社 2007 年版）。

生物学史方面，迈尔的巨著《生物学思想的发展》中文本 1990 年在湖南教育出版社出版（还有一个译本是四川教育出版社 1990 年出版的《生物学思想发展的历史》），玛格纳的《生命科学史》（百花文艺出版社 2002 年版）也是一部很好的生物学通史著作。

医学史方面，商务印书馆 1986 年出版了卡斯蒂格略尼的《世界医学史》第一卷，未有下文；吉林人民出版社 2000 年出版了波特的《剑桥医学史》，图文并茂，印刷精美。

技术史方面，查尔斯·辛格等主编的七卷本巨著《技术史》经多方努力，终于在 2004 年由上海科技教育出版社全部出齐。

中国科学技术史方面的著作，首推英国科学史家李约瑟的《中国科学技术史》，该书 20 世纪 70 年代曾经部分出版过；20 世纪 80 年代末开始，由卢嘉锡主持重译，科学出版社和上海古籍出版社联合出版，1990 年出版第一卷、第二卷、第五卷第一分册（《纸和印刷》）……原著计划共七卷，尚未出齐。罗南据此巨著缩编的《中华科学文明史》（上海人民出版社 2010 年版）可供普通读者阅读。

中国科学史家写作的中国科学技术史著作有很多。科学出版社 1982 年出版的由杜石然等编著的《中国科学技术史稿》是中国人编写的第一部中国科学技术通史；1998 年科学出版社出版的由卢嘉锡主编的十卷本《中国科学技术史》显示了中国科学史界在中国科技史领域的总体成就；董光璧主编、湖南教育出版社 1997 年出版的大部头《中国近现代科学技术史》积累了大量的资料；卢嘉锡、席泽宗主编的《彩色插图中国科学技术史》（中国科学技术出版社 1997 年版）是一部图文并茂、印制精良的作品；路甬祥主编的三卷本《走进殿堂的中国古代科技史》（上海交通大学出版社 2009 年版）可供普通读者阅读。中国科学史家写作的关于中国科学技术的分科史、断代史著作不胜枚举，这里只提江晓原的《天学真原》（辽宁教育出版社 1991 年版）和《天学外史》（上海人民出版社 1999 年版），因为它们可能是在中国古代科学史研究中遵循社会史纲领的少有的成功范例。

科学家传记译文则更多，这里只举四部名著：中国对外翻译出版公司 1999 年出版的韦斯特福尔的《牛顿传》，是作者另一部巨著《永不停息》的缩写本；广东教育出版社 1998 年出版的派依斯的《上帝难以捉摸——爱因斯坦的科学与生活》；商务印书馆 2001 年出版的派斯的《尼耳斯·玻尔传》；上海科学技术文献出版社 2009 年出版的戴斯蒙德和穆尔合著的《达尔文》。

20 世纪 80 年代以来，中国科学史家也写作出版了不少世界科学的专科史和断代史，择其要者如下：由李佩姗、许良英主编的《二十世纪科学技术简史》（科学出版社 1999 年第二版）；上海人民出版社 1990 年出版的童鹰的《世界近代科学技术发展史》（上下册）；武汉大学出版社 2000 年出版的童鹰的《现代科学技术史》；由杜石然主编、吉林教育出版社 1997 年出版的"自然科学史丛书"，包括《世界数学史》（杜石然、孔国平主编）、《世界物理学史》（董光璧、田昆玉著）、《世界化学史》（周嘉华、张黎、苏永能著）、《世界天文学史》（崔振华、陈丹著）、《世界地理学史》（杨文衡主编）、《世界地质学史》（吴凤鸣编著）、《世界生物学史》（汪子春、田铭、易华著）、《世界电子科学史》（高鼎三主编）等；辽宁教育出版社 1995 年出版的梁宗巨的《世界数学通史》（上）；高等教育出版社 1992 年出版的宣焕灿编的《天文学史》；北京大学出版社 1984 年出版的孙荣圭的《地质科学史纲》等。

中国科学史家写作的科学家传记可能是过去 20 年来西方科学史研究领域最重要的研究成果之一。由李醒民主编、福建教育出版社出版的"哲人科学家丛书"，传主包括玻尔、开普勒、彭加勒、希尔伯特、奥斯特瓦尔德、薛定谔、康托尔、马赫、维纳、弗洛伊德、迪昂、爱因斯坦、玻恩、牛顿、莱布尼茨、赫尔姆霍茨、海森堡、哥德尔等，内容通俗，形式活泼。

在科学史的工具书方面，樊洪业等编译的日本科学史家伊东俊太郎等主编的《科学技术史词典》（光明日报出版社 1986 年版）、宋子良等翻译的拜纳姆等主编的《科学史词典》（湖北科学技术出版社 1988 年版）、杨建邺主编的《二十世纪诺贝尔奖获奖者辞典》（武汉出版社 2001 年版），都很有用处。我本人编的《科学思想史指南》（四川教育出版社 1994 年版）对科学史学科的基本情况进行了初步的介绍。

第三章
五千年的历程

　　人类有文字记载的历史已有五千年。五千年的文明史画卷里，战争与和平、王朝兴盛与危机最为引人注目，但构成其基本内容的却是物质生活条件的持续改善和人类精神生活的奇异历险。科学和技术在文明史上始终占有一个非常重要的位置。它仿佛承载激流的河床，流水消逝了，河床留存下来；昔日的城堡、宫殿化为灰烬，昔日的赫赫战功随岁月而烟消云散，但是支撑着每一时代人类物质生活方式的技艺却传了下来，显示人类对自然界知识增进的科学理论传了下来。某种意义上，乔治·萨顿是对的。他说过，科学的历史虽然只是人类历史的一小部分，但却是本质的部分，是唯一能够解释人类社会进步的那一部分。自然，他说的是西方人和西方的历史。

　　人因为拥有自己的技术而成为人，人通过自己的技术成就自己。考古学家发现了大量史前人类使用的器具，每一样器具都表达了一种生活方式。过去人们比较重视进攻性的武器、切割和解析性的工具，史前史就被标志为旧石器、新石器、青铜、黑铁等时期。这种历史分期反映了我们工业时代的某种标准。事实上，史前器具远不止这些。除了矛、枪、弓箭、棒、飞镖、切割器、石锤这些男性化的武器和工具外，还有篮子、罐子、染缸、砖窑、水库、沟渠、房子这些女性化的容器。后一类用于保存的器具的重要性一向被忽视，但采集和收藏毕竟是文明的第一块基石。也正是采集和收藏，使人类的语言和时间成为可能。我们的语言只是一种集体性的记忆方式，我们的时间使集体性的活动能够步调一致。

　　器具对于人类起源的意义不是体质或物质上的，而在于"意义"本身的出现。完全可以设想，第一批器具不是作为工具，而是作为装饰品出现的。礼仪必须先行，社会秩序才能建立起来。为了建立社会秩序，才有动刀舞枪的必要。因此，在原始炉膛里炼出的第一批成品可能是指环而不是刀枪，是珠宝而不是器械；在原始人的天空中闪烁着的，是命运之神的眼睛，而不是农业生产的指南。技术，各式各样的

画家勃鲁盖尔（Pieter Brueghel，1525—1569）的版画《时间的凯旋》（*The Triumph of Time*），现藏于美国纽约大都会艺术博物馆。

技术，制造术、巫术、星占术、炼金术、雕刻术等，首先是呈现了一个意义的世界。

　　科学，就其本质而言，是在技术所开辟的意义世界中突现的一种高级的文明形式。它从多种技术中吸取营养，但超越了它们。它的核心是把理性作为自己基本的人文理想。理性从来都是一种人性的构造，而不只是人类与周围的生活环境相协调的一种手段和方式。在知、情、意这三种人性指向中，理性扩展着知的方面，使之成为最基本的人性构成要素。因此，严格意义上来说，科学并不是一种普遍的人文现象，更多地是西方文明的特征；就其不严格的意义，各种文明中都有科学的成分。在中国文化中，"晓之以理"和"动之以情"是并存的，尽管中国先民不好玄想，注重实务。

　　数学、天文学和医学是一切伟大的文明都予以充分关注的学科，这大概是因为，它们与人类的生存最息息相关。四大文明古国在这三门科学上都做出了开创性的贡献。埃及、巴比伦、印度和中国的成就各具特色，它们或服务于宗教的需要，或有强烈的实用倾向，均为后世开辟了不同的科学传统。巴比伦、印度的算术和占星术通过阿拉伯人流传到近代，导致了近世代数的大发展，以与日益发达的商业社会的计算需要相适应；中国则独自发展出了技术型、经验型、实用型的科学技术体系，在中古时期孕育出了伟大的四大发明。这四大技术成就通过阿拉伯人传到欧洲之后，促进了近代欧洲社会的发展和近代科学的形成。

科学成为一种独立的、占主导地位的精神范型，是从希腊开始的。希腊人最早对世界形成了一种不同于神话的系统的理性看法，而且创造了一套数学语言来把握自然界的规律。希腊第一个哲学家泰勒斯提出"万物源于水"的命题，奠定了西方哲学追究本源的形而上学精神。泰勒斯学生的学生阿那克西米尼指出，万物由气所构成，不同的物质由气的浓密稀疏所致，这开辟了把握世界的实体构成主义传统。这一传统主张，唯有找到自然现象背后的实体，并且通过这一实体将自然现象重新组合构造出来，才算是认识了自然。古代希腊的原子论实际是第一个比较成熟的实体构成主义的模型：原子论者找到了原子作为基础，并将大千世界的多样性和复杂性还原为原子的不同排列组合。与构成主义传统相对的是由毕达哥拉斯学派开辟的形式主义传统。在他们看来，理解世界的关键不在于找出构成实体，而在于找出构成方式。他们认为，数是万物构成的基本形式，因此，数有着至高无上的本体论地位。柏拉图学派后来进一步精致化了这些主张，从哲学的高度强化了形式的重要性。实体构成主义和形式主义这两大传统后来被近代科学所综合继承。

希腊科学真正的大发展不在希腊古典时期，而在希腊化时期。有三个杰出的人物代表了这一时期最高的科学成就，他们是欧几里得、阿基米德和托勒密。欧几里得因为《几何原本》、阿基米德因为杠杆原理和浮力原理、托勒密因为《至大论》而彪炳史册。他们是古代世界在几何学、力学和天文学上达到的三座高峰。

在公元元年之后的近5个世纪，罗马人统治了西方世界。他们在政治、管理、法律和军事上有着杰出的成就，但在科学方面难以为人称道。虽然也出现过像普林尼这样百科全书式的博物学者，但罗马人总的来说没有对科学的发展做出过重大的贡献。希腊丰富的科学遗产被他们一点点丢弃，直至文明的光辉完全熄灭，进入长达五百年的黑暗年代。

在欧洲黑暗年代（6世纪至11世纪），自然科学确实处于荒漠状态，但是在同一时期，阿拉伯人却建立了经济繁荣、文化发达的阿拉伯帝国。他们继承了希腊人的科学遗产，大量翻译了包括欧几里得的《几何原本》和托勒密的《至大论》在内的希腊科学著作。到了公元 8 世纪，阿拉伯人使希腊传统的西方科学进入了一个新的繁荣时期。在炼金术（作为化学的先驱）、代数、天文学、光学等方面，阿拉伯人都做出了自己独特的贡献。今天的许多科学术语都来自阿拉伯文，这正是因为近代科学继承了阿拉伯人的科学遗产。

阿拉伯科学的辉煌时期只持续到 12 世纪，而中国科学技术的发展却持续到了 17 世纪。从盛唐（7 世纪）到明末（17 世纪）一千多年的时间里，由于政治相对稳定，中国独特的科学技术体系得以逐步完善和发展。构成这一体系的农、医、天、算四大学科以及陶瓷、丝织和建筑三大技术，是古代中国人聪明智慧的结晶。造纸术、印刷术、火药和指南针这四大发明，经阿拉伯人传入欧洲，对近代科学的诞生起了重要的推动作用，是中国人对近代世界文明的卓越贡献。

11 世纪之后，欧洲开始从漫漫长夜中苏醒，东征的十字军从阿拉伯人那里带回了中国的四大发明和希腊的学术；通过翻译希腊古典文献，欧洲学术得以复苏。大翻译运动在西班牙和意大利两个中心进行，因为它们离阿拉伯文化和希腊化文化区最近。大翻译运动的结果是出现了经院哲学的新气象，为基督教教义辩护的神学与亚里士多德主义成功结合，产生了以理性论证为主导的托马斯·阿奎那的哲学，希腊理性精神遂通过经院哲学传到了近代；此外，还孕育了实验科学的先驱罗吉尔·培根。

欧洲的第二次学术复兴也就是著名的文艺复兴。就科学史而言，这次复兴更全面地恢复了希腊自然哲学的整体面貌，柏拉图主义重新支配了研究自然的学者们的思想，以对抗已占统治地位的托马斯－亚里士多德主义。这一时期航海罗盘、钟表、枪炮、印刷术等的出现，以及美洲的发现，都为科学革命提供了合适的气氛和时代背景。人们即将从古代的知识范围里走出来，去探索无限的宇宙。

世界观的重大变革确实是从哥白尼革命开始的。古希腊及中世纪的宇宙是一个层层相套的有限的球体，地球居于宇宙的中心。近代思想的一个革命性的变化就在于从有限封闭的世界走向无限的宇宙。这一思想主题反映在许多方面：在天文学方面，最终抛弃了天球的概念，将天体撒向一望无垠的宇宙空间；在物理学方面，最终抛弃了亚里士多德目的论的天然运动概念，提出了惯性运动概念，除非受到干扰，物体将沿一条直线无限地运动下去；在视觉艺术的创作方面，定点透视代替全景透视，确立了欧几里得几何学在观察世界的过程中作为先天形式的地位，人被确立为观察世界的主体，世界成为观察者眼中的世界；在精神生活方面，对人类有限性的深刻认识以及由此产生的对上帝的虔诚恭敬，被无神论的狂妄、放肆以及对主体无限能力的崇拜所取代；在经济活动领域，对自然资源的无限开发和索取代替了适度规模的小农经济。这一切，实际上都是"从封闭世界走向无限宇宙"[1]这一时代主题的表现。于是，我们就不难理解，为什么哥白尼革命对于近代世界如此重要，因为，这场宇宙论革命既是天文学的，也是人类学的，既带来了世界图景的改变，也导致了欧洲心灵的重建。

从哥白尼开始，近代物理科学的诞生仿佛一幕早已被编排好的大剧，每一环节都天衣无缝。第谷、开普勒、伽利略、笛卡尔、牛顿，每一位都在为重铸新时代的思想范式而努力，虽然他们也走过弯路：第谷不赞同哥白尼体系，开普勒不赞同无限宇宙观，伽利略不愿意放弃行星运动的正圆轨道。"科学革命"或"近代科学的起源"，确实是思想史家得心应手的处理对象，在这一历史过程中，概念的演变格外引人入胜。

近代物理科学的形成标志是所谓"世界图景的机械化"[2]或者"机械论哲学的建立"[3]，这一主题也体现在近代生命科学的发展过程中。对生命世界的理解本来就有两种截然不同的传统：一是古已有之的博物学传统，它通过搜集生物界的多样化品种加以分类来把握生命、建立生物科学的知识体系，亚里士多德、普林尼是这一传统的杰出代表。近代以来，与物理科学相伴，另一种理解生命的新范式成长起来，这就是实验生理学传统。它把生物体看成一台机器，认为通过了解其生理结构就可以解释其生命的功能。与哥白尼的《天球运行论》同年出版的维萨留斯的《人体结构论》宣告了这一新传统的诞生，哈维的血液循环理论则是它产生的第一个重要成就。

17世纪末，古典科学的基本纲领已经建立，人们将在18世纪将之进一步付诸

---

[1] 取自著名科学史家柯瓦雷的名著《从封闭世界到无限宇宙》，张卜天译，北京大学出版社，2008年版。

[2] 取自著名荷兰科学史家戴克斯特霍伊斯的名著《世界图景的机械化》，张卜天译，湖南科学技术出版社，2010年版。

[3] 取自英国科学史家玛丽·波亚斯（后与著名科学史家霍尔结婚，成为霍尔夫人）的博士论文《机械论哲学的建立》（Marie Boas, *The Establishment of the Mechanical Philosophy*, Osiris 10, 1952, pp. 412–541）。

实施。这个因英国产业革命和法国大革命而闻名的新世纪，是一个技术革命与理性启蒙的世纪。在自然科学的大理论框架方面，这个世纪并没有重大的突破。分析力学与天体力学可以看成牛顿力学在新的数学工具下的精致化，而热学与电磁学尚处于积累实验材料阶段；进化论正在孕育之中；唯有拉瓦锡发动的化学革命是真正革命性的，但这往往被看作是前一个世纪"科学革命"的延迟。尽管如此，理论科学的成就通过向实用技术的转化以及启蒙运动的大力宣传，正成为一种重要的社会力量，登上历史的舞台。

19 世纪经常被誉为科学的世纪。一方面，古典科学的各个门类相继成熟，形成了空前严密和可靠的自然知识体系：物理学上，电学、磁学与光学统一起来，热学则通过统计方法与牛顿力学相统一；原子论使化学真正走上了定量研究的发展道路，元素周期表则揭开了化学元素的奥秘；天文学走出了太阳系，把目光投向无限的宇宙空间，研究宇宙的物质结构和成分；进化论在达尔文的手里瓜熟蒂落，对欧洲思想界产生了巨大的影响，成为博物学传统中最辉煌的成就；实验生理学传统结出了硕果，细胞学说的建立、遗传学特别是微生物学的发展，使人类对生物本质的理解进入了一个新的阶段。

19 世纪被誉为科学的世纪，更在于科学和技术已经开始深入人们的日常生活。自然科学的体制化和在大学教育中位置的突出，标志着它的社会角色已然被确认；运输工具、通信技术、冶金技术、化学工业和电力工业，象征着人与自然的关系完全进入了一个前所未闻的历史时期：人类正在高度地开发自然力，并创造着一切世代都不曾想象的物质文明。

20 世纪在两个方面显示了近代科学正处在一个转折点上。首先，传统的科学范式不再无条件地有效，世纪初年出现的物理学革命改变了人们的世界观和科学观，使思想界经受了一次震荡。这次革命的余波未了，物理学内部又在亚微观层次发现了新的规律性，这种规律性一反传统的机械论，强调世界的系统性、有机性、对未来的开放性、时间不可逆性，因此，有所谓"从存在的科学走向演化的科学"之说。生物学方面，情况有所不同，20 世纪最杰出的成就是分子生物学的出现，它将生物学的实验研究水平推进到分子层次，从而对生命的遗传现象有了富有成效的了解，但这一成就恰恰基于古典物理科学的还原论模式。在博物学方面，进化论在这个世纪也经历了几次洗礼，从中成长出与还原论传统相对抗的生物学家群体。

20 世纪科学处在转折点上的另一个标志是核威胁、环境危机、生态危机、能源危机以及文化危机等全球性问题的出现，导致人们重新反思近代形成的人与自然的关系，反思近代科学的哲学基础。生态科学、生态哲学和生态意识开始成为人们密切关注的话题。思想界和科学界都在深思：全球性问题是否昭示了古典科学的某种界限？未来科学的方向是否仍然沿着还原论的线性走向发展，继续要求越来越高的能量，越来越大的资源消耗，越来越不可逆转的环境破坏呢？

我们正处在新世纪的起点，也处在科学发展的转折点上，未来的科学指向何方，回顾科学的历史也许能使我们有所省悟。

The Journey of Science

第一卷

东方

古老文明的源头

回顾科学的历史就像一个人回顾自己的历史，记忆的大河蜿蜒伸向朦胧的远方，年代越久远，回忆越不确切。写一部科学的历史如同写一部人物传记，我们通常都要简短地追寻一下他的出生、父母和祖籍。希腊作家希罗多德说得好，一个从不知道自己出生之前事情的人，永远是孩童。今天我们回顾科学的历史，可以且应该从科学史之前的自然史开始。

埃及吉萨大金字塔与塔前的狮身人面像。吴国盛摄

第一章
从自然史到文明史

自然界经历了一个漫长的演化历程，这是现代人普遍持有的一个信念。科学在这个信念的支配下，不遗余力地描述刻画这个演化历程，反过来使这个信念变得更为充实可信。宇宙、太阳系、地球、生命和人类相继演化的历史被称为自然史。自然史的概念是在文明的历史中浮现出来，并随着文明史的发展而变化的。我们将要讲到的许多历史，都是为描画自然史而奋斗的历史。在叙述文明史的开头，让我们把只有在文明史的结尾也就是今天才了解到的自然史讲述一番。

从时间顺序上讲，人类存之前地球就已存在，地球形成之前宇宙就已形成。如果自然界是演化的，演化的时间顺序必然是：宇宙—地球—生命—人类。让我们依次简单地讲述现代科学告诉我们的这四大起源的故事。

1. 宇宙的起源与演化

几百年来的天文观测已把我们所在的地球附近的空间区域大体搞清，并且将人类的视野扩展到了宇宙的纵深。地球基本上是一个球体，但略微有些扁。长期的绕轴自转将地球的赤道地区甩出去一些，形成了一个椭球体，南北两极方向的平均半径比赤道平均半径（6378 千米）约短 21 千米。此外，在极直径上，北极高出约 18.9 米，而南极则陷下去 24~30 米，形象地说，地球像是一个倒放着的大鸭梨。地球自转的周期当然是一天。除了自转，地球还同太阳系其他行星一起绕太阳公转。公转的轨道是一个椭圆，其平均轨道半径约有 14960 万千米，公转的平均速度约为每秒 30 千米。地球这个庞然大物，质量有 5.976×10^{24} 千克，也就是差不多 60 万亿亿吨之巨。

地球只是太阳系家族中的一名成员。太阳系以太阳为核心，八大行星绕太阳转动，按轨道半径从小到大是：水星、金星、地球、火星、木星、土星、天王星和海王星。除水星和金星外，其他行星都有卫星。月亮就是地球的卫星。此外，在火星和木星轨道之间还有许多小行星，形成了一个小行星带。但有些小行星并不在这个小行星带上，比如曾经被列为第九大行星的冥王星，轨道在海王星之外。几乎所有行星都大致在同一平面上绕太阳公转。地球绕一周是一年，水星的公转周期是88天，金星是225天，火星则要687天。除了行星、小行星和各行星的卫星之外，太阳系中还有大量的彗星、流星体。太阳系如果以八大行星为主体，其半径不到地球与太阳间距离（所谓天文单位）的50倍，如果把非常遥远的彗星云也算作太阳系的领域，半径则可以一下子扩展到十几万个日地距离。

尽管如此，太阳系相对于宇宙依然是微不足道的。像太阳这样本身发光的天体被称为恒星，以区分那些自身不发光而靠反射恒星的光发光的行星。在我们的周边，大量的恒星聚集在一起，构成了我们最为熟悉的星系即银河系。银河系整体上就像一个透镜，中间厚、两边薄，其直径约为10万光年。光年是天文学中的距离单位。天文学所涉及的空间跨度过大，用我们常用的千米、米等单位来量度很不方便，所以用光年。众所周知，光是世界上跑得最快的东西，每秒跑30万千米，一年能跑94600亿千米。一光年确实是很遥远的距离，可银河系的直径居然有10万光年。太阳并不处在银河系的中心，离银河系中心大约有2.8万光年。像太阳这样的恒星，银河系里差不多有几千亿颗。

星系基本上可以分为两大类，一类是旋涡星系，一类是椭圆星系。旋涡星系像个铁饼，有旋臂，银河系是一个典型的旋涡星系。银河系并未包括所有的恒星，在银河系外还有许多像银河系这样规模的星系。天文学家发现，若以银河系为中心，方圆300万光年之内，约有40个与银河系一样的星系，其中主要有麦哲伦云、仙女座星系等。这些星系跟我们的银河系一起构成了所谓的"本星系群"。本星系群松散地聚在一起，没有像银河系那样形成有核心的结构。不过在本星系群这样的尺度上，的确存在一些向中心聚集的星系群，叫星系团。而且星系团和星系群又在更高一层上构成了本超星系团，之所以被称作本超星系团，是因为它包括了本星系群，而本星系群包括了我们的银河系。本超星系团的尺度大约在3亿光年，主要包括本星系群和室女星系团等。

这是否就是我们迄今所知道的全部宇宙空间呢？还不是，事实上，本超星系团之外还发现了星系，宇宙的边界现在还不能确定。

所有的天体都像人一样有生老病死，宇宙亦然。宇宙学就是研究宇宙的起源和结构的一门学科。根据当今得到一致认可的大爆炸宇宙学理论，我们的宇宙是在大约 137 亿年前的一次大爆炸中诞生的。这个理论依据这样一个事实，即几乎所有星系都以很高的速度相互逃离。这意味着整个宇宙都在膨胀，而且膨胀是没有中心的，也就是说，从任何一点看都能发现四周的天体在离我们而去。有意思的是，距离越远，退行速度越大。这就像一个正在充气的气球，表面上任何一点都会发现别的点正离它而去，而且距离越远，退行速度越大。

宇宙的膨胀现象必然导致一个问题：如果我们往回追溯，那么，宇宙会越来越小，就像胀大的气球放气，到最后只剩下一个点。人们会问，此点之前是什么？宇宙何以会发生这样壮观的膨胀呢？宇宙学家设想，宇宙是从点状宇宙发生大爆炸开始膨胀的。至于点之前是什么，还没有令人满意的回答。一种常见的回答是，时间、空间正是在大爆炸中产生的，在没有时间的情况下，无所谓之前之后。这当然是一个有趣的回答。

还有一种可能，即有无限多个星系向无限的远方膨胀。如果是这样，就不存在什么起点问题了。但是，根据前面所说的距离越远，退行速度越大的规律，无限遥远的天体将有无限大的退行速度，而这是不可思议的。根据相对论，物体运动的最大速度是光速。按照这一极限速度，宇宙的范围事实上已被限定了，也就是说，可见宇宙的边缘可定在退行速度为光速的地方。

空间的大小在天文学中同时意味着时间的长短。所有的天文学理论都依赖于天文观测，而所有的天文观测观测到的都是光信号或以光速传播的其他电磁波。我们每看到一样东西，都不是这个东西现在的样子，而是其若干年前的样子。这个东西离我们越远，则我们看到的是它越早的样子。如果我们看到了 137 亿光年的地方，那我们看到的就是 137 亿年前所发生的事情。按照大爆炸宇宙理论，137 亿年就是宇宙的年龄，那么 137 亿光年就是我们的观测所能达到的极限了。

大爆炸宇宙理论表明，在最初的百分之一秒时，宇宙温度由极高温降到 1000 亿摄氏度，由于温度太高，各种基本粒子均处在游离状态，宇宙就像是一锅物质和辐射汤。3 分钟后，宇宙温度降到了 10 亿摄氏度，质子和中子开始形成像重氢和氦这样的轻原子核。此后再经过 7 万年，温度降到 3000 摄氏度，宇宙由辐射状态变为物质状态。[1]与物质脱耦后的辐射慢慢形成了宇宙背景辐射，这个背景辐射已被天文学家观测到。

再经过约 2 亿年，星系开始形成。也许再经过几亿年，星际物质在引力作用下逐渐收缩为球状星云。在收缩的过程中，温度逐步升高，内部压力增大，与引力对抗，于是星云内部发生核反应形成恒星。天文学家已经相当清楚地了解到，几乎所有恒星都要依次经过主序星阶段、红巨星阶段、晚期阶段和临终阶段。在主序星阶段，核反应产生的巨大能量顶住了引力收缩，使恒星的表面温度升高并向外发射可见光。当大部分氢在核反应中变成氦之后，核能量变小，恒星再度收缩，这就是红巨星阶段。当恒星收缩到一定程度时，中心温度升高又引发了新的核聚变反应，再度顶住了引力收缩。这一过程会持续约 10 亿年，核反应逐渐停止，恒星进入晚期和临终阶段。

我们已经比较确切地知道，太阳系是在约 46 亿年前形成的。目前太阳正处在主序星阶段的中期，也就是说，它内部的氢燃料已燃烧了约 46 亿年，还会再燃烧约 50 亿年，然后进入红巨星阶段。地球差不多是与太阳同时形成的。太阳系起源于碟形旋转而且高温的原始星云，太阳位于这个星云的中心，各大行星就是围绕太阳旋转的诸多物质吸引、碰撞、累积的结果。可能有一次像火星这样大的天体撞击了原始地球，使之喷出大量的物质，而这些物质后来慢慢冷却成为月球。也可能是由于这次大撞击，地轴与黄道面发生了倾斜。原始地球不断吸积天外撞来的物质，清除了公转轨道上的各类零星物质，直到 38 亿年前形成了稳定的地球。这个时候的地球，重物质沉入核心，轻物质浮上来，形成了今天的地壳、地幔和地核的分层结构。

2. 地球演化与生命起源

在地球演化史上，大气的演化具有特殊的意义，因为它为生命的出现创造了条

---

[1] 温伯格:《宇宙最初三分钟——关于宇宙起源的现代观点》，张承泉等译，中国对外翻译出版公司，2000 年版，第四章"炽热宇宙的配方"。

件。地球大气有三代。第一代大气即原始大气，在地球演化的早期就跑掉了。第二代大气是地球内部经物理化学反应而挤压出来的，叫作还原大气。还原大气中缺氧。主要由于后来出现的最古老的低等生物蓝藻细菌能够进行光合作用，不断放出废气"氧气"，还原大气开始逐渐变成以氧和氮为主的现代大气，即氧化大气。目前发现的最古老的生物化石有 36 亿~33 亿年历史，地球上生命的历史至少可以追溯到这个时间。

但是，生命起源问题至今依然是一个没有解决的问题，我们只能谨慎地猜测。大约在 40 亿年前，接近稳定的地球表面形成了海洋以及原始大陆。炽热的太阳光直射到地表，形成很高的温度。缺氧的大气使来自太阳的紫外线畅通无阻地射到地表，而紫外线具有极强的化学活性。在大气和地表中发生的各种化学反应，使原本只有无机物的地球上出现大量氨基酸、核苷酸、单糖等有机物，这些有机物又不断发生化学反应，逐渐由简单的有机物聚合成复杂的有机物，出现了生物大分子蛋白质和核酸。这些蛋白质和核酸在海水中慢慢储存聚集，经过数亿年的发展，终于在大约 15 亿年前形成了有自我复制功能的真核生物。

生命单体一旦出现，生命在自然选择过程中的进化也就开始了。先是原始单细胞生物，尔后向两个方向进化：一是自养功能加强而运动功能退化，进化到单细胞菌藻类植物，成为植物界的进化源头；另一方向则是运动功能和异养功能增强，自养功能退化，进化到单细胞原生动物，成为动物界的进化源头。

为了方便叙述生物进化在时间上的历程，我们先引入地质学关于地球演化的年代学术语。地质学家根据古生物化石在地层上沉积的次序划分了地质年代，后又根据同位素放射性蜕变物的测定确定了确切的距现在的时间，结论可以列举如下[1]：

太古代 Archeozoic		距今 45 亿~25 亿年
原生代 Proterozoic		距今 25 亿~5.4 亿年
古生代 Paleozoic	寒武纪 Cambrian	距今 5.4 亿~4.9 亿年

[1] 根据美国地质学会的绝对地质年代表 1999 年修订版，引自雷德芬《起源——大陆、海洋与生命的演化》，祁向雷译，大象出版社，2007 年版，第 330 页。

	奥陶纪 Ordovician	距今 4.9 亿 ~4.4 亿年
	志留纪 Silurian	距今 4.4 亿 ~4.2 亿年
	泥盆纪 Devonian	距今 4.2 亿 ~3.5 亿年
	石炭纪 Carboniferous	距今 3.5 亿 ~2.9 亿年
	二叠纪 Permian	距今 2.9 亿 ~2.48 亿年
中生代 Mesozoic	三叠纪 Triassic Period	距今 2.48 亿 ~2.06 亿年
	侏罗纪 Jurassic Period	距今 2.06 亿 ~1.44 亿年
	白垩纪 Cretaceous Period	距今 1.44 亿 ~0.65 亿年
新生代 Cenozoic	第三纪 Tertiary Period	距今 6500 万 ~200 万年
	第四纪 Quaternary Period	距今 200 万年

在寒武纪（以英国威尔士地区一个地名命名，最早在这里挖到这一年代的地层）之前，确切的化石记录很难找到，因为那时的生物还没有较硬的身体。此外，那时地表温度太高，高温岩石流常常从地下流出，将原始生命熔化。不过，到了寒武纪之后，化石记录开始丰富起来。基本上可以肯定，从寒武纪开始，海水中出现无脊椎动物。奥陶纪（源自英国威尔士地区一地名）时期，脊索动物首次出现；志留纪（源自英国威尔士地区一地名）到泥盆纪（源自英国英格兰地区一地名），鱼类出现并成为海洋中主要的生命。到石炭纪（形成煤炭的植物活跃时期），陆地出现森林，两栖动物随之而来。整个中生代，陆上爬行动物横行，哺乳类动物亦开始出现。这个时期，恐龙统治着地球。到了白垩纪，有史以来最大的食肉动物霸王龙在地球上横行，但在白垩纪末期，恐龙神秘地消失了。有些科学家相信，这个时期有一颗直径达 10 千米的巨大星体撞击地球，导致恐龙和其他生物灭绝。到了新生代的第三纪，现今哺乳类动物的早期种类走上了地球的历史舞台，直到今天；到第四纪，人类的祖先姗姗来迟。

若把地球的历史浓缩成一天 24 小时，1 秒大约相当于 5 万年。如果地球在午夜零点诞生，那么，生命大约起源于凌晨 5 点，脊椎动物起源于晚 9 点，哺乳动物起源于晚 10 点，灵长类动物在晚 11 点 37 分出现，而人类的祖先差不多直到晚 11 点 56 分才浮出水面。

3. 人类的起源与进化[1]

现代人与现代猿有着共同的祖先。现代猿也叫现代类人猿，共有四种，包括生活在赤道的非洲大猩猩和黑猩猩以及生活在东南亚的猩猩和长臂猿，它们和人类都是由古猿进化而来的，古猿是现代人与现代类人猿的共同祖先。

在考古学家和古生物学家的共同努力下，关于人类进化的时间表有了大致的轮廓。在埃及开罗西南 60 英里[2]的法尤姆地区，考古学家发现了迄今为止世界上最多的灵长类化石，年代约在 3000 万年以前。其中埃及古猿可能是类人猿的祖先。第一个被确认为类人猿的是肯尼亚和乌干达发现的原康修尔猿化石，年代在距今 2200 万年至 1800 万年前。大约 1200 万年前，出现了亚洲的类人猿腊玛古猿。腊玛古猿生活在树上，是今天大猩猩的祖先。

人和猿的基本区别是人能够直立行走，而猿不能。目前最古老的人科化石证据是 1978 年在坦桑尼亚奥杜威峡谷以南 48 公里的莱托里地区发现的人科动物脚印，年代在 360 万年前。遗憾的是，可能由于地质变化，距今 1400 万年至 500 万年前这段人科动物形成的关键时期的化石几乎缺失。但是，根据分子生物学的证据估计，直立行走的人科动物（Hominid）大致出现在 700 万年前。

在人类进化的过程中，现代人所拥有的诸多特征并不是一步到位的：巨大的脑量、灵活的双手、特殊的牙齿以及语言、意识、智慧等。最早的人科动物虽然直立行走，但头部和上肢可能跟猿没有很大的不同。1974 年在埃塞俄比亚的哈达地区发现了一具小个子的成年女性的全身骨架，年代在 300 万年前，身体结构很像猿，却明确显示是直立行走的。这个被称为"露西"（Lucy）的女人，大概是迄今为止发现的最早的直立行走的人科动物，后来被称为南方古猿阿法种。但露西是不是人属的始祖呢？现在还无法给出确定的回答。

人属成员出现的年代（距今 300 万年至 100 万年前），在南非留下了不少化石。1924 年，在南非汤恩的一个采石场发现了一个大约 200 万年前的小孩的不完整头骨，后来被鉴定为南方古猿非洲种（Australopithecus africanus）；1959 年，著名考古学

---

[1] 此节内容可进一步参看理查德·利基的《人类的起源》，吴汝康等译，上海科学技术出版社，1995 年版，作者是国际知名的人类学家。

[2] 1 英里约合 1.61 公里。

路易斯·利基

家路易斯·利基和玛丽·利基夫妇在坦桑尼亚奥杜威峡谷发现了一个头骨，史称"东非人"，年代大约距今175万年，后来被鉴定为南方古猿鲍氏种（Australopithecus boisei）；1960年，利基夫妇的儿子乔纳森·利基在奥杜威峡谷的另一个地方发现了另一种类型的头骨片，年代大约在200万年前。这个头骨的脑量要比其他南方古猿差不多大50%，达到了650毫升，因此老利基将之命名为能人（Homo habilis），作为人属的最早成员。南方古猿和能人均属人科成员，但是南方古猿在100万年前都灭绝了。

用以确定人属成员出现年代的除了化石，更多的是石器。在发现能人头骨的奥杜威峡谷里，玛丽·利基和路易斯·利基还发现了大量的石器组合，包括砍砸器、刮削器等。它们的基本特点是一次成型，打成什么样子就是什么样子，石器的形状和性能基本取决于材料的质地。这些石器的年代最早的是250万年前，最迟到140万年前，玛丽·利基将之命名为"奥杜威工业"。正是借助这些石器，我们才说能人大约出现在250万年前。

理查德·利基

奥杜威工业之后的另一种更先进的石器组合，是出现在大约140万年前的"阿舍利工业"。这些石器比较复杂，被多次打造，显示出打制者是照着心中的模板来处理原材料的。很显然，这要求有更发达的大脑。因此，阿舍利工业被认为是能人的后裔直立人（Homo erectus）的作品。现在一般认为，直立人大概在200万年前首次出现。

直立人可分为早期直立人和晚期直立人。1965年在我国云南元谋县发现的元谋人就属于早期直立人，年代约在170万年前。在含元谋人牙齿化石的地层中，有很多炭屑，表明元谋人已经知道用火，这大概是人类使用火的最早证据。此外，在阿舍利工业同期也发现了用火的痕迹。

有关晚期直立人的化石和出土材料极为丰富。在我国境内发现的蓝田人（70万~110万年前）、北京人（约50万年前）以及1980年在安徽和县发现的龙潭洞人，便属于晚期直立人。1984年，理查德·利基在肯尼亚西北部特卡纳湖西岸发现了一具几乎完整的直立人骨架，年代大约是160万年

直立人刮削石器，1964年贵州黔西观音洞出土，现藏于中国国家博物馆。吴国盛摄

前。这个骨架被称为"特卡纳男孩"，可能是目前已知的最早最完整的直立人全身骨骼化石。南方古猿的平均脑量是450毫升，能人的平均脑量是750毫升，而直立人有900~1000毫升。

直立人之后，大约在50万年前出现了智人（Homo sapiens）。智人有许多亚种，包括尼安德特人和现代人（Homo sapiens sapiens）。在考古学界，直立人向现代人进化的路线一直存在两种观点，一种是多地区假说，一种是出自非洲假说。多地区假说认为，直立人在非洲、欧洲和亚洲多个地区向现代人进化。出自非洲假说认为，200万年前出自非洲的直立人很快向欧洲和亚洲扩张（大约190万年前到达中国，大约180万年前到达爪哇，大约170万年前到达西亚），但是，扩张到欧洲和亚洲的直立人最后都灭绝了，只有非洲的直立人进化到了智人，而这些智人第二次向欧洲和亚洲大陆扩张，形成了今天的人种局面。

中国考古学家发现了从早期直立人到晚期直立人的大量化石，构建了比较完整的直立人进化谱系。因此，我国一直相信多地区起源说，相信中国人种有自己独立的进化路径，即中国的现代人来自中国的智人，而中国的智人来自中国的直立人。通俗地说，现代中国人是北京人的后裔。

但是，目前最新的分子遗传学证据并不支持多地区起源假说。按照现代分子遗传学的说法，"现在世界上的60亿人都是过去生活在东非的、在解剖学上已是现代人的后裔。这一群人一度濒于绝迹，但从未死光，最后这群人开始繁衍。到了约10万年前，现代人经过尼罗河谷北移，横越西奈半岛到了中东。距今6万多年前，他们沿着印度和东南亚的海岸线抵达澳大利亚。约4万年前，这些现代人又从非洲

东北部抵达欧洲，并从东南亚进入东亚。最后，大概在1万年前，他们又从连接今天西伯利亚和阿拉斯加的广大平原抵达南北美洲"[1]。分子遗传学所支持的非洲单一来源假说现在得到了学界多数人的支持，我们也许不能再说中国人是北京人的后代了。

除了打造越来越精致复杂的石器，晚期直立人还会使用火。在北京人的故居周口店山洞中，有厚达6米的灰烬，表明北京人有持续的用火历史。火的使用给人类带来了光明，这光明驱散了蒙昧、黑暗，带来了文明。有了火，人类就开始享用熟食，食物的种类和范围扩大了，营养丰富了，人类的体质得到了加强，大脑进一步发达。火可以御寒，帮助人类在恶劣的气候环境中生存下来。火可以照亮洞穴，使人类由野居变成洞居，改善了居住条件。可以猜测，在使用火之后，人类才开始住进山洞。火还可以用来保护自己，驱逐凶猛的野兽，甚至在围捕野兽时，也可起到很大的作用。

阿舍利石器，现藏于台中自然科学博物馆。吴国盛摄

正因为火的使用在人类进化史上有如此重大的意义，在许多民族的神话传说中，火被赋予某种特殊的意义。最有名的关于火的神话是希腊神话中普罗米修斯为人类盗取天火的故事。普罗米修斯，希腊语原意是"先知先觉者"，是奥林匹斯山上诸神之一。天帝宙斯派他到人间教会人类各种技术和技艺，但不许他把火传给人类，因为火只能由上天控制。普罗米修斯来到人间，教会了人类许多东西，但也看到人类没有火是多么不便，没有火离理想幸福的生活是多么遥远，于是他偷偷把火种从奥林匹斯山上带到了人间，并迅速教会人们使用和保存火种。天帝宙斯看见人间有了火光，知道是普罗米修斯干的。他十分愤怒，将普罗米修斯抓起来锁在高加索山的悬崖上，每天让鹰啄食他的肝脏，使他经受永久的折磨。

普罗米修斯盗火的故事，是造福人类、追求光明与真理者大无畏的勇敢精神和

[1] 奥尔森：《人类基因的历史地图》，霍达文译，生活·读书·新知三联书店，2006年版，第3页。

献身精神的千古颂歌，也反映了火在人类发展史上所处的重要地位。火象征着能量和力量，人类一旦掌握了火，就获得了改造世界从而创造自身的力量。

晚期直立人虽然已经学会了用火和保存火种，但他们还不会自己造火，只有智人才会人工取火。早期智人的典型是尼安德特人，其遗骸于1856年在德国杜塞尔多夫城附近的尼安德特河谷被发现，距今约30万至5万年，最后灭绝了。晚期智人，也就是现代人，按照分子遗传学的观点，都来自非洲。大约在15万年前，现存的四大人种均已经在非洲形成。大约在10万年前，人类相继走出非洲。在欧洲，晚期智人的代表是克罗马农人，其化石最早是1868年在法国多尔多涅区克罗马农村发现的，距今约5万年；在中国，晚期智人的代表是山顶洞人，距今约3万年，是1930年在北京周口店龙骨山北京人遗址顶部的山顶洞发现的。晚期智人开始创造文化。他们发明了弓箭，学会了有组织地狩猎；他们制造了比较复杂精致的石器和骨器，而且在居住的山洞中绘画、雕刻，并装饰自己的身体；他们开始埋葬死去的同伴和亲人，并且在坟墓中放入陪葬品；他们很可能已经开口讲话了。

4.　文明史的序幕

长达数百万年的旧石器时代之后是大约始于公元前1万年的新石器时代。这个时期地球上冰期已过，气候逐渐变暖，人类数量大量增长，可食用的野生动物数量大大减少。蒙古利亚猎人从西伯利亚经过冰封的白令海峡进入美洲新大陆。新石器革命最重要的标志是农业社会的出现：耕种代替或补充了狩猎，饲养家畜、栽培植物成为生存活动的主要内容，人类开始稳定地居住在一块土地上，在那里开垦、播种、繁衍生息。人类文明史的序幕就这样徐徐拉开了。

到了公元前4000年才有文字记载的人类文明史，但是在有文字记载的历史之前，原始人类就已经创造了程度不一的文化。这些非文字的文化表现在各种遗址、遗迹和遗物上，考古学正是根据这些实物来再现人类文明的史前史。到目前为止，史前史的考古学分期都是按照制造工具的原料以及制造技术来划分的，与前面提到的人类进化谱系对照如下：

人类进化谱系	考古分期	年代（公元前）
直立人	旧石器时代早期	250 万 ~50 万年
早期智人	旧石器时代中期	50 万 ~5 万年
晚期智人	旧石器时代晚期	5 万 ~1 万年
现代人	新石器时代	1 万 ~4 千年
	青铜器时代	4 千 ~1 千年
	铁器时代	1 千 ~ 现在

鹿角锄，出自公元前 2500~2000 年的客省庄文化（陕西西安客省庄），现藏于中国国家博物馆。吴国盛摄

工具的使用标志着人类创造自身的开始，也是原始技术的萌芽。人类一旦有意识地改造周围的世界，技术的进步就成为必然的前提。在旧石器时代早期也就是直立人阶段，开始有制造工具的痕迹。在此之前，南方古猿已开始使用天然木头和石块作为工具，但直到直立人阶段才有人工打制的石器出现。这些石器都是用砾石打制而成，有砍砸器、刮削器和手斧等。后期的直立人已懂得对不同的石料采用不同的加工方法，并开始使用天然火。在旧石器时代中期也就是早期智人阶段，石器工具开始专门化；到旧石器时代晚期，生产工具和生产技术都有很大的发展，用动物骨头和角做原料制造的工具开始大量出现。与此同时，用骨和角雕刻的各种装饰品如头饰、耳饰、项圈等，显示了这个时期人类的精神生活已崭露头角。此外，工具和武器由单一走向组合，如石器装上木柄可以更方便使用，骨制的武器装上把柄之后，在捕鱼或狩猎时可发挥更大效力。

新石器时代在工具层面上的标志是由打制石器进化为磨制石器。磨制的石器表面光滑，使其形状准确，刃部锋利。除了磨制石器的使用，新石器时代更重要的标志是定居生活以及与定居生活相伴的陶器的使用。定居生活意味着农业和畜牧业的产生。

考古发现，人类那时过着刀耕火种的生活；猪和狗已被驯化成为主要家畜；弓箭发明了；人类聚群而居，村落开始形成；人们居住在木制的房子里，屋顶用茅草覆盖着，屋子中央有火膛，用来保存火种、照明、取暖和烧煮食物。在几个土地肥沃的地区，逐步兴起了发达的农业文明。人们学会了缝织衣服，储存食物，制作各种各样复杂的日常用具，创造美丽的陶器艺术，开垦土地，繁衍人口，驯养了越来越多的动物，如狗、羊、猪、马、骆驼、鸡、鸽子、鸭子等。在现代未开发的落后地区，我们仍然能依稀看到那时人类生活的场面。

新石器时代的人面鱼纹彩陶，现藏于中国国家博物馆。吴国盛摄

约在公元前 4000 年前，北非尼罗河流域的埃及率先进入金石并用时期，出现了铜器。伴随着铜器的出现，农业由刀耕到锄耕，再发展到犁耕。铜器的出现是金属加工技术长期发展的结果。有了金属工具，人类的文明就迈进了更高的阶段。

在人类与大自然相适应的过程中，生产工具和生产技艺不断进步。与此同时，人类对自然界的认识也在不断积累和发展。首先值得关注的是天文和历法知识。自从人类站立起来可以仰望天空，天际就是一个神圣的处所。保持与天道的一致，肯定是原始人一个最为强烈的心理动机。此外，为了获得生存的物质保障，农业民族和游牧民族也需要与自然界中的种种循环节律相协调：人们日出而作，日落而息，遵循太阳的周期运动节律；人们发现月亮有月相周期，时圆时缺；人们还知道气候从寒冷到温暖的循环变化。

在史前文明的晚期，人类已经开始由物候观测进入天象观测。有智慧的头脑在晴朗的夜里看到满天星斗中有些星体在规则地运行，一定会诧异不止。经过不知多少代人的积累，天象记录极大丰富，使人们有可能依据规则的天文现象制定与人间活动密切相关的时间秩序和生活节律。天象的变化微小而缓慢，如果不是拥有极大的热情和高度的耐心，很难设想会有天文学出现。然而事实是，几乎所有古老文明都有令人惊叹的天文知识。这表明，在远古时期，天象观测一定

欧洲新石器遗址中出土的陶器，现藏于大英博物馆。吴国盛摄

英格兰巨石阵，可以用来确定不同季节地平线上日出日落的位置。吴国盛摄

首先与某种宗教上的需要密切关联。人们敬畏天，试图通过天象观测了解天神的旨意，了解命运的归宿，祛灾避难。天文学一开始是占星术的一部分，而且很长时间都是这样，这不应令人奇怪。

算术来源于交换活动。早期以物换物时，必须计算各自货物的数目以确定是否等价合理。在没有数字之前，计数与具体物体不能分开。屈指计算，手指或手指的形状就代表数目或数字；用一堆小石子计算，石子就代表数本身。英文"计算"一词来自拉丁文 calculus，而后者的意思就是小石子。几何学来源于丈量土地，英文"几何"（geometry）一词原意就是测地术。

在人类文明的黎明时期，科学与技术的萌芽正在生长，与生存的物质活动相关联的生产技术和自然知识在不断积累，与生存的精神活动相关联的对世界整体的理解也在曲折而艰难地发展。在人类的历史上，前者一直在进步，成为人类文明的里程碑，后者则经历了无数次的观念历险。现在，就让我们拉开5000年科学历史的序幕，开始我们的历史巡礼吧！

第二章
东方的四大古老文明

西方第一个哲学家泰勒斯只留下一句话：万物源于水。这句相当令人费解的话使他成了西方科学和哲学的鼻祖。从字面上看，这句话显见是成问题的。但若说生命源于水，又把万物都理解成有生命的，那么说万物源于水就相当正确了。在上一章，我们看到原始生命正是从海洋中诞生并逐步进化到人类这样的高级生命，而且任何脱离了海洋的陆地动物都不可能长时间离开水而生存下去。这一章我们还将看到，水也是人类文明的哺育者。正是几个大河流域孕育出了最早的发达文化。人类在这些古老文明的基础上，奋力迈向更灿烂辉煌的科技时代。

1. 埃及

尼罗河流域的古埃及是世界上历史最悠久的文明古国之一。在旧石器时代，那里就是人类安居乐业的地方。岁月流逝，气候变化。尼罗河两侧大片的土地变成了干燥的沙漠，人们逐渐聚居在尼罗河两岸的狭长地带。每年尼罗河水的泛滥都会给河谷披上一层厚厚的淤泥，使那儿的土地极其肥沃。庄稼在这里一年可以三熟。

卡纳克神庙。吴国盛摄

尼罗河谷地区土地肥沃、植被丰厚，不远处则是沙漠。吴国盛摄

埃及象形文字泥板，亚历山大里亚博物馆收藏。吴国盛摄

正是尼罗河养育了埃及人民。早在公元前 4000 年，那里就聚居了几百万人。古希腊历史学家希罗多德的名言"埃及是尼罗河的赠礼"[1]恰当地说明了尼罗河对于古埃及文明的重要意义。

古埃及的历史常常被分为前王朝时期、早期王国时期（第一、第二王朝）、古王国时期（第三至第八王朝）、中王国时期（第九至第十七王朝）、新王国时期即帝国时期（第十八至第二十王朝）、衰败

[1] 希罗多德：《历史》，王以铸译，商务印书馆，1959 年版。"希腊人乘船前来的埃及，是埃及人由于河流的赠赐而获得的土地。"（第 111 页）"神回答他们说，全部埃及是尼罗河泛滥和灌溉的一块土地，而全部埃及人就是住在埃烈旁提涅的下方并且饮用尼罗河的河水的那个民族。"（第 117 页）

时期（第二十一至第三十一王朝）。前王朝时期，埃及分上埃及（南部）和下埃及（北部）。在公元前3500年至前3000年间，上埃及国王美尼斯统一埃及建立第一王朝，直到公元前332年亚历山大大帝征服埃及为止，共经历了31个王朝。

在早期王国以前，埃及人就发明了图形文字，经过长时期的演变形成了由字母、音符和词组组成的复合象形文字体系。象形文字多刻于金字塔、方尖碑、庙宇墙壁和棺椁等神圣的地方，后来为了书写方便又发展出了简略的象形文字，称为僧侣体。

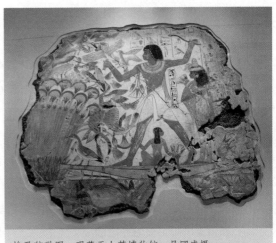

埃及狩猎图，现藏于大英博物馆。吴国盛摄

古埃及盛产纸草〔papyrus，英文的paper（纸）一词即源于此〕。尼罗河三角洲地带生长着许多这种水生灯心草属植物，可长到4~5米高。将其茎干部切成薄的长条后压平晒干，可以用来书写。在干燥的地方，纸草容易保存。1752年发现第一批纸草文书，1877年在埃及的法尤姆发现了更多。已经发现的纸

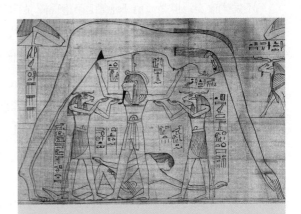

格林菲尔德纸草书上的古埃及宇宙结构图。天神努神（Nut）是围绕着宇宙的无尽之水的人格化，空气之神舒神（Shu）托着努神，而地神格布（Geb）躺在地上。纸草现藏于大英博物馆。

草文书多数属于公元前4世纪至公元6世纪，记载的是希腊化时代和罗马时代的事情。但也有少数古埃及的文书，使我们得以了解古埃及的历史和文化。有了文字和书写工具，就有了文化的延续和发展。

埃及人创造了人类历史上最早的太阳历。自然界有许多周期现象：太阳东起西落，周期循环；月亮阴晴圆缺，循环往复；春夏秋冬，四季循环，春去春又回。种

种周期现象向人类提示了时间的进程，而我们的时间单位正是由这些显著的周期现象来表示的。众所周知，上面提到的三类周期现象指向日、月、年三个时间单位。在这三个时间单位中，日和月是比较容易确定的，因为其周期现象有非常显著的起止标志，而年则不那么容易确定。然而，在农业社会中，确定年是非常必要的，因为耕种、收获只有在一年中适当的时候进行才能保证丰收。确定年、月、日之间的关系便是历法的主要内容。今天我们知道，之所以出现四季的变化，主要是因为地球自转轴并不与黄道面垂直，并且保持一个不变的角度。太阳发出的光与地球上不同纬度地区的地平面形成的夹角是不同的。在赤道地区，太阳光垂直入射，带来最多的光照。随着纬度的升高，入射的太阳光与地平面的夹角越来越小，因此带来的光照越来越少。太阳光照的多少决定当地的平均气温，因此，从赤道到极地，平均气温越来越低。如果地轴不倾斜的话，地球上各地区的表面温度将会维持这种局面不发生改变。但是，由于地轴固定倾斜，在公转中不同的时段，地球中高纬度地区接收到的太阳光有不同的入射角度，从而造成了一种周期性的冷热循环现象。比如在北半球中高纬度地区，夏天的时候，照在北半球的太阳比较高，而照在南半球的太阳就比较低，故南半球的中高纬度地区处在冬天。反之，南半球过夏天的时候，北半球就是冬天。在低纬度地区，阳光入射角度变化不大，故四季不分明。

　　四季更替的一年实际上是地球公转一周，天文学上叫作回归年。回归年和月所包含的天数都不是整数，甚至不是有理数，如 1 回归年是 365.2422 日，而按照月之圆缺即月相变化所确定的月（天文学上叫作朔望月）是 29.53059 天。历法必须使一年的月数和日数成整数，所以人为地制定了许多规则。历史上出现过许多种历法，但归结起来不外乎以下三大类：阳历，其一年的日数平均约等于回归年，每年的月数和每月的日数则人为规定，如现今流行的公历；阴历，其每月的日数平均约等于朔望月，每年的月数则人为规定，如伊斯兰教历；阴阳历，其一年的日数平均约等于回归年，月的日数平均约等于朔望月，如在我国现今依然流行的农历。

　　可以肯定，在公元前 4000 年，埃及人就已经把一年确定为 365 天。在古王国时代（公元前 3100 年至前 2200 年）人们就认识到，当天狼星清晨出现在下埃及的地平线（也就是与太阳同时升起，天文学上称偕日升）上时，尼罗河就开始泛滥。埃及人于是把这一天定为一年的第一天。365 天的太阳历很显然是从对天狼星偕日升与尼罗河泛滥周期的长期观察中总结出来的。埃及人还发现，如果以天狼星偕日升那天作为某一年的开始，那么120年之后，偕日升的那一天与一年之始即差一个月，而到了第 1461 年，偕日升那天又成了一年之始。今天我们知道，一回归年实际上有 365.25 天。若以 365 天为一年，则比实际一回归年少 0.25 天。120 年过去后就少了 30 天，正好一月。1460 年过去后就少了 365 天，正好一年。埃及人把 1460 年视为一个周期，叫作天狗周，因为他们把天狼星叫作天狗。在那样遥远的年代，埃及人凭着长期细致的观察，居然定出了这样长的周期，真是了不起。

埃及人精确的历法与他们的天文观测密切相关。他们认识不少恒星。从出土的棺材盖上所绘的星图可以知道，他们不仅认识北极星，还认识天鹅、牧夫、仙后、猎户、天蝎、白羊和昴星等。

埃及人在数学上也颇有成就。现存的莱因特纸草（因英国人亨利·莱因特于 1858 年发现而得名，现藏于大英博物馆）和莫斯科纸草（现藏于莫斯科）上记载了不少数学问题及解法。由此得知，埃及人很早就采用了十进制记数法，但不是十位制。例如，他们写 111，不是将 1 重复三次，而是每一位上都有一个特殊的符号。埃及人的算术主要是加减法，乘除法化成加减法做。埃及算术最具特色的是分数算法，所有的分数先拆成单位分数，单位分数是分子为 1 的分数。为了便于拆分，他们造了一个数表，从表中可方便地查出拆分方法，如把 $\frac{7}{29}$ 拆成 $\frac{1}{6} + \frac{1}{24} + \frac{1}{58} + \frac{1}{87} + \frac{1}{232}$。用拆分方法可以做加减乘除四则运算。很显然，拆分方法过于烦琐复杂，不知道埃及人为什么要用这样的方法运算。数学史家们普遍认为，这种分数算法可能阻碍了埃及算术的发展。

按照希腊历史学家希罗多德的说法，因为尼罗河每年泛滥后需重新界定土地边界，在埃及产生了几何学。埃及人知道圆面积的计算方法，即直径减去它的九分之一后平方，这相当于用 3.1605 作为圆周率，不过他们并没有圆周率的概念。此外，埃及人还能计算矩形、三角形和梯形的面积以及立方体、箱体和柱体的体积。

如果同后面将要讲到的美索不达米亚人相比，埃及人的天文学和数学都不算杰出，但埃及的医学成就比较突出。这与埃及人因为宗教信仰上的需要而制作木乃伊有关。埃及人相信人的尸体是灵魂的安息处，要想死后继续在阴间生活，就必须

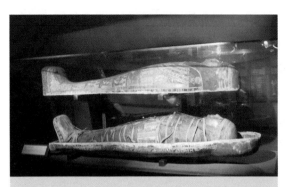

亚历山大里亚博物馆中的木乃伊。吴国盛摄

把尸体保存好。他们发明了一种掏去尸体内部五脏，再用盐水、香料和树脂泡制、风干，用麻布包扎使尸体得以保存的方法。用这种方法保存的尸体叫木乃伊。可以肯定，制作木乃伊增长了埃及人的解剖知识，促进了外科的发展。在公元前2500年左右的雕塑中，可以找到外科医生施行外科手术的证据。在公元前约1700年，埃德温·斯密斯纸草（因现代发现者而得名）上记载了身体各部分的损伤，从头部一直讲到肩、胸膛和脊柱等。公元前1600年左右的埃伯斯纸草（亦因现代发现者而得名）则记述了47种疾病的症状及诊断处方，涉及腹部疾病的吐泻剂疗法、肺病、痢疾、腹水、咽炎、眼病、喉头疾病、生发药、伤科疗法、血管神经疾病、妇科病、儿科病等，表明内科也有相当水平。

需要特别指出，在公元前几十世纪的古代埃及，人们最重要的精神生活是宗教，因此，当时所有的知识无不打上宗教的烙印。埃及人把他们所识别的星座庄严地雕刻在一些神圣的地方，表明他们把神话中的神与这些星座视为一体；他们的数学知识被用来建造神庙；其医学的很大一部分实际上是巫术，指望通过符咒赶走邪魔，治好疾病。

狮身人面像。吴国盛摄

埃及人崇拜太阳神。太阳神名叫"拉"（Ra），后来又叫阿蒙－拉。古埃及的神话谈到了宇宙的结构。刻于公元前1350年至前1100年间的法老陵墓的石壁上的天牛像，实际上就是一幅宇宙结构图。天牛的腹部是满天的星斗，牛腹为一男神所托，四肢各有两神扶持。在星际的边缘有一条大河。河上有两只船，一船为"日舟"，一船为"夜舟"。

太阳神"拉"先后驾驶着两船在天空航行。

　　叙说古代埃及的科学技术史，不能不提到举世闻名的金字塔。金字塔是古埃及国王（又叫法老，相当于我国称皇帝为陛下）在生前为自己建造的陵墓，其外形呈角锥体，形似中文"金"字，故称金字塔。现今知道的埃及金字塔共有80多座，最大的金字塔是古王国第四王朝（公元前2700年）国王胡夫（希腊人叫他齐阿普斯）的墓。此墓高146.5米，底边宽240米，由230万块大石头叠垒而成。每块石头都经过精工磨平，堆叠后缝隙严密，连小刀也插不进去。塔的北面正中央有一入口，从入口进入地下宫殿的通道与地平线恰成30°倾角，正好对着当时的北极星。据希罗多德估计，胡夫金字塔用了10万人，花了30年时间才建成。[1]但10万人同时上工，不仅存在供应问题，而且在现场也难以工作，因此，关于金字塔究竟是如何建造的，还是疑点重重。胡夫金字塔以其雄伟的身姿被列入古代世界七大奇观。在1889年巴黎埃菲尔铁塔建成之前，4000多年来它一直是世界上最高的人工建筑物。

　　这的确是一个奇迹。在当时只有木制、石制和铜制的工具，所能利用的机械也不过斜面、杠杆的条件下，把230万块平均重约2.5吨的石头堆成一个40层楼那么高的角锥体，而且每块石头都被磨成正方体，几乎没有误差，每块石头的四面都分别面向东南西北四方，也几乎没有误差，这真是不可思议。

卡纳克神庙里的方尖碑。吴国盛摄

卡纳克神庙里的高大圆柱。吴国盛摄

---

[1] 希罗多德：《历史》，王以铸译，商务印书馆，1959年版，第166页。

古埃及第四王朝极为兴盛，所建金字塔也大。胡夫的儿子哈夫拉（又叫齐夫林）的金字塔规模比胡夫金字塔略小，但它的前面有一座用整块石头雕刻而成的巨大的狮身人面像，希腊人称之为斯芬克斯。该像高 20 米，长约 62 米，据说其面容以哈夫拉为模特。大斯芬克斯与金字塔交相辉映，是古埃及人聪明智慧的象征。

埃及建筑到了中王国的帝国时期，神庙取代了金字塔成为主要的建筑形式。它保持了埃及建筑高大雄伟、气派恢宏的风格，许多雕刻华丽的大圆柱至今留存，让今天的建筑师叹为观止。

2. 美索不达米亚

世界上最古老的文明发源于幼发拉底河和底格里斯河流域，在今天的伊拉克境内。希腊人称之为美索不达米亚，意思是两河之间的地方。在公元前数千年的漫长历史中，有好几个民族先后成为这里的主人，创造和继承了高度发达的文明。远在公元前 5000 年至前 4000 年，在两河下游地区就有苏美尔人定居。苏美尔文化在公元前 2250 年达到顶峰。公元前 21 世纪，苏美尔人的帝国被外族所灭。公元前 19 世纪中期，地处两河中部的巴比伦王国兴盛起来，开创了美索不达米亚文明的第二阶段。巴比伦人中最有名的是他们的国王汉谟拉比，他创制了一部以他自己名字命名的法典，史称《汉谟拉比法典》。公元前 1650 年，巴比伦帝国被蛮族入侵。大约在公元前 1300 年，底格里斯河上游的亚述人开始崛起。到公元前 8 世纪至前 7 世纪，其帝国达到鼎盛时期，这是美索不达米亚文明的第三阶段。亚述帝国于公元前 612 年被迦勒底人推翻，美索不达米亚文明进入最后阶段。这个阶段通常被称为新巴比伦时期。迦勒底人建都巴比伦，复兴巴比伦文化，但不到 100 年就被波斯人征服（公元前 539 年）。公元前 330 年，亚历山大大帝征服了美索不达米亚，希腊将领塞琉古统治该地区直到公元前 1 世纪，这个阶段史称塞琉古时期。美索不达米亚的政治史终结了，科学文化史却一直延续到了公元 3 世纪。苏美尔人、巴比伦人、亚述人和新巴比伦人（迦勒底人）共同创造了美索不达米亚的文明，有时人们也将之统称为巴比伦文明。

早在公元前 3500 年左右，苏美尔人就发明了象形文字，后来发展成表意和指

巴比伦泥板星图，藏于大英博物馆。吴国盛摄

意符号。到公元前 2800 年左右，象形文字基本成形，被称为楔形文字。这种文字往往刻在砖石或泥板上，笔画呈楔形，故而得名。中文又译"钉头字"或"箭头字"。苏美尔人发明的这种文字后为巴比伦人、亚述人、波斯人所采用。有许多刻在泥板上的楔形文书流传到了现在，同埃及纸草一样，是追溯古老文明史的珍贵材料。

　　古代美索不达米亚地区有着极为发达的天文学，许多学者相信，这是因为那里的占星术极为盛行。近百年来的文献考证更揭示出，在公元前最后几个世纪即塞琉古时期，美索不达米亚出现过高度发达的数理天文学体系，足以媲美同时代的希腊数理天文学。

　　美索不达米亚同埃及一样很早就开始发展农业，但自然条件与埃及很不一样。在埃及，尼罗河定期泛滥，相当规律，因此，埃及人的天文学也相对简单。在美索不达米亚，底格里斯河和幼发拉底河河水的涨落并不规律，确定一年四季全靠天象观测；此外，这里因缺乏天然屏障，外族频繁入侵，也给当地居民的精神生活蒙上了一层悲剧色彩。埃及人处世泰然、心平气和，而美索不达米亚人则阴郁消沉、疑神疑鬼，他们发达的占星术显然来自这种精神状态，而对天象的细致观测又使他们极大地发展了天文学。

　　大约在公元前 4000 年，苏美尔人就发明了阴历，以月亮的亏盈现象作为计时标准。到公元前 2000 年左右，他们已将一年定为 12 个月，大小月相间，大月 30 日，小月 29 日，一共 354 天。为了与回归年相吻合并将每年的第一天固定在春分时节，他们发明了置闰的方法。很长一段时间，置闰无一定规律，由国王根据情况随时决定。到了公元前 500 年，开始有固定的置闰规则。开始是 8 年 3 闰，后是 27 年 10 闰，最后于公元前 383

巴比伦记载金星的泥板，藏于大英博物馆。吴国盛摄

年定为 19 年 7 闰。这个 19 年 7 闰规则即著名的默冬周期，是由古希腊天文学家默冬于公元前 432 年宣布的。不过，美索不达米亚地区在那时实际上已经开始使用了。

美索不达米亚空气清朗，夜空繁星密布。僧侣们日复一日、年复一年地观测，并在泥板上记下他们的观察结果。早在公元前 2000 年，他们就发现了金星运动的周期性，至于太阳在恒星背景下的周年视运动自然早就知道。如果我们经常观察夜空就可以发现，夏夜天空的星星分布与冬夜是不同的。夏天纳凉时，我们可以看到银河以及居于银河两岸的牛郎星和织女星，而冬季的夜晚则可以看到天空最亮的恒星天狼星以及猎户座。这是因为，我们永远只能看到背对太阳那面天空的星星（白天被太阳光所笼罩），而由于地球的公转，不同的季节，背对太阳的那面天空也不一样。在旭日东升的时候，人们可以看到太阳在恒星背景上的位置，这样就能知道，太阳的位置是周年变动的。太阳在恒星背景下所走的路径，天文学上叫作黄道。古代美索不达米亚人早已经知道了黄道，并将黄道带划分成 12 个星座，每月对应一个星座。每个星座都以神话中的神或动物命名，并用一个特殊的符号表示，它们是：

这套符号沿用至今，形成了所谓的黄道十二宫，这是占星术的常用术语。当时的春分点恰在白羊宫，故在天文学上一直用白羊宫的符号表示春分点，虽然今日实际春分点已处在双鱼座，人们还是沿用了当初的符号。美索不达米亚人的计时方法对后世产生了很大的影响，例如将圆周分成 360 度，将 1 小时分成 60 分钟、1 分钟分成 60 秒，以 7 天为 1 星期等，就沿用至今。

美索不达米亚最重要的天文学成就是编制了日月运行表，从表中可查出太阳月运行度数（以天球坐标计）、昼夜长度、月行速度、朔望月长度、连续合朔日期、黄道对地平的交角、月亮的纬度等。特别值得一提的是，使用日月运行表计算月食极为方便。目前发现的最早的日月运行表是公元前 311 年的。当然，在此之前很久，美索不达米亚人就可以预测月食了。一般还认为，远在公元前 600 年左右，迦勒底人就已经发现了 223 个朔望月为一个日食周期。日食是因月球正好处于日地之间，而月食是地球正好处在日月之间造成的，这两种现象都只有在日月轨道相交的地点才有可能发生，并且太阳和月球必须恰好都在这个交叉点上，也就是月球处在朔（月球在日地之间）或望（地球在日月之间）的时候。太阳在天空中的视轨道叫作黄道，月球的视轨道叫作白道，它们的轨道交点叫作黄白交点。太阳两次经过同一个黄白交点之间的时间叫作一个交点年。月球两次经过同一个黄白交点之间的时间叫作一个交点月。一个交点年的长度是 346.62 天，交点月的长度是 27.21 天，朔望月的平均长度是 29.53 天。这三个数字的最小公倍数差不多是 6585.5 天，也就是差不多 223 个朔望月，242 个交点月，19 个交点年。这个周期就是巴比伦人所发现的沙罗（Saros 音译，在巴比伦文中是"恢复"的意思）周期。它可以用来预测日食。比如，2009 年 7 月 22 日在我国长江流域发生了日食，那么，18 年又 11 天（相当于交点年 19 年）之后的 2027 年 8 月 3 日也会有日食发生，不过观食地点和食的类型会有所变化。沙罗周期的发现标志着相当高的天文学水平。

从考古发掘的泥板文书中，我们可以发现，美索不达米亚人有着更为丰富的数学知识。大约在公元前 1800 年，巴比伦人就发明了 60 进制的计数系统。他们有进位制的概念，但没有表示零的记号，因此，计数系统并不完善。他们会做加减乘除四则运算，其中除法是通过将除数化成倒数来完成的。在出土的泥板文书中，有不少倒数表。

巴比伦世界地图，藏于大英博物馆。吴国盛摄

巴比伦人知道如何解一元二次方程。泥板文书中记载过一个基本的代数问题，即求一个数，使它与其倒数之和等于一个已知数，用现代公式表示就是：

$$x + \frac{1}{x} = b$$

此式可化成一元二次方程 $x^2 - bx + 1 = 0$，他们的解法是先求出 $(b/2)$，再求出 $(b/2)^2$，再求 $\sqrt{(b/2)^2 - 1}$，然后得解答：

$$b/2 + \sqrt{(b/2)^2 - 1} \text{ 和 } b/2 - \sqrt{(b/2)^2 - 1}$$

这表明他们已经知道了二次方程的求根公式。不过他们没有负数概念，只求正根。在公元前 1600 年的一块泥板上，记录着许多毕达哥拉斯三元数组（勾股数组），取值方法是令 $a=u^2-v^2$，$b=2uv$，$c=u^2+v^2$，其中 u,v 是任取正整数，这样可得出 $a^2+b^2=c^2$。据考证，此取值方法与希腊代数学家刁番都的方法相同。

巴比伦人的几何略逊代数一筹，许多几何问题都被化为代数问题处理。在求圆面积时，他们用 3 代替 π，在另外的场合又用 $3\frac{1}{8}$ 作为 π 值。在大约公元前 1600 年的一块泥板上，记有 π 的近似值。此外，巴比伦人还会求一些简单立体的体积。

像埃及人一样，巴比伦人虽然在天文观测上积累了相当丰富的经验知识，但他们的宇宙论却依然笼罩在神话的气氛中。对宇宙结构和起源的总体构思，尚未同日常的经验观察密切关联起来。巴比伦人设想地是浮在水上的扁盘，而天是一个半球状的天穹，覆盖在水上。天地都被水所包围，水之外是众神的居所。天上的星星和太阳都是神，每天出来走一趟。由于他们决定着世间的命运，所以他们的行踪，即天体的运动，尤其值得注意。占星术正是从天体运行轨迹中推测人间祸福，故而受到极大的尊崇。巴比伦的许多图书馆都藏有大量的占星术著作。

美索不达米亚的医学很不起眼，现存泥板文书中没有比公元前 10 世纪更早的医学文献。但《汉谟拉比法典》中曾经提到，如外科手术失败则砍掉医生的手，这就表明那里古代就有医生行业，而且不全是巫医。

美索不达米亚最值得一提的技术成就是它的冶铁术和城市建设。大概在新石器时代，原始人类就在打制石器的过程中发现了天然的金属。金、银、铜可能是最先被发现的，因为它们在自然界中以单体的形式存在。在新石器时代后期，由于天然铜即红铜也被用来制作工具，故出现了一个金石并用时代。红铜虽然便于打制，但不够坚硬，后来人们在长期的冶炼实践中发现，在铜中加入锡可增加铜的硬度。铜锡合金即青铜的使用，标志着人类进入了一个新时代。在美索不达米亚，大约在公元前 4000 年就出现了青铜铸件。

铁器的出现是科学史上更为重要的事件，因为铁的用途比铜更广，地球上铁矿石也丰富得多。自然界中没有作为单体的铁，除了偶尔从天上掉下来的陨铁。不过陨铁量少，而且大部分被视作圣物。要得到铁，必须从铁矿石中提炼。最早的炼铁术是赫梯人发明的，到了大约公元前 1500 年已相当普及。考古学家曾发现过一封埃及国王于公元前 1250 年写给赫梯国王的信及回信，信中要求赫梯人供应铁，回信中答应给一把铁剑，并要求用黄金交换。这表明当时埃及用铁不多，相反，在美索不达米亚地区已相当普遍。大约在同一年代，亚述人也从赫梯人那里学习了先进的冶铁技术。用铁制造的武器坚硬而又锋利，造就了强大的亚述帝国。在考古发现的公元前8世纪的亚述宫殿中，有大量各式各样的铁制工具和武器，表明亚述人已经进入了铁器时代。要知道，到今天为止，人类还可以说处于铁器时代，钢铁产量依然是一个国家国力的象征，而3000多年前，美索不达米亚人就已率先走进了这个文明时代。

　　古代美索不达米亚人很早就建立了城市，而且非常注重城市的建设。当时的巴比伦城有用石板铺成的宽阔马路，而且设有地下水道。新巴比伦城有三道城墙。主墙每隔44米就有一座塔楼，全城共有300多座塔楼。据希罗多德记载，该城有100多座城门，城门的门框和横梁都用铜铸造。城门高达12米，城墙和塔楼上镶嵌着许多浮雕。城内有许多巴比伦的传统建筑塔庙。塔庙由一层层台子堆垒而成，供奉神的庙宇建在最顶层。高台周围有斜桥和阶梯。巴比伦的塔庙建筑在公元前3000年就已出现。新巴比伦城内还有富丽堂皇的王宫，王宫的旁边是号称世界七大奇观之一的巴比伦空中花园。该花园是当时的国王尼布甲尼撒为他的一位过惯了山村生活的外国宠妃建的。在人工堆起的小山顶上，一层层栽种着各种植物和花卉，顶上有灌溉用的水源和水管。由于人工小山平地拔起，远看花园仿佛悬在空中。新巴比伦城中最高的建筑物是巴别塔。该塔始建于公元前3000年，后历经战火，毁而又修，修而又毁，如今只剩一堆瓦砾残垣。在新巴比伦时期，它曾被修整一新。希罗多德游览过这里，他写道：

　　在这个圣城的中央，有一个造得非常坚固，长宽各有一斯塔迪昂的塔，塔上又有第二个塔，第二个塔上又有第三个塔，这样一直到第八个塔。人们必须从外面循着像螺旋线那样地绕过各塔的扶梯走到塔顶的地方去。在一个人走到半途的时候，他可以看到休息的地方，这里设有座位，而到塔顶上去的人们就可以在这里坐一会儿休息一下。在最后的一重塔上，有一座巨大的圣堂，圣堂内部有一张巨大的、铺设得十分富丽

马赛克墙画巴比伦狮子，现藏于大英博物馆。吴国盛摄

的卧床，卧床旁边还有一张黄金的桌子……神常常亲自下临到这座圣堂，并在这个床上安歇。[1]

这段赞词被刻在一块古碑之上，后人从通天塔旁边的马都克神庙内找到了这块古碑。它真实地描绘了这座古老的建筑奇观。

美索不达米亚与埃及不一样，非常缺乏岩石，但拥有丰富的沥青和高明的烧砖技术。中东盛产石油，沥青常常从地面上天然渗出，是天然的建筑材料，所以当地的建筑大都用砖和沥青构筑。聪明的美索不达米亚工匠建设了当时世界上最雄伟气派、富丽堂皇的城市。

画家勃鲁盖尔于 1563 年创作的油画《巴别塔》

3. 印度

今日南亚次大陆俗称印度次大陆。它位于亚洲的南部，北枕喜马拉雅山，南接

[1] 希罗多德：《历史》，王以铸译，商务印书馆，1959 年版，第 90–91 页。

印度洋，东临孟加拉湾，西濒阿拉伯海，北广南狭。这里三面环海，一面靠山，有着天然的封闭地理环境。境内地形复杂，地理条件极为悬殊。西北部的印度河发源于冈底斯山以西，流入阿拉伯海；中北部的恒河发源于喜马拉雅山南坡，流入孟加拉湾。印度河和恒河所形成的冲积平原，土壤肥沃，气候湿润，是世界最古老文明的发源地之一。

印度是一个不容易直观把握的国度。直到殖民地时期，印度大小王国林立，从来没有形成过高度统一的中央集权制国家。与此相伴随，印度也从来没有统一的语言，各民族和各部落所使用的语言和方言超过150种。由于印度次大陆特殊的地理位置，加之累遭外族入侵、占领和殖民统治，所以成了世界三大人种（尼格罗种、蒙古利亚种和高加索种）的交会处。印度人种繁多，血统混杂，素有"人种博物馆"之称。

除了种族、民族繁多，印度还存在根深蒂固的种姓制度。全部印度人都被分为四个等级的种姓，从高到低依次是：婆罗门、刹帝利、吠舍和首陀罗。婆罗门即僧侣，从事文化教育和祭祀活动；刹帝利即武士，负责行政管理和打仗；吠舍即平民，经营商业贸易；首陀罗是所谓的贱民，从事农业及各种手工业。种姓世袭，不同种姓之间不得通婚。这种种姓特征使人感到印度好像一盘散沙。

印度是一个神秘的国度。此地到处笼罩着宗教气氛，处处有神庙，村村有神池。与上述文化多样性相伴随，印度人信奉的宗教极多，同一宗教又有许多教派。在印度，婆罗门教－印度教最为流行，而发源于此地的佛教却不太流行，倒是墙里开花墙外香，在东亚和东南亚一带拥有广大信徒。

尼泊尔的神庙。吴国盛摄

印度人的历史也笼罩在云里雾里。古代印度人不注意记录自己的历史，只喜欢讲神话故事，后世历史学家不得不从神话故事中发掘考订印度的古代历史。

印度的历史大致可分为史前时代、吠陀

印度德里古天文台

时代与史诗时代、列国争雄时代、殖民时代和独立时期。史前时代又称哈拉巴文化时代，因为这个文明时代完全由在印度河畔的哈拉巴地区的考古发现而确定并命名，时间在公元前2500年至前2000年。创造这一文化的是当地原始居民达罗毗荼人，但这一文化不知何故在公元前2000年左右时销声匿迹。大约在公元前1500年，来自北方的游牧民族雅利安人征服了印度河和恒河流域，开创了吠陀文化时代。所谓"吠陀"，原意是"知识"，中国古人也译作"明"。由于有四部留传至今的以"吠陀"为名的神话诗集间接记述了那个时期的社会状况，故将那个时期称为吠陀时期。这四部吠陀是《梨俱吠陀本集》（又名《赞诵明论本集》）、《婆摩吠陀本集》（又名《歌咏明论本集》）、《夜柔吠陀本集》（又名《祭祀明论本集》，包括《白祭祀明论》和《黑祭祀明论》两本）和《阿达婆吠陀本集》（又名《禳灾明论本集》）。继吠陀之后又出现了与各吠陀本集相关的《梵书》以及与各《梵书》有关的《奥义书》。史诗时代因两部重要的史诗而得名，它们是《摩诃婆罗多》和《罗摩衍那》。吠陀和史诗时代大约于公元前600年结束，此后长达2000多年的历史是列国争雄时代。比较突出的王朝有摩揭陀王国（公元前600年左右）、难陀王朝（公元前362—前321）、孔雀王朝（公元前321—前185，阿育王是孔雀王朝第三任国王）、贵霜王朝（约公元前200年—公元3世纪）、笈多王朝（320年—约5世纪）、莫卧儿王朝（1526—1857）。莫卧儿王朝被英国的东印度公司灭亡后，印度沦为英国的殖民地，直到1947年独立。

　　印度文化主要是一种宗教文化。它推崇来世，轻视今生，强调人生的无常和空虚；主张清心寡欲，反对执着追求。这种心态无疑不利于科学的发展。但是，作为古老而又持续发展的文明，它不可能不在与人类的物质生存活动最密切的知识部门有所贡献，特别是在天文学、数学和医学方面。

　　印度早期的历法五花八门，但基本上是阴阳合历。在吠陀时代，印度人把一年定为 360 天，同时认识到月亮运行一周不到 30 天，所以一年中有些月份要消失一天。为了观察日月的运动，印度人把黄道划分为 27 宿。总的来说，印度早期的历法比较粗陋，天文学也无惊人成就。到了笈多王朝时期，希腊高度发达的天文学传入，使印度天文学有一些发展。首先是出现了天文学家圣使（又名阿耶波多）及其《圣使历数书》，后来又出现了天文学家彘日（又名伐罗诃密希罗）及其《五大历数全书汇编》。这些天文著作使印度历法变得更为精致。印度天文学家不太重视对天体的实际观测，所以也没有什么天文仪器传世，直到 18 世纪才在德里等地建立了天文台。

古代印度人认为宇宙像一只大锅扣在大地上，在大地中央，须弥山支撑着天空，日月均绕须弥山转动，日绕行一周即为一昼夜，大地由四只大象驮着，四只大象则站立在一只浮在水上的龟背上。

大约在哈拉巴文化时期，印度人就采用了十进制记数制。到公元前 3 世纪前后，出现了数的符号，但没有零，也没有进位记法。在吠陀时代出现的《绳法经》中有若干几何学知识；耆那教经典中提到圆周率；公元前 200 年的《昌达经》中提出了印度最古老的帕斯卡三角形，即二项式系数三角形。

公元 3 世纪以后，希腊数学传到了印度，使印度的几何学有很大进步。同时，印度人自己发展了算术和代数。公元 5 世纪初，印度数学家创造了零的概念及其数字符号 0。在《圣使历数书》中出现了平面图形的求积以及算术级数的求和方法，算出了圆周率等于 3.1416。《圣使历数书》中已出现了完备的十进制数值体系。印度人还引进了负数、无理数运算，学会了处理二次方程的求根问题和解不定方程。这些都是中世纪很重要的数学成就，但印度人自己并不了解这些成就的意义。就在广泛采用十进制的同时，他们在天文学上又采用了从美索不达米亚传过来的六十进制。

与印度理论自然科学的极度贫乏相对照，印度的医学可以称得上相当发达。或许与印度思想中的大慈大悲、普度众生的仁爱思想相一致，印度古文献中很早就有医学知识的记载。在《阿达婆吠陀》中，有大量关于临床治疗、人体解剖学、植物药学等方面的知识。古代印度人识别了黄疸、麻风、天花、关节炎、小产和精神病，懂得如何使用驱虫药、免疫疫苗，外科医师可以做剖腹、断肢、眼科、耳鼻唇整容等手术。在佛陀时代（佛祖释迦牟尼生活的年代，公元前 563—前 483），印度已出现了医科学校和专职医生。公元前 6 世纪的名医阿特里雅名噪一时，有《阿特里雅本集》

医书传世。以后几千年间，印度医学逐渐发展，形成了自己独到的医学体系。

随着佛教的东传，印度的科学技术也影响了我国，特别在中古典籍中，可以看到这种影响的痕迹。我们今日的许多日常用语就来自印度，比如，表现无限大的词语"恒河沙数"，以及形容很短时刻的"一刹那"。

4. 中国

我们的祖国也是世界上最古老的文明发源地之一。她地处亚洲的东部、太平洋的西岸，领土辽阔，人口众多。黄河、长江两条母亲河，哺育着华夏民族。

炎黄子孙繁衍生息的这块土地有着特殊的地理环境：北面是寒冷的西伯利亚荒原，东面、南面是浩瀚的大海，西面是阿尔泰山、喀喇昆仑山及沙漠、戈壁，西南是喜马拉雅山。沧海大洋与高山大漠形成了一个相对封闭的地理环境。中国先民在这个封闭的地理环境中独自创造了辉煌的文明，而且这个古老的文明延续了几千年一直没有中断，是世界文明史上罕见的奇迹。

按照最新的分子遗传学研究成果，中国人是 10 万年至 5 万年前从非洲迁移过来的黄色人种。大约在公元前五六千年，黄河、长江流域已开始了农耕作业。此后数千年，农业一直是中国的立国之本。华夏民族的远古历史可以追溯到约公元前3000 年黄河流域的姬姓黄帝部落和姜姓炎帝部落，中国人常称自己为炎黄子孙即源于此。在初期的部落联盟中产生了像尧舜这样杰出的军事领袖。舜禅让位于禹之后，禹建立了中国历史上第一个王朝夏朝。夏朝从禹开始，到桀灭亡，共传 14 世，17王，400 多年。约公元前 1700 年，商王汤推翻夏桀建立商朝。商朝直到纣亡，共传17 代，31 王，600 年。因商王盘庚迁都到殷地（今河南安阳），后世在那里发掘了大量遗址、遗物，故又常称商为殷或殷商。约公元前 1100 年，周武王灭纣建立周朝，到公元前 770 年周平王东迁，史称西周（西周共和元年即公元前 841 年开始有正式的史书记年，此前历史年代只能推测，无法准确确定）。[1]西周末年，诸侯势力强盛，

---

[1] 1996 年开始，国务院主持了一个大型科研项目"夏商周断代工程"，力图制定夏商周三代年表。工程于 2000 年收尾，发布了《夏商周年表》。根据这份年表，我国夏代始年约为公元前 2070 年，夏商分界约为公元前 1600 年，商周分界即武王伐纣的时间为公元前 1046 年。

王室日益衰微。平王被迫东迁后，进入春秋战国时期。至秦始皇公元前 221 年统一中国，这段时期延续了 800 多年。

中国先民是朴实的农业民族。他们不喜玄想，勤务实利，在极为艰苦的条件下踏踏实实地从事农业劳动，使自己的民族不断繁衍壮大。与其他几大古老文明形成鲜明对照的是，中国先民的宗教意识极为淡薄。远古的神话传说中没有超越人间的神的形象，相反，充满着对先祖杰出才能和品质的赞颂。最有名的神话如盘古开天辟地、女娲补天、后羿射日、燧人氏钻木取火、有巢氏构木为巢、神农氏遍尝百草等，叙述的都是先祖创业的英雄故事。可以说，中国的神话是人神同一的神话。神没有超越性，没有凌驾于人间之上的神的世界。特别值得指出的是，考古学家从未发现商朝到战国时期有过大型的宗教建筑。这些都说明，中国先民的精神生活中没有神的影子。无神论的民族重视现实世界，遵从生活经验，这个民族特性决定了中国科学的实用性、经验性特征。农（学）、医（学）、天（学）、算（学）是中国人独自创造的科学技术体系中的四大核心学科。

商代中期农业已成为重要的社会生产部门。殷墟中出土的甲骨片中关于农业丰收的卜辞很多，而畜牧业的很少，表明当时农业的重要性已超过了畜牧业。到了西周时期，以农为主、以畜牧业为辅的生产格局已经形成，中华民族以植物为主的食物结构开始确立。春秋以来，有大量记载农业技术的文献出现，中国先民已懂得对土地精耕细作。此外，为了防止在我国境内最为常见且对农业生产影响最大的自然灾害——水灾和旱灾，春秋战国时期开始兴建大型水利工程，包括灌溉工程、运河工程和堤防工程。当时比较大的灌溉工程有芍陂、漳水十二渠、都江堰和郑国渠。其中芍陂和都江堰历经 2000 多年，至今仍在发挥作用。四川太守李冰主持修建的都江堰，使成都平原成为"水旱从人"的沃野良田，更使四川成为"天府之国"。

在原始社会中，巫医不分。甲骨卜辞中有大量关于疾病的记载，治病方法主要是通过迷信活动，但也用一些药物。西周时期巫医已经分开，出现了专职的医生和医疗制度。约在商代，中国人已经认识到某些植物的汤液对疾病的治疗作用，从此以后，汤液成为中药的主要剂型。随着冶金术的发展，各种金属制造的医疗器具也开始出现。经过几百上千年的积累，中国的医学体系在春秋战国时期得以初步建立。公元前 5 世纪的扁鹊代表了那个时代中国医学的最高成就。他所采用的切脉、望色、闻声、问病四诊法一直沿用至今；他熟练掌握当时广为流行的砭石、针灸、按摩、

都江堰。吴国盛摄

汤液、熨帖、手术、吹耳、导引等方法，创造了不少为人传颂的"起死回生"的奇迹。战国晚期出现的《黄帝内经》是当时医学的集大成著作。它包括《素问》和《灵枢》两部分，共18卷，162篇，广泛论述了医学理论的各个方面。它第一次提出了脏腑、经络学说，成为日后中医理论进一步发展的基础；它采用阴阳五行学说，作为处理医学中各种问题的总原理，为临床诊断提供了理论说明。《黄帝内经》是祖国医学的奠基之作，2000多年来，一直指导着中医的临床实践，是极为宝贵的科学遗产。

发展农业生产离不开历法的制定。作为农业民族，华夏先民很早就注重天象观测，为农业生产和日常生活服务。考古发现以及文献记载表明，在约公元前24世纪的帝尧时代就有了专职的天文官，从事观象授时。当时人们已经知道一年有366天，懂得用黄昏时南方天空所看到的不同恒星来划分春夏秋冬四季。据说是夏朝流传下来的《夏小正》一书记录了许多天文知识，其中提到北斗斗柄每月所指方向有变化。从甲骨卜辞中可考证出殷商时代用干支记日，数字记月，月分大小，大月30日，小月29日，闰月置于年终。此外，甲骨卜辞中还有日食、月食和新星的记载。我国第一部文学圣典《诗经》中天文知识亦极为丰富。著名的有《诗经·七月》中的"七月流火"（七月的大火星向西偏，大火星即心宿二，天蝎座的 α 星）、《诗经·绸缪》中的"三星在户"（抬头从门框里望见河鼓三星，即天鹰座三星）等。春秋战国时期，中国天文学开始由一般观察发展到数量化观测。《礼记·月令》以二十八宿为参照系描述了太阳和恒星的位置变化。《春秋》和《左传》中天文资料更为丰富，从公元前 722 年到公元前 481 年，共记有 37 次日食。公元前 613 年的关于哈雷彗星的记录是世界上最早的。战国时期出现了专门的天文学著作。齐国甘德著有《天文星占》，魏国石申著有《天文》。后人将之辑成《甘石星经》，是当时天文观测资料的集大成，也是世界上最古老的星表。

商代甲骨文中开始有十进制的记数方法，春秋战国时期普遍运用的筹算完全建立在十进制基础上。算筹分纵式和横式两种，纵式表示个位、百位、万位等；横式表示十位、千位、十万位等，遇零空位。用这种方法可以摆出任意的自然数。十进制记数法是当时世界上最为先进的记数法，是我国人民对世界文明的重大贡献。但筹算也有它的局限性，计算过程无法保存，因而无法检验。中国传统数学不擅长逻辑推理，也可能与筹算法这种重结果不重过程的数学思维有关。

中国上古时期最重要的技术成就是冶炼术和丝织技术。青铜器和铁器在我国出现的时间都不算最早，但冶炼和铸造技术发展很快，达到了相当高的水平。商周时期是使用青铜器的极盛时代，不仅有青铜农具等生产工具，还有祭祀用的礼器和大量的兵器。它们有的小巧精致，有的硕大无朋。1939 年在河南安阳武官村出土的商代司母戊鼎（2011 年 3 月，我国将青铜器司母戊鼎正式更名为"后母戊鼎"），器高 1.33 米，横长 1.1 米，宽 0.78 米，重 875 千克，采用的是分铸法。在长期冶铜实践的基础上，我国人民已认识到了合金成分、性能和用途之间的关系。成书于春秋战国时期的《考工记》详细记载了不同合金比例的"六齐"规律。所谓"齐"即"剂"，配方的意思。当时人们认识到，铜与锡的重量比为六比一时，最适合造钟鼎；五比一时，造斧头；四比一时，造戈戟；三比一时，造刀剑；五比二时，造箭头；二比一时，造铜镜。这些大体正确的合金配比规律，是世界冶金史上最

马踏飞燕，1969 年在甘肃武威出土的青铜作品，造于公元 220 年前后。现藏于甘肃博物馆。李焱摄

三星堆出土的青铜面具，藏于中国国家博物馆。吴国盛摄

早的经验总结。

我国的人工铸铁技术起步较晚，但由于先前已发展了极为先进的青铜冶铸技术，铸铁术发展很快。春秋战国时期，我国出现了生铁冶铸技术和铸铁柔化术。这两项冶金史上的重大突破领先了欧洲上千年。战国后期，冶铁业在各地广泛建立起来，使铁器的使用大为普及，极大地促进了社会生产力的发展。

中国是世界上最早利用蚕丝的国家。早在5000多年前，我国就有比较发达的养蚕和丝织业，远古文献中记载了大量种桑养蚕的事情。《诗经·七月》中就有这样的诗句："蚕月条桑，取彼斧斨，以伐远扬，猗彼女桑。"说的是在养蚕的三月修剪桑树，培育嫩小的桑叶。用蚕丝织出的丝绸轻软华丽，一直为全世界人民所喜爱。西方人了解中国很大程度上是通过丝绸，丝绸开辟了中外交流的主要渠道——丝绸之路。西文中的"中国"（Sino）一词据说也与丝绸有关。

由于地理上的阻隔，古代中国人独自走着自己的文化发展道路，形成了有特色的技术型、经验型、实用型的科技体系。中国不是近代自然科学的发源地，但是近代科学的诞生得益于许多外在和内在的条件，中国文明直接和间接地为之创造了条件。在以后的篇章中，我们还要接着讲述中国在中古时期所达到的科技水平，以及中国人的伟大发明如何为近代世界开辟了道路。

The Journey of Science

第二卷

希腊

科学精神的起源

今天所谓科学，不是一般的自然知识。它是 16、17 世纪以来形成的一种特定的意识形态，包含着对事物的特定看法、处理问题的特定方法、知识制造的特定机制；它为人类规定了看待自然、研究自然、征服和改造自然的方式。这个意识形态体系主要是在近代欧洲成长起来的，常常被称作近代科学。事实上，世界上各个古老的文明都有关于自然界的理论，或是神话的，或是经验的，但都没有形成像近代科学这样的体系，因而也没有像近代科学那样在世界历史上发挥如此巨大的作用。近代科学的诞生得益于许多条件，其中也包括中国人的伟大发明所起的作用，但它的思想根源在希腊。2000 多年前希腊人所创造的光辉夺目的文化成就为现代文明奠定了基础。希腊是科学精神的发源地。

拉斐尔的壁画《雅典学院》，现存于梵蒂冈博物馆。画面中央神采奕奕走来的是柏拉图（左）和亚里士多德（右），一个左手夹着《蒂迈欧篇》右手指向上方，一个左手持《尼各马可伦理学》右手掌朝下，代表着他们的哲学一个注重理念世界，一个注重现实世界。以他们为中心，展开了激动人心的辩论场面。这两个中心人物的两侧有许多重要的历史人物：左边转身向左扳手指的是苏格拉底，画面中央斜躺在台阶上的半裸着的老人是犬儒学派的哲学家第欧根尼。

台阶下的人物分为左右两组。左边一组中，倚靠在石桌上陷入深思者是赫拉克利特，蹲着在一本大书上专心写字者是毕达哥拉斯，缠着头巾伸头看毕达哥拉斯写字的是阿拉伯学者阿维罗意，阿维罗意左边头戴桂冠就着柱基看书的是伊壁鸠鲁。右边一组的主要人物是欧几里得（一说阿基米德），他正弯腰和四个青年演算几何题。右边身穿黄袍手持天体模型者是托勒密。

第三章
希腊奇迹与科学精神的起源

　　古代希腊并不只是今天我们从地图上看到的巴尔干半岛南端的希腊半岛这块地方。早在公元前一千多年，希腊人就向海外移民，在东方和西方建立了许多殖民地城邦。向东越过爱琴海，在今天属于土耳其的西部沿海地带建立了爱奥尼亚（注意不要与希腊半岛西部的爱奥尼亚群岛相混淆）的希腊殖民城邦；向西越过爱奥尼亚海，在现在的意大利南部即亚平宁半岛及西西里岛建立了"大希腊"殖民地。总的来讲，创造了科学奇迹的古代希腊人生活在包括希腊半岛本土、爱琴海东岸的爱奥尼亚地区、南部的克里特岛以及南意大利地区在内的区域。

古奥林匹亚体育场，从公元前 776 年至公元 394 年，每四年一次的奥林匹克运动会在这里持续举办了 1170 年。吴国盛摄

1. 希腊奇迹

在古代世界所有的民族中，少有像希腊人那样对近代世界产生如此巨大的影响的。不是在希腊人创造的物质文明方面——希腊人既没有留下造福于后人的伟大工程，也没有做出什么杰出的技术发明——而是在精神文明方面。他们热爱自由，不肯屈服于暴君，其民主体制年轻而富有活力；他们热爱生活，天性乐观，每四年举行一次的奥林匹克竞技会是他们欢乐生活的写照；他们崇尚理性和智慧，热爱真理，对求知有一种异乎寻常的热忱。想一想当时周围的其他地区，不是处于未开化的原始蒙昧状态，就是处于专制暴君的统治之下，人民在苦难中生活，知识被少数人垄断，就能理解为何希腊人的出现更像是人类文明的一朵奇葩。

希腊人开启了哲学，也开启了科学，说到底，哲学是科学的纯粹形态。从公元

男子雕像，藏于雅典考古博物馆。吴国盛摄

前500年左右开始，希腊人中出现了一大批才智卓越的哲学家和科学家，他们是以后许多学科的鼻祖。在这光辉灿烂的群星中，有最早期的自然哲学家泰勒斯、阿那克西曼德、阿那克西米尼、赫拉克利特、巴门尼德、芝诺、恩培多克勒、阿那克萨哥拉、留基伯、德谟克利特，有人文哲学家普罗泰哥拉、高尔吉亚、苏格拉底，有体系哲学家柏拉图、亚里士多德，有天文学家默冬、欧多克斯、阿克斯塔克、希帕克斯、托勒密，有数学家欧几里得、阿波罗尼、希罗、刁番都，有物理学家阿基米德，有医学家希波克拉底、盖伦，有地理学家希西塔斯、埃拉托色尼，有生物学家特奥弗拉斯特。这些天才人物中有许多不只在一个领域做出开创性工作，而是在多个领域均有建树。像亚里士多德，几乎在每一个知识领域都发表了卓越的见解，是一位不折不扣的百科全书式的学者。希腊科学是近代科学的真正先驱，几乎在每一领域、每一问题上，希腊人都留下了思考，都是近代科学的老师。

不仅在哲学和科学领域，在文学、历史和艺术方面，希腊人同样毫不逊色。我们照样可以列出一长串天才的名字：诗人荷马、品达、萨福，寓言家伊索；悲剧大

师埃斯库罗斯、索福克勒斯、欧里庇得斯；喜剧大师阿里斯托芬；历史学家希罗多德、修昔底德、色诺芬。哲学家柏拉图的《对话》是无与伦比的韵文，哲学家亚里士多德也是文艺理论家。著名的维纳斯雕像是希腊雕刻艺术的写照。

任何一个出现这么多天才人物的时代，都称得上是伟大的时代，但说希腊时代是伟大的时代还很不够。在地中海沿岸这样一个狭小的区域，在周遭都处在无边的黑暗之中的时候，希腊人不仅在科学、哲学和艺术上做出了伟大的成就，而且创造了一种全新的精神，而这种精神恰恰是真正的现代精神。这才是奇迹所在。

女子雕像，藏于雅典考古博物馆。吴国盛摄

2. 光大东方科学遗产

希腊奇迹并非完全不可思议。只要考察一下希腊文化的历史根源，就可以发现奇迹在某种程度上是可以理解的，虽然不可能完全说明它的独特性和唯一性。简单说来，希腊人之所以创造了这么辉煌的文化成就，是因为他们继承和光大了东方两河流域、尼罗河流域的科学遗产，将之发展到了一个更新的高度。

希腊古典文化是爱琴文明的后代。在欧洲，爱琴海地区是最早使用金属的地区，也是最早摆脱蒙昧状态的地区。直到希腊古典时代（公元前 500 年左右）为止，这一地区出现的比较发达的文明史称爱琴文明。爱琴文明分为两个阶段，先是克里特文明，再是迈锡尼文明。

早在公元前 3000 年，克里特岛上的居民已完成了由新石器时代向青铜时代的过渡。在克诺索斯等地，考古学家发掘出了规模庞大的王宫，人们猜想那就是克里特的统治者米诺斯的宫殿。克里特文明也因此被称为米诺斯文化。克里特岛扼地中海之要冲，海上交通极为便利。它与当时文明程度较高的埃及、小亚细

米诺斯王宫遗址。吴国盛摄

亚[1]、腓尼基有过极为密切的商业贸易往来，东方文化对于克里特文明的形成无疑起着重要的作用。近几十年来，一大批考古学家、古文字学家、历史学家对克里特文明的渊源有进一步的推测，从语言、建筑、科技、艺术等方面的内在联系看，克里特岛甚至有可能是埃及人的殖民地。也就是说，作为希腊古典文化之重要源头的克里特文明极有可能是埃及文明的一个分支。这就更加表明了希腊文明的东方来源。

　　大约在公元前 1400 年，克诺索斯宫以及克里特岛其他地方突然遭到破坏。人们猜测可能是地震和海啸造成的。不管是什么原因，这次大灾难以后，克里特文明就逐渐衰落了。而此时，在希腊本土，迈锡尼文化正如日中天、方兴未艾。

　　迈锡尼文化因其文化遗址在希腊本土的迈锡尼地区被发现而得名。创造迈锡尼文化的阿卡亚人大约在公元前 1600 年由北部山区进入希腊中部和南部。他们一开始向先进的克里特文化学习，引入先进的技术和工艺。后来，迈锡尼文化超过了克里特文化。公元前 1450 年至前 1400 年间迈锡尼人对克诺索斯王宫的占领，标志着

────────────

[1] 亚细亚，Asia，希腊文意为东方、太阳升起的地方，欧洲人以后把在他们东方的都叫亚细亚，即现在的亚洲；小亚细亚指亚洲最靠近欧洲的地方，即现在的土耳其，也称近东。

迈锡尼的狮子之门。吴国盛摄

迈锡尼文化的胜利。公元前12世纪初，发生了著名的特洛伊战争。在迈锡尼人阿伽门农的率领下，散布在希腊各地的阿卡亚人组成希腊联军，远征小亚细亚西岸的特洛伊，经过十年战争终于攻陷该城。但战争也使迈锡尼人的力量大大削弱。公元前1125年左右，同属希腊语系的另一支希腊人多利亚人南下摧毁了迈锡尼，结束了迈锡尼文明时代。落后野蛮的多利亚人摧毁了先进的文化，但没有自己的建树，使希腊历史的这一段呈现出空白，史称"黑暗时期"。但由于留下了两部相传为诗人荷马创作的史诗《伊利昂纪》和《奥德修纪》（旧译《伊利亚特》和《奥德塞》），故又称"荷马时期"。

　　克里特文明时期，爱琴海地区已经相继出现了象形文字和线形文字A。线形文字A属音节字，比象形文字高级，但不属于印欧语系。阿卡亚人（迈锡尼人）吸取线形文字A的某些因素，创造了线形文字B。它是希腊语民族最原始的文字，语言考古学家已可以译读。但自多利亚人摧毁迈锡尼文明以后，线形文字B也中断了。在"黑暗时期"的几百年里，希腊地区没有文字。荷马史诗是盲诗人们的口头创作。直到公元前9世纪，腓尼基人发明的字母随着腓尼基商人一起传到了希腊各地，这才形成了后人所看到的希腊文字。

腓尼基地处地中海东岸，在今叙利亚境内，有优良港口。腓尼基人是一个善于航海、精于商业的民族。据说公元前 7 世纪，埃及法老曾命令腓尼基的水手们从红海出发环绕非洲大陆一周。腓尼基人克服千难万险，花了三年时间完成了环航非洲的使命。这真是人类航海史上一次空前的壮举，也是腓尼基人高超航海技术的见证。他们将自己的商业活动扩大到了地中海沿岸甚至大西洋沿岸，他们也是将埃及文化和西亚文化传播到希腊去的最重要的使者。

"腓尼基"（Phenicia）在希腊文中是紫红色的意思。腓尼基人善于从海生动物中提取紫红色染料，他们生产的紫红色布料在希腊颇为著名，故希腊人称他们为腓尼基人。早在公元前 2000 年，腓尼基人就在小亚细亚沿岸建立了他们的商业据点。在迈锡尼时代，他们已经到达了希腊本土。埃及、巴比伦和亚述的货物通过腓尼基商人源源不断地运往希腊。腓尼基人改善和传播了以埃及文字为基本依据的字母表，该字母表后来成了希腊字母表的主体，用来书写科学史和哲学史上最伟大的作品。

除了通过腓尼基人的商业活动，希腊人也直接与埃及和西亚地区往来。许多希腊哲学家都曾亲自游历西亚和埃及，学习那里的先进文化。希腊神话很大程度上受西亚和埃及的影响，从神的名字、神话典故到神的谱系，都可以找到东方的来源。至于埃及的测地术（几何学）、巴比伦的天文学和代数，远在希腊人之上，自然是希腊人的老师。但是，正如亚里士多德所说，东方人发展科学知识和技术主要是出于实用的目的和宗教的需要，只有希腊人首先试图给出理性的理解，试图超越具体个别的现象，进入一般的认识。这正是希腊思想的特质，也是希腊人对人类文明的独特贡献。

3. 希腊奴隶制与城邦民主制

亚里士多德在《形而上学》第一卷中提出了希腊学术的两个重要特征。一是出自"惊异"，纯粹为着"求知"；二是以"闲暇"为条件。希腊人发展科学和哲学，不是为了功利和实用的目的，而只是因为对自然现象和社会现象感到困惑和惊奇，为了解除困惑不得不求知。亚里士多德说："不论现在，还是最初，人都是由于好奇而开始哲学思考，开始是对身边所不懂的东西感到奇怪，继而逐步前进，而对更重大的事情产生疑问，例如关于月相的变化，关于太阳和星辰的变化，以及关于万物的生成。一个感到疑难和好奇的人，便觉得自己无知（所以，在某种意义上，一个爱智慧的人也就是爱奥秘的人，奥秘由奇异构成）。如若人们为了摆脱无知而进行哲学思考，那么，很显然他们是为了知而追求知识，并不以某种实用为目的。"[1]这样为求知而求知，纯粹是出于一种对智慧的热爱。这是希腊学术的第一个特点。

亚里士多德也明确指出，这样的一种求知活动，必须要等到社会出现闲暇阶层才有可能产生。"只有在全部生活必需都已具备的时候，在那些人们有了闲暇的地方，那些既不提供快乐，也不以满足必需为目的的科学才首先被发现。由此，在埃及地区，数学技术首先形成，在那里僧侣等级被允许有闲暇。"[2]只有知识阶层不用为生活而奔波劳碌，才有可能为求知而求知。因为，整天从事繁重体力劳动没有闲暇的人，是无法从事这种复杂的脑力劳动的。

安提克塞拉沉船中的哲学家雕像，现藏于雅典考古博物馆。吴国盛摄

为希腊人提供闲暇的是希腊奴隶制和希腊的城邦民主制。所谓城邦是指由作为核心的某个城市与其周围的农村一起构成的小国家。核心城市建有城墙，起初为的是防止海盗的袭击，后来成了政府所在地。这些城市本来是各个部落的聚居场所，后来发展成了城邦小国。在希腊各地（本土或殖民地），遍布着大大小小数百个城邦。各城邦经济、政治发展不平衡，有的强大，有的弱小。公元前 500 年左右，雅典和斯巴达是两个最大的城邦。城邦政治一开始都是君主制，之后演变为贵族寡头统治。约在公元前 7 世纪左右，许多城邦的贵族寡头相继被独裁者所推翻，希腊人称这些独裁者为"僭主"，意指他们是以不正当途径取得统治权力的。僭主往往代表着广大自由民的利益，

---

[1] 亚里士多德：《形而上学》，见《亚里士多德全集》第七卷，苗力田主编，中国人民大学出版社，1993 年版，第 31 页。
[2] 同上书，第 29 页。

至今保存完好的埃皮达鲁斯大剧场，可以容纳 1.4 万名观众。吴国盛摄

一开始受到更多人的拥护。约在公元前 6 世纪至公元前 5 世纪，僭主统治逐步被民主体制所代替，但也有些城邦回到了贵族寡头统治。

无疑，民主制的城邦更有利于科学和哲学的繁荣和发展。爱奥尼亚人的城邦以雅典为代表，注重发展手工业、商业和海上贸易，政治上推行民主体制，所以在文化领域取得了光辉夺目的成就。希腊最为著名的政治家、演说家、哲学家、科学家、戏剧家、雕刻家都是雅典人。与此相对照的是希腊的另一个城邦斯巴达。它地处伯罗奔尼撒半岛东南部，北部多山，与其他城邦隔绝，沿海没有优良港口，商业不发达，以农业为主。斯巴达人尚武，喜欢征服和武力解决，所以政治上推行一套强硬的军事寡头制度，社会生活中实行严格的纪律约束。在这样的社会体制下，斯巴达没有出现一样出色的文化成就。所幸就整个希腊而言，各邦独立自主、相互竞争，外邦人可以自由出入各邦，使得整个希腊呈现出一派百花齐放、百家争鸣的局面，为科学和哲学的发展提供了良好的社会环境。

希腊奴隶制保证了贵族和自由民优裕的生活及闲暇。希腊的奴隶有两个来源，一是战争中的俘虏或者外邦人，一是城邦内部自由民因贫困潦倒沦为奴隶。奴隶从事农业和手工业，没有政治权利。不同的城邦中奴隶制的形式也不完全一样。奴隶和土地一起，有的归国家所有，有的归个人所有，但都是从事体力劳动。大量的奴隶使自由民从体力劳动中解放出来。由于手工作业都由奴隶完成，希腊哲学家养成了轻视体力劳动的习惯。他们一般来说不重视亲自动手观察自然现象、亲手制造仪器工具。他们发展出了高度发达的思维技巧，提出了极富天才的自然哲学理论，但在实验科学方面严重不足。这也是希腊科学的一大特点。

4. 希腊思维方式与科学精神的起源

在人类历史上，希腊人第一次形成了独具特色的理性自然观，这正是科学精神最基本的因素。许多古老的民族，要么只有神话或宗教式的自然观，要么缺乏一个独立的自然界概念。自然界要么被认为是混乱、神秘、变化无常的，要么被认为与人事密切相关。而希腊人，首先把自然当作独立于人的东西整体地看待；其次，他们把自然界看成一个有内在规律的、其规律可以为人所把握的对象；再次，他们发展出了复杂精致的数学工具，以把握自然界的规律。在这三个方面，希腊人都开了科学精神之先河。

像埃及和西亚地区一样，早期希腊人的自然观也是神话自然观。自然物被赋予神话色彩，自然现象被神话化为神的行为。但同是神话，却预示着不同的思维方式和思维结构。希腊科学和哲学是从希腊神话中脱胎而来的，它为后来西方哲学和科学的发展所奠定的基本观念，同样可以在希腊神话中找到根据。与中国神话相比较可以发现，希腊神话有两个突出特征。第一个特征是，奥林匹斯山上的诸神与人类相似，但不是人，他们像人一样有个性、有情欲、爱争斗，但同人有严格的界限——所有的人都会死，而神却不死。在中国神话中，人神之别非常模糊。许多人中之杰像神农、伏羲、后羿本身即是神。所以，尽管

羊足潘神在勾引女神阿佛洛狄忒，群雕，现藏于雅典考古博物馆。吴国盛摄

神话都反映拟人的世界观，但希腊神话表现的是人神同构，而中国神话表现的是人神同一。同构与同一有着根本的差别，中西哲学传统之差别即已在此表露出来。同构意味着首先这是两个东西，其次才是两个东西相似；其区别是根本的。同构是希腊时代独有的。人神之别，反映了对象性思维的原始形式，而人神同构，则导致了希腊的有机自然观念。作为拟人的世界观，在希腊哲学中，事物是由于分有了宇宙机体的灵魂和心灵才变得能动和理智，也就是说，由于分有了某种结构才变得类似。

希腊神话的第二个突出特征是它完备的诸神谱系：任何一个神都有其来龙去脉，在神谱中的地位非常清楚明白。与此相对照，在中国神话中，诸神几乎没有谱系。神的角色在不同的记载中往往不同，甚至在同一记载中，同一神都扮演不同的角色，互相矛盾。希腊神话这种完备的诸神谱系，实际上是逻辑系统的原始形式。如果把诸神进一步作为自然事物的象征，那么，系统的神谱可以看作是自然之逻辑构造的原始象征。这种完备的神谱，弘扬了秩序、规则的概念，是希腊理性精神的来源之一。

希腊神话这两大特征，人神相异同构和完备的诸神谱系，反映了希腊思想的对象性和逻辑性。这正是自然科学赖以产生的基本前提。怀特海在《科学与近代世界》第一章中曾经指出，自然秩序的概念在希腊悲剧中亦有表现。他说："今天所存在的科学思想的始祖是古雅典的伟大悲剧家埃斯库罗斯、索福克勒斯和欧里庇得斯等人。他们认为命运是冷酷无情的，驱使着悲剧性事件不可逃避地发生。希腊悲剧中的命运成了现代思想中的自然秩序。"[1]"悲剧的本质并不是不幸，而是事物无情活动的严肃性。但

德尔菲的雅典娜神庙遗址。吴国盛摄

[1] 怀特海：《科学与近代世界》，何钦译，商务印书馆，1959 年版，第 10 页。

这种命运的必然性，只有通过人生真实的不幸遭遇才能说明。因为只有通过这些剧情才能说明逃避是无用的。这种无情的必然性充满了科学的思想。物理的定律就等于人生命运的律令。"[1] 怀特海所揭示的这一有趣现象，与希腊神话一起，为希腊自

雅典卫城上的伊瑞克提翁神庙。吴国盛摄

然观中大宇宙与小宇宙的类比提供了文化依据。

　　自然界是有别于人的东西，也是有规律、有秩序的，但更重要的是，它的规律和秩序是人可以把握的，因为它是数学的。对数学的重视，是希腊人最为天才的表现，也是留给近代科学最宝贵的财富。希腊人相信心灵是掌握自然规律最可靠的保证，因而极大地发展了逻辑演绎方法和逻辑思维。在几个特殊的科学领域里，希腊人成功地将它们数学化，并得出了高度量化的结论。这些领域是天文学、静力学、地理学、光学，希腊人不仅在古代世界达到了该领域的最高水平，而且为近代科学的诞生起了示范作用。

　　许多人认为希腊科学是有缺陷的，这主要表现在它不重视对自然现象实际的、细致的考察。它注重的是说明和理解自然，而不是支配和征服自然，因此，它本身未构成物质性的力量。这一点的确与近代科学有着根本不同。但是，如果考虑到近代科学强大的现实干预力量本来就奠基在希腊理性框架之上，考虑到今天人类面临的生存危机，主要原因就在于我们的技术理性摆脱了价值理性的制约，使人类握有过于强大的物质力量却不知如何操控这种力量，因而拯救的途径恰恰在于重新回到希腊的健全理性之中，那么，用"缺陷"来评判希腊科学无论如何是不恰当的。今天我们回顾希腊科学，不仅是为近代科学追根溯源，也是在为现代人类寻找得救的可能性。

―――――――――――――

[1] 怀特海：《科学与近代世界》，何钦译，商务印书馆，1959 年版，第 11 页。

第四章

希腊古典时代的科学

　　从第一个自然哲学家泰勒斯开始，到马其顿王亚历山大大帝征服全希腊为止的二百多年，是希腊科学的古典时代。可以按时期和区域分为三个阶段：第一阶段是爱奥尼亚阶段，第二阶段是南意大利阶段，第三阶段是雅典阶段。公元前5世纪之前，希腊的殖民城邦文化比本土更为发达。首先是爱琴海东岸的爱奥尼亚地区。在那里，从泰勒斯开始直到阿那克萨哥拉，形成了以唯物主义自然哲学为特色的爱奥尼亚学派。几乎与此同时，在西方的意大利南部，从毕达哥拉斯开始直到恩培多克勒，形成了以数的哲学为主要特色的南意大利学派。后来，这两个学派相继随地区的衰落而衰落，雅典开始成了主要的活动舞台。著名哲学家苏格拉底、柏拉图和亚里士多德便活跃在雅典的学术讲坛上。

　　在希腊诸城邦中，雅典本来不是很有名，从公元前594年著名政治家梭伦被推举为执政官后，才逐步变得强大起来。梭伦上任后推行了一系列的政治改革措施，其中包括提高中下等阶级的政治权利、组织最高法庭以扼制执政

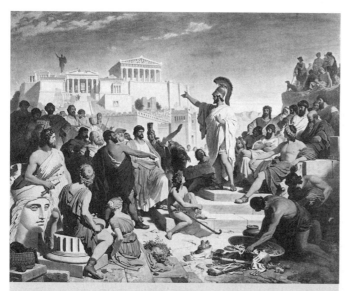

福尔茨（Philipp von Foltz，1805—1877）的油画《伯里克利的葬礼演说》（1852），画面上，伯里克利正在普尼克山上向雅典公民发表演讲，背景是雅典卫城。

官的权力等。此外，梭伦还发动了符合下层劳动群众利益的经济改革。另一位政治家克里斯提尼追随梭伦的脚步，进行了更广泛深入的民主体制改革，被称为雅典民主制之父。到了伯里克利时代（公元前461—前429），雅典的民主体制进入了全盛时期。

公元前493年，波斯帝国向地中海东岸扩张，那里的希腊移民受到威胁。身处希腊本土的雅典人对同胞的遭遇极为同情，决心同波斯人开战，以支持爱奥尼亚地区的希腊殖民地。波斯人派出强大的陆军和海军进攻希腊本土，全希腊处在危险之中。雅典人勇敢地担负起领导、指挥反侵略战争的使命。这场战争持续了43年，直到公元前449年才缔结和约休战。在赢得这场艰苦的战争的过程中，雅典人起了重要的作用，同时也确立了自己在希腊世界中的霸主地位。不过，雅典的帝国主义不久即遭到斯巴达人的不满，引起了另一场与斯巴达人的战争，即著名的伯罗奔尼撒战争。这场连绵了27年的希腊内战自公元前431年开始，到公元前404年为止，虽以雅典战败告终，但全希腊都受到了致命的打击。政治动荡加上经济凋敝，使希腊社会元气大伤，最后在政治上屈服于马其顿的统治，结束了古典时代。

雅典卫城。吴国盛摄

1. 第一个自然哲学家泰勒斯

西方历史上第一个自然哲学家泰勒斯诞生于地中海东岸爱奥尼亚地区的希腊殖民城邦米利都。他既是第一个哲学家，也是第一个科学家，是西方科学－哲学的开创者。他的学生阿那克西曼德及后者的学生阿那克西米尼也是米利都人，他们形成了西方哲学史上第一个哲学学派——米利都学派。

米利都在今土耳其境内，地处入海口。公元前 8 世纪至前 6 世纪，它的海外贸易极为发达，以至希罗多德多次说到"米利都是海上的霸主"。虽然到了泰勒斯生活的年代，其霸主地位已经遭到严重威胁，但它便利的交通条件以及与各国的频繁交往，依然孕育了第一朵希腊文明之花。

泰勒斯雕像

泰勒斯的生卒年月无法准确查考。一是因为年代过于久远，相关历史文献未能保存下来，二是因为那时世界上无统一纪年，参照不同事件的纪年所给出的年代彼此不一致。确定泰勒斯生卒年代最主要的依据是据说他曾经预言过一次日食。运用现代天文学成就可以把该地区历史上所有发生日食的时间推算出来，一共只有三次：一次是公元前 610 年 9 月 30 日，一次是公元前 597 年 7 月 21 日，再一次是公元前 584 年 5 月 28 日。比较多的历史学家倾向于相信最后一次正是泰勒斯预言到的那一次。

即使能确定泰勒斯预言了公元前 584 年 5 月 28 日的日食，又如何知道他的生卒年月呢？对于希腊哲学史上前苏格拉底时期的哲学家来说，这个问题具有某种普遍性。哲学史家发明了"鼎盛年"的概念来解决这一问题，即假定某一哲学家在参与某一重大的历史事件时正处于其最成熟的年龄，而且把这一年龄定为 40 岁。如果泰勒斯预言日食时正处于鼎盛年，那么他大约生于公元前 624 年。但也有人转述希腊历史学家的看法，说他生于第 35 届奥林匹克竞技会那一年（四年一次的奥林匹克竞技会一直被历史学家作为希腊历史纪年的参照系），即公元前 640 年。他大概高寿，因为有人说他活了 90 岁。

泰勒斯生于米利都一个名门望族家庭，带有腓尼基人的血统，是当时希腊

米利都剧场遗址。吴国盛摄

世界的著名人物，被列为"七贤"之一。七贤中包括雅典的执政官梭伦。泰勒斯也是在担任执政官时被称为贤人的。与其他贤人不同的是，他不仅在政治事务中聪明、能干，而且懂得自然科学，是第一个天文学家、几何学家。在他的墓碑上刻着："这里长眠的泰勒斯是最聪明的天文学家，米利都和爱奥尼亚的骄傲。"

泰勒斯年轻的时候曾经游历过巴比伦和埃及，从巴比伦人那里学习了先进的天文学理论，从埃及人那里学习了先进的几何学知识。出于航海的需要，米利都人很重视天象观测，而巴比伦的天文学在当时是最发达的。据说泰勒斯写过关于春分、秋分、夏至、冬至的书，观测到太阳在冬至点和夏至点之间运行时速度并不均匀，还发现了小熊星座，方便了导航。这些都可能是他从巴比伦学来的。此外，他之所以能预言日食，也显然是向巴比伦人学习的结果。第二章曾提到，大约在公元前600年巴比伦人已经发现了沙罗周期，即每过223个朔望月发生一次日食的规律。泰勒斯如果知道了这一规律，并且利用巴比伦人的天象记录，是完全可能预言日食的。

泰勒斯本人还亲自观察星象。柏拉图在《泰阿泰德篇》中记述了一段故事，说的是泰勒斯夜里专注于观察天空，不小心掉进了井里。这场景被一位女奴看见了，于是她笑话泰勒斯光热衷于天上发生的事情，却连脚底下的事情都没有看见。[1]这个故事具有象征意义。它表明哲学和科学作为一种理论思维在某种意义上是脱离实际的，没有这种对身边俗务的超脱，没有对看似无实际意义的东西的爱好和关注，就没有哲学和理论自然科学。事情发生在西方第一个哲学家和科学家身上，这种象征意义尤为突出。

与此相关的还有另一个故事，是亚里士多德在《政治学》中提到的。泰勒斯一度很贫困，遭到人们的轻视。大家说，哲学有什么用，知识有什么用，到头来还不是囊中羞涩？泰勒斯对此不以为然。有一年冬天，他运用天文学知识预测到来年橄榄将大丰收，于是将手头资金全部投入，租用了当地所有的榨房。由于没有人与他竞争，租金很低。到了收获季节，橄榄果然大丰收，榨房的租金一下子上去了，泰勒斯一举发了大财。他向人们表明，哲学家致富是容易的，只是他们的抱负不在此处而已。[2]

泰勒斯第一个把埃及的测地术引进希腊，并将之发展成为比较一般性的几何学。这方面的具体细节已经无法考证，历史文献只有片段的记述。有的说他成功地在圆内画出了直角三角形后，宰牛庆贺。还有的说他在埃及求学期间运用相似三角形原理求出了金字塔的高度，方法是，当人的影子与人的高度大小一样时，测量金字塔的影子就能得出金字塔的高度。如下几何学定理被认为是泰勒斯提出的：

（1）　圆周被直径等分；

（2）　等腰三角形的两底角相等；

（3）　两直线相交时，对顶角相等；

（4）　两三角形中两角及其所夹之边相等，则两三角形全等；

（5）　内接半圆的三角形是直角三角形。

这表明，泰勒斯的确为演绎几何学做出了开创性的贡献。

泰勒斯作为第一个自然哲学家留下了一句名言："万物源于水。"这句话的意义不能仅从字面上理解，因为表面看来，一切都来源于水并不正确，但有意义的是

---

[1]《柏拉图全集》第2卷，人民出版社，2003年版，第697页。"相传泰勒斯在仰望星辰时不慎落入井中，受到一位机智伶俐的色雷斯女仆的嘲笑，说他渴望知道天上的事，但却看不到脚下的东西。"（《泰阿泰德篇》174a）

[2]《政治学》1259a8-18，见《亚里士多德全集》第九卷，中国人民大学出版社，1994年版，第24-25页。

米利都遗址。吴国盛摄

这种说话方式。首先，它是一个普遍性命题，它追究万物的共同本原。这是哲学思维的开始，也是科学地对待自然界的第一个原则。科学从具体、复杂、多样的现象中找出共同的原理，再从原理出发解释、说明、预言更多的现象。其次，它开创了唯物主义传统，它所找到的本原是物质性的本原，而不是任何精神性的东西。这也是自然科学的伟大传统之一，即力求用自然界本身说明自然界，而不求助于非自然界的事物。说万物源于水虽然粗糙朴素，但说话方式是完全新的，对后世科学和哲学的发展有导向性作用。

泰勒斯之所以得出万物源于水的结论，可能是因为他发现一切生命都离不开水，种子只有在潮湿的地方才能生根发芽，而且他一定发现了大地处于海洋的包围之中，而湿气总是充盈在大地的每个角落。基于对水是万物本原的认识，泰勒斯认为，大地浮在水上，是静止的；地震是由水的运动造成的，就像船在水面上随水晃动那样；水蒸发出的湿气滋养着地上的万物，也滋养着天上的日月星辰，甚至整个宇宙。

泰勒斯的学生阿那克西曼德提出宇宙是球状的，星辰镶嵌在圆球上，这是希腊球面天文学的开始。但他还没有地球的概念，他认为大地是柱状的，像鼓一样，有两个彼此相反的表面，人就住在其中一个表面上。阿那克西曼德的学生阿那克西米尼改进了这个宇宙模型，认为宇宙是个半球，像毡帽一样罩在大地上面，大地则像一个盘，浮在气上。阿那克西米尼认为万物都由气组成，气的浓密和稀散造成了不同的物体。在他的著作残篇中有这样的说法：为什么人嘴里可以吐出热气也可以吐出冷气呢？因为闭紧嘴唇压缩气就吐出冷气，放松嘴唇呼出热气。阿那克西米尼的万物由气组成的理论具有现代科学的特征，其呼气实验可以称为第一次真正的科学实验。

爱奥尼亚后来还出现过一个重要的哲学家阿那克萨哥拉。这位出生于米利都附近的希腊殖民城邦的年轻人，因爱奥尼亚被波斯人攻陷而逃往雅典。这次逃亡的结果是把米利都的文化带到了雅典。他继承了米利都学派的唯物主义传统，关注自然哲学问题，提出了独特的物质结构理论——种子论。种子论主张任何感性的物质都不可能互相归结，只能由带有它本身特质的更小的种子来解释；万物的种子在宇宙创生时处于混沌状态，在宇宙巨大的旋涡运动中才开始分离。阿那克萨哥拉认为，太阳、月亮和星辰不过就是火热的石头，它与地上的物体没有什么本质的区别；太阳只比伯罗奔尼撒大一些。阿那克萨哥拉的这些天才的猜想具有灿烂夺目的理性光辉，今天我们听起来虽感幼稚，却很熟悉、亲切。他的思维方式完全是科学的、理性的。在这里，没有神意的影子，有的只是对自然现象冷静的观察和理性的思考。但是，他的这些超群绝伦的思想在雅典被视为异端。他被抓进了监狱，差点被处死，幸亏伯里克利的调解才免于一死，后来被逐出雅典。

2. 毕达哥拉斯及其学派

毕达哥拉斯雕像

毕达哥拉斯是西方历史上著名的数学家和哲学家，以他的名字命名的毕达哥拉斯定理在西方学童皆知。这个定理在我国被称为勾股定理，它说的是任何一个直角三角形的两直角边的平方和等于其斜边的平方。许多民族都很早就发现了"勾三股四弦五"这一特殊的数学关系，但一般关系的发现和证明是毕达哥拉斯最先做出的。200 年后欧几里得的《几何原本》中给出了这一证明。

毕达哥拉斯虽然著名，但他的生平却难以讲清楚。

这不仅因为像泰勒斯等早期希腊哲学家一样，由于事久年湮，其历史生平变得模糊，而且因为毕达哥拉斯学派是一个秘密宗教团体，其教义秘不外传。即使在当时，要了解他们的内部情况也是很不容易的。几乎所有的数学和哲学理论都很难指明是毕达哥拉斯本人提出的，还是他的学生门徒提出的。人们只能笼统地以毕达哥拉斯学派概而称之。但称毕达哥拉斯学派也还是过于笼统，因为这个学派从公元前6世纪末到公元3世纪共延续了800多年。因此，我们还需要限定这里所谓毕达哥拉斯学派只指公元前4世纪以前的早期学派，包括那些在希腊宇宙论发展中起过重要影响的毕达哥拉斯的学生们。

毕达哥拉斯于公元前570年左右出生在爱奥尼亚地区的萨莫斯，这是希腊人的殖民城邦之一，与米利都隔海相望。毕氏年轻时周游列国，曾向泰勒斯求学。泰勒斯把他介绍给自己的学生阿那克西曼德，并劝他像自己年轻时一样到埃及去学习。

毕氏听从了泰勒斯的教导，在埃及住了相当长的时间，并在那里学习了数学和宗教知识。从埃及回来之后，他离开了家乡萨莫斯，移居南意大利的克罗顿，并在那里讲学收徒。他受到了当地人的尊崇，其学派发展成了一个兼科学、宗教和政治三者于一身的庞大组织。

毕达哥拉斯学派的主要贡献在数学方面。希腊时代的数学含义较广，包括算术、几何、天文学和音乐学四大学科。按照毕氏学派的划分，算术研究绝对的不连续量，音乐研究相对的不连续量，几何学研究静止的连续量，天文学研究运动的连续量。在算术中，他们研究了三角形数、四边形数以及多边形数，发现了三

中世纪晚期的木刻画，表现毕达哥拉斯学派数的和谐理论。

角形数和四边形数的求和规律；在几何学中，他们发现并证明了三角形内角之和等于 180°，还研究了相似形的性质，发现平面可以用等边三角形、正方形和正六边形填满。

在音乐学研究的基础上，毕达哥拉斯学派提出了"数即万物"的学说。他们发现，决定不同谐音的是某种数量关系，与物质构成无关。传说，毕达哥拉斯有一次路过铁匠铺，听到里面的打铁声时有变化，走过去一看，原来是不同重量的铁发出不同的谐音。回家后，他继续以琴弦做试验，发现了同一琴弦中不同张力与发音音程之间的数字关系。这些研究必定启发他想到导致万物之差异的不是其物质组分，而是其包含的数量关系，故提出了数即万物的数本主义哲学。

说数即万物当然是荒谬的，但若说事物遵循的规律是数学的，则相当正确。近代科学正是在追寻自然界的数学规律中取得长足进步的，可以说，许多次重大的突破都是由于发现了新的数学规律。毕达哥拉斯主义传统确实是自然科学中最富有生命力的思想传统。

毕达哥拉斯学派把数只理解成正整数，他们相信万物的关系都可归结为整数与整数之比。无理数的发现令他们很伤脑筋，因为无理数不能归结为整数与整数之比。据说有一次，毕达哥拉斯学派的成员在海上游玩，该派成员希帕苏斯提出 $\sqrt{2}$ 不能表示成任何整数之比，其他成员认为他亵渎了老师的学说，竟将他扔入海中。后来，毕氏学派确实认识到 $\sqrt{2}$ 是一个无理数，并且给出了证明。证明用的是归谬法。设 $\sqrt{2}$ 等于 $a : b$，其中 a 和 b 是不可通约的整数，可以得出 $a^2 = 2b^2$，由于 a^2 是偶数，a 必为偶数，因为任一奇数的平方必为奇数；a 和 b 既不可通约，a 又是偶数，b 就必然是奇数。又，a 既是偶数就可令 $a = 2c$，于是 $a^2 = 4c^2 = 2b^2$，$b^2 = 2c^2$，这样 b^2 就是一个偶数，同理 b 也是一个偶数。b 既是一个奇数又是一个偶数，这是矛盾的，所以一开始的假设不能成立，即 $\sqrt{2}$ 不能表示成两个不可通约的整数之比。

在天文学领域，毕氏学派奠定了希腊数理天文学的基础。首先，毕达哥拉斯第一次提出了作为一个圆球的地球概念。人们从前只有大地的概念，地球的概念是从他开始才有的。这个概念在今天受过科学教育的人看来似乎没有什么了不起，但2500 年前认识到这一点却非常了不起。因为即使是今天，也不是所有的人都能认识到这一点。许多未受过西方科学教育的人就不相信大地是一个球形，他们说，若地球是一个圆球，与我们相对那面的人岂不是终日倒悬，随时要掉下去？从直观上看，人们大多会得出天圆地方、天盖地承的结论；从直观上看，天高地低，天上地下，天地判然有别。地球概念的提出，打破了这种天地有别的观念，使地球成为天体之一，具有革命性意义。近代的哥白尼革命某种意义上也只是毕达哥拉斯思想的延续。

萨莫斯港口的毕达哥拉斯纪念铜像。吴国盛摄

其次，毕达哥拉斯进一步提出整个宇宙也是一个球体。它由一系列半径越来越小的同心球组成，每个球都是一个行星的运行轨道，行星被镶嵌在自己的天球上运动。毕氏学派认为，位于宇宙中心的是"中心火"，所有的天体都绕中心火转动。天球只能有10个，因为10是最完美的数字。当时已经知道的天体有地球、月亮、太阳、金星、水星、火星、木星、土星共8个，加上恒星天球，一共只有9个天球，不符合毕氏学派对10这一完美数字的追求。于是，他们又假想出了一个天体叫"对地"，意思是与地球相对。我们在天空中看不见"对地"，因为它总处在中心火的那一边，与地球相对。我们人类居住在地球上背着中心火的一面，因此，既看不到中心火，也看不到"对地"。毕达哥拉斯学派的菲罗劳斯（生活于公元前5世纪的后半叶）留下了毕氏学派最早的残篇，在其中，他给出了一幅宇宙结构图，天体由里到外排列如下：中心火、对地、地球、月亮、太阳、金星、水星、火星、木星、土星、恒星天。

毕达哥拉斯学派既提出了地球概念，也提出了天球概念，这种地球－天球的两球宇宙论模式为希腊天文学奠定了基础。在天球转动的基础上，希腊天文学家运用几何学方法，构造与观测相符合的宇宙模型；在宇宙模型基础上，又进一步促进观测的发展，使希腊数理天文学达到了世界古代科学的顶峰。

3. 芝诺的运动悖论

继毕达哥拉斯学派之后，公元前 5 世纪左右，在南意大利的爱利亚出现了一个新的哲学流派，史称爱利亚学派。他们的领袖是巴门尼德，重要的成员包括芝诺。这派哲学主张存在是"一"，而"杂多"的现象界是不真实的。他们主张世界本质上是静止的，运动只是假象。他们在科学史上本没有特别重要的位置，但是，由于芝诺提出过两组著名的关于运动是假象的论证，因而为科学史家所重视。这个论证虽说看起来很荒谬，但由于它触及科学概念中一些根本性问题，令数学家们为此苦恼了几千年。

芝诺关于运动的悖论一共有四个。第一个悖论叫作"二分法"。芝诺说，任何一个物体要想由 A 点运行到 B 点，必须首先到达 AB 的中点 C，而要想到达 C 点，又必须首先到达 AC 的中点 D，要想到达 D 点，则必须到达 AD 的中点，等等。这个二分过程可以无限地进行下去，这样，该物体就不可能离开 A 点运动哪怕一丁点。这个过程可以表示如下：

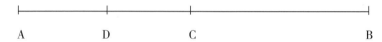

A   D   C   B

"二分法"还有一种说法：任何物体要想由 A 点运行到 B 点必先到达中点 C，到了 C 点之后，又必须到达 CB 的中点 D，到了 D 之后，又必须到达 DB 的中点，这样的中点有无限多个，所以，该物体无论如何到不了终点 B。

第二个悖论叫作"阿喀琉斯"（又译阿基里斯）。阿喀琉斯是希腊传说中的善跑者，是特洛伊战争中的英雄。芝诺现在论证他追不上乌龟。阿喀琉斯若想追上乌龟，首先必须到达乌龟开始跑的位置，因为乌龟起跑时在阿喀琉斯的前面，有一定的距离。这个要求是合理的，但当快腿阿喀琉斯到达乌龟开始跑的位置时，乌龟已经跑到前面去了。要知道，乌龟虽然跑得慢，但它毕竟在跑。好了，等阿喀琉斯到达乌龟起跑的位置时，他若想追上乌龟又面临同样的问题：他必须先跑到乌龟此刻的位置才能追上乌龟，但等他跑到了，完全同样的问题又摆在他面前。这样的问题可以无限地出现。虽然阿喀琉斯跑得快，他也只能一步一步逼近乌龟，却永远追不上它。乌龟总是在他前头，在他与乌龟之间总有一段距离需要跑，虽然这个距离越来越短，可"总有"。

　　第三个悖论叫作"飞矢不动"。芝诺说，任何一个东西老待在一个地方那不叫运动，可是飞动着的箭在任何一个时刻不都是待在一个地方吗？既然飞矢在任何一个时刻都待在一个地方，那我们就可以说飞矢不动，因为运动是地方的变动，而在任何一个时刻飞矢的位置并不发生变化，所以任一时刻的飞矢是不动的。既然任一时刻的飞矢不动，那飞矢当然就是不动的。

　　第四个悖论叫作"运动场"，说的是运动场上三列物体的相对运动所造成的谬误。假设有 A、B、C 三列物体按如下方式排列：

$$\boxed{A}\ \boxed{A}\ \boxed{A}\ \boxed{A}$$
$$\boxed{B}\ \boxed{B}\ \boxed{B}\ \boxed{B}$$
$$\boxed{C}\ \boxed{C}\ \boxed{C}\ \boxed{C}$$

又假定每一时间单元 B 和 C 相对于 A 运动一个空间单元，但方向相反。于是，在一个时间单元之后三列物体排列如下：

$$\boxed{A}\ \boxed{A}\ \boxed{A}\ \boxed{A}$$
$$\boxed{B}\ \boxed{B}\ \boxed{B}\ \boxed{B}$$
$$\quad\ \boxed{C}\ \boxed{C}\ \boxed{C}\ \boxed{C}$$

两个时间单元之后排列如下：

$$\boxed{A}\ \boxed{A}\ \boxed{A}\ \boxed{A}$$
$$\boxed{B}\ \boxed{B}\ \boxed{B}\ \boxed{B}$$
$$\qquad\ \boxed{C}\ \boxed{C}\ \boxed{C}\ \boxed{C}$$

　　问题出现在，经过一个时间单元后，B 与 C 相互之间有了两个空间单元的移动，经过两个时间单元后，B 与 C 有了四个空间单元的移动。若想 B 与 C 只有一个空间单元的移动，那么对应的是半个时间单元，B 相对于 A 移动一个空间单元需要一个时间单元，而相对于 C 移动一个空间单元却需要半个时间单元，这表明一个时间单元等于半个时间单元。

　　芝诺的这四个悖论可分为两组。头两个是第一组，假定时间空间是连续的，后两个是第二组，假定时间空间是间断的。每组的第一个悖论表明孤立物体的运动是不可能的，第二个表明两个物体的相对运动是不可能的。芝诺意在表明，无论时空是连续的还是间断的，运动都不可能，都会出现荒谬的事情。

　　芝诺悖论的特点是道理简单，叙述不复杂，任何人一听就明白，但其结论鲜明，出人意料。人们免不了会觉得这肯定是诡辩，一定可以找出其毛病所在。从亚里士多德开始，大多数哲学家都力图指出芝诺的论证是错误的。可令人奇怪的是，这个问题至今也未能彻底解决，许多前人指出的错误，后人发现其实并不是错误。

举四个悖论中最为有趣的"阿喀琉斯"为例。小学生都懂得如何计算阿喀琉斯追上乌龟应花的时间。设他的速度是 v_1，它的速度是 v_2，他们的初始距离是 d，那么追上乌龟的时间是 $d/(v_1-v_2)$。既然能算出需要多长时间才能追上，我们还有什么理由说他永远追不上它呢？芝诺如果听了这样的话，一定会笑着说："我当然知道阿喀琉斯能够追上乌龟，可是问题在于这不合道理。从道理上讲是永远追不上的。你们若想说服我，就必须把道理说出来，光举日常生活中的例子，那是没有用的。"事实上，小学生之所以能算出阿喀琉斯追上乌龟的时间，是因为他们用了一个公式，而这个公式是解如下方程得出的：

$$d+v_2T=v_1T$$

$$T=\frac{d}{v_1-v_2}$$

列出这个方程是很容易的，但有一个假定，那就是假定阿喀琉斯最终追上了乌龟，而且设追上的时间是 T。这也就是说，虽然我们求出了追上乌龟的时间，但那是我们先假定能追上才得出的。并不能因为我们求出了时间，就"证明"了能追上。

现代数学运用极限理论和微积分可以得出相同的结果。我们现在把阿喀琉斯要跑的距离全部列出来：第一步，到达乌龟的起点，要跑初始距离 d，要花时间 $\frac{d}{v_1}$，这段时间内，乌龟又向前跑了一段距离 $\frac{dv_2}{v_1}$；于是，第二步，再跑 $\frac{dv_2}{v_1}$，跑这段距离要花时间 $\frac{dv_2}{v_1^2}$，这段时间内，乌龟又向前跑了一段距离 $\frac{dv_2^2}{v_1^2}$……如此算下来，可以列出一个总距离的数列：

$$d,\ \frac{dv_2}{v_1},\ \frac{dv_2^2}{v_1^2},\ \cdots,\ \frac{dv_2^n}{v_1^n},\ \cdots$$

这个数列有无穷多项，但其总和并不是一个无限大的数目，而是一个有限数 $\frac{dv_1}{v_1-v_2}$，

用它除以 v_1，就与我们刚才运用简单公式算出的时间一样了。

这是不是就可以说明，芝诺只是把项的无穷多与总和的无穷大混为一谈，才造成阿喀琉斯追不上乌龟的荒谬结论呢？还不能这样说。对芝诺来说，即使总和并非无穷大，无穷多个步骤也是难以完成的。毫无疑问，阿喀琉斯越来越接近乌龟，距离越来越小，可是面对这无限多个步骤，尽管越来越容易完成，阿喀琉斯这个有限的人物，怎么可能完成？

芝诺悖论涉及对时间、空间、无限、运动的看法，它至今还在困扰着哲学家和数学家，这个难题对数学的发展有着重要的积极意义。

4. 原子论思想

自泰勒斯提出"万物源于水"这个命题以来，自然哲学家们相继发展出了对自然现象进行说明的理论。早期的人们都把自然现象归于某种单一的自然物质，如水、气、火等，这种做法虽然完成了对自然界的统一解释，但并不令人信服。人们都知道，自然界中既有水，也有火。但常言说得好，水火不相容，它们分明是两种完全不同的东西，为什么水本质上就是火，或者反过来，火本质上就是水呢？如此看来，用单一的自然物质作为自然界统一的基础是行不通的。自然界的现象和事物是复杂多样的，将"多"统一成"一"是不大容易的。特别是在现象的层次上，更是不能服人。由于"多"与"一"的矛盾不能解决，科学思想的概念基础不能牢固建立，科学的大发展就不可能。

原子论者留基伯、德谟克利特是爱奥尼亚人。前者生于米利都，后者生于希腊北部的阿布德拉。他们提出了科学思想史上极为重要的原子论。原子论主张，世界是统一的，自然现象可以得到统一的解释，但统一不是在宏观的层次上进行的，不是将一些自然物归结为另一些自然物，而是将

留基伯画像

布吕根（Hendrick ter Brugghen, 1588—1629）1628 年创作的油画《德谟克利特》

宏观的东西归结为微观的东西。这些微观的东西就是原子。

把一个物体一分为二，它变得更小，但仍然是一个物体，还可以被一分为二。这个过程是否可以无限地进行下去呢？原子论者说，不能。分割过程进行到最后，必然会有一个极限，这个极限就是原子。所谓原子，在希腊文中原意就是不可再分割的东西。原子太小，我们看不见，但世界上的万事万物都是由原子构成的，世界的共同基础是原子。

为什么世界上各种事物会彼此不一样呢？原子论回答说，这是因为组成它们的原子在形状、大小、数量上不一样。这个回答看似平常，但非同一般。我们知道，世界上丰富多彩的事物之所以难于统一，原因在于，它们看起来彼此有质的区别。原子论把这些质的区别还原成量的差异，就使统一的自然界可以用数的科学来描述。我们知道数学在今天对于自然科学是必不可少的，之所以会这样，是因为有原子论这样的思想基础。

原子论在希腊时代还只是思辨的产物，主要是一种哲学理论，不是科学理论。原子论者留基伯和德谟克利特本人并不是科学家。但是作为一种杰出的科学思想，原子论有其重要的历史地位。近代科学重新复兴了原子论，并在实验基础上构造了物质世界的原子结构。今天，"原子"不再是一种哲学的思辨，而是一个物理学概念。物质由分子构成，分子由原子构成，而原子则由原子核和核外电子组成。20 世纪，人们对原子核的内部组成又有了新的发现。这一切科学成就都源于 2500 年前古希腊原子论者的天才构想。

5. 医学之父希波克拉底

有人类生活的地方就有医学。希腊文明作为一种高度发达的文明，不仅有医生

和医药，而且有成系统的医学体系。创造医学体系最
早的要数爱奥尼亚地区柯斯岛上的希波克拉底。以他
的名义流传下来的著作集成《希波克拉底全集》[1]，
共有大约60篇或长或短的文章（不同的辑本篇数不同）。
人们倾向于认为，这些文章并不都是他一人所写，可
能汇集了许多人的工作，但由于他生前即已德高望重、
闻名遐迩，故都托他之名。

希波克拉底大约于公元前460年出生在柯斯的一
个医生世家。柯斯是一个有着悠久医学传统的小岛，
医生在那里受到尊重。希波克拉底从小就受到了良好
的教育，据说他到处求学，是智者高尔吉亚的学生，
还是原子论者德谟克利特的朋友。成年之后，他在希
腊各地为人治病，由于他在从医方面的杰出贡献，雅
典特别授予这位外邦人"雅典荣誉公民"的称号。

希波克拉底最大的贡献是将医学从原始巫术中拯
救出来，以理性的态度对待生病、治病。他注意从临
床实践出发，总结规律，同时也创立了自己的医学理
论，即体液理论。希波克拉底认为，人身上有四种体液，
即血液、黄胆汁、黑胆汁和黏液，这四种体液的流动

希波克拉底雕像，藏于牛津大学
自然史博物馆。吴国盛摄

维系着人的生命。它们相互调和、平衡，人就健康，如果平衡破坏，人就生病。这
种体液理论一直在西方医学中流传，就像中医的阴阳五行说一样，成了西医的理论
基础。

希波克拉底不仅以医术高超著称，而且以医德高尚为人称道。在他周围，形成
了一个医学学派和医生团体。他首创了著名的希波克拉底誓词，每一个想当医生的
人都要以此宣誓。誓词中说，医生要处处为病人着想，要保持自身行为和这一职业
的神圣性。

[1] 节译本《希波克拉底文集》，赵洪钧、武鹏译，中国中医药出版社，2007年版。

6. 智者与希腊数学三大难题

希波战争使爱奥尼亚的希腊殖民城邦相继陷落。爱奥尼亚的文化精英们大都逃到了雅典。这股东学西渐的潮流不久就导致了雅典文化的黄金时代。希波战争的胜利加强了雅典在希腊世界的地位，政治上的优势带来了经济上的繁荣，经济上的繁荣促进了文化的发展。这一时期，雅典的民主体制获得了空前的发展机会。人们热衷于谈论政治，谈论法律和规则。辩论术盛行，辩论术士也颇受青睐。在这种特殊的条件下，雅典出现了智者学派（Sophist，中文也译作"巧辩学派"或"诡辩学派"）。这是一群靠卖弄口舌谋生的人。他们有的教富家子弟辩论，有的直接在法庭上帮人辩护打官司，很像我们今天的律师。在一般哲学史中，智者被认为是希腊哲学史上由自然哲学向人文哲学转变的一个转折点。从他们开始，希腊哲学家关注的主要问题由自然转向人。智者普罗泰哥拉的名言"人是万物的尺度，是存在的事物存在的尺度，也是不存在的事物不存在的尺度"，表明智者对人的问题的关心已胜过自然问题。不过，这只是问题的一个方面。要知道，对希腊人而言，自然与人的对立并不像近代世界那样严重。这里我们要特别提到，关注人的问题的智者，同样在希腊数学史上占据一席之地。

智者在巧妙、娴熟地运用概念的过程中，促进了逻辑思维的发展。他们之中有许多是著名的几何学家，希腊数学三大难题就是他们提出来的。这三大难题是：

（1）化圆为方，或说，求圆面积。

（2）2倍立方，或说，求一立方体之边，使其体积等于已知边长的立方体的2倍。

（3）三等分任意角。

这三个题目看起来并不困难，为什么会成为希腊数学三大难题呢？实际上，所谓的难题是相对于一定条件来说的，离开条件限制难题就不一定成为难题。对这三个问题，希腊数学家要求只运用直尺和圆规两个工具来解决，这正是难点之所在。

试看第二个难题2倍立方。这个问题可以等价为用尺规做出长度$\sqrt[3]{2}$来，可是，从那时以来的2000多年，几何学家都没能做出来。笛卡尔最早指出这是一个不可能做出的题目。法国数学家范齐尔于1837年严格证明了用尺规不能做出来。但如能运用别的几何工具，或运用别的数学方法，解决这个问题是不难的。

三等分任意角，难在任意，并非不能用尺规三等分所有的角。比如 90° 角，就完全可以用尺规三等分。但可以证明存在无限多个不能用尺规三等分的角。当然，抛开尺规的限制，用几何方法三等分任意角是不难的。

化圆为方，实际上是要做出 $\sqrt{\pi}$，可是 $\sqrt{\pi}$ 不是任何整系数代数方程的根，因而不可能

雅典集市的柱廊。吴国盛摄

用尺规做出。这个严格的证明是 1882 年由德国数学家林德曼做出的。

据说，阿那克萨哥拉最先试图解这三个难题。他晚年在牢房里（上文提到，阿那克萨哥拉被雅典人视为异端，投入监狱）还在研究化圆为方的问题。解这些问题最有名的是智者希匹阿斯（生于公元前 460 年），他设计了割圆曲线来完成三等分角的工作，但这种曲线并不能用尺规做出，所以不能真正解决问题。

为什么希腊数学家那么严格限制尺规做图呢？一般解释是，希腊人要求逻辑简单明了。直线和圆周是最基本的几何图形，把所有的几何图形化成这两种基本几何图形的组合，是希腊几何学家的理想。实际情况是，在智者提出这三大难题时，对尺规做图的要求并不太严格，只是因为智者好出怪题，才定下这么一个要求。后来这个要求之所以逐步成了希腊数学家自觉遵守的规则，可能与柏拉图的哲学有关系。柏拉图把几何图形理想化，反对用更多的机械工具来从事几何研究。受他的影响，希腊几何学家也尽量少用机械工具，但直线和圆周是最基本的几何构图，故限于直尺和圆规。

对做图的重视是希腊几何学的一大特色。一个图形必须构造出来，否则就不能成为几何研究的对象。有一个关于苏格拉底与几何学家的故事，可以对这一点提供佐证。苏格拉底是柏拉图的老师，本人终生待在雅典。他没有留下著述，但他的活动和学说都由他的学生柏拉图记了下来。他奔走于雅典的大街小巷，逢人便谈，对那些自命不凡者予以巧妙的讽刺和挖苦。他最富传奇色彩的两套对话方

雅典艺术学院门前的苏格拉底坐像。吴国盛摄

法是"助产术"和"苏格拉底讽刺"。所谓"助产术",是对待好学的年轻人的方法。苏格拉底从具体事例出发,逐步引导对方弄懂本来不知道的一般概念。据说苏格拉底的母亲是一个助产婆,这启发他发明了这套谈论方法。所谓"苏格拉底讽刺",是对待自觉有知而实则无知者的方法。苏格拉底佯装自己无知,从对方已经认定的概念出发,沿着对方的思路提出一系列问题,结果使对方陷于自相矛盾的境地。苏格拉底对这些方法的运用,在柏拉图写的对话中得到了生动的反映。

有一天苏格拉底与一位几何学家谈论"全体大于部分"这个几何学公理。他设计了这样一个题目,使几何学家大吃一惊:先画一个正方形 ABCD,然后在外侧引一条与 AB 等长并与之成锐角的线段 AE。连 CE 并做 CB、CE 的中垂线,两条中垂线交于 O 点。连 OA、OE、OB、OC、OD,不难得知 OD=OA,OC=OE,CD=AE,因此 △OCD=△OEA。由此可以得出 ∠ODC=∠OAE,∠ODC−∠ODA=∠OAE−∠OAD。由于 ∠ODA=∠OAD,故而有 ∠ADC=∠DAE,也就是 ∠DAB=∠DAE。证明到了这一步,几何学家也不知如何是好,竟不得不承认有的时候全体并不是大于部分而是等于部分。他说:"啊,苏格拉底,看来数学上的真理也常常并不是那么一回事,有时竟是虚构的,这一点已经被你证明了!"

苏格拉底当然没有证明部分等于全体,在这里他不过是同几何学家开了一个玩笑。读者可以自己思考一下,苏格拉底证明的问题出在哪里?

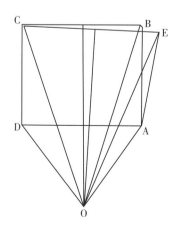

雅克－路易·大卫（Jacques-Louis David，1748—1825）1787 年创作的油画《苏格拉底之死》

7. 默冬周期的发现

雅典最著名的天文学家是默冬，他继阿那克萨哥拉之后从事天文观测。公元前 432 年的奥林匹克竞技会上，默冬宣布了他的发现，即 19 个太阳年与 235 个朔望月的日数相等。这个周期在我国被称为章，所以默冬周期也常译成默冬章。有了这个周期，就可以确定阴阳历中的置闰规则。235 个朔望月的总日数是 6940，19 年中必有 12 年是平年，7 年是闰年。19 年 7 闰的置闰法在我国被称为章法，它的发现标志着希腊天文观测已达到很高的水平。

雅典普尼克山上默冬的太阳钟遗址。吴国盛摄

8. 柏拉图学园：不懂数学者不得入内

柏拉图的大理石头像，是约公元前360年安放在阿卡德米体育场中的原件的罗马复制品，现藏于雅典考古博物馆。吴国盛摄

雅典学术在柏拉图这里走向系统化。柏拉图出生于雅典的名门世家，他的母亲是梭伦的后裔，父系则可以追溯到古雅典王卡德鲁斯。在这样一个高贵的家庭里，柏拉图从小就受到了当时的人可能受到的最好的教育。年轻的柏拉图立志从事政治，他参加过伯罗奔尼撒战争，表现得十分勇敢。他是苏格拉底最好的学生。传说在他成为苏格拉底学生的头天晚上，苏格拉底梦见一只天鹅来到膝上，很快羽翼丰满，唱着动听的歌儿飞走了。这个传说生动地反映了苏格拉底与柏拉图之间的亲密关系。柏拉图留下的众多对话，大都是以苏格拉底为主要角色。这位可亲可敬的老师却因"败坏青年"等罪状被雅典的民主体制判处死刑。这件事对柏拉图影响很大，他从此决定不再参加政治活动，因为政治太丑恶、太肮脏了。

苏格拉底死后，柏拉图离开了雅典，周游世界。他先到了埃及，后来又到了南意大利，在那里认真研究了毕达哥拉斯学派的理论。柏拉图在外游历十年后，约于公元前387年回到了雅典。雅典西北郊有一座以英雄阿卡德米命名的圣城。这里自古就是一个公共体育场，柏拉图家族在附近有一座别墅。正当盛年的柏拉图决定在此开设学园，招生讲学。学园的主要目的是促进哲学的发展，但是为了进入哲学，还需要学习许多预备课程，这些课程包括希腊数学的诸种学科：几何学、天文学、音乐学、算术等。据说，柏拉

雅典西北郊的阿卡德米遗址，如今是一个公园。吴国盛摄

图叫人在学园的门口立了一块牌子："不懂数学者不得入内"，表明他对数学十分重视。

　　柏拉图本人的哲学受毕达哥拉斯学派影响很大，许多人甚至把他视作毕达哥拉斯学派的人。在柏拉图的哲学中，有一种神圣和高贵的东西，追求纯粹的理想是他的一大特色。他相信，真正实在的不是我们日常所见、所闻的种种常识和感觉。这些东西千变万化，转瞬即逝，是不牢靠的。真正的实在是理念。哲学的目的就是把握理念。理念先于一切感性经验，具有超越的存在，日常世界只是理念世界不完善的摹本。任何一张桌子都有这样或那样的缺陷，不足以代表真实的桌子。只有桌子的理念才是完美无缺的。在诸多自然事物中，数学的对象更具有理念的色彩，虽然它也还不是理念本身。比如，我们所见到的任何一个圆显然都不是真正的圆，谁也不能说自己画得足够圆；我们所见到的任何一条直线也不是真正的直线，因为真正的直线没有宽度，没有任何弯曲。真正的圆和真正的直线不是我们感觉经验中的圆

瑞典画家卡尔·约翰·瓦尔布姆（Carl Johan Wahlbom, 1810—1858）创作的雅典学园，柏拉图正在给学生们讲课。

和直线，而是圆的理念和直线的理念。它们是最容易领悟的理念，因此，通过研究直线和圆这些几何对象更容易进入理念世界。在柏拉图看来，数学是通向理念世界的准备工具，所以在他的学园里，数学研究得到了极大的发展，他的学生中出了不少大数学家。

柏拉图本人对数学的贡献不详，但他对于数学演绎方法的建立和完善肯定起了重要的作用。在《理想国》中，柏拉图谈到应该重视对立体几何的研究，而且他已经知道正多面体最多只有五种，即正四面体、立方体、正八面体、正十二面体和正二十面体。此外，最重要的发现是圆锥曲线。他们用一个平面去截割一个圆锥面，角度不同会得出不同的曲线：当平面垂直于锥轴时，得到圆；平面稍稍倾斜一点，得到椭圆；平面倾斜到与圆锥的一条母线平行时，得到抛物线；平面与锥轴平行时得到双曲线的一支。

13世纪晚期法国流传的一幅画，描述上帝创世的情景。他使用圆规，按照几何规则设计宇宙。此画显然受柏拉图《蒂迈欧篇》的影响。

柏拉图的学生中在数学上最有成就的是欧多克斯。他大约于公元前368年才加入柏拉图的学园。那时，他已经功成名就，周围有一些弟子。欧多克斯在数学上的主要贡献是建立了比例论。越来越多的无理数的发现迫使希腊数学家不得不去研究这些特殊的量，欧多克斯的贡献在于引入了"变量"的概念，把数与量区分开来。在他看来，（整）数是不连续的，而量不一定如此，那些无理数都可由量来代表。数与量的区分方便了几何学的研究，为数学研究不可公度比提供了逻辑依据。但是，人为地将数从几何学中赶出去，使数学家们不再关心线的长度，不再关心算术，而把精力全部投入到几何学中。

欧多克斯更重要的贡献在天文学方面。柏拉图与毕达哥拉斯一样深信，天体是神圣和高贵的，而匀速圆周运动又是一切运动之中最完美、最高贵的一种，所以，天体的运动应该是匀速圆周运动。可是，天文观测告诉我们，天上的有些星星恒定不动地做周日运转，而有些星星却不是这样。它们有时向东，有时向西，时而快，时而慢。人们把这些星称作行星（在希腊文中，行星 planets 是漫游者的意思）。柏拉图对这种表观的现象和流行的叫法不以为然，他相信就是行星也一定遵循着某种规律，像恒星一样沿着绝对完美的路径运行。因此，他给他的门徒提出了一个任务，即研究行星现在这个样子究竟是由哪些匀速圆周运动叠加而成的。这就是著名的"拯救现象"方法。"拯救"的意思是，行星的现象如此无规则、如此"不体面"，只有找出其所遵循的规则的、高贵的运动方式，才能洗刷这种"不体面"。

欧多克斯为柏拉图的理想提供了第一个有意义的方案，即同心球叠加方案。按照这个方案，每个天体都由一个天球带动沿球的赤道运动，而这个天球的轴两端固定在第二个球的某个轴向上，第二个球又可以固定在第三个球上，这样可以组合出复杂的运动。欧多克斯发现，用 3 个球就可以复制出日月的运动，行星的运动则要用 4 个球。这样，五大行星加上日月和恒星天，一共需要 27 个球。通过适当选取这些球的旋转轴、旋转速度和半径，可以使这套天球体系比较准确地再现当时所观测到的天体运动情况。

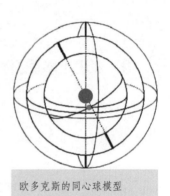

欧多克斯的同心球模型

欧多克斯设计的这套天球体系建立在毕达哥拉斯学派的宇宙图景基础之上，用天球的组合来模拟天象，是希腊数理天文学的基本模式。当然，欧多克斯的体系与实际情况结合得还不太好，后人对此有诸多改进，但他这条思路，被完全继承下来了。

"拯救现象"是一种科学研究的纲领。我们面对的自然界纷纭复杂、变化万千，如果不把它们纳入一个固定的框架之中，我们便不能很好地把握它们。拯救现象，正是将杂乱的现象归整。近世的研究者注意到，力图将天空中的漫游者固定起来或使其规则化，是与希腊当时的一个社会问题相对应的。在当时的雅典，有许许多多的流浪者游手好闲，到处闯荡，使当政者感到头痛。希波战争期间，强行征募这些游民入伍，接受军队的规范和制约，较好地解决了这一社会问题。

将这件事情与柏拉图的拯救现象相类比当然是有趣的。我们虽然无法确定柏拉图是否正是从当局治理游民问题得到启发从而提出了拯救现象纲领，但希腊时代对人与自然并无严格的区分，对自然现象的"拯救"与对社会秩序的维护确实具有类似的意义。

柏拉图的学园培养了许多优秀的人物，亚里士多德就在这里当过学生。柏拉图在世时，一直亲任学长。他去世之后，由他的外甥斯彪西波担任第二代学长。学园后来虽然在学术上没有什么大的建树，但作为希腊文化的保存者存在了 900 余年，直到公元 529 年才被东罗马皇帝查士丁尼勒令关闭。阿卡德米（Akademia）后来成了学院、研究院、学会（academy）的代名词。

9. 亚里士多德：百科全书式的学者

柏拉图之后，亚里士多德成为希腊世界最伟大的思想家、哲学家和科学家。公元前 384 年，亚里士多德生于希腊北部的斯塔吉拉，其父尼各马可是马其顿王阿明

亚里士多德的大理石头像，是约雕刻于公元前 325 年至前 300 年间的原件的罗马复制品，现藏于雅典考古博物馆。吴国盛摄

塔二世的御医。亚氏幼年时父母双亡，由亲戚抚养长大，17 岁那年来到雅典，进入柏拉图的学园学习，直到柏拉图去世才离开，前后达 20 年。在这里，他受到了良好的教育。据说柏拉图很器重他，但是他并没有留在学园里继承柏拉图的"衣钵"，而是自己创立了与柏拉图非常不同的哲学体系。对此，他说了一句名言："我敬爱柏拉图，但我更爱真理。"今日我们常说的"吾爱吾师，吾尤爱真理"是这一名言的另一种翻译。公元前 343 年，马其顿王腓力邀请亚里士多德做 13 岁的太子亚历山大的私人教师。这位亚历山大长大之后，南征北战、所向披靡，成了世界历史上著名的亚历山大大帝。公元前 335 年，亚里士多德回到了雅典，在吕克昂建立了自己的学园。在这里，他从事教学和著述活动，创建了自己的学派。吕克昂有一座花园，他和他的学生们常常在花园里边散步边讨论学术，人

吕克昂遗址。吴国盛摄

们因而称他们是逍遥学派（Peripatetic）。公元前 323 年，亚历山大大帝去世，雅典人开始密谋反马其顿的行动。亚里士多德曾经是亚历山大的老师，因此受到牵连，不得不离开雅典。他将学园付托给他的学生特奥弗拉斯特，回到了他母亲的母邦卡尔西斯，次年在那里病逝，终年 63 岁。

　　如果说柏拉图是一位综合型的学者，亚里士多德就是一位分科型的学者。他总结了前人已经取得的成就，创造性地提出自己的理论。在几乎每一学术领域，亚里士多德都留下了自己的著作。从第一哲学著作《形而上学》，物理学著作《物理学》《论生灭》《论天》《气象学》《论宇宙》，生物学著作《动物志》《动物的历史》《论灵魂》，到逻辑学著作《范畴篇》《分析篇》，伦理学著作《尼各马可伦理学》《大伦理学》《欧德谟斯伦理学》，以及《政治学》《诗学》《修辞学》等，他的著作几乎遍及每一个学术领域，他是一位名副其实的百科全书式的学者。

　　亚里士多德的哲学博大精深，自成一体。他不同意柏拉图的理念说，认为事物的本质寓于事物本身之中，是内在的，不是超越的。为了把握世界的真理，必须重视感性经验。就对待自然界的态度而言，这是与柏拉图完全不同的。柏拉图强调理

德国弗莱堡大学的亚里士多德铜像。吴国盛摄

念的超越性，蔑视经验世界，他发展了数学；而亚里士多德重视经验考察，特别在生物学领域取得了卓越的成就。他的哲学目的在于找出事物的本性和原因，因而发展了一套"物理学"，以穷究事物之道理。

在天文学方面，亚里士多德走的还是欧多克斯的路子，即通过天球的组合来解释天体的表观运动。有所不同的是，亚里士多德不限于"拯救现象"，他还给出了天体运动的物理解释。欧多克斯的学生卡里普斯在原来 27 个天球的基础上又添加了 7 个球，以获得与天文观测更精确相符的结果。亚里士多德在卡里普斯的基础上又添了 22 个天球。新添的天球，并非为了更准确地与观测相符，而是为了使这个天球体系形成一个有物理联系的整体。他要实现的是最外层天球作为原动天——也就是第一推动——对整个天球系统的物理支配。新添的天球既用以保证外层的天球将周日运动传给内层的天球，又防止外层天球将多余的运动传给内层。亚里士多德认为，天体与地上物体本质上是两种不同的物质。天体由纯洁的以太组成，是不朽和永恒的，它的运动是完美的匀速圆周运动。

至于地上物体，涉及的是物理学的内容。亚里士多德认为，地上物体由土、水、气、火四种元素组成，其运动是直线运动。地上物体都有其天然的处所，而所有的物体都有回到其天然处所的趋势。这一趋势即所谓的天然运动。土和水本质上是重性的，其天然处所在下，因此它们有向下的天然运动；气和火本质上是轻性的，其天然处所在上，因此它们有向上的天然运动。重性越多，下落速度越快，所以重物比轻物下落得快。除了天然运动外，还有受迫运动。受迫运动是推动者加于被推动者的，推动者一旦停止推动，运动就会立刻停止。比如马拉车，车运动；马一停止拉车，车就不再动了。在自然界中，亚里士多德也发现了等级之分。轻的东西比重的东西高贵，天比地高贵，推动者比被推动者高贵，灵魂比身体高贵。这是亚里士多德物理学中很有特色的东西。

亚里士多德哲学中的四因说对于理解他的生物学成就是有用的。他认为，事物变化的原因有四种，一是质料因，二是形式因，三是动力因，四是目的因。比如一座铜制的人物雕像，铜是它的质料因，原型是它的形式因，雕刻家是它的动力因，它的美学价值是它的目的因。目的因又称终极因，是最重要的。自然界的事物都可以用目的因来解释：重物下落是因为它要回到天然位置上去；植物向上长因为可以更接近太阳，吸收阳光；动物觅食因为饥饿；人放声大笑因为喜悦等。这种目的论的解释具有很浓的拟人色彩，用于物理世界显得十分幼稚可笑，但对于生物学并不是完全没有意义的。

海耶兹（Francesco Hayez，1791—1882）创作的油画《亚里士多德》，展现了他作为博物学家的一面。

亚里士多德的生物学著作也许是他的科学工作中最有价值的。在这些著作中，他完全以一个近代生物学家的姿态去观察、实验、总结生物界的现象和规律。据说亚里士多德很注意搜集第一手材料。他亲自解剖动物，观察它们的习性。《动物志》中对各种各样动物的详尽描述，就是他长期观察的结果。他注意到"长毛的四足动物胎生，有鳞的四足动物卵生"，认识到"凡属无鳃而具有一喷水孔的鱼，全属胎生"。他还对人类的遗传现象做过细致的观察，如注意到一个白人女子嫁给一个黑人，子女的肤色全是白色的，但到孙子那一代，肤色有的黑，有的白。

亚里士多德去世后，吕克昂学园由特奥弗拉斯特主持。特氏延续了老师对生物学的研究工作，特别在植物学上做出了重要的贡献。特奥弗拉斯特之后，学园由斯特拉图主持。斯氏主要发展了亚里士多德学说中物理学的方面，把实验方法运用到了物理学领域。为了探讨真空问题，斯特拉图还动手制造了不少仪器。他的工作对亚历山大里亚时期的科学家有重要的影响。

10. 希腊建筑

任何一个古老的文明都可以通过其建筑反映出来。建筑不仅是技术的标志，也是精神风格的象征。从公元前 2000 年克里特文化时期的米诺斯王宫，到公元前 1400 年迈锡尼文化时期的卫城，可以依稀看出希腊建筑的宏伟气象。迈锡尼古城遗址狮子之门那巨大的石块，给人以威风凛凛之感。古典时代最重要的建筑都出在雅典。当时的雅典已成为希腊各邦盟主，盟国的贡赋给它带来了大量的物质财富，因而有能力建造巨大的工程。雅典城南面的巴台农神庙（雅典娜处女庙）是雅典建筑最杰出的典范。它始建于公元前 480 年，因希波战争受损，再建于公元前 447 年。它的基座长 68 米，宽 30 米，基座上耸立着 56 根 10 多米的柱子。高大华丽的列柱是希腊建筑特有的风格。希腊人喜用柱廊，经长期发展形成了多利亚、爱奥尼亚和科林斯三种风格。到了雅典时期，多利亚式和爱奥尼亚式最为流行。多利亚式建筑庄严朴实，其石柱不设柱基，柱身上细下粗，并刻有凹槽。爱奥尼亚式建筑明快活泼，其石柱下有基座，上有盖盘，柱身细长，凹槽密集。巴台农神庙是典型的多利亚风格建筑。

希腊的柱式建筑别具一格，对日后整个西方建筑的发展有着重要的影响。

巴台农神庙。吴国盛摄

第五章
希腊化时期的科学

伯罗奔尼撒战争时期，希腊北部的马其顿王国发展壮大起来。国王腓力二世于公元前356年即位后，注意学习希腊先进的文化，同时富国强兵，扩军备战，不久即建成了希腊世界的一大军事强国。公元前338年，腓力二世击败反马其顿的联军，次年在科林斯召开的泛希腊大会上，确立了马其顿对于希腊各邦的统治地位。公元前336年，腓力二世在宫廷政变中遇刺身亡，20岁的太子亚历山大即位，开始发动对东方的侵略战争。

亚历山大的东征首指波斯帝国，公元前334年大败波斯军队，次年又攻占叙利亚、腓尼基和埃及。公元前331年，亚历山大由埃及出发，与波斯军队再度决战，彻底击败了波斯帝国。亚历山大把巴比伦定为他的新首都，然后继续东征，铁蹄踏到了印度河流域。但因士兵水土不服，大军没再东进。

亚历山大头像，在雅典的希腊墓地发现，约公元前300年的原件。脸上的字是后来刻上去的。他头戴狮子皮，暗示他是神话英雄赫克勒斯（大力神）的后裔。现存于雅典考古博物馆。吴国盛摄

经过十余年的南征北战，亚历山大建立了一个横跨欧亚非的庞大帝国。这个帝国以东方为中心，但以希腊文化为统治文化。不枉为亚里士多德的学生，军事奇才亚历山大很重视学术事业的发展。在他金戈铁马的生涯中，始终有一批学者跟随。每到一地，地理学家们绘制地图，博物学家们收集标本——据说亚里士多德的生物学研究大大得益于这些珍稀标本。像近代的拿破仑一样，亚历山大也重视科学技术在战争中的作用。据说，由于工程师们的帮助，亚历山大大帝的攻城战水平一度达到了近代的高

马塞克画《亚历山大大战波斯王大流士三世》，现藏于意大利那不勒斯国家考古博物馆。

度。希腊文明就这样随着亚历山大的远征传播到更广大的地区，这些地区的文化也被称为希腊化（hellenistic）文化。

希腊化文化中最耀眼的明珠是亚历山大大帝在埃及建立的城市亚历山大里亚。这个以亚历山大大帝名字命名的城市，产生了古代世界最杰出的科学家和科学成就。本章所谓的希腊化时期的科学指的主要就是亚历山大里亚的科学。

1. 亚历山大里亚

亚历山大里亚位于尼罗河的出海口，是一个港口城市。亚历山大大帝于公元前323年病逝后，他的帝国分裂成三部分：一部分是安提柯统治下的马其顿，一部分是塞琉古统治下的叙利亚，再就是托勒密统治下的埃及。托勒密是亚历山大手下的

美国画家费里斯（Jean Leon Gerome Ferris，1863—1930）的画作《亚里士多德指导亚历山大》

一个将军，希腊人，也曾在亚里士多德门下学习过，非常热爱希腊学术。他将埃及首都设在亚历山大里亚，以政府力量扶助学术事业，造就了亚历山大里亚时代辉煌的科学文化。

亚历山大里亚或称亚历山大城，是随着亚历山大大帝的到来才迅速发展的。马其顿的军事统帅们将希腊文化带到了这里。他们在城里大量建造希腊式建筑。其中最为雄伟的是王宫，据说占整个城市的四分之一或三分之一。亚历山大港口的灯塔被誉为古代世界七大奇观之一。

托勒密王朝对科学发展的最大贡献

是建立了当时世界上最大的国立学术机构"缪塞昂"（Museum）。这是一所综合性的教育和研究机构，以传播和发展学术为目的。它修建在王宫附近，也有人说它就是王宫的一部分。托勒密王朝确实把它当成了"皇家学院"。"缪塞昂"原意指祭祀智慧女神缪斯的寺庙，柏拉图的阿卡德米学园和亚里士多德的吕克昂学园里都设有缪塞昂，因此，亚历山大里亚把它的学术机构命名为缪塞昂。这个词后来演化成了英语的"博物馆"，因此，许多现代人误把缪塞昂当作博物馆。实际上，在亚历山大里亚的缪塞昂里，不仅有收藏文物标本的博物馆，而且有动物园、植物园、天文台和实验室。

今日的亚历山大里亚。吴国盛摄

灯塔在 14 世纪初的地震后彻底消失，埃及苏丹卡特巴（Qaitbay）在原址上使用部分原有石块修建了这座城堡。吴国盛摄

当然，最值得一提的是它的图书馆，藏书达 70 万卷之多，是当时世界上最大的图书馆。

埃及纸草很多，在亚历山大里亚比在希腊本土更易得到，这是收藏图书的有利条件之一。古代没有印刷术，所谓藏书也就是抄书。托勒密王朝出重金让缪塞昂学院雇用了一大批专门的抄写员，这是使大量藏书成为可能的另一个重要条件。据说，当时政府命令，所有到亚历山大港的船只都要把携带的书交出供检验，如发现有图

亚历山大里亚的罗马庞贝柱遗址。由于战火、地震、地陷，托勒密王朝的亚历山大里亚已经消失在海底和地下，只有少数遗迹留存至今。吴国盛摄

庞贝柱下面的地道里有许多壁龛，当年亚历山大图书馆图书过多的时候，这里也被用于藏书。吴国盛摄

书馆没有的书，则马上抄录，留下原件，将复制件奉还原主。只此一项，就可看出托勒密王朝何等重视文化积累。人文鼎盛，经济发达，使亚历山大里亚成为当时世界上最大的学术中心。各地的学者都到这里来进修、学习，当时最为著名的科学家几乎都在亚历山大里亚待过。

缪塞昂学院持续了600年之久，但只有最初的200年是科学史上的重要时期。这一时期，科学英才辈出、学术事业繁荣。后来，随着托勒密家族越来越埃及化，他们对希腊学术的兴趣也越来越淡了。据说托勒密七世甚至迫害希腊人。再以后，埃及被罗马人征服，成了罗马的一个省份，希腊的科学遗产逐步丧失殆尽。

2. 欧几里得的《几何原本》

在科学史上，没有哪一本书像欧几里得的《几何原本》那样，把卓越的学术水平与广泛的普及性完美结合。它集希腊古典数学之大成，构造了世界数学史上第一

个宏伟的演绎系统，对后世数学的发展起了不可估量的推动作用。同时，它又是一本出色的教科书，毫无变动地被使用了 2000 多年。在西方历史上，也许只有《圣经》在抄本数和印刷数上可与之相比。据估计，自印刷术传入欧洲后，《几何原本》被重版上千次，被翻译成各国文字。我国明代杰出的学者徐光启于 1607 年与传教士利马窦合作译出了《几何原本》的前 6 卷，是有史以来第一个中文译本。"几何"一词与"几何原本"这一书名，都是徐光启首创的。

　　欧几里得的生平不详。据普罗克罗的记载，他大约于公元前 300 年应托勒密王的邀请来到亚历山大里亚的缪塞昂学院研究讲学。此前，他在雅典的柏拉图学园受教育，深受柏拉图思想的影响。关于欧几里得，历史上只留下两则小故事。第一则是普罗克罗记述的，说的是托勒密王请欧几里得为他讲授几何学，讲了半天，托勒密王也没有听懂。于是他问欧几里得有没有更便利的学习方法，欧氏回答说："在几何学中，没有专为国王设置的捷径。"这句话后来成了传诵千古的治学箴言。第二则故事是斯托拜乌记载的，说的是有一位青年向欧几里得学习几何学，刚学了一个命题，就问欧几里得学了几何学后会有什么用处。欧氏很不满地对仆人说："给这个学生三个钱币，让他走。他居然想从几何学中捞到实利。"这个故事说明欧几里得很强调几何学的非功利性，也反映了他受到柏拉图很深的影响。

　　《几何原本》共 13 篇。第 1 篇讲直边形，包括全等定理、平行定理、毕达哥拉斯定理、初等做图法等；第 2 篇讲用几何方法解代数问题，即用几何方法做加减乘除，包括求面积、体积等；第 3 篇讲圆，讨论了弦、切线、割线、圆心角、圆周角的一些性质；第 4 篇还是讲圆，主要讲圆的内接和外

《几何原本》最古老的残片，是埃及奥克西林克斯纸草（Oxyrhynchus Papyri）的一部分，约公元 100 年的抄本，其中的插图属于第 2 卷命题 5。

牛津大学自然史博物馆的欧几里得雕像。吴国盛摄

切图形；第 5 篇是比例论；第 6 篇运用已经建立的比例论讨论相似形；第 7、8、9、10 篇继续讨论数论；第 11、12、13 篇讲立体几何，其中第 12 篇主要讨论穷竭法，这是近代微积分思想的早期来源。全部 13 篇几乎包括了今日初等几何课程中的所有内容。

一般认为，《几何原本》所述内容都属于希腊古典时代，几乎所有的定理都在那时被证明出来了。欧几里得的主要贡献是将它们汇集成一个完美的系统，并且对某些定理给出更简洁的证明。今天我们已无法知道哪些定理是由哪些数学家在什么时候发现的。据说亚里士多德有一个叫欧得谟斯的学生写过一部几何学史，记载了到他那时为止希腊数学的发展情况，但此书早已失传。可以推知，爱奥尼亚的自然哲学家们如泰勒斯、阿那克西曼德、阿那克西米尼、阿那克萨哥拉，南意大利学派的毕达哥拉斯及其弟子——其中最为著名的有塔伦吐姆的阿尔基塔，爱利亚学派的巴门尼德、芝诺，智者学派，柏拉图学派的弟子们——其中最为著名的有欧多克斯，亚里士多德学派的弟子们等，对欧几里得的《几何原本》都做出过贡献。

欧几里得与阿波罗尼、阿基米德被并称为希腊三大数学家。我们以后将要详细论述阿基米德的工作，这里只提一下阿波罗尼。阿波罗尼大约公元前 262 年生于小亚细亚西北部的帕加，比欧几里得晚了一个世纪。据说他青年时代到亚历山大里亚跟随欧几里得的学生学习数学，算得上是欧几里得的徒孙，此后一直在亚历山大里亚研究数学。他的主要工作是研究圆锥曲线。其研究领域似乎很专，不像欧几里得的《几何原本》那样涉及广泛，但他之所以能与欧氏齐名，是因为他对圆锥曲线的研究水平极高，空前绝后。单用几何方法来做，今人也不能做得更好。所谓圆锥曲线，就是用平面截割圆锥体，角度不同将得到不同的曲线，上一章已经说到，是柏拉图学派发现的。不过，他们不知道双曲线有两支，阿波罗尼却知道。今天的数学家更多采用解析几何的方法处理圆锥曲线问题，将几何问题化为代数问题，既简单又方便，而纯几何方法非常复杂。阿波罗尼在圆锥曲线研究方面的工作，表现出高超的几何思维能力，是古典希腊数学的登峰造极之作，为后世的相关研究奠定了基础。

3. 阿里斯塔克：日心说的先驱

几乎所有的中学生都知道，是哥白尼发现了地球绕太阳转动而不是相反，他使人们从人类中心论的迷梦中惊醒。其实，早在希腊时代就有天文学家提出过日心地动学说，他就是亚历山大里亚的著名天文学家阿里斯塔克。

阿里斯塔克约公元前310年生于毕达哥拉斯的故乡，爱奥尼亚地区的萨莫斯，青年时代到过雅典。据说他在吕克昂学园中学习过，受过学园第三代学长斯特拉图的指导。后来到了亚历山大里亚，在那里做天文观测，并发表他的宇宙理论。不过，他的理论在当时的人看来太激进了，不为人们所看重。要不是阿基米德提到他，我们今天恐怕根本不知道这个人。

他的主要主张是，并非日月星辰绕地球转动，而是地球与星辰一起绕太阳转动。很显然，这个主张继承了毕达哥拉斯学派的中心火理论，只不过把太阳放在了中心火的位置。他说，恒星的周日运动，其实是地球绕轴自转的结果。这个思想确实是天才的，但过于激进，以至于当时的人们都不相信。

有几个理由导致人们反对阿里斯塔克的观点。第一，它与已经被广泛接受的亚里士多德的物理学理论相矛盾。在亚氏看来，如果地球在运动，那么地球上的东西就都会落在地球的后面，可事实上没有发生这类事情。这个理由很有说服力。这个问题只有在惯性定律被发现之后才会有一个完满的解答。第二，有许多天文学家提出，如果地球在动，那么在地球上观察到的恒星位置在不同的季节应该不一样，可是，我们并没有观测到这种位置的变化。我们不知道阿里斯塔克是如何回答第一个问题的，但据说，他很正确地回答了第二个问题。他说，恒星离我们太远，以至于地球轨道与之相比微不足道，所以，恒星位置的变化不为我们所察觉。

阿里斯塔克另一个重要的天文学成就是测量太阳、月亮与地球的距离以及相对大小。这个工作记载在他的《论日月的大小和距离》一书之中，该书流传到了现

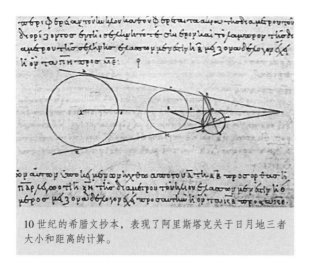

10世纪的希腊文抄本，表现了阿里斯塔克关于日月地三者大小和距离的计算。

在。阿里斯塔克知道月光是月亮对太阳光的反射，所以，当从地球上看月亮正好半轮亮半轮暗时，太阳、月亮与地球组成了一个直角三角形，月亮处在直角顶点上。从地球上可以测出日地与月地之间的夹角。知道了夹角，就可以知道日地与月地之间的相对距离。阿里斯塔克测得的夹角是87°，因此，他估计日地距离是月地距离的20倍。实际上，夹角应该是89°52′，日地距离是月地距离的346倍。但是，阿里斯塔克的方法是完全正确的。得出了相对距离后，他从地球上所看到的日轮与月轮的大小，推算出太阳与月亮的实际大小。同样，因为没有足够精确的测量数据，其估计误差是很大的，但至少他认识到，太阳是比地球大很多的天体。正因如此，他确实有理由相信不是太阳绕地球转，而是地球绕太阳转，因为，让大的物体绕小的物体转动总不是很自然。近2000年后，哥白尼继承了阿里斯塔克的事业，主张日心地动说。他所遭遇的驳难几乎是同样的，他为自己辩护的理由也几乎是同样的。细节我们以后再讲。

4. 古代科学巨匠阿基米德

古代世界最伟大的科学家阿基米德约于公元前287年生于南意大利西西里岛的叙拉古。他的父亲是一位天文学家，阿基米德因而从小就学到了许多天文知识。青年时代，同许多求学青年一样，阿基米德来到古代世界的学术中心亚历山大里亚。在这里，他就读于欧几里得的弟子柯农门下，学习几何学。据说阿基米德螺线实际上是柯农发现的。几年之后，阿基米德离开亚历山大里亚，回到了他的故乡叙拉古。据说，他与叙拉古国王希龙二世是亲戚，是希龙二世邀请他回国的。

阿基米德是希腊化时代的科学巨匠。希腊化时期，古希腊人那种纯粹、理想、自由的演绎科学与东方人注重实利、应用的计算型科学进行了卓有成效的融合，实际上为近代科学——既重数学、演绎，又重操作、效益——树立了榜样。阿基米德是希腊化科学的杰出代表。他不仅在数理科学上是一流的天才，而且在工程技术上建树颇多。他也是希腊最富有传奇色彩的科学家。他的故事很多，每一个故事都从一个侧面展露了希腊化科学的风采。

前面说过，阿基米德与欧几里得、阿波罗尼并列为希腊三大数学家，甚至有人说他是有史以来最伟大的三位数学家之一（其他两位是牛顿与高斯）。他的主要数学贡献是求面积和体积的工作。在他之前的希腊数学不重视算术计算，关于面积和体积，数学家们顶多证明一下两个面积或体积的比例，不会去算出每一个面积或体积究竟是多少。当时连圆面积都算不出来，因为比较精确的 π 值还不知道。从阿基米德开始，或者说从以阿基米德为代表的亚历山大里亚的数学家开始，算术和代数开始成为一门独立的数学学科。阿基米德发现了一个著名的定理：任一球面的面积是外切圆柱表面积的三分之二，而任一球体的体积也是外切圆柱体积的三分之二。这个定理是从球面积等于大圆面积的 4 倍这一定理

意大利画家费蒂（Domenico Fetti，1589—1623）1620 年创作的油画《沉思中的阿基米德》

推出来的。据说，该定理遵照遗嘱被刻在阿基米德的墓碑上。

只有直边形的面积以及直边体的体积才可以用算术简单地算出，而曲面的面积和由曲面运动构成的三维体的体积都无法直接算出。欧多克斯发明了穷竭法来解决曲面面积问题，阿基米德更进一步发展了穷竭法。他关于球面面积和球体体积的定理大多是用穷竭法证明的。所谓穷竭法，就是用内接和外切的直边形不断逼近曲边形，这是近代极限概念的直接先驱。运用穷竭法，阿基米德从正 6 边形开始一直计算到正 96 边形的周长，得到 $3\frac{1}{71} < \pi < 3\frac{1}{7}$，取小数点后两位得 π=3.14。除球面积和球体积的计算外，阿基米德还在抛物面和旋转抛物体的求积方面做了许多杰出的工作。

阿基米德在数学方面的另一著名工作是创造了一套记大数方法。这种方法记载在他流传下来的《恒河沙数》（又译《沙粒计算者》）一书中。当时希腊人用字母记数，记大数尤其不方便。阿基米德向自己提出了一个任务：如果宇宙中充满了沙粒，如何表示这个惊人的数字？他把数字分为若干级，从 1 到 10^8 为第 1 级，从 10^8 到 10^{16} 为第 2 级，从 10^{16} 到 10^{24} 为第 3 级，直到 $10^{8 \times 10^8}$，以 P 表示。但 P 仍不过是记数法的第一位，P2 是第 2 位，P3 是第 3 位，直到 P10^8 是第 10^8 位。阿基米德按照当时流行的宇宙论推测，宇宙中的沙粒是一个第 8 级数字，只用了第 1 位数字。

阿基米德在物理学方面的工作主要有两项，一是关于平衡问题的研究，杠杆原理即属于此。二是关于浮力问题的研究，中学物理所学的浮力定律属于此类。阿基米德这两方面的工作记载于他的著作《论平板的平衡》和《论浮力》中，所幸这两部著作都流传下来了。在《论平板的平衡》中，阿基米德用数学公理的方式提出了杠杆原理，即杠杆如平衡，则支点两端力（重量）与力臂长度的乘积相等。在这里，重要的是建立杠杆的概念，其中包括支点、力臂等概念。对于一般的平面物即平板，为了使杠杆原理适用，阿基米德还建立了"重心"的概念。有了重心，任何平板的平衡问题都可以由杠杆原理解决，而求重心又恰恰可以归结为一个纯几何学的问题。

杠杆原理解释了为什么人可以用一根棍子抬起很大的石头。对此，阿基米德有一句名言："给我支点，我可以撬动地球。"据说，国王希龙对此话生疑，阿基米德没有多加解释，只是请他到港口看了一次演示。阿基米德在那里事先安装了一组滑轮，他叫人把绳子的一端拴在港口里一只满载的船上，自己则坐在一把椅子上轻松地用一只手将大船拖到了岸边。国王顿时为之折服。

有关浮力定律的传说更为人熟知。希龙国王请金匠用纯金打造了一顶王冠，王冠打好后，国王觉得不太像是纯金的，可是又没有办法证实这一点。他请阿基米德来做这一鉴定工作，而且要求不能破坏王冠本身，因为并不能肯定其中掺有别的金属，要是把王冠毁坏了而里面又没有掺假，代价就太大了。阿基米德一直在思考这一问题，但没有找到较好的鉴定方法。有一天，他正在潜心思考时，仆人让他去洗澡。这一次仆人把水放得太满了，当他坐进浴盆时有许多水溢了出来。他心不在焉地看着溢出的水，一下子豁然开朗。他意识到溢出的水的体积应该正好等于他自己的体积。如果他把王冠浸在水中，根据水面上升的情况可以知道王冠的体积。拿与王冠同等重量的金子放在水里浸一下，就可以知道它的体积是否与王冠体积相同，如果王冠体积更大，则说明其中掺了假。阿基米德想到这里，十分激动，立即从浴盆里跳起来，光着身子就跑了出去，一边跑还一边喊："尤里卡，尤里卡（希腊语：发现了，发现了）。"阿基米德的一声"尤里卡"，喊出了人类探寻到大自然奥秘时的惊喜。正是为了纪念这一事件，现代世界最著名的发明博览会以"尤里卡"命名。

也许在今天看来，阿基米德的这一发现并不惊人、十分平常，但我们必须注意到，古代希腊人既没有比重的概念，甚至也没有重量的概念，安排这样的实验确实是了不起的。有意思的是，我国历史上著名的"曹冲称象"，讲的也是少年曹冲运用浮力原理称大象体重的故事。

阿基米德根据这次在浴盆里的经验进一步总结出了浮力原理：浸在液体中的物体所受到的向上的浮力，其大小等于物体所排开的液体的重量。这个原理定量地给出了浮力的大小，是流体静力学的基本原理之一。

据说，阿基米德在机械工程方面也有许多创造发明。在亚历山大里亚求学期间，他曾发明了一种螺旋提水器，现在仍被称作阿基米德螺旋，直到今天，埃及还有人使用这种器械打水。据说，他还制作了一个利用水力作动力的天象仪，可以模拟天体的运动，演示日食和月食现象。

阿基米德的去世更具有传奇色彩。阿基米德晚年，也就是公元前3世纪末叶，正值罗马与迦太基在地中海争夺霸权。叙拉古不慎也被卷入其中。罗马是意大利北部新兴的国家，当时已征服了整个意大利，势力扩展到地中海海域。迦太基位于现在北非的突尼斯，也是一个强大的国家，垄断了全部西地中海的商业。起先，为了对付希腊人的殖民统治，迦太基曾与罗马联合。但等到希腊的势力被削弱后，双方就为西西里岛的霸权争斗起来，爆发了历史上著名的布匿战争（Punic Wars）。位处西西里岛的叙拉古本来一直投靠罗马，但是公元前216年迦太基著名的军事统帅汉尼拔大败罗马军队，促使叙拉古的新国王、希龙二世的孙子希龙尼姆急着与迦太基结盟。希龙尼姆显然没有远见，没有意

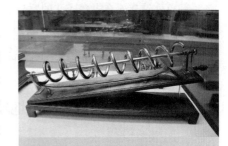

伦敦科学博物馆中的阿基米德螺旋提水器。吴国盛摄

德国魏尔茨堡大学校园里的阿基米德铜像。吴国盛摄

识到罗马虽然一时惨败，但元气很快就会恢复过来。果不其然，等罗马重新休整后，就首先拿叙拉古开刀。在这次保卫叙拉古的战争中，阿基米德大显身手，大败罗马军队，但也最终献出了自己的生命。

罗马军队在马塞拉斯将军的率领下从海路和陆路同时进攻叙拉古。据说，阿基米德运用杠杆原理造出了一批投石机，有效地阻止了罗马人攻城；据说，阿基米德发明的大吊车将罗马军舰直接从水里提了起来，使海军根本接近不了叙拉古城。还有一次，阿基米德召集全城所有的妇女、老人和幼儿手持镜子排成扇面形，将阳光汇聚到罗马军舰上，将敌人的舰只全部烧毁。这些新式武器使罗马军队十分害怕，叙拉古城因而久攻不克。军中都在传说着阿基米德的威力。马塞拉斯也苦笑着承认这是一场罗马舰队与阿基米德一人之间的战争。

由于内部出现叛徒，叙拉古在里应外合下被攻克。攻城前，马塞拉斯命令士兵一定要活捉阿基米德，不得伤害他。可是命令尚未下达，城池已经攻陷。一位罗马士兵闯进阿基米德的居室时，他正在沙堆上专心研究一个几何问题。他过于专注于演绎的逻辑，没有意识到危险正在迫近。杀红了眼的士兵高声喝问，没有得到答复便拔刀相向，沉思中的阿基米德只叫了一声"不要踩坏了我的圆"，便被罗马士兵一刀刺死。事后，马塞拉斯十分悲痛，因为他深知阿基米德的价值。希腊科学精英就这样死在野蛮尚武的罗马士兵剑下，这一事件所具有的象征意义不久就显现出来。

5. 埃拉托色尼测定地球大小

希腊人是最早相信地球是一个球体的民族。自毕达哥拉斯以来，天球－地球的两球宇宙模型一直是希腊宇宙理论的基础。地球的概念为解释不少近地天文现象如月食提供了可信的依据，而天球的概念则很好地满足了柏拉图学派"拯救现象"的要求。亚历山大里亚有两位著名的学者立足于经验观测和理性判断，进一步丰富了这两个概念。他们中一位是埃拉托色尼，科学地确立了地球的概念，并定量地确定了地球的大小。另一位是希帕克斯，创立了球面几何，为定量地描述天球的运动提供了数学工具。

埃拉托色尼大约于公元前 276 年生于北非城市塞里尼（今利比亚的沙哈特），青年时代在柏拉图的学园学习过。他兴趣广泛、博学多闻，是古代世界仅次于亚里士多德的百科全书式的学者。只是因为他的著作全部失传，今人才对他不太了解。这样一位百科全书式的人物，当然为爱惜人才的托勒密王朝所青睐。他们邀请他出任亚历山大图书馆馆长。这个职位很适合他，于是他就来到了亚历山大里亚，在这里一直待到去世，享年 80 岁。

据史书记载，埃拉托色尼的科学工作包括数学、天文学、地理学和科学史：数学上确定素数的埃拉托色尼筛法是他发明的；在天文学上，他测定了黄道与赤道的交角；在地理学上，他绘制了当时世界上最完整的地图，东到锡兰，西到英伦三岛，北到里海，南到埃塞俄比亚；也许是利用图书馆馆长之便，他还编写了一部希腊科学的编年史，可惜已经失传。

埃拉托色尼测量地球周长原理示意模型，藏于德意志博物馆。吴国盛摄

埃拉托色尼最著名的成就是测定地球的大小，其方法完全是几何学的。假定地球真的是一个球体，那么，同一时间在地球上不同的地方，太阳光线与地平面的夹角是不一样的。只要测出这个夹角的差以及两地之间的距离，就可以算出地球的周长。他听人说，在埃及的塞恩，即今日的阿斯旺，夏至这天中午的阳光可以直射入井底，表明这时太阳正好垂直于塞恩的地面。他测出了塞恩到亚历山大里亚的距离，又测出了夏至正午时亚历山大里亚垂直杆的杆长和影长，这样就可以算出地球的周长了。埃拉托色尼算出的数值是 25 万希腊里，约合 4 万千米，与地球实际周长相差无几。在古代世界许多人还相信天圆地方的时候，埃拉托色尼已经能够如此准确地测算出地球的周长，真是了不起。这是希腊理性科学的伟大胜利。

6. 希帕克斯创立球面三角

希帕克斯是希腊化时期伟大的天文学家。他的卓越贡献是创立了球面三角这个数学工具，使希腊天文学由定性的几何模型变成定量的数学描述，使天文观测有效地进入宇宙模型之中。自欧多克斯发明同心球模型用以"拯救"天文现象以来，通过球的组合再现行星的运动，已成为希腊数理天文学的基本方法。但传统的方法存在两个问题：首先人们还不知道如何在球面上准确表示行星的位置变化；其次，传统的同心球模型不能解释行星亮度的变化。希帕克斯解决了这两个重要的问题。

希腊 1965 年发行的邮票上的希帕克斯和星盘

通过创立球面三角，希帕克斯解决了第一个问题。根据相似三角形对应边成比例原理，以任一锐角为一角所组成的任何直角三角形，其对边与斜边之比、对边与邻边之比、邻边与斜边之比是一个常数，所以，这些比是角的函数，与边长无关。人们为方便起见就把这些比分别称作正弦、正切、余弦，是为三角函数。希帕克斯第一次全面运用三角函数，并推出了有关定理。更为重要的是，他制定了一张比较精确的三角函数表，以利于人们在实际运算中使用。把平面三角推广到球面上去，也是希帕克斯的工作，因为他的最终目的在于计算行星的球面运动。

解决第二个问题的方法是抛弃同心球模型，创立本轮－均轮体系。一般人都知道这套体系是托勒密体系，但目前知道的最早的使用者实际上是希帕克斯，而发明者是阿波罗尼。每个行星有一个大天球，它以地球为中心转动，这个天球叫均轮。但行星并不处在均轮上，而是处在另一个小天球之上，这个小天球的中心在均轮上，叫本轮。行星既随本轮转动，又随均轮转动，这样可以模拟出比较复杂的行星运动。此外，希帕克斯还引入了阿波罗尼发明的偏心运动，即行星并不绕地球转动，而是绕地球附近的某一空间点转动。

希帕克斯大约于公元前 190 年生于小亚细亚西北部的尼西亚（今土耳其的伊兹尼克）。像阿基米德一样，他在亚历山大里亚受过教育，学成后又离开了这里。这个时期，亚历山大里亚不再是适于学者安心治学的地方了，托勒密王朝已不再像他们的祖先那样对科学事业有特殊的兴趣。据说，希帕克斯在爱琴海南部的罗得岛建立了一个观象台，制造了许多观测仪器，并做了大量的观测工作。利用自己的观测资料和巴比伦人的观测数据，希帕克斯编制了一幅星图。星图使用了相当完善的经纬度，记载了 1000 多颗亮星，而且提出了星等的概念，将所有的恒星划为 6 级。这是当时最先进的星图。借助这幅星图，希帕克斯发现前人记录

本轮–均轮图示

的恒星位置与他所发现的不一样，存在一个普遍的移动。这样他就发现了，北天极其实并不固定，而是在做缓慢的圆周运动，周期是 26700 年。由于存在北天极的移动，春分点也随之沿着黄道向西移动，这就使得太阳每年通过春分点的时间总比回到恒星天同一位置的时间早，也就是说，回归年总是短于恒星年。这就是"岁差"现象。

希帕克斯在天文学上的贡献是划时代的，但我们今天只能从托勒密的著作中了解他的工作。他大约于公元前 125 年去世。

7. 希罗与亚历山大里亚的技术成就

在希腊古典时代，技术是不登大雅之堂的。以柏拉图为突出代表，哲学家们大都不屑于与物质的事情打交道，因为那是奴隶下人们的工作。希腊科学局限于理论构想，与现实世界相距甚远。科学没有发挥它对物质世界的改造作用，也未显示它的力量。如果说有力量的话，那也是在精神方面。在马其顿的将军们开辟的亚历山大里亚，气氛有所改变。科学被要求具有物质力量，潮流鼓励科学与技术结盟，因此，在这一时期，亚历山大里亚出现了不少高超的技术成就。前面已经讲过的阿基米德的成就就是一例。

由于没有著作传世，纯技术的成就大多随岁月的流逝而湮没。从各种历史著作的旁记中可以得知，亚历山大里亚在建筑工程、水路和陆路运输工程、军事工程方面都有很多建树，尤其在机械制造方面，更是有不少杰作问世。

早期的工程师有一位叫克特西布斯，大概活跃于公元前 285 年至前 222 年。这位理发师的儿子，对技术发明有浓厚的兴趣，并且开创了亚历山大里亚的工程传统。据说，他受阿基米德影响很大，因为他们是同一时代的人，而且都在亚历山大里亚学习和工作过。据历史记载，克特西布斯小时候就利用平衡原理为他当理发师的父亲设计了一个可以自由升降的镜子，还发明了压力泵用来压缩空气。利用压缩空气作为动力，他制造了一种弹弓和风琴。克特西布斯最为著名的成就是改进了埃及的水钟。古代人没有近代才有的机械钟表，大多以漏壶计时，以漏壶中均匀漏出的沙或水的多少作为计时标准。克特西布斯改进过的水钟让水滴入一个圆筒中，圆筒内有一浮标，浮标上的指针可以在筒壁上指示时间。

亚历山大里亚的工程传统在希罗那里达到了高峰。他大概是公元 1 世纪的人。这个时期，埃及已成为罗马的一个省份，从社会历史分期上讲已进入罗马时代，但是希腊的文明或希腊化的文明并未灭绝，它仍然在沿着自己的轨道发展。许多希腊籍的以及在希腊化文明区接受教育的科学家依然属于希腊文化，而不属于罗马文化，希罗以及本章下面要讲的托勒密、盖伦、刁番都等人都是如此。

希罗有不少科学著作通过阿拉伯文流传下来。他的数学著作有《测量术》《几何学》，据说还有对《几何原本》的注释。这些著作主要从应用方面重新整理前人的数学工作。他的开创性工作在工程技术方面。他的《机械术》中记载了许多机械发明，包括杠杆、滑轮、轮子、斜面、尖劈等机械工具的组合使用。这些东西本质上都是杠杆原理的实际运用。在他的《气体论》中，他指出空气也是一种物质，因为水不能进入充满了空气的容器。他还进一步认识到空气是可以压缩的。在利用空气动力方面，希罗制造了一个很著名的装置，即蒸汽机。这是一个带有两段弯管的空心球体，等球中的水被烧沸之后，蒸汽通过弯管向外喷，产生一个反冲力使球体转动。这个装置只是一个玩具，蒸汽动力并未真的付诸生产劳动。大量奴隶的存在使人们根本想不到去开发自然的力量，这大概是古代科学重视理论不重视实际应用的一个原因。

希罗像

8. 希腊天文学的集大成者托勒密

近代人最为熟悉的古代天文学家是托勒密。他大概生于公元100年，因为据史书记载，从公元127年至151年，他在亚历山大里亚进行过天文观测。他的名字与亚历山大里亚的统治者一样，但与他们并无血缘关系。人们猜测"托勒密"这个名字可能得自他的出生地，因此他有可能出生于上埃及的托勒密城。如同欧几里得总结希腊古典时代的数学而写出著名的《几何原本》一样，托勒密系统总结了希腊天文学的优秀成果，写出了流传千古的《天文学大成》。这部13卷的著作被阿拉伯人推为"伟大之至"，结果书名就成了《至大论》(Almagest)。

巴洛克艺术家笔下的托勒密画像

《至大论》共13卷。第1卷和第2卷给出了地心体系的基本构造，并用一系列观测事实论证了这个模型。按照这个模型，地球是球形的，处在宇宙的中心；诸天体镶嵌在各自的天球上，绕地球转动；按照与地球的距离从小到大排列，天球依次是月亮天、水星天、金星天、太阳天、火星天、木星天、土星天和恒星天。前两卷还讨论了描述这个体系所必需的数学工具，如球面几何和球面三角。第3卷讨论太阳的运动以及与之相关的周年长度的计算，第4卷讨论月球的运动，第5卷计算月地距离和日地距离。他运用希帕克斯的视差法进行计算的结果是，月地距离是地球半径的59倍，日地距离是地球半径的1210倍。这个结果与实际相比，前者比较准确，后者则相差很大。第6卷讨论日食和月食的计算方法，第7卷和第8卷讨论恒星和岁差现象，给出了比希帕克斯星图更详细的星图，而且将恒星按亮度分为6等。从第9卷开始到第13卷，分别讨论了5大行星的运动，本轮和均轮的组合主要在这里得到运用。

托勒密体系基本上是对前人工作的一种综合，而且主要依据希帕克斯的著作，以至有人甚至说托勒密的著述基本上是对希帕克斯的抄袭。不过这一点无法得到证实，因为希帕克斯的有关著作都已失传。抄袭的说法也不见得可靠，因为我们可以肯定，托勒密有自己的观测和自己的发现。托勒密的体系由于具有极强的扩展能力，能够较好地容纳望远镜发现之前不断出现的新天文观测，所以一直是最好的天文学体系，统治了西方天文学界 1000 多年。

托勒密还写过 8 卷本的《地理学入门》。这本书记述了罗马军团征服世界各地的情况，还依照这些情况画出了更新的世界地图。书中显示托勒密已经知道马来半岛和中国。他也计算了地球的大小，但比埃拉托色尼比较准确的计算结果小了许多。对古代人而言，埃拉托色尼算出的地球尺寸太大，太令人吃惊了。因为从当时已知的情况看，若埃拉托色尼是对的，那地球上大部分都是海洋了，而这是人们不太相信的，所以，当时的人们宁可相信比较小的数值。托勒密的这个错误借着他在天文学上的权威流传了 1000 多年。不过有意思的是，正是因为哥伦布相信这个比较小的数值，他才有勇气从西班牙西航去寻找亚洲。要是他知道埃拉托色尼是对的，也许他就不会去完成这次伟大的航行。

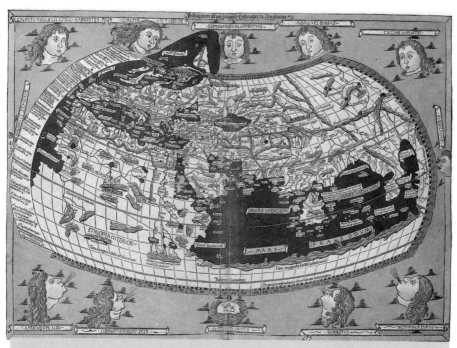

1482 年印刷的一幅按照托勒密地理学绘制的世界地图

9. 希腊医学的集大成者盖伦

　　盖伦于公元 130 年生于小亚细亚的帕尔加蒙（今土耳其的贝加莫），是一位建筑家的儿子。他早年受过良好的希腊文化教育，17 岁时开始学医，游历了许多地方，其中包括亚历山大里亚的医科学校。盖伦 27 岁时回到故乡，被任命为斗技场的外科医生。公元 168 年被召为罗马皇帝的御医，从此定居罗马，著书立说，大约于公元 200 年去世。

　　盖伦的主要贡献是系统总结了希腊医学自希波克拉底以来的成就，创立了自成体系的医学理论。他的理论基于自己大量的解剖实践和临床经验，对人体结构和器官的功能有比较正确的描述和说明。当时的社会禁止人体解剖，盖伦就通过解剖各种动物来推测人体构造。这些推测许多是正确的，但也免不了有错误的地方。

盖伦像，约 1800 年由维涅龙（Pierre Roch Vigneron, 1789—1892）绘制，现藏于美国国家医学图书馆。

　　盖伦的生理学把肝脏、心脏和大脑作为人体的主要器官。他认识到肝脏的功能是造血，造血的过程中注入自然的精气。这些血液大部分通过静脉在人的全身做潮汐运动，但有一小部分到了心脏。在心脏中，血液再次被注以生命精气。生命精气通过动脉送往全身，给全身以活力。大脑则将心脏生成的生命精气转变为动物精气，从而支配着肌肉的活动，也使人有表象、记忆和思维的能力。盖伦认识到动脉的功能是输送血液，而不只是输送精气，但他相信这些血液会流到全身各个部位并被吸收。今天我们知道这个说法是错误的，但这是哈维发现血液循环后的事情。

　　盖伦的病理学主要继承了传统的四体液说。体液平衡则人体健康，平衡破坏则生病，因此治病主要靠调节各种体液的平衡，排除过剩的和腐败的体液。

　　盖伦的著作包括医学理论与实践的各个领域，很长时间以来一直被人们所遵从。在欧洲，一千多年来他都是医学上的绝对权威。他确实为西方医学做出了杰出的贡献，因为正是他奠定了西方医学的基础。

10. 代数学的创始人刁番都

希腊数学几乎可以等同于希腊几何学，因为希腊数学家几乎都在几何学领域工作。直到希腊化时代的晚期，希腊文明的光辉将要耗尽的时候，才出现了一位伟大的代数学家，他就是刁番都。

他大概生活于公元 3 世纪中叶，在亚历山大里亚待过。有一本希腊古书上这样记载他的生平：刁番都的一生，童年时代占 1/6，青少年时代占 1/12，再过一生的 1/7 他结婚，婚后 5 年有了孩子，孩子只活了他父亲一半的年纪就死了，孩子死后 4 年刁番都也死了。这个谜语一样的生平告诉我们，刁番都活了 84 岁。至于他的其他方面，我们一无所知。

好在刁番都 6 卷本的《算术》（*Arithmetica*）原书留传到了现在。书中收集了189 个代数问题。与巴比伦时期纯应用性的算术解题不同，刁番都在第 1 卷中先给出了有关的定义和代数符号说明，依稀有希腊的演绎风格。特别有意义的是，他首先提出了三次以上的高次幂的表示法。这件事在希腊数学史上是划时代的，因为三次以上的高次幂没有几何意义，从前的希腊数学家根本不会考虑它们。这表明从刁番都开始，代数学作为一门独立的学科出现了。

《算术》中的问题除第 1 卷外大多是不定方程问题，主要是二次和三次方程，例如将一个平方数分为两个平方数之和。对这类问题，刁番都并未给出一个一般的解法，但他确实是最早如此大量地研究不定方程问题。今天人们都把整系数的不定方程称作"刁番都方程"，以表示对他的纪念。刁番都的工作以及亚历山大里亚时期其他数学家在算术和代数方面的工作，都与希腊几何学的研究风格迥然不同。前者注重研究个别问题，后者则注重演绎结构和推理规则。前者在亚历山大里亚时期的兴起，反映了东方科学对希腊化科学的渗透。

第六章
罗马帝国时期的科学

罗马人的祖先大约与希腊人的祖先同时进入地中海地区。正当希腊古典文化的繁荣时期，罗马人已经在意大利北部建立了自己的共和制国家。罗马很像希腊的斯巴达，主要是一个农业民族。为了保护自己的土地和家园，罗马人向来崇尚武力。为了替不断增多的居民找到土地，罗马人也喜欢军事侵略。大约在公元前 265 年，罗马征服了整个意大利半岛，此后又向地中海其他地区扩张。为争夺海上霸权，罗马与北非的迦太基帝国进行了三次大规模的战争，史称布匿战争。战争以公元前 146 年迦太基的毁灭而告终。布匿战争的胜利为罗马挥师东进铺平了道路。在不到半个世纪的时间里，罗马实际上控制了整个地中海地区，广大希腊化地区被纳入罗马的版图。直到公元前 30 年，罗马共和国走完了它 200 多年腥风血雨的征战历程。虽然它的版图横跨欧亚非大陆，战功显赫，但这一时期科学文化上的建树很少。

卢浮宫里的一尊塑像。罗马人认为自己的祖先是喝狼奶长大的。吴国盛摄

古罗马斗兽场。吴国盛摄

随着军事扩张的胜利，罗马的将军们开始有了新的权力要求。共和制遭到践踏。最著名的军事统帅朱利亚·恺撒成了终身独裁官。恺撒死后，他的继承人屋大维则进一步成了罗马皇帝，罗马共和国遂成了罗马帝国。此后 200 年，罗马进入了比较和平稳定的时期，科学文化有一定的发展。本章主要叙述这段时期的成就。

1. 罗马性格与希腊气质

作为军事奇才和政治老手的罗马人，在科学方面却是十足的低能儿。他们的面前摆着希腊古典时代和希腊化时期留下的丰富的科学遗产，但他们却几乎没有在此基础上增添新的贡献，甚至将遗产逐步丢弃。这是科学史上值得深思的现象。

一般来说，罗马人专注于政治和军事问题，对法律、军事钻研较多，对自然科学则缺乏兴趣和热情。由于这一原因，罗马在有关军事工程和城市建设等技术问题上有不少创造发明，而对纯粹科学贡献很少。此外，还有某些内在的原因，这就是所谓的罗马人的性格。他们注重实际，不喜玄想，对待理性知识没有异乎寻常的热情，这是与希腊人完全不同的。希腊气质追求超越的理想，藐视现实的功利，对纯粹知识充满神圣的渴求，所以演绎科学才会在古代世界一枝独秀。罗马共和时代最杰出的学者西塞罗也不得不说，希腊人在纯粹数学上遥遥领先，而我们只能做点计算和测量工作。现代哲学家怀特海在评论阿基米德遇害一事时说得更清楚："阿基米德死于罗马士兵之手是头等重要的世界变迁的象征：热爱抽象科学的希腊人在欧洲世界的领导地位，被务实的罗马人所取代……罗马人没有改进他们祖先的知识，他们所有的进步都限于工程方面细微的技术细节。他们没有梦想，因而到达不了新的视点，不能对自然力有一个更加根本的控制。没有一个罗马人是因为全神贯注于对数学图形的冥想而丧生的。"[1]这话点出了罗马性格与希腊气质的差别。

罗马人偏重实际的性格与东方民族有某些共同之处，罗马科学的衰落对当代中国来讲也是一个不容忽视的历史教训。

---

[1] Alfred North Whitehead, *An Introduction to Mathematics*, Williams and Norgat, London, 1911, pp.40–41.

2. 儒略历的诞生

现行的公历直接来源于儒略历。所谓儒略历是以罗马统帅朱利亚·恺撒之名命名的一种历法，我国前辈天文学家将朱利亚译成儒略，故此名沿用至今。

古埃及人一直采用阳历。他们很早就发现一年的长度为 365 天，因此，埃及人一年 12 个月，每月 30 天，外加 5 天作为年终节日。虽然他们知道一年的实际天数比这要多一点（四分之一天），但保守的僧侣阶层还是坚持每年 365 天，这样，每四年就少了一天，1460 年后才与太阳的实际位置相吻合。

希腊人的历书受希帕克斯的影响，坚持用阴历，即用月亮的周期作为历年的标准，再加上默冬周期作为太阳年与太阴月的换算规则。总的来说，希腊传统的阴历使用起来不是很方便。

恺撒征服埃及后，带回了埃及的阳历。原来的罗马使用的也是阴历，十分混乱，有时与太阳历相差几个月，以致春秋难分。亚历山大里亚的希腊天文学家索西吉斯建议恺撒改用埃及现行阳历，并且注意四年置闰一次。恺撒接受了建议，决定在整个罗马推行阳历。此历规定，每四年中前三年为平年，每年 365 天，第四年为闰年，一年 366 天。一年 12 个月，单数的月份 31 天，为大月，双数的月份 30 天，为小月。恺撒的生日在 7 月，为了体现自己至高无上的威严，他要求这个月必须是大月，天文学家于是将单月定为大月。6 个大月 6 个小月使平年多出了一天，只能从某一个月中扣除一天。当时罗马的死刑都在 2 月执行，人们认为这是不吉利的一个月，所以从这个月减去一天。恺撒去世后，他的外甥孙屋大维继位，这位屋大维的生日偏偏在 8 月，他也要摆一摆谱，所以下令将 8 月定为大月，并且从 8 月以后双月定为大月。这样一来，一年就有 7 个大月，又多出一天，再从"不吉利"的 2 月减去一天，使它成为 28 天。每逢闰年，将 2 月加一天，变成 29 天。

儒略历是阳历，它比较精确地符合地球上节气的变化，对农业生产很有利，所以很受人们欢迎。公元 325 年，基督教罗马教皇规定儒略历为教历。实际上，儒略历并不十分精确，它以 365 天为一年，比实际回归年要长 0.0078 天。这个差别不是很大，但时间久了，就显出来了。到了公元 1582 年罗马教皇格里高利十三世宣布改革历法时，日期已比实际上多了 10 天。在儒略历的基础上，教皇颁布了新的历法，称为格里高利历。它与儒略历主要的不同有两点：一是去掉了 10 天，将公元 1582

年 10 月 5 日直接变成 15 日；二是逢百之年只有能被 400 整除的年份才算闰年。我们今日的公历就是格里高利历。我国从民国元年即 1912 年开始采用格里高利历，但同时保留我国自己的阴阳合历即农历。

历法的统一也是大一统国家政权有效施政管理的要求。像罗马帝国这样大的版图，命令要准确地上传下达，没有高度统一的历法是不可想象的。儒略历的诞生可以说是罗马时代比较重要的科学史事件。

3. 卢克莱修与《物性论》

卢克莱修是罗马人中对希腊文化继承得比较好的。他以其长诗《物性论》而闻名近代。该书是古代原子论唯一留传下来的文献，因此具有重要的历史意义。

卢克莱修大约于公元前 99 年出生于罗马，公元前 55 年去世，据说是因为患精神病而服毒自杀的。他是恺撒的同代人，西塞罗校订过他的手稿。《物性论》是在卢克莱修死后才发表的，当时并未引起人们的注意，直到公元 1473 年才又被重新发掘出来。

古代原子论经历了三个发展阶段。第一阶段是希腊古典时期，留基伯和德谟克利特首创原子论思想，对世界做一种唯物论的、机械论的解释；第二阶段是希腊化时期，雅典的伊壁鸠鲁进一步发展了原子论，并将之运用到人生哲学之中，提出了著名的享乐主义哲学。在今天的西方词汇中，伊壁鸠鲁主义被当作享乐主义的代名词。伊壁鸠鲁的哲学迎合了希腊古典文化江河日下时期希腊人的心态，有着长远的影响。

古代原子论的第三阶段是罗马时期，主要由卢克莱修加以发展。很显然，卢克莱修深受伊壁鸠鲁的影响，因为在他的时代，伊壁鸠鲁的著作有近 300 卷在流传。从《物性论》中也可以看出他对伊壁鸠鲁的赞颂。卢克莱修在书中不但全面叙述了原子论者的哲学立场，而且提出了某些新颖的观点，例如进化思想。

原子论思想在罗马时代的复活是不寻常的。当时宗教迷信盛行、社会精神萎靡不振，原子论断然否定神界的存在，力排一切怀疑论和消极的情绪，充满昂扬向上的精神风貌。这在罗马时代可以算是比较杰出的精神气质。

4. 维特鲁维：建筑学之鼻祖

如果说罗马人也有自己的科学的话，那维特鲁维就是最杰出的代表人物。这位恺撒大帝的军事工程师是罗马人，大约生活在公元前1世纪。他受过相当好的希腊教育，但作为罗马人，他热衷的是将希腊知识运用到实际中去。他最有名的著作是10卷本的《论建筑》。这部书一直广为流传，被称为建筑学的百科全书，维特鲁维也因此被称为西方建筑学的鼻祖。

《论建筑》共10卷。第1卷讲建筑原理；第2卷讲建筑史和建筑材料；第3卷和第4卷着重分析了希腊式神庙，包括爱奥尼亚神庙、多里亚神庙和科林斯神庙的建筑结构，讨论了其中出现的工程技术问题；第5卷谈及城市整体规划，包括公共建筑、剧院、音乐厅、公共浴场、港口等；第6卷论民居；第7卷谈居室设计；第8卷谈供水技术；第9卷论计时器；第10卷讨论一般工程技术问题，包括建筑工具如吊车的使用等问题。维特鲁维本意是想为建筑新手提供一部入门书，但《论建筑》最后写成了一部建筑学的百科全书。

维特鲁维也研究了不少天文学和数学问题，但在这方面，他表现出作为一个罗马人的不足之处。虽然他精通希腊的科学知识，并力图将它们运用到实际中去，但他的理论修养还不足以达到希腊人的水平。比如他算出的圆周率等于3.125，远不如200年前的阿基米德算得准确。

5. 塞尔苏斯与罗马医学的百科全书

罗马人在理论科学方面的工作基本上是复述希腊人的知识成就，在这方面比较突出的是塞尔苏斯。此人大约生于公元前25年，是一位罗马贵族，自小受过很好的希腊文化教育。他用拉丁文写过好几本书，向罗马人介绍希腊的科学知识，但只有关于医学的著作留传下来了，所以他以罗马医学百科全书的编写者而闻名。也有人称他为"医学上的西塞罗"，因为西塞罗是罗马众所周知的博学之士。

说他是医学上的西塞罗倒也符合事实。在漫长的中世纪，唯有拉丁书籍在知识界流传，希腊光辉夺目的知识成就被历史所湮没，只有那些有幸被罗马人用拉丁文

塞尔苏斯像

介绍过来的希腊知识得以在人类生活中发挥作用。塞尔苏斯的医学著作虽然得自希腊人，但确实自成体系地影响了西方医学的发展，特别是外科学和解剖学。比如，他的著作中谈到了扁桃体摘除术、白内障和甲状腺手术以及外科整形术。文艺复兴时期，他的著作被医学界大力推崇，许多解剖学术语都是从他那里来的。有意思的是，近代科学形成时期的著名化学家帕拉塞尔苏斯的名字就得自塞尔苏斯。"帕拉"的意思是"超过，胜过"，"帕拉塞尔苏斯"的意思就是比塞尔苏斯更高明。可见塞尔苏斯在当时是很有影响的。

6. 普林尼与《自然志》

罗马时期另一位重要的科学人物是普林尼（又称老普林尼，以区别于他的外甥兼养子小普林尼）。他是一位博物学家，公元23年生于意大利北部的新科莫（今科莫）。12岁时赴罗马深造，学习当时流行的课程：文学、辩论术和法律。23岁时参军，在莱茵河畔指挥军队，并周游欧洲各地。他兴趣广泛，学识渊博，在战争期间亦不忘写作，同时积累了大量的自然知识。公元58年，普林尼退役回到罗马，在那里从事法律工作达10年之久。公元69年，他的朋友韦斯巴辛当了罗马皇帝，他也恢复官职，被任命为西班牙行政长官，后来又被委任罗马海军司令。公元79年，意大利那不勒斯附近的维苏威火山大爆发，附近的古城庞贝被厚厚的火山灰淹没。当时，普林尼率领的罗马舰队正驻留在那里。为了记录火山爆发的实况，普林尼独自一人上岸观察。由于待的时间太长，火山灰以及有毒气体使他窒息死亡。普林尼为了探索自然的奥秘而献出了自己的生命。

普林尼最重要的著作是37卷的《自然志》（*Natural History*）。该书发表于公元77年他死前不久，题献给韦斯巴辛的儿子、当时的罗马皇帝泰特。这部巨著是对古代自然知识百科全书式的总结，内容涉及天文、地理、动物、植物、医学等科目。普林尼以古代世界近500位作者的2000多本著作为基础，分34707个条目汇编自然知识，范围极为广博。但是，他在复述前人的观点时缺乏批判性，各种观点不论正确还是荒谬一概得到忠实反映。特别是谈到动物和人类时，许多神话鬼怪故事夹杂其中，像美人鱼、独角兽等传说中的动物也被普林尼当作真实的东西与其他生物并列。《自然志》对第二手材料的忠实，

12 世纪装裱过的普林尼的《自然志》

为后人研究古代人的自然知识提供了珍贵的依据，特别是在它所参照的绝大多数著作都已失传的情况下。

普林尼的基本哲学观点是人类中心论。这一哲学立场贯穿在他的《自然志》中，得到了日益兴盛起来的基督教的认同，从而大大有助于著作的流传。无论如何，《自然志》出自一位对大自然充满好奇心的人之手，它诱使人们保持对大自然的新奇感。这种对自然的好奇和关注的态度是自然科学得以发展的内在动力。

7.　罗马人的技术成就

罗马人确实不擅长理论科学，他们最多能准确转述希腊人的知识，而且即便是转述，他们做得也并不令人满意。但是，在实用技术和公益事业方面，罗马人有非常杰出的创造和伟大的业绩，这特别反映在农学、建筑工程和公共医疗方面。

罗马人比较注重医疗卫生事业，希腊医学是罗马人学习得最好的一门科学。罗马政府在每个行省都设有医疗中心。城市有医院，还有医学院，由政府给医学教师发薪水。只是到了罗马帝国后期，骄奢淫逸的罗马人才开始淡化医生职业的神圣性。医生通常不再亲自动手，而是让奴隶们去为病人做手术，自己则在一旁监督。这样一来，医学的发展就自然停止了。

罗马城中的古代遗址。吴国盛摄

罗马凯旋门。吴国盛摄

　　版图广大的罗马帝国为了巩固自己的统治，很重视交通运输业、通信事业的发展。罗马人以首都罗马为中心，建立了通往各行省的公路网。罗马城内主要街道都用石子铺就，而公路网上遇河架桥、逢山凿洞，表现出了高超的工程技术水平。罗马人的引水渠工程尤其著名。为了给越来越多的城市人口供水（到公元 1 世纪时，罗马城的居民可能达到了 100 万），罗马政府从水源处开始兴建引水渠到市内。据说，罗马城附近的引水道有近 200 千米长，引水道进入低洼地带便架桥，还采用了虹吸技术。

罗马人在西班牙修建的高架引水渠，至今留存。高源厚摄

　　罗马的公共建筑也不亚于希腊建筑。它们规模宏大、结构坚固，用的是大理石和罗马人自己发明的速凝混凝土。最著名的建筑物有万神庙和圆形竞技场。万神庙是罗马皇帝哈德良于公元 120 年至 124 年建造的。它的屋顶是圆的，直径达 42 米。前门由两排 16 根列柱支撑，带有希腊式神庙的建筑风格。罗马可里西姆大圆形竞技场建于公元 72 年至 80 年，直径 180 米左右，四周是四层高高的看台，据说可容纳 5 万人观看奴隶角斗。除了神庙和竞技场，罗马的公共建筑还有凯旋门、纪功柱、公共浴场等。罗马统治者以各种各样的建筑形式表现他们的赫赫战功和奢靡排场。

　　罗马是一个农业民族，以农立国，因此对农业科学比较重视。许多行政长官都写过农学著作。公元前180年，罗马首席执政官卡图发表了《论农业》。公元前37年，大法官瓦罗发表了《农业论》。瓦罗是一位著名的拉丁语作家，据说正是他开创了罗马时代的百科全书式写作传统。塞尔苏斯和普林尼实际上是追随他的脚步。他最先将学问划分为九科：文法、修辞、逻辑、几何、算术、天文、音乐以及医学、建筑。最后两门没有为中世纪的学者所接受，

德国特里尔的罗马旧城，历经战火洗礼，仍然大气。吴国盛摄

故在中世纪流传的是"学问七科""七艺"的说法。瓦罗以后，还有不少罗马人写过农学著作，足见罗马人对农业和农学的重视。

The
Journey
of
Science

第三卷
中世纪
西方不亮东方亮

　　罗马帝国后期,古典文化的光辉在一点一点消失。整个欧洲进入了暗淡无光的中世纪。但在东方,作为文明古国的中国却放射着耀眼夺目的科学技术之光华。中国人的四大发明为欧洲的文艺复兴准备了条件。也是在欧洲的文化沙漠时代,阿拉伯人继承了希腊的科学遗产,成了科学火种的保存者。近代世界早期主要是从阿拉伯文了解希腊学术。中国人与阿拉伯人在中古时期高度发达的科技水平,与同时期欧洲的漫漫长夜恰成鲜明对比。

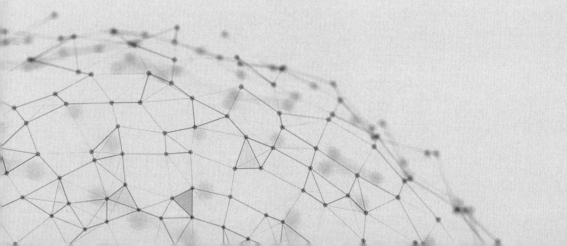

八达岭长城。吴国盛摄

第七章
古典文化的衰落与欧洲黑暗年代

公元最初的 500 多年，是古典文化持续衰落的时期。基督教的兴起、西罗马帝国的灭亡、柏拉图学园被封闭和亚历山大图书馆被烧毁，可以看成古典文化衰落的标志和里程碑。此后 500 年，由于蛮族入侵，原西罗马帝国的大部分区域即欧洲部分进入了黑暗年代。经济大倒退、文化跌入低谷，人们的精神陷于愚昧和迷信之中，希腊古典文化只在拜占庭即东罗马帝国的首都苟且偷生、奄奄一息。

1. 基督教的兴起

生活在地中海东岸巴勒斯坦地区的犹太人，又称以色列人或希伯来人。他们的祖先大概于公元前 1200 年从幼发拉底河迁到埃及尼罗河三角洲，后不堪忍受埃及人的奴役，在传说中犹太人的领袖摩西带领下来到今巴勒斯坦的南部，之后在这里建立了自己的国家，并定都耶路撒冷。公元前 930 年，希伯来国家分裂成了北部的以色列王国和南部的犹太王国。公元前 1 世纪，两个希伯来王国均被并入罗马帝国的版图。在罗马人统治下，犹太人中出现了一位对世界历史产生重大影响的人物，他就是诞生于公元元年的耶稣基督。

作为被压迫、被剥削的犹太民族的代表，耶稣宣传上帝派救世主解救苦难深重的人类的思想，反对罗马的奴隶制度，反对罗马对其他民族的统治和压迫。他所倡导的不是偶像崇拜，而是禁欲、忏悔和对唯一的主——上帝的颂扬。耶稣言传身教，所以很有影响力。犹太教的教士们对耶稣的离经叛道思想大为不满，又害怕他的布道会激怒罗马人，所以干脆将他抓起来，交给罗马地方长官彼拉多。彼拉多将耶稣钉死在十字架上，时年公元 30 年。

耶稣死后，一些谣言在他的门徒中传播开来。有人说亲眼看见耶稣复活了，他正是真正的救世主。20 多年后，基督教的另一位创始人保罗继承了耶稣的事业。他强调耶稣受难的象征意义是为人类赎罪，强调耶稣不只是犹太人的救世主，而且是全人类的救世主。保罗还强化了信仰的作用。上帝是全能的，一切都掌握在他的手中，只有他的意志才能决定人在来世的命运，唯有对他诚惶诚恐的信仰才能使人类得救。

公元最初的两个多世纪，罗马帝国对基督教极尽压制和迫害。但是，那个时代精神上穷途末路的人很快就被基督教宣扬的"赎罪""拯救"学说所吸引。特别是穷苦的人，他们在基督教中看到了自己的理想和出路。物质的希望破灭了，但逆来顺受这样的美德却是他们所具有的。一时间，信教的群众有如野火春风。以至到了君士坦丁当政时代，罗马帝国不得不正式承认基督教的合法性。公元 325 年，皇帝君士坦丁亲自主持了基督教世界的第一次全体主教会议，基督教开始作为一个重要的社会力量参与历史创造。公元 380 年，罗马皇帝狄奥多修将基督教定为国教。

基督教的兴起标志着一种取代正在衰落的古典文化的新型文化开始出现。古典文化被抛弃的历史命运已经注定。总的来看，基督教的兴起在科学史上的意义是负面的，因为信仰和天启取代了对事物的钻研，探索自然的热情被窒息。特别是基督教视希腊文化为一种毁灭性的力量，希腊文化被它宣布为异端，必欲置之死地而后快。在整个基督教文化占支配地位的中世纪，欧洲在自然科学方面没有做出什么特别有意义的工作。但是，在 500 年的黑暗年代，基督教教会在保存学术方面做出了一定的贡献。

2. 西罗马帝国灭亡

罗马帝国在皇帝图拉真统治时期版图达到最大。除了今日德国和东欧南部的部分地区，几乎包括了整个欧洲。在今德国和东欧南部，也就是罗马帝国的西北部，很早就有蛮族部落克尔特人、日耳曼人和斯拉夫人生活着。到了公元前的最后一个世纪，住在西部的克尔特人被罗马所征服并与罗马人融合，但日耳曼人和斯拉夫人一直大肆骚扰罗马。日耳曼人兵强马壮，老迈的罗马帝国根本对付不了他们，只好采取怀柔政策，允许他们进入境内，并担负防务工作。罗马帝国西部的蛮族化于是越来越厉害，军队几乎全由蛮族组成，蛮族首领进入统治阶层。

公元330年，君士坦丁大帝将罗马帝国的首都迁到了黑海和地中海连结处的城市拜占庭，并将其改名为君士坦丁堡（今土耳其境内的伊斯坦布尔）。这一举动是为了加强对帝国全境的控制。他意识到，罗马作为首都不能发挥海洋的作用，而君士坦丁堡的地理位置比较优越。但迁都后，罗马帝国对于西部的控制日益削弱，西部蛮族闹得越来越起劲。公元395年，皇帝狄奥多修去世，他的两个儿子分别继承了帝国的东部和西部，罗马正式分成了东罗马帝国和西罗马帝国两部分。西罗马是真正的罗马帝国，因为帝国原本的大部分属地在这里，而东罗马则打算守住亚历山大大帝打下的基业，维持自己在东方的力量。公元610年，东罗马皇帝赫拉克流开启了帝国的希腊化时代：东罗马帝国改称拜占庭帝国，希腊语成为国语。希腊化的文明在这里得以延续，日后发展出了拜占庭文化。

在真正的罗马帝国（西罗马），蛮族入侵使帝国支离破碎。近代欧洲各民族、各国家开始形成，拉丁语被修改和地方化。公元410年，蛮族军队攻陷罗马，在罗马城进行了三天三夜的洗劫，罗马几成空城。公元476年，西罗马帝国最后一位皇帝被废，这个名存实亡了好久的罗马帝国终于正式解体。

3. 柏拉图学园被封闭

西罗马帝国于公元476年瓦解后，东罗马皇帝查士丁尼一度统一了古罗马帝国。这位战功显赫的皇帝的确从蛮族手中夺回了帝国的大片领土，而且他还使拜占庭帝国的文化艺术兴盛一时，但也是他于公元529年下令封闭了雅典的所有学校包括柏拉图学园。这一由柏拉图亲手创建、持续了900多年的希腊学术据点被拔掉了。

查士丁尼封闭柏拉图学园主要是因为宗教原因。当时，基督教已成为拜占庭的国教。由于教会视希腊学术为异端邪说，查士丁尼为讨好教会，只好对雅典下毒手。

雅典卫城南坡的普罗克罗故居遗址。吴国盛摄

不过，与西方的罗马教会不同，拜占庭的教会势力并不强大，难敌世俗政权，也未能垄断世俗文化的发展，因此，拜占庭文化带有很强的古典特色。特别应该指出的是，拜占庭的建筑艺术光辉夺目，是这个黑暗年代里罕见的星光。被封闭的柏拉图学园中的希腊哲学家们，包括著名的亚里士多德的注释者辛普里丘，一开始都去了波斯，但不久后就发现，拜占庭比波斯更适合他们，所以大部分又来到了这里。

在君士坦丁堡，出现了古代世界最后一位希腊化科学家，他就是普罗克罗。此人410年生于君士坦丁堡，接受的是希腊式教育，是当时希腊化世界中广泛流行的新柏拉图主义的信徒。他后来又到了雅典，在柏拉图的学园里教学，并成了那里的学长。普罗克罗留下了几部对托勒密和欧几里得的注释，这些注释有着重要的科学史意义。公元485年4月17日，普罗克罗在雅典去世。

4. 亚历山大图书馆被烧毁

亚历山大里亚一直是希腊文化的避难所。它藏书巨丰的图书馆是古典学术的象征。但是，罗马帝国的战火、基督教徒和伊斯兰教徒过火的宗教热情一再洗劫这个希腊化城市。公元前最后几个世纪，埃及一直在托勒密王朝统治下。到了最后一位统治者克里奥帕特拉女王时，罗马的利剑已刺将过来。公元前47年，罗马大将恺撒纵火烧毁了停泊在亚历山大港的埃及舰队，大火殃及亚历山大图书馆，近三个世纪来收集的70万卷图书付之一炬。所幸此前由于收集的书籍过多，图书馆容纳不下，有一些图书存放在塞拉皮斯神庙，所以幸免于难。战后，罗马将军安东尼又将帕加蒙国王放在罗马的私人藏书送给了克里奥帕特拉女王，这使亚历山大里亚保有的藏书量依然十分可观。

　　自从公元 380 年基督教成为罗马国教以来，已纳入罗马版图的埃及亚历山大里亚开始遭受基督教文化的侵袭。罗马皇帝狄奥多修于 392 年下令拆毁希腊神庙。当时希腊学术著作最大的收藏所——塞拉皮斯神庙，被以德奥菲罗斯主教为首的基督徒纵火焚烧，有 30 多万件希腊文手稿被毁。这是亚历山大图书遭受的第二次大劫难。

　　基督徒不仅在这里烧毁了希腊的学术著作，而且残忍地杀害了亚历山大里亚缪塞昂学园最后一位重要的人物、古代世界唯一的女数学家希帕提娅。希帕提娅大约于 370 年出生在亚历山大里亚，是著名数学家塞翁之女。她自小随父学习数学和天文学，成年后协助父亲整理和校订欧几里得、托勒密的著作。她本人还注释了刁番都的《数论》和阿波罗尼的《圆锥曲线》。她是一位坚定的新柏拉图主义者，是亚历山大里亚新柏拉图学派的领袖。这个学派

2009 年西班牙拍摄的电影《广场》（Agora）以希帕提娅为主人公，这是蕾切尔·薇姿（Rachel Weisz）扮演的希帕提娅。

在发展柏拉图的学说、批判亚里士多德主义方面做出了重要的贡献，在思想史上有突出的地位，是近代自然哲学的先驱。可是，由于希帕提娅不信基督教，基督教会一直视其为眼中钉、肉中刺。当时的教长里尔与亚历山大里亚的行政长官奥雷斯蒂矛盾甚深，而希帕提娅与后者交往密切，所以里尔对希帕提娅恨之入骨。公元 415 年 3 月的一天，在里尔的指使下，一群基督暴徒在大街上她的马车中抓住了她，将她拖到教堂里杀死。

　　据 12 世纪至 14 世纪的多种阿拉伯文献记载，对亚历山大图书馆最后的毁灭是伊斯兰教完成的。公元 640 年，新兴的伊斯兰教徒攻占了亚历山大里亚。伊斯兰教首领奥马尔下令收缴全城所有的希腊著作予以焚毁。他说："这些书的内容或者是《古兰经》中已有的，那我们就不需要它们；或者是违反《古兰经》的，那我们就不应该去读它们。"所以，应该将它们全部烧毁。据说，亚历山大里亚的公共浴室有半

现代亚历山大图书馆内部。吴国盛摄

年以羊皮纸做燃料烧水。不过，许多现代阿拉伯历史学家并不认同这些历史记载，他们认为亚历山大图书馆在阿拉伯人攻占之前早已不存在了，而且羊皮纸并不适合做燃料。

无论如何，亚历山大里亚的图书馆被烧掉了，古代希腊化的学术中心不复存在。

5. 蛮族入侵与五百年黑暗年代

一般提到中世纪，人们总认为是一团漆黑。这种看法是不完全的。只有先从时间和地域上做出界定，才能做此判断。一般将公元 5 世纪西罗马帝国灭亡到 15 世纪意大利文艺复兴这一千来年称作中世纪或中古时期。按这样的分期，中世纪就不能说完全是一团漆黑。因为第一，只能说欧洲如此，而阿拉伯地区以及印度和中国并不黑暗；第二，在欧洲，也只有 5 世纪至 11 世纪这 500 多年是真正的黑暗年代，而此后有好几次学术复兴运动。

黑暗年代是蛮族入侵直接造成的。罗马文明的大厦摇摇欲坠了许久，最后终于自行倒塌了。它留下一堆废墟，蛮族的工作只是将它们彻底清除掉。罗马帝国长期的战争，使人间的血债和相互仇恨像野草般疯长；非人道的奴隶制度造就了奴隶与奴隶主之间不共戴天的仇恨。每一次的蛮族入侵，必定伴随着罗马奴隶们的起义。罗马帝国在腥风血雨中被毁灭，几乎是命中注定。随着阿拉伯人征服巴勒斯坦和埃及，斯拉夫人占领巴尔干半岛，拜占庭帝国与西方的联系彻底中断。西罗马帝国灭亡后的欧洲一盘散沙。蛮族没有高级的文化，甚至没有文字，更没有自然科学知识。他们只能在文化沙漠上重建新的文明，这就是黑暗年代的情况，近代欧洲从这时才开始了它的历史。

在黑暗年代，唯有基督教会起了一点启蒙人心的作用，但它对于自然科学也没有任何贡献。早在罗马帝国灭亡之前，教会就已势力强大。虽然内部教派众多，但总的来说比较有组织。在欧洲黑暗年代，教会是唯一起核心作用的统一力量。以君士坦丁堡为核心，基督教分出了东正教教派；而以罗马为核心，分出了天主教教派。由教士本尼狄克创立并为天主教教皇格里高利一世所发展的修道院制度，为欧洲在黑暗年代保存了些许文化知识，其中包括医学和农学知识。

6. 波依修斯：漫漫长夜中的微弱星光

在黑暗年代，希腊的科学知识大多被人忘却，只有尚在流行的波依修斯的著作还有些对古典知识的介绍。这位罗马贵族约于公元 480 年生于罗马，在雅典和亚历山大里亚受过希腊式教育。当时，罗马帝国已经解体，统治意大利的是东哥特人提奥多里克。提氏与波依修斯相交甚好，并委任他当执政官。但后来，波依修斯被怀疑与东罗马皇帝有染，而东罗马帝国当时正欲恢复昔日的版图，所以，波依修斯被当作奸细关进了监狱，公元 524 年被处死。

波依修斯是了解希腊学术的最后一位罗马人。他用拉丁文翻译的柏拉图和亚里士多德的著作纲要和注释，是早期欧洲人所能了解的仅有的希腊学术。他根据希腊人的著作编写的学问四科，即算术、几何、音乐和天文的教程一直是中世纪学校的教本。在 12 世纪之前，人们关于亚里士多德的知识都是从波依修斯那里得来的。

波依修斯在狱中写作的《哲学的安慰》是一部重要的哲学作品，在中世纪广为流传，他是哲学史上连接古代与近代的桥梁。

第八章
阿拉伯人的科学与技术

  生活在阿拉伯半岛的阿拉伯人，直到公元 5 世纪还过着部落游牧生活，并未作为一种重要的政治力量出现在人类历史的舞台上。公元 570 年，阿拉伯人的领袖穆罕默德在圣城麦加诞生。从 610 年开始，这位没落贵族商人的后代开始在麦加宣传伊斯兰教教义，把安拉奉为唯一的神，自称"先知"。他反对偶像崇拜，追求今世善行，要求信徒听从真主安拉的指示。"伊斯兰"一词即"皈顺"，伊斯兰教的信仰者被称为"穆斯林"，意即信仰安拉、服从先知。

  伊斯兰的教义为麦加城的保守势力所反对，穆罕默德被迫率众门徒于公元 622 年 7 月 16 日离开麦加，来到今日被称为麦地那的城市。在这里，穆罕默德建立了他的权威和武装力量，因此，这一年标志着伊斯兰教的正式诞生，被定为伊斯兰教纪元元年。630 年，穆罕默德胜利返回了麦加城，随后又轻易统一了整个阿拉伯半岛，最终于 632 年病逝。

  先知穆罕默德创立的伊斯兰教，对统一阿拉伯民族起了重要的作用。他所创立的政教合一的阿拉伯国家亦因此而强盛起来。以宗教"圣战"的名义，穆罕默德的继承者"哈里发"开始向半岛以外扩张。阿拉伯人于 635 年占领大马士革，636 年占领叙利亚，638 年占领巴勒斯坦，642 年同时灭亡了波斯帝国和埃及。整个西亚地区基本被阿拉伯人征服。

  新兴的阿拉伯帝国又把目光转向了西方。沿着地中海的南岸，阿拉伯人一鼓作气攻下了北非和西班牙，直到 714 年准备由西班牙沿地中海北岸东进时才受阻。在东方，到 8 世纪，阿拉伯人又征服了中亚的大片领土，开始威胁到中国。

  8 世纪中叶，一个版图辽阔的阿拉伯帝国已经形成，阿拉伯人的文化事业开始兴盛起来。

1. 阿拔斯王朝与阿拉伯科学的兴盛

先知穆罕默德逝世后的几十年，他的门徒抢夺继承权。倭马亚家族出身的摩阿维亚获胜，建立阿拉伯帝国的第一个王朝倭马亚王朝（661—750），定都大马士革，我国古代称之为"白衣大食"国。倭马亚王朝南征北战，为阿拉伯人争得了东至印度北部、西至西班牙的大片领土。750年，伊拉克的阿布·阿拔斯推翻了倭马亚王朝，建立了阿拉伯的第二个王朝阿拔斯王朝。阿拔斯王朝762年迁都巴格达，我国历史上称之为"黑衣大食"国。与此同时，倭马亚王朝的后裔在西班牙宣布独立，成立了后倭马亚王朝，建都科尔多瓦。阿拔斯王朝统治时期，阿拉伯经济繁荣，文化发达，科学事业有了极大的发展。

希腊学者在遭受罗马帝国基督教迫害时，大多来到了波斯和拜占庭。阿拉伯人征服波斯后，继承了这些希腊的学术遗产。在阿拉伯帝国极盛时期，阿拉伯人也从拜占庭那里获得了许多希腊书籍，其中包括欧几里得的《几何原本》。阿拔斯王朝的哈里发们不仅鼓励商业和贸易，而且愿意支持科学事业，为科学的发展再次创造了良好的氛围。

在阿拉伯文学巨著《一千零一夜》中被推为理想君主的哈里发哈伦·拉希德，奖励翻译希腊学术著作，开翻译希腊典籍之风。后任哈里发阿尔马蒙的贡献更为巨大。他于公元830年在巴格达创办了一所"智慧馆"。这所"智慧馆"与亚历山大里亚的缪塞昂十分相似，设有两座天文台、一座翻译馆和一座图书馆，招聘了一批专职翻译人员。翻译员受命从希腊语、波斯语、叙利亚语翻译希腊科学著作，也从梵文翻译印度的数学和医学著作。欧几里得的《几何原本》大约于800年译成阿拉伯文，托勒密的《天文学大成》于827年被译成阿拉伯文，得名《至大论》。大翻译运动使阿拉伯人很快掌握了最先进的科学知识，为进一步的科学创造打下了基础。巴格达成了当时的学术中心。

2. 贾比尔: 炼金术之父

在阿拉伯人所做的科学工作中，炼金术是首先要提到的，因为，炼金术正是在他们的手中发展成为一门较大的学科。西文"炼金术（alchemy）"一词就来自阿拉伯文。

从今天的眼光看，炼金术无疑不能称作科学。它的目标"使贱金属变成贵金属"，用化学方法是根本不可能实现的，但从历史的角度看，它确实是一门"准科学"。与近代意义上的自然科学一样，它直接面对自然界，观察自然现象，做控制、改变自然物和自然过程的实验；它既有理论依据，又有实用目的。所以，它确实是人类认识自然和改造自然的活动的产物，是科学史的重要研究课题。近代化学就是从炼金术中脱胎而来。

炼金术有两个来源：第一是工匠来源，第二是哲学家来源。自古以来，人类在制陶、染色、酿酒、冶金等生产活动中逐步认识到自然界的物质形态是可以发生改变的。这种改变有的是自然发生的，但也可以人为地促成。在生产实践过程中，工匠们最早懂得如何使物质的颜色、光泽发生改变。世人对黄金等贵重金属的渴望，驱使工匠们去想办法制造赝品。19世纪在埃及底比斯墓穴中发现的纸草上有关于炼金工艺的记载。这些纸草大约写于公元3世纪，表明了当时亚历山大里亚化学工艺的水平。纸草上介绍了好几种制造金银赝品的方法，而且保证它们经得起检验。例如，保存在莱顿博物馆的莱顿纸草上有这样的工艺：以两份铅粉混合一份金粉，用胶调和，涂在铜器表面，然后反复加热，铜器就成了金器，再用高温烧制也不能去掉其表面的金色。再如，保存在斯德哥尔摩的斯德哥尔摩纸草也载有类似的工艺：用四份锡、三份白铜和一份金银合金混合熔化，最后可以得到成色极好的金银合金，看不出异样来。

如果只有这些工匠来源，炼金术就不能被称为炼金术，只可能是一些骗术。制造赝品的工匠本人，并不相信经过加工的贱金属就真的变成了货真价实的黄金白银。骗术不可能被当成正当的事业吸引大量有才智的人参与。炼金术之所以为炼金术，就在于它还有其哲学来源。

希腊古典哲学家为炼金术提供了理论依据。柏拉图在其对话《蒂迈欧篇》中提出了这样的看法：物质质料本身是没有任何性质的，之所以能够显现出不同的物质性质，是因为被注入了形式，而这些形式是可以相互嬗变的。亚里士多德目的论的自然哲学认为，万物都内在地向着尽善尽美的方向努力，有致善的趋势。希腊晚期的斯多亚派哲学家更鲜明地提出了万物有灵论的自然哲学理论。在他们看来，自然界一切物体包括金属，都是活的有机体，在它们内在精气的带动下，都有向善生长的趋势。这些思想被综合成炼金术的基本指导思想。

按照柏拉图的思想，物性之间的相互变化是可能的。按照亚里士多德的思想，贱金属总有一种向贵金属转变的渴望和要求，即使没有人为的干预，这种转变的过程也会自然发生，只不过比较慢而已，因此人为地加快这种过程是可能的。按照斯多亚学派的思想，贱金属可以接受贵重金属的精气而成为贵金属。

今天我们知道，颜色只是物质的外在性质之一，并非本质的物性，但炼金术士把颜色看成最本质的属性，是一物的精气之所在，这样，一旦通过某种化学方法改变了物质的颜色，他们就相信该物质确实换了精气，脱胎换骨变成了另一种物质。这是炼金术的基本哲学信念之一。

亚历山大里亚时期，炼金术达到第一次高潮。最著名的炼金术士是佐西默斯。此人大概于公元 250 年生于埃及，留下了大量的著作。以佐西默斯为代表的亚历山大里亚炼金术，带有浓厚的神秘主义色彩。它与宗教教义和仪式混在一起，将不少真正的化学过程掩盖了。当时一般的操作程序是：第一步，将铜、锡、铅、铁四种贱金属熔合，变成无颜色的死物质，此过程被称为"黑变"；第二步，加入水银使合金表面变白，此过程被称为"白变"或"成银"；第三步是加入少许金子，使合金表

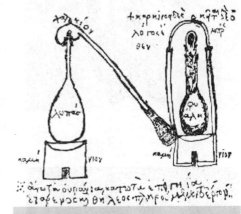

佐西默斯的蒸馏设备，出自化学家贝特洛（1827—1907）编的《古代炼金术士文选》（1887—1888）。

面变黄，此过程被称为"黄变"或"成金"；最后一步是"净化"，通过泡洗将表面的贱金属去掉，使合金呈现纯正的金色。这一步完成后，原先的贱金属经过衍变，失去了其原有的贱性灵魂，获得了高贵的灵魂，成了贵金属。

亚历山大里亚的炼金术活动，大大提高了当时的化工工艺水平。炼金术士们发明制造了蒸馏器、熔炉、加热锅、烧杯、过滤器等化学用具，而这些器具到现在还是化学实验室的常用设备。

阿拉伯人掀起了炼金术的第二次高潮。阿拉伯人的炼金术的来源很多，主要

受亚历山大里亚希腊化传统的影响，但中国炼丹术对他们的影响也不可低估。关于阿拉伯语"炼金术（al-kimiya）"一词的来源有两种看法。一种认为，它来源于埃及语 khem（黑色）加上阿拉伯定冠词 al。前面说过，亚历山大里亚炼金术的第一个步骤是"黑变"，khem 指的就是"黑变之术"，alchemy 继承的是这一传统。另一种观点认为，kimiya 来源于汉语的"金液"一词，该词在福建方言中读作 kim-ya，阿拉伯人正是在与福建通商时将这一术语带到了西方。这两种观点分别反映了阿拉伯炼金术的两个来源。

贾比尔画像，15 世纪欧洲画家的作品。

阿拉伯前期最著名的炼金术士是贾比尔·伊本·哈扬，他大约于 721 年生于伊拉克，815 年去世。他有大量的著作传世，但许多可能只是别人托名之作，并不是他写的。在印刷术应用之前，只有很少的著作可能有抄本。许多人为了使自己的著作传世，只好假借名人之作出版。这一点也说明了贾比尔在生前已十分有名。

贾比尔对炼金术的最大贡献是提出了金属的两大组分理论。他认为，所有的金属都由硫和汞这两种物质按一定的比例化合而成。硫具有易燃性，汞具有可塑性和可熔性。黄金富含汞，贱金属则富含硫，改变金属中这两种物质的比例，就可以改变金属的贵贱。贾比尔组分理论的重要意义在于，在炼金术士的化学实验中引入了定量分析的方法。贾比尔的著作中记载了大量有价值的化学实验。他所开创的炼金术摒弃了传统炼金术的

阿尔拉兹分离化学物质制造药品。

神秘主义成分，是近代化学的先驱。

阿拉伯的第二位炼金术大师是阿尔拉兹，生前是巴格达一个非常著名的医生。他继承了贾比尔的炼金术传统，注重化学实验，少谈神秘之术。他的著作《秘密的秘密》记下了不少化学配方和化学方法。他发展了贾比尔的组分理论，增加盐为第三种组分。汞、硫、盐的三组分理论一直流行到 17 世纪波义耳的《怀疑的化学家》出版为止。

阿拉伯炼金术是化学史上极为重要的一段，正是它为后来的化学奠定了基础。西文中许多化学名词都来自阿拉伯文，如碱（alkali）、酒精（alcohol）、糖（sugar）等。

3. 花拉子模与阿拉伯数学

阿拉伯人本来没有多少数学成就，但他们在吸收了印度和希腊人的数学成就之后，创造了有自己特色的数学，特别是代数。花拉子模是阿拉伯数学的开创者。

花拉子模原名伊本·穆萨，约 790 年生于波斯北部的花拉子模，约 850 年去世。后人为表示对他的尊重，用他的出生地称呼他。花氏生活的年代，正是哈里发马蒙大力鼓励发展学术事业之时。像一切好学的青年一样，花拉子模来到巴格达，进了智慧馆，起先从事天文观测工作，后来开始整理印度数学。

公元后的前 7 个世纪，印度数学有了较大的发展，发展了以应用见长的算术和代数。首先，印度人引入了零这个数。此前亚历山大里亚的希腊人已开始使用零这一概念，但他们只是用零表示该位没有数。印度人最先认识到零是一个数，可以参与运算。比如，任何数加减零后不变，乘零等于零，除零等于无穷大等。其次，印度人有了分数的表示法。他们把分子分母上下放置，但中间没有横线。后来阿拉伯人加了一道线，

1983 年 9 月 6 日苏联发行的邮票，庆祝花拉子模诞生 1200 年。

《复原和化简的科学》中的一页

成了今天分数的一般表示方法。此外，与希腊人不同，印度人还自由使用负数、无理数参与运算。

花拉子模闻名于历史的工作是写了一部论印度数字的书和一部《复原和化简的科学》，将印度的算术和代数介绍给了西方，使之成为今日全人类的共同文化财富。我们习惯称1、2、3、4、5、6、7、8、9、0这些数字为阿拉伯数字，实际上它们是印度数字。只不过西方人是通过阿拉伯人特别是花拉子模的前一本书知道的，因而误认为是阿拉伯数字。可惜的是，这本重要的历史文献已经失传。他的第二本名著标题中的"复原"（al-jabr）一词意指保持方程两边的平衡。其操作方法是从一边减去一项，另一边也应相应减去一项，也就是我们今天所谓的移项。这个词后来被拉丁文译成了algebra，"代数学"一词即来源于此。《复原和化简的科学》一书共分三部分，第一部分是关于一次和二次方程的解法，第二部分是实用测量计算，第三部分是用代数方法解决阿拉伯民族特有的遗产分配问题，只有第一部分在12世纪被译成了拉丁文。

花拉子模在天文学上的工作主要是研究了托勒密的体系。他写了一部《地球形状》，而且绘制了一幅世界地图。与托勒密相反，花拉子模把地球估计得过大。他算出的地球周长是6.4万千米（实际只有4万千米）。

在阿拉伯数学史上，后来还出现过一位名叫奥马·卡亚的天文学家。此人写过一本论代数的书，书中谈到了二次和三次方程的解法。

阿拉伯人虽然成功地引进了印度的数字系统，并且在代数方面有所建树，但他们的数学运算主要还是文字表述，像写文章一样，缺少代数符号。这一点与他们重实际应用、轻逻辑推理和演绎证明有关，这也可能是东方数学的共同特点。

4. 阿尔巴塔尼与阿拉伯天文学

阿拉伯天文学一开始也是从印度和波斯引进的，主要是编制星表，并且学会了使用三角法。托勒密的《至大论》译出后，开始并未引起大的反响，后来才逐步成为阿拉伯天文学的圣典。在传播托勒密体系方面，阿尔巴塔尼的工作最为杰出。他也是阿拉伯在天文学方面最富有创造性的一位天文学家。

阿尔巴塔尼手持星盘，现代艺术家的作品。

阿尔巴塔尼大约在858年生于土耳其，是一位天文仪器制造商的儿子。他青年时代来到巴格达天文台学习和工作，认真研究过托勒密的著作，并用相当精密的仪器和细致的观察检验托勒密的天文理论。在某些常数方面，阿尔巴塔尼对托勒密体系做了修正。例如，他发现春分点对于地球近日点的相对移动，将托勒密所确定的位置做了改动。他所确定的回归年的长度非常准确，700年后被作为格里高利改革儒略历的基本依据。929年，阿尔巴塔尼在伊拉克的萨马拉去世。

阿拉伯天文学的主要成就是在新的观察基础上对托勒密体系的完善。此外，他们通过运用印度天文学家发明的正弦表，使球面三角成为天文观测和天文计算的一种极有效的工具。托勒密体系通过阿拉伯人延续到了近代早期。

一个18世纪的波斯星盘，现存于剑桥惠普尔科学史博物馆。吴国盛摄

5. 阿尔哈曾与阿拉伯物理学

阿尔哈曾是阿基米德之后又一个伟大的物理学家。他于965年生于伊拉克的巴士拉，1039年死于埃及的开罗。他留下了许多光学和天文学著作，其成就主要集中在7卷本的《光学书》中。从前的人们认为，人能看见东西是因为从人眼睛里发射

阿尔哈曾画像

出的光线经过物体又反射回来了。包括欧几里得、托勒密这样的大家都持这种观点，但阿尔哈曾指出，人的眼睛并不发射光线，所有的光线都来自太阳。人之所以能看见物体，是因为物体反射了太阳光。这是光学史上一次大的观念变革。

在《光学书》一书中，他研究了透镜的成像原理，发现透镜的曲面是造成光线折射的原因，并非组成透镜的物质有什么特殊的魔力。他广泛研究了光在各种情形中的折射和反射现象，特别探讨了大气中的光学现象。他还讨论了月亮如何反射太阳光的问题。

像阿基米德一样，阿尔哈曾平时喜欢搞技术发明。为此他也遇到了一些麻烦。他曾经向埃及的哈里发提出愿意发明一种治理尼罗河洪水的装置，但这位哈里发是一个无法无天的暴君，他要求阿尔哈曾立即造出这种机器，否则就残忍地处死他。这样的机器自然不是一下子就能造出来的。为了逃避死刑，阿尔哈曾不得不装疯多年，直到那位哈里发死去。

阿尔哈曾的著作在文艺复兴时期被译成拉丁文，对近代早期的科学家产生了巨大的影响。开普勒直接继承了阿尔哈曾在光学方面的研究工作。

6. 阿维森纳与阿拉伯医学

像许多古老的文明一样，阿拉伯民族很早就流传着他们特有的民间治病方法，如放血疗法、药物疗法。自伊斯兰教创立之后，精神疗法也被引入医学之中。在大翻译运动中，希腊医学家希波克拉底和盖伦的著作被译成了阿拉伯文，为阿拉伯医生所熟悉，成了阿拉伯医学新的经典。

在阿拔斯王朝时期，阿拉伯世界人民安居乐业，政府对社会的医疗事业也非常关注。拉希德统治时期，巴格达建立了第一座医院，此后全国各地都仿而效之。医疗事业的发达可以通过当时药房生意之兴隆看出。阿拉伯人不仅整理开发了本民族传统的各种药物，还引进了不少外来的药物。得益于阿拉伯发达的炼金术，阿拉伯人还制造了不少无机药物。

正是在发达的社会医疗事业的背景下，阿拉伯的
医学有了很大的发展，出现了一大批卓越的医生和医
学家。阿维森纳就是他们之中的代表。

阿维森纳原来的阿拉伯名字叫伊本·西纳，阿维
森纳是他的拉丁名字。他于 980 年出生在波斯的布哈
拉（在今乌兹别克斯坦），父亲是一位税务官，家境
不错，从小就受到了很好的教育。据说，阿维森纳是
一个神童，很早就表现出聪明和才气。可是，他生活
的年代已不是阿拉伯文化的黄金时代。地方割据日盛，
帝国在政治上已有离散的趋势。阿维森纳先后在几个
小国待过，从一个宫廷到另一个宫廷，为君主们治病，
过着不稳定的生活。但他从小聪明好学，广泛阅读希

阿维森纳画像

腊作家的著作，知识非常渊博，在周游列国的同时勤奋著书。他把亚里士多德的
一套理论全面系统地运用到医学中，写了一百多本哲学和医学著作。其中的《医典》
流传最为广泛，对欧洲医学有极为重要的影响，在 17 世纪以前一直是医科大学的
教科书和主要参考书。《医典》内容丰富，是阿拉伯医学的一部百科全书。它既
广泛论述了卫生学、生理学和药物学等理论问题，又记载了大量临床实例；对西
方人而言，是系统转述亚里士多德学说的一部重要著作。1037 年，阿维森纳在哈
马丹（今伊朗北部）病逝。

7. 阿维罗意与亚里士多德学说的复活

公元 750 年，倭马亚王族后裔在西班牙建立了后倭马亚王朝。经历代统治者的
精心培育，首都科尔多瓦成为欧洲的学术中心。但到了 12 世纪，阿拉伯文化面临挑战。
位于东方的阿拔斯王朝面临着北方蒙古人的入侵，西方的后倭马亚王朝则面临着基
督教文化的冲击。阿拉伯人的内战也消耗了他们的力量。结果，阿拉伯文化的繁荣
局面此后就慢慢消失了。1126 年出生于西班牙科尔多瓦的阿维罗意，既代表着阿拉
伯哲学的一个高峰，也是它的终点，因为此后再没有出现过重要的阿拉伯哲学家。

阿维罗意画像

阿维罗意的阿拉伯名字是伊本·拉希德。其父是当时的高等法官，他本人则受过良好的教育，也曾被任命为法官，后来做过宫廷御医。他一直对哲学感兴趣，对亚里士多德的著作做过系统的整理和注释，并写了不少评注。在关于亚里士多德的评注中，他力图运用希腊哲学大师的逻辑学为伊斯兰教提供哲学辩护，开伊斯兰教的经院哲学之先河，为基督教的经院哲学提供了示范。他首次对亚里士多德哲学做了系统、全面而又客观的评介，对欧洲中世纪后期的哲学影响极大。

可是，阿维罗意的同胞并不理解他。伊斯兰教的保守人士对他传播希腊思想大为不满。以哈里发的名义发布的诏书中说，"真主决定让那些只希望通过理性找到真理的人下火狱。"这就堵死了伊斯兰教中经院哲学发展的道路。结果，阿维罗意被放逐到摩洛哥，于1198年在当地去世。

12世纪后，阿拉伯文化开始黯然失色。

第九章
中国独立发展的科技文明

　　公元前221年，地处中国西部的秦国征服了当时的列国，废分封、设郡县，开辟了中国长达两千多年的中央高度集权的专制政治格局。自称始皇帝的嬴政统一货币、度量衡、文字，修万里长城，为统一的中国奠定了基础。秦朝因其暴政而天怒人怨，秦始皇死后不久即土崩瓦解。秦朝虽然灭亡了，但秦所实行的皇帝一统天下的中央集权制却一直延续下来。在日后两千多年的历史上，正是这种皇权政治保证了在大部分时间里中国版图的统一、经济和科学文化的稳定发展。建立的全国大体统一的封建王朝有：汉朝（前206—220）、晋朝（265—420）、隋朝（581—618）、唐朝（618—907）、宋朝（960—1279）、元朝（1271—1368）、明朝（1368—1644）和清朝（1644—1911）。在极大的时间尺度上，中国政治的相对稳定使中国科学技术缓慢进步，从未间断。就在欧洲开始进入黑暗时期的时候，中国步入了历史上极为辉煌的盛唐时期。随后的宋朝，中国的科学技术达到了世界的高峰，而此时，欧洲才刚刚开始从漫漫长夜中苏醒。

　　由于地理上的相对隔绝、政治上的相对独立稳定，古代中国人所创造的科学技术也具有其独特的风格和体系。构成这一独特的科技体系的有农、医、天、算四大学科，以及陶瓷、丝织和建筑三大技术。这四大学科和三大技术是中华民族先人在科学技术上的独特建树，至今仍保有其永恒的魅力。至于闻名遐迩的四大发明，则对欧洲近代科学的诞生起了重要的推动作用，是古代中国人对近世文明的卓越贡献。

1. 农学

　　农业是中国社会的经济基础，历代统治者在他们的上升时期都极为重视农业生产。两千多年来，有不少政府官员深入农业实践之中，总结劳动人民所积累的农业生产知识，建立了有中国特色的农学体系。

兰州的黄河大水车。吴国盛摄

中国农学重视天时、地利和人力三者对农业生产的综合作用，对于有利作物生长的时令、土壤和施肥等环节，都分别做过十分细致的研究。中国文化典籍中农书很多，涉及农业生产的各个方面，其中最著名的有《氾胜之书》、《齐民要术》《陈旉农书》《王祯农书》和《农政全书》。

《氾胜之书》是目前留传下来的最早的农书，但也只余《齐民要术》中选辑的残篇，原书已经失传。据说，该书的作者氾胜之原籍甘肃敦煌，祖姓凡，秦朝末年因战乱流落氾水之畔，后代改姓氾。氾胜之在汉成帝（前32—前6）时官拜议郎，后来以轻车使者之职在关中三辅地区督民种麦。正是这段经历使他能写出《氾胜之书》这部重要的农书。该书总结了我国北方地区，主要是关中地区的耕作经验，提出了农业生产六环节理论，即及时耕作、改良和利用地力、施肥、灌溉、及时中耕除草、收获六个环节，并对每一个环节都做了具体的说明。此外，该书还对十几种农作物的种植过程做了经验性总结。

《齐民要术》是现今完整保存下来的最古老的农书，作者是北魏的贾思勰，大约写于公元533年至544年间。全书共10卷92篇，涉及作物栽培、耕作技术和农具使用、畜牧兽医和食物加工等各个方面，几乎是一部农学百科全书。贾思勰当时担任北魏青州高阳（今山东临淄县）太守，在今天的华北一带实地考察过农业生产状况。为写作此书，他不仅阅读了大量的文献，而且游历民间，向老农询问有关经验。《齐民要术》一书真实地反映了我国黄河中下游地区当时的农业生产水平。这些地区气候干旱少雨，为保持土壤水分（所谓保墒）所进行的合理整地和中耕，是农业生产很重要的一环。《齐民要术》详细地记述了不同的天时、地利情况下的不同耕地方法，非常符合实际。《齐民要术》对种子的选择、收藏和种前处理也给予了高度重视。它首先认识到，种子的优劣及播种时间的早晚对作物的产量、品质都会产生极大的影响，因此书中比较系统地记载了当时已经掌握的种子种类。贾思勰还认真研究了长期种植的情况下如何保持地力的问题，总结了施肥、合理换茬、轮作制和套作制等农业技术。此外，《齐民要术》还谈到了果木的育苗、嫁接，动物的饲养，以及造醋做酱等食物加工技术，反映了比较丰富的生物学知识。这部十多万字的著作奠定了我国农学发展的基础。

写成于南宋初年的《陈旉农书》是我国最早专门总结江南水田耕作的一部小型综合性农书。全书约 12000 字，分上、中、下三卷。上卷主要讲水稻的耕作方法，也谈到了麻、粟、芝麻等经济作物。中卷专门论述江南地区水田耕作所使用的唯一牲畜水牛的喂养和使用。下卷则专谈蚕桑。作者陈旉世居扬州，不求仕进，靠种药治圃为生。书中所述系以淮南地区耕作经验为基础，所以与基于中原地区的农书有诸多不同。

元代王祯的《王祯农书》是一部综合了黄河流域旱田耕作和江南水田耕作两方面生产经验而写成的大型农书。全书共 37 卷，270 目，约 136 千字，281 幅插图。农书由三部分组成。第一部分"农桑通诀"概述了我国农业生产的起源和发展历史，系统讨论了农业生产的各个环节，还广泛涉及林、牧、副、渔的各项技术和经验，基本上是一部农业总论。第二部分"谷谱"是农作物栽培技术的分论，分述谷子、水稻、麦子、瓜、果、蔬菜等作物的起源、性能和栽培方法。第三部分"农器图谱"介绍了农业生产工具和农业机械的构造和制造方法。这一部分占据了全书的大部分篇幅，也是最宝贵的部分，因为它真实地再现了当时的农具实物形象，连有些当时已失传的古代机械也经反复试制恢复原型，具有极高的科学史价值。

明末杰出的科学家徐光启编写的《农政全书》是集我国古代农业科学之大成的一部巨著。全书共 60 卷，50 多万字，分农本、田制、农事、水利、农器、树艺、蚕桑、蚕桑广类、种植、牧养、制造和荒政 12 项。大多数内容是对古代和当时农书的转录和摘编，约有 6 万字是他自己的研究成果。徐光启出生于上海一个小地主家庭，从小从事农业生产劳动，对农业技术问题很有兴趣。他广泛阅读了大量的农书，并且留心收集、总结各种农作物的种植经验。1579 年，徐光启在北京考中举人，之后又考中进士，成了明代翰林院的一名庶吉士。1613 年后，因与外国传教士交往甚密受到政敌攻击，故称病去职来到天津，在海河边组织农民做水稻种植试验。当时人们普遍认为北方不宜种稻，不是种不起来就是收成不高。徐光启从江南聘请种稻能手，一起研究种植技术，终于获得丰收。晚年，他辞官回家，潜心编写《农政全书》（1625—1628）。崇祯帝即位后重新起用徐光启，委以重任，官至礼部尚书。他在繁忙国务之余，仍笔耕不辍，除编制《崇祯历书》，亦不忘农书。他去世时，《农政全书》方初步编就，未及校订出版。直到 1639 年，手稿才由陈子龙改编出版。该书不仅对我国古代的农学成就做了系统总结，而且提出了许多新的思想。

2.　中医药学

战国时代的《黄帝内经》奠定了我国中医药学的基础。汉代出现了两大名医，即外科医生华佗和内科医生张仲景，他们与扁鹊一起被称为中医三大祖师。

华佗字元化，沛国谯（今安徽亳县）人，大约生于公元 2 世纪前半叶，生平不详。在中国民间，有大量关于他的神奇医术的故事流传。最有名的传说是他曾为关羽刮骨疗毒。华佗之死据说与曹操有关。曹操经常头痛，只有华佗的针灸能够治好，于是曹操想让华佗成为自己的私人医生。但华佗想着人世间有更多的病人需要他去医治，所以没有答应。曹操一怒之下将华佗杀害了，其时公元 208 年。据史书记载，华佗最著名的手术是用麻沸散作为麻醉剂实施腹腔外科手术。他先让病人喝酒服下麻沸散，病人醉倒后无知觉，便可对腹腔施行手术。手术完毕后缝合并涂上神妙的膏药，四至五天后伤口愈合，一个月内完全恢复正常。在这么遥远的年代，能够成功施行如此复杂的外科手术，的确是世界医学史上的大事。华佗被称为外科之祖亦当之无愧。

华佗在医学上的另一建树是提倡体育锻炼，以防止患病。他继承先秦以来的导引术传统，首创了模仿虎、鹿、熊、猿、鸟五种禽兽的自然动作而编创的"五禽戏"。华佗的弟子吴普一直练"五禽戏"，直到 90 岁还耳聪目明，牙齿完好。

作为一代名医，华佗不仅有高超的外科医术，而且懂脉象，会针灸，善处方。他注重察声观色，是中医综合诊断传统的继承和光大者。晋人王叔和的《脉经》中有一篇题为"扁鹊、华佗察声色要诀"的文字，记录了不少华佗处理过的病例。据说，华佗在曹操的牢狱中曾将其一生的医术总结成《青囊经》，交与狱卒以期流传后世，可惜狱卒怕连累自己不敢接受这份稀世珍宝。华佗在无奈中将其烧毁，遂成

南阳医圣祠中的张仲景雕像。吴国盛摄

千古遗憾。

　　与华佗大体同时，东汉末年还出了另一位名医张仲景。他生于南阳（今河南南阳市）一个地主家庭，从小有条件读书。当时战火连天，人民挣扎在死亡线上的景象给张仲景以很深的触动，因此内心很想学医，以解除天下百姓身体上的痛苦。成年以后，他因饱读诗书而官拜长沙太守。但官场上的黑暗使他不愿混迹其中，不久即辞官专心研究医学。自春秋战国以来，我国医药学已经有了很大的发展，出现了许多综合性的和专科的医书。据历史记载，到公元前26年，皇家即已收藏医经7家，216卷，经方11家，274卷。张仲景广泛阅读这些著作，并加以总结概括，于3世纪初写成了《伤寒杂病论》。

　　《伤寒杂病论》被晋人王叔和整理成《伤寒论》和《金匮要略方论》两部分，前者主要论述伤寒等急性传染病，后者主要论述内科病以及某些妇科病和外科病。该书创造性地提出了中医诊断学中的"六经辨证"（病分太阳、阳明、少阳、太阴、少阴、厥阴六类）和"八纲原理"（阴、阳、表、里、虚、实、寒、热），确立了中医传统的辨证施治的医疗原则，奠定了我国中医治疗学的基础。不仅如此，《伤寒杂病论》中还选收了300多个药方，说明了配药、煎药和服药所遵循的原则，构成了一部非常有价值的经方。总的来说，在我国中医药史上，《伤寒杂病论》是一部里程碑式的著作。

　　秦汉以降，我国名医和医书层出不穷，体现了中医药学发展的延绵不绝和繁荣景象。在中药学方面，现存最早的药物学专著是汉代的《神农本草经》，后有南朝

张仲景墓。吴国盛摄

陶弘景的《神农本草经集注》、唐代的《新修本草》、宋代唐慎微的《经史证类备急本草》，以及最为著名的明代李时珍的《本草纲目》。在针灸学方面，有皇甫谧及其《针灸甲乙经》、宋代王惟一及其《铜人腧穴针灸图经》、元代滑寿及其《十四经发挥》等。在其他方面，晋代王叔和的《脉经》是中医传统的切脉诊断术的一部经典之作，葛洪的《肘后方》、巢元方的《诸病源候论》、孙思邈的《千金方》、王焘的《外台秘要》都是我国医学宝库中的珍品，是中医学理论体系的有机组成部分。

中医学整体上的进步体现在理论与实践两方面水平的提高。唐代名医孙思邈是中医史上一位极其重要的人物，在理论和实践两方面均大大提升了中国医学的水平。他大约生于公元 581 年，京兆华原县（今陕西耀县）人，自幼钻研医术，又善谈老庄，使中医理论更富思辨色彩。在孙思邈的著作中，不仅有如何治病的临床手段和方法，而且贯穿着医德、养生和巫术理论。他唯一幸存的著作《千金方》，第一卷就讨论了医德问题。在书中，他指出光读几本方书不能算好医生，还必须涉猎群书，读五经三史、诸子百家、道论释典等。他主张医生必须有高尚的品德，不能贪图财物，对求治病人无论贵贱应一视同仁。《千金方》还谈到了养生问题，如提出去"五难"（去名利、喜怒、声色、滋味、神虑）、"十二少"（少思、少念、少欲、少事、少语、少笑、少愁、少荣、少喜、少怒、少好、少恶），以及按摩、调气、适时服食等。《千金方》的疗法简单易行，是孙思邈取前人之精华编制的。但有些疗法带有很浓重的巫术色彩，如认为将斧柄置于产妇床下就能生男不生女等。此外，该书收集了 800 多种药物的使用方法，并对其中 200 多种的采集和炮制做了详细论述。这些内容既是孙思邈对前人药学知识的继承，更是他多年实地采药丰富经验的总结，在中药学上有极高的价值。他被后世尊称为"药王"是当之无愧的。据说他活了 101 岁，于公元 682 年去世。

蕲春李时珍墓园中的李时珍雕像。吴国盛摄

提到中国古代的大医学家，人们肯定都会想到李时珍。这位以巨著《本草纲目》传世的明代名医生于湖北蕲州（今蕲春县内）一个医生世家。他自幼多病，每每

靠父亲的医术转危为安，因此
对病人的痛苦和医生的重要性
有切身的感受。像当时所有的
青年人一样，李时珍一开始也
读诗书、考科举，但自 14 岁考
中秀才后始终未能中举，遂放
弃科举之途，潜心学医。在学
医的过程中，李时珍注意到前
人的《本草》错误很多。这些
错误如不纠正，将会产生严重
的后果。他便立志重新编纂一

李时珍墓（左）。吴国盛摄

部《本草》。为了写好这本书，他不但阅读了 800 多种书籍，而且实地考察了许多地方，
收集标本和单方，进行药物试验。历时 20 多年，终于写成 52 卷、190 万字的巨著《本
草纲目》。全书分 16 部（水、火、土、金石、草、谷、菜、果、木、服器、虫、鳞、介、
禽、兽、人），62 类，共收录药物 1892 种，附方 11096 个，此外还配有插图 1160 幅。
所收药物有近四分之一为新增。每一种药以正名为题，先释名，把各种异名解释清
楚；再集解，说明其形状、出处、产地和采集方法；再列"修治""气味""主治"
和"发明"等项；最后附药方。本书规模宏大，内容准确严谨，是我国药学的集大
成之作。不仅如此，《本草纲目》所列部类反映了我国古代对自然界万物的分类思
想，具有极高的思想史价值。正如李时珍的儿子李建元所说，该书"虽名医书，实
该物理"，不仅是一部伟大的药物学著作，也是一部伟大的博物学、生物学和化学
著作。《本草纲目》于 1596 年在南京出版时，李时珍已经去世，但他留下的这部
巨著对中国和世界的科学事业都产生了重要的影响。在我国，此书被翻刻了 30 多次，
有许多不同的版本传世。明万历年间传至日本后，在日本也被翻刻了 9 次。以后逐
步传向欧洲，先后被译成拉丁文、法文、英文、俄文等。[1]

---

[1] 本书第一和第二版提到"达尔文的《物种起源》就引用过《本草纲目》，以说明动物的人工选择
　　问题"。经查，《物种起源》第一章"家养状况下的变异"中提到"我看到一部中国古代的百科全书，
　　清楚记载着选择原理"（商务印书馆，1995 年版，第 44 页），但并未提到《本草纲目》的名字，
　　似乎没有确凿证据表明达尔文提到的这部中国古代的百科全书就是《本草纲目》。

3. 天文学

登封古观象台，郭守敬创建于元朝初年。吴国盛摄

中国古代的天文学成就，包括阴阳历法的制定、天象观测、天文仪器的制造和使用，以及构造宇宙理论。大概到了汉代，我国已形成自己独特的天文和历法体系。特别是在天象观测记录的丰富性、完整性方面，中国一直走在世界各文明古国的前列。

作为一个农业大国，制定历法是一项极为重要的工作。我国人民很早就认识到，要正确地制定历法就需要仔细地观测天象。制历必先测天，这个制历原则在汉初即已确认。中国传统的历法是阴阳合历，既考虑月亮运动（阴历），又考虑太阳运动（阳历）。它的三个基本要素是日、气、朔。气即二十四节气，按太阳运动编制，是阳历成分；朔是月亮处在地球和太阳之间以致白天黑夜均不可见的时间，两朔之间称为一个朔望月，所以朔是阴历成分。由于日月运动的不均匀性，连续两个朔望月的长度并不相等。经长期观测推算出来的平均长度称为平朔，对平朔进行修正所得到的真实长度称为定朔。将日、朔望月与二十四节气编制到一起是中国历法的主要工作。

早在战国时期，中国就出现了以 $365\frac{1}{4}$ 天为一年的所谓"四分历"。它以 $29\frac{499}{940}$ 天为一朔望月，19 年设 7 个闰月。公元前 104 年由汉代天文学家邓平、落下闳等创制的"太初历"是现存最早有详细记载的历法，典型地反映了我国历法的特点：除保持上述四分历的基本数据外，还规定以冬至所在的月为 11 月；正月为岁首；以没有中气（二十四节气中的奇数位为"节"，又称"节气"，偶数位为"气"，又称"中气"）的月份置闰。这些规定很好地调整了阳历与阴历的关系。以后，在天象观测的基础上，历代天文学家不断修正回归年长度、朔望月长度、置闰规则，使历法不断改进。据统计，我国历代编制的历法有近百之多，反映了天文历法事业的发达。中国的天文历法工作一向为皇家所重视。中国传统思想中"天"享有至高无上之地位的观念，使天文学受到了很高的礼遇。天文学家作为政府高级官员不仅"敬授人时"，而且揭示"天"行之道；不仅为农业生产服务，而且为"天"子皇帝服务。这种特殊的地位可能是中国天文学比较发达的重要原因。

与制定历法工作密切相关的天象观测工作构成了中国天文学的主要内容。在恒星、行星、日月和异常天象观测方面，我国都有杰出的成就，在日月运行规律的发现以及异常天象的观测与记录方面尤为突出。在恒星观测方面，我国有世界上公认的最早的星表"甘石星表"（公元前4世纪）。到了汉代可能已有了星图。从敦煌石窟中发现的一幅唐代绘制的星图，载有1300多颗星。北宋时期于11世纪初进行了五次大规模的恒星观测，可惜的是当时绘制的星图均已失传。现存苏州市博物馆的南宋石刻天文图（刻于1247年）被认为是按1193年的一幅星图刻制的。石刻上面刻有1434颗星，是世界天文学史上珍贵的文物，因为除中国外，14世纪之前世界上所有的星图都未保存下来。

苏州石刻天文图碑，南宋淳祐七年（1247）刻制，现存于苏州文庙。

在日月行星的观测方面，可举长沙马王堆汉墓中出土的帛书《五星占》为例。上面详细记录了公元前246年到177年间金星、木星和土星的位置，记载金星的会合周期为584.4日（今测值583.92日）。对于日月食的观测记录是我国天文学的另一大特色。《汉书·五行志》对公元前89年的日食的记载非常详细，包括太阳位置、食分、初亏和复圆时刻等。从汉初到公元1785年，我国共记录日食925次，月食574次，堪称世界之最。

玑衡抚辰仪，乾隆九年（1744）制造，现存于北京古观象台。吴国盛摄

在异常天象的观测记录方面，中国人做出了无与伦比的贡献。西方人因为受

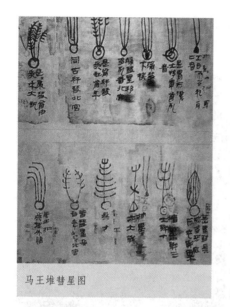

马王堆彗星图

赤道经纬仪，康熙十二年（1673）制造，现存于北京古观象台。吴国盛摄

亚里士多德思想的影响，认为天界纯净无瑕、天际恒常不变，对异常天象有意无意地予以忽视。中国天文学家没有这些思想束缚，这方面的记录格外详尽。《汉书·五行志》中记录了公元前28年3月的太阳黑子现象。《汉书·天文志》记载了公元前32年10月24日的极光现象。马王堆出土的29幅彗星图表明当时对彗星的观测已非常细致，不仅注意到彗头、彗核和彗尾，还知道彗头和彗尾有不同的类型。《汉书·天文志》还记载了公元134年的一颗新星。所有这些异常天象记载都是世界上最早的记录。此外，在太阳黑子、新星、超新星等方面，我国都留下了世界上最为丰富的观测记录。[1]

中国天文观测历史悠久，其观测仪器也独具特色。大约在西周时代，中国天文学家已开始使用漏壶计时。浑仪和浑象是我国传统的天文观测仪器，有据可考的最早的制造者是西汉的落下闳。浑指圆球，浑仪是由一系列同心圆组成的一种仪器，往往还加上窥管，以备实际观测使用。浑象则是一个球，上面刻着各种特征的天象，用以演示实际天象。浑象和浑仪统称浑天仪。东汉的著名科学家张衡在前人所造浑象的基础上，制成了漏水转浑天仪。它由漏壶和浑天仪共同组成。浑天仪是一个刻有二十八宿、中外星官和黄赤道、南北极、二十四节气等的铜球，被固定在一个轴

---

[1] 中国科学院席泽宗院士关于中国古代新星和超新星记录的考订，对于现代天体物理学关于射电源的研究有重要的参考作用。"美国著名天文学家O.斯特鲁维（O. Struve）等在《20世纪天文学》一书中只提到一项中国天文学家的工作，即席泽宗的《古新星新表》。"参见江晓原的文章"著名天文学家席泽宗"（《中国科技史料》第14卷第1期）。

上转动，转动动力由漏壶的流水提供，可以模拟星空的周日视运动。张衡以后，浑天仪朝更加精致和准确的方面发展。宋朝苏颂等人制造了第一台假天仪。它类似现代天文馆中的天象厅，人们可以进入里面仰面观看模拟的天象。

浑天仪的制作基于某种宇宙理论。自远古以来，我国人民相信宇宙的基本结构是天盖地承，将这种看法精致化，就成了一种盖天说的宇宙理论。它主张天和地是两个同心穹形，之间相距4万千米。北极是天穹的中央，日月星辰绕之旋转。盖天说比较符合人们的直观常识，但不能很好地解释精确观测到的天象，因此后来又有浑

浑仪，明朝正统年间制造，现存于南京紫金山天文台。吴国盛摄

天说和宣夜说出现。浑天说的代表人物张衡认为："浑天如鸡子。天体圆如弹丸，地如鸡中黄，孤居于内，天大而地小。天表里有水，天之包地，犹壳之裹黄。天地各乘气而立，载水而浮。"（《浑天仪图注》）意思是说，天是一个完整的球；地球处在天球之中，如同蛋黄居鸡蛋内部一样。恒星处在天球之上，而日月五星则游离于天球附近。浑天说可以更好地解释天象，并且可以被用来计算天体的位置，是球面天文学的原始形式。与浑天说对立的是所谓宣夜说。它反对有什么固体天穹，主张宇宙处处充满无边无涯的气体，日月星辰在其中漂浮游动。宣夜说的"气"论支持宇宙无限的观念，但与天文观测无法衔接，只是一种思辨的哲学理论。

自秦汉以来，我国出现了一大批杰出的天文学家。他们以精湛的观测技术、高超的计算水平创造了精确的历法，发现了天体运行的规律，留下了极有价值的天象记录。其中张衡、祖冲之、僧一行和郭守敬尤其值得一提。

张衡生于南阳西鄂（今河南南阳石桥镇），是东汉时期著名的天文学家和文学家。他的《东京赋》和《西京赋》奠定了他在中国文学史上的地位。他在科学上最为突出的工作是他的浑天理论，以及他所制造的候风地动仪和漏水转浑天仪。张衡

1955 年中国人民邮政发行的张衡纪念邮票

1955 年中国人民邮政发行的祖冲之纪念邮票

的浑天理论见于他的《灵宪》一书。在该书中，他阐明了阴阳辩证的宇宙起源理论，指出虽有天球但宇宙无界。他还用距离的大小解释行星运动的快慢。在《浑天仪图注》和《漏水转浑天仪记》中，张衡讲解了漏水转浑天仪的原理和应用，奠定了我国天文仪器的制造学基础。《后汉书·张衡传》中记载的候风地动仪更是驰名中外。据说，"地动仪以精铜制成，圆径八尺，合盖隆起，形似酒尊"，中有都柱，外有八道，八道连接八条口含小铜珠的龙，龙头下面有一只蟾蜍张口向上。一旦发生地震，都柱因受震动倒向八道之一，该道龙口张开，铜珠落入蟾蜍口中，观测者即可得知地震的时间和方向。据史载，该仪器确实探测到了公元 138 年在甘肃发生的一次地震，但可惜的是，该仪器已经失传，后人多方复原均未达到理想效果。

祖冲之既是伟大的数学家，也是伟大的天文学家，其数学成就在我国家喻户晓。他出生在一个学术世家，祖上数代对天文、历法和算学都有很高的造诣。祖冲之本人从小专攻数术，技艺日精。他最为世人所知的科学工作是求圆周率。运用前辈伟大的数学家刘徽的割圆术，祖冲之求出了精确到小数点后第七位的圆周率：$3.1415926 < \pi < 3.1415927$。这一数字在世界上领先了 1000 多年，直到 15 世纪后，才有阿拉伯数学家突破这一精度。为了计算方便，祖冲之还求出了用分数表示的密率 $\frac{355}{113}$ 和约率 $\frac{22}{7}$。在天文学上，祖冲之的主要贡献是制定了《大明历》，改进了前辈天算历法家的不足之处。首先，他把前人发现并测定的"岁差"现象纳入历法编制中；其次，他制定了每 391 年设 144 个闰月的更为准确的置闰周期；再次，他推算出回归年长度为 365.2428148 日，与今日推算值只差 46 秒。他还明确提出交点月的长度为 27.21223 日，与今日推算比较，只差 1 秒左右。《大明历》所用的一些基本天文常数普遍达到了相当高的精度，长时间被后世历法制定者沿用。祖冲之不仅是一个杰出的天算家，还是一个多才多艺的机械发明家。据说他亲手制造了指

南车、千里船和水碓磨等。

在中国历法史上，唐代僧一行主持编制的《大衍历》
具有特殊的意义。一行俗名张遂，魏州昌乐（今河南南乐县）
人，精通历象、阴阳、五行之学，出家之后仍勤奋钻研数学。
公元717年，唐玄宗令一行修改现行历法，制定新历。为此，
他组织了一大批朝野天文学家进行系统的天象观测，特别
是直接观测太阳在黄道上的视运动，以作为改历的基础。
首先，一行运用梁令瓒设计的黄道游仪，系统观测记录了
日月星辰运动的材料，废除了过时的数据，采用新的更加
符合天象的数据。其次，为了使新历法在全国各地均能通
行，一行领导了对全国的大地测量。测量的结果否定了长

1955 年中国人民邮政发行的
僧一行纪念邮票

期以来为人信奉的"南北地隔千里，影长相差一寸"的说法，
得出地球子午线一度弧长129.22千米的准确数据（今日测量值是111.2千米）。从
725 年开始着手编制，直到 727 年一行死前不久方完成的《大衍历》是当时最好的
历法，形成了我国成熟的历法体系，为后世所仿效。

我国的天文仪器在元代达到了其发展的高峰，元代科学家郭守敬正是这些仪器
的监制者。在圭表制造上，郭守敬创造性地运用"高表"及"景符"，使测影精度
大大提高。在浑仪制造上，郭守敬发明了简仪。他改变了过去旋环过多、不利于观
测的状况，把浑仪分解为
两个独立的装置（赤道装
置和地平装置），并且在
窥孔上加线，提高了观测
精度。除此之外，郭守敬
还设计制造了仰仪（观测
太阳）、七宝灯漏（自动
报时）、星晷定时仪（以
恒星位置定时刻）、水运
浑象、日月食仪等天文仪
器。郭守敬不仅是一位杰

简仪，明朝正统年间制造，现存于南京紫金山天文台。吴国盛摄

出的仪器制造家，还是著名的天文观测家。他所参与创制的《授时历》是我国中古时期历法的优秀典范。它将回归年长度定为 365.2425（与今天世界通用的格里高利历一样），并正确地认识到回归年长度古大今小。《授时历》所首创的推算日月五星运动的"创法五事"将天象预测工作推向了高峰。

4. 数学

中国数学古称"算学"，侧重于解决实际应用问题。由于在天文历法的计算方面有不少艰深的数学问题需要解决，因而历法与算学的发展密切相关，许多科学家兼天文学家和数学家于一身。

汉代出现的《周髀算经》（成书年代大约是公元前 1 世纪）是现存我国最古老的数学著作。其中叙述的勾三股四弦五的规律，在西方被称为毕达哥拉斯定理，但我国人民认识到这一关系亦相当早。[1]汉代出现的另一本著作《九章算术》标志着我国古代数学体系的初步形成。这本书也是我国最古老的数学著作之一，成书年代大约是公元 1 世纪，是对战国、秦汉时期我国人民所取得的数学知识的系统总结。其作者并非一人，而是有数代学者参与修改、补充。据考证，《九章算术》的原本在公元前 2 世纪以前就已存在，公元前 1 世纪基本定型。《九章算术》共分 9 章，主要是解决应用问题。书中有时先举个别问题，再谈解法，有时先谈一般解法，再举例说明。9 章分别是：方田（计算田地的面积）38 题、粟米（交换谷物的比例问题）46 题、衰分（按等级比例分配问题）20 题、少广（由已知面积体积求边长，即开方和开立方）24 题、商功（工程方面的体积计算）28 题、均输（较复杂的比例分配问题）28 题、盈不足（由盈和不足两个假设条件解一元二次方程）20 题、方程（一次联立方程式问题）18 题、勾股（利用勾股定理进行测量计算）24 题，共 246 个问题。书中题目涉及分数计算法、比例计算法、面积体积计算法、开方术以及方程中的正负数运算等，是那个时代世界上最先进的算术。

---

[1] 也有许多人认为，勾三股四弦五这种具体的数量关系与毕达哥拉斯定理这种一般的数学规律不是一回事。

举书中盈不足第1题为例："今有共买物，人出八，盈三；人出七，不足四，问人数、物价各几何？"意思是说，今有众人共买一物，每人出8元，多出3元，每人出7元，少4元，问人数和物价各是多少？《九章算术》的高明之处在于，它不仅解出了这一题，而且给出了解这类题目的普遍公式。设人出 a_1 盈 b_1，人出 a_2 不足 b_2，则

$$物价 = \frac{a_2b_1 + a_1b_2}{a_1 - a_2}$$

$$人数 = \frac{b_1 + b_2}{a_1 - a_2}$$

此外，它还能将那些本不属于盈不足的问题化成盈不足问题，使盈不足术广泛用于解算术应用问题。例如第10题："今有垣高九尺，瓜生其上，蔓日长七寸，瓠生其下，蔓日生一尺，问几何日相逢，瓜瓠各长几何？"意思是说，"今有一墙高9尺，墙顶种瓜，瓜蔓每天向下长7寸，墙脚种瓠，瓠蔓每天向上长1尺，问几天后瓜蔓与瓠蔓相逢？相逢时瓜蔓与瓠蔓各有多长？"这个题可以这样化成盈不足问题："今有墙高9尺，墙顶种瓜，墙脚种瓠，5日后，瓜蔓瓠蔓还差0.5尺，6日后则超过了1.2尺，问几日后它们正好相逢？相逢时各长多少？"

与希腊数学相比，《九章算术》所代表的数学体系注重实际的计算问题，而不考虑抽象的理论性和逻辑的系统性。特别值得指出的是，它采用十进位制的算筹算法，使它在计算方面具有当时无可比拟的优越性。对中国数学而言，《九章算术》有着奠基式的重要意义，它所开创的体例和风格一直为后世沿用。中国数学家正是在对它的注释中推动了中国数学的发展。

我国早期伟大的数学家刘徽和祖冲之分别生活在公元3世纪和5世纪。刘徽生活于曹魏和西晋时期，公元263年写作了著名的《九章算术注》。这本书除了对《九章算术》的解法给出理论论证之外，还创立了"割圆术"这一新的数学方法。在刘徽之前，人们一般使用"周三径一"来进行有关圆的计算。刘徽发现，"周三径一"关系并不是圆周与直径的真实关系，而是圆内接正六边形周长与直径之比；以此计算出来的圆面积也不是圆面积的准确值，而是圆内接正十二边形的面积。他由此想到，当圆内接正多边形的边数无限增多时，其周长就会无限接近圆周长，通过求圆内接正多边形的边长与直径之比，就可以越来越精确地得出圆周率（圆周与直径之

比）。这就是所谓的"割圆术"。运用"割圆术"，刘徽算出了圆内接正 192 边形的面积，得出了圆周率的两个近似值 $157/50 = 3.14$ 和 $3927/1250 = 3.1416$，是当时世界上最精确的圆周率值。运用刘徽发明的割圆术，南北朝时期的著名数学家祖冲之及其儿子祖暅，将圆周率精确到了小数点后第七位。他们通过计算圆内接正 6144 边形和正 12288 边形的面积，得出 $3.1415926 < \pi < 3.1415927$。此外，祖暅还证明了"等高的两立体，若其任意高处的截面积相等，则它们的体积相等"（幂势既同，则积不容异），今人称之为"祖暅定理"。

魏晋南北朝时期出现了一大批数学著作。被辑入《算经十书》中的有刘徽的《海岛算经》《孙子算经》《夏侯阳算经》《张邱建算经》，祖冲之的《缀术》，甄鸾的《五曹算经》《五经算术》，此外还有较早的《周髀算经》《九章算术》和唐代王孝通的《缉古算经》（由于祖冲之的《缀术》到南宋时已失传，故又将甄鸾的《数术记遗》补入）。这些书成了我国古代数学教育的教科书。到了唐代，随着社会经济的高度发达，解决实际计算问题的算术也有了较大的发展。除了又有一些数学专著问世外，在计算技术方面也有不少改革。传统的算筹逐步显示出其缺陷，主要是操作速度受到限制，太快时容易出错。作为一种改革方案，珠算就在这时出现了。

中国古代数学在宋元时期达到其繁荣的顶点。从 11 世纪到 14 世纪的 300 年间，出现了一批高水平的数学著作和著名的数学家。其中，秦九韶、李冶、杨辉和朱世杰被誉为宋元数学四大家，代表了当时中国也是世界上最先进的数学水平。

秦九韶，生于南宋末年的四川安岳，曾经在湖北、安徽、江苏、浙江等地做官，但仕途不顺，最后被贬梅州。他写于 1247 年的《数书九章》是中国数学史上一部重要的著作。全书共 18 卷，81 题，分 9 大类：第一，大衍类，主要阐述大衍求一术，即一次同余式组的解法；第二，天时类，讨论历法推算与气象测量；第三，田域类，讨论面积问题；第四，测望类，讨论勾股重差问题；第五，赋役类，讨论运输与税收筹划问题；第六，钱谷类，讨论粮谷运输与粮仓容积问题；第七，营建类，讨论建筑工程问题；第八，军旅类，讨论安营扎寨与军需供应等问题；第九，市易类，讨论市场交易及利息问题。秦九韶在这本书中所提出的"大衍求一术"和"正负开方术"（以增乘开方法求高次方程正根的方法），是非凡的数学创造。

李冶，河北真定人，生活在金元之际。据说，元世祖忽必烈慕名多次召见，许以高官，都被谢绝。李冶一生隐居，潜心著述讲学，1248 年完成《测圆海镜》，

1259 年又写成《益古演段》。前书共 12 卷，170 个问题，讲述由给定直角三角形求内切圆和傍切圆的直径，并在此书中提出"天元术"。后书是"天元术"的入门著作，力图通俗地向读者解释天元术。所谓"天元术"即根据问题的已知条件列方程、解方程的方法。"天元一"相当于未知数 x。天元术的出现标志着我国传统数学中符号代数学的诞生。

杨辉（活跃于 13 世纪中后期）是南宋末年著名的数学家，杭州人，其生平已不可考。据说他写有算学著作 5 种 21 卷：《详解九章算法》12 卷（1261）、《日用算法》2 卷（1262）、《乘除通变本末》3 卷（1274）、《田亩比类乘除捷法》2 卷（1275）、《续古摘奇算法》2 卷（1275），后三种统称《杨辉算法》。杨辉毕生致力于改进计算技术，提高乘除法的运算速度。他主张以加减代乘除，以归除代商除，并创造了一套乘除捷法。在高阶等差级数的求和方面，杨辉发明了"垛积术"。此外，他还首创了"纵横图"研究。

朱世杰（活跃于 13 世纪至 14 世纪之间），元代河北人，生平已不可考。据说以数学为业游学四方，著有《算学启蒙》（1299）和《四元玉鉴》（1303）。《算学启蒙》3 卷 259 题，内容从四则运算开始一直到高次开方、天元术，是一部比较完善的数学教科书。《四元玉鉴》3 卷 288 题，特别讨论了高次方程组的解法、高阶等差级数的求和以及高次内插法等。这些问题之高深、解决方法之精辟，在当时世界上首屈一指。

宋元时期除了在代数学上有突出的成就，计算技术也有很大的改进。最主要的表现就是珠算的正式出现及普及应用。自明代开始，中国传统数学较少有创造性发展，除了计算技术的普及与数学应用方面有所进步外，整个水平开始落后于欧洲。

5. 陶瓷技术

中国的瓷器驰名世界，西文的"中国"（China）一词又指"瓷器"，反映了在西方人眼里中国作为"瓷器之国"的形象。

中国瓷器经历了由陶器到瓷器，由青瓷到白瓷，再从白瓷到彩瓷的发展阶段。考古发现，早在一万年前，中国人就开始制造陶器。所谓陶器，就是将黏土塑成一

秦始皇兵马俑。吴国盛摄

定的形状后用火焙烧所得到的经久耐用的容器。陶器的制造分手制和轮制。轮制陶器更为精致，反映了制造技术上的进步。单用陶土烧制的陶器表面粗糙，直到后来人们发现了"釉"，一种矽酸盐，才改变了这一局面。将釉涂在陶坯表面，烧制后的陶器能像玻璃那样光洁。如果在"釉"中加入带颜色的金属氧化物，则烧制成的陶器还能显示出美丽的色彩。商朝时我国就已出现内外涂釉的陶器。唐代出现的"唐三彩"是我国古代制陶技术的写照。

瓷器是陶器的高级形式。从外观上看，陶器吸水、不透明，而瓷器则质地细密坚硬、不吸水、半透明。从物理构成上看，原料、温度和釉是区别陶与瓷的三要素：陶的原料陶土含有较多氧化铁，瓷的原料瓷土（或称高岭土）氧化铁含量低，氧化铝含量高；陶的焙烧温度低，约900℃，而瓷的焙烧温度在1200℃以上；瓷器表面有高温釉，而陶器无釉或只有低温釉。原始瓷器大约在商代就已出现。三国、两晋时期的瓷器在釉质和光洁度方面已有了显著的改进和提高。东晋时代，青瓷在南方已形成独特的制造体系。

隋唐时期，北方白釉瓷的烧制技术日益成熟，南方的青瓷则进入炉火纯青状态。特别是到了唐末宋初，南方地区的青瓷极为细腻和匀润。后周世宗柴荣的御窑（又称"柴窑"）出产的青瓷器，颜色像雨后的青天，被誉为"雨过天青"。人们形容它"青如天，明如镜，薄如纸，声如磬"。

　　宋代的瓷器业发展最快。早在唐代就已闻名于世的昌南镇于 1004 年被皇帝下令改名为景德镇，因为那一年是景德元年。景德镇从此成为御窑。宋代以前发展得比较成熟的是青瓷、白瓷和黑瓷，从宋代开始出现彩瓷。彩瓷的前身是在单色瓷上刻印出花纹，后来发展出用彩笔在胎坯上画花纹。在胎坯上画好花纹再入窑烧制所得叫"釉下彩"，在烧好了的瓷器上彩绘再经炉火烘烧而成的叫"釉上彩"。"釉下彩"中最著名的是"青花"瓷，始于宋代，后成为我国瓷器的主流。"斗彩""五彩""粉彩"瓷则属于"釉上彩"。这些优质品类的瓷器在后来不断发展，推出了大量精品和传世之宝。

　　中国陶瓷大约于公元 8 世纪即唐代通过陆上或海上"丝绸之路"传到西亚和南亚，再由这些国家传到欧洲。中国瓷器以其瑰丽的色彩和高雅的气质赢得各国人民的喜爱，成为高贵的艺术品。随着瓷器西传，造瓷技术也于 11 世纪传到波斯和阿拉伯世界。尽管 1470 年就传到了意大利及西欧，但造瓷技术真正为欧洲人所掌握是在 18 世纪初。

6. 丝织技术

　　中国是最早养蚕和织造丝绸的国家，美丽的丝织品是中国人民的光辉发明和创造。早在 3000 多年前的殷商时代，我国就已开始养蚕和织丝。周代出现官办的丝织业，规模很大，民间丝织业更是发达。长沙马王堆汉墓中发掘出的大量丝织品展现了汉代初期我国丝织技术所达到的水平。从品种上讲，有绢、罗纱、锦、绣、绮；从颜色上讲，有茶褐、绛红、灰、黄棕、浅黄、青、绿、白；从制作方法上讲，有织、绣、绘等；图形极为丰富，有动物、云彩、花草、山水以及几何图案。

　　唐代丝织品产地主要在北方。安史之乱后，江南地区的丝织业也迅速发展起来。这一时期的丝织技术，包括丝绸的染色、印花技术和纺织机械，都有了很大的改进，所出丝织品尤为精美。诗人白居易曾有诗赞道："应似天台山上明月前，四十五尺瀑布泉。中有文章又奇绝，地铺白烟花簇雪。"在唐代的基础上，宋代发展出了"织锦"和"缂丝"，元代发展出了"织金锦"，明清两代发展出了"妆花"。

　　丝绸是我国的名贵特产，也是我国古代与世界各国人民交往的信物。丝绸贸易沟通了中西文化交流的"丝绸之路"。丝绸大约在公元初年就传到了罗马，被那里的人民奉为珍宝，只有皇帝和少数贵族才享用得起。与丝织品一起，我国的养蚕法和丝织技术也相继传到了世界各地：公元 6 世纪传到东罗马帝国，12 世纪末传到意大利，14 世纪法国人开始养蚕，16 世纪末传到英国，19 世纪传到美国。养蚕和织造丝绸是中国人对世界文明的一大贡献。

7. 华夏建筑

建筑反映了一个民族的科技水平和审美态度。中国古代建筑在技术上达到过很高的水平，在建筑式样上独具特色。雄伟壮丽的万里长城、历史悠久的赵州桥以及代表各时代建筑最高水平的宗教建筑和皇宫，都是华夏建筑的精品杰作。

举世闻名的万里长城是世界建筑史上的一个奇迹。它东起渤海之滨的山海关，西止甘肃的嘉峪关，全长 4200 多千米。长城本是防止外敌入侵的卫护性建筑。早在战国时期，各国就各自修建自己的卫城。秦始皇统一中国后，为防止北方匈奴人的军事侵扰，开始修建统一的长城。以后历代都在此基础上重新修建。明代在 1368 年至 1500 年间对长城做了一次规模浩大的重建，今天我们看到的就是这次重建的长城。以前的长城一般用泥土或石头砌墙，明代开始将大部分城墙都用砖头或石块镶砌，使之更加牢固。长城大多修筑在地形极其恶劣的地方，要建成坚固耐久的防御工事，需要极高的工程技术。今天的游客到八达岭看那在崇山峻岭间蜿蜒起伏的长城，不能不惊叹我国古代设计师和工匠高超的建筑水平。

赵州桥又名安济桥，位于我国河北省赵县城南的洨河之上，建于公元 590 年至 602 年，是隋朝石匠李春的杰作。它是一座单孔弧券桥，净跨度 37.02 米，而拱矢只有 7.32 米。没有较高的技术水平，这样的坦拱桥一般是很难造出的。它的高明之处还在于在主跨两肩上各造两小拱，以备洪水来临时增加泄水量，减小对桥体的冲击力。实际上，加两小拱还可以减轻桥体自重，减少对主拱的压力。这种"敞肩拱"结构是世界造桥史上的创举，欧洲直到 14 世纪才开始出现。由于结构合理，施工精良，赵州桥历时一千多年仍保存完好，堪称世界奇迹。

三国时期佛教在各地盛行，佛教建筑也开始兴起。寺庙与宫廷建筑基本类似，但增加了佛塔。北魏时期，佛塔一般建在寺院中心，唐代则将大佛塔建在寺庙前面或侧面，形成塔殿并列的局面。再以后，佛塔超出佛教的范围，成了人文景观的一部分。我国现存最早的佛塔是嵩岳寺塔。它位于河南省登封县嵩山南麓，高40多米，15层，是一座

赵州桥。吴国盛摄

砖塔。此塔建于公元500年左右的北魏时期，已历时1400多年，地震和风雨都没能摧毁它。唐代的塔主要是木塔，均未留存至今，但有一些较小的砖塔幸存。宋代开始流行砖塔，大多呈八角形，个别为六角形或方形。这个时期塔内结构极为考究，有壁内折梯式、回廊式（如苏州大报恩寺塔）、穿壁式（如九江能仁寺塔）、穿心式（如定县开元寺塔）、旋梯式（如开封佑国寺塔）。这些结构使塔壁、楼层和塔梯相互连接，结成一个牢固的整体，是佛塔建筑史上的重大创新。建塔的材料也变得多样化，既有纯木制，也有砖木混合、砖石混合、纯砖制和纯石块制。现存木塔当以山西应县佛宫寺释迦塔最为著名。它是世界上现存最高的古代木结构高层建筑，

敦煌莫高窟。吴国盛摄

高达67.31米，建于公元1056年，历900多年风风雨雨和元明两代多次地震而不毁。

　　佛教建筑另一大类别是石窟寺，它们一般在山崖陡壁上开凿出来，气势浩大、造型独特。最著名的有云冈石窟、敦煌石窟、麦积山石窟和龙门石窟，大都建于公元5世纪中叶至6世纪末期。它们的一般结构是前部开门，门外是木结构，后壁雕刻出一个巨大的佛像，左右则雕有较小的佛像。洞壁上通常刻有大量反映宗教故事和社会生活的画面，

具有极重要的历史考古价值。

中国传统建筑以木结构为主，这一风格大概在汉代就已成形。公元 1100 年，宋代建筑师李诫编成《营造法式》一书，对传统的建筑技术做了总结。该书共 36 卷，对中原地区官式建筑工程的各个环节都给出了条例性的规范，表明宋代建筑技术开始标准化。明代在北京修建的皇宫即故宫，是传统木结构建筑技术的最高体现。它修建于 1406 年至 1421 年，是一个庞大的建筑群，有房屋近万间。故宫被高达 10 米的紫禁城围住，紫禁城又被一条宽约 52 米的护城河所环绕。整个故宫建筑群布局严谨，由前部的外朝和后部的内廷组成。外朝是皇帝治理朝政的主要场所，以太和殿、中和殿、保和殿三大殿为中心，文华殿、武英殿为两翼。太和殿最大，高 26.92 米，东西宽 63.96 米，南北进深 37.2 米，用了 72 根高 14.4 米、直径 1.06 米的木柱作为支架，是"抬梁式"结构的代表作。三大殿分别位于一个等高（8.13 米）的基座上，显得气势宏伟。内廷是皇帝和后妃的住所，有乾清宫、坤宁宫和东西六宫，还有一个御花园。整个建筑群显得宁静、优雅。故宫中所使用的木材大都是从边远省区的崇山峻岭中砍伐来的，石料则采自北京北部的山区。有些巨石重达数百吨。运输这些建筑材料除了动用大量的人力，还需要很高的技术水平。壮丽辉煌的故宫是中国古代工匠聪明智慧的结晶。

故宫太和殿。吴国盛摄

苏州园林。吴国盛摄

第十章
中国对世界科学的贡献

古代中国人创造了自己独特的科学技术体系。这些在中世纪最为耀眼夺目的科技成就通过阿拉伯人传到欧洲之后，对欧洲的近代科学革命产生了重要的影响。特别是中国的四大发明，对整个世界近代文明和科学的发展做出了突出的贡献。马克思曾写道："这是预告资产阶级社会到来的三大发明，火药把骑士阶层炸得粉碎，指南针打开了世界市场并建立了殖民地，而印刷术则变成新教的工具，总的说来变成了科学复兴的手段，变成对精神发展创造必要前提的最强大的杠杆。"[1]而纸的发明，更是对人类文明产生了深远的影响。

1. 纸的发明与西传

要明白纸对于人类文化的发展具有何等意义，只要回顾一下在没有纸的年代，文化的积累和传播有多困难就行了。各个古老的文明都有与其自然条件相适应的书写材料。古代埃及人用的是天然生长的植物纸草，但它容易发脆断裂，用它书写的作品不容易长期保存。希腊人用羊皮作为书写材料，但羊皮太贵，产量有限，不能广泛地使用。巴比伦人把文字刻在泥板上，但泥板笨重，不宜记录大量知识。印度人用白桦树皮或多罗树的树叶作为写字材料。多罗树又叫贝多树，用这种叶子写成的佛经叫贝叶经，这些材料与纸草一样不便保存。在纸出现之前，中国人先是把字刻在龟甲和动物的骨头上，那时候的文字因而也被称为甲骨文。后来把文字铸在青

---

[1] 出自《经济学手稿（1861—1863年）》中的《机器。自然力和科学的应用》，见《马克思恩格斯全集》第四十七卷，人民出版社，1979年版，第427页。

铜器上，该文字因而被称为"金文"或"钟鼎文"。再以后比较流行的是将字写在
竹片和木片上，把这些刻有文字的竹片或木片用绳子穿起来就成了册，是为竹简。
比起甲骨和青铜器，竹简更方便而且能写上许多文字，但依然笨重。据说西汉时有
一个叫东方朔的人给汉武帝写了一封信。两个身强力壮的人都很难搬动此信，因为
它用了整整 3000 根竹简。汉武帝花了两个多月才读完。与竹简同时使用的还有丝帛，
但帛与羊皮一样太昂贵，一般人用不起。所有这些纸发明之前人类所使用的书写材
料，不是笨重不便，就是昂贵不能普及。它对人类文化知识的积累和传播所造成的
困难是不难想象的。

中国人自古养蚕种桑，用蚕的茧丝制造华贵漂亮的丝绸。正是在处理茧丝的过
程中，纸作为一种副产品被发明出来。为了充分利用材料，工匠们一般用好的茧子
抽丝，而差的茧子用漂絮法做成丝绵。方法是，先将茧用水煮沸，然后放在浸在水
中的篾席上反复捶打、漂洗，一旦蚕衣被捣碎、散开成丝絮即取下来。但这时，篾
席上往往还残留着一层薄薄的絮片。古人发现，絮片晒干后可以写字，便推广开来。
这种絮纸是纸的原始形态。

絮纸只是丝织品的副产品，其原料仍然不太丰富。秦汉时期，人们发现了制作
麻料衣服的副产品即植物纤维纸。它原料丰富、便宜，很快就流行起来了。1957 年，
中国考古学家在陕西灞桥的一座古墓中发现了一批纸的残片。经检测，其原料是大
麻纤维，年代大约在公元前 140 年至前 87 年。这批残
片就是举世闻名的灞桥纸，是迄今为止世界上最早的
纸张。

1962 年中国人民邮政发行的蔡伦
纪念邮票

东汉时代的蔡伦在改进造纸技术方面做出了重要
的贡献。蔡伦是一位太监，专门负责监制皇宫用的器物。
据说他勤于钻研，经常与皇宫工场中的造纸工匠一起
讨论造纸技术的改进，最后终于提出了用树皮、麻头、
破布和渔网作为原料造纸的新技术。这一技术不仅使
原料来源更为广泛，而且纸的质量也大大提高了。公
元 105 年，蔡伦正式将这种纸献给朝廷，从此在全国
推广，人称"蔡侯纸"。

蔡伦之后，造纸技术不断改进，造纸业也成为一

个大的行业而在全国繁荣起来。唐朝已经出现了多种名贵的纸张，如北方的桑皮纸、四川的蜀纸、安徽的宣纸以及江南的竹纸等。到了宋代，纸的品类和用途更多，材料来源更广。明代宋应星在其名著《天工开物》中详细记载了造纸的一般工序和相关技术。

我国纸张和造纸技术的西传几乎与纸的发明同时。这种方便而价廉的书写材料的好处显而易见，所以"蔡侯纸"发明不久就流传到西域。唐初（7 世纪中叶），当阿拉伯帝国的势力扩张到与我国西部接壤时，纸也传到了阿拉伯。公元 751 年，大唐帝国与阿拉伯（我国史称大食）帝国在怛罗斯城（今吉尔吉斯斯坦境内）开战，结果由大将高仙芝指挥的中国军队大败，大批士兵被俘。这批俘虏中恰好有许多造纸工匠。11 世纪的阿拉伯著名作家塔阿里拜（Thálibi）根据前人的著述写道："造纸术从中国传到撒马尔罕（今乌兹别克斯坦境内），是由于被俘的中国士兵、俘虏中间，有些能造纸的人，由是设厂造纸，驰名远近。造纸业发达后，纸遂为撒马尔罕对外贸易的一种重要出口品。"[1]中国的造纸术就这样进入了阿拉伯境内。8 世纪末，巴格达开始建立造纸厂。随后造纸业在大马士

《天工开物》原版插图"斩竹漂塘"和"煮槿足火"

《天工开物》原版插图"荡料入帘"和"覆帘压纸"

《天工开物》原版插图"透火焙干"

---

[1] 祝慈寿：《中国古代工业史》，学林出版社，1988
年版，第 68 页。这个故事在李约瑟的《中国科学
技术史》第五卷（化学及相关技术）第一分册（纸
和印刷）中亦有记述（科学出版社，1990 年版，
第 264 页）。

慕尼黑德意志博物馆里的造纸场景。吴国盛摄

革盛行，欧洲一直由此进口纸张。再后来，造纸术也传到了欧洲。西班牙和法国于
12 世纪，意大利和德国于 13 世纪相继建立纸厂，16 世纪造纸厂遍及整个欧洲。

2. 印刷术

与造纸术一样，印刷术也极大地改进了人类知识生活的设备条件。在没有印刷
术的古代，出版一本著作完全靠抄写，而抄写总是不能避免笔误，因此不能指望每
一抄本是完全一样的。对于需要画图或做表的书，出版质量更是无法保证。印刷术
的原理其实非常简单。图章的使用在远古时期就已很普遍，但欧洲直到 14 世纪才
开始采用印刷术印刷图像，15 世纪才开始活字印刷。这种状况对文化发展的阻碍是
显然的，但原因谁也说不清楚。一个原因大概是，印刷首先需要质地相同的印刷材料，
在中国的纸传入欧洲之前，印刷术的推行是不可想象的。

与纸的使用一样，中国印刷术的出现也非常早。隋朝时，我国人民已经发明了
雕版印刷术。雕版印刷即刻版印刷，它是将一篇文章用反手字刻在木板上，在木板
上刷墨，凸起的字受墨，从而将文章印到纸上。用这种方法可以将一篇文章或一本
书印成完全一样的许多份。据我国历史记载，印刷术开始于隋文帝开皇 13 年（公

元 593 年）。印刷术一旦问世，它对文化传播所起的作用立刻就显示出来了。唐代印刷业极为发达，四川成都几乎成了刻书的中心，大量农书、医书、历书、字帖由此流传到全国各地。佛教传入我国后，印刷术则被用于大量印制佛经和佛像。1900年在敦煌发现了一部唐代刻印的《金刚经》，标明日期为"咸通九年四月十五日"，也就是公元 868 年。这是目前世界上最早印有出版日期的印刷品，现藏于伦敦不列颠图书馆。欧洲最早印有确切日期的印刷品是德国南部的"圣克里斯托弗画像"，日期是 1423 年。

雕版印刷术在宋代达到了极高的水平，留存至今的宋代刻本的书籍有 700 多种，每本都十分精美。公元 971 年在成都刻印的全部《大藏经》共 1046 部，5048 卷，雕版达 13 万块，历时 12 年。这是世界印刷史上规模浩大的工程之一。

虽然雕版印刷相对于人工手抄是一个巨大的进步，但它依然在人力和材料方面浪费很大。每一部书都要重新刻版，大部头的书往往要历时数年；将书印完后存放版片需占大量地方，如该书不再重印，则该版就作废了。这些缺点随着雕版印刷术的兴盛日益显示出来。作为对雕版印刷术的改进，宋代庆历年间（1041—1048）平民毕昇发明了活字印刷术，使印刷技术产生了一个伟大的飞跃。

毕昇是一位优秀的刻字工人。在长期的刻字实践中，他总结发明了活字印刷术，其原理与现代印刷术完全相同。毕昇的活字印刷术分三个步骤。首先是制活字。毕昇用胶泥作材料，在胶泥方块上刻好字后用火煅烧，使之坚硬如瓷。所有的活字用纸袋装好，按韵排列。其次是排版。在铁板上放松香、蜡以及纸灰的混合物和一个铁框，装拣出来的字排在铁框中，等排满一框即对铁板加热，使松脂熔化。用一平板将泥活字压平，等冷却之后，字就固定在铁板上，版即制好。版制好后是印刷，方法与雕版印刷一样。印刷完毕再将铁板加热，使松香和蜡熔化，将泥活字取下放好，以备再用。毕昇的活字印刷术确实克服了雕版印刷费工费时的缺点。1241 年至1251 年，也就是毕昇发明活字印刷术之后 200 多年，已有人试用活字印刷术印行儒家经典。

活字印刷术在毕昇之后不断发展，活字材料、拣字方法都不断改进。元代著名农学家王祯创造了木活字印

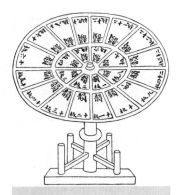

《王祯农书》中的木活字排列图

刷术，并于 1298 年用此法试印了他本人的著作《旌德县志》。不到一个月的时间就印了一百部，印刷速度颇为可观。木活字改进了泥活字容易破损的缺点，是印刷技术的一次重大进步。王祯还创造了转轮排字架，即将所有活字都按韵排在可以转动的轮盘上，大大提高了拣字速度，减轻了拣字工人的劳动强度。在他的农学名著《王祯农书》里，他还专门写了一节"造活字印书法"。这是世界上最早阐述活字印刷工艺的著作。

除了泥活字、木活字，历史上还出现过磁活字、锡活字、铜活字等。今天流行的铅活字 15、16 世纪也已在我国出现。中国的雕版印刷术大约于 12 世纪传到埃及，而活字印刷术则通过维吾尔人传入高加索，再传到小亚细亚和埃及的亚历山大里亚以及欧洲。保存到今天的世界上最早的木活字是维吾尔文的，有好几百个。欧洲了解到我国的活字印刷术大约在元代。公元 1450 年，德国古登堡仿照中国活字印刷术制成了用铅、锑、锡合金为材料的欧洲拼音文字的活字，开始了欧洲活字印刷的历史。

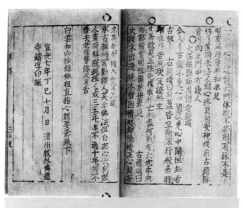

朝鲜 1377 年用金属活字印刷的《白云和尚抄录佛祖直指心体要节》

3. 火药与炼丹术

火药的主要原料是木炭、硝石和硫黄。它被火点着或用力敲打之后即刻发生化学反应，生成比原有体积大数千倍的气体，产生猛烈的爆炸。火药意味着超常的能量。人类掌握了火药就意味着掌握了一种超常的能量，而正是这种能量开辟了近代世界的发展道路。

我国很早就掌握了伐木烧炭的技术，公元前后又发现了天然硫矿和硝石。这些基本原料虽然很早就有了，但将它们配制成火药则是炼丹家的功劳。

中国炼丹术与西方的炼金术一样，都来源于原始巫术，带有很浓重的神秘色彩，但它们的目标并不相同。炼金术追求黄金，炼丹术追求长生不老之丹。长生不老对中国帝王有很强烈的诱惑力，因此自战国以来，炼丹术士得以在历代皇帝的支持下繁荣他们的炼丹事业。炼丹术士相信，只有自身不腐不败的药物才能使人身体不腐不败。草药当然做不到这一点，唯有金石能充当这一角色。炼丹家发现，有一种名叫丹砂的药物（红色硫化汞），烧之成水银，积变又成丹砂，变化极为奇妙，因而被列为不死药之上品，黄金和白银反而退居其后。

为了配制长生不老药，炼丹家必然要从事化学实验工作。在炼丹过程中，炼丹家认识到硫黄和硝石的若干化学特性，从而掌握了火药的基本配料。唐代著名医药学家孙思邈也是一位非常著名的炼丹大师。在他的《丹经》一书中，第一次记载了配制火药的基本方法。他说，将硫黄和硝石混合，加入点着火的皂角子即可发生焰火。这个方子由于没有将炭与硝石和硫黄混合，所以反应不够剧烈，但已经十分接近黑色火药的配方。唐代末期，三者相混合的真正黑色火药方子肯定已经出现。到了北宋年间，火药用于制造火器已比较普遍。

火药在战争中的用途十分明显。一开始的火药武器是名副其实的"火器"，主要目的是在敌人阵地制造大火。火箭、火炮也就是简单地将带有火药的火球抛到敌方。大约在公元1000年，宋代唐福发明了火蒺藜。里面除火药外还有砒霜、沥青、铁蒺藜等，杀伤力更大，是原始的炸弹。南宋初年的陈规于公元1132年发明火枪。南宋末年出现突火枪。突火枪是一根很粗的毛竹筒，内里的火药中夹着"子窠"，火药燃烧后将"子窠"发射出去。突火枪的出现是火药武器史上的一个突破，是近代枪炮的前身。大约在公元13世纪，用金属管代替竹筒的铳枪出现，其威力超过了从前所有的武器。

中国的硝石、硫黄和火药配制技术大约于公元8世纪首先传到了阿拉伯和波斯。阿拉伯人称硝为"中国雪"，而波斯人则称其为"中国盐"。再后来，也许是在双方的交战中，阿拉伯人掌握了火药武器的使用和制造。14世纪初，阿拉伯人又将火药技术传到欧洲，使欧洲历史发生了重大的改变。

4. 指南针与航海技术

今天的社会生活也许不会让人感到指南针的必要性。但正是在指南针的指引下，欧洲新兴的资产阶级在海外开辟了一个又一个贸易市场，使近代世界联成一体。正是在指南针的指引下，哥伦布发现了美洲大陆，大大开阔了欧洲人的视野。航行需要辨向，但在茫茫的大海上，在一望无际的大沙漠中，在人迹罕至的深山老林里，人们只能凭太阳和北极星辨向。若是乌云遮住了星空和太阳，人们就会手足无措。古代中国人发明的指南针解决了这一问题，尤其为海上远航创造了条件。

远古时期中国有所谓的"指南车"，它通过齿轮传动使运动的车子上的某物保持固定指向。指南车纯粹是一种机械装置，与指南针没有什么关系（除了均为指向工具外）。指南针的基本原理是磁针的指极性。中国人早在公元前 3 世纪的战国时期就已认识到这一点。《韩非子·有度》中提到"先王立司南以端朝夕"，表明那时已经有了磁性指向工具，被称为"司南"。公元 1 世纪初，东汉王充在《论衡》中有关于司南的详细记载："司南之杓，投之于地，其柢指南。"表明司南的形状像一把汤匙，有一根长柄和光滑的圆底。司南由磁石制成，静止时长柄所指方向为南方。司南可能是最早期的指南针。由于磁性指向工具常常被置于一个标有方位的地盘之上，因此早期指南针也被称为"罗盘"。

天然磁石在强烈震动和高温时容易失去磁性，而司南与地盘接触的摩擦力又太大，所以指向效果不是很好。在司南之后，人们进一步探索性能更稳定、携带更方便的磁性指向工具。公元 1044 年左右，北宋曾公亮和丁度在他们的军事著作《武经总要》中提到了指南鱼。这是一种用人造磁钢片做成的鱼形指向标。磁鱼是这样制造的：先用高温使铁片内部磁畴激活，置于地磁场中排序，再迅速冷却，使磁畴的有序排列固定。这种方法很符合物理学规律，但所得磁性较弱。指南鱼浮在水上，可以自由转动。

指南针的制造技术在沈括的《梦溪笔谈》中最早得到系统阐述。沈括指出，在磁石上磨过的小铁针具有较稳固的磁性，因此应采用这种人造磁针代替天然磁石制造指向工具。沈括讨论了放置磁针的四种方法，即"水浮"、置"指爪"、置"碗唇"、"缕悬"。他认为，"水浮"法虽应用较广，但"水浮多荡摇"是一重大缺陷。置"指爪"和"碗唇"是指将磁针放在指甲或碗边，这样做虽然摩擦力很小，但太不稳定。只有"缕悬"法是比较好的。它是用细线将磁针悬吊，在无风的地方指向效果很好。南宋时期的陈元靓在其《事林广记》中介绍了他制造的指南龟：木刻的指南龟内部装上磁石，底部用一根极尖的竹针支撑，使其可以自由转动。这种指南龟日后发展成了旱罗盘。

沈括在制造指南针的过程中还发现了"磁偏角"。他在书中写道：磁针"常微偏东，不全南也"。这是磁学史上一个极其重要的发现，欧洲人直到 400 年后才有关于这一现象的记载。

指南针发明之后即开始在宋代的航海业中发挥作用。成书于 1119 年的《萍洲可谈》中记录了中国海船上使用指南针的情况：海员起初还只是在阴雨天使用，到了宋代末期以及元代，不论昼夜阴晴，都使用指南针导航，实现了全天候航行。

宋元时期，中国的对外贸易和海上交通十分发达。广州、泉州、宁波、杭州都是对外港口。中国的船只远达大西洋沿岸，指南针正是这些远航水手传到阿拉伯和波斯的。通过他们，中国发明的航海罗盘为欧洲人所熟悉。13 世纪初，欧洲开始有在航海中使用指南针的记载。

指南针的发明使中国的航海事业在中世纪达到了世界最高水平。早在公元 842 年，李邻德就曾驾驶木帆船从宁波启程，沿海岸北上，经山东、辽宁和朝鲜到达日本。次年，李处人开辟了由日本嘉值岛直达浙江温州的新航线。1281 年，郑震率商船从泉州出发，经 3 个月到达斯里兰卡，以后多次在印度洋上航行。明代郑和于 15 世纪初七下西洋（指南洋群岛和印度洋一带），所率舰队大小船只达 200 多艘，人员达 2 万多，其规模之大远胜半个世纪之后的哥伦布和达·伽马。哥伦布的队伍横渡大西洋时只有 88 人，分乘 3 只长 19 米的小船。达·伽马也只有 100 多人，4 只船，而郑和的船队中长度超过 100 米的大船就有 50 多艘，足见当时造船技术之高明。当时使用的航海技术、航海仪器也是世界上最先进的。郑和所用的航海仪器包括罗盘、测深器和牵星板。牵星板是为计算船舶夜间所在的地理纬度而观测星辰（主要是北极星）地平高度的仪器。运用这些仪器，郑和详细绘制了航海地图，其中记载了沿岸地形、停泊位置以及航向、航程、牵星记录和水深等数据，是世界航海史上的杰作。

郑和塑像，藏于泉州海外交通史博物馆。吴国盛摄

第十一章
西学东渐与近代中国科学技术的落后

中国科学技术在明代（1368—1644）继续缓慢地发展，并且出现了四部集传统科学技术之大成的科技名著。但在清代特殊的社会历史条件下，即使按照中国传统科学技术固有的发展模式，其发展速度亦大大减慢。更何况与文艺复兴之后欧洲科学技术的加速发展相比，老大腐朽的清朝更是一落千丈。处于中国封建社会没落时期的清朝学者，以他们没落的心态抗拒传教士所带来的西方科学，使中国人对近代科学的创建贡献甚微。原有的传统科学技术得不到飞快的发展，对西方新兴的科学又予以抗拒，结果是中国科技大大落后于世界水平。

1. 明末四大科技名著与传统科学技术体系的终结

伴随着资本主义萌芽的出现，明代中国科学技术在固有的模式下继续全面发展，并在明末诞生了四大科技名著。它们是李时珍的《本草纲目》、徐光启的《农政全书》、徐霞客的《徐霞客游记》，以及宋应星的《天工开物》。第九章已经介绍了李时珍的《本草纲目》及徐光启的《农政全书》，这里只谈后两部著作。

徐霞客出生于江苏江阴一个没落地主家庭。当时长江三角洲地区商品经济发达，人们思想开明活跃，徐霞客在应试不第之后决意云游天下，得到母亲支持。自22岁开始直到去世前一年，他游历了江苏、浙江、山西、

徐霞客画像

河北、山东、河南、安徽、江西、福建、陕西、广东、广西、湖南、湖北、贵州、云南16省以及北京、天津、上海等地，走遍了大半个中国。每到一地，徐霞客都注意记录山川地貌、物产风情，由他的旅游日记辑成的《徐霞客游记》是一部极有价值的地理学著作。特别是在对西南各省地貌的考察方面，该书有许多开创性贡献。著名科学史家李约瑟称"他的游记读来并不像是17世纪的学者所写的东西，倒像是一位20世纪的野外勘测家所写的考察记录"[1]。

宋应星生活于明清交会之际，江西奉新县人，对生产技术尤有兴趣，47岁时开始编写《天工开物》，三年乃成。全书分上、中、下三部分，共18卷，内容包括农作物栽培、农产品加工、制盐、制糖、陶瓷、冶炼、养蚕、纺织、染色、造纸等诸多部门，是一部关于手工业生产技术的百科全书。中国是一个以农为本的国家，故而农书很多，但关于手工业的书很少。自春秋时期的《考

《天工开物》脚踏龙骨车汲水图

工记》以来几乎没有这方面的书籍出现，这正是《天工开物》的特殊价值所在。

《本草纲目》《农政全书》和《天工开物》都是百科全书式的著作，是对我国传统科技知识的集大成，但也预示了传统科技体系的终结。明代的中央集权统治达到了极点，思想专制严重地束缚了理论科学的发展。明朝恪守旧历，而且严禁民间研究天文，结果导致天文学发展陷于停滞状态。明代的数学也随天文学的停滞而停滞，连宋元时期已取得的杰出成就都未能继承下来。伴随着资本主义萌芽的出现，与生产有关的技术本来可能有广泛的发展，但资本主义的萌芽一再遭到扼杀，不可能出现技术上的重大突破和全面飞速发展。

---

[1] 李约瑟：《中国科学技术史》第五卷第一分册，科学出版社，1976年版，第62页。

2. 满清社会对中国科学发展的影响

明朝末年，李自成率领的农民起义军摧毁了明王朝的统治。清兵乘机入关，建立了清王朝。作为一个以少数民族为统治集团的封建王朝，满清为了巩固自己的统治，采取了比汉族统治者更为严酷的专制政策，对中国科学技术的发展产生了巨大的阻碍作用。首先，清兵入关后对东南沿海一带商品经济比较发达的地区实行大规模破坏，严重摧残了原本就十分脆弱的资本主义萌芽。清朝在稳定了局面之后，用了一百多年才赶上明代中期的手工业生产水平，大大延缓了技术发展的速度。其次，清朝因害怕汉族知识分子造反，大兴文字狱，对知识分子实行残酷镇压。一次大案所牵涉的不仅有著书人，还有刻书、印书、卖书之人，受牵连的数十人甚或数百人，不是被杀头就是充军。这种高压政策使得知识分子很少再关注现实问题，而宁可埋头故纸堆，做死学问。此外，因东南沿海反清力量强大，清朝长期实行海禁，严禁海上通商。这种闭关自守的政策严重阻碍了西方科学知识在中国的传播，使中国科学技术陷于越来越落后的境地。

清朝所维系的新的大一统中央政权虽然保持了中国社会的稳定，使传统科学技术有可能在原有模式下得以发展，但是发展的速度已大大减慢。闭关自守的政策使中国人未能及时接受西方越来越先进的科学，从而将中国与西方的差距越拉越大。

3. 传教士与西学东渐

西方科学技术最初是通过耶稣会的传教士们传入中国的。传教士来华的目的当然是传教，但为了达到这一目的，他们必须首先在中国这块土地上站稳脚跟，必须取得中国士大夫的信任。传教士很快就发现，注重实用的中国人对西方的科学比对西方的宗教更有兴趣，为了取得信任，他们首先献上了西方的科学。

传教士大批来华是在明朝万历年间。他们之中比较有科学知识的、在华影响也比较大的有：1582 年来华的意大利人利玛窦、1622 年来华的德国人汤若望、1659年来华的比利时人南怀仁、1613 年来华的意大利人艾儒略等。他们带来了西方的天文、数学、地学、物理学和机械学知识。

数学方面，利玛窦与徐光启合作翻译了《几何原本》前6卷，是传教士来中国翻译的第一部科学著作。利玛窦与李之藻合作编译了《同文算指》，介绍西方的笔算。穆尼阁引入了对数。中国学生薛凤祚将其所传编成《历学会通》，其中包括对数表和三角函数对数表。

利玛窦画像（1611）

天文学方面，利玛窦与李之藻合作著述了《浑盖通宪图说》《经天该》和《乾坤体义》，介绍西方当时的天文学理论如日月食原理、七大行星与地球体积的比较等。徐光启在传教士们的协助下按照西方天文学理论重新修订历法，编写了《崇祯历书》。由于保守势力的阻挠，新法未得实施。清朝时，汤若望将新法献给顺治皇帝，得以颁行。后南怀仁继续主持皇家天文历法工作，补造了6种天文仪器：天体仪、黄道经纬仪、赤道经纬仪、地平纬仪、地平经仪、纪限仪。

地学方面，利玛窦来华时给中国带来了第一张世界地图。该图后来多次修订和重印。诸版本中以《坤舆万国全图》最为著名。西方的经纬度制图法、大地的球状理论、五大洲、气候五带等传入中国后，在当时的中国知识分子阶层引起了强烈的震动。人们不相信地球是一个球体，不相信中国之外的世界如此之大。利玛窦之后有不少传教士继续向中国人介绍西方的地学知识。

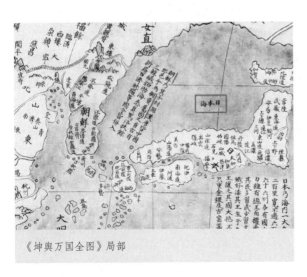

《坤舆万国全图》局部

物理学方面，汤若望著《远镜说》，介绍了望远镜的制造、用途和原理，以及有关的几何光学知识。邓玉函与王徵合作的《远西奇器图说》讲述了静力学的基本

汤若望画像

南怀仁画像

原理，描述了各种机械的静力学原理。此外，汤若望还将西方的火器制造技术介绍给了中国朝廷。

　　顺治和康熙两朝（1644—1722）对传教士比较信任，西学遂大量传入。康熙 47 年至 57 年（1708—1718），由传教士主持在全国开展大地测绘工作，并绘制成了《皇舆全图》。此图是当时世界上最精确的地图。传教士们将中国地图带回欧洲，使欧洲人对亚洲有了新认识。在康熙本人的支持下，传教士张诚、白晋和中国学者梅毂成主持编写了《数理精蕴》这部介绍西方数学知识的百科全书。雍正皇帝登基以后，当局开始对传教士不满，西学传入受阻。1773 年，罗马教皇解散了传教士所属的耶稣会，西学东渐遂中止。

　　传教士带来的西洋科学，在中国的土地上并没有生根发芽，只是在符合封建统治者的需要时才得以有限传播。它的影响面只涉及精确历法的修订、对全国版图的测绘、先进军用火器的制造，以及宫廷中供观赏和摆设的自鸣钟等机械玩具的制造等，对我国传统的科学技术体系整体上没有什么触动，有时甚至遭到严厉的抵制。比如，杨光先强烈地反对推行汤若望主持的新历法，理由是"宁可使中夏无好历法，不可使中夏有西洋人"。只有历法和算学有个别例外。历学家王锡阐和算学家梅文鼎注意吸取西学的长处，在历算两方面取得了一些成就。但是，当时知识分子中间普遍的心态是故步自封、夜郎自大。传统文化对外来文化的排斥非常厉害，他们或者认为西学在我国古已有之，只是后来失传，或者认为中学西学不分高下，或者认为西学还不如中学，或者认为西学实际上源于中学。就连徐光启、李之藻、梅文鼎这些接受西学比较积极的科学家也不例外。

利玛窦墓地，在今北京市委党校院内。
吴国盛摄

徐光启墓地。吴国盛摄

4. 近代中国科学技术的落后及其原因

近代中国科学技术的落后是与欧洲科学技术的先进相比较而言的。由于长期处在相互隔绝状态，中国与欧洲各自独立地发展出了自己的科学技术，从而形成了各自的科学技术传统。应该承认，不同的传统是可比较的。如果不可比较，就谈不上先进与落后，谈不上中国在中世纪的遥遥领先和在近现代的落后。

落后并不意味着没有进步，它只意味着相比较的双方在发展速度上有快有慢。清朝在传统科学技术模式下仍有一些发展，只是速度较慢。与之相反，欧洲诞生了近代科学这一新兴的极富生命力的科学传统。它与欧洲新兴的资本主义制度相互适应，使科学技术的发展速度达到了世界历史上前所未有的高峰。于是，两相比较，中国近代科学技术显得十分落后。

近代中国科学技术为什么落后这个问题可以分解为三个问题：第一，为什么中国传统的科学技术不能在清代达到更快的发展速度？第二，为什么欧洲新兴的近代科学能以如此之快的速度发展？第三，为什么中国不能在清代也诞生类似的近代科学？

假如中国科学技术能沿着自己的轨迹以传统的方式进一步加速发展，那么，即使西方同时在大踏步前进，中国也绝不至于大幅度落后。可事实是，整个清代，中国传统的科技不仅没有加速发展，相反，其发展速度比中国科技的黄金时代宋代慢得多。为什么会出现这种情况呢？首先要从传统科学技术体系内部找原因，其次应该注意清朝特定的社会条件，即科学技术发展的外部条件。前者是内因，后者是外因。前者具有决定性。中国古代科学技术体系的突出特点是它极强的实用性，在大一统专制社会中表现为直接满足专制王朝各方面的需要。由于它的极端实用性，一旦现实不提出直接的要求，它就没有了发展的动力。这一点与希腊人所开创的科学体系完全不同。希腊人不讲实用，为理论而理论，这就为科学的发展开辟了无限的空间。希腊人的数学和自然哲学时隔一千多年后仍然能推动欧洲科学的发展，充分显示出理论的力量。而实用性科学眼光不够远大，为自己设定的发展空间极小。另一方面，由于中国科技直接服务于大一统专制社会的需要，大一统的社会结构本身就为它设定了一个发展的极限。过了这个极限，除非社会结构发生重大变化，这种实用型科技就只有停滞不前。不幸的是，中国的专制社会太长，延续了两千多年，中国实用型科学技术体系实际上在宋元时期（10世纪至14世纪）就达到了它的高峰，或者说它的极限，此后，在大一统社会结构的约束下，不再可能有太大的突破与发展。明清时期中国科技发展明显变慢就证明了这一点。

李约瑟

中国传统科学技术要想在清代突飞猛进，只有两条道路：要么从根本上改变实用性特征，要么改造社会结构，使其为科学技术的发展开辟空间。但是，这两条道路在当时都是行不通的。科学传统是整个民族文化的一部分，要想彻底改变是不可能的。如果没有巨大的历史变革（像中国近代史上多次残酷的流血战争），大的改变也是不可能的。正如李约瑟所说，由于中国科学"在公元3世纪到13世纪之间保持一个西方所望尘莫及"的水平，作为这一光辉传统的继承者的清朝学者们，根本不可能设想对自己传统的彻底改革和突破，相反，每每表现出天朝大国的优越感。

至于改造社会结构，更不可能。满清统治者为了维护自己的大一统专制统治，从政治、经济、思想、文化上实行极端严厉的控制，限制资本主义的发展、扼杀思想自由。直到19世纪中叶，西方列强用坚船利炮轰开国门，改造社会结构的外部力量出现，同时无数仁人志士意识到中国社会必须变革，打破大一统专制制度的时机才真正出现，才真正有可能为科学技术的发展开辟道路，但这时中国的科学已经大大落后了。

　　为什么欧洲诞生的近代科学能如此富有活力、以如此快的速度发展呢？这个问题也是本书之后的部分所要着力探讨的。简单地概括，可以列出如下原因：首先，近代科学的兴起与欧洲资本主义的成长相伴随，并且密切相关。资本主义为自然科学创造了进行研究、观察、实验的物质手段，而资本主义的发展方式正好是一种滚雪球式的加速过程。其次，近代欧洲人继承了希腊数学化的科学遗产，使自然知识的追求在一个无限广阔的数学空间中进行。再次，近代理论科学与应用科学密切结合，相互加速，科学与技术相互促进。最后，与资本主义生产方式相适应的民主制度以及思想自由、言论自由、科学研究自由，解放了知识分子受约束的创造力，为科学的发展扫清了障碍。

　　人们一般把"为什么中国近代科学技术落后"等同于"为什么中国没能产生近代欧洲所产生的那种科学"。这个等同并不恰当，因为这是两个完全不同的问题。首先，"中国没有产生近代科学"并不意味着中国近代科学技术必然落后。其次，"为什么历史是这样（出现发展变慢现象）"与"为什么历史不是这样（未出现近代科学）"是完全不同的两类问题。前者可以从历史上找到积极的解答，而后者只能找到消极的解答。对后者的一般回答只能是，中国之所以没有产生近代科学，因为中国不具备欧洲产生近代科学的所有决定性条件。尽管我们可以列举一些条件，如中国缺乏足够强大的资本主义势力，中国缺乏希腊式的数理自然观，知识界流行的是有机自然观，中国的理论科学（自然哲学）与应用科学（技术）缺乏密切的联系，士大夫阶层与工匠阶层有一道很难跨越的鸿沟等，但这些条件是列举不完的。更关键的问题是，中国和西方有着完全不一样的文化基因，有着完全不一样的历史条件，因此，问中国为什么没有产生近代科学，就相当于问苹果树上为什么结不出桃子。我们也许可以说，这是一个假问题。但是，第一个问题是一个有意义的历史问题，对它的回答是：由于中国科学的发展速度变慢，西方发展变快，所以中国落后了。为什么中国科学在近代发展变慢了呢？正是其依附于大一统的社会结构的实用性本质使然。

第十二章
中世纪后期欧洲学术的复兴

在度过了五百年的黑暗年代之后，从 11 世纪开始，欧洲从漫漫长夜中苏醒。13 世纪出现了大学这种近代的教育体制。十字军东征从阿拉伯人那里带回了中国的四大发明和希腊的学术。通过翻译和消化希腊古典文献，欧洲学术得以复苏，出现了著名的经院哲学家托马斯·阿奎那和近代实验科学的先驱罗吉尔·培根。中世纪后期，城市大量崛起，为资本主义的发展准备了条件。

1. 十字军东征与欧洲学术的复兴

公元 6 世纪至 11 世纪，罗马帝国解体。欧洲大部分地区被来自北方的蛮族占领，不久分化为几大王国，如西哥特王国、东哥特王国以及法兰克王国。久而久之，蛮族被基督教所教化。罗马教会开始成为欧洲中世纪的政治核心力量，也是唯一能保存一点学问的场所。公元 8 世纪，法兰克王国的加洛林王朝出现了一位杰出的君主查理大帝。他建立了版图辽阔的查理曼帝国，而且尊重学问，渴望知识，在宫廷里收留有识之士。英国学者阿尔昆应邀于 781 年来到这里，将英国比较高水平的文化知识传授给查理大帝。据说，查理大帝在阿尔昆指导下学会了读书，但还不会写作。阿尔昆的到来使查理曼帝国露出了一丝启蒙微光。

11 世纪开始，欧洲发生了一场巨大的历史事件，这就是十字军东征。基督徒带着一种狂热的宗教情绪，开始自发地继而有组织地向东方进军，想夺回被异教徒占领的圣城耶路撒冷。十字军东征运动在诸多因素的支配下延续了 200 多年，对欧洲历史产生了极大的影响。它促成了拜占庭所保存的希腊文明、阿拉伯文明以及通过阿拉伯人传播到欧洲的中国文明与欧洲人所继承的罗马文明之间的交流和融合。正

15 世纪的手稿上，一个西方人和一个
阿拉伯人正在一起学习几何学。

大翻译运动使书籍制造业兴盛。

是这场疯狂的宗教战争，推动了一种新的文明的形成。

十字军从东方带回了阿拉伯人先进的科学、中国人的四大发明、希腊人的自然哲学文献。12 世纪，欧洲掀起了翻译阿拉伯文献的热潮。希腊原始文献经过叙利亚文，到阿拉伯文，再被译成拉丁文。亚里士多德和柏拉图的哲学著作，欧几里得和托勒密的科学著作，开始为欧洲人所熟悉。

大翻译的中心是西班牙和意大利，因为这两个地区最接近阿拉伯文化区和希腊化文化区。西班牙曾经被阿拉伯人所统治，后倭马亚王朝直到 1085 年才被推翻。基督教学者在这里得到了大批阿拉伯语的希腊文献。至于意大利，由于地缘关系与拜占庭（君士坦丁堡）一直保持密切的商业来往，而且当时许多人既精通阿拉伯语，又精通希腊语。大翻译运动导致了欧洲学术的第一次复兴。

西班牙作为翻译中心最为杰出的人物是杰拉德。他出生于意大利，但一生大部分时间都在西班牙的托莱多度过。他翻译了托勒密的《至大论》全书，以及亚里士多德、希波克拉底和盖伦的部分著作。据说，他一人所译的阿拉伯文著作达 92 本。不过，这样大的数目不太像是以一人之力所能完成的，大概当时成立了一些翻译机构，而杰拉德是这些翻译机构的监督者。

通过大翻译运动，当时已知的希腊科学与哲学文献都被译成欧洲学术界通用的拉丁文，为欧洲的学术复兴奠定了基础。到 1270 年，亚里士多德的著作全部被译成拉丁文，亚里士多德学说在基督教世界统治地位的确立指日可待。

2. 大学的出现

对近代欧洲科学发展产生积极影响的另一个事件是大学的出现。11 世纪之前，欧洲的教育机构主要是教会学校。这些学校的主要职能是为教会选送神父和教士。后来，随着城市的兴起，也出现了一些世俗的城市学校，但它们的规模和课程设置都很有局限性。

13 世纪大学授课时的情景，藏于芝加哥阿德勒天文馆。吴国盛摄

博洛尼亚大学。吴国盛摄

最早期的大学与今日的大学含义大不一样。它实际上是教师和学生所组成的行会，属当时诸行业协会中的一种。这些行会自主管理，课程自行设置。与教会学校比起来，代表着更加自由和开放的近代精神。世界上第一所大学是 1088 年创立的博洛尼亚大学。它起初就是一个以讲授罗马法而著名的讲学中心，后来由学生和教师组成一个大学（行会），获得了政府颁发的特许状和某些世俗的特权。仿照博洛尼亚大学的模式，欧洲各地先后出现了巴黎大学（1160）、牛津大学（1167）、剑桥大学（1209）、帕多瓦大学（1222）、那不勒斯大学（1224）、阿雷佐大学（1209）、里斯本大学（1290）等。这些先后成立的大学，不仅有学生组织的所谓公立大学（如帕多瓦大学），也有教会开办的教会大学（如巴黎大学、牛津大学）和国王创办的国立大学（如那不勒斯大学）。大学成了欧洲学术活动的中心场所。

3. 托马斯·阿奎那：经院哲学的峰巅

大翻译运动最重要的学术成果是产生了亚里士多德化的经院哲学。整个中世纪的哲学是神学的婢女，但哲学之所以作为哲学存在，表明人们仍然希望通过论证来支持教义，而不只是靠单纯的信仰。中世纪前期的哲学主流是所谓的教父哲学，由罗马神父圣奥古斯丁创立。教父哲学将柏拉图主义哲学与基督教教义结合起来，主张灵魂是实体，有独立的存在。大约在公元9世纪，教父哲学让位于经院哲学。所谓经院哲学，就是用推理的方式对基督教教义给出分析和解释。解释方式的不同引起了经院哲学家之间的争论。其中比较著名的争论是唯名论和唯实论之争。唯名论主张概念只是名称，没有实体，没有实在性；而唯实论主张概念也是实体，有其独立的实在性。从学理上讲，唯名论与唯实论之争实际上是柏拉图主义与亚里士多德主义之争的继续。

波提切利（Sandro Botticelli，1445—1510）的壁画《圣奥古斯丁》（1480），位于佛罗伦萨的诸圣教堂（Ognissanti）。主教的法冠放在面前的桌子上，具有科学意义的是画面上有一只机械钟，一个浑天仪，一本几何书。

亚里士多德的思想一开始不为教会所欢迎。他那百科全书般的世俗知识，令人眼花缭乱。教会很害怕它们冲击神圣的信仰，因此曾在1210年、1219年和1230年三次发布禁令，禁止讲授亚里士多德的学说。但这些禁令无济于事。刚从蒙昧时期苏醒的人们渴望了解这位博学者的学识，渴望读到亚里士多德的著作。顺从这股民意和思潮，教会中杰出的人士开始尝试将亚里士多德学说与基督教教义相结合。他们中首先值得一提的是大阿尔伯特。这位德国学者曾在意大利的帕多瓦大学学习，之后来到巴黎讲学。他最先试图将亚里士多德的学说与当时占统治地位的经院哲学相协调。他的学生托马斯·阿

大阿尔伯特画像

托马斯·阿奎那画像

奎那将这一工作推向一个划时代的顶峰。

托马斯·阿奎那于 1225 年生于意大利南部的阿奎那（他的名字应该读成"阿奎那地方的托马斯"）。1245 年，他来到巴黎追随大阿尔伯特学习亚里士多德的理论，不久就因对亚里士多德的注释而声名远扬。在他的巨著《神学大全》中，托马斯成功地建立了一个将亚里士多德的思想与天主教神学相协调的思想体系。这一体系后来成了天主教教义的哲学基础，在哲学史上有着极为重要的地位。对近代思想来说重要的是，托马斯在神学研究中注入理性，将亚里士多德的逻辑学运用到对神学的解说上，为其他知识树立了理性的榜样，在实际上将希腊精神的火种传到了近代。尽管在具体内容上，近代科学最终与亚里士多德格格不入，但从天启信仰到理性判断这种思维习惯的转变无疑为近代科学的诞生准备了条件。怀特海曾评论说："在现代科学理论发展以前人们就相信科学可能成立的信念，是不知不觉地从中世纪神学中导引出来的。"[1]

4. 罗吉尔·培根：近代实验科学的先驱

13 世纪欧洲最伟大的两位学者中的另一位是罗吉尔·培根。他并非以奠定某个思想体系而闻名于世，但他是近代实验科学精神的先驱。像托马斯有一位伟大的老师大阿尔伯特一样，培根也有一位伟大的老师格罗塞特。从某种意义上讲，托马斯和培根都只是将他们各自老师的工作继承下来，做得更为出色而已。格罗塞特是一位英国教士，1235 年当上了林肯城的主教。他是最早将亚里士多德的著作介绍给欧洲的学者之一，而且正是他从拜占庭帝国带回了懂希腊语的学者，最早直接从希腊语翻译亚里士多德的作品，改变了当时盛行的从阿拉伯语转译的做法。格罗塞特虽

---

[1] 怀特海：《科学与近代世界》，何钦译，商务印书馆，1959 年版，第 13 页。

然在介绍亚里士多德的著作方面做出了重要的贡献，但他本人并不迷信亚里士多德。相反，他十分推崇实验在人类认识自然界时的作用。据说，他本人在光学方面做了不少实验，将阿拉伯物理学家阿尔哈曾的光学研究大大地推进了一步。基于这些光学研究，他还提出宇宙是由物质和光组成的。

格罗塞特的思想和研究工作无疑对培根有很重要的影响。在培根留下的著作中有这样的话："只有林肯城的主教一个人才真正懂得科学"，足见他对格罗塞特十分推崇。培根出身于一个十分富有的家庭。他先在牛津学习，后又到巴黎大学学习数年。由于他博览群书，眼界开阔，再加上格罗塞特教给了他批判和怀疑的精神，这位才华横溢的青年人发出了中世纪从未出现过的独特的声音。他说人们之所以常犯错误，有四个原因：一是对权威过于崇拜，二是囿于习惯，三是囿于偏见，四是对有限知识的自负。所以培根反对按照书本和权威来裁定真理，而主张"靠实验来弄懂自然科学、医药、炼金术和天上地下的一切事物"。这种大胆怀疑的科学精神在当时是完全不被理解的。幸而当时的教皇克莱门四世对他的工作很感兴趣，鼓励他将自己的思想写来，这样，培根才于 1267 年写出了他的三部著作：《大著作》《小著作》和《第三著作》。

罗吉尔·培根雕像，藏于牛津大学自泄史博物馆。吴国盛摄

在这些著作中，培根提出了数学教育的重要性。这个提法在当时不合时宜，因为当时数学被认为与占星术密切相关，而占星术又被视为巫术。培根还延续了格罗塞特的光学研究。在书中，他叙述了光的反射定律和折射现象，谈到了放大镜的制造，还提出了一种对虹的解释。他发现儒略历的一年比实际的一年略长，每隔 130 年就会多出一天来。儒略历的这一缺陷直到 300 年后才得以纠正。他还主张地球是圆的，而且估计了地球的大小，提出了环球航行的设想。哥伦布曾受到这一思想的影响。培根还谈到许多机械的制造和各种发明，欧洲历史上对火药的第一次记载就出现在他 1247 年写的一封信中。

培根的思想超越时代太远了，没有多少人理解他。教皇克莱门四世去世后，培根马上遭到迫害。1277 年，继任教皇将他投入监牢，直到 1292 年才释放。出狱不久，培根就在贫病交加中去世了。这位天才的命运是不幸的：他的思想没有人理解，他的著作一直没有得到足够的重视，《大著作》直到 1773 年才出版。虽然如此，罗吉尔·培根作为近代实验科学的思想先驱，其历史地位是不可动摇的。

5. 城市与教堂建筑

中世纪的理论科学是贫乏的，但技术却在缓慢地积累和进步。奴隶制的解体客观上促进了欧洲人的技术革新。东西方的交流给欧洲带来了前所未有的农业生产技术；欧洲北部的贸易发展带来了航海技术的革新；中国的四大发明在欧洲亦被发扬光大。

德国科隆大教堂。吴国盛摄

新土地的开发导致农业的发展，而农业的剩余产品又进一步刺激了城市的发展。手工业者逐渐与农民分离，农产品的交换发展出了集市，手工业者和商人聚居形成了城市。大量农民向城市逃亡，为城市提供了大量劳动力，使城市规模越来越大。大约在 10 世纪，欧洲各地城市大量兴起，成了瓦解封建制度的坚强堡垒。

中世纪在技术方面比较突出的是教堂建筑。随着经济的复苏，建筑开始摆脱初期简单的木结构样式，开始模仿往日罗马建筑恢宏的气势。罗马式建筑有着圆屋顶和半圆的拱门，许多早期的教堂采用的正是这种式样。12 世纪末年，法国北部最早兴起哥特式建筑。它的主要特征是高大的尖形拱门、高耸的尖塔和高大的窗户。由于它比罗马式建筑气势更为宏大，意境更为高远，所以很快就流行起来。今日可以见到的法国的巴黎圣母院和兰斯大教堂、德国的科隆大教堂、英国的林肯大教堂、意大利的米兰大教堂，都是著名的哥特式建筑。

The Journey of Science

第四卷

16、17 世纪

近代科学的诞生

经过 10 世纪以来的第一次学术复兴，西方世界继承了希腊的学术遗产，建立了以亚里士多德－阿奎那思想体系为基础的学术传统。但是，日益发展的资本主义生产方式解放了生产力，开阔了欧洲人的视野。希腊学术特别是柏拉图主义的进一步发掘，为欧洲人提供了开辟新的科学传统的机会。在 16 世纪和 17 世纪，先进的欧洲学者抓住了这一机会，创造了改变整个人类历史进程和人类生活的近代科学。

牛顿，一个时代的象征。此油画肖像为英国画家内勒（Godfrey Kneller，1646—1723）于 1702 年创作，现存于英国国家肖像馆，牛顿时年 59 岁。

第十三章
文艺复兴、宗教改革与地理大发现

近代科学诞生的时代也是世界历史上发生巨大变革的时代。恩格斯说："这个时代，我们德国人由于当时我们所遭遇的民族不幸而称之为宗教改革，法国人称之为文艺复兴，而意大利人则称之为五百年代（16 世纪），但这些名称没有一个能把这个时代充分地表达出来。这是从 15 世纪下半叶开始的时代……拜占庭灭亡时抢救出来的手抄本，罗马废墟中发掘来的古代雕像，在惊讶的西方面前展示了一个新世界——希腊的古代；在它的光辉的形象面前，中世纪的幽灵消逝了；意大利出现了前所未见的艺术繁荣，这种艺术繁荣好像是古典古代的反照，以后就再也不曾达到了……旧的世界的界限被打破了；只是在这个时候才真正发现了地球，奠定了以后的世界贸易以及从手工业过渡到工场手工业的基础，而工场手工业又是现代大工业的出发点。教会的精神独裁被摧毁了，德意志诸民族大部分都直截了当地接受了新教……"[1]这就是近代科学诞生的历史背景。

1. 意大利文艺复兴

中世纪后期，封建制度逐步解体，资本主义文化正在孕育之中。在意大利的商业贸易中心佛罗伦萨，最早兴起了以弘扬人文主义为核心的文艺复兴运动。文艺复兴以复兴古典文化为手段，歌颂人性，反对神性；提倡人权，反对神权；提倡个性自由，反对宗教桎梏；赞颂世俗生活，反对来世观念和禁欲主义。文艺复兴不只是一场复兴古典文化的运动，更是一场新时代的启蒙运动。

---

[1] 恩格斯：《自然辩证法》导言，于光远等译，人民出版社，1984 年版。

但丁死后的面部模型，现存
于佛罗伦萨但丁故居博物馆。
吴国盛摄

早期文艺复兴主要表现在文学和美术领域。佛罗伦萨的著名诗人但丁·阿利吉耶里揭开了运动的序幕。他的著名文学作品《神曲》将希腊古典时代的人物放在一个重要的位置，而教会显赫人士却被打入地狱，显示了一种新的精神态度。另一位诗人彼特拉克的作品更具人文主义特征。他的十四行体抒情诗极力抒发人世间的情感，完全摆脱了经院哲学的束缚。彼特拉克还开创了搜集古代抄本的好古风气，奠定了文艺复兴运动的基本方向，掀起了研究古典学术的热潮。在绘画领域，意大利画家乔托最早破除传统呆板和简单的绘画风格，创造了生动鲜明的男女形象。此后，画家玛萨乔和阿尔伯提发现远近透视规律，雕刻家吉伯尔提和多那台罗开始研究人体结构。这些都体现了一种新的视野，一种观察世界的新的眼光。

到了 16 世纪，意大利的文艺复兴运动进入全面成熟时期。杰出的人物不断涌现。特别是在造型艺术方面，这个时期出现了空前绝后的艺术作品。达·芬奇的《最后的晚餐》和《蒙娜丽莎》、米开朗琪罗的《创世纪》和《末日审判》、拉斐尔的《西斯廷圣母像》和《雅典学院》、波提切利的《维纳斯的诞生》等作品千古流芳，令人叹为观止。它们不仅在创作技巧上炉火纯青，所表达的内容也洋溢着新时代的气息。

由意大利发端的文艺复兴运动传遍了整个欧洲，并且在文学艺术之外的领域得到反响。它所宣扬的人文主义精神逐渐深入人心。西班牙的塞万提斯和英国的莎士比亚在文学领域将文艺复兴运动推上了又一个高峰。莎士比亚的名言"人是一件多么了不起的杰作！多么高贵的理性！多么伟大的力量！多么优美的仪表！多么文雅的举动！在行为上多么像一个天使！在智慧上多么像一个天神！宇宙的精华！万物的灵长！"[1]是对人文主义思想的精彩概括。

---

[1] 莎士比亚：《哈姆雷特》，引自《莎士比亚全集》，朱生豪译，人民文学出版社，1994年版，第5卷，第327页。

2. 莱奥纳多·达·芬奇

近代科学的基本特征之一是注重实验。近代实验传统可以追溯到罗吉尔·培根，但直到文艺复兴时期，实验才开始为更多的人所接受。特别是当时的造型艺术大师们，为了准确地再现人体的千姿百态，率先研究人体结构，推动了实验科学的发展。他们之中最为杰出的是达·芬奇。

我们很难准确表达这位天才的超常之处。他是画家、雕塑家、工程师、建筑师，又是物理学家、生物学家、哲学家，而且在每一领域都极为出众。在那个充满了创造活力、朝气蓬勃的年代，达·芬奇是许多新兴领域的开路先锋。

莱奥纳多 1452 年生于佛罗伦萨附近的芬奇，是一位名律师与一个农家女子的私生子。他虽没有受过正式的教育，主要在家里随父亲读书自学，但从小才智过人，加上勤奋学习，很快在许多方面做出了令人惊叹的成绩。他的名画流传千古自不必说，他在工程技术、物理学、生理学、天文学方面的思想，在科学史上也具有划时代的意义。

据说莱奥纳多为米兰的天主教堂修建过一部升降机，还设计过降落伞、坦克和飞机。为了设计飞机，他研究过鸟的飞行。为了设计潜水艇，他研究过鱼的游泳方式。他发现了杠杆的基本原理，重新证明了阿基米德所提出的许多流体静力

达·芬奇自画像

按照达·芬奇的图画复原的坦克模型，现存于达·芬奇的故乡芬奇镇莱奥纳多博物馆。吴国盛摄

学结论。他认识到人类的视觉来源于眼睛对外界光的接受，而不是眼睛向外发射光线，他绘制了一个眼睛模型，以说明外界光线如何在视网膜上形成图像。在天文学上，他认识到：地球也是诸多星体之一；整个宇宙是一部机器，按照自然规律运行；月球实际上也是由泥土组成的，靠反射太阳光而发光，而地球也一定像月球一样可以反射太阳光。在笔记本中，他还猜测，地球的结构可能存在长期缓慢的变化。

莱奥纳多在生理解剖方面的工作影响更大。据说他不顾罗马教会的反对，解剖了约 30 具尸体。由于有了解剖学的经验，他能在哈维之前就提出血液循环的构想，研究了心脏的功能和构造。

莱奥纳多的工作的重要意义，更在于倡导了一种亲自动手实验的科学态度和作风，这对经院哲学中盛行的光看书本不观察事物本身的风气是一个纠正。写在他的笔记本上的这段话充分体现了近代科学的精神：

自然界的不可思议的翻译者是经验。经验绝不会欺骗人，只是人们的解释往往欺骗自己。我们在种种场合和种种情况下谈论经验，由此才能够引出一般的规律。自然界始于原因，终于经验，我们必须反其道而行之。即人必须从实验开始，以实验探究其原因。[1]

达·芬奇以他名画家高超的手法，画出了许多人体的解剖图和物理实验示意图。这些图不仅是珍贵的艺术作品，也是重要的科学史文献。

达·芬奇在科学方面的重要思想大多记录在他的笔记本上，生前没有公之于世，因此对近代科学的创建事业未产生直接的影响。但他生前是一位社会名流，与社会各界知名人士交往甚密，他所崇尚的实验精神无疑有助于近代自然科学的成熟和发展。

3. 宗教改革与人的解放

这个时期另一个重大的思想解放运动是发端于德国的宗教改革运动。整个中世

---

[1] 汤浅光朝：《解说科学文化史年表》，张利华译，科学普及出版社，1984 年版，第 38 页。

纪，欧洲人的心灵被教会所禁锢，神恩、天启、权威的概念主宰着人类精神。然而，新时代日益深入人心的人文主义思想力图将人从神的统治下解放出来。宗教改革便是这种时代要求的反映。

在基督教发展的早期历史上，教会本来只是一般的宗教集会，后来才演化为一个权势显赫的组织。在整个漫长的中世纪，罗马教会不断扩充自己的领地，增加自己的财富，扩大自己的政治影响。直到公元 11 世纪，罗马教廷成了西欧至高无上的权力中心。这个权力中心虽然起着维系基督教文明发展的纽带作用，但它也日益腐败、僵化，到了文艺复兴时期，已明显成了时代前进的绊脚石。

马丁·路德画像

点燃这场运动之引信的是德国教士马丁·路德。1517 年 10 月 31 日，路德在德国维滕贝格教堂门口贴出了九十五条论纲，对由来已久的赎罪券问题提出了不同的看法。他认为赎罪券并不能赦免上帝的惩罚，而只能赦免教会的惩罚；它只代表教会的意见，而不代表上帝的意志。由于当时德国正在发行赎罪券，路德的论纲一出现，马上在全德引起反响。罗马教会方面亦反应十分强烈。发行赎罪券是教会收入的一个重要方面，反对发行赎罪券是在切断教会的财路。不仅如此，对赎罪券的攻击本身即是蔑视教会的权威。在随后的大论战中，路德进一步认识到，争论的要害在于罗马教会是否真正拥有至高无上的权威。他猛烈地抨击了罗马教廷，提出了宗教改革的思想。

路德的新教学说，即所谓的"因信称义"学说，主张信仰高于一切。唯有人心中有信仰，才能得救。至于对教会的服从，则是完全不重要的，因为教会乃是人为制造的，并不能真正代表天国的意志。路德以宗教的语言表达了那个时代人们心中自由、平等的观念，在基督教世界播撒着人文主义精神的种子。路德一改中世纪愤怒的上帝形象，使上帝成了可亲可敬的人类保护神，使人类与上帝和解，同时也使人与自然和解。自然界不再是此岸可诅咒的东西，而是上帝的杰作，是人应该予以关注的对象。对自然的兴趣与人的自我解放相伴而来。

4. 罗盘、枪炮、印刷术和钟表的出现

在这个伟大的转折时代，由中国人的四大发明所推进的技术上的进步也是欧洲产生近代科学的动力之一。在诸多技术发明中，罗盘、枪炮、印刷术和钟表的出现具有特殊的意义：罗盘使航海事业如虎添翼，促使全球一体化；枪炮既摧毁了欧洲古城堡的封建割据，也打开了世界每一角落的大门；印刷术使知识不再为少数人所垄断，而真正成了全人类的财富；钟表则使人类的生活进入了一个快节奏、人工化的时代。

磁针罗盘最早于 13 世纪在欧洲出现。由于它对航海有特殊的用处，罗盘制造技术发展很快。到了 15 世纪，用于航海的罗盘已非常普及，而且人们认识到磁针所指与真正的南北极方向有微小的差异。

中世纪火炮，瑞士伯尔尼历史博物馆收藏。
吴国盛摄

枪炮的出现与铸铁技术的高度发展以及火药配制技术的提高密切相关。中国人发明的火药大约先通过阿拉伯人再通过十字军被带到欧洲。欧洲关于火药的最早文献记载是罗吉尔·培根在 1247 年的一封信。早期的火炮类似一个瓶子，里面装有火药，点燃后从喷射口发出有箭头的炮弹。这个瓶子式的装置起初用铁条箍成筒形，到了 1350 年已主要用青铜浇铸，再过几十年改用生铁铸造。大约在同一时期，用引火线点燃的火绳枪也已被制造出来，到了 16 世纪，火绳枪被改进成用燧石扳机打火。火器的出现促进了人们对弹道学的研究，而这方面的研究是近代力学的基础性工作。此外，火器的大规模使用开辟了近代技术的标准化、规范化之先河。因为枪弹要求高度的可互换性，这就导致了对枪支零件标准化的关注和研究。

中国的印刷术陆续通过蒙古人对欧洲的入侵而传到欧洲。欧洲人结合自己的文字形式进一步改进了印刷术。德国美因茨的古登堡于 1436 年至 1450 年用金属活字印刷术印出了极为精美的书籍，是近代印刷术的开山祖师。纸的大量生产以及印刷术的使用，使欧洲人更容易读到《圣经》，读到新教思想家的著作，使文艺复兴运

动和宗教改革运动在更大范围内开展起来，日益深入人心。

机械时钟是修道院制度的产物，也是中世纪手工制作技术高度发达的见证。古代人的计时装置有日圭、漏壶（水漏和沙漏）以及刻有刻度的蜡烛或香。中世纪后期欧洲出现了摆轮钟，以重锤的重力作为

古登堡像，16 世纪的木刻画

18 世纪美国的手动印刷机，仍然保持着古登堡印刷机的风格。福特博物馆藏品。吴国盛摄

动力。13 世纪形成了一股风气，所有的大教堂尖顶上都安装这种摆轮钟。1232 年至 1370 年这 100 多年里，欧洲出现了 39 座这样的时钟。现存最早的教堂摆钟是多佛摆钟，安装于 1348 年。这些摆轮钟一般比较粗糙，走时不太准确。时钟的改进历史是与整个近代人类文明史同步的。

机械钟工艺史上的划时代的进步是由近代科学的先驱伽利略和惠更斯推动的。

伽利略发现了单摆的等时性，惠更斯则运用单摆的等时性原理制造了第一个摆钟。摆轮的摆动直接来自动力轮的驱动，因而受制于动力机构中摩擦力的影响，摆轮钟精度很低。而单摆的摆动本身不受驱动力的影响，使摆钟的精度大大提高。到了 17 世纪中叶，时钟的最小误差

慕尼黑德意志博物馆收藏的 13 世纪机械钟。吴国盛摄

哈里森画像

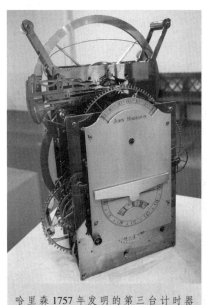

哈里森1757年发明的第三台计时器 H3，现存于英国国家海事博物馆。吴国盛摄

由每天15分钟减少到10秒钟。

17世纪之后，机械钟表工艺的进步被航海事业的大发展极大地推动。在大海上航行最需要知道船所在的地理位置，即经度和纬度，否则会有触礁沉船的危险。通过太阳的视位置可以很容易地测定纬度，但经度就不太容易。天文学家认识到，经度直接取决于当地时间，如果能够比较不同地方的当地时间，就能知道它们之间的经度差。地球自转一周是24小时，相当于经度变化360度，每小时相当于15度。然而，若想在航行中知道比如祖国的当地时间，就得携带在祖国校准过而又能在颠簸的航行中保持准确的钟。经度问题马上归结为可携带的准确的时钟问题。

当时的摆钟都经不住海上的摇晃。于是有人尝试用发条做动力，用摆轮做等时器。物理学家胡克意识到发条可以做动力储存装置，但他只说没练。第一个制造出靠发条驱动的钟表的是荷兰物理学家惠更斯。1761年，英国人约翰·哈里森制造出了高精度的航海时计，在9个星期的航行中，误差只有5秒。而100年前惠更斯制造的钟，最好的精度是每天差5分钟。[1]

---

[1] 关于计时工具的发展及其意义，进一步可参看作者的《时间的观念》第五章，中国社会科学出版社，1996年版。

5. 地理大发现：哥伦布、达·伽马、麦哲伦

很长时间以来，欧洲人对周围世界的了解十分有限：对北非和亚洲近东熟悉一些，对遥远的中国印象模糊，对美洲则一无所知。1271 年，在意大利威尼斯出生的马可·波罗跟着父亲和叔叔沿陆路去东方旅行，花了 4 年时间，终于在 1275 年走到了当时的中国元朝上都（今内蒙古多伦）。在元帝国期间，马可·波罗游历了大半个中国，目睹了中国高度发达的文明景象。1292 年，马可·波罗一家由海路回到祖国，写下了著名的《马可·波罗游记》。其中所记述的中国的繁荣和富足，给欧洲人留下了极为深刻的印象，以至于许多人一开始都不相信这是真的。

马可·波罗 16 世纪的画像

日益发达的商业贸易活动迫切要求开拓东西方之间的航线。当时东西方的往来都要经过阿拉伯世界，阿拉伯商人基本垄断了欧洲与东方的贸易。但马可·波罗所描绘的东方的财富，对于狂热寻找黄金的欧洲商人太有诱惑力了。他们迫切要求寻找通往东方的新航路。

最初寻找直通印度航路的是葡萄牙人。在恩里克亲王的大力倡导下，地处伊比利亚半岛的葡萄牙人开始沿非洲西海岸南航。1419 年占领了马德拉群岛，1432 年占领亚速尔群岛，1445 年到达非洲最西端的佛德角。这时葡萄牙航海家已经离开他们的本土几千公里了。但由于国内发生内乱，加上恩里克亲王去世，航海探险活动不得不暂时中止。40 多年后，新的葡萄牙国王裘安二世继承了亨利的事业，继续南航寻找新航路。1487 年，巴特罗缪·迪亚士率领的船队到达了非洲的最南端。当时正遇暴风雨，他们就将新发现的岬角称为"暴风角"。裘安二世不同意这一叫法，认为非洲南端的这个岬角正是通往东方世界的希望之标志，所以改称"好望角"。

1497 年 7 月 8 日，葡萄牙人瓦斯科·达·伽马率领四只船离开里斯本，开始探索由非洲到印度的航路。他们

达·伽马画像

11 月 4 日到达圣赫勒拿岛，当月 22 日绕过好望角驶入印度洋，次年 3 月 1 日到达非洲东岸莫桑比克。从那以后，由精通航海技术的阿拉伯人阿赫默德·伊本·马吉德领航，达·伽马的船队只用了 23 天就顺利地渡过了印度洋，于 5 月 21 日到达印度西南海岸的中心港口卡利库特。葡萄牙人从那里运回了大量的香料、丝绸、宝石和象牙，在国内高价脱手后，所获纯利达航行费用的 60 倍。当他们一行于 1499 年 9 月初返回葡萄牙时，出发时的 170 人只剩下 55 人。水手们大部分死于坏血病，其中包括达·伽马的弟弟。这次艰苦卓绝的航行打破了阿拉伯帝国对海上贸易的垄断，为葡萄牙人夺取了东西方贸易的控制权。

哥伦布 1519 年的画像

与葡萄牙人南下绕过非洲南岸直达印度的探航思路不同，同一时期西班牙人正被一个外国人鼓动着实施通过西航到达东方黄金之国的计划。这个外国人就是克利斯朵夫·哥伦布。这位 1451 年出生的意大利热那亚纺织工人的儿子，从小就过着海上生活，没有受过正规的教育。但是他十分好学，利用闲暇时间读过许多书。《马可·波罗游记》使他对东方的富足产生了无比的向往。罗吉尔·培根关于大地是球形的观点以及从托勒密那里传下来的关于地球周长的数值，使他相信西行可以更快地到达亚洲。当时意大利著名的医生和地理学家托斯卡内利与哥伦布有过来往。托氏相信亚洲位于欧洲以西 3000 英里，中间隔着大西洋。1474 年，哥伦布曾写信请教托氏从海上通往印度的最短路线。托氏回信说："通过大西洋到黄金和香料之国，是一条比葡萄牙人所发现的沿非洲西海岸的航线更短的途径。"并给出了一幅地图。哥伦布自己根据《圣经》推算，欧亚非三个大陆应占地球表面的七分之六，海洋只占七分之一，再加上托勒密的构想（托勒密认为非洲南端与亚洲相连），可以得出结论：以整个地球经度为 360°算，自西非以东到亚洲大陆应占 280°，而西非与东亚海岸只占不到 80°，这样算起来，西行到达东方确实是最短的路径。

1476 年，哥伦布在一次海盗行动中落水，游上了葡萄牙的国土，从此在这个航海家的国度学习航海知识、参加远洋航行，熟练掌握了多种航海技术。1478 年，他

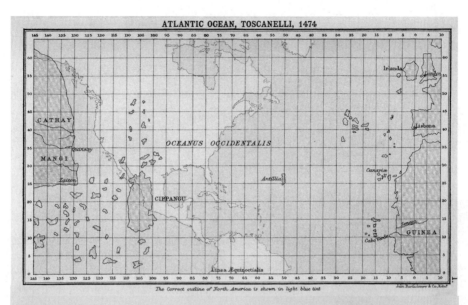

意大利地理学家托斯卡内利 1474 年绘制的地图，图左位于大西洋西岸的 CATHAY 就是"中国"（契丹）的意思。

正式将自己的西航计划呈报给裴安王子。1482 年，裴安即位后召集了不少地理学家讨论哥伦布的计划。葡萄牙的地理学家们均认为欧亚大陆相距 3000 英里的估计过低，否决了这个计划。1485 年，哥伦布的葡萄牙妻子去世。他心灰意冷地带着自己的独生子离开葡萄牙，来到了西班牙，向西班牙王室献出自己的计划。当时西班牙尚未完全统一，无法考虑他的计划。等到 7 年后的 1492 年，西班牙王室经过周密的考虑，决定资助哥伦布的西航计划。是年 8 月 3 日，哥伦布统率三艘大船由巴罗士港顺风启航。

9 月 6 日，船队驶过加纳利群岛，进入当时完全未知的大西洋海域。船员们个个心惊胆战，唯有哥伦布充满冒险的喜悦和对成功的自信。经过 37 天的艰难航行，他们终于在 11 月 12 日到达了陆地，也就是巴哈马群岛中的圣萨尔瓦多岛。哥伦布以为自己终于到达了亚洲。根据《马可·波罗游记》，这里当是印度群岛，因此他把当地居民称为"印度人"（Indian，中文为了区别，分别译成"印度人"和"印第安人"）。但是，哥伦布并没有找到他想要寻找的黄金，只好于 1493 年 3 月 15 日无功而返，回到西班牙。当年 9 月 25 日，哥伦布第二次西航来到北美大陆，依然没有找到黄金之国。人们意识到，新发现的土地远不是那样富饶。西班牙国王对此十分不满，但还是同意他于1498年再做一次航行。这一次，哥伦布又来到了南美，结果仍令人大失所望。就在这时，达·伽马绕非洲南端到达印度的消息传遍了整个欧洲，哥伦布一下子成了"骗子"。西班牙国王立即将其投入监牢。虽然在许多朋友的请求之下，哥伦布获释并且又做了第四次西航，但始终未找到其梦寐以求的黄金和珠宝。1506年5月20日，哥伦布在贫病交加中悄然去世，至死都认为自己到达了亚洲大陆。

亚美利哥雕像，立于他的出生地佛罗伦萨乌菲兹广场。吴国盛摄

哥伦布的西航虽然未达到其功利的目的，但空前地激发了欧洲人的探险热情和想象力。意大利航海家亚美利哥就是哥伦布的追随者之一。他起先为哥伦布做供应工作，后来亲自参加了去大西洋西岸的航行。他敏锐地感觉到哥伦布所发现的这块陆地并不是亚洲，而是一块新大陆。在这块新大陆与亚洲之间一定还有一个大洋。他在自己的游记以及给朋友的信中阐明了这一观点。法国一位地理学家偶然读到这封信，误以为是亚美利哥发现了新大陆，便在他绘制的地图上将新大陆命名为"亚美利加"。此后以讹传讹，约定俗成，美洲的名字就这样叫起来了。当西班牙人发现了哥伦布的伟大之处，想以"哥伦比亚"代替"亚美利加"时，已经来不及了。不过，正是"新大陆"的观念导致了对古代世界图景的革命性突破，以"亚美利加"命名新大陆也是一种历史的公正。

达·伽马发现了真正的印度，哥伦布发现的"印度群岛"被改称为"西印度群岛"。1513年9月，西班牙移民巴尔波亚在当地土著的引导下穿过巴拿马地峡，从山顶上看到了西面的茫茫大海。他将其称为"大南海"。然而，这个隔绝了印度与"西印度群岛"的大海究竟有多大呢？这个问题需要由下一位探险家麦哲伦来回答。

费尔南多·麦哲伦本是葡萄牙人，曾经在殖民战争中为祖国立下汗马功劳，而且受了腿伤。但不知是什么缘故，他不仅没有享受优良的待遇，反倒险些入狱。像当年的哥伦布一样，在葡萄牙不得志的麦哲伦于 1517 年来到了西班牙，立志完成哥伦布当年没能完成的事业：从西面到达真正的东方，到达盛产香料的摩鹿加群岛，打破葡萄牙人对香料贸易的垄断。此前他已听到传闻，在新大陆的南端有一个海峡将大西洋和大南海相连，根据他的计算，"大南海"的东西宽度与大西洋差不多。麦哲伦的计划得到了西班牙国王的支持，于 1519 年 9 月 20 日率领五艘船由西班牙南海岸的圣卢卡尔港启航。6 天后船队来到加纳利群岛，后向西南方向航行，于 12 月 13 日到达巴西的里约热内卢。

麦哲伦画像

随着船队的不断南下，天气越来越冷，他们的食物也越来越少，但通往大南海的海峡总也没有找到。船员们信心发生了动摇，甚至准备发动叛乱。麦哲伦不得不在圣朱利安湾休整过冬，次年 6 月继续南下。10 月，他们终于发现并通过了南美大陆最南端的麦哲伦海峡，进入广阔的"大南海"。"大南海"海面风平浪静，他们向西北方向航行了 3 个月，没有遇到过暴风雨和海浪的袭击，他们便将"大南海"改称"太平洋"。

到了 1521 年的 1 月，麦哲伦的船队还没有发现他们的目标香料群岛。食物和饮用水开始告急，最后他们甚至不得不食用船板、喝污水。船上所有的人都病倒了，唯有麦哲伦意志坚强，挺过了饥饿和疾病，镇静地指挥着船队向既定的方向前进。3 月 6 日，他们一行抵达了关岛，28 日抵达马萨瓦岛，4 月初到达宿务岛，这里离香料群岛已经不远了。就在这时，麦哲伦介入了一场当地土著的内讧，在 4 月初的一次战斗中被杀身亡。余部死里逃生，于当年 11 月终于航行到了他们的目的地摩鹿加群岛。这一次历时两年多的西航历程太过艰难，船员们一个

麦哲伦的维多利亚号船，取自 1590 年的一幅地图。

个心有余悸，谁也不愿意再走回头路。于是，他们沿着葡萄牙人达·伽马开辟的航线，经马六甲海峡横越印度洋，再绕好望角北上回国。1522 年 9 月 6 日，在经历了近三年的航程之后，麦哲伦的船队绕地球一周，回到了他们的出发地圣卢卡尔港。走时的五条船只回来了一条，260 多名水手只有 18 人生还。他们的"远征队总司令"麦哲伦永远留在了探险征程的途中。

麦哲伦船队的环球航行无可争辩地证明了大地球形理论的正确，也纠正了托勒密估算的地球周长值，向世人展现了地球真实的地理构成，在人类科学史上具有划时代的意义。在欢迎船队归来的庆功会上，发生了一件有趣的事情。当船员们被告知当日是 9 月 6 日时，他们极为惊讶，因为他们的航海日志上明明记的是 9 月 5 日，不可能发生差错。人们不久就明白了，这是因为他们向西航行地球一周造成的。今天，在太平洋上设立国际日期变更线，目的就是消除因环航地球造成的日期的不一致。

地理大发现所引起的观念革命与它所带来的经济后果一样巨大。它大大突破了亚里士多德和托勒密的知识范围，使欧洲的知识阶层从对古典作家的绝对权威的迷信中解放出来，为近代科学革命提供了良好的心理氛围和精神动力。

第十四章

哥白尼革命

近代科学是在一场科学革命中诞生的。这场革命首先是一场观念革命，是发生在既有的古典数理科学中的一场基本概念框架的变革。由哥白尼发动的天文学领域的革命，是整个近代科学革命的第一阶段。

1. 中世纪的宇宙结构

基督教兴盛之初直至黑暗年代终结，希腊精致的宇宙理论被当作异端，代之以犹太人原始粗陋的宇宙图景：宇宙是一个封闭的大盒子或大帐篷，天是盒（篷）盖，地是盒（篷）底；圣地耶路撒冷位于盒（篷）底的中央，日月星辰悬挂在盖上。这就是所谓的宇宙帐篷说，连大地球形的概念都没有。

随着欧洲第一次学术复兴，亚里士多德和托勒密所代表的希腊宇宙论开始深入人心。特别是在托马斯·阿奎那将亚里士多德理论融入基督教神学之后，地球中心理论获得了正统的地位。地球居宇宙中心的思想被赋予了宗教意义：人类及其居所地球被置于上帝的怀抱之中，它沐浴着上帝的光辉，被圣恩所笼罩。上帝位处宇宙的最外层，推动着宇宙的运行，注视着人类的一举一动。人生活在地球上，无比安稳，如同母腹中的胎儿，从母体吸收着营养。整个宇宙全都以地球为中心，朝着人类的地球闪烁星光。

托勒密的宇宙体系还被附会于一种人间的等级结构：天上的高贵，地下的卑贱，越往高处越进入神圣美妙的境地。但丁的《神曲》对这一等级宇宙做了诗意的描述。在他的《天堂篇》中，但丁在少女贝亚德的引领下依次上升到了月球天、水星天、金星天、太阳天、火星天、木星天、土星天、恒星天、水晶天（原动天），并在原动天那里窥见了上帝的景象，沉浸在至高无上的幸福之中。实际上，经过亚里士多德物理学注释加工过的托勒密宇宙体系，正好是一种等级宇宙。这主要体现在它们的物质构成之中：地上物体由土、水、气、火四种元素组成，而天上物体由透明无重量的以太构成；地上的物质是速朽的，而天上的以太是永恒不朽的。对托勒密体系的背叛，不仅是一种天文学上的变革，也是同亚里士多德物理学的决裂；不仅是一种宇宙图像方面的改变，也是对当时宗教感情和精神生活方式的挑战。

2. 哥白尼革命

哥白尼画像（1580），现存于托伦旧城市政厅。吴国盛摄

尼古拉·哥白尼 1473 年 2 月 19 日生于波兰维斯瓦河畔的托伦，一个水陆交通极为便利的著名商业城市。哥白尼 10 岁丧父，由舅父抚养长大。18 岁那年，哥白尼被送进波兰旧都的克拉科夫大学学习医学，在那里对天文学产生了浓厚的兴趣。1496 年，23 岁的哥白尼来到了文艺复兴的策源地意大利，先后在博洛尼亚大学和帕多瓦大学攻读法律、医学和神学。博洛尼亚大学的天文学家诺瓦拉对哥白尼影响极大，正是从他那里，哥白尼学到了天文观测技术以及希腊的天文学理论。对希腊自然哲学著作的系统钻研，给了他批判托勒密理论的勇气。1506 年，他回到了阔别 10 年的祖国波兰，开始构思他的新宇宙体系。

整个古代世界的天文学基本上是行星天文学。儿歌唱道"天上的星星数不清"，其实肉眼可见的也就 6000 多颗。它们之中的绝大部分虽然"斗转星移"，但保持着固定的相对位置，仿佛全都镶嵌在一个巨大的透明天球上，随天球周日旋转。这些星被称为恒星。除恒星外，天空还有那么几颗星，它们极为明亮、光芒稳定，而且并不固定在某一个相对位置上。几个星期观测下来，便能发现它们在众星之间穿行，不断地改变位置。这些星被称为"行星"，希腊人叫它们"漫游者"。肉眼可见的行星除太阳和月亮外还有五颗，它们是金星、木星、水星、火星和土星。所有的恒星都步调一致地每天由东往西转动，周而复始，绝无例外。相比之下，行星的运动呈现出极度的不规则，它们有时往东，有时又向西，行踪诡秘。行星的这种奇特运动早就引起了古代天文学家的注意。希腊天文学将自己的任务规定为对行星运动给出合理的解释，特别按照毕达哥拉斯－柏拉图主义传统，用完美的正圆运动的复合来再现行星的表观（视）运动，即所谓"拯救现象"。托勒密的本轮－均轮宇宙体系就是希腊人为"拯救行星运动"所做出的最大努力。

哥白尼故居。吴国盛摄

本轮和均轮的叠加可以解释行星的逆行、亮度的变化；偏心匀速点的引入又进一步解释了行星运动速度的不均匀性。但是，随着观测材料的不断增多，为拯救这些现象所需要的轮子也不断增多。到了哥白尼时代，轮子数已增加到80多个，使得托勒密体系极为复杂。更为严重的问题是，托勒密体系中为了使理论与观测相一致所采用的办法，已越来越远离毕达哥拉斯主义的理想了：由于引入了偏心匀速点，地球实际上既不处在宇宙的几何中心，也不处在运动中心。托勒密所保留的只有匀速圆周运动和静止不动的地球这两个概念。

到了哥白尼的时代，由于航海事业的大发展，对于精确的天文历表的需要变得日益迫切。但是，用以编制历表的托勒密理论越来越烦琐。人们开始关注天文学理论的变革。哥白尼也正是在这个紧要关头提出了自己的革命性理论。

1509年，哥白尼写出了关于日心体系的《概要》，并将之抄赠朋友们传阅。1512年，哥白尼被派往波罗的海海滨的弗洛恩堡（今波兰弗龙堡）教堂任职。此后30年，哥白尼一直在这个教区工作。他关心普通百姓的生活，为穷人治病，深得人心。在业余时间，他继续他的天文观测，其居住的小角楼成了"天文台"。同时，他进一步深入地思考新的宇宙体系，提出以"日心说"代替"地心说"的伟大构想。从

弗龙堡大教堂。吴国盛摄

1514年开始，哥白尼陆续向外界散发一些关于"日心说"的纲要性材料，并且积累天文数据，准备撰写一部大书，系统地阐述新的理论。1538年，德国维滕堡大学的青年数学讲师雷提卡斯旅行到纽伦堡，听说了哥白尼的新理论，遂决定专程到弗洛恩堡拜访他。1539年，雷提卡斯终于见到了哥白尼。两人一见如故。多年与外界隔离的哥白尼终于找到了一位学者，可以向其讲解他那部已经完成的伟大著作《天球运行论》（旧译《天体运行论》），于是，雷提卡斯原本的短期访问变成了长期访学，雷提卡斯也成了哥白尼毕生的唯一学生。雷提卡斯意识到，哥白尼的这部著作具有无可比拟的重要性，必须立即出版。哥白尼行事谨慎，担心书出版后会因观点激进、数据不准等原因受人嘲笑或遭到冷落，但同意由雷提卡斯先写一本小册子简要介绍他的学说。于是雷提卡斯写出了《关于哥白尼〈天球运行论〉的第一份报告》（*Narratio prima*），并于1540年在但泽（今波兰格但斯克）出版。之后，雷提卡斯继续力劝哥白尼出版《天球运行论》。哥白尼终于在1541年动心了，决定委托雷提卡斯负责出版事宜，把手稿送到纽伦堡印刷商那里。拖了一段时间后，雷提卡斯要返回维滕堡大学担任教授，就把出版工作交给纽伦堡圣劳伦斯教堂的教士奥西安德办理。奥西安德是一个新教徒，他知道新教领袖马丁·路德坚决反对哥白尼的日心说，还说过这样一段很过激的话："人们正在注意一个突然发迹的天文学家，他

奥西安德画像

力图证明是地球在旋转，而不是日、月、星辰诸天在旋转……这个蠢材竟想把整个天文学连底都翻过来，可是《圣经》明白写着，约书亚喝令停止不动的是太阳，而不是地球。"所以，奥西安德很害怕该书对教会刺激太大。结果，他擅自在书前加了一个"关于本书的假设告读者"的前言。"告读者"中说，哥白尼只是构造了一个宇宙的数学模型以方便计算，不一定是对实在世界的真实描述。由于这篇前言没有署名，人们一直以为是哥白尼本人写的。直到 1609 年，开普勒才发现并向世人公开，这篇"告读者"根本不是哥白尼写的。[1]

1543 年 5 月 24 日，刚刚印好的《天球运行论》送到了哥白尼面前。这时候，他已经因中风卧床很久了。据说，他只用颤抖的手抚摸了一下这本书，就与世长辞了。

《天球运行论》（*De revolutionibus orbium coelestium*）的中译名是人所共知的《天体运行论》。将"天球"译成"天体"，是将现代人的看法强加于古人。因为哥白尼沿袭了希腊人的看法，认为天空转动着的是"天球"，所有的星星只不过是附着

哥白尼《天球运行论》第二版，洛杉矶亨廷顿图书馆收藏。吴国盛摄

在天球之上。全书共分 6 卷，第 1 卷是关于日心宇宙体系的总概说，其余各卷则具体运用日心说来解释各大行星的视运动。

哥白尼在卷首献词中叙述了日心地动说的由来和大致思想：

我对传统天文学在关于天球运动的研究中的紊乱状态思考良久。想到哲学家们不能更确切地理解最美好和最灵巧的造物主为我们创造的世界机器的运动，我感到懊恼……由于这个缘故，我

---

[1] 金格里奇：《无人读过的书》，王今、徐国强译，生活·读书·新知三联书店，2008 年版，第 175–176 页。

弗龙堡大教堂内部的哥白尼墓。
吴国盛摄

不辞辛苦重读了我所能得到的一切哲学家的著作，希望了解是否有人提出过与天文学教师在学校里所讲授的不相同的天球运动。实际上，我首先在西塞罗的著作中查到，赫塞塔斯设想过地球在运动。后来我在普鲁塔尔赫的作品中也发现，还有别的一些人持有这一见解……

从这些资料受到启发，我也开始考虑地球的可动性。虽然这个想法似乎很荒唐，但我知道为了解释天文现象的目的，我的前人已经随意设想出各种各样的圆周。因此我想，我也可以用地球有某种运动的假设，来确实是否可以找到比我的先行者更可靠的对天球运行的解释。

于是，假定地球具有我在本书后面所赋予的那些运动，我经过长期、认真的研究终于发现：如果把其他行星的运动与地球的轨道运行联系在一起，并按每颗行星的运转来计算，那么不仅可以对所有的行星和球体得出它们的观测现象，还可以使它们的顺序和大小以及苍穹本身全都联系在一起，以致不能移动某一部分的任何东西而不在其他部分和整个宇宙中引起混乱。[1]

构成托勒密宇宙体系的是如下四个假定：第一，天是球形的而且像球那样转动；第二，地也是球形的；第三，地位于天的中央；第四，地球静止，不参与转动。哥白尼对前两点是赞同的，但不同意后两点。

首先，哥白尼提出了地球自转和公转的概念。全部星空的周日旋转实际上是地球自转造成的，正是地球由西向东绕轴自转，才引起昼夜的变化；而太阳的周年视运动，实际上是由地球绕太阳每年公转一周造成的。哥白尼沿袭了自希腊以来的天球运动模式，认为地球绕太阳公转的方式亦是被镶嵌在一个天球上（这也是哥白尼的伟大著作要译成"天球运行论"而不是"天体运行论"的原因）。但这样一来，地球的自转轴就不能与黄道面保持一个固定不变的角度，为此，哥白尼不得不加入第三重运动。这个周年的第三重旋转运动抵消了公转造成的地球自转轴与黄道面夹角的变化，使之保持固定不变。我们之前说过，正是这个固定不变的角度造成了地

---

[1] 哥白尼：《天体运行论》，叶式辉译，陕西人民出版社，2001年版，第3—5页。

球上中高纬地区四季的差别。

其次，哥白尼用太阳取代地球作为宇宙的中心。所有的行星包括地球均以太阳为中心转动。这一变动使得各大行星的运动获得了统一性。本来在托勒密体系中，水星、金星是所谓的内行星，它们在各自均轮上的运行周期是一年，而火星、木星、土星这三个外行星，它们的本轮运动周期为一年。这里实际上均包含了与太阳有关的周年运动的因素，但得不到合理的解释。将太阳视作宇宙中心之后，这一因素就成了诸行星绕共同的中心太阳运行的证据。此外，在托勒密体系中，无法解释内行星的本轮中心为何总是处在日地连线上。宇宙中心转换之后，这一点也变得极为自然。总而言之，日心体系使行星运动具有确定性和统一性，而地心体系中每颗行星各有其独特的运动结构，整体上可以有不同的几何构成，不具有唯一性。

哥白尼最终构造的宇宙图景是：最外层是恒星天，它是静止不动的，构成了行星运动的参考背景；最远的行星是土星，其运行周期是 30 年。之后依次是木星，周期 12 年；火星，周期 2 年；地球，周期 1 年；金星，9 个月；最后是水星，88 天绕太阳一周。月亮是地球的卫星，它既随地球绕太阳转动，每月又绕地球旋转一周。

日心说受到的责难一开始完全是科学和常识上的。首先，人们怀疑，如果地球以如此大的速度运动，那必定会分崩离析。哥白尼的解释是，从前比地球大得多的天球以更大的速度旋转都不会瓦解，地球当然也不会。其次，有人质疑说，既然地球在运动，那地球上的物体为何没有被抛在后面。对这一点，哥白尼的回答不是特别有力。最后，是一个老问题，地球如果相对于恒星运动，那么应该可以观察到恒星的周年视差，可实际上从来也没有观测到过恒星视差。哥白尼的回答是："它们非常遥远，以致周年运动的天球及其反映都在我们的眼前消失了。光学已经表明，每一个可以看见的物体都有一定的距离范围，超出这个范围它就看不见了。从土星（这是最远的行星）到恒星天球，中间有无比浩大的空间。"[1]因此，我们根本觉察不到恒星的周年视运动。

日心说相比地心说最明显的优点是它的简洁性，连哥白尼学说的反对者们也承认这一点。大小轮子由 80 多个减少到约 34 个。此外，哥白尼成功地恢复了毕达哥拉斯主义的理想，正圆运动得以更好地保持，几乎所有的本轮和均轮都沿同一个方

---

[1] 哥白尼：《天体运行论》，叶式辉译，陕西人民出版社，2001 年版，第 35 页。

向运行，偏心匀速点被取消，太阳真正处于宇宙的中心。

哥白尼革命带动了一系列观念上的变革。首先，它使地球成为不断运动的行星之一，打破了亚里士多德物理学中天地截然有别的界限。其次，它破除了亚里士多德的绝对运动概念，引入了运动相对性的观念。再次，宇宙中心的转变，暗示了宇宙可能根本就没有中心，而无中心的宇宙是与希腊古典的等级宇宙完全对立的。最后，由于地球运动起来了，恒星层反而可以静止不动，这样一来，诸恒星也就不必处在同一个球层。过去人们一直认为，既然恒星层是转动的，那就不可能是无限的。如今恒星层可以没有运动，借以论证宇宙有限的理由也就不再成立了。英国哲学家托马斯·迪吉斯 1576 年发表了《天球运行的完整描述》一书。在该书中，迪吉斯宣称恒星层可以向上无休止地延长。恒星不一定都处在同一球面上，可以有高有低，只是由于恒星距离太远，地球人才觉察不出其高低的差别。有些星星较小是因为距离较远，而大多数星星因距离太远而不被我们看见。迪吉斯实际上含糊地说出了宇宙的无限性，但他是一个哥白尼主义者，还保留了恒星天层内的一切天球结构。

3. 布鲁诺

哥白尼体系与当时的宗教思想，与占统治地位的亚里士多德物理学，以及常识

心理均相抵触，一开始遭到了除职业天文学家之外的各方面的反对。直到牛顿发现万有引力定律之后，才逐步为科学界所公认。这 100 多年，日心说经历了不少曲折。布鲁诺的殉难是其中最惊心动魄的事件。

乔尔丹诺·布鲁诺 1548 年 1 月出生于意大利那不勒斯附近的诺拉镇一个贫苦的家庭，17 岁进入那不勒斯的圣多米尼克修道院。他全凭顽强的自学，成为一名知识渊博的学者。受当时文艺复兴思想的影响，他对基督教中世纪的一切传统均持怀疑态度。他极力倡导思想自由，宣扬无神论。一接触到哥白尼的学说，他马上燃起火一

布鲁诺画像，出自日内瓦大学《校长之书》（1578）

般的热情。哥白尼学说中的革命精神强烈地感染了布鲁诺,宣扬日心说以及进一步宣扬宇宙无限的思想成了他终生的事业。大胆的思想、强烈的叛逆精神加上富有鼓动性的演讲才华,使教会感到异常害怕和愤怒。1576 年,28 岁的布鲁诺逃出修道院,开始了长期的流亡生活。

1583 年,布鲁诺来到伦敦,在这里度过了两年多比较安静的时光,他的哲学著作《论原因、本原和太一》以及《论无限、宇宙与众世界》就是在伦敦写作并于1584 年出版的。在这些著作中,布鲁诺以天才的直觉发展了哥白尼的宇宙学说,提出了宇宙无限的思想。布鲁诺认为,宇宙是统一的、物质的、无限的,太阳系之外还有无限多个世界。太阳并不静止,也处在运动之中;太阳并不是宇宙的中心,无限的宇宙根本没有中心。

布鲁诺本人并不是一位天文学家,但他通过哲学思辨得出的宇宙无限性观念,在思想史上具有无比的重要性。整个近代的宇宙论革命,就是从封闭的世界走向无限的宇宙。哥白尼的宇宙体系仍是一个有限的体系,它依然保留了天球的概念。相比之下,布鲁诺超前于时代太多了。他所描述的无数太阳系并存的无限宇宙的图景差不多 300 年后才得到科学界的公认。

布鲁诺的激进思想使天主教会恼羞成怒。教会派人到处抓捕他,但一次次扑空。1592 年 5 月 23 日,布鲁诺终于在意大利的威尼斯因被人出卖而被捕。次年 2 月,他被押解到罗马,囚禁在宗教裁判所的监狱里。在长达 7 年的审讯之中,布鲁诺始终没有屈服。教会最后判他火刑。布鲁诺听完宣判后轻蔑地说:"你们宣判时的恐惧甚于我走向火堆时的。"临刑前,罗马教廷再一次劝他忏悔,并说那样就可以免刑。布鲁诺镇静地走向鲜花广场上架好的柴堆,豪迈地回答说:"我愿做烈士而牺牲!"1600 年 2 月 17 日,布鲁诺因坚持自己的观点、决不屈服而献出了生命。

传统上认为,布鲁诺是因为坚持和传播哥白尼学说而死,但近半个世纪的研究表明,导致他丧命的主要原因是他被指控坚持宗教上的异端邪说,攻击天主教会,攻击基督教的基本教义,比如三位一体、道成肉身,信仰灵魂转世,以及迷信巫术和占卜,宣称世界的无限多样性和永恒性只是其中的一宗罪行。事实上,直到 1610年,罗马教会才将哥白尼学说视为异端,《天球运行论》直到 1616 年才被列为禁书。"布鲁诺之死,使他成为一个殉难者,但这绝不像长期以来人们所认为的那样,他是近代科学的殉难者，相反，他是他的宗教信念和哲学思想的殉难者。"[1]

4．第谷·布拉赫：天才的观测家

第谷画像

哥白尼学说一开始不仅受到新教的敌视，也遭到许多天文学家的反对。他们之中最著名的是第谷·布拉赫。但历史就是这样捉弄人，第谷本人虽然反对哥白尼体系，他的天文观测工作却为哥白尼日心学说的发展开辟了道路。

第谷出身于丹麦一个贵族家庭，13岁进入哥本哈根大学学习法律和哲学。14岁那年，因为参加了一次日食观测，对天文学产生浓厚的兴趣，便改学数学和天文学。从1563年开始，第谷自己购买仪器进行天文观测，首先发现了木星和土星的运动与当时流行的星表不一致。1572年11月11日，天空出现了一颗明亮的新星。这颗新星以前从未出现过，但这时成了全天空最亮的一颗星。它是一颗行星吗？

第谷仔细观测了这颗新星的行踪，但未发现有丝毫视运动，这就说明它不是一颗行星，而是一颗恒星。第谷将自己的观测结果写成了一本书。在书中，他首次发明了"新星"（Nova）一词，而且视差的测量结果证明新星距离相当遥远。这本书实际上给了亚里士多德的天空完美不变的观点以有力的驳斥。《论新星》这本小书出版之后，第谷在天文学界的声望大增。丹麦国王腓特烈二世为了防止这位杰出的丹麦天文学家流失到当时的天文学中心德国，专门拨巨款为他在维文岛上修建了一个天文台。这是近代第一个真正的天文台，于1580年落成。

在这座皇家天文台里，第谷工作了近20年。其间，第谷利用当时最先进的观测技术，广泛、系统、细致、精确地观测并记录天象，达到了那个时代的最高水平。他的天象记录几乎包罗了望远镜发明之前肉眼所能观测到的全部。1577年，

---

[1] 克利斯特勒：《意大利文艺复兴时期八个哲学家》，姚鹏、陶建平译，上海译文出版社，1987年版，第159–160页。

第谷仔细观测了当时出现的一个巨大的彗星，证明它也比月亮遥远。这就更沉重地打击了亚里士多德的天界完美观。亚里士多德的时代也注意到了彗星现象，但通常解释成大气现象，是月下世界的事情。第谷还发现，彗星的轨道不可能是正圆的。这样一来，希腊宇宙论中的水晶天球概念就成了问题，因为非正圆轨道的彗星必定要在各行星天球之间穿行。第谷本人在宇宙观上十分保守，他内心并不愿意打破水晶天球，所以对彗星轨道的这一重要发现未做进一步的解释。

壁画象限仪，表现第谷在天文台工作的情景。他正透过墙上的狭缝观察星体。背景中的一楼是炼金作坊，二楼几个学生正在天球仪旁工作，三楼几个助手正在使用天文仪器做观测。在壁画象限仪前有三个人正在工作，右边的一个只露出头来的观测者可能是第谷本人，中间站立者帮助读出机械钟上的时间，左边的助手负责记录角度和时间。

第谷是一个天才的观测家，但在理论上因循守旧。他完全清楚日心说的优点，而且赞美它是"美丽的几何构造"，但他不能同意地球运动的概念，因为他没有观测到恒星的视差。实际上，未观测到恒星的周年视差这件事有两种可能的解释，一是地球确实不动，二是恒星太过遥远。第谷宁可相信前者，也不相信行星与恒星之间有如此广阔的虚空空间。

第谷虽然不同意地动概念，但对托勒密体系也不满意。1583 年，他出版了一本论彗星的书。在书中，他提出了自己设计的混合体系："按照古人的说法和《圣经》的启示，我认为只能把地球安置在世界中心。但我不赞成托勒密那种主张。我想，只有太阳、月亮以及包含全部恒星的第八重天才以地球为中心而运行，五颗行星则绕太阳运行。太阳处在它们的轨道中心，它们像陪伴君王那样绕太阳做周年运动。"[1]

---

[1] 陈自悟：《从哥白尼到牛顿》，科学普及出版社，1980 年版，第 48 页。

第谷的这个混合体系，在数学上与哥白尼体系完全等价。

　　第谷系统及精确的观测材料为历法改革奠定了基础。1582 年在教皇格里高利十三世主持下，完成了对基督教世界沿用了 1000 多年的儒略历的改革工作，颁行了格里高利历。此外，第谷长期系统的观测资料直接导致了当时最先进的星表的出现。

　　据说第谷在日常生活中脾气很不好，遇事好争斗，而且因为自己是贵族而骄傲自大。丹麦国王腓特烈二世很宽容，对他的这些缺点毫不计较。但是，1588 年腓特烈二世去世后，新国王克里斯蒂安不喜欢第谷的这种脾气，几年后便不再资助第谷的工作。这使他陷入困境。1597 年，德国国王鲁道夫二世邀请他去，第谷遂举家迁往德属的布拉格新区定居。在那里，他发现了开普勒并将其收为助手。他将自己毕生的观测所得材料全部交给了开普勒，并让他依此着手编制行星运行表。1601 年10 月 24 日，第谷因病去世。临终前，他喃喃地说："我多希望我这一生没有虚度啊！"1602 年，开普勒编辑出版了第谷遗留下来的观测资料，并从中探讨行星的运动规律。开普勒的伟大工作真正使第谷的一生没有虚度。

一幅 16 世纪的印刷品，描述 1577 年那次彗星靠近地球时人们观察它的场面，其中一位观察者正在记录彗星的形状，另一位帮助掌灯。

第谷墓，位于布拉格圣母教堂内。吴国盛摄

5. 开普勒：天空立法者

哥白尼体系执着地坚持希腊古典的正圆运动观念，因此不得不继续沿用本轮－均轮组合法，以期与观测现象相符。唯有开普勒彻底抛弃了正圆运动的概念，确立了太阳系的概念。

约翰内斯·开普勒生于德国南部的瓦尔城。父亲是位职业军人，祖父曾当过市长。开普勒3岁时得过天花，致使手眼留下轻度残疾。为了找到一份合适的工作，开普勒年轻时进入图宾根大学学习神学，指望将来当一名牧师。求学期间，他显示了出众的数学才华。图宾根大学的天文学教授米切尔·麦斯特林是哥白尼学说的同情者。他在公开教学时讲授托勒密体系，但对自己亲近的学生则宣传哥白尼体系。开普勒就从他那里得知哥白尼学说，并立即成为哥白尼的拥护者。大学毕业后，大多数学生都去当了牧师，而开普勒则到了奥地利，靠麦斯特林的推荐当上了格拉茨大学的数学和天文学讲师。当时的讲师薪水很少，开普勒不得不靠编制占星历书来养家糊口。他自我解嘲地说：

无名艺术家 1610 年绘制的开普勒画像

"如果女儿占星术不挣来两份面包，那么天文学母亲就准会饿死。"[1]

开普勒毕生都是一个狂热的毕达哥拉斯主义者。对数学的爱好、对自然界数的和谐的神秘感受，始终支配着他对天空奥秘的探索活动。正是哥白尼体系那令人赞叹的数学的和谐及美，使他感觉到那就是真实的宇宙图景。在奥地利期间，开普勒致力于探测6大行星的轨道之间的数字关系。他惊喜地发现，用柏拉图的5种正多面体，正好可以表示出6大行星的轨道半径：若土星的轨道在一个正六面体的外接球上，则木星轨道便在该正六面体的内切球上，在木星轨道内内接一个正四面体，则该正四面体的内切球便是火星的轨道，再在火星的轨道内内接一个正十二面体，其内切球是地球的轨道。依此办法，在地球轨道内内接一个正二十面体，其内切球是金星的轨道；在金星轨道内内接一个正八面体，其内切球是水星的轨道。这样设

---

[1] 沃尔夫：《十六、十七世纪科学、技术和哲学史》，周昌忠等译，商务印书馆，1985 年版，第 147 页。

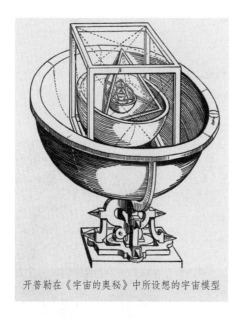

开普勒在《宇宙的奥秘》中所设想的宇宙模型

计出的行星轨道与当时的观测数据相当吻合，而且由于柏拉图已经证明正多面体只有 5 种，这就为宇宙中只有 6 颗行星找到了几何学的证据。开普勒 1596 年把这一构想以《宇宙的奥秘》为题发表。第谷读到了这本书，对作者的才华极为赏识。

1598 年，奥地利爆发了天主教与新教之间的宗教冲突，新教徒受到迫害。开普勒是一位新教徒，只好跑到匈牙利。不久，他接到第谷的邀请，于 1600 年去布拉格的鲁道夫宫廷协助第谷整理观测资料。一接触到第谷无比丰富的天象资料，开普勒从前构造的美妙的宇宙体系便显得漏洞百出。他只好放弃这一心爱的体系。在第谷的身边，开普勒学会了重视并处理大量的天文观测资料。可惜的是，他们相处了没多久，第谷便去世了。临终前第谷告诫开普勒：一定要尊重观测事实。

在第谷观测材料的基础上，开普勒继续寻找他的宇宙秩序。首先，他利用第谷的观测数据，巧妙地算出了包括地球在内的六大行星的运行轨道。有了轨道数据，他进一步总结行星运动所遵循的数学规律。他选中了火星作为突破口，因为第谷留下的资料中以火星的数据最为丰富，而且，火星的运行与哥白尼理论出入最大。一开始，开普勒还是采用传统的偏心匀速点方法。在试探了 70 多次后，终于找到了一个方案。但很快，他就发现该方案与第谷的其他数据不符，虽然只相差 8 弧分。开普勒还是没有忽略这个微弱的差别，他坚信第谷在观测上的可靠性。开普勒曾无限深情地写道："对于我们来说，既然神明的仁慈已经赐予我们第谷·布拉赫这样一位不辞辛劳的观测者，而他的观测结果揭露出托勒密的计算有 8 弧分的误差，所以我们理应怀着感激的心情去认识和应用上帝的这份真谛……由于这个误差不能忽略不计，所以仅仅这 8 弧分就已表明了天文学彻底改革的道路。"[1]

---

[1] 沃尔夫:《十六、十七世纪科学、技术和哲学史》，周昌忠等译，商务印书馆，1985 年版，第 152 页。

　　经过紧张艰苦的归纳、整理、试探，开普勒先是发现了火星绕太阳的运动向径单位时间扫过的面积是一个固定的数值。这意味着，虽然火星的轨道线速度并不均匀，但面速度是均匀的。离太阳远时，线速度变小，离太阳近时，线速度变大，这就是后来被称为开普勒第二定律的面积定律。进一步，他发现火星的轨道有点像卵形。一开始，他试着用卵形线界定轨道，没能成功，接着他想到了椭圆。椭圆是圆锥曲线的一种，早在希腊时代就已被阿波罗尼细致地研究过。开普勒利用阿波罗尼已经发现的那些椭圆性质，很快就确认火星运动的轨道是椭圆无疑。1609 年，开普勒发表了《以对火星运动的评论表达的新天文学或天空物理学》（此书有时被称作《新天文学》，有时被称作《论火星的运动》），阐述了他对火星运动规律的发现：火星画出一个以太阳为焦点的椭圆（开普勒第一定律）；由太阳到火星的矢径在相等的时间内画出相等的面积（开普勒第二定律）。

　　1618 年，开普勒出版《哥白尼天文学概论》（*Epitome Astronomiae Copernicanae*）的第一部分，1620 年和 1621 年分别出版了第二部分和第三部分。该书将他已经发现的火星运动两大定律推广到太阳系的所有行星，同时公布了他所发现的第三定律：行星公转周期的平方与它同太阳距离的立方成正比。开普勒的三大定律将所有行星的运动与太阳紧密地联系在一起。从此，太阳系的概念被牢牢确立。托勒密和哥白尼所运用的一大堆本轮和均轮被彻底清除，行星按照开普勒定律有条不紊地遨游太空。开普勒成了"天空立法者"。

　　椭圆的引入给希腊古典天文学画上了句号：天体做完美的匀速圆周运动的概念被抛弃，行星天的水晶天球顿时化为乌有。太阳真正成了导引六大行星昼夜不舍运动不息的力量源泉，而在哥白尼体系中，太阳并未处在任何一个行星的轨道中心。

　　以椭圆代替正圆是宇宙学史上划时代的事件。但耐人寻味的是，正是希腊人自己最先在几何学领域发现了作为圆锥曲线的椭圆，也正是利用了阿波罗尼对椭圆几何性质的研究成果，开普勒才能做出这一伟大的发现。这不禁使我们想起当代大哲怀特海的名言："物质未曾来到，精神先已出现。"[1]爱因斯坦对此更有深刻的评价："开普勒的惊人成就，是证实下面这条真理的一个特别美妙的例子，这条真理是：知识不能单从经验中得出，而只能从理智的发明同观察到的事实两者的比较中

---

[1] 怀特海：《科学与近代世界》序言，何钦译，商务印书馆，1959 年版。

得出。"[1]

开普勒虽然在太阳系内废除了水晶天球，但依然保留了恒星天球。他不同意布鲁诺的宇宙无限观。在他看来，宇宙是上帝的作品，应体现数学的秩序与和谐，而一个无限的从而完全无形的宇宙是谈不上秩序与和谐的。况且，对一个天文学家有意义的只是观测到的现象，而任何被观测到的天体都处在有限的距离，所以在他看来，宇宙无限论是一个形而上学的命题。

在为天空"立法"之后，开普勒很顺利地完成了第谷生前交给他的工作：制定行星运动表。开普勒将此表命名为《鲁道夫星表》（1627年出版），以答谢德国国王鲁道夫二世对他们工作的一贯支持。这是当时最完备最准确的一部星表，在以后的100多年里几乎无修改地被天文学家和航海家尊为经典。

布拉格的第谷和开普勒雕像。吴国盛摄

伽利略制造出望远镜之后，曾送了一架给开普勒。开普勒用它观测到了木星的卫星。后来，他研究了透镜对光线的折射方式，改进了望远镜。伽利略用的是一个凸透镜和一个凹透镜，开普勒则用两个凸透镜。这一改进被后来的天文望远镜所采纳。此外，开普勒还意识到光度随距离的平方而减弱的规律。

开普勒一辈子都很贫困。虽说身为宫廷天文学家，但薪水常常拖欠。鲁道夫二世于1612年死后，新国王保留了他的职位，但钱更难到手。1630年11月15日，在去索要拖欠了20余年的薪水时，开普勒感染伤寒死于途中。伟大的天空立法者就这样离开了人世。

哥白尼革命尚未走完它的历史行程，须等到新物理学出现之后，日心说才为世人所公认。

---

[1]《爱因斯坦文集》第一卷，许良英、范岱年编译，商务印书馆，1976年版，第278页。

第十五章
新物理学的诞生

哥白尼地动学说遇到两大困难。第一即恒星视差问题，以当时的观测条件无法解决；第二即地动抛物问题，这需要新的运动理论来加以解释。除此之外，开普勒所发现的行星运动规律，也要求一个动力学的解释：天球被打碎之后，行星为什么还能够被紧紧地束缚在太阳周围，绕太阳做规则运动？哥白尼革命直接导致对新物理学的寻求。正是在将天空动力学与地上物理学相结合之后，有别于亚里士多德物理学的新物理学才在伽利略和牛顿手中诞生了。

1. 伽利略：近代物理学之父

在近代科学的开创者行列里，伽利略最为突出。他创造并示范了新的科学实验传统、以追究事物之量的数学关系为目标的研究纲领，以及将实验与数学相结合的科学方法。正是他的工作将近代物理学乃至近代科学引上了历史的舞台。

伽利略·伽利莱 1564 年 2 月 15 日生于意大利的比萨，文艺复兴时期著名的艺术家米开朗琪罗是在他出生三天后逝世的。这也许是文艺复兴由艺术转入科学的一种征兆。伽利略是他的名字。据说将姓氏略做变化作为长子的姓名是当地的一个风俗。伽利略的父亲文森西奥·伽利莱是当时一位著名的音乐家和数学家，他的学术研究对伽利略有很大的影响，但他希望儿子学医，而不是数学，

伽利略画像，弗莱芒画家苏斯特曼斯（Justus Sustermans, 1597—1681）创作，现存于英国国家海事博物馆。

因为这样会有一个好的收入。1581年，伽利略被送进比萨大学学习医学。1583年，由于听了几次关于欧几里得几何学的演讲，伽利略很快对数学着迷。由于他执意不肯学习医学，所以未取得学位，于1585年离开了比萨大学。

伽利略晚年被软禁的别墅，位于佛罗伦萨郊外山上的阿特切利。吴国盛摄

伽利略倾心研究欧几里得几何学和阿基米德的物理学，很快声名远扬。朋友们都称他为"新时代的阿基米德"。1589年，伽利略获得了比萨大学数学教授的职位，3年后转到帕多瓦大学，在这里度过了18年比较稳定的生活。1610年，他回到了故乡佛罗伦萨，继续从事物理学和天文学研究。望远镜的使用让伽利略发现了许多新的天文现象，也使他对哥白尼体系有明确的认同，结果引起麻烦。1624年至1630年，伽利略断断续续地写作他的著作《关于托勒密和哥白尼两大世界体系的对话》。该书出版颇费周折，最终于1632年问世，但很快遭到罗马教会的查禁。1633年，教会判处他终身监禁，此后一直在监视之下住在佛罗伦萨城外阿切特里的一幢别墅里。在这里，伽利略继续他的力学研究。从1634年开始，他致力于撰写另外一部著作，即《两门新科学》。书稿于1637年最终完成后，面临的问题依然是找不到地方出版，因为罗马教廷裁决任何人不得出版伽利略的任何著作。在朋友们的帮助下，该书于1638年在荷兰的莱顿出版。此时的伽利略已经双目失明。一位青年数学家维维安尼来到了伽利略的别墅，为他处理日常事务，并记录了伽利略口述的一些生平逸事。1642年1月8日，伽利略在阿切特里的别墅里安然去世。次年牛顿出生。

伽利略1610年以前的工作主要在动力学方面。可能是受父亲的影响，伽利略对物理实验十分着迷。传说他还是比萨大学的医学生的时候，有一次在教堂里做礼拜时，一盏吊灯的晃动引起了他的注意。因为有风，吊灯时而摆动幅度大一些，时而小一些，但是他发现，不管摆动幅度是大是小，摆动一次的时间总是相等的。当时还没有钟表之类的计时工具，伽利略用自己的脉搏计时，验证了自己的发现。回到家后，他又亲自动手做了两个长度一样的摆，让一个摆幅大一些，另一个小一些，结果极为准确地证实了这个发现。有科学史家认为，这个传说不一定靠得住，因为已经考证出，比萨教堂的这盏灯是 1587 年制造的，而此时伽利略已经离开了比萨。但是，在 1602 年的一封信中，伽利略的确提到过单摆实验。在以后的研究生涯中，伽利略一直保持着对实验的兴趣。他自己设计了不少科学仪器，其中包括测温器（1593）、比重秤（1586），望远镜当然是其中最为重要的。

　　还是比萨大学学生的时候，伽利略就对亚里士多德的运动理论深表怀疑。亚里士多德认为，在落体运动中，重的物体先于轻的物体落到地面，而且速度与重量成正比。这种看法在经验中确实可以找到证据，比如一根羽毛就比一块石头后落到地面，但是也不难找到反例，比如两个同样大小的铁球和木球从等高处下落，几乎无法区分哪一个先落下。伽利略晚年的学生维维安尼在他写的伽利略传记中提到，伽利略在比萨斜塔上做过落体实验，证实了所有物体均同时落地。这就导致了之后几百年那个著名的历史传闻。虽然伽利略描述过他在某塔上做过的自由落体实验，但他本人的著作和手稿从未明确说过他是在比萨斜塔做的这个实验。不过，类似的实验此前就有人做过。1586 年，荷兰物理学家斯台文用两个大小不同、重量比为 1∶10 的铅球，让它们从 30 英尺的高度下落，结果两者几乎同时落在地面上的木板上。围观者可以清晰地听到两个铅球撞击木板时发出的声音。一位亚里士多德派的物理学家为了反驳伽利略，于 1612 年在比萨斜塔做了一个实验，结果表明，相同材料但重量不同的物体并不是在同一时刻到达地面。伽利略在《两门新科学》中对此有一个辩护，意思是说，重量 1∶10 的两个物体下落时只差很小的距离，可是亚里士多德却说差 10 倍，为什么忽视亚里士多德如此重大的失误却盯住我小小的误差不放呢？

　　解释摆的等时性是伽利略设计斜面实验的一个主要的动机。为什么不论摆幅多大，摆动一个周期的时间总是相等的？是什么使得它自动调节自己的速度？这真是一个令人着迷的问题。伽利略敏锐地感觉到单摆问题与自由落体问题有内在的联系，它们都是物体的重量造成的。他首先想到将单摆问题化为斜面问题，这相当于将摆弧的曲线化为斜面的直线来处理，斜面的倾角越大相当于摆幅越大，而斜面的倾角达到 90° 时，物体就成了自由落体。从 1602 年开始，伽利略着手研究这些相关的运动问题。1604 年，伽利略设计了斜面实验，经过许多次努力之后，终于探清了在斜面上滚动的铜球的运动情况。他所面临的困难主要是没有准确的计时装置。先是用脉搏,再是用音乐节拍,最后用水钟。他先发现铜球滚过全程的四分之一所花的时间,正是滚过全程所花时间的一半。最后更为精确地知道,在斜面上下落物体的下落距离同所用时间的平方成正比。这就是著名的落体定律。这个定律表明,落体下落的时间与物体重量无关。

伽利略面临的另一个更为主要的困难是概念上的。当时人们连速度的定量定义都没有。起初,伽利略虽然发现了落体定律,但还是错误地以为速度与距离成正比,直到后来才认识到速度与时间成正比。因此,对伽利略来说,必须首先建立匀速运动和匀加速运动的定量概念。在《两门新科学》中,这样的概念终于以公理的形式被创造出来了:"匀速运动是指运动质点在任何相等的时间间隔里经过的距离也相等","匀加速运动是指运动质点在相等的时间间隔里获得相等的速率增量"。[1]有了这两个新的概念,从斜面实验中可以获得更多的教益。铜球从斜面上滚下后,继续沿着桌面滚动,这时斜度为零,重力的作用为零,不再有加速度,球就会永远保持匀速运动。这意味着,外力并不是维持运动状态的原因,而只是改变运动状态的原因。这是对亚里士多德运动观念的重大变革。牛顿后来将之概括为运动第一定律和第二定律。

有了匀速运动和匀加速运动的概念,解释抛物体的运动就变得极为容易。此前人们都相信,抛射体在发射后沿直线运动,等到推力耗尽才垂直下落。伽利略引入了合成速度的概念,将抛物运动分解为水平的匀速运动和垂直方向的匀加速运动,证明了意大利数学家塔尔塔利亚早期的一个发现:抛物体的仰角为45°时,射程最远。

伽利略在力学上的一系列开创性工作,使他在捍卫哥白尼学说方面处于一个十分优越的位置。实际上,伽利略很早就是一个哥白尼学说的信奉者,但因害怕社会压力太大,一直保持沉默[2],不过他一直是亚里士多德自然哲学理论包括宇宙理论的公开怀疑者和反对者。1604年10月,天空出现了一颗超新星。亚里士多德派的

---

[1] 伽利略:《两门新科学》卷三,参见 Galileo, *Dialogues Concerning two new Sciences*, translated by Henry Crew and Alfonso de Salvio, Prometheus Books, 1991, p154, p169.

[2] 1597年,伽利略给开普勒写信说:"多年以前,我就倾向哥白尼的思想,借助于他的理论,我成功地完全解释清楚许多一般用相反理论不能解释清楚的现象。我研究出许多可以驳倒相反概念的论据。但由于担心碰到我们的哥白尼所碰到的同样命运,至今没有把它们公开发表。当然,我知道哥白尼在不很多的一部分人士中间赢得了不朽的荣誉,但在大多数人面前,却只得到讥讽和嘲笑。在那个时候以前,愚昧无知的人真是太多了。如果像您这样的人多一些的话,我经过再三思维毕竟会决定发表我的论据,既然情况并非这样,我就避免再谈上述课题。"(转引自库兹涅佐夫:《伽利略传》,陈太先等译,商务印书馆,2001年版,第73页。)

自然哲学家们按照老一套理论辩解说，这颗新星是某种静止的、没有彗尾的彗星，而彗星只是月下天的大气现象，并不是天界的变化。因为按照亚里士多德的理论，天界是纯净、没有变化的。实际上，早在 1572 年，第谷就已经证明了当时出现的一颗新星是一颗恒星。这一次，伽利略又以精确的测量证明它不是月下天的物体，而确实是一颗恒星，结果引起了与哲学家们的争论。

1608 年，荷兰的眼镜匠利帕希造出了第一架望远镜。事情是极为偶然的。他的一个学徒没事干时拿两个透镜片在眼前对着看，结果发现远处的物体变得近在眼前而且很清晰，便将这件怪事告诉了利帕希。利帕希经试验证明确实有这种效果，就将两个透镜片装在筒里，制成了人类历史上第一架望远镜。他将这架望远镜卖给了荷兰政府。荷兰政府意识到这种新玩意儿在战争中可能会有用，故而决定保密，但消息还是传出去了。第二年（1609），伽利略就从荷兰的朋友那里知道了这种新仪器。他自己立即动手制作了一架，并且不断改进，于 12 月造出了一架放大 30 倍的望远镜。

用这架望远镜，伽利略首先发现了月亮上的山脉和火山口，次年（1610）1 月又发现了木星的四颗卫星。这一发现对于支持哥白尼学说具有重大的意义。托勒密学说的维护者们有一个很强的理由，即只有地球才可能有天体绕着转动，因为这些天体是地球的仆从。3 月，伽利略将他的

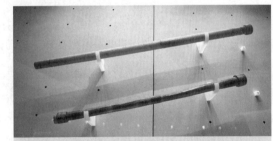

伽利略亲手制造的两架望远镜，现存于佛罗伦萨博物馆。吴国盛摄

新发现写成《星际信使》一书，在书中报告了他用望远镜观察到的新天象：月亮并不像亚里士多德所说的那样完美无缺；木星有四颗卫星，它们绕木星而不是绕地球转动；银河是由大量恒星组成的。《星际信使》在知识界引起了巨大的反响，人们争相传诵"哥伦布发现了新大陆，伽利略发现了新宇宙"。哥白尼学说一下子深入人心，但大多数传统的哲学家和天文学家对望远镜里看到的现象持嘲笑的态度，认为那是伽利略弄虚作假。许多顽固的学者甚至拒绝用望远镜看天空。时任德国皇家天文学家的开普勒，公开撰文承认伽利略的发现是真实的。此后，他使用伽利略送来的望远镜亲自进行了观测，再一次写文章证实木星卫星的存在。当时伽利略与开

伽利略手绘的月面草图

普勒一直保持友好的通信关系。在一封信中，伽利略这样写道："我亲爱的开普勒，我希望我们能一起尽情嘲笑这帮无知之徒的愚蠢至极。你认为这所大学的第一流哲学家们怎么样？尽管我一再勉力相邀，无奈他们冥顽不化，拒绝观看行星、月球或者我的眼镜（望远镜）……如果你听到该大学那位第一流哲学家反对我的论据，你一定会捧腹大笑，他在比萨大公面前卖弄他那语无伦次的论据，好像它们是魔术般的咒语，能把这些新行星（木星的卫星）从天空中驱除和拐走！"[1]

1612年，伽利略用望远镜观测太阳，发现了太阳黑子，并且从黑子的缓慢移动推断太阳是在自转，周期为25天。次年，他将这些发现写在了《关于太阳黑子的信札》一书中，书中还谈到了木星卫星的食问题。

由于这些新的天文发现，伽利略陷入长期的论战之中。教会的介入使他面临更大的压力。1616年，伽利略的一本依据地球运动论述潮汐成因的书被教会谴责。他在书中明确主张太阳是宇宙的中心，而地球做周日和周年运动。宗教法庭委托的一个委员会裁决说："认为太阳处于宇宙中心静止不动的观点是愚蠢的，在哲学上是虚妄的，纯属邪说，因为它违反《圣经》。认为地球不是在宇宙的中心，甚至还有周日转动的观点在哲学上也是虚妄的，至少是一种错误的信念。"[2]教会让贝拉明主教转告伽利略不得再坚持、辩护或讲授这些观点，否则，教会将公开勒令他不得如此。

1623年，伽利略发表《试金者》一书，对当时学术界的治学态度和方法做了入木三分的评论。他批评了以权威而不是事实作为最终论据的做法。在这本书中，他还发表了近代自然数学化运动的宣言，阐述了近代机械自然观的基本立场：

哲学被写在那部永远在我们眼前打开着的大书上，我指的是宇宙；但只有学会它的书写语言并熟悉了它的书写字符以后，我们才能读它。它是用数学语言写成的，字母是三角形、圆以及其他几何图形，没有这些工具，人类连一个词也无法理解。[3]

---

[1] 沃尔夫：《十六、十七世纪科学、技术和哲学史》，周昌忠等译，商务印书馆，1985年版，第35页。

[2] 同上书，第43页。

[3] 柯林武德：《自然的观念》，吴国盛译，北京大学出版社，2006年版，第124页。

1624年，乌尔班八世当上了教皇。由于他是佛罗伦萨人而且对伽利略比较赞赏，伽利略拜访了他。席间乌尔班八世表示，只要说明地球运动只是一个工作假设，并无物理根据，运用它来解释一些现象还是可以的。听信了新教皇的话，伽利略开始撰写他的新著。这部论述新旧宇宙体系的对话体著作，历时 6 年，直到 1630 年终于完成。伽利略原来准备将之命名为《关于潮汐的对话》，但教会反对，因为这强调了对地球运动进行物理学

《关于托勒密和哥白尼两大世界体系的对话》，1632年版，洛杉矶亨廷顿图书馆收藏。吴国盛摄

论证，所以最后改名为《关于托勒密和哥白尼两大世界体系的对话》（以下简称《对话》）。这部科学史上伟大的著作采用对话体，因为当时对话体被广泛用于对普通民众进行教育的书籍中。此外，如果其中的观点受到谴责，作者也可以为自己开脱。书是用生动的意大利文写的，为使更多的意大利人读懂，而不只是面向读拉丁文的学者。书中有 3 个人参与对话：萨尔维阿蒂是伽利略的代言人，古代著名的亚里士多德注释者辛普里丘作为亚里士多德派学者出现，风趣而又无偏见的第三者是沙格列陀。对话分四天进行，第一天批评了亚里士多德自然哲学的基本原则，还讨论了月亮表面的地貌特征；第二天以运动的相对性反驳了对地球自转的责难；第三天讨论了地球绕太阳的公转；第四天用地球的运动解释潮汐。伽利略的这个解释虽然是不正确的，但以此强调地球的运动却完全恰当，因为要正确解释潮汐就必须首先承认地球的运动，虽然地球的运动尚不足以说明潮汐。

该书第三天的讨论只字未提开普勒的行星运动理论，这是令人感到惋惜的。行星的椭圆轨道没有被伽利略采纳。实际上，伽利略一直没能将他创造的新力学运用到天体运动中。他还是相信天体做完美的正圆运动，惯性运动只在局部地域是可能的，天体并不做惯性运动。将天上的力学与地上的力学相统一是牛顿的工作。

《对话》于 1632 年 3 月获准出版，但当年 8 月，教会突然下令禁书而且传讯伽利略。据说是教会中的保守派势力占了上风，乌尔班八世也不得不迁就他们。次

年 2 月伽利略来到了罗马，3 月 12 日受到审判。伽利略为自己做了一些辩护，但无济于事。6 月 22 日法庭判他终身监禁。据说在宣判之后，这位 70 岁的老人喃喃自语："可是，地球仍在转动呀！"但这可能只是当时进步人士假托的心声。

被软禁后，伽利略继续早期从事的力学研究，于 1637 年写出了《两门新科学》。该书次年在荷兰出版。所谓两门新科学指的是材料力学和运动力学。关于第一门新科学，伽利略在书中提出，物体的支撑能力不能依几何比例简单放大。例如，一只

佛罗伦萨的圣十字教堂里的伽利略墓。吴国盛摄

鹿如果按比例胀成大象那么大，那么它的腿肯定支撑不住自身的重量；一只小狗能背负两三只同自己一样重的狗，而马却很难驮动另一匹马。后一门新科学，就是他早年对落体运动所做研究的一种系统化。速度和加速度的概念、惯性的概念，就是在这本书中以公理的形式提出的。

爱因斯坦评论说："伽利略的发现以及他所应用的科学推理方法，是人类思想史上最伟大的成就之一，标志着物理学的真正开端。"这个评价是十分恰当的。1979 年，罗马教皇保罗二世提出为伽利略平反，1980 年正式宣布当年教会压制伽利略的意见是错误的。虽然事隔 300 多年，但终究表明了真理是不可战胜的。

2. 斯台文的静力学研究

伽利略所开创的近代物理学奠基于当时一大批物理学家的工作。前面提到，早在伽利略之前，斯台文就在静力学领域做出了重要的贡献。西蒙·斯台文 1548 年生于今属比利时的布鲁日。据说他早先是当地的税务官，后来进荷兰的莱顿大学任教。他曾经为荷兰军队设计了一套堤堰的水闸系统，这套系统可以在敌人入侵时将

斯台文画像

斯台文设计的带风帆的轮车

全国淹没。

　　斯台文的工作是多方面的。在数学上，他最早翻译了刁番都的著作，并引进了十进制小数。在静力学方面，他证明了液体中任一面积所受的压力只与液体的高度和面积有关，而与容器的形状无关，这实际上开创了流体静力学。他研究了斜面上物体的平衡问题，证明了两块连成三角形的斜面上搭着的铁链在何种条件下静止不动，这实际上继承并发展了阿基米德关于静力学的研究工作。此外，前面已说过，他于1586年就做过落体实验，表明重物与轻物同时落地。1605年，他的《数学札记》在莱顿出版，书中记载了他的这些科学工作。1620年，斯台文在荷兰去世。

3. 吉尔伯特的磁学研究

　　威廉·吉尔伯特1544年5月24日生于英国埃塞克斯郡的科尔切斯特。尽管以磁学研究的先驱而闻名于世，但他终生的职业是医生。他于1569年在剑桥大学获医科学位；1573年在伦敦定居，成为当时的名医；1600年被任命为皇家医学院院长；1601年被招为伊丽莎白女王的宫廷医生，享受丰厚的年薪。吉尔伯特终生独身，将闲暇全都用于搞物理实验。1600年出版的《论磁》一书，奠定了他在物理学史上不

吉尔伯特画像（16 世纪，画家不详）

朽的地位。

中国人发明的指向磁针经由阿拉伯人传入欧洲之后，很快在航海业得到广泛的使用。13 世纪时，帕雷格里纳斯曾对磁针进行过研究，但这项工作不久即被人遗忘。正是吉尔伯特大大发展了对磁针特性的了解。他用实验驳斥了当时人们的一种谬见，即将大蒜抹在磁铁上将破坏其磁性。事实表明，被抹了大蒜的磁铁的磁力丝毫不受影响。他还发现了磁倾角，即当小磁针放在地球上除南北极之外的地方时，它有一个朝向地面的小小倾斜。今天我们知道，这是地磁极吸引的结果。吉尔伯特的天才之处在于，他由磁倾角推测出地球是一块大磁石，而且用一个球形的磁石做了一个模拟实验，证明了磁倾角的确来源于球状大磁石。由于地球有磁极，吉尔伯特指出"所有的仪器制造师、航海家，在把天然磁石的北极当成磁石倾向于北方的部分时显然是错了"，磁针的北指极应是南极。

吉尔伯特对近代物理学的重大贡献还在于他提出了质量、力等新概念。牛顿物理学的一个基本要点是区分了质量和重量，有了这个区分，力学才突破了感性经验的范围进入纯理论的领域。在《论磁》中，吉尔伯特说，一个均匀磁石的磁力强度与其质量成正比。这大概是历史上第一次在重量概念之外提到质量概念。除了研究磁力，他还注意到了自然界中其他类型的吸引力。比如，人们早就知道摩擦琥珀，琥珀就能将细小物体吸起来。据说，泰勒斯曾做过有关的实验。吉尔伯特进一步发现，除琥珀外，还有许多物体经摩擦都有吸引力。他将这类吸引力归结为电力，并用希腊文琥珀（elektron）一词创造了"电"（electricity）这个新词。他还通过实验具体测定了各种吸引力的大小，发现磁力只吸引铁，而电力则太微弱。

普遍的"力"的概念当然还不成熟，但通过"磁力"这一特殊的力，吉尔伯特揭示了自然界中存在着某种普遍的相互作用。他对力的解释也还带着旧时代的痕迹。他像希腊人那样相信万物皆有灵魂，而地球的灵魂即磁力。他认为，力像以太那样放射和弥漫，将四周的物体拖向自身。这种解释虽然不够近代，但对开辟近代新的

油画《吉尔伯特向伊丽莎白女王展示他的实验》，画家亚瑟·阿克兰·亨特（Arthur Ackland Hunt，1841—1914）绘制。

物理学十分有用。因为，正是在他的思想激励下，人们才开始寻求行星规则运动的"力"的原因。

　　伊丽莎白女王死后，他接着被任命为詹姆斯一世的宫廷御医，但不久他就去世了（1603）。他生前赞同哥白尼学说，这对日心理论在英国的传播起了很大的作用，因为吉尔伯特是英国社会中有身份、有影响的人物。

4. 真空问题：托里拆利、帕斯卡、盖里克与波义耳

　　这个时期力学上另一重大的发展是流体力学。基于精心设计的实验，托里拆利、帕斯卡、波义耳与盖里克等人将流体力学提高到与固体力学同样高的水平。真空问题是当时流体力学研究的一个核心问题。

　　在亚里士多德的自然哲学中，真空，即没有任何物质的空间，是不可思议的。由于亚里士多德已在《物理学》中对虚空的不存在做过系统的论证，因此因袭了亚氏偏见的中世纪后期学术界流传"自然界厌恶真空"的说法。伽利略的落体运动规律显然需要在真空中得到真正的验证，因为空气妨碍了落体的自然运动，但是否存

在"真空"，连伽利略本人也没有把握。

意大利物理学家托里拆利1608年生于法恩扎，青年时代深受伽利略的影响。伽利略在被软禁时期读过他写的一本关于力学的书，对他十分欣赏，并邀请他到佛罗伦萨来。伽利略临终前，托里拆利一直待在他的身边。伽利略死后，托氏接替了他的宫廷数学家职位。

随着资本主义大生产的发展，水泵的使用已很普遍。按照亚里士多德派的观点，水之所以能往上抽是因为自然界不允许真空出现，活塞向上抽动所留下的空隙必须马上被水充满。这种解释表面看起来说得通，但深究起来就有这样的问题：是否可以将水无限提升？事实上，当时人们根据经验已经知道，水只能

托里拆利肖像

被抽升到约33英尺高，再高就不行了。伽利略一开始听到这件事时感到十分惊讶，据此他猜想对真空的排斥力并不是无限的，而是有限的，并且应该可以测量出来。事实上，伽利略本人已经通过实验知道空气有重量，而且他也提出过可以由水柱的高度来标度对真空的排斥力，但他没有认识到这两者之间的关系。他把这个课题留给了他的学生托里拆利。

帕斯卡画像

伽利略去世后的1643年，托里拆利与伽利略的另一个更年轻的学生维维安尼一起在佛罗伦萨做了著名的"托里拆利实验"。托里拆利在一根4英尺长的一端封闭的玻璃管内注满水银，用手堵住开口的一端，将管子倒立着放入水银盘中，松开手水银果然向下流，但是当流到水银柱高约30英寸（760毫米）时，水银不再向下流了。托里拆利认识到，所谓排斥真空的力不是别的，正是空气的重量。由于空气的重量是有限的，所以能支撑的水银柱高也是有限的，而倒立的管子里水银流走后空出来的那一段就是真空。托里拆利还注意到水银柱高每天

略有变化，他正确地解释说，那是因为每日空气重量略有变化。这实际上使这根水银柱成了第一个气压计。

托里拆利的实验经通信传到了法国，在法国学术界引起强烈的反响。法兰西正有一位年轻人也在思考同样的问题，他就是布莱兹·帕斯卡。这位伟大的天才 1623 年生于奥弗涅的克莱蒙费朗，从小体弱多病，但智力发育超群绝伦。他只活了 39 岁，却在科学、哲学和文学领域都创造了不朽的业绩。他的《致外省人信札》和《思想录》是法兰西文学的杰作，也铸就了他作为思想家的名声。帕斯卡从小酷爱数学，16 岁出版论圆锥曲线的著作，提出了一条关于圆锥曲线内接六边形的重要性质的定理，将阿波罗尼的圆锥曲线研究向前推进一步。据说笛卡尔读到这本书后，绝不相信它出自一个 16 岁的孩子之手。1642 年，年仅 19 岁的帕斯卡发明了一种可以做加减法的齿轮计算机，并获得专利。在数学上，帕斯卡还在摆线问题和概率论上做出过重要的贡献。

托里拆利实验辗转传到帕斯卡那里，促使他深入思考真空问题。他相信"真空在自然界不是不可能的，自然界不是像许多人想象的那样以如此巨大的厌恶来避开真空"。他用红葡萄酒重复了托里拆利的实验，由于酒比水银比重小，他使用了一根 46 英尺长的玻璃管，结果得到了一段真空。帕斯卡不满足于

帕斯卡 1642 年制造的计算机，帕斯卡本人 1652 年在上面签名，现存于巴黎工艺博物馆。吴国盛摄

此。他进一步想到，如果水银柱真的是被空气压力顶住的，那么在海拔较高的地方，空气压力小，水银柱高度应有变化。他自己身体太差，不能登山。他写信给他的内兄，请他带着两个水银气压计登上当地的多姆山做试验，果然在 1 英里高处水银柱下降了 3 英寸。帕斯卡将这个实验重复了五次，结果使他十分激动，因为这进一步支持了托里拆利关于大气压力的观点。

在空气静力学的基础上，帕斯卡进一步研究了液体的静力学。在大量实验的基础上，他发现，作用于密闭液体的压力可以完全传递到液体内部任何一处，并且垂直地作用于它所接触的任一界面上。这个原理就是著名的帕斯卡原理，是水压机的

盖里克肖像

理论基础之一。帕斯卡还发现，液压机也是一个杠杆，力与力臂的积保持不变。在由两个活塞组成的液压机中，活塞越大，液体的高度变化就越小，它所受的力就越大。这些工作载于帕斯卡发表于1648年的《关于液体平衡的重要实验的报告》以及他死后出版的《论液体平衡与气体物质的压力》。

几乎与意大利和法国同时，关于真空问题的研究也在德国独立地进行，并最终诞生了著名的马德堡半球实验。实验是由盖里克设计的。这位出身名门望族的德国工程师早年曾游学于荷兰、法国和英国，学习法律和数学。17世纪二三十年代的战争，将他的家乡马德堡变成了废墟。1646年他当上了该市的市长，在任35年，为重建家乡殚精竭虑。青年时代他一定对欧洲学界正关注的真空问题有所了解，而且产生了浓厚的兴趣。他很反感当时盛行的亚里士多德派学者的理论辩护，认为"雄辩术、优雅的语言或争论的技巧，在自然科学的领域中是没有用处的"，他决定用实验来解决这个问题。

一开始，盖里克使用一个装满水的葡萄酒桶，用黄铜泵将桶内的水抽出，但桶不太严实，水抽出后，不久即有空气进入。盖里克用空心铜球代替木桶继续实验，起初抽起来比较轻松，后来活塞很难拉动了，再后来"噗"的一声巨响，铜球瘪了。盖里克又换上更结实的铜球。这一次铜球没有瘪，但抽完气后往里放气的场面十分吓人。盖里克改进了抽气机，制造了许多真空球。他发现，在真空中，火焰熄灭了，小动物不能存活，而水果却可以保鲜很长时间。运用他的抽气机，他测量了空气的重量。

1654年，当着德皇斐迪南三世和国会议员们的面，盖里克演示了大气压力有多大。他给两个直径约1.2英尺的铜制半球涂上油脂对接上，再把球内抽成真空。这时让两队马分别拉一个半球，直到用上了16匹马才将两个半球拉开。这个著名的实验使真空和大气压力的概念广为人知，后人将这两个半球命名为马德堡半球。

盖里克在电学方面也有重要的成就。他自己制造了一台摩擦起电机。该装置使用能在曲轴上旋转的硫黄球制成，每一次旋转都产生一些静电并贮存在硫黄球里，以至可以演示连续放电实验。运用这个仪器，他发现了静电感应现象——一个小物体只要靠近带电物体，它也会带电。此外，他还发现了同性电荷相排斥的现象。

在英国，波义耳在流体力学方面做出了重要的贡献（他作为近代化学的开创者的业绩将在下章叙述）。听说了盖里克的实验之后，波义耳也着手自己设计抽气机。在助手胡克的帮助下，他成功地改进了盖里克的空气泵，并获得了更好的真空。在自己创造的真空里，他首次证明了伽利略关于落体运动的观点：一切物体不论轻重均同时落地。在抽去了空气的透明圆筒里，羽毛和铅块果然同时落地。此外，他还证实了声音在真空中不能传播，而电吸引力却可以穿透真空。

波义耳在气体力学方面最著名的成就是发现了所谓的波义耳 – 马略特定律。这个定律因为在 14 年之后被法国物理学家马略特独立发现，故用他们两人的名字命名。中学生都知道这个定律：在压缩空气时，压强越大，空气体积越小，压强与体积成反比。波义耳发现这个定律是在 1662 年。当时有人对波义耳所宣扬的空气压力

德国耶稣会士肖特（Gaspar Schott，1608—1666）的木刻作品，描述马德堡半球实验的场景。

波义耳的空气泵图示，见于他的《新物理 – 力学实验》（1662），此书藏于洛杉矶亨廷顿图书馆。吴国盛摄

观点持反对态度，说支持水银柱的并不是空气压力，而是某种看不见的纤维线。这个批评意见促使波义耳进一步做实验，以表明空气的弹力比托里拆利实验中所表现的还要大。波义耳用了一端封闭的弯管，将水银从开口的一端倒入，使空气聚集在封闭的那一端。随着他不断地倒入水银，那端的空气柱只是受到了压力，体积变小，

但其支持的水银柱更高了，这就表明空气受到压缩可以产生更大的压强。波义耳正是从这一实验中得出压强与体积成反比改变的结论。

　　真空问题的研究极大地促进了流体力学的发展，为下个世纪蒸汽机的出现、动力机械的广泛使用以及工业革命奠定了基础。

英国画家赖特（Joseph Wright, 1734—1797）的作品《空气泵中的小鸟实验》（1768），现存于英国国家美术馆。画面上一只小鸟刚被放进玻璃空气泵中，以确认它在真空中能存活多长时间，围观者神情各异。小女孩眼神中充满了惊恐，稍大一点的女孩捂住双眼，不忍观看。右边坐着的男人神色凝重，心事重重。左边几位观众则充满好奇。

5. 胡克与弹性定律

　　罗伯特·胡克 1635 年生于怀特岛一个牧师家庭，少年时体弱多病，并且因患天花而落得一脸麻子。他从小并未受过什么教育，但他聪明好学，对当时正在孕育的新物理学表现出很强的领悟力。波义耳在牛津一见到他就决定聘请他当自己的助手，那是 1654 年。胡克心灵手巧，除了帮助波义耳造出一台精致的抽气机外，自己在物理、生物、天文学方面均有所发现。最著名的显微镜实验以及他的名著《显微图》将在以后叙述，值得一提的是，他在使用显微镜的过程中提出了光的波动学说。他在理论方面的工作往往不完整，只有弹性定律例外。他通过实验发现，弹簧总是倾向于回到自己的平衡位置，这种倾向表现为弹性力，该力的大小与弹簧离开平衡位置的距离成正比。这就是现在众所周知的弹性定律。胡克于 1678 年公布了这项工作。此外，他还认识到，弹簧被外力拔离平衡位置后，若撤除外力，它会在平衡位置附近做周期性伸缩，伸缩的时间间隔相等。这一发现十分有意义，它为便携式钟表的制造提供了依据。人们从此可以不再用笨大的钟摆而用小弹簧作为等时装置，手表和小闹钟里的游丝就是这样的小弹簧。

6. 惠更斯：摆的研究

与牛顿同时代的另一位伟大的物理学家是克里斯蒂安·惠更斯。他 1629 年 4 月 14 日出生于荷兰海牙的一个政府要员之家，年轻时进过莱顿大学，受过良好的教育，在数学上有出众的天分。他 1657 年发表的关于概率论的著作显示了他在数学上的不凡造诣，但是他被自然科学吸引住了，在一系列领域做出了重要的贡献。

1655 年，在其兄长康士坦丁以及著名哲学家斯宾诺莎的帮助下，惠更斯磨出了更好的透镜，并用自己新制的透镜装了一架清晰度和倍率更高的望远镜。次年，他用这架望远镜发现了猎户座星云，还发现了土星的一颗卫星，惠更斯将其命名为泰坦（希腊神话中大力神的名字）。同年，他还发现了土星的光环，并且注意到光环面相对于地球轨道面倾斜，因而周期性地侧对地球，导致从地球上无法看清它。早在 1610 年，伽利略就曾注意到土星的这种特异现象，但当时的望远镜倍率不够，没能发现光环。

惠更斯画像

惠更斯对摆的研究是他最出色的物理学工作。多少世纪来，时间测量始终是摆在人类面前的一个难题。直到伽利略发现摆的等时性，人类的计时装置诸如日晷、沙漏、漏壶（水钟）均不能在原则上保持精确。伽利略虽然认识到可以利用摆的等时性制造时钟，还设计了图纸，但并未付诸实施。惠更斯继承了伽利略关于摆的研究。他发现，单摆只是近似等时，真正等时的摆动轨迹不应是一段圆弧，而应是一段摆弧。他创造性地让悬线在两片摆线状夹板之间运动，这样的摆动就是一段摆弧。将这个发现运用于设计之中，惠更斯于1656年造出了人类历史上第一座摆钟。这座钟用一个下垂的重锤的重力作为驱动力，经多个齿轮传动向单摆施以周期性的、瞬时的冲力，使摆不致因空气阻力和摩擦而停止摆动，同时摆的等时运动又调节着重锤的下降和指针的运动。惠更斯将制成的第一台"有摆落地大座钟"献给了荷兰政府。这台钟的问世标志着人类进入了一个新的计时时代。1657年，惠更斯取得了摆钟的专利。1658年，出版《钟表论》一书，对摆钟的结构做了说明。

1673年在巴黎出版的《摆钟论》一书，不但记述了摆钟的原理和具体设计，而且论述了惠更斯关于碰撞问题和离心力的研究成果。事实上，大约在1669年他就已提出解决碰撞问题的一个法则，即所谓的"活力"守恒原理：由两个物体组成的系统中，物体质量与运动速度的平方之积被称为该物体的活力；在碰撞前后，两个物体的活力之和保持不变。惠更斯为此写出了"论碰撞引起的物体运动"一文，但该文直到1703年才出版。活力守恒当然只是在完全弹性碰撞时才是正确的。惠更斯虽然没有明确强调这一点，但他给出的相关条件正好要求碰撞是完全弹性的。"活力"守恒法则是能量守恒原理的先驱。

大约在同一时期，惠更斯写出了《论离心力》一文，文中提出了著名的离心力公式：一个做圆周运动的物体具有飞离中心的倾向，它向中心施加的离心力与速度的平方成正比，与运动半径成反比。牛顿在14年后也独立地推出了这个公式，并以此为桥梁很快发现了万有引力定律。

由于惠更斯毕生与光学仪器打交道，因而在光学理论上也颇有建树。在出版于1690年的《论光》一书中，惠更斯倡导光是振动的传播的理论。当时关于振动与波的研究已有相当的水平，人们已经知道声音就是一种波，通过空气这个媒介传播。惠更斯认为，光是一种通过以太介质传播的波，与声音类似。这里他也犯了一个错误：声音是纵波，而光是横波，他却误以为光也是纵波。运用波动理论可以解释光的折射现象。

对波动说的反对意见也很强，理由是众所周知的光的直线传播现象，而像声波这样的波是可以绕过障碍物的。由于牛顿主张光是一种粒子流，后来的人们慑于他的崇高威望，坚持粒子说达一个世纪之久，直到托马斯·杨复兴波动说为止。

惠更斯生前名满欧洲学界，牛顿称他是"德高望重的惠更斯"，是"当代最伟大的几何学家"。1663 年，英国皇家学会推选他为元老会员。法王路易十四重金聘请他到法国，但惠更斯是新教徒，在法国没待多久就回到了故乡荷兰。1695 年 6 月 8 日，惠更斯在海牙去世。

7. 牛顿力学的建立

从伽利略时代以来一个世纪的物理学工作，在牛顿手里得到了综合。从个人素质上讲，牛顿也许是有史以来最伟大的天才：在数学上，他发明了微积分；在天文学上，他发现了万有引力定律，开辟了天文学的新纪元；在力学上，他系统总结了三大运动定律，创造了完整的牛顿力学体系；在光学上，他发现了太阳光的光谱，发明了反射式望远镜。一个人只要做出这里的任何一项成就，就足以名垂千古，而牛顿一个人做出了所有这些成就。

牛顿画像，此油画肖像为英国画家内勒于 1689 年创作，牛顿时年 46 岁。

伊萨克·牛顿按旧历即儒略历生于 1642 年 12 月 25 日，这天是圣诞节，但按新历即现今通用的格里高利历生于 1643 年 1 月 4 日，因此，说他生于伽利略去世的那年或次年都行（英国采用新历较迟，故有此麻烦）。他是英国林肯郡伍尔索普村的一个遗腹子，因为早产，差一点夭折。3 岁时，母亲改嫁，将他留给了外祖父母。与伽利略年少时一样，牛顿喜欢摆弄一些机械零件，做一些小玩具。据说他做过一个以小老鼠为动力的磨坊模型。他还在风筝上挂了许多小灯笼，风筝在夜里放飞后看起来就像彗星一样。他特别喜欢做的是日晷，以此查看时刻。在旁人眼里，他是一个性情孤僻、一心摆弄自己那些个小器械的古怪的孩子。上小学时，他并不显得十分聪明，学习成绩也十分平常。12 岁时被送进格兰瑟姆的文科中学念书。在那里，他继续制作机械模型，由于寄宿在一位药剂师家里，学会了做化学实验，此外终于在学习成绩方面成了一名佼佼者。

牛顿的出生地林肯郡伍尔索普村，这幅图是他的第一个传记作者斯图克莱所绘。

牛顿故居。吴国盛摄

1656年，牛顿的母亲再次成为寡妇，家里的农活需要人料理。牛顿被召回伍尔索普，帮助母亲务农。但他对农活太不在行，帮不上什么忙，只好又回到了格兰瑟姆。牛顿的舅舅注意到这位年轻人学识不凡，极力推荐他去剑桥大学深造。1661年6月，牛顿以减费生身份进入剑桥三一学院。当时的三一学院，讲授的大多还是一些古典课程，卢卡斯出资设立了一个数学教席，规定讲授自然科学知识。第一任卢卡斯数学教授巴罗是一位博学的学者，正是他指导牛顿踏进了科学的大门。在他的引导下，牛顿系统阅读了开普勒的《光学》、笛卡尔的《几何学》和《哲学原理》、伽利略的《关于两大世界体系的对话》以及胡克的《显微图》等书籍，基本上掌握了当时最前沿的数学和光学知识。1665年年初，牛顿大学毕业，获得文学学士学位。当时伦敦正闹瘟疫，学校唯恐被波及，于是停课放假。牛顿便于1665年6月回故乡伍尔索普躲避，在他母亲的农场里度过了两年时光。

1665年至1666年是牛顿创造发明最为旺盛的时期。1665年年初，他发明了级数近似法，并且将任何幂的二项式化为一个级数展开，即二项式定理。同年11月，发明了正流数运算法即微分运算。1666年1月，研究颜色理论。5月着手研究反流数运算即积分运算。同年继续思考动力学和引力问题，从开普勒第三定律推出，行星维持轨道运行所需要的力与它们到旋转中心的距离成平方反比关系。

1667年，牛顿回到剑桥，当选三一学院的研究员，次年获得文学硕士学位。

1669 年，牛顿的数学老师巴罗辞职，举荐牛顿接替，于是年仅 27 岁的牛顿当上了剑桥大学的卢卡斯数学教授。他接着进行从前做的光学实验，发现了太阳光并非单色光，而是多种光的合成。光谱的发现使牛顿相信折射式望远镜必定会出现色差，即在透镜周围出现杂乱的彩色光轮，这促使他研制反射式望远镜，因为反射镜可以成功地消除色差。1671 年，牛顿向皇家学会提交了他的反射式望远镜，被选为会员。这台望远镜筒长 6 英寸，可以放大 38 倍，而当时 2 英尺长的折射式望远镜只能放大 13 至 14 倍。1672 年，他向学会报告了他在光学方面的这些发现。胡克当时是皇家学会的会员兼实验总监，本人有很高的实验天分，但理论素养相对差一些。他对许多问题有预见，但都未系统深入地钻研下去。不

牛顿 1672 年提交给皇家学会的反射式望远镜的复制品，美国国家航空航天博物馆收藏。吴国盛摄

幸的是，他又是一个喜好争论的人，尤其喜欢同别人争优先权。牛顿的光学论文《论光与颜色》一送来就遭到胡克的批评，因为胡克不同意牛顿所持的光的粒子说。而牛顿偏偏是一个对批评格外敏感的人，对胡克的批评十分不高兴，差一点因此向皇家学会提出辞职。此后，牛顿又相继发表了两篇光学论文。1678 年，因在光学问题上与胡克争论，牛顿深受刺激，性格内向的他不再发表文章，与学界隔绝。光学问题被搁置一边，牛顿转而思考天文学问题。1679 年，胡克主动与牛顿通信讨论引力问题，这也促使牛顿重新开始研究早年的课题。

　　自行星运动的正圆轨道被打破后，天文学家开始关注这样的问题：行星为什么总是绕太阳做封闭曲线运动，而不是做直线运动远离太阳呢？伽利略认识到力只是改变运动的原因，而不是保持运动的原因，但他把这一点限制在地面，关于天体，他还是相信正圆运动的老观念。现在开普勒破除了正圆运动的教条，人们开始思考支配天体运动的力的问题。1684 年 1 月，胡克向当时的皇家学会主席雷恩和天文学家哈雷声称，自己已经发现了天体在与距离平方成反比的力的作用下的轨道运行规律，但他给不出数学证明。雷恩遂决定悬赏征解。哈雷是牛顿的好朋友，因为此事于 8 月专程去剑桥，请教牛顿在与距离平方成反比的力的作用下行星做何运动。牛顿肯定地回答说运动轨道是椭圆，并说他几年前就做过计算，但一时找不到了，并答应三个月后将计算重写出来。当年 11 月，牛顿写出了《论运动》手稿，就行星

运动轨道与按距离平方反比的作用力之关系做了透彻的数学证明。

事实上，从开普勒第三定律（行星运行周期的平方与轨道半径的立方之比是一个常数）和向心力公式，很容易推出向心力与半径的平方成反比。牛顿早在伍尔索普时期就得出了这一结论。到了 17 世纪 80 年代，胡克、雷恩和哈雷都独自发现了这一关系。但他们都没能证明其逆命题：在和距离的平方成反比的力的作用下，行星必做椭圆运动。只有牛顿给出了这一数学证明。

牛顿院子里的苹果树。吴国盛摄

然而，即使确认了椭圆轨道与平方反比作用力之间的这种互推关系，也并不等于发现了万有引力。万有引力的关键在"万有"，它是一种普遍存在的力。首先，人们必须证明支配行星运动的那个力与地面物体的重力是同一种类型的力。牛顿最先意识到这一点，著名的苹果落地的故事说的就是这段历史。那时他正在伍尔索普他母亲的农场里干活。一个炎热的中午，牛顿坐在一棵苹果树下思考行星运动问题，一个熟透了的苹果在他眼前落下，使他想到促使苹果落地的重力，是不是也可以使月亮保持在它的轨道上而不掉下来。这个故事出自牛顿的朋友也是第一位传记作者威廉·斯图克莱写的牛顿传记，当时就传开了，真假已不可考。重要的是，牛顿当时确实想到过重力既支配苹果的下落，也支配月亮的旋转。

牛顿在 17 世纪 60 年代就已萌发的思想，为何直到 17 世纪 80 年代才重提，其间悬置了 20 多年？从前比较盛行的一种说法是，牛顿当时未能获得准确的地球半径值，使计算的结果相差甚远，以致不得不放弃这个想法达 20 年。后来的科学史家从牛顿的手稿中发现，当时的计算结果基本符合，排除了这种解释。事实上，牛顿面临的一个主要困难是，他不能肯定是否应该由地心开始计算月地距离，因为这牵涉到地球对月亮的引力是否正像它的全部质量都集中在中心点上。虽然在距离比较大的情况下，他这样做不会引起太大的误差，但对谨慎过人的牛顿而言，这一点足以使他放弃这种本来十分卓越的思想。[1]

1685 年年初，情况出现了转机，牛顿运用他自己发明的微积分证明了，地球吸引外部物体时，恰像全部的质量集中在球心一样。这个困难一旦解决，"宇宙的全部奥秘就展现在他的面前了"。在哈雷的鼓励下，牛顿全力投入写作，系统总结他关于动力学和引力问题的研究。花了不到 18 个月的时间，科学史上最伟大的一部著作《自然哲学的数学原理》（人们简称《原理》）于 1686 年完

牛顿自存的（后来送给哈雷）《原理》第一版，洛杉矶亨廷顿图书馆收藏。吴国盛摄

成。由于皇家学会当时资金不足，不能资助出版此书，哈雷便决定自己出资出版这部著作。不料出版过程中又节外生枝。胡克声称自己是平方反比定律的第一位发现者，而且牛顿的一系列研究工作都是由他发起的。这倒也不全是无理取闹，所以牛顿在书中插入了一个声明，说胡克也是平方反比定律的独立发现者。这样，《原理》拉丁文初版于 1687 年 7 月问世。

《原理》共分三篇。开首是极为重要的导论部分，包括"定义和注释"以及"运动的基本定理或定律"。8 个定义分别是："物质的量""运动的量""固有的力""外加的力"，以及关于"向心力"的 4 个定义。注释中给出了绝对时间、绝对空间、绝对运动和绝对静止的概念，并且为绝对运动提出了著名的"水桶实验"。在"运动的基本定理或定律"部分，牛顿给出了著名的运动三定律，以及力的合成和分解法则、运动叠加性原理、动量守恒原理、伽利略相对性原理等。这一部分是牛顿对前人工作的一种空前的系统化，也是牛顿力学的概念框架。

第一篇运用前面确立的基本定律研究引力问题。共十四章。第一章给出了无穷小算法的要点；第二章讨论向心力，并由开普勒第三定律和惠更斯向心力定律推出了引力的平方反比关系；第三章由平方反比的有心力推出受力作用的物体必做圆锥曲线运动；第四、五、六章继续讨论圆锥曲线轨道的几何学问题；第七章论物体的

---

[1] 对这个历史问题的解释可参见卡约里：《物理学史》，戴念祖译，内蒙古人民出版社，1981 年版，第 64–66 页。

直线上升和下降，扩充了伽利略的落体运动定律，并提出了"活力定律"；第八章论物体受向心力的推动而运动时，求其轨道的方法；第九章讨论物体运动轨道发生旋转时的运动情况；第十章研究摆的运动；第十一章正式提出引力的大小与物体质量成正比；第十二章证明了球形物体对球外质点的作用等效于球的全部质量集中于球心对该质点的作用；第十三章论非球形物体的吸引力；第十四章试图用刚建立的力学解释光的折射和反射问题。

第二篇讨论物体在介质中的运动，在这篇的结尾，牛顿批评了当时广泛流行的笛卡尔的宇宙旋涡假说，认为行星在旋涡中的运动不可能符合开普勒定律。

第三篇冠以总题目"论宇宙体系"，是牛顿力学在天文学中的具体应用。该篇共五章，分别是："论宇宙体系的原因""论月亮""论潮汐""论岁差""论彗星"，是天体力学的开山之作。该篇的开始是一节"哲学中的推理法则"，讲述了牛顿所主张的科学方法论。第三篇之后是"总释"，对许多未知的问题做了有意思的推测。

《原理》的出版立即使牛顿声名大振，惠更斯读完该书之后专程去英国会见作者。《原理》开辟的全新的宇宙体系是那样明澈和有条理，使守旧分子毫无抵挡的勇气和能力。说它开创了理性时代也不过分，因为正是从这里，人类获得了可以用理性解决面临的所有问题的勇气和自信。英国著名诗人波普有一首赞美牛顿的名诗，诗中写道："大自然和它的规律／隐藏在黑暗之中／上帝说：让牛顿去吧／于是一切便灿然明朗。"

《原理》出版后，也许是太过劳累的缘故，牛顿不再钻研力学问题。朋友们便拉他参与社会活动。1689年，牛顿代表剑桥大学当选为国会议员。据说，他从不发言。有一次开会期间他从座位上站了起来，议会厅里顿时静了下来，人们等待着这位伟人发言，可他只说了一句"应把窗户关起来"就又坐了下来。1690年，国会解散，牛顿又回到了剑桥，开始研究《圣经》。1695年，他被任命为造币厂督办。1699年，他

牛顿《光学》（1717年，第2版），洛杉矶亨廷顿图书馆收藏。吴国盛摄

被任命为造币厂厂长。在任期间，他运用他的冶金知识为英国铸造了成色十足的货币。

1701 年，牛顿辞去了三一学院的教职，1703 年当选为皇家学会主席，以后连选连任，直到去世。1704 年，他出版了《光学》一书，总结了他从前在光学方面的研究成果。与《原理》不同，该书是用英文写的。全书分三篇，第一篇记载了有关光谱的一些实验，第二篇讨论薄膜的颜色，第三篇讨论衍射现象和双折射现象。

牛顿的晚年为造币局的公务所累，但其数学能力并未衰退。有两个故事证明了这一点。第一次是 1696 年，瑞士数学家伯努利出了两个问题，向欧洲数学家挑战。牛顿知道后，当天晚上就解决了，第二天匿名寄去了答案。伯努利一眼就看出是牛顿的笔迹，叫道："我一眼就认出

晚年牛顿画像（1712），由桑希尔爵士（Sir James Thornhill, 1675—1734）创作。

威斯敏斯特教堂中的牛顿墓

了狮子的利爪。"再一次是 1716 年，牛顿已经 73 岁了，莱布尼茨出题刁难他，他一个下午就将题做出来了。

1727 年 3 月 20 日凌晨一点多，牛顿在睡梦中安然长眠，终年 84 岁。他被安葬在威斯敏斯特教堂，一个安葬英国英雄们的地方。法国著名哲学家伏尔泰当时正在英国访问，他目睹了牛顿的葬礼，十分感叹牛顿所获得的殊荣。

牛顿生前有两句名言。第一句是："如果我比别人看得远些，那是因为我站在巨人们的肩膀上。"[1] 第二句是："我不知道世人怎样看我，但我自认为我不过是像

---

[1] 牛顿的这句名言出自 1676 年给胡克的一封关于光学理论的信，可参见 Robert Merton, *On the Shoulder of Giants*, New York : Free Press, 1965.

一个在海边玩耍的孩童，不时为找到比常见的更光滑的石子或更美丽的贝壳而欣喜，而展现在我面前的是全然未被发现的浩瀚的真理海洋。"[1]从这两句名言中，可以窥见牛顿博大深邃的精神境界。

英国诗人和画家布莱克（William Blake，1757—1827）1795 年创作的油画《牛顿》，表现伟大的头脑正在规划世界。

---

[1] 这段话是牛顿在去世前不久跟友人回顾自己的一生时说的。参见韦斯特福尔的《牛顿传》，郭先林等译，中国对外翻译出版公司，1999 年版，第 335 页。

第十六章
从炼金术到化学

炼金术的实用化导致了医药化学和矿物学的发展，而实用化学知识的增长最终促成了化学作为一门理论科学的诞生。帕拉塞尔苏斯、阿格里科拉、赫尔蒙特、波义耳是从炼金术向化学转化过程中的重要人物。

1. 帕拉塞尔苏斯：医药化学的创始者

文艺复兴时期，炼金术有三个发展方向：一是继续传统的点石成金术；二是将炼金术知识用于医药方面，促成了所谓的医药化学运动；三是将炼金术知识用于矿物冶炼方面，形成了早期的矿物学。帕拉塞尔苏斯是医药化学运动的始祖。

帕拉塞尔苏斯原名特奥弗拉斯特·博姆巴斯特·冯·荷恩海姆，1493 年 5 月 1 日生于瑞士。其父亲是移居瑞士的德国医生，荷恩海姆从小学到了许多医学和化学知识。1510 年，他进入巴塞尔大学学习。后周游欧洲各国，在意大利的费拉拉城取得了医学博士学位，在奥地利的矿区研究矿石。1527 年，他被任命为巴塞尔大学的医学教授。由于他不用当时课堂上流行的拉丁文而用德文讲课，结果引起非议。荷恩海姆自负而又傲慢，对从前的医生批评十分尖刻。他自称帕拉塞尔苏斯，意思是超过"塞尔苏斯"。后者是罗马时代一位著名的医生。据说，帕拉塞尔苏斯十分看不上当时被人们奉为权威的古代医生盖伦。有一次上课时，他把盖伦的著作连同硫黄和

帕拉塞尔苏斯画像，由弗莱芒画家马西斯（Quentin Matsys，1466—1529）创作。

硝石一起放在黄铜盘子里烧了。这些过火的举动引起了学校当局的不满，结果他在受聘任教的次年便被解聘。由于在巴塞尔还得罪了其他人，帕拉塞尔苏斯不得不离开该城。此后，他一直在德奥等地流浪行医，1541年9月24日在奥地利的萨尔茨堡去世。由于生前树敌太多，他的著作直到逝世20年后才得以出版。然而，他的学说一面世立即赢得了广泛的追随者。

帕拉塞尔苏斯基本上还是炼金术的信奉者，例如他相信可以从矿物中提取到使人长生不老之药，他也相信可以将贱金属炼为贵重金属。但是，他大大扩展了炼金术的概念，使其包括一切化学过程。他将炼金术定义为"将不纯净物质变为纯净物质的技艺"，而且主张炼金术的主要目的在于制取满足人们需要的东西，特别是用于医疗事业。

帕拉塞尔苏斯在医学上的主要贡献是引进了矿物质作为药物。从前人们主要用植物做药，用无机矿物质治病是一大创举。为了制药，帕拉塞尔苏斯系统考察了许多金属的化学反应过程，并总结了标准反应的一般特征。这一举动在化学发展史上具有重要的意义，它启发后人通过实验发现物质的化学性质，再由其化学性质进行分类。

帕拉塞尔苏斯不反对亚里士多德的四元素说，但认为在人的身体里起作用的实际上是如下三要素：硫、汞和盐。硫是代表颜色和可燃性的元素，汞是代表流动性的元素，盐则是代表坚固性的元素。它们分别是人的精神、灵魂和身体。三要素说实际上是关于物质三态（气、液、固）的一种形象的说法。据说，帕拉塞尔苏斯第一个发现了锌，称它是"劣等金属"。给酒精正式命名的也是他。

阿格里科拉画像

2. 阿格里科拉：近代矿物学之父

阿格里科拉本名乔治·鲍尔，"阿格里科拉"是"鲍尔"的拉丁化，都是"农民"的意思。他1494年出生于德国的萨克森，1518年毕业于莱比锡大学，随后在意大利费拉拉大学学医。受他的同代人帕拉塞尔苏斯影响，他也对矿物产生了兴趣。之后，利用在矿区行医的机会，他系统考察了采矿、冶金业，写出了著名的《论金属》。该书于 1556 年出版的时候，他已经去世一年了。书中总结了当时采矿工人的实践知识，记述了当时已知的采矿和冶金方法。书中配有精致的插图，因此极受欢迎。阿格里科拉也因此赢得了"近代矿物学之父"的美称。

3. 赫尔蒙特

约翰·巴普蒂斯塔·冯·赫尔蒙特 1577 年生于比利时布鲁塞尔一个古老的贵族家庭，青年时代曾在卢汶大学学习古典著作，1594 年离开那里，去欧洲旅行，并学习医学，1609 年在卢汶取得医学博士学位，此后毕生待在家里做化学实验。他自称"火术哲学家"，也以人家称他为化学家而自豪。在定量实验方面，他是那个时代最伟大的。波义耳每每提到他，总是赞不绝口。也许，他称得上是从炼金术向化学过渡时期最重要的人物。

赫尔蒙特是一个帕拉塞尔苏斯派的学者，但在理论上有重大突破。他既不同意亚里士多德的四元素说，也不同意帕拉塞尔苏斯的三要素说。在他看来，火和土都不是物

赫尔蒙特画像，英国女画家比尔（Mary Beale，1632—1699）作于约 1674 年。

质的基本成分。火根本没有物质的外形，而土可由水生成；气虽然是一种元素，但不能变成其他形式的物质，所以也不是基本成分。只有水才是所有化学物质的基础。"事实上，一切盐、黏土，一切有形物体，实质上都只是水的产物，而且都可以再由自然界或者人工还原为水。"为了论证"万物源于水"这个最古老的哲学命题，赫尔蒙特设计并动手做了许多实验，其中最著名的是"柳树实验"。

他用一个瓦盆盛上干燥的土 200 磅（1 磅 =0.4536 千克），然后用水浇湿，种上 5 磅重的柳树苗。5 年后，柳树苗长成了 169 磅 3 盎司（1 盎司 =0.0283 千克）多的大树，重新将瓦盆里的土晾干，发现原来的土只减少了 3 盎司。这样一来，新长出的 164 磅重的木头、树皮、树根只能是由水产生的。

　　赫尔蒙特的另一个重要贡献是提出了"气体"概念。从前的人们只知道"空气"，因此说到气时指的都是空气。但赫尔蒙特认识到有许多种不同的气体，例如，动物排泄物发酵所得到的是肥气，它可以燃烧；木头燃烧得到的是野气，它可以使火焰熄灭。实际上，他所谓的野气就是二氧化碳，但他没能认识到这一点。他用帕拉塞尔苏斯用来称呼"空气"的希腊词 chaos（混沌），造出了一个新词"气体"（gas）。

　　赫尔蒙特死于 1644 年，4 年后，他的著作《医学精要》由他的儿子编辑出版。他在化学领域开创了新的定量实验精神。

4. 波义耳：近代化学的诞生

波义耳 1689 年的画像

　　罗伯特·波义耳 1627 年 1 月 25 日生于爱尔兰的伍特福德的利斯莫尔城堡，是一位贵族的后代，也是一位神童。他 8 岁时进入英国的贵族学校伊顿公学，据说当时就已经会希腊文和拉丁文了。11 岁随家庭教师周游欧洲，读到了伽利略和笛卡尔的著作。1644 年回国，父亲已经去世，给他留下了一份丰厚的遗产。1654 年，波义耳移居牛津，在那里结识了胡克并收为助手，关于压缩空气的实验就是在这段时间做的。1668 年，波义耳移居伦敦，在那里建立了一家私人实验室，埋头从事化学实验，写出了许多实验报告和理论著作。1691 年，波义耳在伦敦去世。

　　波义耳最重要的化学著作是 1661 年出版的《怀疑的化学家》，正是此书标志着近代化学从炼金术脱胎而出。自帕拉塞尔苏斯以来的医药化学家们，虽然在物质分类和定量实验方面做了许多工作，但他们的工作依然以实用为目的。从波义耳开始，化学被看成一门理论科学，它不只是制造贵重金属或有用药物的经验技艺，而是自然哲学的一个分支，主要从事对物质现象的理论解释。确立这样的化学概念，是波义耳的第一个重要贡献。

　　对旧的元素概念的清除是他对近代化学的第二个贡献。波义耳既反对亚里士多德的四元素说，也反对帕拉塞尔苏斯的三要素说。在他看来，万物由不多几种元素组成的思想是不可靠的，这就好像读一本密码书只认识里头的几个字，这样的破译是不可能的。他认为，任何物体都不是真正的元素或要素，因为它们都处于化合状态，而元素"是指某些原始的、简单的物体，或者说是完全没有混杂的物体，由于它们既不能由其他任何物体混成，也不能由它们自身相互混成，所以它们只能是我们所说的完全结合物的组分，是它们直接复合成完全结合物，而完全结合物最终也将分解成它们"[1]。在确立了科学的元素概念之后，波义耳接着说，化学家的任务并不是思辨地考虑自然界是由"多少"种元素化合而成的，而应在实验中考察自然界是"如何"被化合出来的。他自己做了不少实验，证明四元素或三要素都是不够的。他在实验中发现，过去人们往往用同一个名称表示许多种其实不同的物质，例如，植物盐和动物盐在晶体形状上并不相同，而且前者是固体，后者则易于挥发。

对火在化学分解中的作用所做的澄清，是波义耳对近代化学的第三个贡献。炼金术传统一直认为，火是万能的化学分析工具。所有的元素都预先混合在物质之中，火可以将它们分离开来。波义耳认识到"混合"与"化合"的不同，他把"混合"叫作"机械混合"，把"化合"叫作"完全混合"。在所谓的混合物中，每个组分均保持自己的特性，能够相互分开，

波义耳在牛津的旧居遗址，墙上的牌子说："1655年至1668年，波义耳在这里的房子里居住，他发现了波义耳定律，用他的助手胡克设计的空气泵做实验。胡克是发明家、科学家和建筑家，制造了显微镜并且第一次认出了活细胞。"吴国盛摄

而化合物中的每个组分不再保有自己的特性。自然界的物质是由元素化合而成，不可能简单地进行分离。火可以分离许多混合物，但并不能分离一切混合物。玻璃就

----

[1] 波义耳：《怀疑的化学家》，袁江洋译，武汉出版社，1993年版，第202页。

波义耳－胡克空气泵的复制品，收藏于伦敦科学博物馆。吴国盛摄

不能用火来分解，而我们知道它由盐和土所组成。有些经火分离出来的物质也不一定是元素，而是另一种化合物。此外，火的作用是多种多样的，以燃烧或蒸馏的形式起作用，其效果是不一样的。火不能分解的物质可以通过别的方式加以分解。

对燃烧问题的研究是波义耳对化学的第四个贡献。由于他在胡克的帮助下造出了抽气机，使得他有可能在真空中做燃烧实验。在发表于 1673 年的《关于火焰与空气的关系的新实验》一文中，波义耳叙述了硫黄在真空中燃烧的过程。他注意到，在没有空气的情况下，带有硫黄的纸卷只冒烟不着火，而一放进空气，纸卷马上冒出蓝色的火焰。这个实验使他意识到空气对于燃烧的必要性。另一个实验使得他接近于发现氧。在一个未完全抽空的容器里，油仍然十分充足的油灯不久就灭了，这表明，只有某一部分空气是燃烧所必需的。波义耳还认识到，像灯火一样，动物的生命也依靠空气中的某一部分来维持，但他还没有大胆地想到，维持灯火的那一部分空气恰恰就是维持动物生命的那一部分空气。

1664 年，胡克用压缩空气做的实验表明，灯或者动物在高压空气中持续或存活的时间比在普通空气中更长。这就意味着它们所需要的是同一部分空气。胡克称这部分空气为"亚硝气"。对氧的认识标志着化学发展的水平，直到拉瓦锡时代，化学才变得真正成熟起来。

第十七章
近代生命科学的肇始

　　生物学是一个有着庞大分支的学科群。在古代，它的植物学和动物学部分从属于博物学，它的生理学部分从属于医学。希腊罗马时代，博物学有过伟大的成就。亚里士多德及其学生特奥弗拉斯特、老普林尼等都是著名的博物学家，他们的著作记载了他们所知道的全部有机生命世界。基督教中世纪不关心大自然中多姿多彩的生命，对博物学无任何贡献。只是在古典文献得到广泛传播后的文艺复兴时期，博物学才又得到了进一步的发展。作为近代生命科学之特征学科的不是博物学，因为近代博物学与古代相比，只是所积累的物种知识有了量的增加，并无质的差别，相反，在当时新兴的机械论传统影响之下的近代生理学，代表了生命科学新的发展方向。

1. 维萨留斯的《人体结构》

　　对人体的透彻了解是正确治病的前提，了解身体结构的学科是解剖学。由于宗教上的原因，人体解剖工作长期受到干扰和阻挠。中世纪晚期，古代学术文献大量被发掘出来，盖伦关于人体生理构造的学说得到了教会的认可，并成为学术界的权威。然而，盖伦的人体学说主要基于对动物的解剖，存在许多错误，纠正盖伦的错误只能通过亲自动手解剖人体。

　　安德烈·维萨留斯 1514 年 12 月 31 日生于比利时布鲁塞尔的一个医生世家，他的曾祖父、祖父和父亲都曾是宫廷御医。1533 年，维萨留斯进入巴黎大学医学院学习。当时的巴黎大学盛行的是本本主义、教条主义，一切知识都只从古代学术权威的著作中寻找，不实地考察，不亲自动手实验。在解剖学的课堂上，教授们只重复盖伦的观点，有时候让屠夫或理发师做解剖动物的演示，自己从不屑于动手操作。维萨留斯对这种学风十分不满。在系统学习盖伦的学说的同时，维萨留斯偷着进行人体解剖。据说他发掘过无主墓地，夜间到绞刑架下偷过尸体。正是在这些艰苦和冒险的活动中，他掌握了丰富的人体解剖学知识，也发现了盖伦学说中的诸多错误。

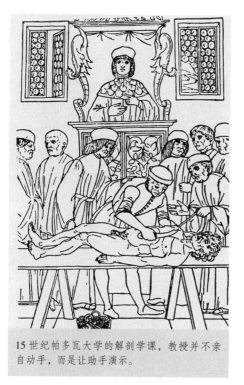

15 世纪帕多瓦大学的解剖学课，教授并不亲自动手，而是让助手演示。

由于在课堂上与教授们就盖伦学说的对错发生了争执，巴黎大学医学院在 1537 年维萨留斯毕业时没有授予他学位。意大利的帕多瓦大学了解到维萨留斯在解剖学方面的独到工作，破例授予他医学博士学位，并聘请他为解剖学教授。同年，维萨留斯来到了帕多瓦大学任教。他打破了解剖学教授只动口不动手的教学风气，亲自为学生示范解剖过程，向学生展示人体的每一个部分、每一个器官。他依然使用盖伦的著作作为教科书，但在盖伦不对的地方，他都毫不含糊地指出来。据说，他的课十分受欢迎。

1543 年，也就是哥白尼出版《天球运行论》的这一年，维萨留斯出版了他的伟大著作《人体结构》，系统阐述了他多年来的解剖学实践和研究。该书分为七卷，依次论述骨骼系统、肌肉系统、血液系统、神经系统、消化系统、心脏系统、大脑。最后有两个附录，介绍活体解剖的方法。书中继承了盖伦和亚里士多德的许多观点，但也提出了许多不同的看法。正如维萨留斯自己在该书序言里所说："我在这里并不是无故挑剔盖伦的缺点，相反地，我肯定盖伦是一位大解剖学家。他解剖过很多动物，但限于条件，就是没有解剖过人体，以致造成许多错误。在一门简单的解剖课程中，我能指出他的 200 种错误。但我还是尊重他。"

该书最大的特点是插图多，这一点使其超过古代任何一本解剖学著作，因为在印刷术推行之前，插图本书籍很难保持原样流传，而对解剖学来说，插图之重要是无须多说的。著名画家提香的一位高足担当了绘制工作。在维萨留斯的指导下，该书插图画得极为精致和准确，到今天仍令人叹为观止。

《人体结构》引起了神学家和保守医学家的不满，因为它对许多流行观点提出了挑战。例如，盖伦认为人的腿骨像狗腿骨一样是弯的，维萨留斯却说人的腿骨是直的；《圣经》上说男人的肋骨比女人少一根，而维萨留斯却说男人和女人的肋骨一样多；《圣经》上还说，人身上都有一块不怕火烧、不会腐烂的复活骨，它支撑着整个人体骨架，而维萨留斯却否认有这样一块骨头存在；亚里士多德认为心脏是生命、思想和感情活动发生的地方，维萨留斯则说大脑和神经系统才是发生这些高级活动的场所。在帕多瓦大学，维萨留斯遭到了猛烈的攻击，他不得不于1544年离开了这里。恰好这时查理五世请他去做宫廷御医，他便到了西班牙，在那里为王室服务了近20年。

维萨留斯的敌人最终没有放过他。他们控告他搞人体解剖，宗教裁判所立即判处他死刑。由于西班牙王室的调解，死刑改为去耶路撒冷朝圣。1564年，在朝圣回来的路上，他乘坐的船遭到破坏，全体乘客被困在赞特岛，维萨留斯在那里病死。

《人体结构》插图之一

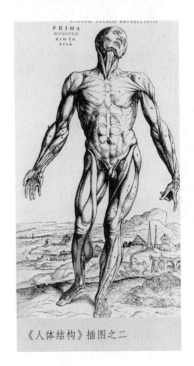

《人体结构》插图之二

2. 血液循环的发现：塞尔维特、法布里修斯和哈维

在人体生理学中，血液的运动规律具有重要的地位。因为血液贯穿全身，是联系身体各部分的渠道，所以，对它的正确认识有助于进一步了解人体的其他机能。在盖伦的生理学中，血液运动理论集中体现了他关于人体结构和机能的学说。在他看来，人体的主要器官有三个，即肝脏、心脏和大脑。肝脏将人体所吸收的食物转化为血液并携带着"天然精气"。肝脏所产生的血通过静脉系统流向身体各个部分，再通过同样的静脉系统流回肝脏。血液的这种运动很像是潮水的涨落。心脏的右心室是静脉系统的一部分，流到这里的血液大部分又回到肝脏，但其中有小部分透过心脏的隔膜进入左心室。在左心室里，血液与来自肺部的空气混合生成"生命精气"。这些生命精气通过动脉被传送到身体各部分并被吸引，其中进入大脑的那部分又转化为"动物精气"，通过神经分布到身体各处。盖伦的血液运动理论概括起来就是：肝脏－静脉系统的潮汐运动与动脉系统－人体的单向吸收。这两大运动通过右心室与左心室之间互通的隔膜相联系。

塞尔维特画像

维萨留斯在自己的解剖实验中已经发现盖伦关于左心室与右心室相通的观点是错误的，但他没有猜测到全身的血液是循环的。他在巴黎大学医学院的同学塞尔维特朝发现血液循环的道路上迈出了第一步。迈克尔·塞尔维特 1511 年生于西班牙纳瓦拉，最初就读于法国图卢兹大学，后进入巴黎大学，并在那里认识了维萨留斯，尔后两人成为至交。据说，他曾私下与维萨留斯一道进行过人体解剖研究。后来，维萨留斯被迫离开了巴黎大学，但塞尔维特继续进行实验研究。这期间，他做出了一生中最重要的科学发现即血液的肺循环：血液并不是通过心脏中的隔膜由右心室直接流入左心室，而是经由肺动脉进入肺静脉，与这里的空气相混合后流入左心室。这一发现通常被称为小循环，是导向全身循环的重要一步。

塞尔维特的这一发现首先发表在 1553 年秘密出版的《基督教的复兴》一书之中。该书主要是一部宣传唯一神教的神学著作，但塞尔维特使用了他所发现的小循环来

批评正统基督教的三位一体学说。唯一神教是当时天主教和新教的共同敌人。《基督教的复兴》一书刚一出版，就触怒了这些人。罗马宗教裁判所将塞尔维特逮捕并判处火刑。在朋友们的帮助下，塞尔维特逃了出来。但没过多久，塞尔维特在日内瓦被新教领袖加尔文抓住。这位狂热的新教徒，当年在巴黎时就是塞尔维特的论敌，这次塞尔维特落入他之魔掌更是凶多吉少。果不其然，加尔文不仅下令将塞尔维特活活烧死，而且在烧死他之前还残酷地烤了两个小时。

　　为发现血液循环而迈出下一步的是法布里修斯。他是意大利人，在帕多瓦大学学习医学，是法娄皮欧的学生，而后者曾经是维萨留斯的学生，也是输卵管的发现者。法布里修斯 1559 年在帕多瓦大学获医学博士学位，1565 年成了该校的外科教授。

在出版于 1603 年的《论静脉瓣膜》一书中，法布里修斯描述了静脉内壁上的小瓣膜。它的奇异之处在于永远朝着心脏的方向打开，而向相反的方向关闭。法布里修斯虽然发现了这些瓣膜，但没能认识到它们的意义。他的学生哈维创立了血液循环理论，完成了自维萨留斯以来四代师生前赴后继的工作。

法布里修斯画像

　　威廉·哈维 1578 年 4 月 1 日生于英国肯特郡福克斯通一个富农之家，早年曾就读于剑桥大学，1597 年取得剑桥的医学学士学位，之后周游欧洲，来到当时世界上最大的医学院——意大利的帕多瓦大学医学院。帕多瓦大学素以政策开明、学术自由著称，维萨留斯开创的亲自动手做解剖学实验的良好传统，使这所医学院吸引了一大批热情好学的青年。哈维留学期间，伽利略正在帕多瓦任教。这位近代实验科学大师所倡导的实验-数学方法和力学自然观，影响了物理学之外的许多学科领域。哈维亦受益匪浅。他懂得了："无论是教解剖学还是学解剖学，都应以实验为根据，而不应当以书本为根据。"1602 年，哈维获得帕多瓦大学的医学博士学位，同年回伦敦定居，开业行医。由于他医术高明，业务很是红火。据说著名的英国哲学家弗朗西斯·培根也经常

哈维画像，作于约 1627 年，现存于英国国家肖像馆。

找他看病。行医之余，哈维继续从事解剖学研究，特别是对心血管系统进行了细致的解剖学考察。1607年，哈维被选为皇家医学院院士。1615年受聘为解剖学讲师。1616年为学院授课时，哈维公布了他所发现的血液循环理论。

盖伦关于血液运动的观点有三条：其一，静脉系统做双向潮汐运动；其二，动脉系统对血液单向吸收；其三，静脉一部分通过左右心室之间的微孔输入到动脉。由于第三条随着肺循环的发现被抛弃，哈维面对的只有前面两条。法布里修斯发现的静脉瓣膜本来可以否定静脉双向潮汐运动说，但他没有指出这个近在眼前的真理。

哈维首先研究了心脏的结构和功能。他发现，心脏的每半边实际又分为两个腔，上下腔之间有一个瓣膜相隔。瓣膜只允许上腔的血液流到下腔，而不允许倒流。今天我们将上腔称为心房，下腔称为心室。大动脉与左心室相连，静脉与右心房相连，而肺动脉和肺静脉则将右心室和左心房连通，形成小循环。哈维还发现，心脏是一块中空的肌肉，不停地做收缩和扩张运动，收缩时将血液压出去，扩张时将血液吸进来。心脏的结构表明，它只可能吸收来自静脉的血液，也只可能将血液压往动脉。

哈维接着研究静脉与动脉的区别。他发现动脉的壁较厚，具有收缩和扩张的能力，而静脉的壁较薄，里面的瓣膜使得血液只能单向流向心脏。结合心脏的结构，这意味着生物体内的血液总是单向流动的。为了证实这一点，哈维做了一个活体结扎实验。当他用绷带扎紧人手臂上的静脉时，心脏变得又空又小，而当扎紧手臂上的动脉时，心脏明显涨大。这表明静脉确实是心脏血液的来源，而动脉则是心脏向外喷吐血液的通道。体内血液的单向流动实验，证明了盖伦静脉系统双向潮汐运动的观点是错误的。

哈维的另一个定量实验推翻了盖伦的动脉吸收理论。解剖发现，人的左心室容量约为2盎司。以每分钟心脏搏击72次计算，每小时由左心室进入主动脉的血液流量应为8640盎司。这个数字相当于普通人体重量的3倍，人体无

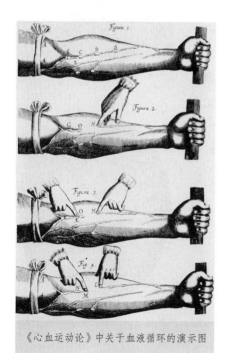

《心血运动论》中关于血液循环的演示图

论如何也不可能吸收这么多血液。由于体内血液是单向流动的，这些血液是从静脉来的，而肝脏在这样短的时间内也绝不可能造出这么多血液来。唯一的解释就是，体内血液是循环运动的。哈维当时认为，动脉中的血液通过肌肉的微小孔隙流向静脉。这个机制当然只是一种宏观想象，真正的机理等到显微镜发明之后才被认识。

哈维关于血液循环运动的讲演没有在伦敦医学界引起反响，但他并不气馁，而是继续进行他的解剖研究，并于 1628 年出版了《心血运动论》这部生理学史上划时代的巨著。这部只有 72 页的小书，系统总结了他所发现的血液循环运动规律及其实验依据，确立了哈维在科学史上的不朽地位，宣告了生命科学新纪元的到来。盖伦学说中形形色色的不可捉摸的"精气"，从此被血液的机械运动所驱除。物理学和化学的概念被引入生物学中，展示了生物学发展的全新方向。

《心血运动论》的出版招致了保守学者和教会的攻击，但哈维不理睬这些无知的嘲讽和谩骂，继续进行他的生物学研究。1651 年，他又出版了第二部生物学著作《论动物的生殖》，对小鸡在鸡卵中的发育情况进行了仔细的研究。到了晚年，血液循环的观点逐步被大多数人所接受。就连原本反对声音最强的法国，在笛卡尔的支持和影响下也转变了态度。1654 年，皇家医学院选举他为院长，但他谢绝了这一荣誉。1657 年 6 月 3 日，哈维在伦敦去世。他立下遗嘱将其全部财产捐赠给皇家医学院。

牛津大学自然史博物馆中的哈维大理石雕像，右手拿着一块心脏。吴国盛摄

3. 显微镜下的新世界：马尔比基、列文虎克、胡克和斯旺麦丹

伽利略自己造出了望远镜（1609 年）并且用它发现了从未见过的天文现象，之后也着手设计用来放大近距物象的显微镜。事实上，他确实用自己制造的显微镜对

马尔比基雕像，现存于博洛尼
亚大学波基宫博物馆。吴国盛
摄

小动物的感觉器官进行了观察，并且发现了昆虫的复眼。哈维在《心血运动论》中也谈到，用放大镜可以发现，所有的动物不管多小都有心脏。但是真正用显微镜发现了有机体内新世界的，是马尔比基、列文虎克、胡克和斯旺麦丹。

马尔切诺·马尔比基是意大利人，1653 年在博洛尼亚大学获得医学学位。他早期从事的工作是用显微镜研究青蛙的肺。1660 年，他在显微镜下发现青蛙的肺里布满了复杂的血管网。这种结构使血液在肺内很容易将空气带走，而且正是这种血管网连接了肺动脉和肺静脉。后来，他又在蛙体的其他部位也发现了十分纤细的血管。这些血管尽管用肉眼看不见，但在显微镜下清晰可见，这就是今日我们十分熟悉的毛细血管。正是这些毛细血管将身体内部各处的动脉与静脉相连通。毛细血管的发现解决了哈维血液循环理论中的一大遗留问题。可惜的是，毛细血管被发现时哈维已经去世了。

马尔比基还用显微镜研究了蚕。他发现这种小动物有着十分复杂的呼吸系统，用来呼吸的小管遍布全身。后来，他发现植物茎干内也有这样的小管。这使他发明了比较解剖学方法。在大量观察的基础上，马尔比基提出，呼吸器官的大小与有机体的完善程度成反比；有机体越低级，呼吸器官比例就越大。

此外，马尔比基还用显微镜发展了法布里修斯和哈维所开创的胚胎学研究，对小鸡在鸡蛋中的发育过程做了仔细的观察。1668 年，英国皇家学会接收他为会员并建议将其研究成果通报学会，马尔比基就将自己画的蚕和小鸡的内部结构图提交给了学会。

列文虎克 1632 年生于荷兰代尔夫特一个贫穷的家庭，从小没念过多少书，成年后自己经营服

列文虎克画像

装店，后来谋到了代尔夫特市政大厅管理员的职位。这件差事十分轻松，使他有充足的时间从事自己感兴趣的研究。他的科学知识主要是自学的，但他心灵手巧，对磨制透镜着迷，而且自制的透镜质量极好。他没有多少光学知识，所以没能造出复式的显微镜，但由于他的透镜放大倍率高，这种只有一个透镜的单显微镜也十分实用。在他的透镜下面真正出现了一个无比丰富复杂的世界，而他专注地探索这个世界，为每一个新发现而欢欣喜悦。

1675 年，在一只新瓦罐盛的雨水里，列文虎克观察到了单细胞有机体即原生生物。它大约只有肉眼可以见到的水虱子的百分之一大。他还继续观察马尔比基所发现的毛细血管，在许多动物身上都发现了血液循环现象。1688 年，他用自制的显微镜观察蝌蚪的尾巴，发现了五十多个毛细血管。此外，列文虎克还最早发现了红细胞的存在。他指出，在人血和哺乳动物的血液中，红细胞是球形的，而在低等动物身上，红细胞是椭球形的。1683 年，列文虎克发现了比原生生物更小的细菌。

从 1673 年开始，列文虎克就不断地将自己的新发现写信告诉英国皇家

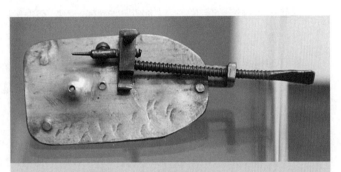

列文虎克的显微镜的复制品，剑桥惠普尔科学史博物馆收藏。吴国盛摄

胡克的显微镜

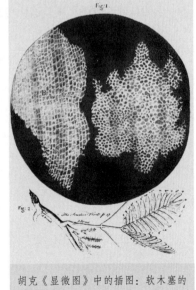

胡克《显微图》中的插图：软木塞的细胞结构

学会。一开始，学会对这些长长的信置之不理。后来，列文虎克干脆寄来了自制的显微镜。学会的成员面对这台新仪器下面的微观世界十分吃惊，对他的工作十分赞赏。1680年，学会选举他为会员。同年，他也被法国科学院选为院士。1723年，列文虎克在故乡病逝，终年91岁。

另一位显微生物学家是当时已颇负盛名的物理学家胡克。这位天才的实验大师把自己的才华运用到了许多方面，这其中就有显微学。他自己制造了复式的显微镜。尽管由于透镜质量不好，未能获得较好的清晰度和倍率，但它开创了显微镜以后的发展方向。1665年，他发表了《显微图》一书，展示了他在显微镜底下看到的昆虫器官的精细图案。在科学史上，胡克首创了"细胞"（cell）一词。他本来用它称呼他在显微镜下发现的软木片上的那些小孔（cell本来就是小房子的意思），但后来人们发现，这些小孔实际上充满复杂的液体，是生命组织的基本成分。"细胞"概念的确立是一个多世纪以后的事情了。

比列文虎克年轻一点的斯旺麦丹，在显微生物学研究方面也做出了重要的贡献。他生于荷兰的阿姆斯特丹，是一位药商的儿子。斯旺麦丹自幼爱好昆虫，之后又对显微解剖技术感兴趣，在这方面表现出了十分出色的才华。他采集了约3000种昆虫标本，用显微镜一一研究它们的解剖结构。他的这一艰巨的工作奠定了近代昆虫学的基础。他还用显微镜证实生命自然发生说是错误的，因为他注意到，在每一处被认为是自然发生的地方，都发现了更细小的卵预先存在。由于一心扑在显微研究上，他的视力受到了很大的损害，加之身体状况也不佳，45岁时就为自己热爱的科学研究事业献出了生命。

显微镜的出现以及显微生物学的产生，扩展了人类的视野，深化了人类对生物有机体的认识。

第十八章
机械自然观与科学方法论的确立

　　近代科学诞生的主要标志，是建立了一套有别于古代和中世纪的自然观和方法论。在 17 世纪行将结束的时候，这样一套崭新的自然观和方法论确实建立起来了，而且在飞速增长的自然知识领域发挥作用。它们就是机械自然观和实验－数学方法论。近代的自然科学家和哲学家共同铸造了这个新的知识传统。

1. 弗兰西斯·培根：知识就是力量

　　近代自然科学有别于中世纪知识传统的第一个特征就是注重实验。在强调这种差别以及倡导实验方法方面，英国著名哲学家弗兰西斯·培根起到了引人注目的作用。培根 1561 年出生于伦敦一个贵族家庭，父亲是伊丽莎白女王的掌玺大臣。培根曾在剑桥三一学院学习法律，后来进入政界，学到了官场上的趋炎附势。他仕途顺达，1584 年进入议院，1601 年开始受到女王的重用，1603 年受封为男爵，1607 年被新国王詹姆斯一世任命为副检察长，1613 年就任检察总长，1618 年成为大法官，1621 年再封为子爵。培根的事业达到了顶峰，但也到头了。就在这一年，他被人控告受贿，断送了政治生涯。以后五年，他埋头著书立说。1626 年在伦敦去世。培根一生道德上有颇多污点，但以其出色的文笔写出了许多脍炙人口的散文。这些文字批判经院哲学，宣传新的科学方法论，为促进人类的知识增长做出了积极的贡献。

　　1605 年，培根发表《学术的进展》，为即将到来的科学时代而欢呼。他高度评价印刷术、火药和指南针的发明，认为它们改变了整个世界的面貌。他意识到科学技术将成为一种最重要的历史力量，因此高度赞扬科技发明，认为"在所能给予人

牛津大学自然史博物馆中的弗兰西斯·培根全身雕像。吴国盛摄

类的一切利益中，我认为最伟大的莫过于发现新的技术、新的才能和以改善人类生活为目的的物品"。"知识就是力量"这句名言就是在这样的背景下提出来的。

《学术的进展》出版以后，培根计划写一部巨著《伟大的复兴》。全书分六个部分：第一部分是导论，《学术的进展》可以充当；第二部分研究科学方法，1620年出版的《新工具》即属这一部分；第三部分是一部关于工匠学问和实验事实的百科全书；第四部分运用新方法说明第三部分所罗列的事实；第五部分讨论科学的历史；第六部分综合前面提出的假说和理论，建立新的自然哲学。直到他去世，这部大著作也没有写出来。1625年出版的《新大西岛》补充了他关于科学方法和科学组织的观点。

《新工具》是培根阐述他的科学方法论的主要著作。在书中，培根批判了经院哲学所坚持的亚里士多德那一套科学推理程序，提出了自己的实验归纳方法论。书名取为《新工具》，意在与亚里士多德的《工具篇》相左。培根认为，经院哲学的学术传统完全丧失了与经验的接触，其思辨的方法充满了"难懂的术语""烦琐的推理""冗长的论述""故弄玄虚"和"空洞的结论"。经院哲学家就像蜘蛛织网那样，网丝和编织十分精细，但却是空洞的，毫无益处。必须重视观察经验，自然的知识只有通过对事物有效地观察才能发现。

培根提出，正确的认识方法首先是不带偏见，可是人心中总是为种种偏见所纠缠。他列举了四种"偶像"。为整个人类所共有的偏见是"种族偶像"，比如相信"人的感觉是万物的尺度"、在任何事物中都看到一种目的、用拟人的方式解释自然现象等，都属于"种族偶像"。为个人所有的偏见是"洞穴偶像"，它们大多是由个人偏爱某个问题导致的，如培根的同时代人吉尔伯特，只是因为对磁有强烈的兴趣，就试图建立一个以磁为统帅的自然哲学。由于运用语言产生的偏见是"市场偶像"，例如有些语词其实没有指称，但人们却误以为有一个真实存在的对应物。由于接受了特殊的思想体系而产生的偏见是"剧场偶像"，因为事实上，所有的思想体系都不过是一场戏剧，它们以一种不真实的布景方式重新表达世界。

正确的认识方法既不能是单纯的经验主义，像蚂蚁那样虽忙忙碌碌但没有目标，也不能是单纯的理性主义，像蜘蛛那样虽织工精巧但空洞无物。必须将它们结合起来，像蜜蜂那样，从花园和田野里采集花朵，然后用自己的力量消化和处理它们。培根主张，首先要尽量不带偏见地搜集事实，越多越好。他相信，如果他手里有比普林尼的《自然志》篇幅大6倍的《自然志》，他就能够给出一种新的、正确的自然哲学，可以解释自然界所有的现象。为此，他特意开列了一张他认为值得研究的课题表，其中包括130多个问题，请求英王詹姆斯一世颁布命令去搜集相关的知识，但国王不感兴趣，他只得作罢。

在占有了足够的经验事实后，首先必须分类和鉴别，然后是归纳。培根给出科学研究的金字塔模型是：塔底是自然志和实验志的观察经验，往上是事实之间的关系；起初是偶然的关系，再后是稳定的关系，最后是内容丰富的相关性。科学研究的方向是在金字塔里自下而上的方向。

培根的方法论基本上还是亚里士多德的那一套，他所批评亚氏的只是事实不够、归纳匆忙等，而在定性观察、按形式分类等方面与亚里士多德毫无二致。培根反对假设演绎法，不重视数学在科学实验中的地位和作用，这使他对伽利略的科学工作毫无反应。培根本人搜集了一些事实，但许多不太可靠；做了很少的实验，但没有得出什么有意义的结论。最后一

《皇家学会史》卷首页，图中的半身像是学会的创建者查理二世，左边是学会的首任会长，右边是弗兰西斯·培根，体现了培根在皇家学会创建过程中的重要地位和影响。

次关于雪能防腐的实验使他受寒，导致气管炎而身亡。培根发明的有条理的归纳法在17世纪的数理科学中发挥不了什么作用，但在以后主要靠搜集资料得出结论的

生物科学和地质科学中很有用武之地。

培根在科学方法上的另一个重大贡献是，最先倡导有组织的集体协作研究。在《新大西岛》一书中，他虚构了一个科学技术高度发达的国度。这个国家由"所罗门宫"里的科学家进行管理，而所罗门宫是一个有组织的科学研究机构。很显然，它是对未来科研机构的一个构想。事实上，《新大西岛》出版后不到半个世纪，英国的实验科学家们便仿照所罗门宫成立了一个"无形学院"。他们定期聚会讨论问题、交流最新研究成果。1663 年，无形学院被正式承认，成为著名的皇家学会。

培根本人并未投入当时的科学实践，精心设计的方法论也因不合时宜而未派上用场，但他的思想具有更为深远的意义。他是科学实验的鼓动家，是未来科学时代的预言家。著名科学史家戴克斯特霍伊斯说他在近代科学史上的作用，同希腊瘸腿诗人提尔泰奥斯相仿。提尔泰奥斯自己不能打仗，但他的诗篇鼓舞了士兵英勇作战。这个说法是很精辟的。[1]

2. 笛卡尔：我思故我在

在科学方法论上与培根形成对照的是笛卡尔的数学演绎方法，但与培根不同的是，笛卡尔在数学和力学上都做出了重要的开创性贡献，而且是机械自然观的第一个系统表述者。他还被誉为近代哲学的开创者，因此地位和重要性更为突出。

勒内·笛卡尔 1596 年 3 月 31 日出生于法国图赖讷地区拉艾一个古老的贵族家庭。卡提修是笛卡尔名字的拉丁化。他从小体弱多病，但十分好学。在耶稣会学院接受古典教育时，院长照顾他不必早起，这使他养成了早晨躺在床上思考问题的习惯。1616 年，笛卡尔厌倦了浪荡公子的生活，入伍参军。此后数年，他相继在欧洲许多军队里当兵，还亲身经历了 1620 年的布拉格战役。长期的行伍生涯也使笛卡尔感到疲惫，遂于 1628 年离开了军队，来到荷兰，过着漂泊的生活。无论是在热闹的军营，还是在孤寂的公寓里，他一刻都没有停止过思索。在荷兰期间，他集中精力做了大量的研究工作，于 1634 年写出了他的重要著作《论世界》。书中总结了他

---

[1] 戴克斯特霍伊斯：《世界图景的机械化》，张卜天译，湖南科学技术出版社，2010 年版，第 441 页。

笛卡尔 1648 年的画像

笛卡尔与瑞典女王在一起

在哲学、数学和诸多自然科学问题上的看法。伽利略受审（1633 年）的消息传来后，他打消了出版该书的念头，因为书中赞成哥白尼的学说。1637 年，在朋友们的劝说下，他出版了《关于科学中正确运用理性和追求真理的方法论的谈话。进而，关于这一方法的论文，屈光学、气象学、几何学》（简称《方法谈》），书中提出了他的数学方法论、他发明的解析几何以及他关于光学的一些研究成果。1641 年出版的《第一哲学沉思录》和 1644 年出版的《哲学原理》，进一步阐发了他的哲学体系。1649 年，瑞典女王克里斯蒂娜执意邀请他担任宫廷哲学家。盛情难却，笛卡尔只好来到了斯德哥尔摩。这里寒冷的气候对长年患气管炎的笛卡尔本来就十分不适，而偏偏这位刚愎自用的 19 岁的女王认为凌晨 5 点钟学习哲学最合适，笛卡尔不得不改变他睡懒觉的习惯，冒着严寒去王宫图书馆授课。不久他就染上了肺炎，终于不治，于 1650 年 2 月 11 日在斯德哥尔摩去世。1664 年，他的《论世界》出版。

在《方法谈》中，笛卡尔提出了他的数学演绎方法论。在他看来，培根的《新工具》强调知识来自经验是正确的，但他将科学推理的程序弄颠倒了。经验诚然重要，但它面对的是十分复杂的对象，往往并不可靠，以它为基础进行推理很容易发生错误。相反，演绎法不可能出错，只要其前提没有问题。但是，如何才能得到一个真正可靠的前提呢？笛卡尔认为必须首先怀疑一切，然后在怀疑中找出那清楚明白、不证自明的东西。他找到的第一个自明的前提是"我思"，因为什么都可以怀疑，但对我正在怀疑这件事不能怀疑。怀疑即是我思，而我思意味着我在，因此，"我思故我在"是一个清楚

笛卡尔墓，图中三墓之居中者，位于巴黎圣日尔曼德普莱大教堂。吴国盛摄

明白的命题。从这个命题出发，笛卡尔确认了上帝、外在世界的存在，提出物质－心灵的二元论：物质的本质属性是广延，心灵的本质属性是思维。

按照他的演绎推理方法，笛卡尔描画出了他的世界图景。世界充满了物质，而物质就是连续的广延。但我们眼前的世界分明到处是离散的物体，这是怎么回事呢？原来，物质处在不断的运动之中，而运动导致了局部的不均匀性。笛卡尔曾经宣称："给我广延和运动，我将造出这个世界。"在他看来，整个世界处在一个巨大的旋涡运动之中。通过演绎，笛卡尔还直接得出了运动的惯性原理："静止的物体依然静止，运动的物体依然运动，除非有其他物体作用；惯性运动是直线运动。"[1]这条原理比伽利略通过实验所总结的定律更为明确，更为普遍。

在《方法谈》中，笛卡尔还给出了机械自然观的基本论点。"机械的"一词原意是"力学的"，但笛卡尔还赋予它另一层意思，即"可以用机械模型加以模仿的"。在前一种意义上，笛卡尔是很彻底的机械论者。他认为宇宙中无论天上还是地下，处处充满着同样的广延物质和运动。他又将运动定义为位移运动即力学运动，提出了运动守恒原理，使宇宙处在永恒的机械运动之中。在第二种意义上，笛卡尔也是一位很突出的机械论者。他认为人造的机器与自然界中的物体没有本质的差别，不同的是，前者的每一部分都是我们可以很明确地看到的。他相信，人体本质上是一架机器，它的机能均可以用力学加以解释。

笛卡尔在数学上的伟大贡献是发明了直角坐标系，这一发明将代数和几何统一了起来。建立在直角坐标系基础上的解析几何将几何曲线与代数方程相联系，为数

---

[1] 笛卡尔：《哲学原理》，第二章第37、38、39节。斯宾诺莎在其《笛卡尔哲学原理》中转述说："凡物就其为简单的和未分化的事物而言，如果按其自身来考察，则将永远处在同一状态中，这种状态取决于该事物。""物体一旦进入运动，如果不为外因所阻止，则将永远继续运动。""任何运动着的物体本身都力求按直线运动，而不按曲线运动。"（参见中译本，王荫庭、洪汉鼎译，商务印书馆，1980年版，第101–102页）

学的发展开辟了无限广阔的前景。微积分的出现可以说直接得益于解析几何的建立。笛卡尔这一天才的发明，最先发表在《方法谈》的附录《几何学》中。在同一部书的另一附录《屈光学》中，笛卡尔还用演绎法证明了光线折射的正弦定律。

笛卡尔不太重视实验，当然也谈不上在实验中引入定量分析。他之所以重视数学，是因为数学是先天－演绎方法论的最好样板。但是，靠着天才的直觉加上严密的数学推理，笛卡尔居然在物理学原理方面做出了有益的贡献。他所构想的具体世界图景有许多是幼稚的，但他的机械论哲学却影响深远。

3.　伽利略与牛顿的科学方法

真正代表近代科学方法论精神的既不是培根，也不是笛卡尔，而是伽利略和牛顿。伽利略最先倡导并实践实验加数学的方法，但是他所谓的实验并不是培根意义上的观察经验，而是理想化的实验。地球上的任何力学实验都不能避免摩擦力的影响，但要认识基本的力学规律，首先要从观念上排除这种摩擦力。这就需要全新的概念体系来支撑将做的实验，包括设计、实施和解释实验结果。只有这种理想化的实验才可能与数学处理相配套。

伽利略的研究程序可以分为三个阶段：直观分解、数学演绎、实验证明。[1]面对着无比复杂的自然界，我们首先要通过直观隔离出一些标准样本，将这些样本完全翻译成数学上容易处理的量，然后通过数学演绎由这些量推出其他一些现象，再用实验来验证这些现象是否确实如此。在伽利略的科学方法论中，第一步即直观分解相当重要。它意味着将一个无比丰富复杂的感性自然界通过直观翻译成简单明了的数学世界，而这就是将自然数学化。全部近代物理科学都是建立在自然的数学化基础之上的。正是在这一点上，伽利略是当之无愧的近代物理学之父。

牛顿的方法论集中载于《自然哲学的数学原理》一书的第三篇的开头，名为"哲学中的推理法则"，共有四条：

[1] 伯特:《近代物理科学的形而上学基础》，第三章"伽利略"之第二节"作为数学秩序的自然——伽利略的方法"，徐向东译，四川教育出版社，1994年版。

法则 1. 除那些真实而已足够说明其现象者外，不必去寻求自然界事物的其他原因。

法则 2. 对于自然界中同一类结果，必须尽可能归之于同一种原因。

法则 3. 物体的属性，凡既不能增强也不能减弱者，又为我们实验所能及的范围内的一切物体所具有者，就应视为所有物体的普遍属性。

法则 4. 在实验哲学中，我们必须把那些从各种现象中运用一般归纳而导出的命题看作是完全正确的，或者是非常接近于正确的；虽然可能想象出任何与之相反的假说，但是没有出现其他现象足以使之更为正确或者出现例外之前，仍然应当给予如此的对待。[1]

牛顿的方法可以称为"归纳－演绎"法，但是他完全不同意笛卡尔的先天－演绎法。他认为，"虽然用归纳法来从实验和观察中进行论证不能算是普遍的结论，但它是事物的本性所许可的最好的论证方法，并且随着归纳的愈为普遍，这种论证看来也愈为有力"[2]。因此，他十分重视归纳，但这不意味着他忽视数学演绎，相反，他的公理法是构成他的力学体系的根本方法。与从前的演绎法不同的是，牛顿认为演绎的结果必须重新诉诸实验确证。可以看出，在伽利略和牛顿这样的近代科学大师那里，实验观察与数学演绎是十分紧密地结合在一起的。

4. 伽桑狄、波义耳与原子论的复兴

希腊原子论者主张，世界是由肉眼看不见的、不可再分的微粒即原子组成，原子的不同排列和组合形成了感性世界的丰富多样性。这种将质的多样性还原为量的差异性的还原思想是与近代科学相吻合的。然而，近代科学的先驱们一开始并未明确接受原子论思想。伽利略虽然持有类似的想法，但很难说他是一个原子论者。

最早将古代原子论思想注入近代科学思想之中的是法国哲学家伽桑狄。他通过

[1]《自然哲学的数学原理》第三编，引自塞耶编《牛顿自然哲学著作选》，王福山等译校，上海译文出版社，2001 年版，第 3–6 页。

[2]《光学》疑问 31，引自塞耶编《牛顿自然哲学著作选》，第 235 页。

评介罗马著名的原子论哲学家伊壁鸠鲁来宣传原子论思想，而且最先尝试用原子论来解释托里拆利的真空实验，但他对原子的认识并未超过古人多少。伽桑狄的著作影响了化学家波义耳，后者坚信的微粒哲学是原子论的一个近代形式。它们之间的根本不同在于，原子论的原子是不可分的，而微粒原则上是可分的。波义耳设想自然界的物质由一些细小、坚实的微粒所组成，这些微粒结合成更大的微粒团参与化学反应。正是基于这一微粒哲学，波义耳才能对他做的每一个化学实验做机械论的解释，而摒弃任何神秘主义。

伽桑狄画像

原子论是机械自然观的一种具体形式，在 17 世纪它还不是一种科学理论。科学的原子论直到 19 世纪才出现。

5. 自然的数学化与机械自然观的确立

近代科学的显著特征是它的数学化，但它源于自然的数学化。哥白尼的宇宙体系只因比托勒密体系有着数学上的优越性，就吸引了开普勒、伽利略等人为之辩护，最后导致了牛顿力学的诞生。自然的数学结构是近代科学的先驱们深信不疑的真理，它也是机械自然观最重要的组成部分。

机械自然观作为一种全新的自然观，首先是与中世纪盛行的亚里士多德的自然观相对立的。它主张自然界并不是处处充满了相异的形式和质，而是由质上完全同一的微粒所组成。决定自然界物体千差万别的，是微粒数量以及空间排列的不同；运动不是物质属性的一般变化，而本质上是位置的改变；一切运动包括生物的生长不是受神秘的力的驱使，而是机械位移和机械碰撞的结果。机械自然观还主张，科学的任务不是寻求最终的目的论的解释，而是对运动做出数学的描述；机械模型可以说明包括人体在内的一切自然事物；自然应该成为人类理性透彻研究的对象。

伽利略最早提出"第一性"与"第二性"之分。物体的颜色、气味、声响等是第二性的东西，它们都依赖于人的感官的参与，而广延、形状是第一性的东西，是物体的本质属性。第一性质是纯粹的量，可以用数学来处理。这个区分是自然数学化的基础，也是机械自然观的基础，因为正是通过将自然界完全还原为一个量的、数学的世界，质的东西才被抛置一边，自然界才表现出其机械性来。

笛卡尔第一次系统表述了机械自然观的基本思想：第一，自然与人是完全不同的两类东西，人是自然界的旁观者；第二，自然界中只有物质和运动，一切感性事物均由物质的运动造成；第三，所有的运动本质上都是机械位移运动；第四，宏观的感性事物由微观的物质微粒构成；第五，自然界一切物体包括人体都是某种机械；第六，自然这部大机器是上帝制造的，而且一旦造好并给予第一推动就不再干预。牛顿用自己的科学实践对笛卡尔的机械自然观做了一些局部的修改，例如，自然界中除了物质与运动外还有力的作用存在，但基本看法没有变化。

我们可以把机械自然观概括为四个方面：第一，人与自然相分离；第二，自然界的数学设计；第三，物理世界的还原论说明；第四，自然界与机器的类比。机械自然观随着牛顿力学的建立而确立。在近代生命科学中，它也取得了普遍的胜利。血液循环理论的创立就可以看成机械自然观在人体结构和功能方面的运用。

第十九章
科学活动的组织化与科研机构的建立

新的实验科学精神,激励了越来越多才智出众的人士加入探究自然奥秘的行列。他们起初是单干,但后来感到了交流、讨论与协作的必要性。他们的个人成就也需要发表,需要得到承认。于是,他们自发组织起小团体,共同研究问题。于是,科学共同体悄悄地诞生了。

另一方面,新兴的资产阶级在发展生产和经济时,也深深感到掌握自然知识的迫切性。开明的君主和政府开始支持自然科学研究。他们出资建立科学社团、实验室、天文台,主持制订大规模的研究计划。这使科学活动的组织化迅速发展到了一个较高的水平。

1. 意大利:自然秘密研究会、林琴学院、齐曼托学院

意大利作为文艺复兴的发源地,也是近代科学的摇篮。近代物理科学和生物科学的真正始祖或者是意大利人,或者在意大利接受教育并完成其创造性工作。伽利略是意大利人,他为近代物理科学奠定了基础;血液循环理论则基本上是意大利的帕多瓦大学一手培育出来的——维萨留斯、法布里修斯、哈维均出自这所大学。

意大利物理学家波尔塔于 1560 年创立的"自然秘密研究会"是近代历史上第一个自然科学的学术组织。波尔塔本人在物理学领域并无大的贡献。据说他研究过针孔成像机,发现了光线直线传播原理;他还最先指出光的热效

波尔塔画像

林琴学院的徽标

波雷利画像

维维安尼画像

应。所有这些工作比起他在科学组织活动方面的贡献是微不足道的。这个在他家里定期聚会的"自然秘密研究会"成立不久就被教会指为巫术团体，予以取缔。波尔塔并未气馁，在他的活动下，取得菲·切西公爵支持并赞助的另一个学会于 1603 年在罗马成立，取名为林琴学院。"林琴"（Lincei）原意是山猫（猞猁）。这种动物目光锐利，以它为名象征着对自然奥秘的洞悉。波尔塔当然是院士之一，当时著名的物理学家伽利略也是院士。最繁荣时院士人数达到 32 人。1615 年，由于对哥白尼学说的看法产生了分歧，学院分为两派。1630 年，赞助人切西公爵去世，学院便解散了。

伽利略去世后，他的两个最著名的学生托里拆利和维维安尼发起了另一个实验科学的团体。他们取得了意大利显赫的美第奇家族的托斯坎尼大公斐迪南二世及其兄弟利奥波尔德亲王的赞助。美第奇兄弟本来就对自然科学十分热衷。斐迪南二世自己曾经制造过一种封闭式温度计，而且他们很早就组建了一个实验室。在他们的支持下，1657 年在佛罗伦萨成立了齐曼托（Cimento，"实验"一词的意大利文）学院。最初有成员十多人，除了托里拆利和维维安尼之外，还有数学家及生理学家波雷利、胚胎学家雷迪和天文学家卡西尼。波雷利是伽利略的朋友，曾试图将伽利略的工作与开普勒的工作结合起来，提出过彗星的轨道是抛物线。他还试图用机械学原理解释人体器官的运动，把胃看成一个研磨，心脏则是一个水泵。雷迪曾经通过实验证明，像蛆这类小生命并不是自然发生的，而是由蝇产的卵长成的。至于卡西尼，后来是新建立的巴黎天文台事实上的台长。1657 年至 1667 年间，齐曼托学院的成员一起进行了许多次物理学实验。1667 年于佛罗伦萨发表的《齐曼托学院自然实验文集》记载了这些实验，其中最重要的是关于空气压力的实验。1667 年，利奥波尔德亲王当上了红衣主教，不再提供赞助，齐曼托学院便解散了。

科学学会的兴衰是意大利科学事业兴衰的标志。齐曼托学院解散后，意大利科学逐步走向衰落，英国继而成为科学发展的先锋。

2. 英国：哲学学会、皇家学会

英国科学团体的建立直接受到培根思想的影响。建立一个《新大西岛》中所描画的所罗门宫，一直是英国实验科学家们孜孜以求的理想。17世纪40年代，在著名的科学活动家约翰·威尔金斯的倡导下，他们成立了一个学术团体，自称"哲学学会"。威尔金斯本人是一位牧师，一生主要从事神学研究，但他的《新行星论》宣传哥白尼的日心说，在英国起了很好的作用。哲学学会的会员有数学家瓦里士和波义耳等，他们主要在格雷山姆学院聚会。1646年，英国爆发资产阶级革命，克伦威尔的军队攻占了牛津。由于威尔金斯和瓦里士等人应邀到牛津大学任职，原来的"哲学学会"便分为两半。在牛津的这一支因为会员流动性大，加之骨干会员的迁居，结果不了了之；而伦敦的那一支却越来越发达，威尔金斯、瓦里士、波义耳、雷恩后来都到了伦敦。

威尔金斯画像

1660年11月，著名的建筑师雷恩在格雷山姆学院召集了一次会议，倡议建立一个新的学院，以促进物理和数学知识的增长。威尔金斯被推为学院主席，并拟出第一批成员的41人名单。不久，复辟后的英国国王查理二世传话说同意成立这样的团体，但须由他任命领导人，结果他的近臣莫里爵士任会长。两年后，查理二世正式批准成立"以促进自然知识为宗旨的皇家学会"，并委任另一位近臣布龙克尔勋爵为第一任会长，威尔金斯和奥尔登堡为学会秘书，胡克为总干事。这些人都是学会早期的热情参加者和

雷恩爵士1711年的画像

有才干的活动家。

学会一开始基本贯彻了培根的学术思想，注重实验、发明和实效性的研究。胡克在为学会起草的章程中写道："皇家学会的任务和宗旨是增进关于自然事物的知识，从事一切有用的技艺、制造、机械作业、引擎制作以及实验发明（神学、形而上学、道德政治、文法、修辞学或者逻辑，则不去插手）；是试图恢复现在失传的这类可用的技艺和发明；是考察古代或近代任何重要作家在自然界方面、数学方面和机械方面所发明的，或者记录下来的，或者实行的一切体系、理论、原理、假说、纲要、历史和实验；从而编成一个完整而踏实的哲学体系，来解决自然界的或者技艺所引起的一切现象，并将事物原因的理智解释记录下来。"[1] 为了实现这样的目的，皇家学会设立了不少委员会，有机械委员会研究机械发明，贸易史委员会研究工业技术原理，以及各专业委员会如天文学、解剖学、化学等。实用科学特别是与商业贸易有关的科学知识，最为皇家学会所重视。

学会的机关刊物《皇家学会哲学学报》于 1665 年 3 月由学会秘书奥尔登堡独自出版。奥尔登堡是一位富商，在欧洲大陆有广泛的影响。《学报》主要刊登会员提交的论文、研究报告、自然现象报道、学术通信和书刊信息。第一批会员中的斯普拉特是威尔金斯的学生，他的《皇家学会史》出版于 1667 年，是珍贵的科学史文献。

皇家学会在培根思想的指引下，搜集了大量的实验事实、历史证据和奇异的自然现象，但没有在某一方向上做出开创性的贡献。这也说明了培根方法论的局限性。伽利略的科学思想一度在学会中占了上风，特别是在牛顿于 1671 年加入学会之后，学会对数学的重视变得显著。但总体上，皇家学会体现了典型的英国式经验主义风格。

奥尔登堡画像

皇家学会虽然有皇家许可证，但基本上是一个民间组织。它的经费主要来自会费和富商赞助，王室并不提供津贴。不过皇家确实出资建立了一个重要的科研机构，它就是格林尼治天文台。

---

[1] 梅森：《自然科学史》，周煦良等译，上海译文出版社，1980 年版，第 240 页。

3. 弗拉姆斯特德、哈雷与格林尼治天文台

今天我们都知道,地理经度的零度线定为通过格林尼治的这条大圆弧(子午线)。它的历史来由得从格林尼治天文台说起。确定地球的纬度相对说来是比较容易的,例如可以借助太阳光线入射角的变化,但确定经度却不那么容易,因为它要求更多、更精确的天文观测。在海上贸易日益频繁的近代早期,对当地经度的测定成了极为实际的问题。许多国家的政府已经意识到经度测定的重要性。英国尤其如此,因为它的商船队正在成为当时世界上最大的船队。1714 年,英国成立了经度局,悬赏两万英镑,征求经度测量法。法国于 1716 年也悬赏 10 万里拉,征求解决办法。格林尼治天文台的设立与此有极大关系。

格林尼治天文台于 1675 年正式成立。它是一个由皇家出资修建的科研机构,领取年俸的正式的工作人员只有一人,就是弗拉姆斯特德,第一任皇家天文学家。

弗拉姆斯特德 1646 年生于英国德比郡,15 岁时因身体不好被迫退学,之后依靠自学掌握了当时的数学和天文学理论。他自己制造仪器,编制星历表,并于 1670 年向皇家学会提交。此后,他在家乡造了一个小天文台,致力于精确测定恒星位置。1675 年年初,他受邀参加一个经度测定委员会,试图通过测定月亮在恒星背景中的位置来确定大海某处的经度。他认为,当时可用的月历表和星历表太不可靠,无法据以测定经度。这使英王查理二世下决心要建一个天文台,以修订月历表和星历表。

格林尼治天文台。吴国盛摄

弗拉姆斯特德画像

台址最后确定在伦敦附近的格林尼治。弗拉姆斯特德被任命为"观天家"，年薪100英镑。查理二世在委任书中规定天文台的任务是"修订行星运动表和恒星方位表，寻求确定经度的精确方法，进一步改善航海术与天文学"。[1]

弗拉姆斯特德首先想办法装备自己的天文台。当时他已有了一台小型象限仪、一台六分仪以及两台时钟，但这远远不够，他还得有一台组合式的望远镜瞄准器，以及带刻度的天体角度度量装置。他既没有经费，也没有助手，只有自己借钱，自己动手制造。他自己制造的最好的仪器是一台可标140度的墙仪，花了120英镑和一年的工夫。

弗拉姆斯特德克服了令人难以想象的困难，认真地观测、计算，积累有用的数据。他对自己的工作要求很严，在未达到完善的程度之前不急于发表。牛顿等人催着他赶快公布有关的数据，认为他既然是皇家天文学家，是政府官员，就有义务这样做。牛顿这样做有自己的考虑，他希望他的万有引力定律能早日得到精确天文观测的证实。弗拉姆斯特德则认为，自己为此破费了大量钱财，政府无一分补贴，因此他有权决定何时发表这些成果。两人为此闹翻了。1712年，牛顿的朋友哈雷弄到了弗拉姆斯特德的部分观测资料，未经他的同意便出版了。弗氏十分气愤，将大部分印刷品买下烧毁。这件事促使他加紧工作，自己出版这些数据，但他没来得及将后来的一些资料付印，便于旧历1719年12月31日去世。死后出版的全部星表共3卷，是望远镜发明以来第一份完备的星历表。由于望远镜的使用，恒星定位的精度比第谷星表高6倍，包含近3000颗恒星，是第谷星表的3倍。

弗拉姆斯特德死后，哈雷接任了格林尼治天文台皇家天文学家的职位。哈雷1656年生于伦敦，从小就热爱天文学。1676年，在弗拉姆斯特德的提议下，哈雷去南半球观察恒星。在此之前，还没有一个职业天文学家看到过南半球的天空。他在南大西洋的圣赫勒拿岛建立了一个天文台，经过一年多的观测，成功地测定了341颗恒星的位置。1678年回到英国时，他被誉为南方的第谷，并被选入皇家学会。由

---

[1] Michael Hoskin, *The Cambridge Concise History of Astronomy*, Cambridge University Press, 1999, p153.

于他的鼓励，牛顿写出了巨著《自然哲学的数学原理》。他还自己拿钱出版这本书的第一版，被传为佳话。由于与牛顿的交往，哈雷对彗星问题产生了兴趣。当时引力定律对彗星的有效性尚不能确定。他开始系统整理 1337 年至 1698 年间出现的 24 颗彗星的运动情况，并认真观测了 1682 年出现的彗星。到了 1705 年，他发现该彗星与 1456 年、1531 年和 1607 年出现的彗星轨迹十分相似，它们出现的间隔正好都是 76 年。这使他认识到它们可能是同一颗彗星。在发表于当年《哲学学报》上的文章中，哈雷报告了这一发现，而且预言它将于 1758 年再次出现。但由于他于 1742 年去世，哈雷自己没能目睹该彗星的再次回

哈雷 1687 年的画像

归。人们确实看到这颗彗星再次出现时，就将其命名为哈雷彗星。

　　哈雷 1720 年接管格林尼治天文台时，弗拉姆斯特德制造的那些珍贵的观测仪器都被他的后人或债主搬走了，他只得重新装备。他在任期间，集中对月球进行观测，但成果不大。不过，他在金星凌日的观测以及据此确定太阳系大小方面，做了十分有意义的工作。他还发现，恒星实际上并非固定不变。托勒密时代以来，至少天狼星的位置就发生了改变。

4. 法国：巴黎科学院

　　与英国一样，法国的科学家和哲学家们起初也是自发聚会。巴黎的数学家费马、哲学家伽桑狄和物理学家帕斯卡等人先是在修道士墨森的修道室里，后是在行政院审查官蒙特莫尔的家里集会，讨论自然科学问题。英国哲学家霍布斯、荷兰物理学家惠更斯也参加过这里的聚会。

　　法国国王路易十四的近臣科尔培尔向路易十四建议成立一个新的科学团体，为国家服务。1666 年，巴黎科学院正式成立。与伦敦皇家学会不同，该院由国王提供经费，院士有津贴，因而官方色彩更浓一些。他们的研究分为数学（包括力学和天文学）和物理学（包括化学、植物学、解剖学和生理学）两大部分。外籍院士惠更

1667年科尔培尔向路易十四介绍科学院的成员

斯将培根的思想带进了这所新成立的科学院。他领导了大量的物理学实验工作。著名物理学家马略特的气体膨胀定律就是在这期间发现的。

5. 皮卡尔、卡西尼与巴黎天文台

巴黎科学院的第一批天文学院士之一皮卡尔是一位出色的天文观测家，是第一个将望远镜用于精确测量微小角度的人。这一重大的观测技术革新使天文学步入了一个新的发展阶段。他的另一工作是测定地球的周长。1800年前，埃拉托色尼曾经利用太阳光线在地球上不同地方所投射的不同角度算出了一个周长值，皮卡尔则用恒星取代太阳作为参照物，算出地球的周长为24876英里。这个数字与今天的通用值很接近。

正是皮卡尔提出了应该在科学院名下建立一个天文台。这一提议马上被批准。天文台的建筑于1667年动工，1672年建成。在修建过程中，皮卡尔同时在搜寻人才。

他看中了当时因编制木星卫星运行表而闻名的意大利天文学家卡西尼，遂于1669年将卡西尼请到巴黎主持这里的工作。

巴黎天文台首任台长卡西尼

卡西尼来到巴黎天文台后，发明了一种物镜与目镜相分离的无筒望远镜，并用它发现了土星的四颗新卫星。1675年，他进一步指出，惠更斯发现的土星光环实际上是双重的，两环之间有一道缝隙。卡西尼还猜想，光环可能由无数小颗粒组成。当时的绝大多数天文学家都主张光环是固体的，但后来事实表明卡西尼是正确的。1672年，他发现了火星的视差，这意味着可以算出火星的距离，而且可以进一步推算日地距离。卡西尼还想进一步观测恒星视差，但因大气折射的干扰没能成功。这使他仍然不相信哥白尼的日心学说。

卡西尼的儿子、孙子和曾孙都是巴黎天文台的天文学家，而且一直统治着法国的天文学界。这种近亲繁殖产生了一些不好的影响，法国天文学的衰落可能与此有关。

罗伊默画像

丹麦天文学家罗伊默在巴黎天文台工作期间，注意到木卫掩食的时间随地球的运动有所变化，这使他猜到光速可能是有限的。他注意到，正是因为地球与木星的距离发生了变化，木卫掩食通过光传播到地球上的时间也发生了变化。据此，罗伊默计算了光的传播速度为每秒227000公里。这个数值虽然偏小，但作为人类对光速的第一次测量和计算，已十分难能可贵。

6. 莱布尼茨与柏林科学院

德国著名的哲学家莱布尼茨1646年7月1日生于莱比锡一个名门世家，他的父亲是一位哲学教授。莱布尼茨从小好学，8岁时自学拉丁文，12岁已经初步掌握，并接着学习希腊文。他一生才华横溢，在多个领域做出不同凡响的成就。他是哲学家、

莱布尼茨画像

数学家，又是外交家和科学活动家。在数学方面，他发明了二进制，并设计制造了一台计算机。这台计算机比帕斯卡的那台高级，不仅能做加减法，还可以做乘除法。由于造出了这台计算机，他被皇家学会选为会员。

他在数学方面最大的成就是与牛顿一样独立地发明了微积分。后来由于发明权问题，他们进行了一场著名的争论。莱布尼茨从求曲线上任一点的切线问题入手发明了微分，之后又研究了微分的逆运算积分。1684 年，他在德国《博物学报》上发表了一个简介，但未引起注意。1686 年，他又在同一刊物上发表了更详细的论文《求极大、极小和切线的新方法，也能用于分数和无理量的情形以及这个方法的一个巧妙的计算》。文中首次使用了今日通用的微分和积分符号 dx、dy、$\int dx$、$\int dy$ 等。该论文的发表引起了英国方面关于微积分发明权的议论。起初双方当事人并不在意，他们都承认各自的独立发明：牛顿称自己的发明时间是 1665 年至 1666 年，莱布尼茨称自己的发明时间为 1674 年。但后来，英国人越来越激动，牛顿也暗中怂恿，从而闹得不可开交。他们指责莱布尼茨剽窃。莱布尼茨只好于 1714 年写了"微分学的历史和起源"一文，陈述了他发明微积分的历史背景。这场争论使英国和欧洲大陆之间的数学交流中断，

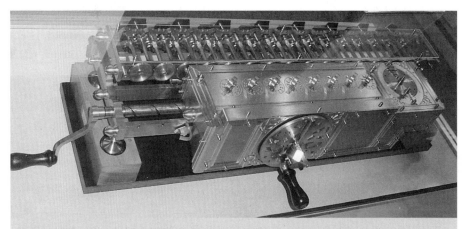

莱布尼茨制造的步进式乘法器复制件，现藏于德累斯顿技术藏品博物馆。原件设计于大约 1672 年，制成于约 1700 年，共两件，其中一件留存于世，现存于汉诺威的下萨克森国家图书馆。

也使英国数学的发展受到严重影响。他们固守牛顿的流数法，拒不接受莱布尼茨先进的符号体系。英国数学自牛顿以后明显落后了。

1693年，莱布尼茨发现了活力守恒定律，即机械能守恒定律，这是他在力学领域做出的主要贡献。

建立柏林科学院是莱布尼茨鼓吹、筹划了很久的事情。早在1670年，他就在构想建立一个被称为"德国技术和科学促进学院或学会"的机构。在后来的外交官生涯中，他实地考察了伦敦的皇家学会和巴黎科学院，进一步完善了他早期的构想。在他一手筹划下，柏林科学院终于在1700年、历史跨入18世纪时正式成立了。莱布尼茨本人出任第一任院长。学院不仅研究数学、物理，还研究德语和文学。这种自然科学与人文科学相互关联的风格一直是德国学术传统的重要特征。

The
Journey
of
Science

第五卷
18 世纪
技术革命与理性启蒙

有两个伟大的历史事件使 18 世纪成为一个光辉的世纪，它们是英国的产业革命和法国大革命。这两个事件虽然都发生于 18 世纪的后半叶，但却是整个世纪孕育出来的。工业革命基本上是在与理论科学研究完全无关的情况下发生的，但却马上带动了相应学科的发展。科学自此越来越面向实用技术，并形成科学与技术相互加速的循环机制。另一方面，启蒙运动使近代的科学精神在法国广为传播，科学越来越为整个社会所了解，越来越成为一种推动历史的社会力量。大革命中诞生的民主政治充分认识到科学的进步意义，从而使法国取代英国一跃成为欧洲科学强国。

《百科全书》扉页图，由法国画家科尚（Charles-Nicolas Cochin，1715—1790）绘制。
这是一幅象征画。顶部中间的人物是真理的象征，她浑身散发出光辉，象征着启蒙。
真理右面的两个人物是理性和哲学，正在扯下真理的面纱。

第二十章
技术发明与英国产业革命

　　产业革命即工业革命。它表现在以机器代替人力、以大规模的工厂生产代替个体工场手工生产，在生产力和生产关系方面均发生巨大的变革。它使人类历史进入了一个全新的时期。一座座工厂在从前绿色的原野上耸立起来，高大的烟囱冒出浓黑的烟雾，机器的轰隆声惊醒了沉寂的山坳，人类的生活方式在工业革命中发生着巨大的变化。

　　产业革命首先在英国发生不是偶然的。17 世纪后期，英国比较彻底地完成了资产阶级革命，最后确立了君主立宪政体。长期执政的自由党人，通过了一系列有利

法国画家卢泰尔堡（Philip Loutherbourg，1740—1812）于 1801 年创作的《库布鲁克达尔之夜》，表现工业革命热火朝天的景象，现藏于伦敦科学博物馆。吴国盛摄

于工商业发展的法律；农业的资本主义化已基本完成，圈地运动使大批农民成为城市无产者，为工业发展提供了人力资源；早期商业资本家在殖民和海外贸易过程中积累了大量的原始资本，他们中的大多数向工业资本家转化；英国的天然资源十分丰富，煤和铁矿储量尤其充足；广大的殖民地保障了广阔的商品市场。这些优越的条件使英国有可能率先发起产业革命。

机器取代人力是产业革命的关键。正是一大批新机器的发明和运用，使劳动生产率大幅度提高，使工业发展突飞猛进，形成革命态势。产业革命实际上是工业技术革命。

1. 纺织业的发展与纺织机的发明和改进

英国产业革命从纺织业开始。毛纺织业是英国的传统手工业，而棉纺织业是新兴工业。英国社会十分喜爱棉布，一直从印度进口，这使传统的毛纺织业受到了冲击。为了拯救传统产业，国会于1700年颁布了禁止外国棉布进口的法令。禁令虽然颁布了，但英国人对棉布的喜好并没有改变，禁止进口的结果是给了本国的棉纺织业以发展机会。

阿克赖特画像，布朗（Mather Brown, 1761—1831）1790年创作，现藏于新不列颠的美国艺术博物馆。

纺织分纺纱和织布两个环节。1733年，约翰·凯发明了飞梭，改进了织布技术。从前织工用手来回掷梭子，劳动强度大，效率低，而且因手臂长度有限，布面不能太宽。飞梭实际上是安装在滑槽里的带有小轮的梭子，滑槽两端装上弹簧，使梭子可以极快地来回穿行，织出的布面也因此大大加宽。飞梭的发明使织布速度变快，纺纱方面便显得慢了。

生产的要求直接推动发明。1738年，约翰·惠特和路易斯·保罗发明了滚轮式纺织机。1751年，皇家学会悬赏征求"发明一架出色的能同时纺6根棉纱或麻线而只需一人照管的机器"。1765年，詹姆斯·哈格里夫斯发明了锭子垂直放置的"珍妮机"。哈格里夫斯是一位纺纱工人，同时又是一个木工。在一次纺纱时，纺车被他不慎弄翻，他发现翻倒的纺车依然在转动，这启发他做出了立式的多滚轮纺纱机。一开始他安装了 8 根锭子，后来扩展成 80 根。他用他女儿的名字命名了这种纺纱机。

1769 年，理查德·阿克赖特在别人的帮助下发明了动力纺纱机。这种新机器可以机械地重复人工纺纱的动作，而且所纺棉纱十分结实，改变了从前棉纱只能作纬线不能作经线的局面。起初，阿克赖特用畜力作动力来源，1771 年又改用水力，是为"水力纺纱机"。阿克赖特作为发明家一直令人怀疑，因为他早先是一个剃头匠，对机械制造一窍不通，而且他曾被人揭露窃取他人发明成果，被取消发明专利。但无论如何，阿克赖特是一位成功的实业家。他成功地使用了被认为是他发明的纺纱机，成了当时英国最大的纱厂主。

康普顿画像

1779 年，塞缪尔·康普顿将阿克赖特的水力纺纱机与哈格里夫斯的"珍妮机"相结合，发明了新一代的走锭纺纱机。新机器俗称"骡机"，意为通过杂交得来。最初的骡机有 12 个锭子，纺得的纱线不仅结实而且十分精细。后来经过改进，骡机可装 400 枚纱锭。这种纺纱机的出现改变了纺纱业落后的局面，相反，造成了织布业的困顿。

1785 年，根特的一位牧师卡特莱特在一位木工和一位铁匠的帮助下造出了一架动力织机。可惜的是，他正欲用新研制的织布机开一家工厂，但机器尚未安装好，工厂就发生了火灾。虽然他自己因此而破产，但他的新织机还是被人广泛使用。由于新式的动力纺纱机和织布机的发明，纺织业迅速成为世界第一大轻工业。

卡特莱特画像

2. 蒸汽动力机的发明、制造与使用：巴本、纽可门、瓦特

近代以来，随着工业的发展，作为传统生物能源的木材明显不足，煤开始作为

希罗的汽转球复原模型，现藏于巴黎工艺博物馆。吴国盛摄

燃料被广泛使用，采煤业因而越来越热。但是，矿业主普遍面临一个头疼的问题是矿井的排水问题。由于矿井越开越深，越开越大，用传统的提水机械来排水需要动用大量的人力和畜力。据说到了17世纪晚期，英国有些矿井的提水水泵需要500匹马才能开动。这种情况迫使人们尽快研制用以矿井排水的动力机械。

蒸汽用来作为动力古已有之。亚历山大里亚的希罗曾利用蒸汽的反冲力做过一个玩具。近代也有许多人动过这方面的脑筋。第一个比较有意义的尝试可能是罗马林琴学院的创始人之一波尔塔做的。他在1601年出版的《神灵三书》中提出，可以利用蒸汽的压力使水提升，而蒸汽冷却后形成的真空又可以将水从低处吸进来。他设计的装置虽然只是一种实验器械，没有什么实际用途，但其叙述的构想以及他当时还未意识到的物理原理却十分重要。

17世纪上半叶，大气压力和真空概念已广为人知，但将这一新的物理概念用于实际还不多见。法国工程师巴本在使蒸汽动力技术实用化方面迈出了一大步。巴本生于法国南部的布卢瓦，早年学医。1671年在巴黎结识惠更斯后，对实验物理学产生了浓厚的兴趣，并协助惠更斯做了不少大气压力和真空实验。1674年，他成功地改进了波义耳的空气泵。波义耳听到这个消息，便邀请巴本当他的助手，巴本遂于1675年来到伦敦，跟随波义耳系统学习气体力学知识。

1679年，巴本研制出了一种"蒸煮器"。这种炊锅完全密封，水在里面煮沸后产生的蒸汽压使沸点升高，高温使食物极易煮烂。锅盖上还装有安全

巴本1689年的画像

巴本设计的高压锅（18世纪晚期的样本），现藏于巴黎工艺博物馆。吴国盛摄

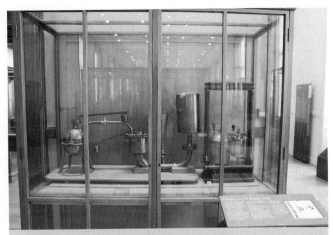

巴本仿照萨弗里于1707年设计的蒸汽吸水器复原件，现藏于巴黎工艺博物馆。吴国盛摄

阀防止蒸汽压力过高。实际上，"蒸煮器"就是现代人们常用的高压锅。据说，巴本用这种高压锅给查理二世做了一道菜，平时不太容易熟的骨头这时变得烂熟，味道极其鲜美。因为发明了此蒸煮器，他于1680年当选为皇家学会会员。

巴本在蒸煮器的基础上制成了第一台带活塞的蒸汽机，设计方案以"一种获取廉价大动力的新方法"为题发表于1690年。这是一个单缸活塞式蒸汽机，汽缸底部放有少量的水，将汽缸加热时所产生的蒸汽推动活塞至顶端，再将热源撤除，里面的蒸汽必定冷凝形成真空，于是汽缸在大气压力作用下下落。这个下落过程可以提供动力。

继巴本的蒸汽机之后，英国工程师萨弗里又发明了蒸汽泵。与巴本的蒸汽机不同，它没有活塞，因为它的直接目的只是抽水。当时矿井排水问题已迫在眉睫，政府多次悬赏寻求解决办法。萨弗里的蒸汽泵由汽缸和三根导管组成，一根导管通往蒸汽锅炉，另两根分别是进水管和出水管。蒸汽进入汽缸后在外面注凉水冷却，在汽缸内形成真空将水吸入，第二次通入蒸汽再将汽缸中的水压出。1698年，萨弗里获得了该项专利。蒸汽泵是第一台投入使用的蒸汽机，某些使用

Thomas Savery.

萨弗里

纽可门

过的矿场都称它为"矿工之友"。不过，它的缺点是十分明显的：它不可能将水提很高，因为那将需要较高的蒸汽压，而当时的锅炉不能安全地提供这样高压的蒸汽；而且，它的热效率太低。

蒸汽机的下一步改进是由英国工程师纽可门完成的。萨弗里的蒸汽泵问世后，马上吸引了当时还是铁匠的纽可门。他决心在此基础上造出更好的蒸汽机来。为此，纽可门专程拜访了年迈的胡克。胡克向他讲解了有关的物理知识。后来，他又与萨弗里本人一起探讨改进方案，最终于 1705 年造出了一台蒸汽机。这台机器吸取了巴本蒸汽机和萨弗里蒸汽泵的优点，有一个带活塞的汽缸，但蒸汽由另外的锅炉输入。纽可门的创造在于，为了提高冷凝速度，他在汽缸里装了一个冷水喷射器，这大大提高了热效率。据说这是胡克的主意。与萨弗里的蒸汽泵不同，纽可门的机器依靠大气压力而不是蒸汽压力工作，不存在高压蒸汽的危险性。

纽可门的蒸汽机马上投入使用，效果非常好。到了 1712 年，英国的煤场和矿场基本都用上了这种新式蒸汽机。

又过了半个世纪，工业生产对于动力机的需求空前增长。纽可门蒸汽机的热效率仍然不高，只能用于矿山抽水，不能满足新的需要。于是瓦特蒸汽机应运而生。

瓦特 1736 年生于苏格兰西部格里诺克的一个工人家庭，从小饱受贫穷和疾病的折磨。十几岁来到伦敦当学徒，学习机械制造。1756 年，瓦特回到苏格兰的格拉斯哥，想自己创业，但因学徒年限不够，只得在格拉斯哥大学谋得

纽可门蒸汽机（约 1760 年制造），现藏于美国底特律福特博物馆。吴国盛摄

一个机修工的职位。在大学里，他认识了著名的物理学家布莱克，从他那里学到了许多热学知识。与此同时，他在思考如何改进纽可门蒸汽机。

1763 年，他奉命修理格拉斯哥大学的一台纽可门蒸汽机，得以仔细研究纽可门机的结构。他发现纽可门机的热量浪费太大。每一次蒸汽进入汽缸后，为了得到真

空都要用冷水冷却，而下一次蒸汽进入后，先得将已冷却的汽缸加热才能推动汽缸使汽缸充满高温蒸汽。在这一冷一热的过程中，热量损失太大。也就是煤矿里有大量品质较低的煤供纽可门机用，其他场合根本不可能使用这种如此消耗燃料的动力机。但是，如何改正这一缺点呢？

瓦特画像，麦克唐纳（John Blake MacDonald, 1829—1901）于1860年创作，刻画了一个自信而又智慧的成功者的形象，背景是瓦特工作过的格拉斯哥大学。

　　1765年，瓦特终于想出了在汽缸之后再加一个冷凝器的主意。瓦特自述说："那是一个晴朗的星期天下午，我出去散步。从察罗托街尽头的城门来到了草原，走过旧洗衣店。那时我正在继续考虑蒸汽机的事情，然后来到了牧人的茅舍。这时我突然想到——因为蒸汽是具有弹性的物质，所以能够冲进真空中。如果把汽缸和排气的容器相连接的话，那么蒸汽猛然冲入容器里，就可以在不使汽缸冷却的情况下使蒸汽在容器中凝结了吧？当这些在我的头脑里考虑成熟的时候，我还没有走到高尔夫球场。"

　　冷凝器与汽缸之间用一个可调节阀门相连。高温蒸汽注入汽缸时阀门关上，做功后打开阀门，蒸汽则马上被引入冷凝器（冷凝器事先用一台抽气机抽成真空）冷却，之后在冷凝器和汽缸内均形成真空。活塞在大气压力下做功，之后关上阀门，

瓦特的工作室，现整体安置在伦敦科学博物馆。吴国盛摄

苏格兰画家劳德（James Eckford Lauder, 1811—1869）于1855年创作的油画《瓦特与蒸汽机》，现藏于苏格兰国立美术馆。

瓦特－博尔顿公司1785年制造的蒸汽机，现藏于澳大利亚悉尼动力博物馆。吴国盛摄

重新将冷凝器抽成真空，重复前一过程。瓦特于1769年造出了第一台样机，并获得发明冷凝器的专利。

在汽缸外加冷凝器后，蒸汽机的效率成倍地提高。但瓦特并不满足于此。他继续改进自己的蒸汽机。1781年，他改变了蒸汽机只能直线做功的状态，用一个齿轮装置将活塞的直线往复式运动转化为轮轴的旋转运动。1782年，他进一步设计出了双向汽缸，使蒸汽轮流从活塞的两端进入，使热效率又增加了一倍。经过进一步改进的瓦特蒸汽机，成了效率显著、可用于一切动力机械的万能"原动机"。蒸汽机改变整个世界的时代正式到来了。

到1790年，瓦特机几乎全部取代了老式的纽可门机。瓦特开始作为蒸汽机的发明人而受到尊崇。瓦特机的广泛利用使工业革命达到新的高潮。古老的人力、畜力和水力被蒸汽动力所代替，工厂不必再建在水流湍急的地方。大规模生产不仅可能而且成为必要。纺织业、采矿业和冶金业在瓦特机的带动下迅猛发展，而制造瓦特机又使机械制造业繁荣起来。

瓦特的座椅、手杖以及他的午餐篮子，现藏于伯明翰科学博物馆。吴国盛摄

瓦特后来又发明了离心调节器，它使输入的蒸汽不致太多或太少。蒸汽驱使一个调节杆转动，转得越快，调节杆上的两个金属球就相互飞离得越远，从而使蒸汽出口变小；蒸汽输出减少后，调节杆转动就慢了，两个金属球就离得近了，蒸汽出口便会变大。

1800年，瓦特被选入皇家学会，他曾就职的格拉斯哥大学授予他名誉博士学位。1819年，瓦特在伯明翰逝世。

3. 钢铁冶炼技术的革新

钢铁是发展重工业的首要原料。欧洲冶炼钢铁已有较长的历史，但主要限于小作坊生产，工艺比较粗糙。日益发展的工业对钢铁的需求也日益增大。18世纪初，因为国内产量跟不上，英国每年都要从国外进口大量钢铁。其实大不列颠并不缺少铁矿，之所以铁产量不高主要是因为用来炼铁的燃料不够。当时的冶炼技术只知道用木炭炼铁，而英国的森林资源日渐枯竭，用木炭炼铁成本越来越高。煤虽然已大量开采，但煤中含有硫化物，直接用煤冶炼不出质地好的铁来。

1735年，第二代阿布拉罕·达比在其父亲多年试验的基础上发明了焦炭炼铁法。如同将木材烧成木炭一样，煤也可以先炼成焦炭。用焦炭炼铁，可以炼出品质优良的铁，而且可以解决木炭短缺问题。因为有这些明显的好处，焦炭炼铁法马上推广开来。

1750年，钟表匠本杰明·亨茨曼由于在市场上找不到适合制造发条的材料，决定自己试验炼钢。当时炼钢面临的主要问题是火炉的温度不够高，亨茨曼发明了用耐火泥制的坩埚炼钢。他将生铁投入坩埚后将埚封闭，再用焦炭维持高温，使铁成为铁水。由于铁水与空气相隔绝，炼出的钢相当纯净。

约翰·斯密顿

1760年，工程师约翰·斯密顿发明了用水力驱动的鼓风机。鼓风机的运用使焦炭温度大大升高，从而提高了炼铁的效率。瓦特蒸汽机发明之后，又被广泛用于鼓风机上，使炼铁水平普遍提高。

1784年，工程师亨利·科特发明了搅拌法。他使用搅炼炉在铁熔化后将其搅拌成团，冷却后锻压即成熟铁。此法省力而有效，使炼铁技术又上了一个新台阶。

随着钢铁冶炼技术的不断革新，英国的钢铁产量大幅度上升。到18世纪末，英国已成为欧洲重要的钢铁出口国，率先进入钢铁时代。

亨利·科特

4. 化工技术的发展

瓦尔特

罗巴克

勒布朗

　　纺织业的发展带动了一大批其他产业，化学工业就是其中之一。棉麻织物的后期加工包括漂白、洗涤和染色，每一道工序都包含着对硫酸和碱等化学物质和化工产品的需要。

　　炼金术士们早就发现了制造硫酸的两种方法，一是干馏矾，一是燃烧硫黄。前者所得被称为"矾精"，后者所得被称为"硫精"。起初人们还不知道二者是同一种物质，17世纪始确定它们的同一性。这两种制造工艺的产量都不高。

　　1736年，英国医生乔舒亚·瓦尔特发明了新的硫酸制造法。他让硫黄和硝石在一个封闭的玻璃容器里燃烧，容器里先放入水，燃烧后的气体被水吸收即生成硫酸。这个方法大大提高了硫酸的产量。

　　1746年，化学家约翰·罗巴克改进了瓦尔特的方法。他用铅室代替了玻璃容器，从而避免了玻璃的易碎问题，体积也大了许多。这种方法大大提高了硫酸的产量，而成本则大大下降。从此，大规模的硫酸生产厂家出现了。罗巴克改进后的方法被称为"室法"。

　　对碱的需求与漂白粉的发明有关。为了提高漂白织物的速度，18世纪中期开始变酸处理为碱处理。氯气被著名化学家舍勒发现之后，马上被发现有极强的漂白功能，它与碱相配可制成漂白粉。

　　制碱新法由法国医生勒布朗于1788年发明。法国当时碱奇缺，因为一直供应植物碱的西班牙与之断绝了往来。政府不得不悬赏征求制碱良法。勒布朗利用普通盐、硫酸、石灰石和煤作原料，先让硫酸与盐一起加热得到硫酸钠，再将硫酸钠与石灰石和煤一起加热，得到碱和硫化钙的混合物，被称为"黑灰"。在黑灰中加水，可以得到碱溶液和不可溶硫化钙，从而将碱分离出来。勒布朗由于发明制碱新法，于 1790 年获得了巴黎科学院的奖金，但后来的法国革命政府没收了他的工厂，制碱新法也未能在法国广泛推行。相反，此法最先在英国大规模使用，率先在英国形成了新的制碱工业体系。

第二十一章
法国启蒙运动与科学精神的传播

16、17 世纪，近代科学在少数杰出的人物手中诞生了，但很少为公众所了解。甚至在知识阶层，对新兴的自然哲学和科学方法论也所知甚少。虽然 18 世纪在科学知识体系的建树方面不如上一个世纪，但它通过多种渠道使科学为社会中坚力量所认识，从而在社会活动方面发挥越来越重要的作用，为下一个世纪科学的全面社会化奠定了基础。法国启蒙运动在科学知识和科学精神的传播方面，起到了举足轻重的作用。

1. 启蒙运动与牛顿原理在法国的传播

英国资产阶级革命成功之后，在法国出现了一批著作家。他们宣传人类社会进步的理想，把他们的时代比作一个人类由蒙昧进入文明、由黑暗进入光明的黎明时期。他们强调，新时代迫切需要由知识来扫荡人们心中的迷信和无知，需要由理性的力量来支配人类生活的一切方面。他们认为，只有理性才能保证人类社会的进步，理性是衡量一切事物的尺度和准绳。他们的著作和思想长久地在法国以及欧洲流传并发挥影响，形成了近代史上著名的启蒙运动。

启蒙运动中被高扬的"理性"旗帜，与 17 世纪新物理学即牛顿力学的建立大有关系。在伽利略—笛卡尔—牛顿的数理世界里，充满着井然有序的理性规律和法则。万有引力定律是它们的一个象征。在引力定律的支配下，行星无一例外地做椭圆运动，人类可以准确地预言它们在任一时刻的位置和速度。这给当时的知识界以深刻的印象。他们相信，不仅在物质世界有这样的自然规律，在人类社会的发展中，也应该有类似的规律。只要掌握了社会发展的规律，人类就可以掌握

法国画家勒莫尼耶（Anicet Charles Gabriel Lemonnier，1743—1824）1812 年创作的油画《在玛丽亚·特蕾西亚·罗德特·若弗兰沙龙里阅读伏尔泰关于中国孤儿的悲剧》，画面反映了当时法国沙龙的情景。

自己的命运。理性不仅是对待自然界的正确态度，而且应该是对待一切事物的恰当原则。

　　法国也是近代科学的发源地之一。著名数学家和哲学家笛卡尔为法国特有的理性科学传统奠定了基础。但是，直到 17 世纪末期，笛卡尔的学说还没有为法国学界所接受。著名作家丰特涅尔是一个坚定的笛卡尔信徒。他 1691 年被选入法国科学院，1697 年担任科学院的常务秘书，后担任此职 40 年，是法国科学界的活跃人物。他大力宣传笛卡尔的学说，其著作影响了法国读书界。丰特涅尔曾经写道："几何学精神并不只是与几何学结缘，它也可以脱离几何学而转移到别的知识方面去。一部道德的、政治学的或者批评的著作，别的条件全都一样，如果能按

丰特涅尔画像

伏尔泰24岁时的画像

夏特莱夫人画像

夏特莱夫人《原理》译本的扉页画,她被画成伏尔泰的缪斯,把天启之光反射给他。

照几何学者的风格来写,就会写得好些。"[1]正是在丰特涅尔的努力下,笛卡尔的科学理性精神和机械自然观得到了极大的普及。

启蒙运动的代表人物是伏尔泰。这位思想敏锐、言辞犀利的法国作家,出身于一个地位低下的政府官员之家。他自小就表现出过人的才华和机智,尤其喜欢对貌似神圣高贵的东西冷嘲热讽。据说在一次晚会上,他曾因嘲笑一位绅士而遭到殴打。还有一次,他对那些贵族子弟说:"我没有显赫的门第,但我的门第将因为我而显赫。"

1726年,伏尔泰来到英国,学习牛顿力学和英国哲学家洛克的社会政治理论。他目睹了1727年牛顿隆重的葬礼,对英国社会有极好的印象。1729年回国后,他写了著名的《哲学通信》(1734年出版)介绍英国进步的文化和思想,对法国当时的状况提出批评。他还特别以法国学界逐渐熟悉的笛卡尔作为背景,介绍牛顿的物理学。笛卡尔与牛顿有许多共同的地方,但他们的宇宙图景不同。前者认为宇宙是一个大旋涡,处处连续,不存在虚空,而牛顿认为宇宙是由广大虚空空间中运动着的微粒组成的,微粒的运动遵循牛顿运动定律。伏尔泰以通俗的方式,以与笛卡尔体系相对比的手法,向法国公众介绍了牛顿的宇宙体系。他还请他的女友夏特莱侯爵夫人,将牛顿的《原理》由拉丁文翻译成漂亮的法文。译本于1759年出版,伏尔泰为法文本写了序言。此前,他已经写了《牛顿哲学原理》(1738)、《牛顿的形而上学》(1740),为在法国普及牛顿力学做出了巨大的贡献。

科学家阵营对牛顿力学的接受与地球形状之争的解决有关。1671年,法国天文学家里歇率领远征队去法属圭亚那(靠

---

[1] 梅森:《自然科学史》,周煦良等译,上海译文出版社,1980年版,第272页。

近赤道）观测火星，协助卡西尼测定火星与地球的距离。在完成这项工作之余，他意外地发现那里的摆钟普遍比巴黎的要慢。牛顿听到这个消息后解释说，摆钟之所以会变慢，是因为赤道离地心更远，重力减弱。第二代卡西尼则根据当时在法国北部的经线测量，主张地球在赤道处更扁。双方争执不下。科学院决定派出两支测量队分赴赤道和极地，用传统测地技术测定当地经线的一度弧长，从而确定地球的形状。克莱罗率领的秘鲁远征队于 1735 年出发，莫培督率领的赴极地拉普兰地区的考察队次年出发，测量结果表明牛顿是正确的。这次活动使牛顿力学很快在法国及欧洲大陆获得承认，法国因此出现了一批卓越的分析力学家。

2.《百科全书》

启蒙运动的下一阶段由所谓的"百科全书派"学者唱主角。他们在狄德罗和达朗贝尔的主持下，编写了一部划时代的《百科全书》。这部巨著从 1751 年开始出版，到 1772 年共出齐 17 卷正文，11 卷图版。1777 年又出版 5 卷增补卷。它的撰稿人几乎包括了当时所有在世的启蒙运动学者。他们之中有哲学家狄德罗、霍尔巴赫、爱尔维修、孔迪亚克，政论家卢梭、孟德斯鸠，数学家达朗贝尔，博物学家布丰。

狄德罗 1767 年的画像

百科全书派的领袖狄德罗是一位杰出的思想家、天才的组织者和坚强的战士，青年时代就因思想出众而被指为异端，坐了 3 个月的牢。出狱后，一位出版商建议他将英国人钱伯斯的《百科全书，或艺术和科学百科辞典》（1728）扩充，编一部法国人自己的百科全书。狄德罗意识到这是推动启蒙运动的一个有力措施，遂决定投入这一浩大工程的建设中。他约请数学家达朗贝尔一起操办此事。达朗贝尔也十分赞赏这项工作，认为"指导和启蒙人的艺术是人类所能从事的事业中最高尚的部分，是最珍贵的礼物"[1]。从 1746

[1] 沃尔夫：《十八世纪科学、技术和哲学史》，周昌忠等译，商务印书馆，1991 年版，第 16 页。

卢梭 1753 年的画像

年开始组织编写，到 1772 年全部出齐，经历了近 30 年，其间狄德罗遇到了数不清的困难。政府的查禁和出版家的刁难，撰稿人的意见分歧和艰巨的编辑任务，这一切都没能使他退却。1757 年出版了第 7 卷后，达朗贝尔退出了编辑事务，狄德罗独自一人承担了全部的组织编辑工作以及大量词条的编写工作，最终以巨大的勇气和坚韧不拔的毅力，完成了全部的出版任务。《百科全书》一出版，就立即成了启蒙运动最伟大的成果，对法国及整个近代世界的历史进程都产生了巨大的影响。

《百科全书》高举人文主义旗帜，以增进人类的幸福和推动人类社会的进步为宗旨。正如狄德罗在《百科全书》条目中所写的："人是我们应当由之出发并应当把一切都追溯到他的独一无二的端点。如果你取消了我自己的存在和我同胞们的幸福，那么，我以外的自然界的其余一切同我还有什么关系呢？"[1]

《百科全书》继承了培根以知识为人类谋福利的思想，以大量的篇幅叙述人类已经获得的自然科学知识、技术和工艺过程。狄德罗特别强调技术在人类知识领域中的重大作用，将技术与科学、艺术并列为《百科全书》的三大类别。《百科全书》将各种零散的知识系统地整理，再以通俗的方式写出来，介绍给公众，是真正的启蒙伟业。

《百科全书》全部出版后，狄德罗声名远扬，但生活却十分贫困。为了给女儿置办嫁妆，他甚至不得不卖出他的藏书。俄国女皇叶卡捷林娜二世听说此事后，将藏书全部买下后又委托狄德罗保管，每年还付给他图书管理员薪金。叶卡捷林娜二世是一位专制君主，能如此对待狄德罗，足见启蒙运动以及《百科全书》影响之大。

狄德罗和他的《百科全书》对于掀起 1789 年的大革命贡献很大，但他于 1784 年去世，没能亲眼见证这场伟大的革命。

---

[1] 沃尔夫：《十八世纪科学、技术和哲学史》，周昌忠等译，商务印书馆，1991 年版，第 17 页。

3. 大革命时期的法国科学

　　法国大革命有其复杂的政治和社会原因。旧法国所有的公民被分为三个等级：第一等级是教士，第二等级是贵族，第三等级则是农民、城市商人和工匠。前两个等级占人口的2%，却占有35%的土地，而且享受免税权。当时的法国债务沉重，第一、第二等级又不纳税，第三等级被压得喘不过气来。

　　1787年，国王路易十六迫于财政极度困难，准备向所有的地产征税。这触犯了贵族和教士们的利益，他们便要求召开三级会议来讨论这一新的征税方案。三级会议即法国国家议会。它并不是全体国民的议会，而只是三个等级的议会。贵族、教士等级各有300名代表，平民等级有600名，但各等级均只有一票。贵族和教士阶层以为可以通过三级会议达到他们的目的，因为无论如何他们都是多数票。

　　但是，1789年5月5日在凡尔赛召开的三级会议，并未像前两个等级所设想的那样顺利。平民代表强烈要求将三级会议改变成国民议会，即所有的代表平等地组成一个议会。在强大的压力下，路易十六只好于6月23日同意成立国民议会。他表面上虽然妥协了，但背地里调动军队，准备用武力解散凡尔赛的国民议会。

　　民众暴动拯救了国民议会。7月11日，国王解除了赞成改革的大臣雅克·内克的职务，这成了暴动的导火线。7月14日，巴黎市民攻占了巴士底狱。这座曾经用来关押犯人的王室古堡，是封建统治者压迫人民的象征，它的摧毁极大地鼓舞了人民的革命热情。在法国外省各地，农民自发地拿起了武器，与封建主拼命。在这样的形势下，8月4日，国民议会中的贵族和教士也不得不与平民代表一起投票赞成废除封建制度，通过了《人权和公民权宣言》。"自由、平等、博爱"的口号就是在这部宣言里提出的。

　　国王当然不愿意接受这一切变革，但是巴黎市民又一次起了作用。10月初，以妇女为主体的饥饿大军先是抢了巴黎所有的面包铺，然后向凡尔赛宫进发，包围了王宫，并将王室成员全部带回巴黎看管。

　　欧洲列强对法国大革命十分害怕，他们组织联军向法国开战。1792年4月，战争爆发。一开始法国大败，败绩进一步激起了民众反对国王的义愤。同年8月10日，国民议会决定停止国王的职权，由全体公民选举产生国民公会。9月21日，新选出的国民公会召开会议，宣告成立法兰西共和国。在国民公会的领导下，法国人民同仇敌忾，他们高喊着"自由、平等、博爱"的口号，以不可抵挡之锐势，于 1795 年将敌国联军彻底击溃。

战争使国民公会的热情越来越失去控制。1793 年年初，国民公会中的激进派吉伦特派被更为激进的雅各宾派取代，法国国内出现了一个恐怖时期。国王和王后被送上了断头台后，不少革命领袖也相继在权力斗争中被害。直到战争结束，国内的局面才基本稳定下来。1799 年，拿破仑成为第一执政者，开始了国内改革，以进一步巩固大革命的成果。

大革命诞生的第一个科学成果是建立度量衡制度。1790 年，国民议会责成巴黎科学院组成计量改革委员会。次年，委员会提议以赤道到北极的子午线的千万分之一为基本长度单位，并成立了测量、计算、试验摆的振动、研究蒸馏水的重量以及比较古代计量制度 5 个小组。1793 年，委员会又提议暂用已有的测量结果，尽快建立新的计量制度。1795 年 4 月 7 日，国民公会颁布了新的度量衡制度：采用十进制；米的长度以经过巴黎的子午线自北极到赤道段的一千万分之一为标准，并铸出铂原器；1 升等于 1 立方分米；1 立方厘米温度为 4 摄氏度的纯水在真空中

1820 年铸造的升原器和克原器，现藏于巴黎工艺博物馆。吴国盛摄

的重量为 1 克。1799 年，测地学家新的大地测量工作最终完成，铸出了纯铂米原器。原器上面写着"永远为人类服务"。

革命之初，科学家受到尊重，卡西尼、拉瓦锡、巴伊被选为国民议会议员。拉瓦锡还担任了计量改革委员会主席一职。但是雅各宾派当权之后，实行独裁专政，对科学怀有敌意。1793 年 8 月 8 日，巴黎科学院解散，那些被认为对共和制认识不够、对旧王朝憎恨不够的科学家如拉普拉斯、拉瓦锡、库仑等，计量委员会将其开除。1794 年，拉瓦锡因包税罪被送上断头台。在法庭上，拉瓦锡曾要求缓期执行死刑，因为他还有一个关于人汗的实验尚未做完。革命法庭副庭长拒绝了这一请求，并说了一句："共和国不需要学者。"拉瓦锡被处决的第二天，拉格朗日悲愤地说："他

们砍下拉瓦锡的脑袋只需要一瞬间，可法国再过 100 年也长不出这样一颗脑袋。"

　　1793 年，革命政府还废除了天主教会制定的格里高利历，颁行革命历法。新历法以旬日制代替周日制：一月分三旬，一年 12 个月。1792 年 9 月 22 日的共和国宣言日，被作为革命历的 1 月 1 日。多余的天数放在岁首，作为革命节日。改历造成了大量的混乱，直到拿破仑当政时，革命历才被废止，恢复了格里高利历。

　　尽管革命政府对一些科学家很不客气，但在战争期间，科学的作用还是被充分认识到了。也有许多科学家担任国民政府的重要职务，帮助解决军火问题。数学家蒙日被任命为海军部长，负责制造军火；另一位数学家卡诺，著名的热力学家卡诺的父亲，担任陆军部长；化学家富克鲁瓦担任火药制造局局长。科学家参与政治事务，在大革命时期表现得十分突出。

卡诺

　　蒙日是法国波纳一个小商人的儿子，虽出身贫贱，但极有数学天赋，14 岁时曾设计出救火机。16 岁画了一幅波纳地图，受到一位军官的赏识，因而被雇为绘图师。就在早期的绘图生涯中，蒙日发明了画法几何，使三维空间中的立体得以在平面上表示出来。画法几何在军事上十分有用，长时间被作为军事机密。大革命爆发的时候，蒙日已经在海军服役 6 年了，不久被任命为海军部长。联军入侵时，法国武器弹药奇缺，蒙日指导法国人从全国的每个角落寻找硝石、铜、锡和钢，然后将它们制造成火药和铜炮。恐怖时期，蒙日也被检举，他只得偷偷离开了巴黎。后来，他成了拿破仑的朋友。

蒙日

　　战争结束后，国民政府充分意识到科学和教育的重要性。当时教师奇缺，因为许多有学问的人在恐怖时期被处决。创办于 1794 年的高等师范学校，首要目的是尽快为国家培养教师队伍。一时，著名的科学家纷纷前往任职讲学。后来由于财政困难，该校只办了 3 个月就夭折了。

　　1795 年，另一所更为著名的学校——综合工科学校创办。国民政府委任蒙日为校长，并指示说："共和国现在迫切需要的不是学者，而是技术专家和工程师。"

蒙日深知基础研究与应用研究的相互依赖关系，不仅将学校办成一个工程师的摇篮，而且重视理论研究。当时最杰出的法国科学家都被该校聘为教授。这所新型的学校对任何出身的青年都敞开大门，鼓励他们为了共和国的未来努力学习。正是这所学校，为19世纪上半叶的法国造就了一大批优秀的科学人才。

1795年，被解散的法国科学院重新恢复活动，并进行了改革。原来的院士会议只有贵族出身的名誉院士才能参加，院长和副院长都由名誉院士担任。这些名誉院士并不懂科学，旧科学院由这些人占据和把持着，必然缺少生机。国民政府废除了旧的贵族院士会议，组建了全体院士均有发言权的新院士会议。科学院的改革使其在法国科学事业的发展中发挥更大的作用。

大革命后，拿破仑当政。这位战功盖世的军事家对科学文化事业十分关心和爱护，对法国科学的繁荣起了重要作用。1808年，拿破仑将曾因财政问题而夭折的巴黎高等师范学校重新开办，为自己的国家培养教师。关于他与科学家们的故事流传甚广。据说，这位不可一世的伟人对于科学家们的冒犯往往表现出格外的宽容。拿破仑1804年称帝的时候，综合工科学校的学生们强烈反对。拿破仑对蒙日说："你的学生怎么全都起来反对我？"蒙日不冷不热地回答说："陛下，我们费了好大劲才把他们造就成共和派，要想让他们成为帝制派，总得再给点时间吧。再说，恕我直言，您的弯子也转得太快了点。"拿破仑没有因此生气，反而将一面绣有"为了祖国的科学和荣誉"的旗帜授予该校。1814年，欧洲反法联军兵临巴黎城下，综合工科学校的学生们要求参加保卫战。拿破仑为了保护法兰西未来的科学人才，拒绝了他们的请求，而且风趣地说了一句："我不能为取金蛋而杀掉我的老母鸡"。在他的政府部门，有不少科学家出任部长。1808年，虽然英法两国正在交战，拿破仑还是亲自在凡尔赛宫为英国化学家戴维颁奖。在他称帝时期，他与巴黎科学院的院士们有着密切的往来。拿破仑的科学政策促进了法国科学的迅速发展。

第二十二章
力学的分析化与热学、电学的早期发展

18 世纪的物理学与之前或之后世纪的比起来，不是那么辉煌。在力学方面，创造性的时代已经过去，而在热学和电学方面，创造性的时代尚未到来。这个世纪是平稳发展的时期，天才的数学家们将力学发展成为一个完全分析化的数学演绎体系，使之成为理论物理学进一步发展的基本工具。热学和电学领域的实验物理学家们，则辛勤地积累有关热和电的知识，为下个世纪的大发展做准备。

1. 运动量守恒与活力守恒原理的建立

牛顿三大运动定律及万有引力定律建立之后，天上地下的力学问题原则上都可以得到解决。但是，牛顿理论体系本身还有不完善之处，而且，应用实践中出现了越来越多、越来越复杂的力学问题，单用牛顿定律实际上无法解决。运动量守恒原理和活力守恒原理就是对牛顿定律的补充。

运动量守恒原理最早是由笛卡尔提出的。他认为，整个宇宙是由物质及其运动组成的，碰撞是物体改变其运动的唯一原因，因此，他把解决碰撞问题视为新物理学的首要问题。他提出的解决问题的思路是运动量守恒原理，因为在他看来，宇宙是上帝创造的一台机器。对万能的上帝而言，这台机器一定是一旦启动就永无休止地运动，而这需要运动量守恒做保证。笛卡尔将运动量定义为质量与速率的乘积，但他的运动量守恒原理不能完全决定两物体碰撞后的速率。此外，他的运动量是一个标量，而物体的运动是有方向的。

惠更斯进一步研究了碰撞问题，得出了正确的动量守恒原理。他将动量定义为物体的质量和速度的乘积。由于速度是一个矢量，动量也是一个矢量。重新确立的动量守恒原理确实在任何碰撞情况下都成立，但单靠它依然不能完全决定碰撞后两物体的速度，还需要另一个守恒原理。

笛卡尔提出的动量守恒原理反而使他自己神圣的宇宙机器遇到了麻烦。两个完全没有弹性的物体相撞后会黏在一起。按照动量守恒原理，如果它们原来的质量相等，速度大小相等而方向相反，那么黏在一起后的速度为零。这个结果意味着，笛卡尔意义上的运动量会越来越小，除非所有的碰撞都是完全弹性碰撞。为了保持笛卡尔的宇宙机器理想，还需要另一个守恒原理。

丹尼尔·伯努利

约翰·伯努利 1740 年的画像

这另一个守恒原理仍然是惠更斯发现的。他在做完全弹性碰撞实验时发现，除了动量守恒外，还有一个量也是守恒的，即质量与速度平方的乘积。他把这个量称为"活力"。德国数学家和哲学家莱布尼茨也大致同时发现了"活力"守恒原理。有了动量和活力守恒原理，完全弹性碰撞问题可以完全解决了。但是，活力守恒原理与动量守恒原理不同，它只对完全弹性碰撞情形成立。

17 世纪末，莱布尼茨挑起了一场关于运动量度的争论。他在 1686 年发表《对可纪念的笛卡尔和其他人关于使上帝都希望永远保持运动的量守恒的自然定律的错误之简短证明》，指出笛卡尔形式的运动量守恒原理是错误的，运动的量度应该是质量与速度平方之积，而不是质量与速率之积。1695 年，他提出力分"死力"和"活力"，"死力"指静力学的力，而"活力"则是动力学的力。莱布尼茨的观点得到了大陆科学家的支持，伯努利将之运用到流体力学领域，得出了伯努利方程。

丹尼尔·伯努利是瑞士巴塞尔一个著名的数学家族的第三代传人。这个家族祖籍荷兰，因信仰新教被迫迁居瑞士。第一代尼古拉斯·伯努利，第二代雅克·伯努利、约翰·伯努利均是当时著名的数学家，为微积分的发展做出过重要贡献。丹尼尔是约翰的儿子，出生在荷兰的格罗宁根，因为当时父亲约翰正在格罗宁根大学教书。丹尼尔的两个兄弟、一个堂弟、两个侄子都是数学家。伯努利家族前后四代数十人，形成了历史上罕见的数学大家族。

丹尼尔于 1738 年出版了《流体动力学》一书。书中将微积分方法运用于流体动力学和气体动力学研究中，建立了分析的流体动力学理论体系。书中提出了著名的伯努利方程，即流体动能、压力能、势能之和为一常量的流体运动方程。其实，它不过是活力守恒原理在流体运动中的具体体现而已。由方程可以推知，随着流体的流速增加，其压力减少。这个原理也被称为伯努利原理。

2. 从矢量力学到分析力学：达朗贝尔、莫培督、欧拉、拉格朗日

牛顿定律加上一定条件下的动量和活力守恒原理，可以十分有效地解决质点力学问题。但是牛顿的矢量方法在处理多质点、多约束、非直角坐标系等复杂问题时显得捉襟见肘。18 世纪的数学家们创立的分析力学，以先进的数学工具重新表述了牛顿力学体系。分析力学表现为三个方面：第一，以更为普遍的原理代替牛顿定律；第二，以"能量"和"功"等标量函数代替力和动量这样的几何矢量；第三，引入广义坐标，化欧氏几何问题为纯代数问题。

第一个值得一提的普遍原理是虚位移原理，是由丹尼尔·伯努利的父亲约翰·伯努利于 1717 年的一封信中提出的。对在任一组力作用下保持平衡的物体系统来说，我们可以假定它有一个小小的位移，显然随之每一个力的作用点都会相应有一个小小的位移，那么各个力与其相应位移的乘积之和应该为零。这个假定的小小位移就是虚位移，而这个原理就称为虚位移原理。后来人们知道，力与位移之乘积实际上就是功，因此虚位移原理后来也被称为虚功原理。

第二个普遍原理是达朗贝尔原理。达朗贝尔是一个私生子，出生后不久就被遗弃在圣让勒朗教堂。他被一对制玻璃工人夫妇收养，并随他们姓了达朗贝尔。长大后，他

达朗贝尔

的生父出资让他受教育，结果他在数学和哲学上显露出惊人的才能。他的生母试图与他相认，他回答说："玻璃工人的妻子才是我的母亲。"达朗贝尔是当时法国学界的活跃人物，他与狄德罗一起主编《百科全书》，并撰写了"前言"等重要条目。1743年，年仅26岁的他发表了《论动力学》，提出了分析力学中极为重要的达朗贝尔原理。正像虚位移原理处理静力学问题一样，达朗贝尔原理处理动力学问题。他把作用于物体系统所有质点的力分解为外力和内力。内力相互抵消，对整个系统的运动没有影响，而加于每一质点的外力就可以看成独立的决定该质点的运动。他把这一原理做了大量的运用，其中包括用于流体运动。

欧拉1753年的画像，画像显示他右眼有些问题。

第三个普遍原理是最小作用原理。欧拉和莫培督均对这一原理做出了贡献。欧拉出生于瑞士巴塞尔，从小就表现出非凡的数学才能。在巴塞尔大学就读时，约翰·伯努利是他的数学老师，很快就注意到了这位数学奇才。伯努利家族后来应邀去了新成立的圣彼得堡科学院，他们也为欧拉在那里谋了一个位置。欧拉因而在圣彼得堡结婚生子。1741年至1766年间，欧拉曾经应邀到柏林科学院任职，但由于与普鲁士国王腓特烈二世相处不好，最终又回到了圣彼得堡，并在此宁静地度过了一生。计算、运演之于欧拉，就像是一位作家给朋友写信般轻松自如。后人评论说："欧拉计算毫不费力，就像人呼吸，或者鹰在风中保持平衡一样。"据说，他常常怀抱自己的婴儿写作数学论文。还据说，仅仅在家里人两次喊他吃饭的间隔里，他就写出了一篇数学文章。他具有惊人的记忆力和心算本领。再次回到圣彼得堡后不久，他就双目失明了，但这丝毫没有影响他的数学创造工作。那个时代全部的数学公式都在他脑子里。他完全靠心算部分解决了极为复杂的月球运动问题，而这个问题当时还没有一个明眼人能够解决。

莫培督

欧拉把他的数学才能广泛播撒到他碰到的每一个应用问题上。他所发明的变分法直接孕育了力学中的最小作用原理。所谓最小作用原理，是指自然界的结构总是取一种最经济、最简便的方式。光线以直线的方式传播就是最小作用原理的一个直观体现，因为直线是最短的路径。法国数学家莫培督最早在力学上提出这一原理。他把"作用"定义为"质量、速度和所经距离的乘积的积分"，并且认为，在孤立系统中这一积分必定取极小值。用这个原理，莫培督证明了光的折射定律，而从前他是不相信这条定律的。欧拉十分赞同莫培督的这一原理，认为上帝在创造宇宙时必定是按照这个原理进行的。欧拉证明了，对于沿着平面曲线的任何运动，莫培督意义上的"作用"确实是最小的。

分析力学最终的成就是拉格朗日方程。拉格朗日被拿破仑称为"数学科学高耸的金字塔"，被腓特烈二世称为"欧洲最伟大的数学家"。他虽然生于意大利的都灵，但祖上是法国人。他的父亲本来非常富有，但搞投机买卖破产了。拉格朗日后来说："要不是我一无所有，我可能就不会搞数学了。"

拉格朗日早期对古典文学感兴趣，当然也因此接触到欧几里得和阿基米德的几何学著作，但未有特殊的印象。一个偶然的机会，他读到哈雷的一篇关于微积分计算方法优于几何方法的文章，顿时被迷住了。很快，他通过自学

拉格朗日

掌握了当时的数学分析，并于 16 岁时当上了都灵皇家炮兵学校的数学教授。他指导那些比他都大的学生们研究数学，并成立学会、出版杂志。这个学会后来发展成了都灵科学院。这个时期，他已经在构思他的"分析力学"：由分析的方法推出包括固体力学和流体力学在内的所有力学。他对变分法加以改造，使之成为分析力学的重要工具。

拉格朗日将自己关于变分法的论文送给欧拉。欧拉当时也正在研究变分法问题，为了让这位年轻的数学家获得他应得的荣誉，欧拉谎称自己还没有解决这一问题，并鼓励他尽快发表论文。直到拉格朗日的文章发表后，欧拉才发表自己的论文。

1766 年，拉格朗日应腓特烈二世邀请，来到柏林就任科学院的物理—数学部主任，并在那里结婚。在柏林的 20 年间，除了大量的数学研究工作外，他还完成了

高斯

阿贝尔

伽罗华

他的杰作《分析力学》，但直到他已离开柏林的1788年书才正式出版。1786年，腓特烈二世去世了，外籍科学家受到冷遇。拉格朗日应路易十六之邀于次年到达巴黎，在巴黎科学院继续从事数学研究。那时他已经50岁了，正处在声望的顶峰，但却因长期过度劳累患了严重的神经衰弱。一度，他对数理科学的前途也失去了信心。他说牛顿不仅是天才，也是人类历史上最幸运的人。宇宙体系只可能被发现一次，而这一次就让他碰上了。他还说，数学辉煌的时期已经过去，下一阶段是物理学和化学等实证科学大显身手的时候了。当然这种说法太悲观了。牛顿之后，爱因斯坦又对宇宙体系做了一次惊人的发现，而拉格朗日之后，数学也并未停滞不前，相反，在高斯、阿贝尔、伽罗华、泰勒和柯西等人的手中进入了一个新天地。

法国大革命时期，拉格朗日没有受到什么冲击。他曾试图保护拉瓦锡，但未能成功。1795年，巴黎高等师范学校创办时，他被任命为数学教授。巴黎综合工科学校创办时，他又被委任为第一位数学教授。与当时其他著名科学家一样，他也是革命时期组建的计量委员会的委员。由于拉格朗日的坚持，长度度量衡选择了十进制，而当时有许多人主张用十二进制。

在《分析力学》中，拉格朗日提出了著名的拉格朗日方程。由虚功原理和达朗贝尔原理，可以得到所谓的"力学普遍方程"。在此基础上，拉格朗日进一步引进了广义坐标、广义速度和广义力，将力学普遍方程改造成拉格朗日方程。这个方程相当于牛顿第二定律，但它更加普遍化、数学化，几乎适用于一切力学系统。

3. 计温学的发展：阿蒙顿、华伦海、摄尔修斯

热学是从对热现象的定量研究开始的。定量研究的第一个标志是测量物体的温度。早在 17 世纪，伽利略就已经造出了第一个温度计。之后，齐曼托学院的成员们继续研究温度计量技术。测温的基本依据是物质的热胀冷缩，其次还要有一个约定的标度系统。伽利略的温度计利用的是空气的受热膨胀和遇冷收缩，但没有固定的刻度。齐曼托学院将一年中最冷和最热的时候作为两个固定点，制定了一个大致的计量系统。他们发现，冰的熔点是一个常数，这启发后来的人们将此作为固定点。惠更斯在 1665 年即已提出以化冰或沸水的温度作为计量温度的参考点。

1702 年，法国物理学家阿蒙顿改进了伽利略的空气温度计。测温物质仍为空气，但整个装置完全封闭，不受外部大气压的影响。这个温度计比伽利略的准确一些。阿蒙顿选定水的沸点为一个固定点，但他不知道沸点也取决于大气压力，所以没有选好准确的固定点。阿蒙顿还提出了绝对零度的概念。他说，当空气完全没有弹性、收缩到不能再收缩的程度时，就一定是极冷点了。

继续阿蒙顿事业的是华伦海。他出生在德国但泽（今波兰的格但斯克），青年时代移居荷兰阿姆斯特丹学习商业，以制造气象仪器为业。华伦海注意到阿蒙顿的工作，十分感兴趣。通过实验，他发现每一种液体都有一个属于自己的沸点；他还发现，沸点均随大气压的变化而变化。

1714 年，华伦海用水银代替酒精作为测温物质，制作了自己的温度计。他发明的净化水银的新方法，使这个水银温度计成了真正可供应用的温度计。水银的使用大大扩展了测温范围，因为酒精的沸点太低，不能测量高温，而

华伦海

水银的沸点远远高于水。此外，水银的热胀冷缩变化率比较稳定，可以用作精密测温。

华伦海将盐加入水中，得到比任何冰点都低的最低冰点，并以此作为零度。这样做的目的是不想出现负温度。他又将人的体温作为另一个固定点，将这两个固定点之间划分为 8×12=96 个刻度，这样人的体温就是 96 度。后来，他做了调整，令水的沸

摄尔修斯

点为212度，使纯水的冰点为32度。调整后的人体体温为98.6度。这套计温体系就是所谓的华氏温标。

1724年，华伦海公布了他的温度计，并在当年被选为皇家学会会员。华氏温标很快被英国和荷兰采用。今天，许多英语国家仍在使用。

1742年，瑞典天文学家摄尔修斯提出了一个新的测温系统。他以水银为测温物质，将水的沸点定为0度，冰的熔点定为100度。八年以后，摄尔修斯的同事建议把标度倒过来，于是形成了今日广为采用的摄氏温标。

4. 量热学与热质说：布莱克

在热学的早期发展中，与温度的测量同等重要的成就是热量的测量。但是，人们一开始并没有认识到温度与热量之间的区别。最早指出它们之间区别的是苏格兰化学家布莱克。大约在1757年，布莱克提出将热量和温度分别称作"热的分量"和"热的强度"，并把物质在改变相同温度时的热量变化叫作"对热的亲和性"。在这个概念的基础上，后来出现了"热容量"和"比热"的概念。这两个概念奠定了热平衡理论的基础。

布莱克最著名的发现是"潜热"。他在实验中发现，把冰加热时冰缓慢融化，温度却不变。同样，水沸腾时化为蒸汽，需吸引更多的热量，但温度也不变。布莱克后来进一步发现许多物质在物态变化时都有这种现象，它们的逆过程也一样，而且由汽到水、由水到冰所放出的热量，正好等于由冰到水、由水到汽所吸收的热量。因此，布莱克提出了"潜热"概念，认为这些未对温度变化有所贡献的热是潜在的。布莱克的潜热概念可能启发了瓦特对蒸汽机的改进。今天我们知道，所谓潜热实际上是分子系统的内能。

布莱克

面对不断增多的对热现象的研究，人们自然需要一个关于热的本质的理论。事实上，近代科学的创始者们均倾向于认为热是微粒的运动，但因没有足够的实验证据，只不过说说而已。古代的原子论者倒是相信热也是一种物质。近代原子论的复兴者伽桑狄明确提出"热原子"和"冷原子"的概念，认为物体发热是因为"热原子"在起作用。伽桑狄的理论虽然只是思辨性的，但受到18世纪物理学家的重视，并由此发展出了热质说。

热质说确实可以解释当时碰到的大部分热学现象：物体温度的变化可以看成是吸收或放出热质造成的；热传导是热质的流动；物体受热膨胀是因为热质粒子相互排斥；潜热是物质粒子与热质粒子产生化学反应的结果。由于热质是一种物质，它还遵守物质守恒定律，而这与已经知道的热量守恒现象是一致的。热质说的这些优点，赢得了当时大多数热学家的赞同。到了18世纪快结束的时候，伦福德关于摩擦生热的研究才对之提出挑战。

5. 摩擦电研究：迪费、马森布罗克、富兰克林

自吉尔伯特的开创性研究以来，电学一直处在盲目摸索阶段。基本的概念框架尚未建立，也缺乏定量实验。吉尔伯特已经认识到一切物体可以分为"电物体"和"非电物体"两类，其中的电物体就是通过摩擦可以带电的物体，非电物体则不可能带电。因马德堡半球实验而闻名于世的盖里克，在电学发展的初期也贡献非凡。他发明的摩擦起电机为后人研究摩擦电打下了最重要的基础，因为任何研究都首先要求研究对象的大量存在。

1729年，英国卡尔特修道院的养老金领取者格雷通过实验发现了导电物质与非导电物质的区别。他先是偶然发现，当玻璃管经摩擦带电时，塞住玻璃管两端的软木塞也带电。进一步，他有意识地用一根木杆的一端插进软木塞，而另一端插进一个象牙球，结果发现，当玻璃管带电时，连象牙球都可以吸引羽毛。他继续用各种物质实验，终于得出结论：

格雷

迪费

有些物质可以传送电，而有些物质不能传送，只能用来保存电荷。"电物体"不能传导电，而"非电物体"则可以导电。

格雷的实验引起了法国物理学家迪费的注意。他是皇家花园里的一位管家，因而有闲暇从事他所爱好的物理实验工作。1733年，他用带电的玻璃棒去接触几块悬挂着的软木，使它们带电。按吉尔伯特和格雷的说法，软木是"非电物体"，只能导电，不能带电。迪费的实验则表明这种看法是错误的。迪费还进一步亲自试验，将自己悬吊在天花板上，让助手给自己带电，结果他们两人都被电击，这就说明人体这种"非电物体"也可以带电。因此，迪费大胆地否定了"电物体"与"非电物体"之分，认为所有物体均可以通过摩擦带电。

迪费的另一工作是发现了两类电荷的不同。1734年，迪费发表了一封信，信中说："我凑巧又发现了另一原理，它比前一原理更富有普遍性并更加值得注意，而且对于电学研究提出了新的阐释。这原理是：有两种各不相同的电，一种我称为玻璃电（vitreous electricity），另一种我称为树脂电（resinous electricity）。第一种是玻璃、岩晶、宝石、兽毛、绒毛和其他许多物体的电；第二种是琥珀、硬树胶、树脂漆、丝、线、纸和其他大量物质的电。这两种电的特性是，比如说，玻璃电物体排斥一切同电的物体，但是相反，吸引一切树脂电物体。"[1]迪费实际上发现了正负电荷的不同，但他的命名不确切。后来人们发现，树脂质物体可以产生玻璃电，玻璃质物体也可以产生树脂电。

马森布罗克

随着摩擦电研究的深入开展，摩擦起电机的制造更趋精致。起电机提供实验用的电荷自然不成问题，但机器一停，所产生的电荷就逐渐在空气中消失了，电荷无法保存下来。莱顿瓶就是在这个背景下应运而生的。

事情是偶然发生的。1745年，荷兰莱顿大学的物理学教授马森布罗克做了一个试图使水带电的实验，结果令他震

---

[1] 马吉编《物理学原著选读》，蔡宾牟译，商务印书馆，1986年版，第419页。

惊。他在一个玻璃瓶中倒进水，然后用软木塞塞住瓶口，让一根铜丝从软木塞通入瓶内的水中。马森布罗克摇动起电机使铜丝带电，他的助手拿着玻璃瓶。这时，这位助手不小心让黄铜丝碰到了另一只手，被猛烈地电了一下，大叫起来。于是马森布罗克与助手调换了分工，想亲自试一试，结果，正如他后来描述的："我的右手遭到了猛击，全身好像触了电闪一样。玻璃瓶虽然很薄，可是没有破裂，手也没有因此而移位，但是手膀和全身都受到了说不出来的影响：一句话，我想我这次完蛋了。"[1]这就表明，玻璃瓶可以储存大量的电荷。这个消息很快传开了。虽然马森布罗克警告人们不要冒险做这个实验，但还是有不少勇士知难而上，并且纠正了马森布罗克的一些错误结论。例如，马氏曾认为只有德国产的玻璃瓶才行，后来发现只要是干燥的就行。由于玻璃瓶储电实验是从莱顿大学传开的，这种储电瓶就被称为莱顿瓶。其实，比马森布罗克略早一些，德国波美拉尼亚的牧师克莱斯特也于1745年发现了玻璃瓶可以保存电，发现的过程基本类似。

圆筒式摩擦起电机。现藏于佛罗伦萨伽利略博物馆。吴国盛摄

莱顿瓶轰动了整个欧洲，各地的业余爱好者争相实验、示范、表演。有人用莱顿瓶放电杀死老鼠，有人用电点燃火药。最著名的一次电击表演是法国物理学家诺莱特做的。他在巴黎修道院门前调集了700名修道士，让他们手拉手排成一行。队伍全长达900英尺，规模十分壮观。法国国王路易十五及其皇室成员被邀请观看。诺莱特让队首的修道士拿住莱顿瓶，让队尾的修道士手握莱顿瓶的引线。当莱顿瓶放电时，一瞬间700名修道士全都跳了起来，其滑稽的举动给人留下深刻的印象，也令人深切地感受到了电的力量。

1746年，美国著名的政治家、科学家富兰克林得到了伦敦友人赠送的一只莱顿瓶，便开始研究电现象。富兰克林的研究使人类对电的认识大大前进了一步。本杰明·富兰克

莱顿瓶，现藏于佛罗伦萨伽利略博物馆。吴国盛摄

---

[1] 出自马森布罗克的一封信，见马吉编《物理学原著选读》，蔡宾牟译，商务印书馆，1986年版，第424页。

诺莱特

富兰克林

林 1706 年生于美国麻省波士顿市，是一位肥皂商的第十个儿子。他年轻时做过印刷业的学徒工，此后在费城创办报纸，成为政界名流。18 世纪后半期，他致力于美国的独立斗争，是独立战争的领袖，是美国家喻户晓的民族英雄、立国之父。但是早年，他主要以科学家的身份闻名欧洲。

富兰克林最著名的发现是统一了天电和地电，破除了人们对雷电的迷信。在用莱顿瓶进行放电实验的过程中，富兰克林面对着电火花的闪光和噼啪声，总是禁不住将其与天空的雷电联系起来。他意识到莱顿瓶的电火花可能就是一种小型的雷电。为了验证这个想法，必须将天空中的雷电引到地面上来。1752 年 7 月的一个雷雨天，富兰克林用绸子做了一个大风筝。风筝顶上安上一根尖细的铁丝，丝线将铁丝连起来通向地面。丝线的末端拴一把铜钥匙，钥匙则插进一个莱顿瓶中。富兰克林将风筝放上天空等待打雷。突然，一阵雷电打下来，只见丝线上的毛毛头全都竖立起来。用手靠近铜钥匙，即发出电火花。天电终于被捉下来了。富兰克林发现，储存了天电的莱顿瓶可以产生一切地电所能产生的现象，这就证明了天电与地电是一样的。

富兰克林的第二大贡献是发明了避雷针。早在 1747 年，富兰克林就从莱顿瓶实验中发现了尖端更易放电的现象。等他发现了天电与地电的统一性后，就马上想到，如果利用尖端放电原理将天空威力巨大的雷电引入地面，就可以避免建筑物遭雷击。1760 年，富兰克林在费城的一座大楼上竖起一根避雷针，效果十分显著。费城各地竞相仿效。到了 1782 年，费城已装了 400 根避雷针。教会起先反对装避雷针，说雷电是神表示的愤怒，不允许人们干涉它们的破坏力。但教会的反对不太起作用。据说 100 多年后，费城盖了一座新教堂，教会也害怕遭雷击，去请教爱迪生要不要装避雷针。爱迪生说："雷公也有疏忽大意的时候，你们说要不要装？"结果该教堂还是装上了由富兰克林发明的避雷针。

富兰克林在电学上的第三大贡献是提出了正电和负电的概念。在 1747 年的一封信中，富兰克林提出了自己对电的本性的看法。他认为，电的本性是某种电液体，它不均匀地渗透在一切物体之中。当某物体内的电液体与其外界的电液体处于平衡时，该物体便呈电中性；当内部的电液体多于外界时，呈正电性，相反则呈负电性。正电与负电可以抵消。由于电液体总量不变，因此电荷总量不变。在摩擦过程中，电不是被创生而是被转移。迪费所谓的玻璃电和树脂电实际上分别是正电和负电。富兰克林的电性理论可以解释当时出现的绝大部分电现象，因而获得了公认。今天，我们知道，电实际上是带负电荷的电子造成的，正电恰好意味着电子的缺失，负电才是电子的多余。富兰克林正好弄反了，但他的"缺失"和"多余"模型被继承下来。

　　早期的电学实验相当危险，几乎所有的电学家均有遭电击的经历。富兰克林有一次将几个莱顿瓶连接起来，准备用强电击杀死一只火鸡。不料，实验还未开始他就碰到了莱顿瓶，结果当场被击昏。他醒来之后，说了一句："好家伙，我本想电死一只火鸡，结果差一点电死一个傻瓜。"捉取天电更加危险，富兰克林没有遇难纯粹是侥幸。1753 年 7 月 26 日，俄国物理学家里赫曼带领其学生罗蒙诺索夫在圣彼得堡做闪电实验，结果被雷电击中，当场死亡。

6. 流电研究：伽伐尼、伏打

　　电流的发现纯属偶然。1752 年，有一位名叫祖尔策的意大利学者，把一片铅和一片银放在舌尖上。当这两片金属的另一头连在一起时，他发现舌尖的感觉很奇怪，既不是铅的味道，也不是银的味道。他反复试验，发现确实有这种现象。由于找不到解释，他就没有再把这件事情放在心上。实际上，他的舌尖上流通了两个金属相接触而产生的接触电，味觉因而发生了变化。

伽伐尼画像，博洛尼亚大学波基宫博物馆收藏。吴国盛摄

　　又过了近 30 年，意大利博洛尼亚大学的医学教授伽伐尼也遭遇了这种现象。伽伐尼是一位解剖学家。1780 年 9 月 20 日，他正和他的两个助手做解剖青蛙的实验。他将解剖完的青蛙放在解剖桌上后，一名助手无意中让解剖刀碰到了一

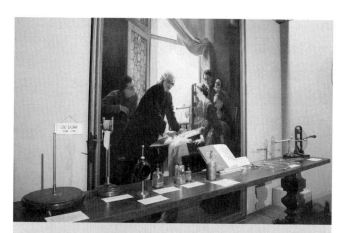

伽伐尼使用过的实验器具，墙上的油画描绘的是伽伐尼青蛙实验。
博洛尼亚大学波基宫博物馆收藏。吴国盛摄

条蛙腿的神经，四条蛙腿顿时猛烈地抽动。伽伐尼感到奇怪，又重复了这一实验，发现了同样的现象。他将蛙腿用铜丝挂在铁格窗上，想看看雷雨时蛙腿的反应，结果发现雷电发作时，蛙腿抽动。这表明蛙腿抽动是电击所致。但他进一步发现，没有雷电时，蛙腿也抽动，无论晴天雨天。他又在封闭的屋子里做实验，发现用相同的金属不能使蛙腿抽动，而不同的金属能使蛙腿抽动，只是程度有所不同。

金属与蛙腿接触肯定有放电过程发生，但电来自何处呢？伽伐尼是一位解剖学家，可能更相信电来自有机体内部，因此，他提出，动物体内部存在着"动物电"，这种电只有用一种以上的金属与之接触时才能激发出来。他认为，这种电与摩擦电完全一样，只是起因不同。今天我们知道，伽伐尼关于动物电的看法是错误的。然而，正是他的工作极大地促进了人们对该问题的深入研究。

伽伐尼的发现轰动一时，引起了他的同胞、意大利物理学家伏打的特别注意。伏打当时是意大利帕维亚大学的自然哲学教授，已经在静电研究中初露头角。他发明的起电盘有储存电荷的作用，可以替代莱顿瓶。为此，他于1791年获得皇家学会的科普利奖章，并被选为会员。伽伐尼的实验传开后，伏打也重复了该实验，但他对伽伐尼的解释不太满意。虽然当时的人们联想到海里的电鳗等带电的鱼，因而很快就接受了伽伐尼的"动物电"概念，但伏打对此仍深表怀疑。

伏打

1792 年，他从实验上证明了，伽伐尼电本质上是因为两种金属与湿的动物体相连造成的，蛙腿只起验电器的作用。1794 年，他决定只用金属而不用肌肉组织做实验，立即发现电流的产生与生物组织无关。这样一来，在伽伐尼与伏打之间便发生了一场争论。双方都有支持者，但实验证据对伏打越来越有利。

伏打用各种金属做实验，结果得出了著名的伏打序列：锌、锡、铅、铜、银、金……他发现，只要将这个序列里前面的金属与后面的金属相接触，前者就带正电，后者带负电；在序列中的距离越远，带电越多。1800 年，伏打制成了著名的伏打电堆。他在 3 月 20 日致皇家学会会长的信中说，在进行接触电实验的过程中，他制造了一种新装置，这种装置可以自发地生电。"30 片，40 片，60 片或更多的铜片，最好是用一些银片，每片都与一块锡片，更好是用一些锌片，还有等数目的水层，或比纯水更能传导的其他某种液体如盐水、碱水等，或用浸透这种液体的卡片或革片相接触。当这种水层夹在每副由两种不同金属的耦合之间时（三种导体的交替必须按照同样次序），我的仪器就造成了。"[1]此后，伏打又将他的电堆做了进一步的改进，使其更便于使用。

1805 年的伏打电堆，现藏于美国国家历史博物馆。吴国盛摄

伏打电堆的出现，使人们第一次有可能获得稳定而持续的电流，从而为研究动电现象打下了基础。同时，它也推动了电化学的发展。电流的出现标志着一个电气时代的来临，伏打电堆在科学史上具有十分重要的地位。

7. 静电的定量研究：卡文迪许与库仑

自莱顿瓶出现以来，关于静电现象的定性研究取得了十分突出的成就。人们已经认识到电荷分正电和负电，同性相斥，异性相吸。从 18 世纪中叶开始，不少人定量地研究了电荷力，他们中最著名的是卡文迪许与库仑。

---

[1] 出自伏打给皇家学会的信，见马吉编《物理学原著选读》，蔡宾牟译，商务印书馆，1986 年版，第 448 页。

剑桥卡文迪许实验室原址。吴国盛摄

　　卡文迪许是英国的一位贵族，1731年生于法国尼斯，因为那时候他母亲正在法国旅游。他终生未婚、独居，一心献身于科学研究事业。他性格孤僻、过分腼腆。据说他从不接待陌生人，连女佣人都不能见面，需要她干什么就写在纸条上。有一个故事可以生动地说明卡文迪许是多么的不爱讲话。传说他跟天王星的发现者赫舍尔一起吃过一次饭。当时赫舍尔正在建造一座大型望远镜，用这个望远镜，肉眼看不见的天王星可以显出一个圆面来。卡文迪许问他："赫舍尔博士，你确实看到星星是圆的吗？"赫舍尔回答说："圆得就像一个纽扣。"就这一句，再没有话了。饭后，卡文迪许又问了一句："圆得像个纽扣？"赫舍尔答："圆得像个纽扣。"[1]

　　卡文迪许一味地研究，从不关心发表自己的研究成果以及由此可能带来的荣誉。他被认为是氢气的发现者。他的论文表明他懂得如何将酸与金属相作用制备氢气。他还证明了氢气燃烧生成水。

　　在实验物理学史上，卡文迪许最重要的工作也许是用英国地质学家密切尔发明的扭秤在实验室中测定了万有引力常数G。他用一根线将一根很轻的棒悬挂起来，棒可以绕线自由转动，棒的两头各固定一个轻的铅球。卡文迪许测定了棒的扭转与棒所受力的定量关系后，将两个大球分别靠近两个小铅球。从扭转程度可以先算出两对球之间的万有引力，再运用万有引力定律反算出万有引力常数G。知道了万有引力常数，由重力加速度又可以算出地球的质量以及地球的密度。

　　卡文迪许在电学方面也做出了开创性的贡献，但他在18世纪70年代所做的电学研究直到半个世纪后才被发现。他生前只给皇家学会投寄了两篇论文。在1777年的论文里，他提出了电荷作用的平方反比律："电的吸引力和排斥力很可能反比于电荷间距离的平方。如果是这样的话，那么物体中多余的电几乎全部堆积在紧靠

---

[1] 卡约里：《物理学史》，戴念祖译，内蒙古人民出版社，1981年版，第131页。

物体表面的地方。而且这些电紧紧地压在一起，物体的其余部分处于中性状态。"[1]
他在实验中发现，一个金属球壳带电后，所有的电荷均分布在表面，而球腔中没有
任何电作用，这意味着球腔内任何一点所受到的电力均相互抵消了。电力与作用距
离保持一种什么样的关系，才可能做到相互抵消呢？他用数学证明了只有当力与距
离的平方成反比时才可能。

　　重新发表的卡文迪许的手稿表明，他已经提出了静电电容、电容率、电势等概念。
这些在当时均为第一流的成就，都没有发表。1810 年，卡文迪许在伦敦去世。当今
最为著名的剑桥大学卡文迪许实验室就是为了纪念这位伟大的科学家而命名的。

库仑

　　卡文迪许用来测量万有引力常数的扭秤，被法国物
理学家库仑用来测定电荷之间的相互作用力。不过库仑
的扭秤是自己发明的，因此他曾于 1781 年被选为法国
科学院院士。1785 年，他使用自己的扭秤测定带电小
球之间的作用力，发现电的引力或斥力与两个小球上的
电荷之积成正比，而与两小球球心之间的距离的平方成
反比。这个规律现在被称为库仑定律。库仑也做过与卡
文迪许同样的球壳实验，以此进一步证明平方反比律的
正确性。

　　库仑定律与牛顿的万有引力定律形式上十分相似。
它的发现使人们对物理世界的普遍规律有了进一步的认
识，为电磁学的大发展开辟了道路。

---

[1] 申先甲等编著的《物理学史简编》，山东教育出版社，1985 年版，第 433–434 页。

第二十三章
18 世纪的天文学

　　18 世纪的天文学有两方面的发展。首先是在牛顿力学基础上，用分析的方法研究太阳系的力学运动规律。在这方面，法国的数理科学家贡献最大。拉普拉斯的《天体力学》达到了数理天文学的又一高峰。其次，英国的天文学家在天文观测方面又有新的进展，其中突出的有布拉德雷发现了光行差，赫舍尔发现了天王星和双星。

1. 拉普拉斯：集天体力学之大成

　　牛顿的万有引力定律解决了行星运动的轨道问题，但远没有解决太阳系内所有的力学问题。严格地说，他只考虑了两个天体在引力作用下的运动问题，即所谓的二体问题。然而，太阳系内有许多个天体，它们之间均存在着引力作用，多个天体之间在相互的引力作用下会有什么样的运动呢？这是个相当复杂但又十分现实的问题。只考虑二体情况，必定不能与天体的实际运行情况相符。18 世纪的数学力学家首先尝试以月球为例解决三体问题。就月球而言，起明显作用的是太阳和地球的引力，其他行星的引力作用要小得多，而月球运动对于航海定向十分重要，因此以月球运动为特例的三体问题被提到了首要位置。

　　与二体问题相比，三体问题要复杂得多。用已知的解析方法根本不可能一般地解决三体问题，只可能就某个特殊情形找近似解。欧拉最先就月球问题发展了天体力学中的摄动方法。所谓摄动方法，是将三体问题化为一个二体问题加一个摄动，第三个天体的作用通过对二体轨道摄动修正的方式出现。达朗贝尔和拉格朗日都对摄动理论做出过贡献，但天体力学最重要的成就属于拉普拉斯。

　　拉普拉斯于 1749 年在法国博芒特出生。他是一个农民的儿子，家境贫寒，靠着邻居们的帮助受了初等教育。在学校里，他展露出非凡的才能。18 岁时，他带着地方上著名人士的推荐信独自去了巴黎。他先去拜访达朗贝尔，递上了推荐信，但达朗贝尔没有理会。后来，拉普拉斯给达朗贝尔写了一封关于力学原理的信。这封信写得十分出色，达朗贝尔一读到它就立即回了信。信中说："我几乎没有注意你那些推荐信，你不需要什么推荐，你已经很好地介绍了你自己。"在达朗贝尔的推荐下，拉普拉斯被任命为巴黎军事学校的数学教授。1773 年，在他刚刚 24 岁时，拉普拉斯被选为科学院的副院士。从这一年开始，他致力于用艰深的数学解决太阳系内的多体力学问题，其中包括太阳系的稳定性问题。

拉普拉斯 1842 年的画像

　　经过 20 多年的研究，拉普拉斯开始系统整理自己在天体力学方面的研究工作，写作《天体力学》这部巨著。该书 1799 年出版了前两卷，论述了行星的运动、它们的形状以及潮汐。1802 年出版了第三卷，论述摄动理论。1805 年出版第四卷，论述木星四个卫星的运动及三体问题的特殊解。第五卷于 1825 年出版，补充了前面各卷的内容。这部著作汇集了天体力学自牛顿以来的全部成就，被誉为那个时代的《至大论》。他也因这本大书而被称为法国的牛顿。

　　拉普拉斯最著名的成果是证明太阳系的稳定性。牛顿力学可以成功地用于解释太阳系的运动，但是牛顿本人相信，光有万有引力定律不足以保证太阳系的稳定，上帝还有必要经常干预他的作品。1773 年，拉普拉斯解决了当时的一个著名的难题，即解释木星的轨道不断收缩，而土星轨道又不断膨胀。拉普拉斯证明了，行星轨道只有周期性变化，并非无限发展的。之后，他又证明了太阳系的总偏心率将保持恒量。一个行星的偏心率变大，其他行星的偏心率就会减小，以与之平衡。类似地，轨道面的倾角虽然有变化但相互牵制。这些结论虽然只在近似的意义下得到了证明，但依然可以视为可靠地证明了太阳系在一个相当长的时期内将保持现有的格局，上帝之手是不必要的。据说，拿破仑曾问拉普拉斯，为何在他的书中一句也没有提到上帝，拉普拉斯回答说："陛下，我不需要那个假设。"

　　拉普拉斯在天体力学研究中发展了许多新的数学方法，其中包括位势理论。在《天体力学》一书中，拉普拉斯经常省略掉数学论证，代之以一句"这是显而易见

康德

的"。这使许多读者为了能读下去而不得不费尽气力亲自动手演算。

在《天体力学》出版之前的 1796 年，拉普拉斯出版了一本完全没有数学公式的著作《宇宙体系论》，概述了《天体力学》的基本思想。在《宇宙体系论》的附录里，他提出了太阳系起源的星云假说。太阳系里的所有行星的运行方向完全相同，而且轨道面大致在同一个平面内，这是一个引人注目的特征。拉普拉斯猜测，太阳系可能起源于一团旋转着的巨大星云。由于引力作用，星云气体不断收缩，较外围的星云因离心力的作用保持在外轨道上绕中心转动，并且自身继续在引力作用下收缩成行星。星云的核心则收缩成太阳。这一假说很好地解释了太阳系的旋转方向问题，在 19 世纪十分流行。实际上，拉普拉斯并不是第一个提出这种设想的。哲学家康德早在 1755 年就发表了《自然通史和天体论》，提出了类似的但更为详细的星云假说，只是未引起学界的注意。拉普拉斯本人也许并不是特别认真地看待这个猜想，但该猜想在历史上格外引人注目。直到 20 世纪，这个问题才有了新的解决。

1785 年，拉普拉斯成为法国科学院的院士。在法国大革命时期，他侥幸没有被迫害。拿破仑上台后，对这位从前军事学校的老师十分敬重，让他当了内政部长。拉普拉斯显然不善于此，只当了 6 个星期就不干了。1816 年，拉普拉斯当选为法兰西学院院士，次年被任命为院长。1827 年 3 月 5 日，拉普拉斯在巴黎郊区自家的庄园里去世。

2. 布拉德雷与光行差

牛顿力学的成功使越来越多的人接受哥白尼的日心体系，但令人烦恼的是，日心地动学说所必然要求的恒星周年视差总也没有被观测到。有些著名的观测天文学家如老卡西尼，直到 1712 年临死前都不同意哥白尼的学说，原因也是未观测到恒星周年视差。整个 18 世纪，观测天文学都在致力于发现这个至关重要的视差。

布拉德雷出生于英国格洛斯特郡的舍博恩，早年就读于牛津大学，受其天文学家叔父的影响，对天文学产生了浓厚的兴趣。由于其卓越的数学才能深受牛顿和哈雷赏识，1718 年被选入皇家学会。1721 年，布拉德雷当上了牛津大学的天文学教授。

布拉德雷

布拉德雷的早期理想也是观测恒星周年视差。按照哥白尼的日心体系，地球每年绕太阳公转一周，地球上的观察者必定可以看到较近的恒星相对于较远的恒星背景有一个周期性的位移，位移的方向与地球轨道的向径相平行。1725 年，布拉德雷利用一台 212 英尺长的望远镜发现了恒星位移。观测结果表明，通过格林尼治天顶的天龙座 γ 星每年有约 20 弧秒的微小周期性位移。但奇怪的是，该位移的方向并不像预想的那样与地球轨道向径平行，而是垂直，相差 90°。

布拉德雷想不通这是怎么一回事。到了 1728 年，有一天他在泰晤士河上划船，发现船上的旗帜飘动的方向不仅取决于风向，还取决于船前进的方向，这启发他解开了那奇怪的位移之谜。他称那个 20 弧秒的位移为光行差。

道理其实很简单，在一个完全没有风的下雨天，人们由于走动，就必须将伞稍微向前倾斜一定的角度才能将雨完全挡住。这个角度只取决于雨的下落速度和人的步行速度。由于地球在运动，而光速又是有限的，本来垂直于地球运动方向的星光在望远镜中看来与垂直方向有一个小小的倾角。正是这个倾角导致了一年之中恒星的视位移，而位移的方向恰好与地球轨道的径向垂直。

根据光行差的大小，布拉德雷可以重新计算光速。17世纪时，丹麦天文学家罗伊默曾经提出依据木卫食推算光速的方法。1676 年，他推算出光跨越地球公转轨道直径的时间是 22 分钟。1678 年，惠更斯据此计算出光的速度是 214000 千米 / 秒。这次布拉德雷可以得出更准确的数值，结果表明罗伊默的光速值基本上是准的。光行差的发现不仅证明了地球是运动的，还提供了测量光速的另一种

罗伊默约 1700 年的画像

方法。

布拉德雷虽然没有发现恒星周年视差，但证明地球在运动的目的已经达到。由于恒星遥远得出人意料，恒星周年视差又过了 100 年才被发现。

为了观测光行差，布拉德雷系统细致地给整个星空定位。在这一过程中，他还发现恒星的赤纬除光行差外还有一处微小的变化。这个变化显然是地球自转轴有微小的周期性移动所致，他称之为地球的章动。1732 年，他提出章动的原因是月球对地球各处引力不平衡造成地轴摆动。为了进一步研究章动问题，布拉德雷将自己的恒星观测精确到了 2 弧秒。在这样的精度内还没有发现恒星周年视差，足见恒星是相当遥远的。1748 年，布拉德雷公布了自己多年来对恒星的观测资料，系统分析了光行差和章动现象。为此皇家学会授予他柯普利奖章。

1733 年，布拉德雷测量了木星的直径，发现比地球直径大得多。1742 年，哈雷去世，布拉德雷被任命为格林尼治天文台第三任台长。据说，当国王准备给他提高薪水时，他拒绝了这一好意。他说，皇家天文学家的薪水太高必导致许多投机钻营者觊觎，反而使真正的天文学家得不到这一职位。

3. 赫舍尔的天文观测

18 世纪最伟大的天文观测家当推弗里德里希·威廉·赫舍尔。他 1738 年 11 月15 日生于德国的汉诺威。父亲是汉诺威军队里一名双簧管吹奏手。赫舍尔刚满 14 岁就继承父业当了一名军乐师。成年之后，他不愿当兵，便来到了英国，一直靠音乐谋生，先是当乐队指挥。1766 年，他成了巴斯城八角小教堂里的风琴手。他靠教授音乐获取了丰厚的报酬。

威廉·赫舍尔

衣食无忧之后，赫舍尔对天文学产生了兴趣。一开始他读了一本光学书籍，决定按书上所说自己做一架望远镜。他买不起昂贵的镜片，便自己动手磨制。经过反复试验，终于造出了一架比较满意的望远镜。1772 年，他回到汉诺威，将他的妹妹卡罗琳·赫舍尔接到了英国。卡罗琳也是一位天

文爱好者，后来协助其兄长做出了许多伟大的发现，是历
史上第一个女天文学家。兄妹两人一起亲自动手磨制镜片、
改进望远镜，终于在1774年造出了当时最好的反射望远镜。
据说，在那些漫长而又枯燥无味的工艺制作过程中，兄妹
俩互相鼓励、互相帮助。赫舍尔磨镜片的时候，卡罗琳就
在旁边给他读书，有时甚至喂他饭吃，因为他双手腾不出
空来。

卡罗琳·赫舍尔92岁时的素
描像

有了最好的望远镜，赫舍尔决定系统地观测整个天空
里的每一样东西。像当时所有的天文观测者一样，他最先
想做的工作是发现恒星的周年视差。伽利略曾经提出过一
个观测周年视差的方案，即特别观测那些成对的恒星之间
位置的变化。这些成对的恒星亮度不同但又挨得很近，表明它们与地球的距离不同，
但几乎处于同一条视线，因而很适合观察它们相对位置的变化。赫舍尔对伽利略这
个方案印象很深，决定实施。正当他寻找星对，以便观察周年视差时，无意中做出
了另一个伟大的发现。

那是在1781年3月13日，正当赫舍尔用望远镜在金牛座搜寻恒星时，一颗"星
云状恒星或者彗星"显出了圆面。很显然，它不可能是一颗遥远的恒星，因为没有
任何一颗恒星能在望远镜里显出圆面。在望远镜里，恒星
只可能增大亮度。过了几天，这颗星相对于周围恒星出现
移动，这就说明它是太阳系里的天体。赫舍尔起初认为它
是一颗彗星，并做了报道。但后来发现，它像行星那样有
明朗的边缘，而且进一步观测表明，它的运行轨道像其他
行星一样近似一个圆。最后，赫舍尔终于确认并宣布，它
是土星轨道之外、太阳系内的又一颗行星。

这是人类有史以来第一次发现新的行星。其实，这颗
新行星从前也被人们看到过，但都被误认为是恒星或者彗
星而受到忽视。只有赫舍尔的望远镜才将之显出一个圆面，
证实了它的真实身份。

新行星的命名是一个大事。赫舍尔本人想依照当时的

赫舍尔约1785年制作的40
英尺望远镜，现藏于伦敦科
学博物馆。吴国盛摄

英国国王乔治三世的姓氏命名为"乔治星"，还有人提议命名为"赫舍尔星"。最后大家一致同意继承前面五大行星的命名传统，即用希腊神话中神的名字来命名。天文学家波德建议用萨都恩神（Saturn，土星以此命名）的父亲、天神乌兰纳斯（Uranus）来命名新行星，得到了大家的公认，中文译为天王星。

制造于1740年左右的这架太阳系仪上，本来只有6大行星，1781年赫舍尔发现了新行星之后，仪器工匠新添了一个行星环，并以英王乔治的名字命名为"乔治星"（Georgium Sidus），现藏于芝加哥阿德勒天文馆。吴国盛摄

波德

顺便值得一提的是，时任柏林天文台台长的波德此前于1772年公布了一条有趣的定律。他发现，太阳系每颗行星与太阳的距离有一定的规律性。先由近到远排序，得到每个行星的序号 $n=1$（水星），2（金星），3（地球），4（火星）……那么，行星的轨道半径 R 可以由下列经验公式得出：$R=0.3 \times 2^{n-2}+0.4$（天文单位）。这个公式只有两个例外。第一个例外是水星的第一项必须为0，第二个例外是火星之后的木星不能取5只能取6，自然，土星要取7。波德一直倾向于相信，在火星和木星之间一定还有一颗行星，其轨道半径按照上述经验公式推算当是2.8个天文单位。波德公式刚提出来的时候，人们兴趣不是特别大。可等到天王星被发现后，人们发现波德公式居然也适用于它。于是波德公式声名远扬。不久，天文学家发现了火星和木星之间有许多小行星，填充了 $n=5$ 的位置。但波德公式到了海王星发现之后，就不太灵了，至于后来的冥王星就差得太多了。波德公式究竟是巧合还是某种深层

规律的体现，折磨了无数的天文学家。今天的天文学家倾向于相信，波德公式确实可以用天体力学来解释："行星在数十亿年以上的相互摄动中只会留下少数的稳定轨道"，但可以想象这个十分困难的数学问题尚未得到解决。[1]

波德定律

n	R（理论计算值）	行星	R（实际观测值）
1	0.4	水星	0.39
2	0.7	金星	0.73
3	1.0	地球	1.00
4	1.6	火星	1.53
5	2.8	（小行星）	2.3~3.3
6	5.2	木星	5.22
7	10.0	土星	9.6
8	19.6	天王星	19.3
9	38.8	海王星	30.2
10	77.2	冥王星	39.5

天王星的发现引起了极大的轰动，赫舍尔也因此而声名大振。发现天王星当年，皇家学会接纳他为会员，并颁发科普利奖章。次年，英王乔治三世亲自接见，并封他为国王私人天文学家，发年俸 200 镑，让他专门从事天文学研究。赫舍尔遂由巴斯迁往达奇特，1786 年定居于白金汉郡的斯劳，开始了职业天文学家的生涯。

赫舍尔继续观测并记录双星。1782 年，他发表了带有 227 对双星的星表。1784 年，双星增加到 434 对。1821 年，又增添了 145 对双星。双星发现得越来越多，就是没有发现周年视差。但也有意外的收获，赫舍尔发现，有些双星未必只是看起来成双，其实就是成双的。

约翰·赫舍尔 1867 年的照片，摄影家卡梅伦（Julia Margaret Cameron, 1815—1879）拍摄。

---

[1] 霍尔顿：《物理科学的概念和理论导论》（上册），张大卫等译，人民教育出版社，1983 年版，第 234–241 页。

赖特

朗贝尔

它们之间有相互的绕动。这种绕动再一次证实了万有引力定律在宇宙空间也是成立的，因为根据引力定律，相互吸引的天体必定做绕公共质心的旋转运动。

赫舍尔的另一个重大贡献是恒星计数。他有计划、不厌其烦地将他的望远镜对准天空的每一部分，并记下这一部分恒星的数目。他本人亲自探测了1083个天区，计数了11万多颗恒星。1834年至1837年，他的儿子约翰·赫舍尔把他父亲的观测扩展到了南半球天空，又探测了2299个天区，计数了约70万颗恒星。通过恒星计数，赫舍尔推测银河系是一个扁平状的圆盘，太阳系可能处在银河系中心附近的地方。后来发现，太阳系其实不在银河系的中心。在此之前，英国天文学家托马斯·赖特、德国物理学家朗贝尔和德国哲学家康德均提出过银河系的空间构形的设想。

赫舍尔在搜寻天空时，还开创了对星团和星云的研究。在计数中，他发现，有些区域中恒星的密度明显高于其他天区，这意味着该地区的恒星有成团现象。在他的高倍率望远镜下，从前被认为是星云的天体，现在显示成一群恒星。但他也认识到，有些星云是不可分解的。

1783年，赫舍尔分析了7颗恒星的固有运动，推测太阳正向武仙座方向奔行。之后，在更多观测事实的支持下这一推测得以确认。太阳自行的发现，破除了太阳是宇宙固定不变的中心的观念。

赫舍尔的天文观测主要得益于他自制的望远镜。他一辈子都没有停止过改进和制造新的望远镜。在成为乔治三世的宫廷天文学家之后，他还制造并出售望远镜以补充家用。迁居斯劳不久，赫舍尔计划建造一台大型的反射望远镜。乔治三世为此捐了4000英镑。在10个助手的协助下，赫舍尔花了4年建成了一台长40英尺、口径达48英寸的巨型望远镜。赫舍尔用这台望远镜发现了土星的两颗卫星：土卫一和土卫二。可惜的是，这台大型望远镜使用效果不佳，自重使反射镜严重变形。赫舍尔大部分观测工作是在一台长20英尺的反射望远镜里做出的。

赫舍尔于1788年结婚，太太原是一位富有的寡妇。1792年，他们的儿子约翰·赫

赫舍尔在斯劳制造的巨大的反射式望远镜口径 1.26 米，焦距 12 米，图片为慕尼黑德意志博物馆中的模型。吴国盛摄

赫舍尔 40 英尺望远镜的残留部分，现存于格林尼治天文台。吴国盛摄

舍尔出世，后来也是英国著名的天文学家。1821 年，赫舍尔与儿子一起创建了英国皇家天文学会，并成为第一任会长。1822 年 8 月 25 日，赫舍尔在斯劳逝世，终年 84 岁。有趣的是，赫舍尔所发现的天王星的公转周期也是 84 年。

第二十四章
化学革命

18 世纪基础理论方面最重大的突破发生在化学领域。拉瓦锡完成了这场被科学史家称为"延迟了的"化学革命。革命的起因是对燃烧和气体问题的研究。

1. 燃素说：斯塔尔

自近代以来，燃烧问题一直是化学研究的一个核心问题。火和燃烧现象是自然界中极为常见的一种现象，许多化学过程都与之相关。特别是，只有通过燃烧才能从金属矿石中提炼出金属。人们注意到，在燃烧过程中总有火焰迸出。还注意到，木柴燃尽后的灰烬总比原先的木柴轻了许多。这很容易使人推测，在燃烧过程中有某种东西离开了燃烧物。由于燃烧完的灰烬不再容易燃烧，人们又推测所逃离的东西是某种易燃的东西。这是燃素说的基本思路。那种假想的在燃烧过程中逃离的易燃的东西，后来就被称为燃素。

17 世纪的化学家大都发现了空气对于燃烧的必要性，但是易燃物在燃烧过程中逃离的想法仍然没有改变。燃素说倒是被进一步理论化、系统化。因为随着实用化学的发展，人们越来越相信，燃烧过程是一种分解过程，而不是一种化合过程。

燃素理论的提出首先应追溯到德国化学家贝歇尔。在发表于 1669 年的《地下物理学》一书中，他提出了三种土元素之分：玻璃状土、油状土、流质土。他认为，自然界所有化合物之所以不同，均在于所含有的土各不相同。

贝歇尔

实际上，他的三种土元素的划分与帕拉塞尔苏斯的盐、硫、汞三元素说是一一对应的，没有多少新鲜东西。有意义的只是，他提出在有机物燃烧过程中，其中所包含的油状土很快逸出，只有玻璃状土留下来。这种说法被他的学生斯塔尔加以发挥，提出了系统的燃素说。

斯塔尔

燃素（phlogiston，来自希腊文，意为使火开始）一词早就出现过，但经过斯塔尔的解说才流行开来。斯塔尔受原子论的影响，并在原子论基础上建立了他的元素概念。他把贝歇尔的油状土叫作"燃素"。他主张，易燃物之所以易燃是因为含有较多的燃素，灰烬不能燃烧是因为其中不含有燃素。在燃烧过程中，被烧物体中的燃素被空气吸收。空气只起单纯的助燃作用，主要用途是带走燃素。

燃素理论确实解释了当时已知的许多化学现象。对今日被称为氧化—还原反应的各类化学过程，燃素说均做出了自洽但与今日理论完全相反的解释。凡是氧化过程，斯塔尔均认为是燃素逸出的过程。在燃素说的概念框架内，斯塔尔还认识到，金属生锈与木材燃烧是同一类化学过程，它们都是失去燃素的过程。必须看到，燃素说确实是化学史上第一个将各种化学现象统一起来的化学原理。它虽然是错误的，却引导化学走向更广阔的领域。

燃素说有一个明显的局限，那就是难以回答燃素是否有重量。有机物在燃烧完后重量一般大大减少，而金属生锈后重量却往往增加。如果它们都伴随着燃素的逃离，那么燃素究竟有没有重量，如果有，是正重量还是负重量。对这一难以解释的问题，斯塔尔并未在意，因为他头脑里的定量观念还很淡薄。之后许多人力图对此加以解释，但均无太大影响。在没有一个更有力的理论取代燃素说之前，它依然被大多数化学家接受，因为它确实比较好地解释了众多的化学现象。

2. 气体研究与氧的发现：普里斯特利、舍勒

自古以来，人们只知道空气这一种气体。一提到"气"，指的就是空气。从赫

黑尔斯

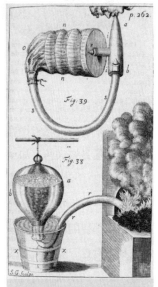

《植物静力学》中的插图，
展示水面气体收集法

尔蒙特开始，人们才知道自然界中有许多种气体。"气体"（gas）一词就是他发明的。赫尔蒙特虽然指出了有多种不同的气体存在，但由于缺乏实验手段来实际地区分各种气体，人们的气体知识并无太大的长进。直到 18 世纪，由于在实验室中收集气体成为可能，人们才发现了越来越多的气体种类，并且认识到气体原来也是一种物质元素。

1727 年，英国植物学家黑尔斯出版了一本《植物静力学》，书中描述了如何将各种物质加热后，在水面上收集它们放出的各种气体。黑尔斯受牛顿物理学的影响，只注重实验过程中定量的物理方面，而忽视定性的化学特征，所以他根本没有注意到他收集到的实际上是各种不同的气体。有意义的是，他第一次给出了在实验室里收集气体的方法。当然，黑尔斯的水面收集法只适用于那些不溶于水的气体。

曾经发现了"潜热"的苏格兰化学家布莱克，在气体的化学研究方面首开先河。1756 年，他发表了他的医学博士论文中的化学部分，题为"关于白镁氧、生石灰和其他一些碱性物质的实验"。论文中说，白镁氧（碱性碳酸镁）加热后会放出某种气体而变成氧化镁。石灰石加热后也会放出类似的气体而变成生石灰。我们今天知道这种气体就是二氧化碳，赫尔蒙特曾经称它为"野气"。由于它被固定在白镁或石灰这些固体中，布莱克称它为"固定空气"。布莱克的发现在化学界引起了巨大的反响，因为人们从未想到固体物质中会含有如此多的化学气体。气体从此被当成一种重要的化学物质，因为它确实可以参与化学反应。

布莱克继续研究这种"固定空气"。他首先认识到，固定空气不同于普通空气，因为生石灰不吸收普通空气，但吸收这种空气。布莱克还认识到，燃烧和呼吸时放出的空气里一定含有固定空气。

　　继布莱克之后，许多种气体被发现。他的学生
丹尼尔·卢瑟福发现，空气中除呼吸或燃烧时被消
耗掉的气体之外还有一种气体，他称之为"浊气"。
今天我们知道是"氮气"。著名的英国物理学家卡
文迪许后来也发现了二氧化碳（他仍称之为"固定
空气"）和氢气（他称之为"可燃空气"），但在
气体研究方面最为出色的当属英国化学家普里斯
特利。

　　普里斯特利生于英国约克郡的菲尔德赫德，青
年时代主要学习古典课程，并未受过自然科学训练。
他后来的科学成就主要在实验方面，在理论方面建
树不多，与他的知识背景也有关系。他早年当过牧
师，但不信英国国教。他崇尚自由主义思想，支持
美国的独立运动，反对奴隶制。1766 年，他在伦敦
遇见了美国著名的政治家、科学家富兰克林。这次
会晤使普里斯特利对新兴的实验科学产生了兴趣。
一开始，他研究了电学的历史，于 1767 年出版了《电
学史》这部科学史上有名的著作。同年，他移居利兹。
他的住处隔壁是一家啤酒厂，这使他有机会研究"固
定空气"问题。他此后的科学工作均集中在气体化
学方面。

　　普里斯特利认识到，啤酒厂里谷物发酵后产生
的气体实际上就是布莱克发现的"固定空气"。此
后他又用多种方式采集到了这种气体。他发现，这
种气体能部分溶解于水，而且溶解了这种气体的水
是一种味道十分可口的饮料。据此，普里斯特利于
1772 年发明了"苏打水"。这项发明赢得了好评，
英国海军甚至将其作为军舰上的饮料。他确实可以

丹尼尔·卢瑟福

普里斯特利在利兹时期的肖像

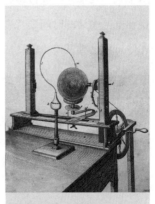

《电学史》中的插图

普里斯特利约 1800 年使用的烧瓶，现藏于美国国家历史博物馆。吴国盛摄

被视为现代软饮料工业的创始人。

在研究二氧化碳的过程中，他发现薄荷小枝在充满这种气体的环境里能够十分茁壮地生长。这使他想到，动物的呼吸不断地污染空气，植物则可能充当空气净化剂的角色。经过反复实验，他得出结论说："这么多动物的呼吸使空气不断受污染……至少一部分为植物的创造所补偿。"[1]

1772 年，普里斯特利发表了长篇论文《对各种空气的观察》。文中记载了他利用集气槽收集到的各种各样的气体：由铜、铁、银等金属与稀硝酸制取的"亚硝空气"（氧化氮）、"燃素化空气"（氮），与浓硝酸制取的"亚硝蒸气"（二氧化氮）、"减缩的亚硝空气"（氧化亚氮）、"酸性空气"（氢氯酸）。最后一种气体因为易溶于水，故是在水银面上收集的。这是对黑尔斯集气方法的一种改进。事实上，卡文迪许早在 1766 年已经使用水银面收集这类气体。

1774 年，普里斯特利做出了一个最重要的发现。当时人们已经知道，在空气里加热水银可以得到一种红色的矿灰，我们今天称之为氧化汞。普里斯特利将这种矿灰放在集气装置中加热，看能收集到什么气体。结果发现，这种新收集的气体不溶于水，却能使蜡烛以极强的火焰燃烧。次年，他又发现，老鼠在这种空气中比在普通空气中活的时间要长两倍，而他本人吸入这种空气后，胸部感到极为舒服。因此他猜测这种气体可能在医学上有用处。他开玩笑说："谁知道将来这种纯空气会不会变成一项时髦的奢侈品呢？但到现在只有两只老鼠和我有过吸入这种气体的特权。"[2]普里斯特利是燃素说的信奉者，相信燃烧就是损失燃素。燃素被支持燃烧的空气所吸收，空气里包含的燃素越少，吸收的燃素就越多。据此，他推测新发现的这种气体必定是十分缺乏燃素才使燃烧这么猛烈的，因此将新气体命名为"脱燃

---

[1] 柏廷顿：《化学简史》，胡作玄译，商务印书馆，1979 年版，第 124 页。
[2] 同上书，第 126 页。

素空气"。之后，他多次实验，从许多物质中都制取了这种"脱燃素空气"。1775 年，普里斯特利向皇家学会宣布了这一发现。

普里斯特利在宾夕法尼亚州的住房。吴国盛摄

像布莱克的学生卢瑟福一样，普里斯特利也认识到普通空气中含有"燃素化空气"（氮气）。按照燃素说，物体在空气中燃烧后，脱燃素空气应转化成燃素化空气。当然，实际上这一过程并没有发生。普里斯特利显然没有注意到燃素说的这一弱点，他至死都坚持燃素说，反对拉瓦锡提出的氧化理论。

与他在化学理论上的保守形成对照，他在宗教和政治上是一个开明甚至激进的人物。他同情法国大革命，结果在法国大革命两周年的时候被一群暴徒攻击。他的房子被烧毁，他自己死里逃生跑到了伦敦，但那里也不太安全。1794 年，他来到了美国，在那里受到热烈的欢迎，最后定居在宾夕法尼亚州直至逝世。

与普里斯特利分享发现"氧气"之荣誉的还有瑞典化学家舍勒。他出生在瑞典的波美拉尼亚，这个地方现在是德国的一部分。舍勒 14 岁时在药房里当学徒，业余时间自学了化学，成为一名卓越的药剂师。舍勒的一生发现了大量的化学物质，但由于发表得比较晚，使他多次丧失了优先权，因为许多工作虽然是别人随后独立做出的，却先于他发表。不过历史是公正的，从他的原始记录中人们得知，有许多发现实际上是他先做出的。

舍勒

舍勒在实验中也认识到，空气里包含两种性质完全不同的成分。其中一种不吸引燃素，而另一种吸引燃素，但只占空气中三分之一到四分之一的质量，他将之分别叫作"浊空气"和"火空气"。大

约在1771年，他加热了一些与氧结合不太紧密的物质，制出"火空气"（氧气）。同普里斯特利一样，他相信燃素说，因而没能正确地认识氧在化学反应中的作用。他叙述发现"火空气"的著作于1775年送到了印刷厂，但出版商没能及时付印，直到1777年才面世，当时世人全都知道是普里斯特利发现了"脱燃素空气"。

还有许多发现可以归于舍勒：硫化氢、氯、氢氟酸、氧化钡、氢氰酸、钼酸、钨酸、砷酸、锰酸盐、高锰酸盐、亚砷酸铜等，其中亚砷酸铜至今仍被称为"舍勒绿"。他还可以被看作有机化学的奠基人，因为他是那个时代发现有机酸最多的人。由于劳累过度，舍勒年仅43岁就去世了。也有人认为他可能死于药物中毒，因为他每制出一种新的化学物质都要习惯性地尝一下。总之，他是为他所热爱的科学事业献身了。

3. 拉瓦锡的化学革命

气体化学已取得了长足的发展，实验室里揭示的化学现象也越来越多，但是一套科学的化学概念体系尚未出现。氧气虽然已经被发现，但人们仍然相信燃素说。化学等待着一场系统深刻的概念革命。

安东·洛朗·拉瓦锡1743年8月26日生于巴黎一个富裕的家庭。当律师的父亲本来想让儿子继承他的事业，但拉瓦锡对科学表现出浓厚的兴趣。1754年，拉瓦锡进了马扎林学院。这是一所高级中等学校，达朗贝尔就在这里任教。受天文学家拉卡伊的影响，拉瓦锡也从事过天文观测，接受了实验科学的基本训练。化学家卢埃尔则使他对化学着迷。据说，卢埃尔是一位风趣的演说家，每次讲课他都是先讲一段原理，然后说："先生们，让我现在用实验来证明它们。"有时，实验结果与他刚刚讲过的原理相矛盾，这时他就提醒大家，要尊重实验，而不能从原理出发。按照父亲的安排，拉瓦锡1764年从法学院毕业，获得了法学硕士学位，但他内心里已经决定毕生致力于科学事业。

1765年，巴黎科学院有奖征求解决街道照明问题的办法，22岁的拉瓦锡也投交了一篇论文。他提交的方案虽然没有被采纳，但论文中显露出的才华还是引起了科学院的注意。科学院一致决定发表他的论文，并授予他金质奖章。1767年，拉瓦锡随同地质学家盖达尔一起去野外绘制法国矿产图。旅行结束后撰写的论比重计的论文，使他被选入法国科学院，当时他才 24 岁。

拉瓦锡的实验室设备，现藏于巴黎工艺博物馆。吴国盛摄

拉瓦锡在他的化学研究生涯刚开始时，就深刻地意识到定量测量的重要性。很长时间以来，人们一直持有水可以变为土的观念。赫尔蒙特曾经做过一个有名的柳树实验，以证明水确实可以变为土。拉瓦锡不太相信这件事，便想用精确的定量实验来验证一下。1768 年，他用蒸馏过 8 次的纯净水在封口玻璃容器内称重后加热，让水整整煮沸了 100 天。水的蒸气经冷凝再送回，使得整个加热过程中水没有损耗。结果表明，虽有少量沉淀出现，但水的重量并没有改变。倒是玻璃容器重量有所减少，而减少的重量正好等于沉淀物的重量。这就从实验上更精确地证明了水并不能变成土。

对燃烧问题的研究以及对燃素说的否定是拉瓦锡化学革命的核心问题。他重复了前人关于燃烧问题的一些实验，甚至不惜用金刚石做实验，以证明没有空气金刚石不会燃烧起来。在实验中，他发现燃烧磷和硫之后所得的物质，比原来的磷和硫的重量之和要重。他断定，一定是空气中的某种东西加入了反应，才使反应物重量变重。

拉瓦锡 1782 年使用过的量热器，现藏于巴黎工艺博物馆。吴国盛摄

1774 年，拉瓦锡设计了一个新的实验以验证这种看法。他在一个密闭的容器里加热锡和铅，两种金属表面均起了一层金属灰。从前的实验都表明，带有金属灰的金属比原来的要重。但这次他却发现，整个容器在加热后并不比从前更重。这就是说，如果金属肯定增加了重量，那么空气必定失去了重量。空气若有所失，便会在密闭容器里形成部分真空。果不其然，

拉瓦锡呼吸研究的实验场景图，由拉瓦锡夫人绘制。画面上还有她本人，正在做实验记录。

当他一打开容器，空气马上涌了进来，因为容器重量立见增加。这个实验充分证明了金属燃烧的结果是与部分空气相化合。

当时拉瓦锡还不知道空气是多种气体的混合物，在他向科学院的报告中也没有进一步的解释。同年，普里斯特利访问巴黎，告诉了拉瓦锡他已发现"脱燃素空气"。次年，拉瓦锡重做了普里斯特利的实验，明确地得出燃烧即与空气的较纯净部分相化合的结论。这个部分他当时称为"最宜于呼吸的空气"，其余部分则称为"硝"，即无生命的意思。1790年，化学家查普特尔改称为"氮"，沿用至今。1779年，拉瓦锡建议将"最宜于呼吸的空气"称作"氧"，意思是"可产生酸的东西"，因为他认为各种酸里都含有这种气体。

氧化的概念一旦建立，拉瓦锡就能比他的同时代人更为深刻地理解许多化学反应过程。他意识到，所谓的"固定空气"，其实就是由碳和氧化合产生的，而许多燃烧实验其实就是与氧气的化合过程。关于燃烧"氢"生成火的实验再一次有力地说明了这一点。

早在1766年，卡文迪许就已经发现了所谓的"易燃空气"（氢）。1781年，普里斯特利发现这种易燃空气在空气中燃烧之后形成小露珠。卡文迪许重做了燃烧实验，证明生成的是水。拉瓦锡听说了这个实验后，马上意识到水是氧和易燃空气的化合物。他也重做了这个实验，并且发表论文说，可燃空气与氧化合后生成的水的重量正好等于两种气体的重量。这就充分证明了，水不是一种单纯的物质，而是两种气体的化合物。

大量实验已经表明，燃烧现象确实是一种氧化现象。拉瓦锡开始向燃素说发起攻击。1783年，他向科学院提交了一篇论文，指出了燃素说的诸多不足，表明氧化理论可以十分恰当地解释燃烧现象，而燃素理论完全是一种不必要的学说。也是在这一年，拉瓦锡的家里举行了一个特别的仪式，以宣告燃素说的终结。拉瓦锡夫人身着长袍，扮作女祭司的样子，焚烧了斯塔尔和其他燃素论者的著作。

1787 年，拉瓦锡与化学家德莫瓦、贝托莱等人一起出版了《化学命名法》一书。书中建立了一套全新的化学命名法。新命名法规定，每种物质均有自己的固定名称。单质的名称反映其化学特征，化合物则由组成它的元素来标定。这个体系条理清晰、逻辑性强，马上被各地化学家采用。它使近代化学第一次有了严格、统一、科学的物质命名方法。

拉瓦锡的新理论得到了越来越多的人的拥护。他决定写一本教科书，系统阐述他的理论体系，既与旧的化学理论彻底决裂，也为未来的化学发展提供基本框架。写作从 1778 年开始，最后于 1789 年完成并以《化学纲要》为题出版。书中详尽地论述了推翻燃素说的各种实验证据，系统展开了以氧化理论为核心的新燃烧学说。他提出了化学的任务是将自然界的物质分解成基本的元素，并对元素的性质进行检验。在书中，他谨慎地列出了当时已知的元素表。每一种元素都由一系列实验加以确认，因此基本上都是正确的。他甚至天才地猜测到当时还不太清楚的钾碱和钠碱可能是化合物，因而不把它们当作元素。《化学纲要》还阐述了在化学反应过程中物质守恒的思想。按照物质守恒原理，拉瓦锡将化学反应过程写成了一个代数式，这样，"就可以用计算来检验我们的实验，再用实验来验证我们的计算"[1]。

《化学纲要》一书的出版是化学史上划时代的事件。它对化学的贡献相当于《自然哲学的数学原理》对物理学的贡献。有人因此称拉瓦锡是化学领域中的牛顿，也有人称他是近代化学之父。这些美誉都不过分，因为拉瓦锡确实开创了近代化学的新纪元。

18 世纪 80 年代，在拉普拉斯等人的协助下，拉瓦锡开始研究动物的呼吸过程以及生理现象的化学基础。他认识到，碳化合物和氧化合生成二氧化碳和水的过程，是动物体温的真正来源。他本来可以在这个方向继续研究，但大革命中断了这一切。

---

[1] 莱斯特：《化学的历史背景》，吴忠译，商务印书馆，1982 年版，第 162 页。

拉瓦锡夫妇油画肖像（作于约1788年），现藏于美国纽约大都会博物馆。

《化学纲要》出版的这一年正值法国大革命爆发。革命初期，拉瓦锡并未受到冲击。他同其他著名科学家一起被选入计量改革委员会，他本人还参加了水的比重的测定工作。但革命越来越失去控制。1793年，雅各宾党人当政，实行恐怖统治。不少科学家旋即受到迫害，而拉瓦锡也不幸遇难。

拉瓦锡之死向来是一个众说纷纭的历史问题。导致他被送上断头台的主要原因是他曾经是包税公司的股东。包税公司是路易王朝极为腐败的一个产物。当时政府并不直接征税，而是将税收承包给若干包税公司，授权他们征税。国家拿走一定数额的税款后，其余部分则归公司所有。很显然，这个制度为包税人横征暴敛、敲诈勒索提供了机会。法国平民因而对他们恨之入骨。拉瓦锡本来十分富有，但维持化学实验室需要大量钱财。包税制度兴盛之时，他也凑热闹将自己继承的遗产投进一家包税公司，每年可以收取数目极为可观的资金。他本人虽然没有亲自参与征税，但从包税公司获取了暴利却是事实。当然，这些资金主要被用来装备他的化学实验室、从事科学研究，也是事实。

恐怖时期，包税人全被抓了起来。拉瓦锡作为一位著名的科学家，当然也有人保他。但他最终没有保住性命，据说与当时的革命领袖之一马拉有关。马拉早年是一个记者，曾申请成为科学院的院士。当时拉瓦锡恰好负责审阅他写的关于火的本质的论文，结果因论文太差而拒绝了他的申请。据说马拉对此事怀恨在心，所以当拉瓦锡成为阶下囚时，马拉极力主张处死他。虽然马拉本人在1793年7月被暗杀，但恶劣的影响已经造成。革命法庭匆忙地宣告了拉瓦锡的死刑。此前，一些在当局有影响力的人士建议免除他的死刑，但未能奏效。拉瓦锡本人也要求死缓，因为他还有一个关于人汗的实验没有做完。但法庭副庭长科芬霍尔说了一句："共和国不需要学者。"1794年5月8日，拉瓦锡终于同其他包税商一起被处死。两个月后，激进的雅各宾党就被推翻了，可是拉瓦锡已经死了。无论如何，他的死是令人扼腕叹息的。拉格朗日说得不错，砍下他的头只不过一瞬间，而法国再长出像他这样的脑袋恐怕 100 年也不够。法国人完全懂得他的价值。拉瓦锡死后不到两年，法国政府就宣布他无罪。

　　拉瓦锡 1771 年与包税公司总经理的女儿玛丽·波尔兹结婚，婚后生活十分美满幸福。玛丽是位美丽而又贤惠的女人，自始至终是拉瓦锡事业的好帮手。不仅打扫实验室、整理实验记录和笔记，还为拉瓦锡的论文绘制插图。《化学纲要》一书的全部插图均为玛丽的作品。她还学习英文，以便及时将英文文献翻译给不懂英文的丈夫看。拉瓦锡可能是科学家中比较少见的拥有贤内助的人。玛丽后来与物理学家伦福德结婚，但相处不好，不久就分手了。

巴黎市政厅墙上雕刻的拉瓦锡像。整个市政厅墙上共刻有 136 位法国名人的雕像，拉瓦锡像位于南门一侧，南门另一侧是伏尔泰。吴国盛摄

第二十五章
进化思想的起源

第十七章讲到，近代之初生物学中的革命性变化发生在生理学领域，而博物学则继续沿袭古代的做法，搜集材料。到了 18 世纪，博物学家所积累的物种数目大大增加，生物学客观上面临着由积累材料向整理材料，由经验向理论概括的过渡。这时候，生物分类学出现了，物种起源问题也被提了出来。生物进化思想开始了由萌芽状态不断走向成熟的历程。

1. 生物分类学：林奈

对各种生物进行分类是博物学的内在要求。早在希腊时期，亚里士多德便提出了"属"和"种"的概念，作为生物分类的依据。近代以来，博物学所积累的材料十分惊人。亚里士多德本人曾描述过约 500 种植物。到 1600 年，人们知道约 6000 种植物。但是仅仅过了 100 年，植物学家又发现了 12000 个新物种。动物学也面临着同样的材料"爆炸"问题。对生物物种进行科学的分类变得极为迫切。

17 世纪，生物学界逐渐形成了两套分类方法。一是所谓的人为分类法。它依分类者的方便和考虑，选取植物和动物的少数甚至某一个器官的形态特征作为分类标准，将生物物种人为地划分为界限分明的、不连续的几类。二是所谓的自然分类法。它以生物的多个甚至全部器官的形态特征作为分类标准，将物种自然地划分为连续的、彼此有

约翰·雷

亲缘关系的多种类别。人为分类法的好处是标准、简单明了，划分起来切实可行，但它忽视物种之间的亲缘关系，不能获得对自然物种构成的规律性认识。自然分类法虽然自然，但比较复杂，且难于操作，不够实用。曾在显微生物学上做出过重大贡献的意大利生物学家马尔比基，是 17 世纪人为分类法的代表人物，而英国生物学家约翰·雷则是自然分类法的代表人物。到了 18 世纪，生物分类学在林奈的工作中达到了前所未有的高峰。

穿着拉普兰民族服装的林奈，他曾于 1732 年在拉普兰地区做过植物学考察。

林奈 1705 年 5 月 23 日生于瑞典司马兰德省拉舒尔特村。父亲原先是一个农民，后来当上了乡村牧师。他们家本来没有姓氏，因家门口有一棵古老的菩提树（Linden），于是决定姓林德留斯（Lindelius），后来瑞典国王为了表彰他的成就，赐他爵位，尊号定为卡尔·冯·林奈。林奈的父亲十分热爱园艺，在自家门口开辟了一个花园。这座花园对林奈影响很大，使他后来走上了博物学的道路。他虽然像同龄孩子一样上学接受教育，但学业并不突出，只是对树木花草有异乎寻常的爱好。1727 年，林奈进入龙德大学，次年改入乌帕萨拉大学。在大学期间，他系统学习了博物学以及采制生物标本的知识和方法，成为小有名气的博物学家。1732 年，林奈与一个探险队来到瑞典北部拉普兰地区进行野外考察，在这块方圆 4600 英里的荒凉地带发现了 100 多种新植物，收集了不少宝贵的资料。1735 年，林奈周游欧洲各国，先是在荷兰取得了医学博士学位，并于同年出版了《自然系统》第一版。在此书中，他首次提出了以植物的性器官为依据的分类方法。《自然系统》第一版很薄，只有 12 页，但立即产生了影响。等他 1738 年回到故乡时，已经很有名气了。1739 年，他就任斯德哥尔摩科学院第一任主席。1741 年回到母校乌帕萨拉大学任教，著书立说，直至 1778 年 1 月 10 日去世。

林奈在生物学中最主要的工作是建立了人为分类体系和双名制命名法。在他看来，"知识的第一步，就是要了解事物本身。这意味着对客观事物要具有确切的理解；通过有条理的分类和确切的命名，我们可以区分并认识客观物体……分类和命名是科学的基础"[1]。初版于 1735 年、以后多次再版的《自然系统》一书，是林奈人为分类体系的代表作。在书中，林奈把自然界分为三界：动物界、植物界和矿物界。对植物界，林奈依雄蕊和雌蕊的类型、大小、数量及相互排列等特征，将植物分为24 纲、116 目、1000 多个属和 10000 多个种。纲、目、属、种的分类概念是林奈的首创。他的主要工作虽然在植物学领域，但也将人为分类法运用到了动物界。在出版于 1746 年的《瑞典动物志》一书中，林奈将动物分为六大纲（哺乳纲、鸟纲、两栖纲、鱼纲、昆虫纲及蠕虫纲）。引人注目的是，他发现了人与类人猿在身体构造上的相似性，从而将猿类与人归入同一个属。这大概是近代以来首次尝试确定人类在动物界的位置。

在发表于 1745 年的《欧兰及高特兰旅行记》中，林奈提出了他的双名制命名法，并在 1753 年的《植物种志》一书中全面推广使用。所谓双名制，即所有的物种均用两个拉丁单词去命名。属名在前，种名在后，学名由属名和种名组成。这种命名方式简明而又精确，很快得到了生物学界的公认，结束了从前在生物命名问题上的混乱局面。

林奈一直没有停止过根据新的材料增订修改《自然系统》一书。他生前，该书一共出过 12 版。初版才 12 页的小书，到 1768 年第 12 版时已成了 1327 页的巨著。其间林奈的思想也有不少变化。一开始，林奈坚信物种是不变的。在《自然系统》初版中，他说："由于不存在新种，由于一种生物总是产生与其同类的生物，由于每种物种中的每个个体总是其后代的开始，因此可以把这些祖先的不变性归于某个全能全知的神，这个神就叫作上帝，他的工作就是创造世界万事万物。"[2]但是随着新种、亚种、杂种和变种的不断发现，物种绝对不变的概念也受到了冲击。林奈本人后来还是在一定程度上承认了物种的可变性。

林奈自己意识到人为体系的局限性。他说："人为体系只有在自然体系尚未发现以前才用得着；人为体系只告诉我们辨识植物，自然体系却能把植物的本性告诉我们。"[3]但他又认为，自然体系过于复杂和随意，很难成功地建立。事实上，直到达尔文进化论创立之后，自然体系才有可能真正建立起来。

---

[1] 玛格纳:《生命科学史》，李难等译，华中工学院出版社，1985 年版，第 466 页。
[2] 同上书，第 468 页。
[3] 赵功民:《外国著名生物学家传》，北京出版社，1987 年版，第 45 页。

林奈生前在国内外学界享有崇高的威望。他被作为瑞典的骄傲和国宝。人们不再让他亲自冒险出去旅行考察，而让他的学生们从各地给他带回标本。不少青年学生在探险中丧生，这使他十分悲伤。1761 年，国王册封他为贵族，并获得今日"卡尔·冯·林奈"的尊贵名字。1778 年去世时，他的葬礼极为隆重。林奈死后，他的藏书和收藏的标本被富有的英国博物学家史密斯买去了。等到瑞典人意识到他们丢失了多么贵重的东西时，已经太迟了。据说瑞典海军曾接到命令派军舰追赶装载林奈遗物的英国船只，但英国船太快，未能追上。

林奈 1775 年的画像

林奈本人虽然抗拒进化思想，但他的生物分类工作客观上推动了进化思想的成长。

2. 进化思想的肇始：布丰

18 世纪中叶，生物学进入了大发展的前夜。彼此对立的观点分别成熟起来，物种不变与物种可变的两派观点之对立亦开始形成。林奈可以看成是神创论、物种不变论的代表，而与林奈同时代的法国生物学家布丰则在生物学中引入了变化和发展的思想。

布丰生于 1707 年 9 月 7 日，比林奈只小几个月。他是法国勃艮第蒙巴尔一个贵族家庭的后代，先是在迪戎耶稣学院学习法律，后因恋爱引起的决斗而离开法国到了英国。在英国，他强烈地感受到实验科学，特别是牛顿物理学的魅力，参与了英国科学家的数学、物理和植物学研究活动，1730 年被选进皇家学会。1732 年回到法国后，布丰以优美的法文翻译了黑尔斯的《植物静力学》和牛顿的《流数术》，向法国科学界介绍英国的科学成就。1739 年，

布丰

布丰被任命为皇家植物园园长。从此，他几十年如一日，以植物园为园地潜心研究博物学。据说他每天要在植物园的帐篷里工作 12 小时以上。正是在这里，布丰历时 50 年写出了鸿篇巨制《自然志》。

《自然志》全书共 44 卷，布丰生前完成了前 36 卷，后 8 卷由他的助手整理出版。

《自然志》中的鸟类插图

这可能是自普林尼以来，人类又一次全面描述自然界的各个方面的百科全书式的著作。在第 1 卷至第 3 卷（1749）里，布丰讨论了地球和各行星的形成，一般性地阐述了动物、植物和矿物的关系。第 4 卷至第 15 卷（1753—1767），主要论述了四足动物的生活习性。第 16 卷至第 24 卷（1770—1783）讨论鸟纲动物。第 25 卷至第 31 卷（1783）则是关于各种自然现象的实验报告和论文。第 32 卷至第 36 卷（1783—1788）论述矿物史及电磁现象等。布丰以他优美的文笔和精美的插图，形象、生动、通俗地向公众介绍自然知识。该书一出版就成了当时读书界的一件大事。德国诗人歌德十分推崇布丰，认为布丰的《自然志》对他本人产生了深刻的影响。

《自然志》一书的重要意义，不只是表现在科学普及方面的重大影响，更主要的是它里面所表达的自然界的进化思想。布丰不同意林奈的人为分类体系。在他看来，自然界的万事万物基本上是连续分布的，并不存在明显的间断性。所谓纲、目、属、种纯粹是人为引进的，在自然界并不存在这类东西。为了提高分类的真实性，人们必定不断增加分类的等级，这就使少数几个分类范畴显得简单而武断。

《自然志》中的动物插图

布丰首次给出了自然界演化的图景。在《自然志》以及《地球理论》（1749）和《自然的世代》（1778）两本地质著作中，他大胆地猜测地球经历了七个发展阶段：第一阶段，太阳与彗星相撞形成太阳系，炽热的熔岩冷却形成地球；第二阶段，地球表面发生造山运动，形成山脉和海床；第三阶段，海洋出现；第四阶段，海水冲蚀地表形成沉积层；第五阶段，出现陆地及陆上植物；第六阶段，陆上动物出现；第七阶段，人类诞生。这个地质分期理论，在今天看来当然是十分幼稚的，但布丰根据它推测地球可能已经存在了长达75000年，而地球上的生命也至少在40000年前已经出现，这就是极为了不起的创见。因为当时人们依据《圣经》普遍相信，地球及人类都是在大约6000年前被上帝创造出来的。

布丰的地球演化观果然引发了宗教界的不满。1751年6月15日，巴黎大学神学院警告他，《自然志》的某些观点与宗教教义相违背，必须收回。在强大的压力面前，布丰只好公开表示放弃这些观点，但内心并不服气。在后来的著作中，他继续阐发这些思想，只不过以更隐晦的方式。

由于观察到某些动物器官已经失去效用（如猪的侧趾），布丰相信物种是可以变化的。如果物种自创生以来一直不变，那么上帝一开始创造这些无用的器官就不可思议了。因此他相信，器官都有可能退化，物种也有可能退化。类人猿可能是人退化而成的，而驴和斑马可能是马退化的结果。这样，布丰实际上提出了一种退化的物种发展观。

布丰还猜测到了生物变异与环境的相关关系，提出了物种可能拥有共同祖先的看法。不过，他关于进化的思想基本上处于思辨和猜测的阶段，没有从物种谱系中具体加以论证。由于他最先提出这一革命性思想，因而受到的宗教压力最大，思想也最不稳定、最不完善。达尔文正确地称他是"近代第一个以科学精神对待物种起源问题的学者"，但也指出他的思想经常动摇不定，是进化论的一个不太靠得住的同盟者。

布丰于1788年4月16日在巴黎去世。那年是林奈逝世10周年，法国大革命的前一年。革命的非常时期，布丰的陵墓被破坏，他的儿子也上了断头台。

法国国家自然历史博物馆花园中的布丰塑像。吴国盛摄

3. 地质学中的水火之争：维尔纳与赫顿

近代采煤业和采矿业的发展，丰富了人们的地质知识，也客观上要求科学地了解地球的地质状况。大量化石的发现，最终导致了地质学的出现。

斯台诺

伍德沃德

希腊时代的地理学家色诺芬尼已经知道化石，并且认识到化石是古生物的遗迹。近代以来，人类发现的化石越来越多，形态越来越丰富。神学家们解释说，化石是上帝创造生物时留下的废品。真正的科学家却难以相信这些编造的神话。达·芬奇曾研究过化石，认为化石是古生物的遗体。他猜测，那些高山地层中的化石可能是今天海洋生物的祖先，由于地质运动，当年的海洋变成了今天的高山。17世纪出现了近代第一位真正的地质学家斯台诺。这位意大利的医生在行医之余热衷于化石研究，通过他所擅长的比较解剖研究，发现了化石与现代生物之间的相似之处，有把握地得出了化石是古生物遗迹的结论。他还提出，化石是鉴别地层的主要依据，含化石的地层是地层演化史的直接记录，通过化石鉴别可以识别地层的年代。斯台诺不仅开创了近代的地质学研究，还提出了地质演化的思想。

化石分布的奇异性，特别是海生生物的化石出现在高山地层的现象，引起了17世纪地质学家的高度注意。英国的医学教授伍德沃德依据《圣经》中关于大洪水的记载，提出了地质构造的水成论。《圣经》上说，上帝创世后，人间充满了罪恶。为了惩罚人类，上帝让洪水泛滥了40天，将地面上一切生物都毁灭了。只有挪亚一家和他们带着的其他一些生物在方舟里幸免于难。伍德沃德认为，海生生物化石之所以出现在高山上，完全是大洪水冲积的结果。

在出版于1695年的《地球博物学试探》一书中，他系统地阐述了洪水泛滥对于地层变化的影响，提出了地层的沉积理论。

英国的博物学家约翰·雷不同意水成论。他认为，生物化石在地层中新老叠加、一层一层地堆积，用洪水的一次冲积是不能解释的。因此他提出，地层的形成是地球内部火山运动的结果。由于火山的不断爆发，地面上便形成了一层又一层熔岩，每一层中都有生物的遗体即化石。这就是所谓的火成论。它用地球内部的多次火山爆发而不是一次大洪水来解释地质结构的形成。

　　到了 18 世纪，随着地质考察活动的大规模发展，人们掌握了更多的地质知识。水成论和火成论分别得到了更多的实证材料作为自己的证据，同时也不断修正和补充自己的理论。德国地质学家维尔纳使伍德沃德的洪水冲积说更为系统、精细。他出身于一个矿业世家，26 岁成为德国著名的弗赖堡矿业学院教授。他是一位优秀的教师，吸引了一大批青年学生。他的水成论就是通过他的学生传播开来的。

维尔纳

　　维尔纳认为，地球最初是一片原始海洋，所有的岩层都是在海水中通过结晶、化学沉淀和机械沉积而形成的。通过结晶形成的原始岩石里没有化石，是最古老的。通过沉淀形成的岩石里只有少量化石，而通过沉积形成的岩石所含的化石最多。维尔纳也承认火山爆发是一种地质力量，但他认为火山是地底下的煤燃烧造成的，是在地质岩层已经形成之后才出现的，因此不起主要作用。维尔纳的水成论有其岩石学基础，但他更多地注意岩石中的矿物而不是其中的化石。他的水成论也没有解释原始海洋后来是怎么消失的。

赫顿

　　维尔纳的学说遭到了英国地质学家赫顿的反对。赫顿本来学医，后来开办了一家工厂，获得了可观的收入，使他能够毫无顾虑地投身于地质学研究。在对苏格兰山脉的地质考察中，赫顿发现，那些结晶型的岩石并不像维尔纳所说的在水中结晶，而是熔岩冷却的结果。这使他对水成论产生了怀疑。1785 年，赫顿在爱丁堡皇家学会上宣读了他的第一篇地质学论文。文中论述了他的火成论思想。1795 年，他出版了《地质学理论》一书，系统阐明了火成论的地质理论。

　　赫顿认为，地球内部是火热的熔岩，当它们从地缝中迸发出来时就成了火山。熔岩冷却后固化，就形成了结晶岩。结晶岩的表面是沉积岩。沉积岩是地球的内热与地面陆地和海洋的压力相结合形成的。沉积岩的多层次反映了地质形成的时间极度漫长。赫顿相信，地球内部的热量是造成地质变化的主要动力，因此，他属于已有的火成论传统。但他又强调地质变化异常缓慢，所以是日后渐变论的先驱。

赫顿的地质演化学说与《圣经》显然不相符，因而遭到了神学家和信教的地质学家的反对。此外，持水成论的学者也从学理上对赫顿学说提出质疑。维尔纳的学生们就认为熔岩不会固化成晶体。赫顿的朋友、爱丁堡的业余科学家霍尔为此专门做了一个实验。实验表明，让熔融的玻璃非常缓慢地冷却就会变成不透明的晶体，只有快速冷却才能制成透明的玻璃。以熔岩做实验，情况依然如此。这就反驳了维尔纳派的质疑。

1790 年至 1830 年被称为地质学的"英雄时代"。早期的水成论与火成论之争演化成了灾变说与渐变说之争，地球缓慢进化的思想最终取得了胜利。地质学的进步大大推动了进化论的建立。这里的故事留待第三十一章再讲。

4. 拉马克：进化论的伟大先驱

拉马克 1802 年的画像

18 世纪最后一位伟大的生物学家拉马克，于 1744 年 8 月 1 日出生在法国索姆省的一个破落贵族家庭。他是这个家庭的第 11 个孩子，却是唯一长大成人的，前面 10 个均先后夭折。父母亲希望他能过一种安定的生活，所以决意让他学习神学，以便将来成为一位牧师。拉马克不愿意担任神职。父亲一去世，他便离开了教会学校，投奔了法国志愿军。当时正值普法战争，拉马克在战场上表现得十分勇敢，被提升为上尉。1768 年，战争结束了，他因患颈部淋巴腺炎被迫退役到了巴黎。

由于退役金很少，拉马克不得不在一家银行找了一份差事。其间业余研究了气象学，使他对科学研究产生了兴趣。一年后，他进入巴黎高等医学院学习医学，因学习必修课开始接触植物学。这时他已经 25 岁了。这期间，他经常到特里亚农皇家植物园和巴黎皇家植物园听讲座，并在那里结识了启蒙运动的思想家卢梭。他们曾一起外出采集标本。特里亚农皇家植物园的园长、著名的植物学家朱西厄对拉马克十分赏识，热情指导他研究植物学。朱西厄本人提出了一套自然分类法体系，给拉马克以很深的影响。

1778 年，拉马克出版了 3 卷本的《法兰西植物志》，为自己在植物学界赢得了地位。巴黎皇家植物园园长布丰对此书十分重视。在他的提议下，巴黎科学院 1779 年选拉马克为院士。1781 年，布丰还为拉马克谋得了皇家植物学家的头衔，并聘请他作自己儿子的导师。拉马克从此有了去国外考察的机会。他带着布丰的儿子，到了德国、匈牙利、荷兰、奥地利等国，结识了许多植物学家，采集了许多植物标本。次年回国后，拉马克被委托编写《植物学辞典》。1788 年，布丰去世，布丰的继任者为拉马克谋到了皇家植物园植物标本管理员的职务。

法国大革命后，拉马克曾提议将皇家植物园改成"国立自然博物馆"。国民议会批准了这一提议，并增设了若干讲座教授。奇怪的是，拉马克没有得到他应该得到的植物学教授职位，只能补缺无人问津的低等动物学教授。这一年，拉马克 50 岁了，已经在植物学领域工作了 25 年并取得了引人注目的成就，现在他又改行做当时极为落后的动物学。

1801 年，拉马克出版了《无脊椎动物的分类系统》，总结了 5 年多来对无脊椎动物的研究成果，第一次提出生物进化的思想。在书中，他首创了"脊椎动物"和"无脊椎动物"的概念，并且首次引进了"生物学"（biology）一词。1809 年，拉马克的巨著《动物学哲学》出版，系统阐发了拉马克主义的进化理论。

拉马克以他在植物学和动物学方面多年的研究为基础，很有分量地提出了物种进化的学说。首先，他认为生物的进化遵循一条由低级到高级、由简单到复杂的阶梯发展序列，植物和动物的分类也应该遵循这种阶梯序列的原则。其次，他认识到，生物的进化并不是严格的直线发展，而是不断分叉，形成树状谱系。谱系树描画了一幅生物界不断进化的图景。

在进化的机制方面，拉马克也提出了他独到的见解。他认为有两种力量推动着生物的进化，一是生物体内部固有的进化倾向，二是外部环境对进化的影响。如果只有前者，那么进化将严格地按一条直线进行。但实际的进化机制并不是直线的，而是充满着缺环和分支。这是由环境变化造成的。正是基于这一点，拉马克提出了他著名的获得性遗传理论。拉马克认为，生活环境的变化必引起动物生活习性的变化，而生活习性的变化必导致器官的用进废退现象。器官的这些变化被遗传给后代，于是逐渐形成了新的物种。一个最著名的例子是长颈鹿。拉马克设想，古代某种爱吃树叶的羚羊为了采集到更多的树叶，便不断地伸长脖子、舌头和四肢，在这个过程中，脖子、舌头和四肢确实会变长一些。这一变化被传给了后代，天长日久、日积月累，古代的羚羊就变成了今天的长颈鹿。

拉马克关于进化机制的设想今天看来是错误的。首先，将进化看成是动物意志的产物不能解释许多进化现象。其次，没有什么证据表明获得性确实可以遗传。尽管如此，我们也必须说，拉马克是系统提出进化思想的第一人。达尔文赞扬拉马克是第一个在物种起源问题上得出结论的人——"他的卓越工作最初唤起了人们注意到这种可能性，即有机界以及无机界的一切变化都是根据法则发生的，而不是神灵干预的结果。"[1]

拉马克毕生在生物学园地里辛勤耕作，写出了无数本著作，但生活对他始终不太公平。国立自然博物馆成立之时，新设的植物学教席没有给他，只让他补缺了一个无人问津的动物学教席。这件事情说起来对生物学倒有可能是一件幸事，因为正是他后期的动物学研究为他的进化思想直接提供了证据。在任动物学教授期间，他举荐年轻的动物学家居维叶进该馆工作，但居维叶成气候之后，恩将仇报，处处打击这位观点与之不同的前辈科学家。拿破仑听信居维叶的谗言，居然当面侮辱拉马克。对这一切不幸的遭遇，拉马克均泰然处之。可是命运还是不放过他。1821 年，由于长期在显微镜下观察低等动物，77 岁的拉马克终于双目失明。当时他正在撰写 11 卷本的《无脊椎动物志》，并且已经完成了前 9 卷。由于双目失明，后两卷只得在同事的协助下由他口述、他的女儿柯莱丽记录完成。1829 年 12 月 25 日，85 岁高龄的拉马克在穷困中死去。令人难以相信的是，他的家人连买一块墓地的钱都没有，只好把他混葬在一个贫民公墓里。1909 年，为纪念《动物学哲学》出版 100 周年，巴黎植物园为拉马克立了一座铜像。铜像底座上刻着他的女儿柯莱丽曾说过的一句话："您未完成的事业，后人总会替您继续的；您已取得的成就，后世也总该有人赞赏吧！爸爸。"[2]

[1] 达尔文：《物种起源》，周建人等译，商务印书馆，1995 年版，第 2 页。
[2] 赵功民：《外国著名生物学家传》，北京出版社，1987 年版，第 65 页。

The Journey of Science

第六卷
19 世纪
古典科学的全面发展

19 世纪被誉为科学的世纪。在这个世纪里，自然科学的各个门类均相继成熟起来，形成了人类历史上空前严密和可靠的自然知识体系。在 16、17 世纪的近代科学革命中形成的机械自然观被大大修正。进化、发展的观念进入了自然科学理论之中。在 19 世纪末，不少科学家甚至认为，自然界一些根本的问题已经解决，以后所能做的就是使计算结果再精确一些而已。造成这种错觉并不是偶然的。19 世纪的自然科学确实经历了突飞猛进的发展，使古典科学达到了相当完善的程度。

达尔文画像，科利尔（John Collier，1850—1934）作于 1883 年，是对他自己 1881 年所作肖像的复制，现藏于英国国家肖像馆。"自达尔文以后，世界就不同了。"

第二十六章

19 世纪的电磁学

18 世纪行将结束之际，电学达到了它的最高成就——库仑定律。但是，电与磁之间的联系依然未被正确地认识。吉尔伯特在当时实验的基础上认为电与磁没有什么共同性。这一看法延续了很长时间。库仑也探讨过电与磁的相关性，但在实验上一无所获，结果也相信电与磁没有什么关系。19 世纪电磁学的大发展正是从认识到电磁的内在统一性开始的。

1. 电流的磁效应：奥斯特、安培

18 世纪后期在德国兴起的自然哲学思潮，弘扬自然界中联系、发展的观点，批评牛顿科学中机械论的部分，在当时的科学家中产生了重要的影响。丹麦物理学家奥斯特青年时代是康德哲学的崇拜者，1799 年的博士论文讨论的就是康德哲学。后来，他周游欧洲，成了德国自然哲学学派的追随者。1806 年回国后，被母校哥本哈根大学聘为教授。

基于其哲学倾向，奥斯特一直坚信电磁之间一定有某种关系，电一定可以转化为磁。在 1812 年出版的《关于化学力和电力的统一的研究》一书中，奥斯特推测，既然电流通过较细的导线会产生热，那么通过更细的导线就可能发光。导线直径再小下去，还可能产生磁效应。沿着这个思路，奥斯特做了许多实验，但均没有成功。

1819 年冬天，他受命主持一个电磁讲座，有机会继续研

奥斯特

究电流的磁效应问题。他产生了一个新的想法，即电流的磁效应可能不在电流流动的方向上。为了验证这个想法，他于次年春天设计了几个实验，但还是没有成功。1820 年 4 月，在一次讲座快结束时，他灵机一动又重复了这个实验，果然发现电流接通时附近的小磁针动了一下。奥斯特惊喜万分，又反复实验，终于在 1820 年 7 月 21 日发表了《关于磁针上电流碰撞的实验》的论文。论文指出，电流所产生的磁力既不与电流方向相同也不与之相反，而是与电流方向相垂直。他还指出，电流对周围磁针的影响可以透过各种非磁性物质。

阿拉果

安培

奥斯特的发现马上轰动了整个欧洲科学界。当年 8 月，法国物理学家阿拉果在瑞士听到了这一消息，立即返回法国，于 9 月 11 日向科学院报告了奥斯特的新发现。阿拉果的报告使法国物理学界十分震惊。因为他们一直受库仑的影响，以为电与磁不可能相互作用。法国物理学家安培敏锐地感到这一发现的重要性，第二天即重复了奥斯特的实验。一周后，他向科学院提交了一篇论文，提出了磁针转动方向与电流方向相关判定的右手定则。再一周后，安培向科学院提交了第二篇论文，讨论了平行载流导线之间的相互作用问题。1820 年年底，安培提出了著名的安培定律。

安培生于一个富裕的商人之家。由于大革命时期父亲被处决，他的心情一直十分忧郁。拿破仑时期，他曾就任综合技术学校的数学教授。据说，他是一位心不在焉的"教授"，常常沉浸于思考而忘记周围的一切，有一次连皇帝拿破仑的宴会都忘了去。但安培是一位天才的物理学家，不仅有良好的数学基础，而且精于实验。奥斯特只是发现了电流对磁针有作用，安培却在极短的时间里将这一发现推广到电流与电流之间的相互作用，并接连发现了作用的方向和大小，给出了判定方向的方法及计算大小的公式。安培定律指出，两电流元之间的作用力与距离平方成反比。这一极为重要的定律构成了电动力学的基础。"电动力学"的名称也是安培首先提出的，用来表示研究运动电荷（电流）的科学。与之相对的是"电静力学"，库仑定律则是电静力学中的基本定律。

安培之前，"电流"的概念尚未成为一个科学的概念。正是安培首先规定了电流的方向。他大概受富兰克林影响，认为电流是电液体由正极向负极流动所致，因此，他把电流的方向规定为由正极指向负极。今天我们知道，电流的本质是电子由负极向正极的运动。安培的规定正好反了。不过，彻底一贯地坚持这个规定也不会带来什么麻烦，因此物理学界依然因袭了安培的这个规定。

电流磁效应的发现也使测量"电流"的大小成为可能，从而使电动力学真正走上了定量实验的发展道路。

1821 年年初，安培进一步提出了分子电流假说。他认为，物体内部的每一个分子中都带有回旋电流，因而构成了物体的宏观磁性。这一假说当时不为人所重视，直到 70 多年后真的发现了这种带电粒子，人们才惊叹安培过人的天赋。

2. 欧姆定律

欧姆定律今天已成为中学物理课本中最浅显的一个基本定律。尽管今天看来十分简单，当初发现它却不那么容易。要知道，构成欧姆定律的"电阻""电压"概念尚未出现，有待欧姆本人去创造，而"电流"概念也才刚刚由安培定量化。

德国物理学家欧姆生于埃尔兰根的一个匠人家里，从小学到了机械制造技能。他没有正式上过大学，只在埃尔兰根大学旁听过，之后一直当中学教师。他热衷于电学研究，曾多次测量不同金属的导电率。由于他所使用的伏打电堆的电流不太稳定，他的研究结果总是不理想。1822 年，德国物理学家塞班克发现了温差电效应，从而发明了温差电池。温差电池可以提供稳定的电流，这使欧姆的金属导电率研究有了重要的突破。

欧姆

塞班克

法国数学家傅立叶已经发现，热传导过程中热流量与两点间的温度差成正比。受此启发，欧姆猜测电流也应该与导线两端之间的某种驱动力成正比。他把这种驱动力叫作"验电力"，今天称为电势差。要验证这一猜想，就必须测量电流的大小。欧姆起初利用电流的热效应导致的热胀冷缩来测量电流的大小，但实际操作起来效果很差。电流的磁效应被发现后，欧姆依此原理设计了一个扭秤，可以很方便地测定电流的大小。这样，他利用温差电池和电磁扭秤继续进行金属的导电实验，终于得出了"通过导体的电流与电势差成正比，与电阻成反比"的结论。这就是著名的欧姆定律。

欧姆将他的实验结果发表于 1826 年，次年又出版了《关于电路的数学研究》，给出了欧姆定律的理论推导。他的实验论文少有人知，而这本数学著作又遭到了非难。人们认为它仅仅是一种理论推测，并没有实验依据。但他的工作在国外越来越受到重视。伦敦皇家学会于 1841 年授予他科普利奖章，1842 年接受他为会员。他的祖国终于认识到了他的价值。1849 年，慕尼黑大学聘请他为教授，欧姆终于实现了他青年时代当一名大学教授的理想。

3. 法拉第的电磁感应定律

既然电流有磁效应，科学家自然想到磁可能也会有电流效应。尽管许多人为此做了不少实验，但磁的电流效应并未立即被发现。直到奥斯特的发现过去 10 年后，英国物理学家法拉第和美国物理学家亨利才完成了这一壮举。

19 世纪最伟大的实验科学家法拉第的一生，是在逆境中顽强奋斗的一生。他于 1791 年 9 月 22 日生于伦敦郊区纽因顿的一个贫穷的家庭。父亲是个铁匠，有 10 个孩子，家境十分不佳。少年法拉第只学会了读书写字便失学了。1804 年，他进了一家印刷厂当童工，次年成为装订学徒。利用工作之便，法拉第经常禁不住翻开他要装订的书，读读其中的内容。正是在这样的条件下，法拉第学到了不少科学知识。业余时间，他也试着做了几个化学实验，还装了一台起电机。1812 年，当时著名的

化学家戴维在皇家研究院做一系列化学讲演，法拉第得到
了一张票。他十分惊喜地发现自己完全能听懂戴维的讲演，
这说明多年的苦读并非徒劳。整个讲座期间，法拉第认真
听讲，并做了详细的笔记。这一年，他到了一家法国人开
的印刷厂当正式装订工，但工厂主对工人很不好。法拉第
每每想起从事科学事业是多么光荣和崇高，可眼前的工作
环境充满了欺诈和自私自利，遂决定离开这里。他先是给
皇家学会的会长写了一封信，请求得到学会的推荐，在皇
家研究院的化学实验室里找一份差使。这封信石沉大海，
杳无音信。法拉第又斗胆给大化学家戴维本人写信，并将
自己记的戴维的讲演笔记装订得很漂亮，一起寄给了戴维。

法拉第 1860 年的照片

戴维为这位自学青年的才能和好学精神所感动，立即回了一封信予以鼓励，但没有
答应法拉第的求职要求。后来，戴维与一位助手闹翻了，这位助手被解雇后，他想
到法拉第的一再请求，便通知法拉第，说实验室有一个刷洗瓶子的工作。法拉第愉
快地接受了这个工作，虽然工资比当装订工时还低。

　　1813 年，22 岁的法拉第正式当上了戴维的助手，走进了他梦寐以求的科学殿堂。
不久，戴维夫妇到欧洲大陆旅游，法拉第作为助手和仆人跟随。虽然戴维夫人甚至
很不客气地将法拉第当奴隶使唤，他也虔诚地忍受了。这次旅行让法拉第大开眼界。
他见到了电化学的始祖伏打和其他著名的科学家。1815 年回国后，法拉第逐渐在实
验室里显示了卓越的实验才能。他先是与戴维一起研究矿井使用的安全矿灯，后来
又投入化学研究。1816 年，法拉第发表了第一篇学术论文。1823 年，他发现了加
压液化二氧化碳、硫化氢、溴化氢和氯气等气体的方法。1825 年，又发现了苯。他
还在电化学方面做出了开创性工作，"电解""电极"以及阳极、阴极等名词就是
法拉第最先使用的。由于他在实验方面的出色成就，1824 年被选为皇家学会会员，
1825 年被任命为皇家研究院实验室主任。戴维很快发现法拉第有着极为出色的实验
天才，对他产生了妒忌。据说在选举皇家学会新会员时，只有他一个人反对法拉第
当选。尽管如此，法拉第还是怀着敬慕的心情称颂戴维，感谢戴维早期对他的培养
和教导。

　　奥斯特实验传到英国后，在英国物理学界也引起了强烈的反响。1821 年，戴维

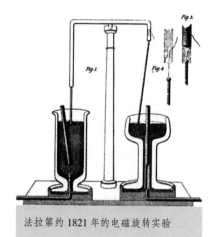

法拉第约1821年的电磁旋转实验

和另一位英国物理学家沃拉斯通重复了奥斯特的实验，并且试图用固定的强磁铁让载流导线绕自己的轴旋转，但是没有成功。法拉第受他们的启发，在同年成功地使一根小磁针绕着通电导线不停地转动。这使他相信，电流对磁铁的作用力本质上是圆形的。法拉第实验成功的这个装置大概是历史上第一台电动机。虽然还只是玩具，但不久就改变了世界。

法拉第也像其他许多科学家一样，相信不仅有电流的磁效应，也应有磁的电流效应。1824年，他曾设计了一个实验以检验这种效应。他让两根导线平行放置，然后将一根导线通电，看看另一根导线中会不会有电流感应。他当时希望看到导线中产生稳定的电流，结果瞬间的电流感应未被他注意。之后多次实验均无结果。

1831年8月29日，他又设计了一个新的实验。他在一个软铁环上绕了两段线圈，一段线圈与电池相连，另一段则与电流计相连。这时他发现，当电池接通时，电流计产生强烈的振荡，但不久又回到零的位置，而当电池断开时，电流计又发生了同样的现象。法拉第起先不明白其中的含义。9月24日，他将与电流计相连的线圈绕在一个铁圆筒上，又发现每当磁铁接近或离开圆筒时，电流计都有短暂的反应。这表明，磁确实可以产生电，虽然只是短暂的。

同年10月1日，法拉第将两根绝缘铜线分别绕在同一根木头上，形成两组线圈，一组与电流计相连，另一组与电池相连。当电池接通或断开时，电流计指针跳动，随后就回到零位。17日，法拉第进一步发现，仅仅用一根永磁棒插入或拔出线圈，就能从与线圈相连的电流计中发现指针

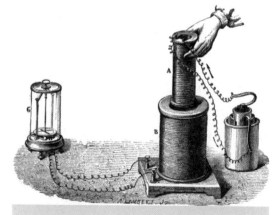

法拉第1831年的电磁感应实验

偏转。法拉第十分清楚，他已经用实验证明了感生电流
的存在。11 月 24 日，他向皇家学会提交了一篇论文，
报告了他的重大发现。感生电流的发现有着重大的意义，
它意味着通过连续地运动磁体可以不间断地得到电流。
据说法拉第本人很快就做了一个模型发电机。电动机和
发电机的问世预示着人类电气时代的到来。

1834 年，法拉第发现了自感现象。单独一个线圈在
接通或断开电流的一瞬间总会产生一个很强的"额外"
电流，这个额外电流在断电时与原电流方向相同，试图
加强它，在通电时与通电电流方向相反，试图反抗它。

应该提到，另外还有一个人与法拉第同时做出了电
磁感应的伟大发现。他就是美国物理学家亨利。1827 年
8 月，亨利因为试制电磁铁而发现了自感现象。1830 年
8 月，他又初步发现了电流引起的磁场在通电或断电时
能产生瞬间的电流。亨利的实验时间均在法拉第之前，

亨利约 1862 年的照片，史密森
学会收藏。吴国盛摄

但由于他的实验结果一直没有发表，人们还是将电磁感应现象的发现归功于法拉第。

这本来也是历史的公正。法拉第不仅独自发现了电磁感应现象，其研究的深度
和广度无人能及，还运用他自己创造的"场"和"力线"概念，建立了电磁感应定律。
在法拉第以前，人们已经知道了许多物理作用力不是通过直接接触实现的，如牛顿

亨利的电磁铁，美国国家历史博物馆收藏。
吴国盛摄

的万有引力、库仑的静电力、磁极之间的
作用力，以及新近发现的电流之间的磁作
用力等，而且它们均遵守距离的平方反比
关系。牛顿本人相信引力是即时作用，既
不需要传播媒介，也不需要时间，是一种
超距作用。后来的科学家均持有这种观点。
但是法拉第不同意这种超距作用观，天才
地创造了"场"和"力线"的概念。

法拉第认为，电磁作用力均需要媒介
传递，因为他从实验中得知，电介质影响

带电体之间的电磁作用。他设想，带电体或磁体周围有一种由电磁本身产生的连续的介质，来传递电磁相互作用。这种看不见、摸不着的介质，被他称作"场"。为了直观地显示"场"的存在，他又引入了"力线"的概念。他设想，电力线或磁力线由带电体或磁体发出，散布于空间之中，作用于其中的每一电磁物体。演示磁力线的实验今天为每一个初中生所熟悉。将铁屑撒在一张纸上，纸下放一块磁铁，轻轻弹动这张纸，纸上的铁屑就会排成一个规则的图形。法拉第说，铁屑所排成的形状就是磁力线的形状。

有了力线的概念，法拉第就能够进一步解释电磁感应现象。他在发表于1851年的《论磁力线》一文中说，只要导线垂直地切割磁力线，导线中就有电流产生，电流的大小与所切割的磁力线数成正比。这篇论文实际上正式将电磁感应现象确立为一条定律。法拉第由于从小没受过正规教育，其数学能力十分欠缺，但他对物理世界天才的洞察力弥补了这一不足。"力线"概念就是一种极为出色的非数学化的图像式想象，至今仍为物理教学所喜用。

1938年，在皇家学会的档案里发现了法拉第1832年3月12日写给皇家学会的

法拉第1845年的照片，他右手拿着一根玻璃棒，展示磁场可以影响绝缘体中的光线。

一封信。信中，他先提到电力和磁力的传播需要时间，接着他说："我认为，磁力从磁极出发的传播类似于起波纹的水面的振动或者空气粒子的声振动，也就是说，我打算把振动理论应用于磁现象，就像对声音所做的那样，而且这也是光现象最可能的解释。"[1]在这封信里，法拉第实际上预言了电磁波的存在。

1845年，法拉第发现了磁的旋光效应即著名的法拉第效应。次年，他又提出光的本性是电力线和磁力线的振动。这一看法后来被麦克斯韦发展成为光的电磁说。

自进入皇家研究院实验室以来，法拉第的新发现一个接一个。及至19世纪40年代，法拉第声名大振，数不清的荣誉向他袭来，但他依然像当年那个学徒工那样对科学一往情深，对金钱和地位不屑一顾。成名之后，他热情地

---

[1] 杨再石、宓子宏：《电磁感应的发现和法拉第的假说能力》，《潜科学》杂志1983年第4期。

给普通群众主办通俗科学讲座，希望科学能像当年在他心中引起崇高的理想那样教育下一代青年人。据说法拉第是一位十分优秀的演说家，作家狄更斯以及王室成员都是他忠实的听众。有人曾建议他当皇家学会的会长，他没有答应。国王要封他爵位，他也谢绝了。19 世纪 50 年代英俄交战时，英国政府曾请法拉第领导研制毒气，被法拉第断然拒绝。他临终前要求葬礼尽量简朴，不要立纪念碑。1867 年 8 月 25 日，法拉第在伦敦谢世，遵遗嘱没有举行大的送葬仪式。他在长达 42 年（1820—1862）的科研生涯中，每天坚持对当天的实验情况做详细记录。这些日记于 1932 年为纪念他发现电磁感应 100 周年而出版。煌煌 7 大卷、长达 3236 页的巨著，记载了这位科学伟人的毕生心血。生活于电气化时代的人们，全都缅怀这位电学大师的丰功伟绩。

4．电磁理论之集大成：麦克斯韦

法拉第的创造性工作奠定了电磁学的物理概念基础，但是法拉第不懂数学，不能用精确的数学语言表述他的物理思想。在他总结性的著作《电学实验研究》一书里，几乎找不到一条数学公式，以致有人认为它只是关于电磁实验的实验报告，谈不上是一部科学论著。另一方面，由于分析力学的高度发达，电磁学领域每取得一个突破性的定律，就有数学－物理学家将之用严密精确的数学公式数学化。库仑定律、安培定律和法拉第电磁感应定律均很快被表述成一般的数学形式，现在就等待着一个伟大的综合出现。英国物理学家麦克斯韦完成了这一历史使命。

青年时代的麦克斯韦

麦克斯韦 1831 年 11 月 13 日出生在爱丁堡一个名门望族，从小便显露出数学天赋。15 岁时写了一篇论卵形曲线的论文，发表在爱丁堡皇家学会的刊物上，令许多数学家不相信它出自一个孩子之手。1847 年，麦克斯韦进入爱丁堡大学学习数学和物理学。1850 年，考入剑桥大学三一学院，主攻数学物理学。1854 年大学毕业，数学成绩非常优秀。1856 年麦克斯韦被阿伯丁马里歇尔学院聘为教授，1860 年转往伦敦皇家学院，1871 年回到母校剑桥大学任实验物理学教授。据说他不是一个很好的教师。他的课深奥难懂，往往只有几个特别优秀的学生才能跟得上。在剑桥期间，他出版了卡文迪许的手稿，从而使世人认识到这位科学怪人曾取得了多少远远超出其时代的成就。他还亲自创办了著名的卡文迪许实验室，任实验室主任一直到去世。

麦克斯韦的科学成就是多方面的。1857 年他曾提出土星光环的颗粒构成理论。这个光环从地球上看很像一个圆盘，但麦克斯韦认为，如果它真是一个固体或流体的结构，那么引力和离心力等作用必定会使它分崩离析。除非它是一条带状的小天体群，否则不会保持稳定。后来的观测证明，麦克斯韦的看法是正确的。由于其杰出的数学才能，麦克斯韦还在新兴的分子运动论领域做出过重要的贡献。这一点将在第二十九章讲述。这里我们特别叙述他在电磁学理论方面的伟大工作。

1855 年，麦克斯韦写了《论法拉第的力线》一文，第一次试图赋予法拉第的力线概念以数学形式，从而初步建立了电与磁之间的数学关系。麦克斯韦的理论表明，电与磁不能孤立地存在，总是不可分离地结合在一起。这篇论文于次年发表在《英国科学促进会报告集》中，使法拉第的力线概念由一种直观的想象上升为科学的理论，引起了物理学界的重视。法拉第读过这篇论文后，大加赞扬。

1862 年，麦克斯韦发表了第二篇论文《论物理学的力线》。在这篇论文中，他提出了自己首创的"位移电流"和"电磁场"等新概念，并在此基础上给出了电磁场理论的更完整的数学表述。

电磁场中广泛存在的电场与磁场的交相变化，使麦克斯韦意识到它是一种新的波动过程。1864 年，他向皇家学会宣读了另一篇著名的论文《电磁场的动力学理论》。该文于次年发表在学会的机关刊物《哲学杂志》上。文中不仅给出了今天被称为麦克斯韦方程的电磁场方程，而且提出了电磁波的概念。他认为，变化的电场必激发磁场，变化的磁场又激发电场，这种变化着的电场和磁场共同构成了统一的电磁场。电磁场以横波的形式在空间中传播，形成了所谓的电磁波。

麦克斯韦推算出电磁波的传播速度，发现与光速十分接近。他本来就猜测光与电磁现象有着内在的联系，在建立了完整的电磁理论之后，他更明确地提出了光的电磁理论。麦克斯韦写道："电磁波的这种速度与光的速度如此之接近，好像我们有充分理由得出结论说，光本身（包括辐射热和其他辐射）是一种电磁干扰，它是波的形式，并按照电磁定律通过电磁场传播。"[1]

1865 年，麦克斯韦得了一场重病，不得不辞去皇家学院的职务回家养病。这以后，他把主要精力放在整理、总结电磁学理论已取得的成就上面。1873 年，他出版了其伟大的著作《电磁通论》。这本书全面总结了一个世纪以来电磁学所取得的成果，是一部电磁学的百科全书，是集电磁理论之大成的经典著作。

1879 年 11 月 5 日，麦克斯韦因长期患病，终于与世长辞，时年仅 48 岁。他没能看到他所预言的电磁波真的在实验室里被发现。但是今天，电磁波已经成了信息时代最基本的物质载体。

5. 电磁波的实验发现：赫兹

1878 年，德国著名的物理学家赫尔姆霍茨向他在柏林大学的学生们提出了一个竞赛题目，即用实验方法验证麦克斯韦的理论。赫尔姆霍茨的学生之一赫兹从那时起就致力于这个课题的研究。1886 年，他在做放电实验时发现近处的线圈也发出火花。他敏锐地意识到这可能是电磁波在起作用。为了更好地确认这一点，赫兹再度布置实验。他设计了一个振荡电路用来在两个金属球之间周期性地发出电火花，按照麦克斯韦理论，在电火花出现时应该有电磁波发出。然后，赫兹又设计了一个有缺口的金属环状线圈，用来检测电磁波。结果，当振荡电路发出火花时，金属缺口处果然也有较小的火花出现。这就证明了电磁波的确是存在的。赫兹还进一步在不同的距离观测检测线圈，由电火花的强度的变化大致算出了电磁波的波长。1887 年 11 月 5 日，赫兹给他的老师赫

赫尔姆霍茨雕像，位于柏林大学校内。吴国盛摄

---

[1] 麦克斯韦：《电磁场的动力学理论》，转引自马吉编《物理学原著选读》，蔡宾牟译，商务印书馆，1986 年版，第 558 页。

赫兹

尔姆霍茨寄去了论文《论在绝缘体中电过程引起的感应现象》。1888 年 1 月，赫兹发表了《论动电效应的传播速度》，证明了电磁波具有与光完全类似的特性，还证明了电磁波的传播速度与光速有相同的量级。赫兹的实验发现不仅证明了麦克斯韦理论的正确，也为人类利用无线电波开辟了道路。可惜的是，赫兹英年早逝，没能在电磁波的应用技术方面做出他本来完全可能做出的重大贡献。不久以后，意大利青年物理学家马可尼就实现了无线电波通信。

第二十七章

19 世纪的光学

　　光学是一门古老的科学，希腊时代欧几里得、托勒密都对此做出过贡献。到了 17 世纪，几何光学基本上得以确立。几何光学关注光线传播的几何性质的研究，如光线传播的直线性、光线的反射、折射性质等。由于制造光学仪器的需要，对光的折射性质的研究比较热门。开普勒曾修正了托勒密关于入射角与折射角成正比的结论，并指出玻璃的折射角不会超过 42°。荷兰数学家斯涅尔在大量实验的基础上于 1621 年得出折射定律：入射角与折射角的余割（正弦的倒数）之比为常数。笛卡尔在 1637 年出版的《折光学》一书中提出了折射定律的现代形式，即入射角与折射角的正弦之比为常数。后来，著名的法国数学家费马运用极值原理推出了光的反射定律和折射定律。

斯涅尔

　　牛顿的分光实验以及牛顿环的发现，使光学由几何光学进入物理光学。牛顿本人认为光本质上是运动的微粒，所以他不能正确地解释由他自己做出的伟大发现。与牛顿同时代的惠更斯主张光是一种波动，由此展开了近两个世纪的光的本性之争。19 世纪的光学以波动说的复兴为先导，因此有必要先回顾一下微粒说与波动说之争论。

费马

1. 波动说与微粒说的对立

近代几何光学的奠基者之一笛卡尔在光的本性方面的看法是不一贯的。在谈到视觉问题时，他把光线比喻成脉冲波动，否认眼睛在看东西时有某种物质微粒进入。可是，他在解释光的折射和反射时又运用物体的碰撞运动来进行比喻。因此他在这个问题上的看法是不明朗的。

惠更斯最早比较明确地提出了光的波动说。在《论光》（1690）一书中，他认为光的运动不是物质微粒的运动，而是媒介的运动即波动，其理由是，光线交叉穿过而没有任何相互影响。运用波动说，惠更斯很好地解释了光的反射、折射以及方解石的双折射现象。不过，他的波动说并不完善。他误认为光像声音一样也是纵波，所以在解释光的干涉、衍射和偏振现象时遇到困难。

牛顿倾向于微粒说。在《光学》（1704）中，他陈述了波动说的几种不足。第一，波动说不能很好地解释光的直线传播现象。如果光是一种波动，它就应该有绕射现象，就像声音可以绕过障碍物而传播一样，但我们并没有观察到光有这种现象。第二，波动说不能令人满意地解释方解石的双折射现象。第三，波动说依赖于介质的存在，可是没有什么证据表明，天空中有这样的介质，因为从天体的运行看不出受到介质阻力影响的迹象。基于这些理由，牛顿怀疑波动说，而提出光是一种微粒的看法。不过，牛顿也不完全排斥波动思想。比如，他就提出过光粒子可能在以太中激起周期性振动。但这些思想被后人有意无意地忘记，牛顿成了坚持微粒说的一面旗帜。

部分由于惠更斯波动说的不完善性，部分由于牛顿的崇高威望，微粒说在整个18 世纪占据主导地位。但是，在折射问题的解释上，波动说和微粒说之间出现了一个判决性的实验。微粒说认为，密介质中的光速大于疏介质中的光速，波动说则认为，密介质中的光速小于疏介质中的光速。可是当时，在实验室中测定光速还不可能，这个判决性实验也起不了判决性作用。

2. 波动说的复兴：托马斯·杨、菲涅尔

19 世纪的光学是由英国医生托马斯·杨以复兴波动说的论文揭开序幕的。杨生

于英国的米斯维顿一个富裕的家庭。据说他两岁就能读书，
四岁已将《圣经》通读两遍，是个十足的神童。青年时代，
他是一位多才多艺的人，会十几门外语，能演奏多种乐器。
他起先在爱丁堡大学学医，后在德国哥廷根大学取得了博
士学位，1799年开始在伦敦开办诊所。

托马斯·杨

杨的光学研究始自对视觉器官的研究。他第一个发
现，眼球在注视距离不同的物体时会改变形状。1800年，
杨发表了《关于光和声的实验和问题》一文，对延续了
一个世纪的微粒说提出异议。他说："尽管我仰慕牛顿
的大名，但我并不因此非得认为他是万无一失的。我遗
憾地看到他也会弄错。而他的权威也许有时甚至阻碍了
科学的进步。"[1]在文章的光学部分，杨提出了否定微粒说的几个理由：第一，
强光和弱光源所发出的光线有同样的速度，这用微粒说不好解释；第二，光线由
一种介质进入另一种介质时，一部分被反射，而另一部分被折射，用微粒说解
释也很牵强。在文章的声学部分，杨依据水波的叠加现象，提出了声波的叠加理
论。他把由叠加造成的声音的加强和减弱称为"干涉"。在声波干涉中，"拍"
现象即叠加造成的声音时断时强的效果，引起了杨的特别注意。他联想到，如果
光是一种波动，也应该有干涉和拍现象，即两种光波叠加时，应该出现明暗相间
的条纹。

1801年，杨向皇家学会宣读了关于薄片颜色的论文。文中正式将干涉原理引入
了光学之中，并且用这一原理解释薄片上的色彩和条纹面的衍射。在这篇论文中，
杨还系统提出了波动光学的基本原理，提出了光波长的概念，并给出了测定结果。
杨指出，正是由于光波长太短，遇障碍物拐弯能力不大，人们才很难观察到这类
现象。

杨的论文在英国学界引起了敌视。当然，他的论文在阐述实验方面不够明晰。
尽管他本人实际上做过十分精确的实验，但由于表述的问题使读者感到干涉理论只
是一些没有实验根据的理论推测。杨没有气馁，继续进行实验研究，于1803年发

[1] 梅森：《自然科学史》，周煦良等译，上海译文出版社，1980年版，第441–442页。

马吕斯

表《物理光学的实验和计算》，对双缝干涉现象进一步做出了解释。在1807年出版的《自然哲学讲义》中，杨系统阐述了他提出的波动光学的基本原理。

1809年，法国物理学家马吕斯发现了光在双折射时的偏振现象。众所周知，纵波不可能出现偏振现象，这使杨新近复兴的波动说遇到了极大的困难。微粒说的信奉者以此对波动说发起攻击。杨于1811年给马吕斯写信说："你的实验证明了我所采用的理论的不足，但是这些实验并没有证明它是错的。"[1] 1817年，杨终于发现了摆脱这个麻烦的途径。他在1月12日给法国物理学家阿拉果写信说，光波不是一种纵波，而是一种横波，而偏振完全可以用横波加以解释。

几乎独立提出光的波动学说的还有法国物理学家菲涅尔。与杨相反，他从小非常迟钝，身体也不好，后来由于刻苦努力成了一名工程师。由于反对拿破仑，他曾被关进监狱一段时间。1814年，他对光学开始感兴趣，次年便向科学院提交了第一篇光学论文。文中仔细地研究了光的衍射现象，并提出了光的干涉原理。菲涅尔的论文实验证据确凿，很快在法国物理学界获得支持。本来信奉微粒说的阿拉果，在受命审查菲涅尔的论文之后，第一个改信波动说。菲涅尔与阿拉果一起继续进行实验研究，于1819年证实了杨关于光是一种横波的主张。

菲涅尔

菲涅尔在毫不了解杨的工作的基础上独立地提出了光的波动理论。令人高兴的是，他与杨之间并未发生优先权之争。当阿拉果将他的论文介绍给杨时，杨对此做出了高度的评价。由于他们的齐心协力，微粒说一统学界的局面被打破。在波动学说基础上的光学实验大量涌现，使19世纪在物理光学方面取得了重大的进展。

---

[1] 卡约里：《物理学史》，戴念祖译，内蒙古人民出版社，1981年版，第150页。

3. 光速的测定：菲索、傅科

1849 年，法国物理学家菲索利用转动齿轮的方法，在实验室中测定了光的速度。数值虽然不太精确，但毕竟是在实验室里测定光速的第一次创举。此前的罗伊默和布拉德雷都是以天文观测为依据测量光速的。

1850 年，另一位法国物理学家傅科改进了菲索的方法，用旋转镜方法准确地测定了光速，从而发现密介质（水）中光的传播速度较小。这就在实验上对微粒说和波动说之争做了一次支持波动说的判决。

傅科在实验物理学史上的另一创举是发明了傅科摆，直观地演示了地球的自转。由于地球的周日自转，单摆的摆动

菲索

面相对于地面是转动的。齐曼托学院曾经也发现了这一现象，但没有意识到它正好是地球自转的证据。

傅科

巴黎工艺博物馆中的傅科摆。吴国盛摄

4. 光谱研究: 夫琅和费、基尔霍夫

光的波动说被确立以后，物理光学中最突出的成就是对光谱的研究。牛顿的棱镜已将太阳光分解成各种不同颜色的光线，他将之解释成不同光线具有不同的折射率引起的。现在人们又认识到不同的颜色其实对应于光的不同波长，不同波长的光的连续排列构成了所谓的光谱。事实上，所有的自然光都可以通过棱镜展示自己的光谱。18 世纪，有人即已注意到各种化学物质在燃烧时发出的光彼此不同，后来又发现不同物质所发出的光的光谱各有显著的特征。

夫琅和费

1814 年，德国物理学家夫琅和费在测试新制造出的棱镜时，发现太阳光谱中有许多暗线。在此之前，他在灯光光谱中发现了钠的谱线，因此，他也希望在太阳中发现这些特征谱线。夫琅和费将太阳光谱记录下来，并将发现的暗线用字母标出。这些暗线今天被称为夫琅和费线。后来，他又多次观察月光和行星的反射光，发现其光谱与太阳光谱完全相同。1821 年，夫琅和费第一个用光栅（间隔很小的细丝）作为折射装置，使太阳光形成了一个更精细的光谱。利用光栅，他试着测定了太阳谱线的波长。夫琅和费的工作当时没有受到重视，当然他本人也不太明白太阳光谱线中暗线的意义。

基尔霍夫

1859 年，德国物理学家基尔霍夫解释了太阳光谱中暗线的含义。他发现，每一种单纯的物质都有一种特征光谱，光谱里面必有一条明亮的谱线正好表征该物质。但是，如果在足够强的自然光下观察这个特征光谱，由于该光谱被同波长的物质所吸收，其明亮的特征谱线便变成了明显的暗线。因此，太阳光谱中的夫琅和费暗线正好就是各种物质的特征谱线。基尔霍夫因此断定，太阳中必存在钠、镁、铜、锌、镍等金属元素。

由基尔霍夫开创的光谱分析方法，对鉴别化学物质有着巨大的意义。有许多化学元素，像铯（1860）、铷（1861）、铊（1862）、铟（1863）、镓（1875），都是通过光谱分析被发现的。当天文学家将光谱分析方法应用于恒星宇宙时，马上就证明了宇宙之间物质构成的统一性。据说，正当基尔霍夫从夫琅和费线中考察太阳里是否有金子时，他的管家不以为然地说："如果不能将太阳上的金子取下来，关心它又有什么用？"后来，基尔霍夫因为他的伟大发现而被英国授予金质奖章，他将奖章拿给管家看，说："你看，我不是已经从太阳上取了一点金子下来了吗？"[1]

涅普斯

光谱分析不仅开辟了天体物理学的广阔前景，而且也为深入原子世界打开了道路。近代原子物理学正是从原子光谱的研究中开始的。

在19世纪光学以及光谱学的发展过程中，照相术的发明也值得一提。它不仅极大地丰富了现代人的日常生活情趣，而且为物理光学和天体物理学的发展提供了关键的设备。法国发明家达盖尔和涅普斯长期合作，最终于1839年造出了第一台实用照相机。它通过一个透镜在暗室里成像，由一块涂有银盐的铜片固定像。图像中明亮的部分使银盐变黑，没有起变化的银盐被硫代硫酸钠溶解掉，于是得到一个不太清晰的永久图像。照相术一出现就引起了人们极大的兴趣。物理学家和天文学家则很快将它用于光谱分析，使之成为天文观测和光学实验中的重要工具。

达盖尔

---

[1] 这个故事是基尔霍夫本人讲述的，参见卡约里的《物理学史》，戴念祖译，内蒙古人民出版社，1981年版，第165–166页。

达盖尔 1838 年拍摄的巴黎街景

5. 光学与电磁学的统一

波动说的确立使光传播的载体问题变得突出。按照水波和声波的类比，光波也应有它的传播媒介。人们一般将这种看不见、摸不着的媒介称为光以太。当杨和菲涅尔发现光是一种横波后，在光以太问题上遇到了困难。对纵波而言，流体就可以充当媒介，但对横波，其介质必须十分凝固，富有刚性。可是，这样十分坚固的光以太为何又没有对天体运动产生阻碍呢？

物理学家们绞尽脑汁，对光以太的机械特征进行各种各样的修正和补充，但总是出现新的问题。这些做法均基于一个前提，即把光看成一种机械波。麦克斯韦建立电磁统一理论之后，认为光就是一种波长极短的电磁波，从而在理论上统一了光学与电磁学。光的电磁理论建立之后，光不再被看成机械波，因而光以太的机械特征问题就不复存在了。但是在经典理论中，电磁波的传播同样需要被称为电磁以太的媒介。光的传播媒介不再是机械以太，而是电磁以太。但电磁以太又是什么？这个问题留给了 19 世纪和 20 世纪之交的物理学家们。

第二十八章
热力学与能量定律的建立

　　热力学第一定律和热力学第二定律的发现，是 19 世纪物理科学最伟大的成就之一。能量守恒定律深刻地显示了物质世界的普遍联系，能量耗散定律则深刻地显示了物质世界的普遍发展。这两大定律植根于古典科学，但其有效性远远超出了古典科学的适用范围。它们甚至不仅是对经验事实的概括，还成了科学理解的基本出发点。

1. 热之唯动说：伦福德伯爵、戴维

　　热质说支配着 18 世纪后期的热学。它能成功地解释热量守恒定律，还能解释与比热和潜热概念相关的实验事实。但它也有一个弱点，即人们不能肯定热质是否也像所有其他物质一样拥有质量。18 世纪快要结束的时候，一个美国出生的英国物理学家对热质说提出了挑战。他就是本杰明·汤普森，后人常称他为伦福德伯爵。

本杰明·汤普森

　　汤普森生于美国马萨诸塞州的沃本。他有一段传奇的冒险经历。他从小没受过什么教育，13 岁时在一家小店当学徒，因自制焰火而发生爆炸，险些丧命。独立战争爆发时，他站在英国王室一边，反对美国独立。战争以美国人民的胜利告终后，汤普森在美国待不下去，只好背井离乡，随英军来到英国。在英国没待多久，汤普森就感到没劲，又于 1783 年去了德国，在巴伐利亚选帝侯手下任要职。1791 年，这位选帝侯准备封他为伯爵，请他自己定封号。汤普森选择了他妻子的出

汤普森的出生地，位于美国马萨诸塞州北沃本。吴国盛摄

生地美国新罕布什尔州的伦福德作为封号，从此人们就叫他伦福德伯爵。

1798 年，伦福德在慕尼黑一家兵工厂监督大炮镗孔工作。一个偶然的机会，他发现，被加工的黄铜炮身在短时间内得到了相当多的热量，而被刀具刮削下来的金属屑的温度更高，超过了水的沸点。这个现象显然不是伦福德最先发现的，但他却是最先将之与热质说联系起来考察的人。按照热质说，这些生发出来的热量来自物质内部包含的热质，可是，从青铜中跑出来的热质太多了，全部加起来甚至可以将它本身熔化。这就说明这么多的热量并不像热质说所设想的那样以热质的形式由它自身包含着。热质说是成问题的。伦福德进一步的观察还发现，如果刀具很钝，不能切削出屑末，按照热质说，它就不会有热量流出，可事实上依然有大量的热量流出，而且看起来，只要不停地钻，热量就可以源源不绝地流出来。这个现象是热质说无论如何也不能解释的。

1799 年，伦福德回到英国并创办了皇家学院。摩擦生热的实验促使他得出了热是一种运动的结论。他在《哲学学报》上发表文章说："任何绝热物体或物体系统所能无限提供的东西，不可能是一种物质。据我看来，要想对这些实验中的既能激发又能传布热的东西，形成明确的概念，即使不是绝无可能，也是极其困难的事情，除非那东西就是运动。"[1] 伦福德的看法引起了正在新创办的皇家学院任教的戴维的兴趣。这位未来的大化学家当时只有 21 岁，但已表现出杰出的实验才能。他精心设计了一个更有说服力的实验来证实伦福德的观点。在一个绝热

---

[1] 伦福德：《论摩擦激起的热源》，转引自马吉编《物理学原著选读》，蔡宾牟译，商务印书馆，1986 年版，第 175 页。

装置里，他让两块冰相互摩擦，结果两块冰都融化了。
虽然有些科学史家认为戴维的实验实际上是不成功的，
因为冰实际上是因为装置漏热才融化的，但当时的人们
确实认可了他的实验，并认为该实验是对伦福德实验的
进一步深化。

戴维

保守地说，伦福德和戴维的实验只是指出了热质说
的困难，并没有证明热质是不存在的。此外，他们也没
有提出一套新的建设性的学说来取代热质说，去解释那
些热质说可以很好地解释的热现象。因此，热质说延续
了相当长的一段时间。光和热的类比总容易使人们相信，
如果光是一种物质微粒，热肯定也是一种物质。从这个
意义上讲，光的波动说的确立有助于热质说的消亡。当然，只有等到能量守恒定
律出现，才使热之唯动说真正取代热质说。

2. 热力学的建立：卡诺

19 世纪初，蒸汽机在生产中起着越来越大的作用。但是，将热转变为机械运动
的理论研究一直未形成，工程师们如瓦特主要凭经验摸索
并改进机器。第一次从理论上说明热机运行过程、建立热
力学原理的是法国工程师卡诺。

卡诺生于名门世家。其父在法国大革命以及拿破仑时
期是政界要人，也是一位著名的数学家。老卡诺曾任政府
陆军部长，成功地组织了对欧洲列强来犯的抗击，被誉为
"胜利的组织者"。卡诺的弟弟也是一位著名的政治家，
其侄儿后来成了法兰西第三共和国的总统。卡诺本人毕业
于巴黎综合技术学校，受过良好的数学教育和工程技术训
练。1814 年，他成了一位军事工程师。1828 年，由于拿
破仑的倒台，卡诺的父亲被流放，他本人也被迫退役。

卡诺

1824 年，卡诺出版了生前发表的唯一一本著作《关于火的动力的思考》。在这本书中，卡诺提出了他的理想热机理论，奠定了热力学的理论基础。当时生产技术中出现的比较紧迫的问题，主要是如何提高蒸汽机的热效率。当时所有的热机效率都非常低，大量的热能被白白浪费。卡诺想从理论上知道热机究竟能有多大的效率。他构造了一台理想热机，即由一个高温热源和低温热源组成、以实现理想循环工作的热机。他认为，所有的热机之所以能做功，就是因为热由高温流向了低温热源。他证明了，理想热机的热效率将是所有热机中热效率最高的。他还证明了，理想热机的热效率与高低温热源之差成正比，而与循环过程中的温度变化无关。

卡诺的结论虽然都是正确的，但他借以论证的思想基础却是热质说。他认为，热机在两个热源之间做功，就相当于水由高处落下做功一样。"我们可以恰当地把热的动力与一个瀑布的动力相比。瀑布的动力依赖于它的高度和水量；热的动力依赖于所用的热质的量和我们可以称之为热质的下落高度，即交换热质的物体之间的温差。"[1]由于信奉热质守恒原理，卡诺相信热机工作过程中热量并没有损失，这当然是错误的。

卡诺后来意识到将热机与水车类比是不确切的。从 1830 年起，卡诺实际上已经抛弃了热质说而转向热之唯动说，并且得出了能量守恒原理。他在笔记中写道：

克拉佩龙

"热不是别的什么东西，而是动力（能量），或者可以说，它是改变了形态的运动，它是一种运动……在自然界中存在的动力，在量上是不变的。准确地说，它既不会创生也不会消灭；实际上，它只改变它的形式。"[2]他还在手稿中计算了热功当量。但是由于突然染上霍乱，卡诺于 1832 年去世，其手稿和笔记直到 1878 年才由他的弟弟发现并发表。

卡诺的早期工作并未引起注意，是法国另一位工程师克拉佩龙在此基础上的继续努力，才使学界关注热力学的这一重大发展。

---

[1] 申先甲等编著的《物理学史简编》，山东教育出版社，1985 年版，第 470 页。还可参见卡约里的《物理学史》，戴念祖译，内蒙古人民出版社，1981 年版，第 208 页。

[2] 申先甲等编著的《物理学史简编》，第 464–465 页。

3. 热力学第一定律（能量守恒定律）：迈尔、焦耳、赫尔姆霍茨

18 世纪，分析力学家们实际上已经得到并开始运用机械能守恒定律，但是，发现广义的能量守恒原理是 19 世纪 40 年代的事情。

最早提出这一原理的是德国医生迈尔。1840 年，他曾经作为随船医生去过爪哇，发现那里的病人的静脉血比他预计的要红得多，因此开始思考动物热问题。可能就是在这些思考中，萌发了能量的所有形式可以互相转换的想法。1842 年，迈尔写了《论无机性质的力（能量）》一文，以比较抽象的推理方法提出了能量守恒与转化原理。他说："力（能量）是原因，因此，我们可以在有关力（能量）的方面，充分应用因等于果的原则……我们可以说，因是数量上不可毁的和质量上可变换的存在物……所以，力（能量）是不可毁的、可变换的、不可称量的存在物。"[1]在文章的结尾部分，迈尔设计了一个简单的实验，粗略地求出了热功相互转化的当量关系。

迈尔

迈尔文章的思辨风格使得学界不能接受，第一次投稿时被一家科学杂志退了回来。后来虽然在另一家杂志上刊登了，但没有引起注意。此后，迈尔又写了几篇文章，继续阐述他的能量守恒和转化原理。他的计算和证明更加严格，推广的范围也越来越宽，包括化学、天文学和生命科学。可是，他依然得不到人们的理解。长期的孤军奋战使他精神高度紧张。1848 年，迈尔的两个孩子相继夭折，弟弟因参加革命活动而被捕。这使他几乎陷入绝境。1849 年，他从三层楼上跳下自杀。人虽然没有死，但两腿严重骨折。1851 年，他被送进精神病院接受原始而又残酷的治疗，身心遭受进一步的摧残。但是，迈尔晚年终于看到自己的工作得到了应得的荣誉。1871 年他被英国皇家学会授予科普利奖章。

---

[1] 迈耶（即迈尔）:《论无机性质的力（能量）》，转引自马吉编《物理学原著选读》，蔡宾牟译，商务印书馆，1986 年版，第 213-214 页。

焦耳

与迈尔几乎同时提出能量守恒原理的英国物理学家焦耳，其遭遇也好不了多少。焦耳生于英国兰开夏尔，是一位富有的啤酒酿造商的儿子，幼年时因身体不好，一心在家里念书。焦耳从小就对实验着迷，而且特别热衷于精密的测量工作。父亲支持他搞科学研究，在家里为他搞了一个实验室。1833 年，父亲退休，焦耳不得不经营他家的啤酒厂。但在业余时间，他继续进行关于热量和机械功的测定工作。

1840 年，焦耳测量电流通过电阻线所放出的热量，得出了焦耳定律：导体在单位时间内放出的热量与电路的电阻成正比，与电流强度的平方成正比。焦耳定律给出了电能向热能转化的定量关系，为发现普遍的能量守恒和转化原理打下了基础。

1843 年，焦耳用手摇发电机发电，将电流通入线圈中，线圈又放在水中以测量所产生的热量。结果发现，热量与电流的平方成正比。这个实验显示了机械做功如何转变为电能，最后转变为热的全过程。

在此实验的基础上，焦耳进一步测定了机械功的量，从而第一次给出了热功当量的数值：每千卡热量相当于 460 千克米的功（将 460 千克物体提升一米或一千克物体提升 460 米所做的功）。他认为，热功当量的测定是对热之唯动说的有力支持，也是对能量不灭原理的一个重要表述。

此后，焦耳又以多种方式测定热功当量。1845 年，他设计了气体膨胀实验，测得热功当量为每千卡热量相当于 436 千克米的功。1847 年，他设计了在一个绝热容器中用叶轮搅动水的方法，更精确地测定了热功当量。

焦耳的划时代的工作也没有引起应有

焦耳 1845 年使用的热学仪器，现藏于伦敦科学博物馆。吴国盛摄

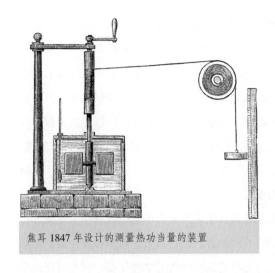

焦耳 1847 年设计的测量热功当量的装置

的注意。也许因为他只是一位业余的实验爱好者，皇家学会拒绝发表他早期的两篇论文。他的关于热功当量测定的论文只得在一家报纸上全文发表。1847 年，在英国科学促进会的年会上，焦耳希望报告一下他正在做的测量热功当量的实验，会议主席只允许他做简短的口头描述。报告完后席间有一位青年人站起来，对报告做出高度的评价，并以他雄辩的口才引起了与会者对焦耳报告的注意和兴趣。这位青年人就是当时 23 岁的威廉·汤姆逊，后来以开尔文勋爵著称的英国著名物理学家。

到了大约 1850 年，特别以焦耳实验为基础的能量守恒原理开始得到科学界的广泛认同。为争取到这一局面，德国物理学家赫尔姆霍茨做出了重要的贡献。1847 年，赫尔姆霍茨发表了《论力的守恒》一文，系统、严密地阐述了能量守恒原理（在德语中，"力"一词向来在"能量"的意义上被使用）。首先，他用数学化形式表述了在孤立系统中机械能的守恒。接着，他把能量的概念推广到热学、电磁学、天文学和生理学领域，提出能量的各种形式相互转化和守恒的思想。他将能量守恒原理与永动机之不可能相提并论，使这一原理拥有更有效的说服力。

关于能量守恒原理的发现，也发生了优先权之争。事实上，从论文发表的时间上讲，迈尔占先；从提供确凿的实验证据上讲，焦耳占先；从全面而精确地阐发这一原理上讲，赫尔姆霍茨占先。除了这三个人外，还有其他人也大致同时独立地提出这一原理，他们是：热力学的奠基者卡诺，虽然他的手稿直到死后 46 年才发表；英国律师格罗夫，他在 1842 年的一篇著名的讲演《自然界的各种力之间的相互关系》中，提到一切物理力以及化学力在一定

格罗夫

柯尔丁

条件下将相互转化；丹麦工程师柯尔丁于1843年向哥本哈根科学院提交了关于热功当量的实验报告。

　　能量守恒原理揭示了自然科学各个分支之间惊人的普遍联系，是自然科学内在统一性的第一个伟大的证据。由于它主要借助热功当量的测定而确立，所以也常常被称为热力学第一定律。由能量守恒和转化定律，我们可以发现，人类所能运用的能源除核能外均最终来源于太阳。人类身体所消耗的能源或来自肉食或来自植物，但最终都来自植物这种能量合成者，它通过光合作用吸收和储存太阳能。我们所运用的外部能源，包括木柴、煤和石油，说到底都是植物能，因为煤是远古时代的植物化石，石油可能是动物化石，而动物能来自植物能。我们能够运用的外部能源还包括水力、风力，它们也来自太阳能。水力所利用的是江河湖海的水位落差，这些落差之所以能不断保持，也是因为有阳光对海水的不断蒸发。被蒸发的水落到高原地带，维持原有的水位落差。风力靠的是大气压差，这个差也来源于太阳能。"万物生长靠太阳"确实是一句至理名言。

4. 热力学第二定律（能量耗散定律）：开尔文、克劳修斯

　　卡诺之后热力学的发展以及热力学第二定律的建立都与汤姆逊有关。这位后来以开尔文勋爵（1892年册封）著称的英国物理学家从小是个神童。他11岁进入格拉斯哥大学学习数学，并发表了他的第一篇数学论文。1841年进入剑桥大学，1845年毕业，1846年便当上了格拉斯哥大学的自然哲学讲席教授。这一年，开尔文开始研究地球年龄问题。他假定，地球是从太阳中分离出来的，起初温度一样，以后慢慢冷却。他估计，要冷却到现在的温度可能需要数百万年（这个数字后来调整成2000万~4000万年）。他还猜想，太阳的能量可能主要来自引力收缩，因此太阳照耀地球的时间也不会超过几亿年。今天我们知道，所有这些年龄值都太小了，原因是，开尔文不知道，地球在冷却过程中，内部还有放射性热源不断释放出热量。太阳的

能量并非主要来自引力收缩，而是内部的核反应。

开尔文对地球冷却问题的研究涉及能量耗散问题。在牛顿物理学的框架里，这个问题是无法处理的，因为从根本上讲，牛顿运动方程处理的是一些可逆过程。时间的倒流对牛顿力学而言是完全可能的。可是在我们的现实物理世界中，从未见过时间的倒流现象。打碎的镜子不会自动复原，泼出的水不会自动收回，人不可能越活越年轻，我们只记得过去的事情而不可能记得将来的事情……所有这些非常自然的不可逆过程，却是牛顿力学所不能把握的。虽然牛顿本人并不把宇宙看成一架完美无缺的机器，他相信宇宙之中一定有耗散，因此需要上帝不时地予以修理和干预，可是他的物理理论却客观上表明宇宙是一个完全决定论的机器。

开尔文在格拉斯哥的雕像。吴国盛摄

卡诺在研究其理想热机做功的过程中，得出结论说，理想热机是所有实际热机中热效率最大的，而且这个热效率是不可能达到的。尽管热从高温流向低温是一个必然的过程，但由于热机设计得不周到，不可能完全将这个过程利用起来做功。这里，实际上已经包含了热力学第二定律的基本思想：热总是不可避免地要从高温热源流向低温热源，虽然能量总量没有损失，但它却越来越丧失做功能力。

卡诺的工作最先引起开尔文的注意。1848 年，开尔文发表《建立在热之动力的卡诺学说基础上和由卡诺的观察结果计算出来的一种绝对温标》一文。文中指出，卡诺已经表明，热机中的热功关系只取决于热量和温度差，但温度差尚没有一个绝对的量度。开尔文根据法国物理学家查理所发现的查理定律，即温度每降低一度，气体的体积就缩小零度时的体积的 1/273，得出结论说，在 –273℃时，气体的动能为零，因而是真正的零温度。因此，开尔文建立了以 –273℃为绝对零度的绝对温标。

1849 年，开尔文发表《关于卡诺学说的说明》，指出卡诺关于热机做功并不消耗热的看法是错误的，卡诺理论应该予以修改。1851 年，他发表《论热的动力理论》，系统阐述了修改后的热力学理论。文中第一次提出了热力学第一定律和第二定律的概念，其中第二定律是：从单一热源吸取热量使之完全变为有用的功而不产生其他影响是不可能的。这个表述等价于一类永动机的不可能，这种永动机单靠从海水或土地中吸取热量而做功。

克劳修斯

与此同时提出热力学第二定律的还有德国物理学家克劳修斯。1850年，他发表《论热的动力与由此可以得出的热学理论的普遍规律》一文，对卡诺的理想热机理论进行了新的修正和发展，提出了著名的克劳修斯等式。等式说，热机从高温热源吸取的热量与该热源温度之比，等于向低温热源所放热量与该热源温度之比。由该等式可以直接推出理想热机的热效率与两热源之温差成正比的结论。为了论证所有实际的热机效率都不可能高于卡诺热机，他引入了另一种形式的热力学第二定律：热量不可能自动地从较冷的物体转移到较热的物体，为了实现这一过程，就必须消耗功。

1854年，克劳修斯又发表《论热的机械理论的第二原理的另一形式》，给出了热力学第二定律的数学表达式。1865年，他发现，一个系统的热含量与其绝对温度之比，在系统孤立（不与外界发生能量交换）之时总是会增大，在理想状态下将保持不变，但在任何情况下都不会减少。克劳修斯将之命名为"熵"。热力学第二定律因而被说成是熵增定律。

熵其实是能量可以转化为有用功的量度。熵越大，则能量转化为有用功的可能性越小。这样，克劳修斯就将热力学的两个定律表述如下：第一定律，宇宙的总能量是守恒不变的；第二定律，宇宙的熵趋向于一个最大值。

热力学第二定律直接导致了所谓"宇宙热寂说"。由于宇宙中的能量转化为有用功的可能性越来越小，宇宙中热量分布的不平衡逐步消失，最后，整个宇宙就将达到热平衡状态。不再有能量形式的变化，不再有多种多样的生命形式，宇宙在热平衡中达到寂静和死亡。

这确实是一种悲观的令人绝望的看法，但现在还没有证据说热力学第二定律不能适用于整个宇宙。新的科学理论正在试图消除宇宙热寂说。[1]

---

[1] 现代宇宙学家认为，宇宙的整体膨胀有可能消解宇宙热寂说。宇宙的膨胀会破坏温度均衡过程。可以证明，即使热力学系统一开始就处在热平衡状态，由于整体的膨胀作用，也会出现温度差。

热力学第二定律的历史性突破在于，它突出了物理世界的演化性、方向性和不可逆性，给出了与牛顿宇宙机器图景完全不同的世界演化图景。虽然这个演化是向下的、越来越糟的演化，它与进化论所揭示的生命世界里向上的、越来越高级的演化形成对照，但它们共同发展了"演化"概念，深化了人类对宇宙的认识。"发展"和"演化"的概念越来越成为新自然观的主题。难怪英国著名作家斯诺会说，不了解热力学第二定律与不懂得莎士比亚同样糟糕。[1]

斯诺

---

[1] 英国作家斯诺在他的著名讲演"两种文化与科学革命"中说："有许多次我参加一些人的集会，他们对科学家的无知用一种幸灾乐祸的态度表示难以置信。有一两次我恼火了，询问他们中间有几个人能说明一下热力学第二定律，反应是冷漠的，也同样回答不出。同时我也曾向科学家问过相等的问题：你读过莎士比亚的作品吗？"见 C. P. 斯诺：《两种文化》，纪树立译，生活·读书·新知三联书店，1994 年版，第 14 页。

第二十九章
物理和化学中的原子论的兴起

　　19世纪，物质的原子结构学说获得了广泛的认同。在此基础上，物理学发展出了对热力学的分子运动论解释。化学原子论则引入了定量分析的方法，使无机化学走向系统化。

查理

盖－吕萨克

1. 气体定律与气体模型

　　人们虽然不知道气体的微观构成，但关于气体宏观性质的研究却已持续了几个世纪。17世纪，英国物理学家波义耳曾经发现了气体的压强与体积成反比的波义耳定律。18世纪，人们开始进一步研究气体体积与温度之间的相互关系。法国物理学家阿蒙顿和查理均先后发现，一定质量的气体在一定压强之下，其体积的增加与温度的升高成正比。1800年左右，法国另一位化学家盖－吕萨克以多种气体做实验，最终确立了这一关系，后世称之为盖－吕萨克定律。

　　应该如何解释这些从实验中总结出来的经验定律呢？气体的弹性早就引起了人们的格外注意，波义耳曾经提出两种微粒模型来解释这种弹性。第一种模型认为气体粒子相互挤在一起，但它们每一个都具有弹性，就像羊毛团放在一堆一样。第二种模型认为气体粒子并不改变自己的大小，也不紧紧挨着，但都处于剧烈的运动之中。牛顿曾经比较倾向于第一种观点。他设想气体粒子内部受某种与距离成平方反比的斥力作用，表现得富有弹性，这样就可以很好地解释波义耳定律。

1738 年，瑞士数学家、物理学家丹尼尔·伯努利给了上述第二种模型一个更精确的说明。他认为，组成气体的微粒极其微小，以至数目无比巨大。它们以极高的速度彼此冲撞，做完全弹性碰撞。容器壁所受到的气体压强，可以看成是大量气体微粒冲撞的结果。伯努利就这样首次提出了气体压强的碰撞理论，并且从这个理论推出了波义耳定律。

伯努利的理论当时没有引起足够的注意，以致伟大的思想延误了一个世纪之久。原因之一可能是，该理论所引为前提的热之唯动说在当时没有市场。到了 19 世纪，情况发生了改变。由于能量守恒定律的建立，热之唯动说受到了人们的重视和认同，伯努利的理论终于被再一次提出。

2. 分子运动论：克劳修斯、麦克斯韦、玻耳兹曼

1820 年，英国一位铁道杂志的编辑赫拉派斯独立地提出了伯努利曾经提出过的气体理论。他不仅认为气体压强是气体粒子碰撞的结果，而且明确提出气体温度取决于分子速度的思想。1848 年，焦耳在赫拉派斯工作的基础上，测量了许多气体的分子速度。在他的推动下，分子运动论引起了越来越多人的重视。

1856 年，德国物理学家克里尼希发表《气体理论概要》，对气体分子运动论的发展起了重要的推动作用。热力学第二定律的重要阐述者克劳修斯读到这篇文章后，于次年推出了自己的论文《论我们称之为热的那种运动》。文中创造性地引入了统计概念，将宏观的热现象与大量微观粒子运动的统计效应相联系。1858 年，他又发表《关于气体分子的平均自由程》，将气体分子运动论提高到了定量研究的水平。克劳修斯认为，由于分子很小，单独一次碰撞不可能被我们察觉，但由于分子数非常之多，碰撞次数也非常之多，其总体效应就不是一次次的撞击，而是一种比较稳定的作用力，即我们称之为压力的力。他假定，分子之间全都做完全弹性碰撞，并且分子的动能对应于气体的温度。按照这个假定，如果气体的密度增加，碰撞的次数就要增加，压强因而也要增大，这就导出了波义耳定律；如果温度升高，则分子

玻耳兹曼

的动能增大，压强也要增大，这解释了盖－吕萨克定律。

在克劳修斯工作的基础上，19世纪伟大的物理学家、电磁理论的集大成者麦克斯韦继续将概率统计的方法引入分子运动理论中。1859年，他发表《气体分子运动论的阐明》一文，修正了克劳修斯关于给定气体中所有分子的速度均相等的概念，用平均动能作为温度的标志。

气体分子运动论的一个有意义的结果是给热力学第二定律一个微观的解释。这个工作，最先出自奥地利物理学家玻耳兹曼。第二定律提出后，引起了物理学界的极大兴趣。新兴的分子运动论面临的一个大问题就是如何解释这个定律。但是，完成这个任务存在一个根本的困难：微观分子的运动遵从牛顿运动定律，是一种可逆过程，而热力学第二定律所描述的宏观物理过程是不可逆的，这两者之间存在矛盾。玻耳兹曼表明，所谓热力学系统的"熵"，其实是分子排列的混乱程度。当大量数目的分子进行排列时，几乎所有可能的排列都是混乱的，但也不完全排除有序的排列，例如，所有的分子全部跑到容器的一边，而让另一边完全空着，但是这种排列的可能性微乎其微。最大的可能性是越来越混乱。因此，从分子运动论的角度看，热力学第二定律并不是绝对不可能违反，只是违反的可能性极小。

麦克斯韦提出一个假想实验，以表明热力学第二定律是可能被违反的。实验是这样设计的：把一个容器分成两部分，一部分充入高温气体，一部分充入低温气体，中间用一个薄膜隔开。如果在薄膜上开一个小洞，按照热力学第二定律，高温部分的热量必流向低温部分，最终在两者之间达成热平衡。但麦克斯韦设想有一个小精灵守在这个小洞旁边，当它发现高温部分的低速分子过来时，打开隔膜放行，当低

玻耳兹曼墓地位于维也纳郊外。吴国盛摄

彭加勒

温部分的高速分子过来时，也放行，其他时间将洞口封上。这样一来，高温部分温度就会越来越高，低温部分温度反而越来越低，热力学第二定律就被打破了。后人称这个小精灵为"麦克斯韦妖"。当然，这个破坏熵增定律的理想实验是不可能成功的。麦克斯韦妖为了判断分子的速度大小以及打开和关闭洞口，都要消耗能量。为了实现热量由低温向高温逆流，环境可能要付出更大的熵代价。

1889 年，法国著名数学 - 物理学家彭加勒证明了，服从牛顿运动定律的任何力学体系，最终都将回到其起始状态，只要它的总能量保持不变。这一结论又引起了问题，微观物理过程究竟是不是可逆过程。如果微观过程真的遵循牛顿定律，那么按照彭加勒的证明，它最终是可逆的。如果真是这样，热力学第二定律就只是个短暂的现象，在大的时间尺度上，并不存在宇宙热寂问题。不过，这个问题到现在还没有完全解决。

分子运动论假定分子作为物质实体是存在的，但整个 19 世纪没有人见到过分子。1827 年，英国植物学家布朗在显微镜下发现花粉颗粒有着迅速而无规则的运动。这本来可以作为分子存在的一个证据，但未引起人们的注意。结果在 19 世纪末，虽然分子运动论有了这样大的发展，居然还有许多大科学家不相信分子、原子这些物质微粒的存在。争论直到 20 世纪初才由实验解决。

布朗

3. 道尔顿的原子论

19 世纪化学的最重要的成就是道尔顿原子论的提出和确立。道尔顿生于英国坎伯兰，是一位纺织工人的儿子。由于家境贫穷，他只上了两年学就退学了。为了养家糊口，12 岁的道尔顿就开始在教会学校教书，教会学校停办后又在一所中学教书。

道尔顿

少年时代的教学生涯使他对科学研究产生了兴趣。他早期
主要关注气象学，而且把对气象学的爱好保持了终生。即
使在他成为一个著名的化学家之后，他仍然保持着记气象
日记的习惯。据说他一生记了约20万次气象记录。道尔
顿不是那种天资卓著的人，但他勤奋、刻苦、百折不挠，
终于以原子论学说为现代化学奠基。

　　拉瓦锡已经给出了科学的元素概念，即通过化学反应
所能分析出来的最基本的物质成分，也给出了化学反应方
程式。后来的化学家在此基础上进一步发展了定量的化学
分析，得出了化合过程的定比定律：一种化合物中构成元
素的重量之比一定是整数之比。例如，含两种元素的化合
物，它们的比例可能是3比2，但不可能是小数比。可是，这些经验定律缺乏更深
层的理论基础。

　　1803年，道尔顿将希腊思辨的原子论改造成了定量的化学原子论。他提出了下
述命题：第一，化学元素是由非常微小的、不可再分的物质粒子即原子组成；第二，
原子是不可改变的；第三，化合物由分子组成，而分子是由几种原子化合而成，是
化合物的最小粒子；第四，同一元素的所有
原子均相同，不同元素的原子不同，主要表
现为重量的不同；第五，只有以整数比例的
元素的原子相结合时，才会发生化合；第六，
在化学反应中，原子仅仅是重新排列，而不
会创生或消失。这种新的原子论很好地解释
了定比定律。1808年，道尔顿出版《化学哲
学的新体系》，系统地阐述了他的化学原子论。

　　早在1801年，道尔顿就在气体研究中发
现了所谓分压定律。定律说，在同样的温度下，
混合气体所产生的压强等于各气体在单独占
有整个混合气体体积时所产生的压强之和。
有的科学史家认为，道尔顿提出原子论也是

道尔顿使用过的仪器设备，现藏于曼
彻斯特科学与工业博物馆。吴国盛摄

为了解释他自己发现的这个分压定律。

道尔顿的原子论提出之后，由于其高度的形象化和解释力，很快被化学家们接受。尽管道尔顿因此获得了很高的荣誉，但这位自学出身的科学家同法拉第一样极为谦逊，乐意接受来自各方面的批评。据说他是个色盲，他本人还据此写了一篇有关色盲的论文。由于他是第一个描述这一生理现象的人，现在人们有时还将色盲叫作道尔顿现象。1832年，牛津大学授予他博士学位时，国王打算隆重地召见他。可是，穿衣服时出了些问题。当时的博士礼服是红色的，而他虔诚信仰的教派禁止穿红色衣服。所幸的是他是个色盲，根本认不出红色，结果他穿着他自己看来是灰色的礼服去觐见了国王。

4. 原子量的测定

道尔顿创立原子论的一个主要目标即确定单质和化合物中原子的相对重量，但是，他没有考虑到元素化合时定比的多样性，所以没能测得准确的原子量。例如，他（以氢的原子量为1作为标准）根据水是由8份氧气和1份氢气化合而成，得出氧的原子量是8。实际上，他自己后来也发现，氧和氢化合成水有许多种定比方式，正确的化合方式是两个氢原子与一个氧原子相化合，这样氧的原子量应是16。

1808年，盖-吕萨克发现了气体化合前后体积有十分简单的比例关系，世称盖-吕萨克气体化合体积定律。如果化合反应后所产生的化合物在实验室温度下仍然是一种气体，那么化合物的体积与参与化合的元素体积有一种简单的关系。例如，2个体积的氢气加1个体积的氧气化合成2个体积的水蒸气，1个体积的氮气加3个体积的氢气生成2个体积的氨气，等等。这使他猜想，相同体积中的不同气体所含原子数目可能都相同。他原以为这是对道尔顿原子论的支持，没想到道尔顿坚决反对这一设想。在道尔顿看来，不同元素的原子大小并不相同，同体积的不同气体的原子数不可能相等。

阿伏伽德罗

为了解决这两人之间的矛盾，意大利物理学家阿伏伽德罗于1811年提出分子概念，从而修正了盖-吕萨克的

柏采留斯

坎尼查罗

定律：所有相等体积的气体，无论是元素还是化合物，或者混合物，都有相等的分子数。他对道尔顿的解释是，气体元素的最小粒子不一定是单原子，很可能是由多个原子结合成的单一分子。这样就调解了道尔顿与盖－吕萨克之间的争端：同等体积里的气体原子虽然不一样多，但分子数目是一样的。

　　但是，阿伏伽德罗的修正长期没有得到化学界的重视。一个原因是他的叙述有些含糊不清，另一个原因是其与瑞典化学家柏采留斯的电化二元论相矛盾。柏采留斯认为，化合物中不同元素的原子带相反电荷，它们靠静电吸引力相互吸引，因此相同的原子不可能结合成分子。此后近半个世纪，化学家们虽然继续测定原子量，但彼此标准不一，测得的相对原子量也不一样。1860年9月，在德国卡尔斯鲁厄举行了有各国化学家参加的国际化学会议。这是化学史上一次极重要的会议。与会代表就原子量问题展开了热烈的讨论，但彼此意见分歧很大，未取得一致。会议快结束时，意大利化学家坎尼查罗散发了他于1858年发表的论文，呼吁重新重视阿伏伽德罗定律。他强调说，只有接受这个定律，化学式问题和原子量问题才能真正解决。坎尼查罗的论文产生了决定性的影响，他的观点得到了人们的一致赞同，原子－分子论才算最后确立了。

　　在这期间，柏采留斯从大量化学反应实验中，经验地测定了许多元素的相对原子量。其他化学家亦从化学实验中发现了不少新元素。原子－分子论确立之后，原子量的测定工作走上了正轨。

5. 元素周期律的发现：门捷列夫

大量元素的发现以及原子量的精确测定，使人们开始探讨元素性质与原子量的变化关系。很早以来，化学家就知道了某一类元素具有相似的化学性质，将这些元素按原子量大小排成一列，则可以发现列中每一元素的原子量大致等于前后元素原子量的平均值。有关这类数值关系的探讨十分活跃，形成了发现元素周期律的先声。最终提出元素周期律的是俄国化学家门捷列夫。

门捷列夫 1897 年的照片

　　门捷列夫生于西伯利亚，是一大家兄弟姐妹中最小的一个。父亲是当地一所中学的校长，在门捷列夫很小的时候，就因双目失明而退休。沉重的家庭负担落在了母亲的肩上。这个刚毅的女人开了一家玻璃厂维持一家的生计，勉强带大了所有的孩子。1848 年，门捷列夫的父亲去世了，母亲的工厂也因失火倒闭。他本人刚刚高中毕业，随母亲来到了莫斯科，想上大学，可是没有一所大学愿意对他敞开大门。1850 年，母亲又带着他到圣彼得堡，在朋友们的帮助下，他终于进入圣彼得堡师范学院。在安排妥当小儿子的前途之后，这位伟大的母亲就去世了。门捷列夫后来将自己的著作献给母亲时说：“她通过示范进行教育，用爱来纠正错误，她为了使儿子能献身于科学，远离西伯利亚陪伴着他，花掉了最后的钱财，耗尽了最后的精力。”[1]门捷列夫没有辜负母亲的厚望，他在大学里刻苦学习，以第一名的成绩完成了学业，并赴法国和德国深造。他参加了 1860 年那次著名的卡尔斯鲁厄化学大会，坎尼查罗的论文给他留下了深刻的印象。次年，门捷列夫回国，在圣彼得堡工艺学院任教，1865 年被圣彼得堡大学聘为化学教授。

　　1869 年，门捷列夫发表了他关于元素周期性质的研究，提出了元素性质与元素的原子量之间存在周期性变化规律，并给出了第一张元素周期表。在俄罗斯化学协会的例会上，门捷列夫请人宣读了他的论文《元素性质与原子量的关系》（他本人因病未能出席）。文中提出了元素周期律的两大基本要点：第一，元素按照原子量的大小排列后，呈现出明显的周期性；第二，原子量的大小决定元素的特征。门捷列夫运用了前人创造的原子价的概念对元素进行分类。所谓原子价就是该原子与其他原子结合的能力。原子价为 1 的原子可以与一个其他原子结合，原子价为 2 的原

---

[1] 帕廷顿：《化学简史》，胡作玄译，商务印书馆，1979 年版，第 357 页。

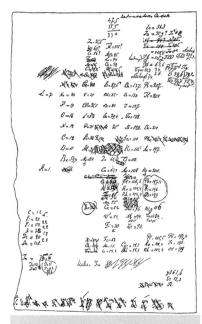

门捷列夫 1869 年手书的元素周期表

子可以与两个其他原子结合等。门捷列夫发现，按原子量大小排下去，原子价的大小会出现周期性。这样，他将相同原子价的元素排在同一竖栏，形成了周期表。

门捷列夫在发表周期表的同时，将它们的副本寄给了欧洲各国的同行，使他们及时地了解他的工作。其实，与门捷列夫同时，德国化学家迈耶尔也于 1869 年给出了他所得到的元素周期表。虽然开列的元素数目少一些，但揭示的规律性基本与门捷列夫相同。不过，门捷列夫除了将当时已知的 63 种元素全部列入表中外，还留下了一些空位。这些空位标有原子量，但没有名称，因为当时还没有发现这些元素。空位表现了门捷列夫周期表的预测性。

第一张周期表公布之后，门捷列夫继续深入研究，运用新发现的周期律反过来修正了不少元素的原子量。因为既然原子量决定了元素的化学性质，那么从其化学性质以及它在周期表中的相关位置，可以推测出它的实际原子量。1871 年，门捷列夫发表了修正后的第二张元素周期表。

像所有新生事物一样，门捷列夫周期表一开始也遭遇了怀疑和嘲笑。但是，没过几年，化学家相继发现了门捷列夫在周期表的空位中所预言的那些元素，人们终于认识到元素周期表的巨大意义。

门捷列夫一下子成了国际知名的大化学家、俄国人心目中的科学英雄，可是他并没有得意扬扬，依然保持着昔日平易近人和谦虚谨慎的作风。他也没有与迈耶尔发生过优先权之争，虽然他的工作在后发表在先。他们两人后来很友好地见过面。门捷列夫高度称赞迈耶尔的成就。门氏还是一位进步的科学家，曾公开抗议沙皇迫害学生的行为。据说，正是因为这次抗议，他没有被选上俄罗斯帝国科学院的院士。1906 年，他以一票之差未能获得诺贝尔化学奖，但他不朽的科学业绩已永远载入了科学史册。

6. 有机化学的诞生：维勒、李比希

19世纪化学的另一个重大发展是有机化学的创立与发展。它与18世纪产业革命以来化学工业的迅速发展直接相关。有机物的分析、合成和提纯问题，摆在了化学家的面前。化学原子论的确立使无机化学奠定在坚实的理论基础之上，也为有机化学提供了示范。

早在18世纪，瑞典化学家舍勒即发明了提取有机酸的方法，使人们获得了更多纯粹的有机化合物。大化学家拉瓦锡也将他的氧化学说用于有机分析中，对有机物进行了初步的元素分析，并得出了所有有机物均含有碳和氢的结论。拉瓦锡还提出，有机物与无机物没有什么本质上的不同，它们大多是氧与一个基团相化合的结果。瑞典著名化学家柏采留斯在拉瓦锡的基础上进一步提出，有机物实际上是某种复合基与氧化合形成的。复合基是本身不含氧的原子团，有相对稳定性，可以在与其他元素结合时保持不变。

但是，有机化学尚处在概念不清阶段，人们连什么是有机物都说不清楚。大多数人所谓的有机物实际上专指动植物组织。由于18世纪末生物学界正流行着活力论，关于有机物的研究总带有某种神秘色彩。柏采留斯接受了活力论，并对之进行了系统表述。他认为，化学物质分为两类，视其是否来源于有生命的组织而分为无机物和有机物。由于有机物中含有生命力，无机化学的一些定律并不都适合有机化学。

德国化学家维勒最先跨越了有机物与无机物之间的天然鸿沟。1823年，他从动物尿和人尿中分离出尿素，并研究了它的化学性质。这项成果使他获得了海德堡大学的博士学位。随后，他在柏采留斯的实验室里做了一年研究工作。次年，回到故乡法兰克福，继续从事他感兴趣的氰化物的研究。有一次，他用氰气和氨水发生反应，得到了两种生成物。其中一种是草酸，另一种是某种白色晶体，但他发现该晶体并不是预料中的氰酸铵。进一步分析表明，它竟然是尿素，这使他大吃一惊。因为按照当时流行的活力论的看法，尿素这种有机物含有某种生命力，是不可能在实验室里人工合成出来的。维勒进一步研究，发现可以

维勒

用多种方法合成尿素，这样在 1828 年，他很有把握地发表了《论尿素的人工合成》一文，公布了他的重大成果。

柏采留斯先是不相信维勒的工作，后来承认了，但又认为尿素并不是真正的生命组织。无论如何，维勒的工作大大鼓舞了化学家们。他们开始在实验室里用无机物合成有机物，使人们对有机物的化学性质了解得越来越多。有机化学作为一门实验科学开始形成了。

李比希

被称为有机化学之父的是德国化学家李比希。他早年留学法国，在盖－吕萨克的实验室里工作。1823 年，他与维勒各自分离了一种氰酸。盖－吕萨克认为两种氰酸的分子式实际上是相同的。柏采留斯先是不信，后来自己做了研究，证实了这两种不同化合物具有相同分子式的现象，并把它们称作同分异构体。这一概念表明，相同原子的不同排列将导致不同的化学性质。在这一思想的引导下，后来发展出了结构化学。

李比希回国后，与维勒一起合作从事有机化学的研究，使德国在这个领域遥遥领先。他热情而有号召力，周围聚集了一群青年学者。他自 1824 年开始任教的吉森大学成了德国化学的研究中心。李比希在那里开辟了一个供学生使用的化学实验室，深受欢迎。世界各地的化学青年，均投奔德国一个名叫吉森的小城市。那里在很长时期内也成了世界化学的中心。

李比希本人在有机化学领域最重要的贡献是发展了有机化学的定量分析方法。他将有机物与氧化铜一起燃烧，然后精确测定生成物中各种元素的含量，从而推知有机物的元素结构。运用这种方法，他确定了不少有机物的化学式。李比希的定量分析方法大大推进了有机化学的发展。

在李比希的领导下，德国化学在 19 世纪中期取得了举世瞩目的成就，同时也带动了德国化学工业的发展。19 世纪下半叶，德国能以其化学工业雄踞欧洲列强之首，李比希功不可没。他是第一个尝试用化学肥料代替天然肥料的人，虽然当时不太成功，但不久就被证明是极为有效的。化肥的使用实际上掀起了一场农业革命，李比希正是这场革命的点火者。

第三十章
19 世纪的天文学

随着 19 世纪光学由几何光学向物理光学的发展，以光学仪器为主要观测工具的天文学也由方位天文学进入了天体物理学。天体物理学的诞生标志着人类对宇宙的认识又跨入了一个新阶段，使人类对宇宙天体的认识有了质的飞跃。海王星的发现以及恒星视差的发现，也是观测天文学中激动人心的事件。

1. 恒星周年视差的发现

哥白尼体系提出以来至关重要的一个观测预言，恒星的周年视差，经过两个多世纪的努力，终于在 19 世纪上半叶被发现。18 世纪英国天文学家布拉德雷没能发现周年视差，却意外地发现了光行差。他所达到的精度相当于在 10 公里远处看一根米尺，但这个精度对周年视差来说还是不够的。

1834 年，德裔俄国天文学家斯特鲁维将新制的天文望远镜对准了北天最亮的星织女星（天琴座阿尔法星），试图观测到它的周年视差。经过 3 年的周密观测，他终于发现织女星有 0.25 角秒的周年视差。大体同时，德国天文学家白塞尔发现，天鹅座 61 号星有 0.35 角秒的视差，英国的亨德森则观测到半人马座阿尔法星有 0.91 角秒的视差。这第一批视差的测定属白塞尔的最为准确，织女星

斯特鲁维

白塞尔

亨德森

和半人马座阿尔法星的准确视差值应为 0.13 和 0.76。虽然有这样大的误差，但其成就依然是巨大的。观察 0.25 角秒的视差，就像看 20 公里之外的一枚硬币。这样小的尺度，难怪天文学家几个世纪都没有发现。

恒星周年视差的发现不仅彻底证明了地球的运动以及哥白尼的日心地动学说，还测定了恒星与地球的距离。半人马座阿尔法星的视差最大，因而是离地球最近的一颗恒星，被人们称为比邻星。它与地球的距离是日地距离的 272000 倍。如果把空间统统缩小，使地球与太阳的距离变成 1 米，那么太阳将成为一粒直径为 1 厘米的小玻璃球，几大行星均成了肉眼几乎看不见的微粒。冥王星在 40 米远处绕太阳运行，而比邻星却在 270 千米以外的地方。这幅缩小了的图景，使我们意识到在浩渺的宇宙空间之中，太阳系是何等的微不足道。

2. 海王星的发现

赫舍尔偶然发现天王星（1781）之后，天文学家根据天体力学给它编制了运行表。一开始，天王星的实际运动与运行表很符合，但到了 19 世纪 20 年代以后，其间的误差开始显现出来。而到了 1830 年，误差就更大了。想用力学规律预测它未来的位置总是不成功。

天王星的反常运行引起了天文学界的注意。有人怀疑万有引力定律可能并不普遍适用，牛顿定律对于那些远离地球的天体也许并不可靠。另一些人则提出，并非万有引力定律不适用，而是在天王星之外可能还有一颗未知的行星，正是由于它的摄动作用，天王星才偏离正常的轨道。在持后一种意见的天文学家中，最著名的有德国数学家和天文学家白塞尔。他曾因测量恒星的周年视差而誉满世界，他的看法因而也被认为有着重要的权威性。

白塞尔的看法虽然有道理，但如何才能找到那颗预想中的行星呢？星海茫茫，用望远镜满天搜寻无异于大海捞针（这也是赫舍尔只是"偶然"发现天王星的原因）。

只有一个办法，那就是运用天体力学将造成天王星摄动的新行星"计算"出来。

如果已知一个天体，求它对另一个天体的摄动是很容易的，但反过来就不太容易了。由于该天体的一切均为未知数，不可能通过一次性计算加以确定。可能的办法是先假想一些条件，在这样的条件下计算它对天王星的摄动，再将计算结果与天王星的实际运行表对照。如果不符合再修改条件，再计算、核对、修改，直至计算结果与实际运行吻合为止。这个笨办法的计算量十分巨大，加上人们对是否真有这么一颗新行星没有把握，所以，搜寻新行星的工作并没有大张旗鼓地进行。

亚当斯约 1870 年的照片

最先从事这一工作的是英国的青年天文学家亚当斯。这位贫苦农民的儿子，靠奖学金在剑桥大学攻读数学直至 1843 年毕业。在学生时代，他就开始研究天王星的运行问题。他沿着白塞尔的思路，在课余时间进行了大量计算，并在大学毕业那一年得出一个计算结果。大学毕业后，他接着当剑桥的研究生，继续改进他的计算结果，于 1845 年得出了新行星轨道的一个令人满意的计算结果。这一年他才 26 岁。

艾里

1845 年 9 月，亚当斯与剑桥天文台的台长詹姆斯·查理士联系进行观测，查理士没有马上回复。10 月 21 日，亚当斯直接去格林尼治找皇家天文学家艾里，希望他能帮助确认这颗新行星，但艾里不在家，于是亚当斯留下了自己的计算结论，但没有详细的计算过程。艾里回信给亚当斯，询问一些细节，但亚当斯不知为何没有答复。

就在亚当斯计算新行星轨道的同时，法国天文学家勒维烈也在进行同样的工作。勒维烈出身也很贫寒，为了到巴黎念书，他父亲甚至卖掉了一间房子。在巴黎，勒维烈考上了综合技术学校。大学毕

勒维烈

业后，他先是在盖－吕萨克的实验里当实验员，1836年又回到母校当天文教师，因为他逐渐发现自己的特长其实在天文学方面。他继承了法国的天体力学传统，将数学分析运用于太阳系行星运动的研究之中。他重新研究了太阳系的稳定性问题，并且由于这一研究而结识了法国著名的科学家阿拉果。

阿拉果当时是巴黎天文台的台长。天王星的反常运行问题也引起了阿拉果和勒维烈的注意。1845年10月21日，勒维烈向巴黎科学院提交了一个备忘录，说明天王星的轨道异常，现有理论无法解释，需要考虑另一个行星的摄动。

1846年7月29日，艾里读到了勒维烈的这个备忘录，猛然想起亚当斯交给他的手稿，意识到这件事情可能关乎英法两国的荣誉竞争，于是立即展开观测，但是没有发现天王星背后的摄动者。事实上后来知道，8月8日和12日，剑桥的查理士两次看到了海王星，但是由于他没有该天区完备的星图，没有办法证认出来。

1846年8月31日，勒维烈完成了对新行星轨道和大小的计算，写出了《论使天王星运行失常的行星，它的质量、轨道和现在位置的决定》的论文提交给巴黎科学院。由于巴黎没有那一天区的详细星图，他又于当年9月18日将论文寄给了柏林天文台的天文学家加勒。勒维烈还附上了一封信，信中说："把您的望远镜指向宝瓶星座，黄道上黄经为326°处，在这个位置1°的范围内定能找到新的行星。这是一颗9等星，它具有明显的圆面。"[1]

加勒

9月23日，加勒收到了勒维烈的论文和信。当天晚上，他就将望远镜对准了勒维烈所说的天区。他仔细地记下了他所观察到的每一颗星，然后将新记录的诸星与不久前刚得到的一张详细的星图进行比较，果然发现在勒维烈所说的位置以外52角秒的地方有一颗星是星图上没有的。

[1] 席泽宗主编的《世界著名科学家传记·天文学家I》，科学出版社，1990年版，第211页。

为可靠起见，第二天晚上他又进行了仔细的观察，发现这颗星果然移动了 70 角秒，正与勒维烈所预言的每天移动 69 角秒相符合。又一颗行星被发现了！

柏林天文台沉浸在巨大的欢乐之中。9 月 25 日，加勒给勒维烈回信说："在您所指出的位置上确实存在着一颗行星。在我收到您的来信当天，我就发现了这颗星等是 8 等的星……第二天的观测证实它就是那颗所要寻找的行星。"[1]勒维烈接到信后欣喜若狂。真令人不可想象，柏林的望远镜真的看到了巴黎数学家笔下计算出来的天体。

这一次的发现比上一次天王星的发现更富有戏剧性，更加激动人心。它不是观测天文学家偶然发现的，而是数学家"笔尖上的发现"，因而引起了更大的轰动。消息传到英国，艾里和查理士的沮丧是可以想象的。艾里马上发表了亚当斯一年前交给他的这份论文手稿的部分结果，强调亚当斯在发现海王星上的优先权。阿拉果则坚决提议将新行星命名为"勒维烈星"，以强调勒维烈的发现优先权。勒维烈本人很低调，主张沿袭用神的名字命名行星的做法，用海洋之神耐普顿（Neptune）命名。这一更少民族主义特色的主张马上得到了广泛的认同，中文译为海王星。

英法两国就海王星的发现权打得不可开交。由于勒维烈的低调和默认，优先权之争慢慢平息。一个半世纪以来，学术界一直持有亚当斯和勒维烈共同独立发现海王星的看法。但是 1998 年，科学史家有机会重新审查格林尼治天文台保存的那份亚当斯的手稿原件，发现亚当斯的计算误差太大，达到 10°（勒维烈只差不到 1°），难怪艾里和查理士都没能观测到。这个历史发现表明，亚当斯似乎不能与勒维烈共同分享发现海王星的荣誉。近几年，人们进一步发现，就在当时，亚当斯本人已经公开承认了勒维烈的发现优先权，并且明确表示没有观测到海王星是他自己的错，不怪艾里和查理士。他在 1846 年 11 月提交给皇家天文学会的《论天王星的摄动》的文章中说："我提起这些日期只是为了表明我的结果是独立地得到的，并且在勒维烈先生的公开发表之前，而不是为了干扰他那公正的发现荣誉，因为毫无疑问，他的研究最先公之于众并且导致了加勒博士的实际发现，因此以上事实陈述哪怕在最低的程度上，也不可能毁损属于勒维烈先生的荣誉。"[2]

---

[1] 席泽宗主编的《世界著名科学家传记·天文学家 I》，科学出版社，1990 年版，第 211 页。
[2] 引自 http://en.wikipedia.org/wiki/John_Couch_Adams。

　　1859 年，勒维烈首次指出水星的近日点有进动现象。这颗离太阳最近的行星的近日点（轨道上离太阳最近的一点）由于其他行星的摄动会产生移动，但是其移动量比根据牛顿理论计算出来的多出 40 角秒。成功发现海王星的经验让勒维烈相信，水星近日点进动的反常也是因为尚有一颗离太阳更近的行星未被发现，他将之命名为"火神星"。运用摄动理论，勒维烈算出了"火神星"的轨道与大小，但是天文学家始终没有观察到这颗假想的行星。今天我们知道，水星近日点进动问题在牛顿的框架里确实无法解决，只有爱因斯坦的广义相对论才能给以解释。

3. 光谱分析与天体物理学的诞生

孔德

　　恒星是那样的遥远，离我们最近的比邻星也有 4.22 光年，以光的速度跑也要跑 4 年多。人类实际上无法亲临这样遥远的天体。如果不能实地考察，我们如何能知道它的物质构成和演化规律呢？确实无法想象！就连那些优秀的头脑有时候也感叹，我们恐怕永远也不会知道恒星世界的真实情况。1825 年，法国著名的哲学家孔德在其《实证哲学讲义》中就这样写道："恒星的化学组成是人类永远也不可能知道的。"[1]

　　然而，人类对未知世界的洞察能力是人类自己都无法想象的。在孔德的断言之后不到半个世纪，在物理光学基础之上新兴的天体物理学就能够告诉我们恒星的化学组成以及更多的东西。天体物理学的产生依赖于以下三种光学方法的使用：分光学、光度学和照相术。

　　第二十七章讲到，德国物理学家夫琅和费最先在太阳光谱中发现了许多暗线，而且在行星光谱中也发现了类似的谱线排列。他还研究了恒星光谱，发现有些恒星谱线与太阳光谱不同，有些则相同。这些现象意味着什么，他当时还不太明白。但

[1] Michael Hoskin, *The Cambridge Concise History of Astronomy*, Cambridge University Press, 1999, pp.226–227.

他将太阳光线与恒星光线在棱镜里折射，发现两类光线中相同颜色的光折射率完全一样，这就证明了阳光与星光是同一类物质。

直到 1859 年，德国物理学家基尔霍夫与德国化学家本生合作研究火焰光谱，发现了分光学的两条基本定律，这才理解了太阳光谱中暗线的含义。分光学的两条基本定律被称作基尔霍夫定律：第一，每一种化学元素在燃烧时都发出一条明亮的特征谱线；第二，它也能够吸收它所属的特征谱线。按照这两个定律，太阳光谱中的暗线原来是太阳本身所发的连续光谱被太阳大气吸收的结果。每一条暗线其实都对应太阳大气中的一个特定的化学元素。这样，通过太阳光谱就

基尔霍夫（左）与本生合影

可以确定太阳中有哪些地球上常见的元素。推而广之，用分光（将单一的光线用棱镜或光栅展开成光谱）的方法也可以发现恒星上有哪些化学元素。

光度学起源于确定恒星的亮度。希腊时代，希帕克斯曾将整个星空中人眼所能见到的星按感觉到的亮度分成六等。这样的亮度当然只是视亮度，因为恒星有远有近，有些恒星本来可能非常亮，但由于距离太远，因而看起来很暗。按感觉亮度分的星等只是视星等，而且感觉总是带有主观随意性。要想客观地标定恒星的亮度，就要对它本身的亮度做物理计算。这导致了光度学的发展。

费希纳

德国生理学家费希纳曾提出人类感觉的一个定律，即人类感受某种刺激之最小变化的能力与该刺激的强度有恒定关系。比如，一个人可以区分 9 斤与 10 斤重的物体，但这不意味着他可以区分 99 斤与 100 斤，他实际上只能区分 90 斤与 100 斤。也就是说，他的区分能力是总重量的 10%。这个定律也可以表述成：感觉度与刺激度的对数成正比。这种正比关系虽然只在某种范围之内有效，但毕竟是将生理感觉还原成物理刺激的一种方法。费希纳将之运用到恒星光

度学中，得出了视星等与视亮度的关系：星等按算术级数增加时，星的光度按几何级数增加。他根据当时天文学家关于光度的测量，得出两星等之间光度相差 2.5 倍的结论。1857 年，英国天文学家波格森建立了光度星等的关系式。他指出，一等星的平均亮度等于六等星的平均亮度的 100 倍，因此每个星等差之间的光度比率等于 100 的开 5 次方即 2.512。

法国人达盖尔于 1839 年发明照相术后，阿拉果当即预言它将在天文学上引起巨大的革命。它不仅可以大大提高天文学家的观测速度，而且对天文光度学和分光学的发展起到无法替代的作用。阿拉果的预言不久就应验了。达盖尔的铜板银盐摄影方法虽然不太灵敏，但天文学家还是用它照下了几张太阳照片。1845 年法国物理学家菲索和傅科拍得的太阳照片上有几颗太阳黑子，1849 年美国天文学家邦德则拍下了织女星的图像。1851 年，斯科特－阿切尔发明了用柯格酊湿片作底片的照相术，灵敏度大大提高。使用这一先进的照相术后，更多的天象照片陆续出现。

分光学、光度学与照相术的综合运用，使考察恒星的温度分布、物质构成、物理结构和演化规律成为可能。基尔霍夫根据太阳光谱指出，金属在太阳大气中呈气体状态，说明那里温度非常之高。太阳发光光球发连续光谱，表明内部温度更高。太阳黑子只是其中温度较低的部分。对太阳的研究是天体物理学诞生以来的第一个成就。在此之前，人们根本不知道太阳是一个高温的发光球。著名的天文学家阿拉果甚至认为太阳上面可以住人。

对恒星的分光研究大大丰富了对恒星物理特征的了解。意大利天文学家塞奇于 1864 年至 1868 年间，对 4000 颗恒星的光谱进行了研究，发现它们除了在位置、亮度和颜色方面彼此不同外，其光谱构成也各不相同。这也就是说，它们在化学组成上并不完全相同。按照光谱特征，塞奇将恒星分成四类：白色星、黄色星、橙色和红色星、暗红色星。他相信，这四类恒星的表面温度是不同的。正像

邦德

塞奇

对生物物种的分类导致了对进化事实的发现一样，恒星的
分类不久也导致了对恒星演化问题的研究。

英国天文学家哈金斯将太阳光谱的证认工作推广到了
恒星领域。1863年，他发现在许多亮星里有属于钠、铁、
钙、镁、铋等元素的谱线，表明遥远的恒星的化学组成并
非与地球完全不同。此外，他还从光谱研究中得出了恒星
运行的速度。这是天体物理学发展早期的又一项重大成就。
这项成就主要基于多普勒效应理论。

1842年，奥地利物理学家多普勒发现了后来被称为
多普勒效应的声学现象：当声音源朝离开听者的方向运动
时，其声调听起来要比静止时低一些；相反，若声源朝听
者的方向接近时，其声调要高一些。而且，声源的运动速
度越快，其声调偏离的程度越大。一个常见的例子是，当
火车高速驶来时，我们会听到汽笛声越来越高，等火车驶
过后，汽笛声则越来越低。多普勒指出，光作为一种波动
也应有类似的现象：如果观察者与光源之间有相对运动，
那么光的频率会发生变化。如果是相互接近，则频率升高，
相互远离则频率降低。多普勒起初认为，星光应该表现出
颜色的变化，但星的运动速度与光速比起来太小了，以至
频率改变不可能大到改变颜色的地步。但是曾测定过光速
的法国著名物理学家菲索指出，通过将运动恒星的光谱线
与太阳这种不运动的光源光谱进行比较，可以显示出这些微小的频率改变。

哈金斯 1905 年的画像

多普勒

哈金斯正是利用谱线的微小位移得出了恒星在视方向（光线的方向）的运动速
度：如果光谱向红端移动（频率变小，波长变长），则说明恒星在离开我们；如果
光谱向紫端移动（频率变大，波长变短），则说明恒星在向我们奔来。1868年，他
发现天狼星光谱中的氢谱线出现了红移，由此求出了天狼星的视向速度为每秒29
英里。

通过光谱方法能够精确测定恒星的径向速度，因为它与恒星的距离无关。无论
多远的天体，只要能够获得它们的光谱，就可以知道它们的径向速度，而测量垂直

于径向的横向速度，只有那些距离非常近的天体才有可能。

照相术用于光谱分析之后，天文学家如虎添翼。大量的天文照片记下了来自宇宙深处的每一零星信息，望远镜视野里的每一细节都不再逃脱。人类进入了认识宇宙的新阶段。

第三十一章
进化论的创立

18世纪后期，生物物种进化的思想已经出现。拉马克建立了第一个用进废退、获得性状遗传的进化理论。但是，进化思想并未得到广泛的接受。地质学与生物学中反进化论的灾变说显赫一时。只是在达尔文发表《物种起源》一书之后，生物普遍进化的思想才成为学术界、思想界的公论。

1. 居维叶的灾变说

法国大革命后，皇家植物园改为国家自然博物馆，并增设了一系列教席，包括动物学教授两名，拉马克当了其中的无脊椎动物学教授，高等动物学教授由另一位生物学家圣提雷尔担任。由于圣提雷尔对古生物学比较陌生，他们推荐另一位青年生物学家来此工作，并专门为他增设了比较解剖学教授一席。这位青年就是居维叶，时年26岁。

圣提雷尔

居维叶早先是一位神童。他4岁能读书，14岁考入德国斯图加特大学学习生物学。法国大革命后回到法国，先是给一位贵族当家庭教师，业余时间从事海洋生物学研究。他关于海洋生物的分类研究给圣提雷尔留下了深刻的印象，1795年便被任命为国家自然博物馆比较解剖学教授。任职期间，他奠定了比较解剖学和古生物学的基础。

对物种之间比较解剖学的研究，是居维叶最为出众的工作。他创造了比较解剖学中的动物肢体的系统性原则和类比

居维叶

性原则。根据系统性原则，一个动物的各个器官之间有着密切的相互关系，由一个部分可以推断另一个部分。"牙齿的形状意味着颚的形状，肩胛骨的形状意味着爪的形状，正如一条曲线的方程式含有曲线的所有属性一样。"根据类比性原则，相似动物的各器官的结构和功能有类同之处。根据未知动物的局部结构，参照已知动物，可以推知未知动物的其他器官和功能。居维叶运用他创造的类比原则，可以由动物残存的骨骼神奇地推知其他的骨骼，从而复原整个动物体。例如，如果我们发现了一副动物的尖牙利齿，就可以知道这是一个食肉类动物。既然是食肉类动物，它的消化道必定与食草类动物的不一样；它必定有锋利的爪子以便捕抓猎物；为了嚼碎肉食，它必定有发达的咬肌；为了提供这样的咬肌就得有发达的颧骨弓，等等。他在这方面的能力使同时代人赞叹不已。有一个流传很广的故事，反映了居维叶对于动物体整体相关性的无比熟悉。有一次，他的一群学生恶作剧，深夜穿着牛头马面的魔鬼面具闯进了他的居室，怪叫着："居维叶，居维叶，我要吃你。"居维叶被惊醒后，瞧了一眼他们的打扮，便又闭上了眼睛，只说了一句："长角长蹄子的动物必定吃草，你怎么能吃我？"便又睡着了。

　　根据比较解剖学，居维叶提出了一套动物界的分类系统。他将所有动物分成四个门：脊椎动物门、软体动物门、节肢动物门和辐射动物门。他的分类是按照动物的内部结构进行的，因而比仅从外表特征进行分类更为合理和深刻，也更能指出动物之间的亲缘关系。

　　居维叶在比较解剖学上的卓越建树，使他有可能在古生物学领域大展其才。古生物学的所有证据都在化石里，而化石往往是残缺不全的。在这里，正需要居维叶的比较解剖学方法。1796年，他得到一副古象的化石。通过类比，他得出它本是一种长毛象的结论，并复制了长毛象的骨骼结构，指出它与印度象之间有亲密的亲缘关系。这种关系比印度象与非洲象之间的关系更为密切。此后，他辨认了150多种哺乳动物的化石。

居维叶的《化石研究》（1812年巴黎版），现藏于洛杉矶亨廷顿图书馆。吴国盛摄

　　大量化石的证认使得居维叶有可能对其进行分类。化石的分类工作是居维叶的首创。他发现，虽然古生物与现存生物并不完全类似，但依然可以按

他的四门分类系统分类。他还注意到，不同地层中的生物化石显现出明显的不同。地层越古老，化石越简单；地层越年轻，化石越复杂、越接近现存生物。这一事实本来可以使他走向进化论，但他是一位虔诚的宗教信徒、物种不变论的坚定信奉者。他提出了"灾变说"来解释这些现象。

居维叶认为，历史上地球表面曾出现过几次大洪水。每次洪水都将所有生物全部毁灭，其遗骸在相应地层中形成今日所见的化石。大洪水后，造物主再次创造新的生命。造物主的每次创造都有所不同，导致了地层中化石形态的不同。他推测，历史上共发生过四次大洪水，其中最近的一次就是圣经上所说的发生于五六千年前的诺亚洪水。这些灾变论思想记录在他于1825年出版的《地球表面的革命》一书中。

居维叶不仅是一位杰出的比较解剖学家和古生物学家，还是一位能言善辩的天才活动家和出色的组织者。在拿破仑时期，他出任教育部长。在波旁王朝复辟时期，他依然受到重用，被委任为内政部长。19世纪初期，居维叶的权势炙手可热，被称为"生物学界的独裁者"。他打击主张进化论的拉马克和圣提雷尔，在学界推行他的灾变说。但是，缓慢进化的思想潮流已如山间冰雪消融之春水，不可阻挡地汇入大江大河，汇入大海。

2. 赖尔的地质渐变说

18世纪末期，英国地质学家赫顿提出地球在地热作用下缓慢进化的火成论，然而，水成论和灾变说符合人们习以为常的圣经故事，因此拥有更广大的支持者。1807年，英国皇家地质学会成立时，13名会员中只有一名苏格兰会员是火成论者，其余全是水成论者。地质学家巴克兰的《洪水遗迹》一书，是当时水成论的代表作。

1829年，英国地质学家塞奇威克和默奇森在考察英国地质状况后，宣布水成论不能解释原生岩层的成因，相反，火成论却可以解释。他们本来都是坚定的水成论的信奉者，现在改持火成论的观点，大大改变了英国地质学界水成

巴克兰1845年的照片

塞奇威克

默奇森

一统天下的局面。

　　赖尔生于苏格兰一个贵族家庭，1819年毕业于牛津大学。他本来是学法律的，准备将来当一名律师。事实上，他也于1827年取得了律师资格。但他在大学期间对地质学很感兴趣，特别是听了牛津大学地质学教授巴克兰的讲演之后，更加对之着迷。巴克兰也很喜欢这位年轻人，多次带他外出进行地质考察。这个时期，受巴克兰影响，赖尔是一位水成论者。

　　19世纪20年代中期，赖尔接触到了赫顿的火成论以及拉马克的进化学说，加上更进一步的实地考察，使他逐渐产生了地质渐变的思想。1828年，他来到意大利的西西里岛，考察了著名的埃特纳火山，坚定了地质形态在多种自然力作用下缓慢变化的信念。从1829年开始，他致力于《地质学原理》的写作。1830年，该书出版了第1卷，次年出版了第2卷，1833年出版了第3卷。赖尔以优美的文笔、严密的逻辑，将各种地质现象包罗在一个渐变论的体系之下。该书一出版就产生了巨大的影响，赫顿的思想被广为传播，地质渐变的思想逐步深入人心。

3. 生物进化论的创立：达尔文、华莱士

　　酝酿了近一个世纪的进化思想，终于在达尔文的手中形成了宏大而有说服力的体系。生物进化理论正式确立。

　　查理·达尔文1809年2月12日生于英国希罗普郡。他的祖父伊拉斯谟·达尔文曾经是18世纪英国著名的医生和博物学家，发表过《动物学》等多种生物学著作，

赖尔

是进化论的先驱之一。他的著作中充满了虽条理性不够但十分大胆的进化思想。达尔文的父亲罗伯特是一位有名的医生，母亲苏珊娜是著名瓷器收藏家韦奇伍德的女儿。韦奇伍德和老达尔文当年都是伯明翰地区"太阴学社"的成员。该学社每逢满月那天聚会，直到月亮升起很高，社员们才乘着月光各自回家。"太阴学社"即得名于此。当时参加该学社的还有化学家普里斯特利、工程师博尔顿和发明家瓦特。太阴学社是英国科学史上一个十分重要的科学团体。总的来说，达尔文的身世有些不凡。

伊拉斯谟·达尔文约 1792 年或 1793 年的画像

　　幼年时代的达尔文没有表现出什么特别的天分。8 岁那年他被送进了一家教会学校，可是他对圣经故事一点也没有兴趣，倒是喜欢在河边钓鱼，上树摸鸟蛋，还喜欢搜集杂七杂八的物品。后来，他又进了一家很著名的中学，但依然不喜欢学校里的教育。这时候他迷上了打猎和养小动物，而功课却很一般。老师对他很恼火，认为他"不可救药"。父亲对他更是不满意，经常训斥他："你除了打鸟、玩狗和抓老鼠外什么也不会干，这样下去会给我们家丢脸的。"16 岁时，达尔文提前离开了这所中学，被送去爱丁堡大学学医。这是他们家的祖传职业。不幸的是，达尔文完全没有学医的才能，他一看见流血就感到不舒服。不过在爱丁堡大学期间，达尔文掌握了不少生物学知识，对拉马克的进化论亦有所接触。因为在生物学业余研究中的成绩，还被选为一个名叫普林尼学会的学生组织的书记。

韦奇伍德

　　父亲看他对医学确实没有兴趣，便决定让他学神学，以便将来能有一个体面的职业，达尔文于是在 1828 年进入剑桥大学的神学院。一开始他学习十分努力，考试成绩也不错，但不久他就发现其实他对神学也不感兴趣。他再次向父亲提出不学神学。但老达尔文岂能一次次依了这个没有出息的儿子，严词拒绝之后将他臭骂了一顿。于是达尔

查理·达尔文 7 岁时的画像

文更加不好好学习，整天跟一些纨绔子弟一起赛马、打猎、酗酒。他自己后来也承认"在剑桥的三年是完全浪费了"。但他在剑桥也结识了一些新的朋友，比如植物学教授亨斯洛。他还在亨斯洛的介绍下去听著名的地质学家塞奇威克的地质学课，后来也与塞奇威克成了朋友。1831年暑期，塞奇威克带达尔文去北威尔士地区做过一次地质考察。这次考察中，达尔文收集了不少岩石标本，而且从塞奇威克那里学到了一个科学家的基本工作方法。他认识到所谓科学"在于综合事实，从而才能从其中得出一般的法则或结论"[1]。

这年8月，英国海军的"贝格尔号"舰准备去南美进行科学考察，主要是测绘南美东西两岸和附近岛屿的水文地图，同时完成环球各地的时间测定工作。就在船即将启程时，船上还缺一个懂地质学的博物学家。这个职位的主要工作是记录沿途看到的各种自然现象。亨斯洛推荐达尔文去。达尔文本来就不想当牧师，自然很愿意随船外出考察，但他父亲不同意，说这种事情与一个未来牧师的身份不相称。后来在达尔文的舅舅的劝说下，他父亲终于同意了，但船长又不干了。这位船长是个很迷信颅相学的人，他觉得达尔文的长相有点怪。他认为达尔文鼻子的形状表明这不是一个精力充沛的人，恐不能胜任这次旅程。幸好船长最后并没有坚持这一点，只是心里有些不满。

12月27日，贝格尔号从英国普利茅斯港起航，先是南下非洲，从非洲西海岸西渡南大西洋到达巴西，又从巴西南下，绕过麦哲伦海峡到达南美洲西海岸的利马和加拉帕戈斯群岛，再从加拉帕戈斯群岛横渡太平洋去新西兰和澳大利亚，由澳大利亚穿越太平洋经过好望角再次回到巴西，然后从巴西直接回国。贝格尔号的环球航行历时5年，直到1836年10月2日才回到出发港普利茅斯。

达尔文被安排在船尾顶部的海图室工作和居住。这里是船上颠簸最厉害的地方。达尔文起初晕船，后来慢慢适应了。他工作起来很卖力，认为自己终于找到了热爱的事业。他克服了种种困难，跟随考察团深入丛林，登上高山，收集各种动植物标本，挖掘古生物化石，记录地层情况。他坚持每天记日记、写报告，为日后的研究工作积累了丰富的材料。

休息的时候，达尔文阅读了随身带着的赖尔的《地质学原理》。地质渐变的思

[1]《达尔文自传与书信集》（上册），叶笃庄、孟光裕译，科学出版社，1994年版，第56页。

想使达尔文产生了强烈的认同感，而赖尔所倡导的
地质学研究中的比较历史方法给达尔文以深刻的启
迪。在南美洲东海岸，达尔文目睹了物种随地域分
布而变化的明显的规律性：有亲缘关系的物种总是
分布在邻近的地域，随着距离的增大，一个物种为
另一个物种所代替；两地距离越远，物种的差异越
大。在南美西海岸的加拉帕戈斯群岛，达尔文发现
此处的大部分生物都与大陆上的类似，但各岛又各
有自己特有的物种，即使是同一物种，各岛也呈现
出微小的差异。例如有一群燕雀，它们十分相似，
但由于某一器官特征而被划分为 14 个亚种。这些亚
种分布在不同的岛上，而且在世界其他地方似乎也
不存在，这是令人惊异的。

达尔文南美之行收集的鸟类标本

物种的巨大丰富性和连续性，使达尔文对流行
的物种起源的上帝创造论产生了怀疑。他想到，为
了创造这么多仅有微小差异的生物变种，上帝要花
去多少精力。上帝难道会做这样不经济的事情？赖
尔的方法论和达尔文本人实地考察所接触到的活生
生的事实，使他产生了生物逐渐进化的思想。

回到英国后，达尔文已经成了一个训练有素的
博物学家。他的举止言谈都不再是一个无所事事的
小青年。父亲见到儿子发生了这么大的变化，既十
分惊讶又十分高兴。在休息了几个月后，达尔文即
埋头整理他的考察报告，相继出版了《航海日志》
《地质报告》（包括《珊瑚礁》《火山岛屿地质观
测》《南美地质观测》三部）《贝格尔号航行中的

青年达尔文水彩画像，英国画家瑞奇蒙
（George Richmond, 1809—1896）作
于 19 世纪 30 年代晚期。

动物学发现》。《地质报告》的出版使他成了一位闻名的地质学家。他很快被选入
地质学会，并于 1838 年被任命为学会秘书。也是在这一年，达尔文与他舅舅的女儿、
表姐埃玛结婚。埃玛与达尔文青梅竹马，婚后生活也十分美满。只是到了晚年，达

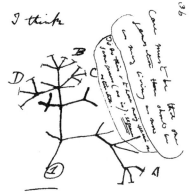

在1837年7月的笔记中，达尔文提出进化树思想。

尔文常常为他们是近亲结婚而不安。

结婚给达尔文带来了经济保障。老达尔文和老韦奇伍德给了这对新人不少钱，使他们每年拥有1000多英镑的固定收入。这使达尔文可以无后顾之忧地从事他所喜爱的研究事业。他们婚后定居在伦敦附近一个叫唐村的地方。达尔文继续整理他的地质和生物资料，进一步思考进化问题。

在唐村住下不久，达尔文就写出了《珊瑚礁的结构和分布》一书，提出环状珊瑚礁是珊瑚虫的残骸累积而成的。这一看法马上得到了认可。赖尔本来认为珊瑚礁是水下的火山口，读了达尔文的著作后，他修改了他在《地质学原理》中的看法，采纳了达尔文的观点。

1838年，达尔文偶然读到了英国经济学家马尔萨斯的名著《人口论》。马尔萨斯在书中雄辩地证明，如果不加阻止的话，人口将以几何级数如1，2，4，8，16……那样增长，而粮食只可能以算术级数如1，2，3，4……那样增长。这种增长比例上的失调，必导致人口过

唐屋外景。吴国盛摄

剩。为了调整人口与食物之间的平衡，必定会发生饥饿、瘟疫或战争，以消灭过剩的人口。

唐屋中达尔文的书房，《物种起源》就是在这里写出的。吴国盛摄

马尔萨斯关于人类为争夺食物所导致的灾难性竞争的观点，给达尔文留下了深刻的印象。他自然想到在自然界中，生物间一定也有类似的生存竞争，而且由于它们繁衍更迅速，这种生存斗争就更为激烈。

贝格尔舰的环球考察已使达尔文完全接受了赖尔式的生物渐变思想，马尔萨斯的著作更使他对生物进化的机制有了某种领悟。1842年，达尔文将他的一些想法写成了一篇35页纸的提纲。1844年，他又写了一篇更长的230页的《物种起源问题的论著提纲》。尽管其中以自然选择为基础的生物进化论已经成型，但达尔文感觉材料还不够，论据还不充分，便没有立即着手写作他关于进化论的著作。直到1854年，他才又回到这个课题的研究上来。

马尔萨斯

达尔文意识到，生物界存在着极为巨大的繁殖力和大量的变种，但是只有那些在生存斗争中有适应能力的变种才存活下来，并得以有最多的后代，其余的变种被淘汰。这就是自然选择的过程。为了证明这一过程，达尔文首先研究人工选择问题。事实上，人类一直在进行培育优良品种的工作，并且已经成功地培育出强壮的马匹、产奶的奶牛、产毛的绵羊、产肉的肉鸡等，但是有关人工育种的学术著作充满了谬误。达尔文亲自进行家鸽的育种实验，从而对变异和选择问题有了更深的了解。1856年，在赖尔的敦促下，达尔文准备开始写作《物种起

源》。但他是一个十分严谨的人，还想等着收集更多的材料和证据，以写出一部卷帙浩繁、证据确凿的进化论巨著。

　　赖尔的敦促是有道理的。当时进化思想已经广为流传，如果达尔文不抓紧，很可能被人抢先。果不其然，正当达尔文慢吞吞地写作到1858年夏天时，突然有一天收到一封从马来半岛写来的信和一篇论文。信是一位名叫华莱士的青年生物学家写来的，论文的题目是《论变种无限地离开其原始模式的倾向》。华莱士在信中征求达尔文对这篇论文的看法，并说如果有价值的话就请转交给赖尔发表。达尔文读完华莱士的短文如同遭受雷击，原来该文极为清晰地表达了达尔文二十多年来一直思考着的生物通过自然选择而进化的思想，其遣词造句甚至都与达尔文的提纲相同。达尔文说："即使华莱士手中有过我在1842年写出的那个草稿，他也不会写出一个较此更好的摘要来！甚至他用的术语现在都成了我那些章段的标题。"[1]

　　华莱士比达尔文小14岁，但有着与达尔文相同的经历。他在马来半岛和印度尼西亚群岛考察时也发现了物种随地理位置发生变化的现象，在提出自然选择理论时也受到马尔萨斯人口论的影响。正因为如此，他才能独立地提出与达尔文的理论极为相似的进化理论。

华莱士1862年在新加坡

　　达尔文有点心灰意冷，打算停止《物种起源》的写作计划，让华莱士的论文单独发表了事。赖尔听说这件事后，主持了公道。他让华莱士的论文与达尔文1842年和1844年的提纲同时发表，然后力劝达尔文加快写作的速度。这样，达尔文才加紧写作，于1859年11月24日出版了生物学史上划时代的巨著《论通过自然选择的物种起源，或生存斗争中最适者生存》（一般简称为《物种起源》）。由于学界事先已知道这本书的写作情况，均等待着该书的出版，结果新书问世的第一天，初版1250本就被抢购一空。

　　《物种起源》广泛引证了生物在人工培养下的进

---

[1]《达尔文自传与书信集》（上册），叶笃庄、孟光裕译，科学出版社，1994年版，第439页。

《物种起源》1859 年版，洛杉矶亨廷顿图书馆藏。吴国盛摄

化现象、在自然条件下的多样性分布、生物化石所呈现的时间上的生物进化现象，以说明在自然选择作用下的物种进化规律。达尔文认为，家养物种起源于少数几种野生物种，但由于物种本身有遗传和变异两种性质，其中对人类有用的变异就在人工选择过程中被保留了下来。保留下来的有用的性状通过遗传继续传给后代，后代中又出现的变异则再一次被选择，这样，家养物种就沿着对人类越来越有用的方向进化。

人工选择是在一个相对较短的时间内，造就出符合人类需要的物种，达尔文认为，自然界同样也可以在一个相对缓慢得多的时间内，以其自然条件，造就出与各种环境相适应的物种来，而且由于自然条件在地理和历史上的多样性，自然界所造就的物种远比人工造就的多得多。

比如长颈鹿，并不是它经常伸长脖子导致它的后代脖子这么长，而是由于变异的缘故，有些鹿生来颈就长一些。这些长颈的鹿因能吃到更多的树叶，所以更易存活。漫长的岁月过去了，那些脖子变长的变异因素在生存竞争中总是保持着优势，因而不断积累，终于形成了我们今天看到的长颈鹿。

进化论一发表，达尔文就陷入了来自四面八方的批评之中。批评有些来自宗教方面，有些来自科学界内部。来自科学界内部的两个批评最让达尔文头痛。一是物理学家开尔文勋爵提出的地球年龄问题。这位热力学理论的重要奠基者，运用地球冷却理论计算过地球的年龄，结论是 2000 万 ~4000 万年。可是这个时间对进化过程来说显然是太短了。另一个难题是工程师詹金提出的。他根据当时广为流传的融合遗传理论证明，新的小小变异均会在与正常个体的交配中完全淹没。这两个难题达尔文都无法解决，以致他在重版《物种起源》时，观点变得越来越不明朗。他抱怨自己太急了，本来他要用更为充分的论据来使人们不得不接受进化观点，现在

达尔文 1860 年的照片

达尔文1868年的照片，摄影家卡梅伦拍摄。达尔文从1862年开始留胡子。

却陷入无休止的批评之中。事实上，开尔文勋爵的地球年龄计算中忽略了地球内部会不断生成的新热量，因而把地球年龄计算得太小，而融合遗传问题需要有孟德尔的遗传学才能解释。

在《物种起源》中，达尔文没有涉及人类的进化问题。有许多激进的进化论者如赫胥黎、海克尔和斯宾塞，很快就将之用于说明人类在自然界的位置，但达尔文希望能有一些比较严肃的科学研究。他先是想让华莱士研究这个重要的问题，并愿意提供有关的材料。但华莱士这位进化论的创始人根本就不同意将进化论推广到人类自身，达尔文只好亲自攻克这个难题。1871年，他出版了《人类的由来及性选择》，很谨慎地描述了人类进化的图景。他的结论是："人类和其他物种同是某一种古老、低级而早已灭绝了的生物类型的同时并存的子孙这一结论，其实在任何程度上都不算新鲜。"[1]

社会上围绕着进化论问题闹得沸沸扬扬，论战此起彼伏。但达尔文是个不爱争吵的人。他一直避免任何论战，待在唐村他的家里不断地研究新材料，完善和修改进化理论。1865年，达尔文获皇家学会的科普利奖章，理由却不是因为他提出了进化论。这很像半个世纪后爱因斯坦获诺贝尔奖，理由却不是因为他提出了相对论。达尔文的朋友赖尔一直忠实地站在他这一边。1863年，赖尔还发表了《古老的人类》一书，将进化论用于人类的起源问题上。

1878年的达尔文，身受病痛的折磨。

达尔文的晚年，科学界已经不再怀疑进化论了，但社会上就此问题的辩论并没有平息。1882年4月19日，这位伟大的生物学家在家中与世长辞。他被安葬在威斯敏斯特大教堂的牛顿墓旁。这当然是盖世殊荣，但在生前，达尔文的理论却不像牛顿的理论那样受到举世公认。

[1] 达尔文：《人类的由来》，潘光旦、胡寿文译，商务印书馆，1983年版，第3页。

4. 达尔文主义的影响：赫胥黎、海克尔、斯宾塞

达尔文本人待在家里，不理会那些恶意的攻击，这对进化论来说并不是好事。所幸的是，达尔文主义有一批忠实的信徒。这些坚定的进化论者在公开的场合捍卫达尔文的进化思想，使进化论有效地传播开来。他们中最为著名的有赫胥黎、海克尔和斯宾塞。

赫胥黎

赫胥黎以"达尔文的斗犬"而著名，是一位精力充沛、头脑机敏、热情似火的人。虽然因为家里穷，自小没受过多少教育，但他通过自学成了一位很有成就的博物学家。《物种起源》出版后，英国上流社会掀起了一股反对进化论的浪潮。1860 年 6 月，保守派的大本营牛津大学召开了一次不列颠学会年会。达尔文进化论成了会上争论的焦点，但达尔文本人没有出席。赫胥黎原也不打算参加，因为他不喜欢牛津，但后来被朋友们说服去了。会上，先是著名的解剖学家欧文发难。他从比较解剖学的角度指出，人脑与大猩猩的脑之间的区别要比大猩猩的脑与猕猴脑之间的区别大得多，因此说人由猿进化而来是缺乏根据的。在欧文的怂恿下，牛津大主教威尔伯福斯站了起来。这位大主教因为说话油腔滑调，一直被人称为"油嘴的山姆"。他本来不懂进化论，只是这次有欧文撑腰，他便放肆起来。他先是诉诸听众的宗教感情，将达尔文的理论攻击一番："达尔文先生要我们相信的，是每一头四足兽、每一条爬虫、每一条鱼、每棵植物、每只苍蝇、真菌全都是第一个会呼吸的生命原生质细胞传下来的，这简直就是在否认神的意志的干预的存在。我们怎能背叛正统的宗教？那是上帝在伯利恒赏赐给我们的，在橄榄山上宣讲的，在耶稣复活日启示出来的，我们怎能抛弃它，去相信达尔文的理论呢？"威尔伯福斯接着转向赫胥黎，斯文地问道："请问赫胥黎教授，您是通过祖父还是通过祖母接受猴子的血统的？"赫胥黎知道威尔伯福斯根本就不懂进化论，对打败他很有信心。他严肃地站起来，先是向公众通俗地讲了一通进化论是怎么回事，指出"关于人类起源于猴子的问题，当然不能像主教大人那样粗浅地理解，它只是说，人类是由类似猴子的动物进化而来的"。随后，赫胥

黎面向威尔伯福斯，犀利地说道："我宁要一个可怜的猴子作为自己的祖先，也不要一个对他不懂的科学随便发表意见、把嘲讽和奚落带进庄严的科学讨论中的人作祖先。"赫胥黎把威尔伯福斯说得哑口无言，当时就退出了会场。

在将人类纳入生物界进化谱系方面，赫胥黎比达尔文本人激进得多。他最先提出人猿同祖论，确定了人类在动物界的位置。他也是一位优秀的科普作家、演说家，为进化论的传播立下了汗马功劳。1893 年出版的《进化论与伦理学》一书，被我国近代启蒙思想家严复译述成《天演论》。书中提出的"物竞天择，适者生存"的观点，对正在封建社会的漫漫长夜中沉睡的我国人民产生了巨大的警醒作用。

海克尔

在德国为捍卫和传播进化论而战的是海克尔。他早年奉父母之命学医，但实际上爱好的是植物学。1865 年，他关于放射虫的研究使他获得了耶拿大学教授的职位。《物种起源》一出版，海克尔就如饥似渴地阅读起来，旋即成了进化论的信奉者。在他早期发表的《关于放射虫的专论》（1862）中，他赞扬达尔文的学说"从一个伟大的、统一的观点对整个有机界现象做了说明和解释，并且用可以理解的自然法则代替不可理解的奇迹"。1863 年，在斯德丁举行的德国自然科学家和医生协会的集会上，海克尔发表了《关于达尔文的进化理论》的演说。1866 年，海克尔在伦敦拜会了达尔文。这位进化论的伟大创始人给他留下了深刻的印象。在德国，生物学界与神学界联合起来反对达尔文，海克尔几乎是单枪匹马地为进化论申辩。著名的病理解剖学家微耳和在罗马举行的那次著名的自由思想大会上，做了《现代国家的科学自由》的报告，指出人猿共祖理论并未得到证实，应该禁止讲授。与此针锋相对，海克尔也发表了一本题为《自由的科学和自由的讲授》的小册子，批驳这位早年的老师。1882 年，在爱森纳赫举行的达尔文逝世纪念会上，海克尔做了《达尔文、歌德和拉马克的自然观念》的演讲，进一步向公众讲述进化论与道德博爱原则不相背离。

除了发表文章和演讲宣传进化论外，海克尔也在自己的研究工作中发展和深化进化理论。1866 年，他出版了通俗讲演集《自然创造史》，在书中提出了著名的生物重演律：生物个体的胚胎发育史，实际上是种族进化史的重演。1874 年，他又出版了《人类的进化》（原名《人类发展史》），将其生物重演律运用到人类进化方面。他收集了大量古生物学、比较解剖学和胚胎学证据，进一步补充了达尔文关于进化理论的论据。1899 年，海克尔出版了凝聚他毕生思想之精华的著作《宇宙之谜》。该书提出了一元论的唯物主义哲学体系，在当时有很大的反响。

斯宾塞

与赫胥黎、海克尔不同，斯宾塞不是一位生物学家，而是英国的一位社会学家。他早年是一位铁路工程师，后来成了记者和撰稿人。他没受过什么正规的教育，但是思想活跃。达尔文的《物种起源》一出版，斯宾塞就感觉像是见到了老朋友那样亲切，因为他从前也持有人类社会进化的思想。现在进化论终于有了充分的自然科学证据，他便立即将之运用到社会历史领域，创立了社会达尔文主义。这种社会哲学认为，人类社会也像自然界一样，存在着生存竞争。在竞争中，强者生存了下来，而弱者则被淘汰。只有这样，人类社会才能进步。一个世纪的社会实践已经表明，这种哲学显然是有害的。它可以为灭绝种族的战争辩护，而忽视人类之间应有的善良、同情、怜悯和博爱精神。它在理论上也是不充分的。达尔文主义认为自然界中的适者将有更多的后代，但在人类社会中，情况也许正好相反。那些"不适者"却可能会有许多后代，而"适者"因忙于激烈的社会竞争，反而无暇生育自己的后代。

社会达尔文主义与达尔文主义没有必然的联系，与达尔文本人更是毫不相干。但是，正是斯宾塞的推广使"进化"一词家喻户晓。他使进化论成为一种广泛的社会思潮，对进化论的深入人心起了重要的作用，但他的社会达尔文主义是不可取的。

第三十二章

19 世纪的生物学与医学

由于实验条件的大大改善，作为一门实验科学的生物学在 19 世纪有了极大的发展，与作为博物学的生物学的大发展合成双璧。进化论的创立是作为博物学的生物学的最高成就，而细胞学说以及微生物学是这个世纪实验生物学的最伟大成就。它们也使实验医学成为可能。

1. 细胞学说：施莱登、施旺、微耳和

早在 17 世纪，显微镜刚刚问世的时候，物理学家胡克就在植物切片中发现了一种蜂窝状的结构。它布满了气孔，而且看起来，植物的微观结构中除了由大大小小的小盒子围成的气孔外，什么也没有。胡克将这些小盒子命名为细胞（cell，意思是"小室"），这是细胞一词的第一次出现。

与胡克同时或以后，其他生物学家进一步发现细胞内部并非空洞的气孔，而是充满了柔软组织。18 世纪，生物的显微研究未取得什么新的成就，虽然许多显微镜爱好者在显微技术方面有所突破。这个世纪，生物学家热心关注着博物学的分类学研究，对生物微观的实验研究有所忽视。

复式显微镜的放大率提高到一定程度后，其色差和球面像差越来越厉害，以致根本搞不清图像所显现的是真是假。到了 19 世纪，从光学方面消除色差和球面差的技术有了发展，为考察动植物的微观结构准备了技术条件。当然，光学技术只是一个方面。事实上，英国植物学家布朗只利用单显微镜（单个镜片的放大镜）就发现了花粉颗粒的布朗运动，而且发现了细胞里面的细胞核。细胞核（nucleolus）这个名字是 1831 年布朗起的，来自拉丁语，原意是"小坚果仁"。

到了 19 世纪 30 年代，人们已经在植物细胞中普遍发现了细胞核，而且在动物体内也发现了细胞。但是各种细胞很不一样，名称也很多，作为生命组织基本构成单位的统一的细胞概念尚未建立。这个时期盛行的德国自然哲学，倾向于在有机生命界寻找共同的基本单位即所谓的生命"原型"。自然哲学学派著名的代表人物、博物学家奥肯推测生命起始于一种原始的黏液，这种黏液产生出球状小泡，它就是生命的基本单位。自然哲学的推测往往缺乏实验根据，但它激励人们去从事生命基本结构单位的研究。

奥肯

细胞的存在已是众所周知的事实，但人们对它的内在结构和功能以及在生物体中所处的地位还不太清楚。细胞学说最终是由德国植物学家施莱登和动物学家施旺完成的。施莱登早年学的是法律，在汉堡做过一段律师，但他很不喜欢这个工作，几乎自杀。1831 年，他决定改行在哥廷根大学和柏林大学学习植物学和医学，并且很快发现这个工作有巨大的乐趣。当时的植物学仍然在进行分类再分类的工作，施莱登认为这些工作意义不大，属于业余消遣，并不是真正的植物学。他认为，真正的植物学应当去研究植物的结构，从而发现植物生长的规律。

施莱登约 1855 年的照片

1838 年，施莱登发表了《植物发生论》一文，重提布朗关于细胞核的发现，并认为细胞核是植物中普遍存在的基本构造。他提出，无论怎样复杂的植物体，都是由细胞组成的。细胞不仅自己是一种独立的生命，而且作为植物体生命的一部分维持着整个植物体的生命。施莱登还推测，细胞核是细胞的母体，因此在细胞的形成过程中，首先形成的是细胞核。

施旺 1857 年的画像

将细胞学说推广到动物界，从而给出最一般的细胞

缪勒

学说的是施旺。施旺早年学医，是著名德国生理学家缪勒的得意门生。还在学生时代，他就发现了胃蛋白酶，知道它是胃酸消化食物的主要助手。他也反对生命的自然发生说，认为任何生物表面看起来是自然发生的，其实是从更微小的生物体发育而来。他这个观点在当时受到嘲笑，直到巴斯德的工作出现后才被人们公认。施莱登的论文发表之后，缪勒提醒施旺注意细胞学说的重要意义。与施莱登的会面使施旺猛然想起了自己从前在脊索动物标本中发现过类似的有核单位，便意识到也许在植物体中起着基本作用的细胞，在动物体内也有着相同的作用。

　　动物体比植物体远为复杂，类似细胞的东西已经被前人发现过，但彼此的差别胜过相似性。而且由于动物细胞的透明性，在显微镜下往往很难看到它们。施旺首先注意到动物体内的细胞核是普遍存在的，因而以有无细胞核作为有无细胞的判据。1839 年，他发表了题为《动植物结构和生长的相似性的显微研究》的论文，指出一切动物组织，无论彼此如何不同，均由细胞组成。他写道："我们已经推倒了分隔动植物界的巨大屏障，发现了基本结构的统一性。"[1]他认为，所有的细胞无论植物细胞还是动物细胞，均由细胞膜、细胞质、细胞核组成。这样，他就建立了生物学中统一的细胞学说。

　　施莱登和施旺均探讨过细胞的发育过程。他们相信，既然所有的生命组织在结构上均由细胞组成，那么所有的生命在发生学上也应该从细胞开始。他们都正确地认识到组织的发育是通过细胞的增殖进行的，但他们均错误地认为，原始细胞是通过类似结晶的过程在原始母液中产生的，新细胞也是在细胞质中以类似的方式形成的。这种看法后来被修正。人们很快认识到，新细胞是原有细胞核分裂的结果。

　　细胞学说一旦确立，马上在生命科学中显示出生命力。其最显著的成就是德国生物学家微耳和在此基础上建立的细胞病理学，为现代医学奠定了基础。微耳和早年在缪勒指导下学习医学，于 1843 年获得柏林大学的博士学位，1845 年发表了有

---

[1] 玛格纳:《生命科学史》，李难等译，华中工学院出版社，1985 年版，第 300 页。

关白血病的研究论文，这是历史上对该病的第一次系统研
究。他是一位很有社会道德感和正义感的年轻人。1847年
至1848年，他被派去调查西里西亚工业区正流行的斑疹
伤寒，深为亲眼看见的卫生条件之恶劣所震惊。在调查报
告中，他严厉谴责了政府的失职。为此，他被柏林大学解
除了职务，直到1856年才又回到那里任病理解剖学教授。

微耳和认识到细胞学说可以用来说明疾病现象，因为
疾病组织的细胞是由健康组织的细胞慢慢演变而来的。由
此，他开创了细胞病理学这门学科。他还发现，细胞并不
能由原生黏液自然形成，相反，所有的细胞似乎都是从已
有细胞分裂而来。微耳和将之概括为一句名言："一切细

微耳和

胞来自细胞。"这里暗含着"一切生命均来自生命"的信念。事实上，他一贯坚定
地反对生命的自然发生说。这一点很快被巴斯德着力强调，虽然他们两人的观点也
有若干分歧。

微耳和是一位自由主义人士，也是社会改革的倡导者。他一直是德国政界一位
活跃的人物，也是一位热心社会公益事业的社会活动家。在他的努力下，柏林市改
进了供水系统和排污系统，大大消除了许多流行病的传染。他还负责建立了第一批
列车医院和军用医院。他亲自创建了柏林人类学、人种学和史前考古学学会，以及
柏林人类文化博物馆和民俗学博物馆。但他反对达尔文的进化论，海克尔曾与他针
锋相对地发生过争论。

2. 实验生理学：伯纳尔

生理学在17世纪曾有过一个辉煌的时期。那个时候，以血液循环理论为代表，
生理学家普遍受新兴的机械力学影响，将生物体也看成一部机器，并试图发现生物
体各器官的物理作用规律。他们将嘴比作钳子，将胃比作曲颈瓶，将静脉和动脉比
作水压管，将心脏比作发条，将肌肉和骨骼比作绳子和滑轮系统，将肺比作风箱，
将肾脏比作筛子和过滤器等。后来发现，生物体比一部机器要复杂得多，上述比喻

常常是肤浅和不恰当的。

生命科学本身面临着一个根本的原则性选择：生命现象究竟能不能用那些在非生命现象中发现的自然规律来解释？持肯定态度的被称为机械论，持否定态度的被称为活力论。这两者的争论恐怕永远不会停息，但卓有成效的生理学研究工作主要是那些机械论者做出的，活力论者则经常纠正机械论者的过激之处。

生命科学中的机械论传统本身也分成物理学派和化学学派两派。物理学派主张生命现象可以完全用物理规律来解释，化学学派则认为生命现象必须用化学规律来说明，物理规律是不够的。近代早期，物理学派占据优势，因为当时物理学正处在大发展时期，是所有学科的带头学科，而化学当时尚未成熟。到了19世纪，情况发生了变化。拉瓦锡的氧化学说已将化学建立在真正科学的基础之上。生理化学的研究逐渐兴盛起来，拉瓦锡本人后期即已着手研究人体生理学问题，只是因为法国大革命中断了这项研究。

实验生理学最终在有着深厚化学基础的法国诞生，应归功于法国生理学家马让迪。这位医学博士起先是有名的解剖学家，后来，运用他高超的解剖技术研究生理学。1825年，他用小狗做实验时发现，脑脊髓的前神经根是运动神经，后神经根是感觉神经；前者引起肌肉运动，后者则引起感觉。他坚信物理化学原理足以解释生命现象，坚决反对各种形式的活力论。他还实验了许多药物对人体的作用，开创了实验药理学这门学科。

马让迪的学生伯纳尔真正奠定了实验生理学的理论基础。伯纳尔出生于一个贫苦的农民家庭，在教会学校接受他的初等教育。由于穷，他不得不在一家药店当店员谋生。业余时间，他喜欢写作，梦想有朝一日能成为一名作家。

马让迪

当时他们药店正生产万灵药。它是当时流行的一种大众化药品，类似于中国的万金油。他以此为题材写作了一部轻喜剧，结果获得了很大的成功。这激励他进一步创作出了五幕大型历史剧《布列塔尼的亚瑟》。由于专心创作，伯纳尔在制药技术上长进不大，药店主将他解聘了。1834年，伯纳尔带着自己的剧本来到巴黎，找到了当时著名的文学评论家吉拉丹。吉拉丹劝告他，文学创作不能维持生存，为了活命

必须先学会一门其他的职业。鉴于他在药店待过，吉拉丹
建议他学医。伯纳尔接受了吉拉丹的建议，边打工，边在
巴黎医学院学习。他的成绩不太理想，但最后还是拿到了
学位。

毕业后，伯纳尔有幸成为马让迪的助手。在那里，
他的天赋才真正展露出来。在活体解剖方面，连权威马让
迪也不得不承认伯纳尔胜过自己。在马让迪手下，伯纳尔
全面掌握了有关生理学的知识，并将它们推进到一个新的
高度。

伯纳尔

伯纳尔首先对消化作用进行了研究。他发现，胃并非
消化的唯一器官，十二指肠实际上在消化过程中起更为重
要的作用。由胰腺分泌出的液体，在十二指肠里帮助消化许多胃不太能分解掉的食
物，特别是肉食。

伯纳尔另一个重要的研究成就是发现肝脏中糖原的合成和分解对身体的作用。
糖原是肝脏中一种淀粉样的物质。他证明，它是由血糖即葡萄糖合成的，但又可以
随时分解成葡萄糖，因此，它像是一种保存在肝脏中的储备，微妙地调节体内的平衡，
使血液里的糖含量保持稳定。

体内平衡还反映在其他方面。伯纳尔发现，有些神经使血管扩张，另一些则使
血管收缩，这种扩张和收缩可以控制体热的分布和温度的高低。热的时候，皮肤的
血管扩张可以帮助散热，冷的时候，血管收缩可以保存热量。

身体内部的自动平衡使伯纳尔提出了生物体的内环境与外环境概念。所谓内环
境是生物体各部分赖以进行生命活动的处所，而外环境是整个生物体所处的场所。
他认为，内环境的稳定和恒定是生命赖以维持的条件。

从 1847 年起，伯纳尔在法兰西学院任教。1855 年，马让迪去世，伯纳尔接替
了教授的职位。他继承了马让迪活体解剖的传统，并将其卓有成效地用于研究生理
学问题。他关于消化问题的研究得自给活动物人工造瘘（将其消化管道通往体外），
关于糖原的研究得自对狗进行活体解剖。伯纳尔的妻子是一位虔诚的教徒，对活体
解剖十分反感，经常为此事与伯纳尔吵架。据说，她经常为反活体解剖协会提供大
量资金，与他们一起反对她丈夫的事业。伯纳尔为此十分苦恼，但他坚信"生命的

科学只有靠实验才可以建立，我们只有牺牲一部分生物，才能救活其余的生物，这是没有什么可怀疑的"[1]。

1865年，伯纳尔出版了划时代的巨著《实验医学研究导论》。书中总结了他在实验生理学上的重要成就，同时建立了崭新的生理学思想体系。他明确地指出，所有的生命现象均有其物理和化学基础，神秘的活力是不存在的。该书在实验生理学史以及整个生命科学史上占有着十分重要的地位。

伯纳尔生前享有很高的声望。他是法国科学院的院士，也是拿破仑三世时的国会议员。他去世时，国会投票通过为他举行国葬。为一个科学家举行这样盛大的葬礼在法国还是头一回。著名作家福楼拜记述了这次葬礼，认为它比教皇的葬礼都隆重壮观。

3. 遗传学：孟德尔、魏斯曼

达尔文进化论揭示了生物在自然条件选择下，其遗传和变异交互作用，形成进化过程。虽然每一代物种都出现某些变异，但只有那些与环境相适合的变异才被保留下来。达尔文的进化学说确实把遗传问题提了出来，并作为进化得以发生的一个重要因素。

但是，达尔文本人在进化机制方面更多地注意到变异，对遗传则语焉不详。事实上，进化论一面世所受到的最有力的打击就是来自遗传方面。自然选择毕竟缓慢，而物种的变异却一代接一代地发生，那些有利的变异会不会在自然选择尚未起作用之前就消失了呢？当时流行着一种融合遗传理论，认为变种在与正常物种交配的过程中，各种性状变异将融合成一种中间状态。很显然，这种向中间状态的融合比起自然选择过程要迅速得多。因此，如果融合遗传理论是对的，那么自然选择对于进化将不起任何作用。

达尔文深知这一困难是极为致命的，所以后期他越来越多地采纳了拉马克的获得性遗传的观点，以此补充他的自然选择学说。但是他不知道，奥地利一位修道士

---

[1] 贝尔纳（即伯纳尔）:《实验医学研究导论》，夏康农、管光东译，商务印书馆，1991年版，第106页。

正在从事的工作，完全可以帮助他解决这一致命的困难，而无须回过头去求助于拉马克。这位修道士就是孟德尔。

孟德尔出生于一个贫苦的农民家庭。他虽然天资卓越，却没钱接受良好的教育。少年时曾为一位庄园主照看庄园里的果树，长大后进入故乡的奥古斯丁修道院，以解决生存问题。1851 年，他由修道院送进维也纳大学学习自然科学课程。这期间，他学习了数学、物理学、化学、动物学、植物学、昆虫学等，与著名的科学家有过来往。据说他曾为多普勒当过物理实验的演示助手。他还参加了维也纳大学的动植物学会，发表过一些生物学论文。1853 年，孟德尔回修道院当了神父，并开始在附近的教会学校任教。

孟德尔

1854 年夏天，孟德尔在修道院的花园里种植了 34 个株系的豌豆，开始从事植物杂交育种的遗传研究。豌豆是一种自花授粉的植物，孟德尔同时进行自花授粉（同一品种自我生殖）和人工杂交授粉（用不同品种杂交生育）。他将授粉后的植株仔细包扎起来，以免发生其他意外的授粉。下一代生长出来后，继续进行同样的授粉

奥古斯丁修道院。吴国盛摄

实验。用这种方法，孟德尔能够仔细研究子代与亲本之间的遗传关系。

他首先考察株的高矮这两种性状的遗传情况，结果发现，矮株的种子永远只能生出矮株，因此它属于纯种。高株则不同，约占高株总数三分之一的高株属于纯种，一代代生育高株，其余的高株的种子生出一部分高株、一部分矮株，高矮的比例大约总是一比三。这说明高株有两类，一类是纯种的，一类是非纯种的。将矮株与纯种高株杂交会出现什么现象呢？孟德尔吃惊地发现，杂交生出的全是高株，矮株的性状似乎全都消失了。但是，将这一代杂交出的高株进行自花授粉，结果新一代四分之一是纯矮种，四分之一是纯高种，四分之二是非纯高种。

这种规律性简直是太神奇了。孟德尔认识到，豌豆的高矮性状在遗传时表现不同，前者是显性的，后者是隐性的。也就是说，在它们均存在时，只显现高性状。但矮性状并没有消失，等到在下一代出现没有高性状的植株时，矮性状就表现出来了。

这种显性和隐性的性状遗传是否具有普遍性呢？孟德尔接着考察了其他一些性状，结果发现类似的遗传规律也在起作用。如圆皮豌豆与皱皮豌豆杂交，圆皮是显性性状，皱皮是隐性性状；紫花豌豆与白花豌豆杂交，紫花是显性性状，白花是隐

修道院内的孟德尔塑像。吴国盛摄

性性状。其性状的分配规律恰呈三比一。

经过多年的育种实验，孟德尔掌握了大量的数据。1865 年，他总结了自己多年的研究工作，写出了《植物杂交试验》的实验报告。他在论文中指出，植物种子内存在稳定的遗传因子，它控制着物种的性状。每一性状由来自父本和母本的一对遗传因子所控制。它们只有一方表现出来，另一方不表现出来。不表现的一方并未消失，会在下一代以四分之一的比例重新表现出来。孟德尔的论文首先在布隆的博物学会宣读，并于次年发表在该会的会议录上。

孟德尔将论文的副本寄给了当时德国著名的植物学家耐格里。耐格里深受德国自然哲学的影响，早在 1844 年就提出过生物通过内在动力发生进化的理论。他还指出，细胞也具有其内在结构，还不是生命的基本单元。比细胞更小的分子团组成了细胞，是生命的基本单元。19 世纪 60 年代，他进一步指出，某些分子团里面含有遗传物质，它被称为"细胞种质"。耐格里不相信单靠自然选择这样的外力就能发生进化，因此反对达尔文的进化论。

耐格里

孟德尔读到耐格里的细胞种质学说深受启发。他觉得他关于豌豆的育种实验正好可以证明耐格里的细胞种质学说，因此把自己的论文寄给了耐格里。没想到，孟德尔的论文根本没有引起耐格里的注意。他只草草地看了一遍，而且对其中复杂的数学计算感到十分厌烦。他只崇尚那些恢宏的体系和富有哲理的思辨，而孟德尔的论文看起来是那样琐碎而平凡，怎么可能对如此重要的遗传问题有所洞察呢？耐格里给孟德尔回了一封信，信中答应自己重复一下孟德尔的实验（耐格里只是说说而已，实际上后来根本没有做豌豆杂交实验），并建议用山柳菊再试试，因为他怀疑所谓纯种实际上仍然是杂种。孟德尔确实也花了几年时间从事山柳菊的杂交试验，但结果不尽如人意。这使他极为灰心丧气，加上他 1868 年被任命为修道院院长，不再有闲暇从事他所热爱的植物学研究，遗传学的发展就这样中断了。

孟德尔的工作是划时代的，其伟大之处在于把近代科学的实验加数学的方法运用到遗传问题的研究之中。植物的杂交试验当时非常普遍，但只有孟德尔对所有的杂交后代进行数学统计，也只有他用纯种进行试验，考察单个性状的遗传规律。正

孟德尔使用过的显微镜，现藏于布尔诺的孟德尔博物馆。吴国盛摄

是这种特殊的科学方法使他将理性之光引入了遗传学领域，照亮了这块长期漆黑一团的神秘领地。由于孟德尔像拉瓦锡将化学确立为科学一样将遗传学确立为科学，人们往往称他是"植物学上的拉瓦锡"。

令人叹息的是，孟德尔的工作一直默默无闻。当时的大多数生物学家关注的是进化论的博物学研究，感兴趣的是一些对人有利的生物优良性状的遗传问题，加上孟德尔的遗传定律过于简单，许多性状的遗传由于受多种因素控制，并不遵循这一定律，所以，连孟德尔也意识到自己的工作不会得到别人的理解。事实上，孟德尔自己后来都有些怀疑这个工作是否具有普遍意义。他读过达尔文的《物种起源》，甚至为之作注，但他也未意识到他的遗传学研究正好为达尔文的自然选择进化论提供了强有力的支持。

事实上，孟德尔的文章有许多人读到过，但读者要么是懂数学但不懂植物学，要么是懂植物学但不懂数学，文章都未引起他们的注意。达尔文1882年去世，他生前差一点接触到孟德尔的文章，但终究没能获知自己学说之中的最大漏洞已被填平。孟德尔1884年去世，他也不知道自己的开创性研究将会获得多么巨大的荣誉。耐格里1891年去世，他到死也不知道自己对遗传学犯了一个多么大的错误。直到1900年，孟德尔才被重新发现，遗传学重新开始大踏步前进。

就在孟德尔默默无闻时，德国遗传学继续沿着耐格里所开创的细胞种质遗传理论方向发展。德国生物学家魏斯曼为此做出了重要的贡献。魏斯曼早年学医，后来成了弗莱堡大学的动物学教授。由于患眼疾无法从事显微镜的观察工作，他被迫放弃实验工作，转而从事理论研究。他是达尔文进化论的忠实信徒，但从一开始就表现出对达尔文学说的修正倾向。例如，他认为影响变异的不仅有外部因素，而且有内部因素，内部因素更为重要。事实上，达尔文本人也接受了这一意见，并在《物种起源》的第6版里引用了魏斯曼的观点。

魏斯曼意识到，达尔文的进化论强调了变异而忽视了遗传的方面。实际上，遗传的稳定性对于进化而言是更为重要的。与众不同的是，魏斯曼不是在物种进化的层次上考虑遗传问题，而是在细胞和个体的层次上进行研究。他首先发现生殖细胞从一开始就与躯体细胞相区分，生殖细胞并不能从躯体细胞中生长出来。基于这一发现，他提出了种质与体质的区别。在每一有机体内，种质是决定遗传的，是不会改变的，而体质只是种质生长出来以保护自己的外衣，易受生活环境的影响而改变，也会随着个体的消亡而消亡。种质则代代相传，永不变化。这样，他就创立了他的种质连续性理论。

魏斯曼

种质连续性理论否定获得性遗传，因为获得性状只对体质起作用，而体质的变化并不会影响种质的变化，因而不能遗传下来。为此，魏斯曼做了割老鼠尾巴的实验。他连续 22 代割去了 1592 只老鼠的尾巴，但这些老鼠生下的小老鼠仍然长着完整的长尾巴，这样，他就证明了获得性是不能遗传的。

魏斯曼的种质学说与耐格里种质论的不同在于，它不是一种停留在思辨层次的猜想，而是有着科学预言的实证性理论。魏斯曼强调，种质一定有它的化学实体，它就存在于细胞核中的线状染色体中。由于受精的过程是精子与卵子相结合的过程，那么在精子和卵子成熟的过程中，其中的染色体必定减少一半，以使结合后的染色体回到正常数目。魏斯曼预言，生殖细胞在发育过程中必出现一个染色体的减数分裂过程。这一天才的预言不久就被显微镜观察所证实。

魏斯曼的新种质论与达尔文的自然选择理论相结合成了新达尔文主义，它补足了达尔文在遗传问题上的漏洞。但是，魏斯曼所着意强调的种质的绝对不可变性，却使进化论面临新的困难：既然种质不可变，物种可以遗传的变异是如何成为可能的？如果没有变异，自然选择从何谈起？这个问题直到 20 世纪突变理论出现之后才得以解决。

4. 微生物学与现代医学的诞生：巴斯德、科赫

巴斯德

微生物学的建立可能是生物学史上可以与进化论相媲美的伟大成就。它确立了生物界除众所周知的植物、动物之外的另一大类即微生物的存在。更重要的是，它揭示了疾病的原因是微生物在作怪，从而指明了治疗疾病的正确途径。法国化学家和生物学家巴斯德是微生物学的伟大创立者。

巴斯德1822年12月27日生于法国汝拉省的多尔。父亲曾经是拿破仑手下的一名士兵，因作战骁勇，被拿破仑战地授勋。巴斯德出生的时候，父亲已经退伍，过着以制鞋为业的贫困生活。巴斯德从小聪明伶俐，特别有绘画天赋，他自己也希望长大能成为一名艺术家。但后来，他被科学吸引了，希望从事科学研究。不过他的学习成绩并不理想，直到1843年才考入巴黎高等师范学校。

在大学里，他选修了著名化学家杜马的课程，这使他坚定了从事化学研究的决心。他的学习成绩也越来越好。他毕业后从事的第一项研究是关于有机化学的结构研究。法国化学家比奥已经发现，平面偏振光在通过有机化合物溶液时会发生偏振

比奥

面的偏转，即出现旋光性，而且有的有机物表现出左旋光性，有的表现出右旋光性。19世纪40年代，人们发现酒石（在酿制葡萄酒的过程中出现的一种沉淀物）在盐酸中形成的酒石酸有右旋光性，但具有同样化学成分的另一种酒石酸却没有旋光性，因而被称为外消旋酒石酸。这种现象使当时的化学界十分迷惑。巴斯德对此进行了研究。

在显微镜下，巴斯德发现酒石酸盐的晶体可以分成两类，一类溶解后具有左旋光性，另一类溶解后具有右旋光性，它们混合在一起后，旋光性就消失了。这个重要的发现不仅解开了外消旋酒石酸的非旋光性之谜，而且使他发现了从前不为人们所知的左旋光性的酒石酸。

巴斯德关于酒石酸旋光性的研究推动了立体有机化学的发展，因为它指示人们通过对有机物的偏振光学性质的研究推知其内部的结构。巴斯德本人因此获得了很高的荣誉。英国皇家学会授予他伦福德奖章，许多大学聘他为教授。1849 年，他接受了斯特拉斯堡大学的化学教授职位。1854 年，他被委任为里尔大学的化学教授和理学院院长。1857 年，他回到母校巴黎高等师范学校任教务主任。

在里尔期间，当地发达的酿酒业促使他研究酒精发酵问题。也正是对发酵问题的研究使他开创了一门崭新的学科：微生物学。

早在 18 世纪初，许多显微学家就在显微镜底下发现了微小的生物，18 世纪末期又发现了细菌。细胞理论的创立者施旺已经提出发酵是由酵母中的微小细胞引起的。他还建议用加热的方法杀死这些微小细胞，以避免有机物腐败。施旺是一个十分胆怯、内向的人，没有着力宣传这些卓越的看法，因此影响不大。

放置久了的葡萄酒和啤酒常常变酸，使法国的酿酒工业蒙受巨大的损失。里尔的一位酿酒商向巴斯德这位著名的化学家请教，是否有一种化学药品可以制止这种变酸过程。巴斯德从工厂取来了样品，在显微镜下观察，结果发现，未变酸的酒里有一种圆球状的酵母菌，而变酸的酒里的酵母菌变得很长。这表明，在酒里存在两种不同的酵母菌。前者产生酒精，后者产生乳酸（使酒发酸）。发酵和变酸实际上都是酵母菌导致的。巴斯德还发现，发酵不需要氧气，但需要活的酵母菌，因此，发酵过程是一种生物学过程，而不是一种化学过程。为此，他与著名化学家李比希发生了争论，因为李比希坚持发酵过程纯粹是一种化学过程。

巴斯德在发现了发酵过程的微观机制之后，就着手解决葡萄酒或啤酒发酸问题。道理很简单，酒酿制

巴黎的巴斯德研究所。吴国盛摄

好后，酒中的杆状酵母菌即乳酸杆菌必须去掉，否则它们会继续使酒变酸。巴斯德经多次实验发现，慢慢将酒加热到 55℃，酒中的乳酸杆菌就可以被杀死。将它们密封起来，酒就不会发酸了。这个方法由于太简单，反而使许多工厂主不相信，觉得事情岂能如此简单。巴斯德向他们做示范，给一些酒加热密封，另一些不加热。过了几个月，加热过的酒完好如初，那些没加热的都变酸了。这种温热杀菌法今天被称为巴斯德灭菌法。由于它有效而简单，法国酿酒厂家很快就都采用了这种方法。今天我们饮用的牛奶就是采用这种方法灭菌的。

微生物在发酵过程中起决定作用的发现，使巴斯德卷入了另一场关于自然发生说的争论。自然发生说主张，许多小生命是自然界随时自动产生的，比如苍蝇、蛆甚至老鼠等都是在肮脏的自然环境中自然产生的。赫尔蒙特曾提出，把糠和旧破布塞进一个瓶子里，将瓶子放在阴暗的床底下，瓶子里就会生出小老鼠。这些看法普遍流行，到了巴斯德时代依然有许多著名的生物学家相信。有一位学者宣称，巴斯德的灭菌法不灵，因为酵母菌会在有机液（如酒、牛奶等）中自然发生。当然，如果酵母菌真会自然发生，巴斯德的灭菌法就从根本上无效。为此，巴斯德精心设计了实验，证明了自己的灭菌法完全有效。他将肉汤放入一个瓶内加热后密封起来，过了许多天，肉汤依然完好。他得出结论说，肉汤之所以变坏，是因为空气中的微生物进入了肉汤之中。

巴斯德的加热实验已是无可辩驳，自然发生论者又提出，并不是生命的自然发生说错了，而是加热过程破坏了生命自然发生的条件。这种说法使关于自然发生说的争论变得非常复杂。巴斯德决心回避生命的最终起源问题，而把注意力放在证明在消毒条件下微生物不可能自动产生出来。他仔细地研究了空气中的微生物，设计了一个又一个新实验来说明微生物是如何从空气中进入有机溶液中的。最著名的两个实验是曲颈实验和葡萄园实验。他将一个曲颈烧瓶在火上拉成一个弯曲的长颈，将有机液（如牛奶、肉汤等）放进去加热消毒。之后，由于瓶颈是弯曲的，空气虽然可以进入烧瓶内，但带菌的小颗粒被挡住了，有机液未受微生物侵害。一旦曲颈被打破，则有机液很快就变质了。葡萄园实验是专为著名生理学家伯纳尔做的，因为他相信发酵时不一定需要活的酵母菌。巴斯德建立了一座温室，将他的整个葡萄园全部封起来。等葡萄成熟后，只要不添加酵母菌，它们就不会自动发酵。

在一系列公开的判决性实验之后，巴斯德已使自然发生说声名扫地，他自己则成了一个神奇的人物。1865 年，法国蔓延着一种丝蚕病，它使法国南部的养蚕业和丝绸工业蒙受巨大的损失。当时任农商部长的法国著名化学家杜马邀请巴斯德出面解决这个问题。巴斯德推说自己从来没有与丝蚕打过交道，杜马则认为他肯定能完成这个任务。巴斯德只好带着显微镜来到南方。他从患病的丝蚕以及桑叶中发现了两种微小的寄生物，意识到正是它们导致丝蚕生病的。巴斯德向杜马提出，唯一的办法是将染病的蚕和桑叶全都毁掉。杜马采纳了巴斯德看似激进但简单易行的办法，结果挽救了法国的养蚕业和丝绸工业。

巴斯德的微生物理论获得了越来越大的影响。在英国，外科医生李斯特率先将巴斯德消毒法用于外科手术。从前，他的病人有 45% 死于手术后，其原因都是伤口发炎溃烂。李斯特意识到，伤口发炎一定是细菌在作怪。他发明了石碳酸消毒法，对手术器械和创口消毒，使术后死亡比例降到 15%。在法国，医生们非常保守，他们不听巴斯德的劝说，不相信巴斯德这位连医学学位都没有的人能对医学有多大贡献。但是，巴斯德从事的工作正带来了医学领域的一场革命，这将使他成为历史上最伟大的医生。

李斯特 1902 年的照片

解决了丝蚕病后，巴斯德进一步研究高等动物的传染病。当时法国农村正流行着一种炭疽病，大批患病的马、牛、羊很快死去。有些显微学家已经从病羊的血液里发现了致病细菌是一种丝状体，但学界争论很大。巴斯德很仔细地将这种病菌从动物体内分离出来，将其反复稀释、纯化，得到比较纯粹的炭疽病菌，从而证明了炭疽病的发病原因正是这种炭疽病菌。巴斯德又一次提议，将那些患病的牲口全部杀掉，并烧掉尸体，深埋地下，以制止疾病蔓延。

细菌学发展到免疫学，是对人类文明的一个巨大贡献。免疫的概念是从预防天花开始的。天花是一种极为常见的流行病，在那个年代，几乎每个人都得过天花。此病极为可怕，许多人因此而丧失生命，幸存者有的全身长满麻子，有的面容被毁得不像样。著名英国物理学家胡克就因患天花而长了满脸麻子。但人们也发现，那些得过轻微天花的人，一旦病好，以后就永不得此病，也就是说获得了免疫能力。这个现象使人们产生了人为接种的想法。16 世纪，中国人就已经开始接种人痘，即

詹纳

从轻微天花病人身上人工接染此病，从而达到预防的目的。这个方法通过阿拉伯人传到了欧洲，一时流行开来。启蒙运动的领袖狄德罗就十分鼓吹人痘接种法。但是，人痘接种非常不可靠，因为不能保证被接种者只患轻微的天花。英国医生詹纳注意到，有些得过牛痘（发生在牛身上类似于天花的一种轻微疾病）的人也永不得天花。他大胆地做过几次实验，发现确实如此。1798 年，他公布了这一重要的发现。詹纳劝说英国王室率先种了牛痘，于是种牛痘法很快在欧洲推广，天花从此被人类制服。有趣的是，伦敦医学会也因詹纳拒绝参加关于希波克拉底和盖伦理论的考试，而不让他入会。他们不知道，詹纳才是人类历史上第一次真正制服一种疾病的伟大医生。

　　詹纳虽然发明了种牛痘法，但他并不知道为什么种牛痘就可以预防天花。巴斯德的微生物理论对此提供了根据。他在对鸡霍乱病的研究中发现，有毒病菌经过几代繁殖，毒性可以大大减弱。他还发现，若是用这些毒力极弱的细菌给鸡接种，鸡就获得了对鸡霍乱病的免疫能力。巴斯德将这一现象总结为接种免疫原理：接种什么病菌，就可以防治该病菌所引起的疾病。

　　在细菌层次上发现了免疫学的基本原理之后，巴斯德重新回到炭疽病的防治研究上来。他将自己提纯出来的炭疽病菌放在温热的鸡汤里培养，这样可以使病菌的毒性更快地减弱。在最终培养出毒性极弱的疫苗，准备采用的时候，没想到遭到许多人的反对和不信任。在实验室里反复进行试验并取得成功后，巴斯德决定公开试验。1881 年 5 月 5 日，在一大群内科医生和兽医面前，巴斯德对 48 只绵羊中的 24 只、10 头母牛中的 6 头、2 只山羊中的 1 只进行接种。31 日，试验主持人拿出了有毒的炭疽病菌液体，而且应观众的要求将病菌液体剧烈摇匀。庸医们又要求增大剂量，并交替对接种和未接种过的动物注射，以防巴斯德作弊。巴斯德一一按要求做了。一开始看到接种动物出现轻微反应，巴斯德也捏了一把汗。后来，没接种的动物一个接一个地死去，而接种过的动物全部没问题，他才松了一口气。结果，那些起先持怀疑态度的人全都转变了立场，巴斯德取得了巨大的胜利！

　　巴斯德最辉煌的工作是对狂犬病的征服。根据他的细菌免疫原理，巴斯德起初也认为狂犬病起因于一种细菌，但是在显微镜下，却总也看不到这种特殊的细菌。因此，他就无法将之分离出来加以培养（人们后来认识到，引起狂犬病的不是细菌，而是比细菌小得多的病毒）。经多次试验，巴斯德创造性地发明了活体培养法制取疫苗。他将狂犬的毒液接种到兔子的脑膜下，兔子死后将其脊髓提取出来，再接种到另一只兔子的脑膜下，这样经多次培养，得到了毒性极微弱的狂犬病疫苗。巴斯德发现，被狂犬咬伤到发病有一至两个月的潜伏期，如果在这段时间内直接给被咬伤者进行脑膜下接种，疫苗就可以事先发生作用，从而有效地制止狂犬病的发作。

巴斯德研究所院内的雕像，表现迈斯特被疯狗咬伤的情形。吴国盛摄

　　1885年7月6日，一位名叫迈斯特的9岁男孩被狂犬病狗咬伤多处，几乎所有的医生都断定他无望生还。巴斯德只是给动物做过试验，尚未在人身上试过。在迈斯特父母的要求下，他用毒性十分微弱的狂犬病疫苗给迈斯特进行注射，之后逐渐加大毒性，直至7月16日注射了刚使一只兔子死亡的疫苗。巴斯德焦急地观察迈斯特，因为这毕竟是第一次给人体接种狂犬疫苗。但是，潜伏期过后，迈斯特却奇迹般地好了。狂犬病没有发作。

　　消息轰动了整个欧洲。人们纷纷把患者从世界各地送往法国巴黎，因为那里的巴斯德是唯一能解救他们的人。为了应付日益增多的患者，法国于1888年成立了巴斯德研究所。被巴斯德解救的第一个患者迈斯特当了这个研究所的看门人。1940年，纳粹德国占领巴黎时，想让迈斯特打开巴斯德的墓室，迈斯特为保守墓室的秘密而自杀。

　　如果说詹纳第一次使人类真正征服了一种疾病，那巴斯德则引导人们真正征服了许多种疾病。他使医学在治病救人方面显示出无与伦比的威力。也许正是他使欧洲人的平均寿命由40岁提高到70岁。科学在征服大自然中的威力、科学对增进人类幸福的作用，在巴斯德这里得到了最好的体现。他放弃了能使他获得巨大财富的巴斯德消毒法的专利权，以使之更好地为人类服务。这是他高尚品德的见证。他毕

巴斯德晚年的照片

科赫约 1900 年的照片

生坚持不懈地与自然发生说做斗争，与一群又一群保守而又无知的著名人士公开辩论，表现了追求真理的勇气和胆识。著名英国物理学家丁铎尔曾给巴斯德写信说："在科学史上，我们首次有理由抱有确定的希望，就流行性疾病来说，医学不久将从庸医的医术中解放出来，而置于真正科学的基础上。当这一天到来时，我认为，人类将会知道，正是您才应得到人类最大的赞扬和感谢。"[1]

1868 年 10 月，巴斯德突然中风，身体左半侧丧失活动能力。之后病虽然好了，但元气大伤。1888 年巴斯德研究所成立时，他都不能亲自出席成立典礼。但他一直顽强地工作，直到生命的最后一刻。1895 年 9 月 28 日，巴斯德在巴黎去世，终年 73 岁。

在现代医学的诞生过程中，德国医生科赫也做出了重要的贡献。他在细菌学的原理和技术方面均做出了开创性的工作。当医学界就炭疽病的原因展开论战时，科赫用自己娴熟的技术分离出了炭疽杆菌，证明炭疽病正是由炭疽杆菌引起的。他研究了该菌的生活规律，发现 15℃ 以下的干燥土壤可以防止炭疽病菌的传染和危害。

科赫还发展了细菌染色方法和营养明胶培养法，使人们能在实验室里更好地从事细菌学研究。1882 年，他运用先进的细菌学技术分离出了结核杆菌。1884 年又分离出了霍乱杆菌。这些杆菌极为细小，没有高超的技术根本分离不出来。1905 年的诺贝尔生理学或医学奖授予了科赫，以表彰他在肺结核研究方面的成就。

[1] 玛格纳:《生命科学史》，李难等译，华中工学院出版社，1985 年版，第 336 页。

The Journey of Science

第七卷
19 世纪
科学的技术化、社会化

1858 年，美国物理学家约瑟夫·亨利在大西洋海底电缆的竣工仪式上这样讲道："19 世纪历史的显著特点是，将抽象的理论应用于实用技术，让物质世界的内在力量为智慧所控制，成为文明人的驯服工具。"[1] 确实，19 世纪被誉为科学的世纪，不仅因为各门科学均相继成熟，宏伟的古典科学大厦已经耸立起来，而且因为，科学在这个世纪开始成为社会生活的一个重要组成部分，科学知识被大大普及，理论科学的伟大创新正转变为技术科学的无比威力。在这个世纪，蒸汽动力在社会生活的许多方面发挥作用，被马克思称为"世界的加冕式"的铁路成了世界经济的大动脉，法拉第－麦克斯韦的电磁理论宣告了电气时代的到来，巴斯德创立的微生物学则在工业和医学上立即发挥神奇的作用。科学的技术化和社会化成了这个科学世纪最突出的特征。

---

[1] 切特罗姆：《传播媒介与美国人的思想》，曹静生、黄艾禾译，中国广播电视出版社，1991 年版，第 2 页。

水晶宫内景，象征着这个世纪由于科学技术和工业的发展而显现的新面貌。1851 年首届世界博览会在伦敦举行，水晶宫即为博览会而建。世博会后，水晶宫异地重建，于 1854 年开放，直至 1936 年 11 月 30 日在一场大火中焚毁。

科学强国的兴衰

  在各种复杂的社会历史条件制约下，世界科学发展的中心表现出地域性的变化迁移。从大的尺度看，科学起源于东方。地中海岸边的希腊人向东方的埃及和巴比伦学习，创立了古代高度发达的文明，成为欧洲文明的摇篮。文艺复兴以来，欧洲科学飞速发展，而古老的东方国家则越来越落后，相继成了欧洲列强的殖民地。到了20世纪，科学又在新大陆美洲繁荣昌盛。20世纪末，亚洲太平洋地区更显出蒸蒸日上之势，以至有人预言，21世纪的科学中心将会重新回到亚洲。

  从小的尺度看，在欧洲近代科学的昌盛时期，也有一个重心转移的过程。在地理大发现方面，西班牙和葡萄牙因为其优越的地理位置而独占鳌头。在希腊文化的复兴方面，意大利近水楼台先得月，成为文艺复兴运动的策源地。近代科学革命包括天文学革命和生理学革命也正是在这里开始的，实验科学的真正始祖伽利略就是意大利人。继意大利之后，英国成为欧洲科学的中心。吉尔伯特、哈维、波义耳、胡克、牛顿等科学大师都是英国人。牛顿巨大的科学成就使英国人滋生了强烈的民族优越感和自满保守思想，到了18世纪，英国科学开始衰落。特别是牛顿－莱布尼茨关于微积分的优先权之争，导致英国数学界与欧洲大陆之间出现人为的隔绝，英国数学遂停滞不前。18世纪最重要的成就如分析力学，大多不是英国人做出的。

  19世纪，法国、英国、俄国、德国、美国各领风骚，使这个科学的世纪大放异彩。

1. 法国

  启蒙运动与法国大革命为法国科学发展开辟了道路。大革命在科学体制和教育体制方面的直接后果是：改组了法国科学院，使之成为名副其实的科学研究中心，

巴黎工艺博物馆外景。吴国盛摄

废除了贵族当权的名誉院士制度；统一了度量衡；创办了巴黎高等师范学校和巴黎综合工科学校。

综合工科学校为19世纪初的法国培养了大批优秀的科学人才。这只"下金蛋的母鸡"确实产下了当时最杰出的科学家：发现气体膨胀定律的著名物理学家、化学家盖－吕萨克，发现电流元磁力定律的著名物理学家比奥，发现偏振现象的著名物理学家马吕斯，著名的分析力学家泊松，发现偏振光干涉的著名物理学家阿拉果，创立光之波动说的著名物理学家菲涅尔，著名数学家柯西，创立射影几何学的著名数学家彭塞列，均毕业于这所学校。

18世纪，法国在分析力学方面的工作是首屈一指的。大数学家达朗贝尔、蒙日、拉格朗日、拉普拉斯和傅立叶都是法国人。大革命后，法国科学转向实用性、技术性，在实验科学方面也跃居世界前列。卡诺关于热力学的研究是这一时期最出色的物理学工作。

由于近代化学之父拉瓦锡的缘故，法国一时成了化学的故乡。拉瓦锡之后的法国大化学家如盖－吕萨克、杜马等，吸引了大批外国学生。不仅在理论化学方面，就算在实用化工方面，法国也走在世界的前沿。当时最先进的制碱和制糖工业均发源于法国。

在19世纪初兴盛一时的法国科学很快走向衰落，原因是多方面的。首先是法国政局的动荡多变。拿破仑当政时期热衷于征服世界，连年发动对外战争，国力大衰。拿破仑之后，波旁王朝的复辟又使

杜马

国内陷于白色恐怖。这些政治上的不稳定在一定程度上影响了法国科学的发展。另一个也许是更直接的原因，是法国科学活动的高度集中性制约了它发展的活力。当时法国的几乎一切科学活动均受法国科学院控制，以致主要的科学工作都集中在巴黎进行，外省的科研条件十分恶劣。那些有才华的科学家常常因为与巴黎的权威人士不和而不得不在外省耗费生命、无所作为。科学管理的高度集中也带来了可能出现的学阀作风。以生物学为例，由于居维叶一直担任教育部长和法国科学院的常务秘书，他对进化论的否定态度大大压制了法国在这方面的发展。在拿破仑时期，他打击拉马克，在波旁王朝时期，他又压制圣提雷尔，致使法国在生物进化论的发展中毫无作为。再以化学为例，著名化学家罗朗由于与化学权威杜马关系不好，无法在科学院谋得一个职位，只得在外省几所条件极为恶劣的大学里虚度光阴。他在有机化学方面提出的许多正确理论未能发挥应有的影响。

2. 英国

英国曾是近代科学的主要策源地，是牛顿力学的故乡。它有着良好的民间业余科研传统，几乎源源不绝地向世界贡献优秀的科学家。也许是牛顿巨大的身影的遮蔽，18 世纪上半叶英国的理论科学出现过暂时的低落。但第一次工业革命使英国在技术科学方面突飞猛进。当然，即使在低迷时期，也出现了杰出的物理学家卡文迪许、化学家普里斯特利、天文学家赫舍尔。

19 世纪上半叶，英国科学家在理论科学的诸多方面均有非凡建树。道尔顿对化学，戴维对电化学，托马斯·杨对波动光学，赖尔对地质学，焦耳、法拉第和麦克斯韦对电学，达尔文对生物学，都起着划时代的作用。英国科学呈现出欣欣向荣的新气象。

曼彻斯特科学与工业博物馆外景。吴国盛摄

　　英国的科技体制与法国不太一样。第一，它的科研工作分散在全国各地，并不集中于伦敦一地，其标志是各地自发创办的各种科学团体，如利物浦文哲学会、利兹文哲学会、谢菲尔德哲学学会等。第二，政府对科学事业支持不够，几乎一分钱都不投资。第三，它没有高度集中的科学管理机构。皇家学会徒有其名，非科学家成员越来越多，领导权也逐步落入贵族之手，变得像大革命前的法国科学院那样死气沉沉。

　　这样的科技体制对英国科学发展的影响是双方面的。一方面，科学管理的非集中性使得英国各地区均保持一定的发展活力，业余研究者层出不穷，不致因某些权威的个人喜好而扼杀天才的创造。另一方面，政府对科学事业的冷漠也使英国科学从整体上赶不上邻近的法国和德国。

巴比奇1860年的照片

　　英国的有识之士深切地意识到英国在科学日益重要的时代面临日益落伍的危险。1830年，剑桥大学的数学教授查尔斯·巴比奇出版了《论英国科学的衰退》一书，分析了欧洲各国的科学状况，指出英国的业余科研传统正在使英国丧失曾经拥有的优势。他呼吁，英国人必须将科学作为一项事业来加以关注，科学家应该受到良好的培养和教育，并成为一种职业。该书引起了广泛的好评，并推动了英国科研体制和教育体制的改革。

　　科研体制改革的几项重要措施包括，成立了一个新的全国性的科学团体"英国科学促进会"。与此同时，皇家学会的运作机制也有所改进。创办了一些新的学校。与牛津和剑桥这些老牌大学相比，这些新的大学更少受等级制度的束缚，更多地鼓励发展自然科学，直接培养科学人才。此外还创办了许多技工学校，它们直接服务于工业生产，使第一次工业革命得以在英国充分实现。

　　整个19世纪，英国科学处于稳步发展的局面。旧的传统迎合新时代的需要毕竟是不容易的。英国人虽然在电磁理论方面做出了开创性的工作，但以电力革命为核心的第二次技术革命却在最新崛起的德国率先开始。德国很快成为科技大国。

3. 德国

19 世纪以前，德国一直是一个相对落后的封建国家。它长期处于四分五裂的状态，境内有数百个相对独立的小邦，普鲁士和奥地利是其中比较大的邦国。这种封建割据大大制约了德国经济、文化的繁荣和发展。近代史上，德意志民族也不乏杰出的科学家，像开普勒、莱布尼茨就是德国人，但这些杰出人物未能改变德国因社会历史原因所带来的总体上的科学落后局面。莱布尼茨亲手创办的柏林科学院，因未受到普鲁士国王腓特烈一世的重视几成虚设。

柏林洪堡大学外景。柏林大学始建于 1809 年，第二次世界大战后，分裂成东柏林的洪堡大学和西柏林的自由大学。吴国盛摄

1740 年，腓特烈一世的儿子腓特烈二世继位。这位新君王实行"开明专制"的政策，重视发展商品经济，保护科学文化事

德意志博物馆外景。吴国盛摄

业。他从法国及欧洲各地重金聘请了一大批著名的科学家，像法国的莫培督、拉格朗日以及瑞士数学家欧拉均被请到柏林科学院任职。这些举措使科学院充满了活力。

18 世纪后期，一批新的大学在德国境内诞生了，如柏林大学（1809）、波恩大学（1818）。它们像当时一切新兴的学校一样，直接面向科学技术，为工业发展培养科技人才。

　　德国科学的大发展是从化学开始的。1824 年，著名化学家李比希从巴黎学成回国，担任吉森大学化学教授。这位有机化学之父在吉森大学创立了一套新的化学教学方法。首先，他建立了一个专供学生使用的实验室，让学生们自己在实验室里动手解决教授所提出的问题，这打破了学生们在教授的实验室里打下手、当门徒的传统。这种先进的教学方法吸引了大批的青年学生来到吉森，聚集在李比希身边，使吉森成了当时欧洲的化学研究中心。李比希的学生们很快分散到德国各地，在各大学和新兴的化工企业担任职务，使德国的化学和化工首先走在世界的前列。

　　1834 年，德意志各邦建立了以普鲁士为首的关税同盟，使德国第一次有了自己

凯库勒

统一的市场。这为德国经济的发展创造了优越的条件。1871 年，德国在政治上完成了统一，建立了德意志帝国。政治经济上的这些变化，为德国科学事业的大发展开辟了道路。19 世纪下半叶，在理论和应用科学两方面，德国突飞猛进，相继超过了法国和英国。在生物学领域，施旺、施莱登和微耳和建立了细胞理论，耐格里、魏斯曼建立了细胞遗传学；在物理学领域，欧姆、楞次、赫尔姆霍茨是电磁理论的创始者；在化学领域，继李比希之后出现了本生、霍夫曼、凯库勒、拜尔、费舍尔等化学大师。据科学史家统计，从 1851 年到 1900 年的 50 年间，理论科学和技术科学上的重大成果数目，英国占 106 项，法国占 65 项，美国占 33 项，而德国占 202 项，表明德国已明显居于领先地位。

费舍尔

　　德国后来居上，不仅用极短的时间完成了第一次以蒸汽动力为标志的技术革命，而且率先发起了以电力技术和内燃机技术为标志的第二次技术革命。第二次技术革命进一步解放了生产力，使世界科学技术进入了一个新的发展时期。德国雄厚的科技实力以及在各门科学上的领先地位，一直持续到 20 世纪前半期，直到两次世界大战严重削弱了德国的科技实力，德国才将冠军宝座让位于美国。

4. 美国

美国是一个年轻的国家。美洲被欧洲人发现之后，大量的移民如潮水般涌入这块新大陆。当地的印第安人或被消灭或被驱逐，欧洲列强均在此建立了殖民地。英国作为当时的头号经济强国，在北美拥有最大的殖民地。几个世纪过去了，移民们开始在北美安居乐业，科学文化事业亦开始起步。电学家富兰克林可以被视为美国的科学先驱。

1783 年，经过近十年艰苦的独立战争，美国人赶跑了英国殖民当局，建立了自己的独立国家——美利坚合众国。建国初期，美国的科学基础几乎是零。这个新兴的国家大量从欧洲引进技术和工业，很快在应用科学方面初具规模。他们修铁路、开钢铁厂、造汽船，在基础工业方面成效卓著。

富兰克林不仅是独立战争的杰出领袖，也是美国的第一位科学家。1743 年，他创立了美国哲学会。这是殖民地时期出现的第一个科学组织。学会宗旨是促进有用知识的探求和传播。实际上，在相当长的一段时期内，该学会充当了美国科学院的角色。

新大陆的人民忙于在一片荒漠上建立自己的家园，几乎无暇从事科学研究工作。即使在意识到科学对于他们生活的重要性之后，他们也只看到了技术科学和应用科学。这很能解释在整个 19 世纪，美国科学的发展何以偏重于实用的方面。他们热衷于技术发明，对理论科学却敬而远之。历史上第一艘汽船是由美国工程师富尔顿发明的，这也是美国历史上第一项重要的技术发明。美国人信奉的实用主义在科学事业的发展上表现得淋漓尽致。著名的美国物理学家约瑟夫·亨利因为美国当时的学术条件所限，未能及时地发表他的成果，而把发现

美国费城富兰克林学会科学博物馆内厅的富兰克林雕像。吴国盛摄

电磁感应的优先权拱手让给了法拉第。为此他曾大声疾呼要重视基础理论研究，但收效甚微。美国人急于解决实际问题，因而鼓励发明，这使他们在19世纪末积累了世界上最丰富的技术发明。莫尔斯发明的电报以及爱迪生的诸多天才的发明是美国人实用智慧的写照。人们一直感叹说："就是这些并没有发现过力学上任何一条一般定律的美国人，却将使世界面貌大为改观的蒸汽机引进了海上航行事业。"

　　1861年，美国爆发了闻名于世的南北战争。持续四年的内战以南方奴隶主彻底失败而告终。内战之后，美国的工业奇迹般地跃居世界先进行列，但其基础科学依然十分落后。少数有识之士洛克菲勒和卡内基私人投资在美国兴建了当时一流的天文台，这为日后美国成为世界天文观测的大本营奠定了基础。但总的来看，在基础理论方面，美国人不太出色。19世纪70年代，物理学家迈克尔逊设计出了一种测量光速的方法，后来因此获得了1907年的诺贝尔物理学奖。这也是美国人第一次获此项殊荣。19世纪末美国最伟大的物理学家当推吉布斯，他在热力学上做出了一系列重要的贡献。在整个美国实用主义的背景下，这些科学巨人寥

位于底特律的福特博物馆外景。吴国盛摄

若晨星。

　　直到第二次世界大战后，许多优秀的欧洲科学家来到
美国，才极大地推动了美国理论科学的发展。此时的美国，
借着它在两次世界大战中积攒的雄厚的经济实力，由联
邦出巨资支持基础理论研究，才成为名副其实的头号科技
强国。

吉布斯

5.　俄国

　　沙皇俄国是从"基辅罗斯"即以基辅为中心的大公国
发展而来的。15 世纪末，首次形成以莫斯科为中心的俄罗斯中央集权国家。16 世
纪中叶，伊凡四世改称沙皇并开始向东扩张。这个时期的俄国是一个十分落后的封
建农奴制国家。1682 年，年仅 10 岁的彼得一世即位，7 年后亲政。这位雄才大略
的君主决心实行全盘西化政策，向西方学习，引进科学技术，发展工业经济，建立
近代教育体制。经数十年的励精图治，俄国有了一定的科学基础。1712 年，彼得一
世将首都从莫斯科迁往圣彼得堡。1724 年，彼得大帝接受莱布尼茨生前的建议，成
立了圣彼得堡科学院。

　　科学院虽然成立了，但俄国人没有自己的科学家，
只好从欧洲聘请院士。瑞士数学家伯努利和欧拉是第一批
被招聘来的。不幸的是，科学院成立的第二年，彼得一世
就死了。他一死，宫廷里乱了套，发生了 7 次政变，换了
7 个沙皇，没有人再去关心科学院的事情。这种局面直到
1762 年叶卡捷琳娜二世即位才告结束。这位女皇也仿效德
皇腓特烈二世的"开明专制"，对科学文化事业推崇备至。
她曾邀请狄德罗访问圣彼得堡，又重新聘请了一大批欧洲
科学家来圣彼得堡科学院任职。叶卡捷琳娜二世在位期间
（1762—1796），俄国的科学有了进一步的发展。

　　18 世纪，俄国也产生了自己伟大的科学先驱罗蒙诺索

罗蒙诺索夫

夫。这位渔民的儿子先是冒充贵族在圣彼得堡接受教育，后来被送到德国的马堡大学学习化学，1745 年学成回国。他几乎是一个全才。在科学方面，他反对燃素说，并提出了化学反应中的质量守恒定律；他支持热之唯动说和光的波动理论；他独立地重复了富兰克林的风筝引电实验，他的老师还在实验中被电击身亡；他第一个观测并记录下水银凝结的现象；他也是第一个发现金星上有大气存在的人。罗蒙诺索夫不仅是一位优秀的科学家，还是优秀的诗人和文学家。像富兰克林一样，他为自己的祖国建立了莫斯科大学（1755）。罗蒙诺索夫于 1742 年当选为科学院院士，使该院第一次有了俄国人自己的院士。罗氏生前，德国籍的科学家统治着圣彼得堡科学院及俄国的科学界。他与德国同行们经常发生争吵，其学术影响受到了极大的限制。

罗巴切夫斯基约 1843 年的画像

19 世纪，俄国的工业已有长足的发展，制约科学发展的教育事业也有了新的起色。1804 年，莫斯科大学进行改组和重建，在原来的哲学、法律和医学三个系的基础上增设了数学物理系。此外，俄国在这一时期还创办了一些新的大学，如圣彼得堡大学（1819）、喀山大学（1804）、敖得萨大学（1807）、基辅大学（1834）。这些新兴的大学对于俄国科学技术的发展起了直接的推动作用。

俄国数个世纪的学习引进工作，终于在 19 世纪结出了果实。1826 年，俄国数学家罗巴切夫斯基独立地创立了非欧几何。1869 年，俄国化学家门捷列夫发现了化学元素周期律。这是俄国人第一次在科学史上写下壮丽的篇章。

第三十四章

运输机械的革命

18 世纪中叶在英国发起的第一次工业革命，诞生了瓦特的蒸汽动力机。这种机器一出现，马上使世界的工业格局和发展速度发生了翻天覆地的变化。使用蒸汽机之后，纺织品、煤炭、钢铁产量成倍甚至成十倍地增长。市场商品的激增、社会经济生活的极大活跃，向交通运输业的发展提出了迫切的要求。也正是蒸汽动力的运用，使运输机械发生了重大的变革，将文明社会推向一个热火朝天的新世界。

1. 汽船：菲奇、富尔顿

有史以来的几千年，人类的交通运输工具基本上是两种：水上靠船，陆地靠车；车或用人力或用畜力，而船或借风力或靠人力。由于水路运输运载量大，古代人都很重视这一运输工具。有些国家还在内陆人为地开辟运河，以创造水路运输的条件。中国的大运河以及美国在建国初期兴建的伊利运河（从伊利湖到哈德孙河畔的奥尔巴尼）等，都反映了水路运输在社会经济发展中的重大作用。

制约运输事业发展的主要是动力问题。人力、畜

伊利运河洛克波特河段。吴国盛摄

力或风力，它们要么过于弱小（如人力），要么不能随意使用（如畜力之于海运），或者不能加以控制（如风向和风速）。以它们为动力，无法进一步提高船的载重量和航速。蒸汽机一问世，人们马上想到以之作为船的动力。在瓦特提交的新式蒸汽机专利书上，他曾提到了蒸汽机的各种可能的用途，其中特别指出可用于车辆、船只和锻锤。只是他一心扑在蒸汽机的改进和革新上，并未真的去实现这些可能性。

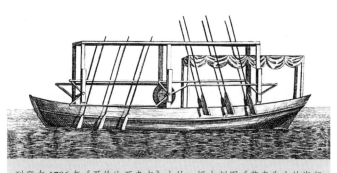

刊登在 1786 年《哥伦比亚杂志》上的一幅木刻图《菲奇先生的汽船计划》

第一个将蒸汽动力用于船运的是美国工程师菲奇。这位美国发明家从 1785 年开始着手将瓦特刚刚推出的双向式蒸汽机装在帆船上。他花了 3 年的工夫，终于筹到了资金和有关的专利转让证书，并造出了 4 艘第一代汽船。不幸的是，他的汽船没有引起公众的关注，投入使用时乘客不多。1790 年，他最好的一艘汽船在从费城到特伦顿的途中操作失灵，宣告了这项事业的失败。1793 年，他来到法国，试图找到新的机会，以继续制造他的汽船，但也没有成功。他灰心丧气地回到美国，最后默默无闻地死去。

真正产生重大影响并最终使蒸汽动力用于水运的，是美国另一位工程师富尔顿。他早年在一家珠宝商那里当学徒，后来成了一名不错的画家。据说，在费城时他还给富兰克林画过像。1786 年，富尔顿去了英国，在那里结识了许多工程师。他们从事的许多工程技术研究使他格外着迷，以至决心放弃艺术而投身技术发明。起初，他跟着朋友们一起去考察英国的运河工程，这期间萌发了制造汽船的想法。1797 年，富尔顿又到了法国，在那里潜心研制潜水艇。法国海军曾一度对他的工作有兴趣，富尔顿也确实造出了一艘，并命名为"鹦鹉螺号"，但投入使用时效果不佳。不过，富尔顿开创性的研制激励后来的法国科学幻想作家凡尔纳写出了著名的《海底两万里》。这部出版于 1870 年的小说描述了一艘奇特的潜水船在海底旅行的神奇故事。

富尔顿头像，乌东（Jean-Antoine Houdon）作于 1803年。

富尔顿诞生地，美国宾夕法尼亚州阔里维尔。吴国盛摄

有趣的是，这艘潜水船的名字也叫"鹦鹉螺号"。富尔顿的实践没有成功，但凡尔纳的作品却在日后再次激发人们制造真正的潜水艇。在法国期间，富尔顿也造了一艘汽船。它用瓦特蒸汽机作为动力，用明轮桨推进，在塞纳河上逆水行驶，速度可追上岸上行人。这个速度当然不太理想。据说富尔顿曾向拿破仑申请资助，以便改进这一重要的运输工具，但拿破仑缺乏远见，看不到汽艇在未来军事战争中的重要作用，没有理会富尔顿的这一建议。

1806 年，富尔顿离开法国回到美国。在法国期间，汽艇没造成，倒欠了一屁股债。但他并未死心，继续在美国寻找合伙人。这次他十分幸运，找到了一位富有的农场主列文斯顿。这位富翁本人也是个发明家。他一眼就看出了富尔顿的工作的价值和前途，决定全力支持。富尔顿继续试验，解决了船的吨位与动力的比例等难题，同时用钢铁代替木头作为基本的船体材料。用铁板做船体材料不仅可以大大提高船的排水量和载重量，还有助于与蒸汽

未知艺术家创作的讽刺画，表现富尔顿驾驶他的汽船在塞纳河上航行。此画藏于富尔顿故居博物馆。吴国盛摄

动力机实现有效的动力传动。

1807 年，富尔顿成功地造出了一艘汽船。这艘命名为"克莱蒙特号"的新船，在哈德孙河上的试航非常成功。从纽约到奥尔巴尼（由于伊利运河的开凿，奥尔巴尼成为一个重要的港口城市）只用了 32 小时，比一般帆船还快。又由于它十分平稳，吸引了许多旅客。富尔顿一鼓作气，生产了一批汽船投入使用。他很快声名大振，并逐渐被人们看作第一艘蒸汽船的发明人，菲奇反被人遗忘。

克莱蒙特号采用的是明轮的推进系统。这种装置本来是模仿陆路上的马车车轮，但在波涛汹涌的水面上，它反而有损船的稳定性。当时已有人提出螺旋桨的构思，富尔顿便采纳了这个新的设计思想。后来的试验表明，螺旋桨确实比明轮桨优越。1814 年，富尔顿为美国海军建造了第一艘蒸汽军舰，开创了海上战争的新时代。

汽船的发明开创了航运史上的新时代。在风暴面前，水手不再望而却步。它穿梭在河海湖面，将全球连成一体，使人类生活世界的空间距离大大缩小。

汽船最先由两位美国人发明不是偶然的。当时的美国身处大洋包围之中，一切物资均要从外面运来，自己丰富的自然资源和矿产也需要运出，因此对运输技术格外敏感。美国人民崇尚技术发明，成功的发明家不仅受人尊重，而且财源滚滚而来，顷刻可成百万富翁。

汽船航运的成功导致汽船制造业的兴盛。继美国之后，1812 年，英国的第一艘汽船"彗星号"胜利下水。大致同时，法国和德国也造出了自己的汽船。汽船的问世甚至引起了一场开凿运河的热潮。到 19 世纪二三十年代，汽船成了当时西方国家主要的内河航运工具。

1819 年，美国的蒸汽帆船"萨凡纳号"利用蒸汽动力成功横渡大西洋。它满载棉花从美国的萨凡纳港出发，用了 29 天到达英国的利物浦。不过，这是一艘带有风帆的帆船，还不是完全利用蒸汽动力。1838 年，英国商船"天狼星号"完全利用蒸汽动力成功横渡大西洋，宣告海上远航也进入了蒸汽时代。

2. 铁路与火车：特里维西克、斯蒂芬逊

蒸汽动力用于陆路运输的主要标志是火车的出现。要有火车，先得有铁路。历

史上，铁路的确先于火车出现。

欧洲历史上，马车一直是主要的陆路运输工具。近代以来，采矿业特别是采煤业的发展使矿产品的运输成了一个大问题。在高低不平、满是泥泞的矿井里，用木头铺上路轨大大提高了运输效率，这就形成了铁路的原始形态"木路"。之后随着冶金业的发展，铁制品大量出现，矿工们又进一步发现用铁皮包着的木轨摩擦力更小，运输量更大。后来，铁皮包着的木轨又被完全的铁轨代替。就这样，木轨一步步过渡到铁轨，木路变成了铁路。这是18世纪上半叶的事情。

居纽1770年制造的蒸汽三轮汽车，现藏于巴黎工艺博物馆。吴国盛摄

蒸汽机问世后，自然有人想到将它用于驱动车子。1769年，法国工程师居纽造出了第一辆用蒸汽机推动的三轮汽车。1787年，瓦特的合作者之一、英国工程师默多克也发明了一辆用蒸汽机驱动的无轨火车。但将铁路与蒸汽机车相联系，并造出第一辆真正意义上的火车的，是英国人特里维西克。

默多克

特里维西克1816年的画像

1796年，特里维西克做出了一辆蒸汽机车模型。1802年，造出了第一辆真正的蒸汽机车。他用事实证明了，光滑的金属轮子在光滑的金属轨道上完全可以产生足够的牵引力。像所有具有开创性的发明家一样，特里维西克也面临着一大堆难题：动力不足、车轴断裂、铁轨断裂、振动太大，等等。由于得不到应有的支持，伟大的发明最后悄无声息地湮没了。

虽然特里维西克最后没有成功，但他的蒸汽机车在伦敦的工业博览会上展出后，激发了另一位后继者斯蒂芬逊的雄心壮志。这位煤矿工人的儿子从小就在煤矿里与蒸汽机打交道，非常熟悉这种新的动力机械。他热爱发明，喜欢动脑筋，几乎与戴维同时发明过安全矿灯。自从 1812 年在博览会上见到特里维西克的蒸汽机车后，他就立志完成这项伟大的发明。他认真研究了车轮与路轨的摩擦力，首次运用凸边轮作为火车的车轮。1814 年，他研制的第一辆蒸汽机车在达林顿的矿区铁路上试运行，效果不错。运货量与速度都很理想，主要的毛病在于噪声太大、振动太大、对铁轨的破坏太厉害。另外，蒸汽机也存在爆炸的危险。今天我们已经很难想象当时的情景：火车开动时，浓烟滚滚，火星四溅，有地动山摇之势；坐在车上的人则满面烟尘，被颠得筋疲力尽。据说，第一次试车时就有几位大人物被摔伤，烟筒冒出的火焰把附近的树木都烧焦了。斯蒂芬逊没有气馁。他想方设法，不断改进。他在车厢下加减震弹簧，用熟铁代替生铁作路轨材料，在枕木下加铺小石块，增加车轮以分散机车的重量，将锅炉安装在车头以减小万一爆炸后可能造成的危害，等等。这些改进措施，使机车更趋完善。

　　1823 年，斯蒂芬逊主持修建斯多克顿至达林顿之间的第一条商用铁路，正式将火车推向实用。1825 年 9 月 27 日，斯蒂芬逊亲自驾驶他自己设计制造的"旅行号"机车，在新铺好的铁路上试车。为了可靠起见，他还同时采用了马作为动力，这次隆重的试车取得了空前的成功。机车牵引着 6 节煤车、20 节挤满乘客的客车厢，载重达 90 吨，时速达 15 公里。这是一次盛况空前的试车典礼。铁路两旁人山人海，

特里维西克的火车头表演，1808 年的一幅插图

斯蒂芬逊

斯蒂芬逊 1829 年制造的"火箭号"火车头原件，现藏于伦敦科学博物馆。吴国盛摄

斯蒂芬逊"火箭号"火车头 1934 年的复制品，现藏于约克的英国国家铁路博物馆。吴国盛摄

有人骑马跟着火车奔跑，为这一奇迹的出现欢呼。1830 年，斯蒂芬逊修建的第二条铁路即利物浦至曼彻斯特大铁路贯通。这一次，他驾驶的"火箭号"使用的完全是蒸汽动力，平均时速达到了 29 公里，全线没出任何故障。

正像美国人将蒸汽动力用于水上运输一样，英国人则用蒸汽机大大推进了陆上运输。斯蒂芬逊的火车的鸣叫，召唤了一个"铁路时代"的到来。正是他使世界真正认识到铁路运输的巨大优越性。从此，巨龙奔驰在地球各地，极大地促进了世界经济的发展。正是"火车一响，黄金万两"。

继英国之后，美国于 1828 年修建了第一条铁路。法国于 1830 年，德国于 1835 年均推出了自己的铁路。此后兴起的"铁路热"在不到 20 年的时间内，使欧洲发达国家建起了遍布全国的铁路网。铁路使世界经济联成一体，隆隆的火车声宣告了第一次工业革命的胜利完成。

3. 从蒸汽机到内燃机：勒努瓦、奥托、戴姆勒、狄塞尔

随着冶金技术和机器制造业的发展，蒸汽机本身也经历了许多改变。首先是加大了蒸汽压，使双向式无冷凝器蒸汽机得以出现。但是，随着工业生产的进一步发展，

詹姆斯·杨 1906 年的照片

格斯纳

德莱克

对动力机械要求也越来越高，相形之下，蒸汽机则越来越暴露出它固有的缺陷。传统的蒸汽机完全通过外燃的方式将热量转化为机械能。热量主要在气缸外流通，锅炉和烟囱几乎将大部分热量都散发出去了，因此它的热效率非常之低。当时蒸汽机的热效率一般都在 5%~8% 之间。此外，为了得到高温高压蒸汽，启动之前还需要一段时间的预热，使用起来很不方便。

外燃是提高热效率的固有障碍，因此很早就有人提出过内燃机的设想。蒸汽机的先驱、法国物理学家巴本一开始研究的正是以火药为燃料的内燃动力技术，但是内燃机对汽缸材料、活塞加工精度、内燃燃料等均有很高的要求。汽缸材料如不结实，则容易发生爆炸。活塞加工如不够精密，则不能产生应有的高压驱动力。当然最重要的还是燃料，它必须是气体或者至少是易于蒸发的液体，使废气易于排出气缸。这些条件在巴本的时代均不具备，所以他不可能实现他的设想。

早在 1792 年，作为蒸汽动力机车之先驱的英国工程师默多克，在煤的干馏过程中发现了可以燃烧的煤气。1850 年，苏格兰科学家杨从煤和油页岩中提炼出了煤焦油。紧随其后，英国人格斯纳脱掉了沥青油液中的焦油成分，制成了煤油。1859 年，美国人德莱克在宾夕法尼亚州打出了世界上第一口石油油井。有了煤气、煤油和石油，制造内燃机就有了可能性。

在蒸馏煤炭中生成的煤气成了一种廉价的燃料之后，发明家们马上注意到这是一种可以用来作为内燃材料的新燃料。1799 年，法国工程师勒朋设计了一种以煤气作燃料，用电火花作为点火装置的内燃机。1820 年，英国工程师西塞尔勾画了更完整的设计蓝图。他试图让煤气在气缸内燃烧产生高温气体，尔后冷却形成真空，由大气对活塞做功。

这种设计思想还局限于大气机的框架。1833 年，英国另一位工程师赖特提出了单靠燃烧气体的压力推动活塞做功的爆发式内燃机设计蓝图，结束了真空 – 大气机一统天下的历史。这些设计思想最后在法国发明家勒努瓦的手里得以首次实现。1860 年，勒努瓦首次造出了一台用煤气作为燃料、用电火花作为点火装置的内燃机。世界历史上的第一台内燃机，一经造出就可以投入使用。勒努瓦用它装了一辆车子，还装了一只汽船，效果均很好。缺点是燃料消耗量很大，热效率只有 4%，体积也很大。

勒朋

1862 年，法国工程师德罗夏总结卡诺的热机理论和内燃机的研制实践，提出了内燃机的四冲程循环理论。该理论指出，通过如下四个冲程（快速往复的过程），内燃热机可取得最大的热效率：第一冲程是外冲程即吸收冲程，通过汽缸向外运动造成的真空将混合气体燃料吸入气缸；第二冲程是内冲程即压缩冲程，通过汽缸的向内运动对进入汽缸里的燃料进行压缩，并在最后的瞬间点火，产生最大的爆炸力；第三冲程是外冲程也叫爆发冲程，它是由高压燃烧气体产生的巨大爆发力做功的过程；第四冲程是内冲程也叫排气冲程，它将已经燃烧的废气从气缸中排出去，为下一次第一冲程做准备。

勒努瓦

德罗夏的四冲程理论，使内燃机的发展有了坚实可靠的科学理论基础，可惜在当时未立即引起注意。当时的发明家们还在苦苦试验。他们中有一位德国工程师叫奥托，从 1854 年就开始研制内燃机，但屡次失败。1876 年年初，他偶然看到刊物上登载的德罗夏的四冲程理论，受到很大启发，决心以此理论为基础重新研制。年底，他造出了第一台以四冲程理论为依据的煤气内燃机。他首次发现，利用飞轮的惯性可以使四冲程自动实现循环往复，这就成功地将德罗夏的四冲程理论付诸实践。这台内燃机的热效率提高到了 14%，转速达到了 150~180 转 / 分。

德罗夏

奥托

戴姆勒

狄塞尔 1883 年的照片

　　奥托继续试验和改进，内燃机的性能更趋稳定和完善。1880 年，机器功率已由原来的 4 马力提高到 20 马力。他的公司生产的内燃机成了热门货。到了 1890 年，世界各地已到处是奥托公司的内燃机，大有取代蒸汽机之势。由于奥托声名大振，人们往往认为他就是四冲程理论的创始人，把四冲程循环称为奥托循环，而德罗夏往往不为人提及。

　　奥托内燃机采用煤气作为燃料，而煤气必须由煤气发生炉这样大的装置提供，这就产生了许多不便之处。例如，这种内燃机无法用在车、船这种远程移动性机械上。

　　无巧不成书。19 世纪中叶以来，燃料工业正好发生了一次巨大的变革。1854 年，美国工程师西里曼成功地发明了石油的分馏方法，汽油、煤油、柴油等优质燃油投入应用。1859 年，美国人在宾夕法尼亚州打出了世界上第一口油井，从此开始了对石油的大量开采和利用。1883 年，德国发明家戴姆勒成功研制了第一台以汽油为燃料的内燃机。由于汽油的燃烧值远远高于煤气，所产生的动力也远大于煤气内燃机。1892 年，另一位德国工程师狄塞尔造出了一台用柴油作燃料的高压缩型自动点火内燃机。这种机器由于增加了压缩过程，使热效率进一步提高，达到 27%~32%。从此，柴油机这种马力大、体积小、重量轻、效率高的新式动力机逐渐取代蒸汽机，成为工业上的主要动力机。

　　正像蒸汽机的发明及其实用化构成了第一次技术革命的主要内容一样，内燃机作为一种新的动力机械与电动机一起掀起第二次技术革命的高潮。20 世纪为了服务于汽车和飞机的需要，内燃机一直在持续地改进和发展。最初的 20 年中，转速提高到了 1000~1500 转／分，为奥托机的 7~10 倍。为了降低重量功率比，出现了多缸制。戴姆勒发明汽车时的内燃机的重量功率比为 200 千克／马力，到 19 世纪 90 年代降至 30 千克／马力，20 世纪初降到 4~6 千克／马力，被莱特兄弟用于飞机制造。到了 20 世纪 20 年代，重量功率比降到了 1 千克 / 马力左右。

随着内燃机重量马力比的下降，人类飞上天空的千年美梦开始成真。1903 年，美国工程师莱特兄弟以一台 8 马力的汽油内燃机为引擎制造了一架飞机，并成功地在天上停留了 59 秒，飞行 260 米。飞机使人类进入了航空运输时代。

4. 汽车：本茨、戴姆勒、福特

内燃机的问世带动了陆路运输的另一场革命。1885 年，汽油内燃机的发明人戴姆勒研制出了第一辆由汽油发动机驱动的两轮"摩托车"。同年，另一名德国工程师本茨独立发明了以汽油内燃机作为引擎的三轮汽车。1886 年，戴姆勒将一辆四轮马车改装成真正的汽车。这是世界上第一辆现代意义上的汽车，用发动机驱动后轮，车辕被改装成驾驶杆。它在平坦的公路上时速可达 20 公里。1888 年，英国发明家邓洛普发明了充气轮胎，解决了汽车的颠簸问题。此后，本茨又于 1890 年制成了四轮汽油内燃机汽车。1892 年，美国人福特也研制了美国第一辆汽车。此后本茨与福特均成立了自己的汽车公司，批量生

本茨

标致 1893 年制造的汽油内燃机驱动的三轮汽车，现藏于巴黎工艺博物馆。吴国盛摄

产，形成了一个新的工业部门：汽车工业。

一开始，尽管汽车深受欢迎，但其价格昂贵，而且技术上尚有缺陷，不能适应当时高低不平的公路。许多人都把汽车看成贵族们的玩物，看成喝汽油的铁赛马，主要用于体育比赛场合。使汽车大众化的关键人物是美国人福特。福特认识到，要使汽车业快速发展，必须营造汽车市场，即让汽车大幅降价，使普通人都能

邓洛普

福特 1919 年的照片

买得起，这样就要求产量大幅上升。同时，它的部件应易于更换和修理。福特为此发明了"流水线作业制"。他的工厂只生产一种型号的 T 型车。生产过程被分成许多工段，每个工段都是非常简单而又单一的工作。汽车就在流水线上逐步被装配出来。流水线作业制大大减少了装配时间，而且对工人的技能没有更高的要求，因而大大降低了生产成本。自 1913 年采用流水线以来，福特汽车的产量与日俱增。由于产量高、成本低、价格低，福特一下子打开了汽车市场。到 1915 年，福特已生产了 100 多万辆汽车，1927 年达到 1500 万辆。福特使美国成了一个轮子上的国家，美国人最早进入汽车时代。

福特不仅成了汽车制造业大王，也是"汽车时代"的创造者。这个时代的特征包括工作与闲暇的二分、大众消费模式。福特曾经提出"每天工作 8 小时，5 美元工资"的工作模式，开创了良好劳资关系的范本，并最终推广到了其余的产业部门。他还推出了利润分享计划，给购买福特汽车的顾客以奖励，开创了鼓励消费、引导消费、刺激消费的新经济模式。

汽车带动了许多其他的产业，如石油工业、钢铁工业、供应轮胎的橡胶工业、供应漆的染料工业以及其他制造业等，成了龙头产业。汽车还带动了道路建设。传统的沙土和石子路面不能适应日益提高的汽车速度。19 世纪末，英国人马卡达姆最早铺设了沥青和混凝土路面，最后向全世界推广开来。20 世纪 30 年代后期，德国开始修建高速公路。美国急起直追，到 40 年代率先形成了自己的高速公路体系。由于公路交通的发达，许多先进国家铁路运输量反而持续下降。在美国，许多老的铁路被逐步废弃。

至 2011 年 8 月，全世界的汽车保有量突破 10 亿辆，平均每 6.75 个人拥有 1 辆。美国是世界上汽车生产和保有量最多的国家，拥有 2.4 亿辆。直到 20 世纪 80 年代，中国还是人均汽车保有量最少的国家，但到了 2011 年 8 月，汽车保有量突破 7800 万辆，仅次于美国位居世界第二。汽车成为美国文化最亮丽的风景线，它象征着自

福特生产线（摄于 1913 年）

福特 1896 年发明的四轮汽车，现藏于底特律福特博物馆。吴国盛摄

由主义和个人主义，象征着创造和开拓的活力。它征服了时间和空间，因而显示出一种独特的力量。

　　然而，汽车的问题同时也是这个工业时代的巨大问题在于，（汽车）生产过程的非人性化、土地被（公路）大量侵占、空气严重污染、拼命消耗资源的消费模式。由福特发明的流水线作业法，把工人固定在单调而机械的劳动岗位上，工人成了可以任意替换的纯粹工具。"装配"在流水线上的工人既显不出他们的个人能力，也不参与整个流水线的管理和设计。他们在其"工作时间"被完全非人化了。卓别林在其名作《摩登时代》中，生动地讲述了一个在流水线上工作的工人被弄得发疯的故事，使人在发笑的同时深深地思索这个时代（摩登时代）的问题。由于汽车是一种只能在道路上使用的商品，汽车的发展完全依赖于公路的发展，因此大量的土地被用于建设高速公路和停车场。私人小汽车的发展使汽车的数量剧增，从而也加剧了对土地的侵占。每个小轿车乘客的占地面积是公共汽车乘客的 12 倍、铁路乘客的 20 倍。在美国，道路和停车场约占城市面积的四分之一。汽车的大众化还带来了一种新的消费模式，即超前消费和过度消费。以汽车消费为榜样，美国人逐渐适应了信贷消费的方式，提前支取未来。与此同时，汽车商为了赚钱则挖空心思不断地使汽车过时，使汽车更不耐用、更耗油、更豪华，从而更昂贵，这一切使汽车工业对环境的破坏和对资源的掠夺呈指数上升趋势。

　　汽车带来的空气污染已经引起了许多人的重视，它使得由汽车带来的快感和舒适大打折扣，这也是内燃机革命带来的最大的负面影响。燃油在汽缸内直接快速燃烧，生成了大量有毒物质，如氧化硫、氧化氮、苯丙烷、一氧化碳及其他碳氢化合物，特别是，为了提高汽油机的热效率，人们曾经一度在汽油中用四乙基铅作为添加剂，使废气中的有毒物质毒性更强。这些有毒气体滞留在城市上空，在日光作用下形成有毒的光化学烟雾。20世纪40年代，洛杉矶就多次发生光化学烟雾公害。目前，世界各大城市均存在大气污染问题，而汽车应负80%以上的责任。除了空气污染，噪声污染也是汽车对城市环境造成的公害。

汽车肯定不会一下子退出历史舞台，对像中国这样的发展中国家来说，发展汽车工业也许还是加速经济发展的一个契机。但是，未来汽车的发展方向肯定是高效率、低能耗、低污染。汽车发展的这种新方向，实际上也代表了以内燃机为主要动力机的工业社会的未来发展方向。

第三十五章

电力革命与电气时代

19 世纪之前，人们对电的认识极为有限。1820 年，丹麦物理学家奥斯特和法国物理学家安培发现电流的磁效应。10 多年后，法拉第等人又发现了电磁感应现象。在这个世纪的前半叶，电磁学理论得到了巨大的发展。与此相呼应，工程技术专家敏锐地意识到电力技术对人类生活的意义，纷纷投身于电力开发、传输和利用方面的研究，推出了一个前人从未想过的电气时代。

电是人类面临的一种前所未有的新型能量。所谓电力革命指的是，新兴的电能开始作为一种主要的能量形式支配着社会经济生活。电能的突出优点在于，它是一种易于传输的工业动力，同时，它又是极为有效可靠的信息载体。因此，电力革命主要体现在动力传输与信息传输两方面。与动力传输系统相关联，出现了大型发电机、高压输电网、各种各样的电动机（马达）和照明电灯。与信息传输相关联，出现了电报、电话和无线电通信。这些伟大的发明使人类的生活进入了一个更光明、更美好的新时期。

1. 电动机与发电机：皮克希、惠斯通、西门子

从逻辑上讲，先得有发电机而后才有电动机，但从历史上看，最先出现的倒是电动机，因为伏打电池已经提供了电能来源。不过，大型的实用的电动机与发电机，是在你追我赶、相互激励中不断研制和持续改进的。

最早发现电流磁效应的那些实验装置，均可以看成是原始的电动机。小磁针在电流导线所形成的磁场中运动，是电能转变为磁能再转变为机械能的真实写照。法拉第使小磁针绕载流导线连续运动的装置，是第一台电动机。在最初展出时，曾有

人问法拉第这个玩意儿有什么用。法拉第机智地反问："新生的婴儿有什么用？"的确，这个婴儿不久就长成了巨人。

雅可比 1856 年的照片

佩奇约 1860 年的照片

一台实用的电动机必须有强大的磁场。早期的玩具式的电动机大多用的是天然的永磁体，磁场强度往往不大。1822 年，法国物理学家阿拉果发现，如果将导线绕在铁块上，当导线通电时，铁块也能被磁化，这就使该匝线圈的磁场强度加大。这种铁块就是所谓的电磁铁。1829 年，美国物理学家亨利用绝缘导线取代裸铜线，进一步加强了电磁铁的磁场强度。1831 年，他居然用一块电磁铁吸起了一吨重的铁，使世人为之震惊。1834 年，德国物理学家雅可比采用电磁铁做转子，制成了第一台实用的电动机。1838 年，他将这台经进一步改进的电动机装在一艘小船上，成功地进行了航行。此后，发明家纷至沓来，使电动机研制进入一个高潮。1850 年，美国发明家佩奇制造了一台 10 马力的电动机，并准备用它来驱动有轨电车。

在人们加紧研制电动机的同时，发电机也处在研制阶段。早期的电动机都是直流的，由伏打电池提供电流。然而，伏打电池费用极为昂贵，用它作为电能来源的电动机几乎看不到其商用意义。有人计算过，1850 年的电能要比蒸汽能贵 25 倍。这也促使人们寻找伏打电池之外的电能来源。

电磁感应理论已经建立，人们已经知道磁可以生电。1832 年，法国发明家皮克希成功地制造了一台手摇发电机，其转子为永磁铁，用了一个换向器，所以输出的是直流电。不过，这台最初的发电机，输出电流极为微弱，无实用价值。1857 年，英国电学家惠斯通用电磁铁代替永磁铁，发明了自激式发电机。但这台自激式发电机中的电磁铁靠的是伏打电池励磁，本质上还不是自激，而是它激。这种它激方式使发电机在结构和发电量上均受制于伏打电池：既笨重，又不经济。

真正的自激式在于将发电机本身所产生的电流用来为自身的电磁铁励磁，它的发明者是德国工程师西门子。这位电业大王几乎在电气技术的每一方面都做出过贡献。他曾经发明了电镀法，将电能引入化学工业；他自己开了一家电报设备公司，生产电报业所需的电器设置。1867年，他制造了第一台自馈式发电机，使发电机的发电量大大提高。由于甩掉了伏打电池，发电机本身也变得轻巧。自此以后，电能开始以大量、廉价而赢得青睐。

电动机械的好处是明显的，它机动性好、噪声小、无污染。由于发电机和电动机机理上完全相同，大型发电机的开发所积累的经验可以为电动机所用。19世纪末期，电动机械已经出现在大大小小的企业工厂中。从电锯、钻床、磨床、车床，到起重机、电梯、电水泵、电动压缩机，都装备上了电动机。后来，电动机械由工厂车间进入了家庭，制冰机、食具洗涤机和吸尘器也相继问世。

大量电动机械的使用向电力供应系统提出了新的问题。早期的发电机和电动机均采用直流电，因为最早的电源——伏打电池提供的是直流电，交流电机反被人们忽视。但是，直流电在传输过程中损耗严重。到了1880年左右，电动机已被大量地用于各行各业，对电的需求也日益加大，直流电机的局限性才开始表现出来。远距离供电问题在直流发电机上得不到解决。高压既使路耗太大，也使发电机的线圈无法承受，换向器工作不良，还给用户带来困难。交流电就在这时被重新发现。

Fig. 33.

皮克希制造的手摇发电机

惠斯通1868年的画像

西门子

2. 发电站与远距输电：德波里

费拉里斯

特斯拉约1890年的照片

斯坦德莱约1895年的照片

最初的发电站主要解决民用照明问题，一台发电机基本上只能供一家或几家住户用电。后来，发电机的功率越来越高，供电范围越来越大，企业家们便建起了发电站。它以蒸汽机为主要原动力，建在供水和燃料运输十分方便的地方。到了19世纪80年代末，直流电机已经不能满足社会的用电需要，交流电开始登上舞台。

制约交流电使用的一个重要因素是交流电动机尚未出现。从前的电动机均使用直流电，方向不断变化的交流电不能在直流电动机上使用。交流电动机起源于旋转磁场的发现。1885年，意大利物理学家费拉里斯和美国物理学家特斯拉各自独立地依据旋转磁场原理，发明了交流感应电动机。1886年，美国人斯坦德莱建立了最早的交流发电站。这个世纪的最后十几年，交流电发展很快并逐步代替了直流电。

交流电替代直流电的一个重要原因是，交流电能够有效地解决远距输电问题。人们早就知道，在远距输电中，为了减少路耗必须提高输电电压。但是对直流电而言，高压发电机和高压电动机在设计上均有无法克服的困难，况且高压电动机械不仅设计上有困难，使用起来也不安全。后来人们想到了久被遗忘的交流电，由于它非常容易实现变压，所以是最适合远距传输的电能形式。法拉第于1831年发现的自感现象为变压器提供了理论依据。在同一个铁芯上绕上两组线圈，当一组线圈上通有交变电流时，在另一组线圈上便会感应到同样交变的电动势来。线圈匝数不同，感到的电动势便会不同。根据这一原理就可以制成变压器，使电压变高或变低。当然，所通电流必须是交变电流。1883年，法国人高拉德和英国人吉布斯制成了第一台实用的变压器。

1882 年，法国物理学家德波里在德国工厂主的资助下，建成了世界上第一条远距离直流输电线路。该线路将米斯尼赫水电站的直流发电机与慕尼黑博览会的一台电动水泵相连，全长 57 千米。使用时，始端电压为 1343 伏，末端电压为 850 伏，输送功率不到 200 瓦，路耗达到 78%。德波里的试验，既雄辩地证明了远距离输电的可能性，也充分显示了直流电在远距离输电上的局限性。

1891 年，三相交流发电机、三相异步电动机以及变压器均已发明出来并投入使用。这一年，在德奥地区建成了世界上第一个三相交流输电系统。奥地利劳芬水电站发出

德波里约 1891 年的照片

的三相交流电经升压通过 170 千米的线路，传到德国法兰克福的变电所降压，再供给法兰克福正在举办的国际工业展览会照明用。8 月 25 日初次运行成功，输电效率达到 80%。这就充分显示了三相交流电在远距输电上的优越性。

由于早期投资兴办的主要是直流电，将直流改交流需要一大笔开支。电气工业的老板们不愿意出这笔钱，所以出现了抵制交流电现象。交流电虽然越来越被证明有着无比的优越性，大力发展交流电仍然拖到了 20 世纪。

有了远距传输的电能之后，电力无可比拟的优越性就充分显示出来了。电力可以大规模集中生产，然后通过高压线传送到一切需要电的地方。电能可以充分转化为各种各样的能量形式，以满足生产和生活各方面的需要。电能转化效率高，易于管理和控制，因此许多其他形式的能量，如煤、石油、原子能、水能等都先转化为电能这种二次能源，再投入使用。

20 世纪将电能充分渗透到工业生产、社会生活的各个方面。每一个城市都完全建立在供电系统之上，停电就意味着社会生活的停顿。电力系统越来越庞大，发电量成了发展的标志。1937 年，全世界发电总量为 455.8 亿度，1950 年为 956.8 亿度，1980 年为 8021.6 亿度。

电气化曾经被看成是人类最理想的生活形态。当年的苏联就有一句口号："苏维埃加电气化就是共产主义。"我国也把"楼上楼下，电灯电话"看成是奋斗的目标。在美国等发达国家，家用电器越来越多，方便了人们的生活，减轻了家务劳动的强度。

大到吸尘器、洗衣机、电暖气、电风扇、空调、电冰箱、洗碗机，小到电熨斗、打蛋机、榨汁机、空气清新器，均已走进了千家万户。至于与信息传媒相联系的电子器具更是五花八门，电视机、电唱机、录音机、录像机、摄像机、VCD 机、DVD 机、音响、电脑等新型电器层出不穷，装点着新时代的文化生活。

3. 电灯、电影：爱迪生

电对人类最早的馈赠是光明。1809 年，英国化学家戴维曾以 2000 多组伏打电池为电源，发明了在两根碳棒之间进行强电流放电的弧光灯。这是人类最早利用电照明的成功尝试。但戴维的弧光灯成本太高，光线太强，只能用于灯塔或公共场合的照明，不可能大规模推向民用。电灯发明的关键是找到合用的灯丝。它首先得在通电状态下发光，其次要经久耐用。

戈贝尔 1893 年的照片

第一个进展是由移居美国的光学用具制造商海因里希·戈贝尔做出的。1854 年，他用碳化了的竹子纤维做灯丝，将玻璃管抽成真空，制成了一个很亮的白炽灯，但寿命不长。

白炽灯的真正发明者是美国的大发明家爱迪生。他是一位传奇般的人物，美利坚民族崇尚的那种传奇般的人物——没有受过良好的学校教育，但凭个人奋斗和非凡才智获得巨大成功。像许多天才人物一样，少年时代的爱迪生喜欢苦思冥想，爱提古怪的问题，在学校经常得不到老师的赞赏。据说在 5 岁那年，父亲看到他一声不吭地蹲在鸡窝里，问明缘由后才知道，原来他是在模仿母鸡孵小鸡。

上小学时，老师因为总被他古怪的问题问得张口结舌，居然当着他母亲的面说他是个傻瓜，说他将来不会有什么出息。母亲一气之下让他退学，决定亲自教育。在家里的这段时间，爱迪生的天资得到了充分的展露。在母亲的指导下，他阅读了大量的书籍，并在家中自己建了一个小实验室。

爱迪生家境并不富裕，为了能支撑一个实验室的必要开支，他只好自己出去挣

爱迪生的诞生地，俄亥俄州的米兰镇。吴国盛摄

少年时代的爱迪生

钱。一开始，他去火车上当报童。在这里，他也不忘干点什么有益的事情。先是自己办了一份报纸，自己印刷、自己发行，后来他又用积攒的钱在火车的行李车厢建立了一个小的实验室，继续从事其化学实验研究。不幸的是，有一次化学药品着了火，差一点把这节车厢都烧了。暴怒的行李员把爱迪生的实验设备都扔下了车，还打了他几个耳光。据说就是这几个耳光使爱迪生失聪了。

　　1862 年，15 岁的爱迪生做了一件见义勇为的大事。他在火车即将来临之时，从铁轨上救下了一个小孩。后来他才知道，这个小孩是车站站长的儿子。站长为此感激不尽，决定教他收发电报技术，以报答他对儿子的救命之恩。爱迪生学得很快，不久就成了最熟练的报务员。

　　19 世纪 60 年代，电气开发热正席卷美国。就在爱迪生终于有钱买到一部法拉第的电学著作之后，他也很快被卷入了这股开发的热潮之中。1869 年，爱迪生去纽约一家经纪人处找工作，正逢那里的电报机坏了，谁都束手无策。爱迪生自告奋勇，很快将它修好了，于是他得到了一份满意的工作。几个月后，他为华尔街的老板们设计了一台股票行情自动收报机。他本来想向感兴趣者索要 5000 美元，结果一家大公司的经理给了他 4 万美元。这项发明的成功促使爱迪生决意当一名职业发明家。次年，他辞去了原来的工作，自己开了一家咨询公司，专门从事发明和技术开发工作。他改进了电报机，发明了蜡纸和油印机，将公司办得有声有色。

　　1877 年，他做出了一个使他声名鹊起的伟大发明：留声机。他将一张锡纸包在

爱迪生于1877年发明的第一台
留声机，现藏于新泽西爱迪生
国家历史公园。吴国盛摄

爱迪生1878年改进后的留声机，现藏于新泽西爱迪生国
家历史公园。吴国盛摄

圆筒上，再让一根小针浮在滚筒的表面，将话筒后面的声波振动装置与小针固定相
连。当人说话时转动圆筒，声波的振动通过小针在锡纸滚筒上划出一条刻痕，这条
刻痕就将人声记录了下来。下一次当小针再沿着它移动时，就将原先的人声再现出
来。留声机被称为"会说话的机器"，在当时非常轰动。人们均惊叹人类居然能够
创造出这样奇妙的东西来。当时爱迪生才29岁。

　　1878年，爱迪生将兴趣转到电灯的研制上来。这时候的爱迪生已经是家喻户晓
的大发明家。他只是在报上预告将发明一种家用电灯，煤气公司的股票就猛然下跌，
因为如果真的出现了日用电灯，就意味着当时普遍使
用的煤气灯要被淘汰。股票下跌反映出当时的民众对
爱迪生非常信任。

　　研制电灯的关键是找灯丝材料。已经有不少人在
这方面攻关，其中著名的有英国电机工程师斯旺。他
从19世纪40年代末就开始研制，花了近30年的努力，
终于在1878年发现碳丝很适合做灯丝。爱迪生先是
独立工作，但屡屡失败，许多可发光材料或者一亮即
灭，或者寿命不长。当时人们已经知道，在真空中灯
丝可以保持更长的寿命，但能长到投入日常使用的材
料还是没有找到。据说爱迪生试验了1600多种耐热

爱迪生1878年的照片

材料和 6000 种植物纤维，但还是没有成功。1879 年 10 月，爱迪生在一本杂志上看到斯旺用碳丝制成了白炽灯的报道，深受启发，10 月 21 日，他用棉线烧成碳丝，再将碳丝装进灯泡，小心地抽成真空。当电灯通上电流时，灯丝发出明亮的光辉，而且持续了 45 个小时。这只灯终于成功了。

爱迪生并未满足，因为这只灯的寿命还太短。经过一次又一次的实验，他终于发现，竹子纤维在碳化后可以做灯丝，其寿命长达 1200 小时。爱迪生马上派人到世界各地选择竹子，最后终于发现，日本的一种竹子最适合做灯丝。爱迪生马上大批量生产这种灯泡，并且为此专门开直流电站，架设电网。到

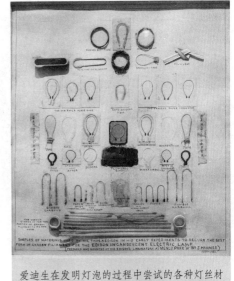

爱迪生在发明灯泡的过程中尝试的各种灯丝材料，现藏于美国国家历史博物馆。吴国盛摄

1882 年，爱迪生已经在纽约建成了一个当时世界上规模最大的电力系统。他的直流发电机功率达到 600 多千瓦，为几千用户提供照明用电。

电灯的发明以及为此发明所做的重要推广，可能是爱迪生一生中最杰出的成就。正是他独自建立的电力系统为后来各国的电力建设提供了示范，推动了电力事业的发展。因此，人们常说，爱迪生创建的配套的供电系统甚至比他发明的电灯还要重要、还要伟大。在电灯的带动下，其他电力产业也成长起来。供电系统以及开关、灯座、灯具、电线、配电盘等电力用料陆续进入市场。爱迪生的发明极大地推进了电力工业的发展。

爱迪生在电气领域的另一项著名的发明是电影。早在 1824 年，英国医生罗吉特就发现了视觉暂留现象，即人眼睛里的物像能在物体消失后继续存留短暂的时间。根据这个原理，不连续的画面快速变动时可以在人眼中形成连续的景象。1889 年，爱迪生开始着手研制电影机。他仔细研究了视觉暂留现象，并考察了法国人此前根据暂留原理制作的动画片，搞清楚了电影放映机的基本原理。1894 年，他用电灯光和电动机制成了世界上第一台电影放映机，它可以将动画用电灯光投射到屏幕上。同年，他的公司拍摄了世界上第一部电影《列车抢劫》。

爱迪生在门罗的实验室，由福特博物馆整体重建。吴国盛摄

爱迪生在研制电灯泡的过程中，曾发现一个重要的物理现象：通电时的灯丝与灯泡内的金属板之间有电流流过。他当时并未意识到该发现有什么实用价值，但还是记录在案，并取得了发现专利。后人称之为爱迪生效应。实际上，十多年后这个现象就得到了解释。原来，灯丝发热时有电子发射出来，它与金属板之间正好形成回路。利用爱迪生效应，英国物理学家弗莱明于20世纪初发明了电子二极管，而电子管的出现引致了另一次技术革命。

爱迪生被称为"发明大王"是当之无愧的。他一生取得了1300多项发明专利。特别在电气应用领域，他更是硕果累累、功勋卓著。人们说，他是把电的福音传播至人间的天使。这是毫不过分的赞词。爱迪生成功的背后经历了许多失败。为寻找灯丝，他试验了数千种材料；为了试制一种新的蓄电池，他失败了8000次，因此爱迪生常常说："天才不过是百分之一的灵感，再加上百分之九十九的汗水。"[1]

1910年，美国通用电气公司的库利奇用耐热金属钨丝替代碳丝，制成了我们今天普遍使用的钨丝灯泡。1913年，朗缪尔建议在灯泡内充入惰性气体氮，以防止灯丝在真空中蒸发烧断，从而极大地延长了灯泡的寿命。此后的改进包括：1920年在灯泡内充入氩气，既使灯丝温度更高，发光更强，又不影响灯丝的寿命；1930年发明了荧光灯。自电灯发

朗缪尔

［1］卡尔金斯主编的《美国科学技术史话》，程毓征等译，人民出版社，1984年版，第280页。

明以来，大自然的昼夜节律不再是人类社会生活的节律，"日出而作，日落而息"
成了一个遥远的怀旧故事。

4. 电报：亨利、莫尔斯

　　最早将电作为一种信息传媒利用的是电报。早在奥
斯特发现电流的磁效应时，安培就试制过一种电报。他
用 26 根导线连接两处 26 个相对应的字母，发报端控制
电流的开关，收报端的每个字母旁各有一个小磁针，可
以感应出连接该字母的导线是否通电。最初的电报就是
通过这种电磁方式来完成信息传递工作的。

　　美国物理学家亨利在电报的发展过程中起了重要的
作用。当时电报面临的主要问题是电流太弱，很难将信
息准确传递到较远的距离。亨利创造性地提出在线路的
中间加装电源，采用接力的方式传送信息。

　　进一步的改进是由美国人莫尔斯做出的。他被称为
美国的达·芬奇，是一个兼艺术家和科学发明家于一身
的人物。他本来是一位画家，搞发明只是想获得一笔丰
厚的收入，以保证他全力以赴从事艺术创作。但收入迟
迟没有到来，他本人反而陷入电报的发明和改进之中不
能自拔。为此他结识了美国著名物理学家亨利，从他那
里学得了基本的电报理论和技术。后来，莫尔斯又改革
了字母发报方式，发明了一套新的莫尔斯电码。新电码
废除了 26 个字母符号，只由点和横两种符号组成，大大
简化了电报系统。

　　1844 年，莫尔斯鼓动美国国会架设了一条由华盛顿
到巴尔的摩的电报线路。5 月 21 日，电报线路开通，第
一条电报线路在美国诞生。莫尔斯在华盛顿写下了第一

莫尔斯与他的电报机

莫尔斯 1837 年发明的电报接收
机，该接收机将电报信号记录
在纸带上。此件现藏于美国国
家历史博物馆。吴国盛摄

份电报的电文："上帝究竟干了些什么？"当时民主党的全国代表大会正在巴尔的摩召开，会议决定的总统候选人名单很快就传到了华盛顿，令美国政界人士大为震惊。一时间，莫尔斯的电报房被好奇的人们所包围，大家都想看一看这神奇的传媒。

在莫尔斯的示范下，美国各地掀起了建设电报线路的高潮。从此，电报由实验阶段进入实用阶段。由于电报通信明显的优越性，各国起而效之，1846年，英国成立了第一家电报公司。在一段不长的时间内，欧洲各大城市均办起了电报公司。随着社会经济的发展，国际电报事业也提上了日程。1847年，英国和法国在英吉利海峡铺设了第一条海底电缆，沟通了两国的电报通信。1856年，更长的海底电缆在大西洋底铺就，英美两国之间也建立了电报通信网。

此前全部的通信都通过邮路传送，邮递就等于通信，信息的传播速度完全取决于信使坐骑的速度。英文communication既指通信也指交通运输。电报的出现宣告了通信与邮政的分家，也宣告了"瞬间通信"时代的到来。

饶有兴趣的是，在电报线路的开发高潮中，纽约市政当局曾经担心电报是否会对公众产生某种难以确定的危险。确实，在电报刚刚发明的时候，电学理论尚未完备地确立，关于电的本质人们还难以理解。什么是电？它究竟在什么地方？为什么它会有这样神奇的功能？人们觉得神秘莫测。据说，当时住在电报电路附近的人对电报线非常敬畏，特别是大风吹过电线所引起的呼啸声更是令人惊恐莫名。据说还有人不相信电报传输信息的速度如此之快，打赌说他最好的马队比电报更快。

电存在于自然界的一切事物之中，但它看不见摸不着。它虽然看不见摸不着，却威力无比——有许多人被电死了。它现在暂时被我们控制住了，但人们不知道它会不会像一个狡猾的仆人，有朝一日反咬主人一口。当然，更多的人则欢呼瞬间通信时代的到来，认为它使世界大同成为可能。

莫尔斯已经预见到地球村的出现。他说："不久大地将遍布通信神经，它们将以思考的速度把这块土地上的消息四处传播，从而使各地都会成为毗邻。"[1]电报的电脉冲传遍全美国各地，就像动物的神经一样。确实，通信网成了现代社会的神经网络，如同交通成为社会的大动脉一样。

电报一开始所引起的反响是乐观的、进步的，人们认为它将使人们之间的沟通、

---

[1] 切特罗姆：《传播媒介与美国人的思想》，曹静生、黄艾禾译，中国广播电视出版社，1991年版，第10页。

思想和感情的交流更为容易，使幅员辽阔的国土上的人们更能团结如一人。

梭罗

只有一人对电报持反对态度，那就是自然主义作家亨利·梭罗。他在《瓦尔登湖》中颇为尖刻地说："我们急忙忙要从缅因州筑一条磁力电报线到得克萨斯州；可是从缅因州到得克萨斯州，也许没有什么重要的电讯要拍发……我们急急乎要在大西洋底下设隧道，使旧世界能缩短几个星期，很快地到达新世界，可是传入美国人的软皮搭骨的大耳朵的第一个消息，也许是阿德莱德公主害了百日咳之类的新闻。"[1] 梭罗敏锐地意识到，电报也许并没有解决从未解决的人类之间的沟通问题，它只是进一步掩盖了这种未沟通。它高效率传播的只是无聊的信息。

电报的出现使报纸的时效性真正确立起来。从前的报纸所报道的都不是真正意义上的"新闻"，以时事评论居多。电报还使报纸在获取新闻方面变得平等起来。然而，早期对电报的反省也是对时效新闻的批评，即认为不停地传播片段的新闻和不完全的信息，会破坏人的理解力。那种即时的消息并不能形成对时代的一种正确的理解，日常的琐事被充分放大，而时代本质的东西被忽视和遗忘。当时持批判态度的人们这样看："电报新闻的草率和浅薄正在腐蚀着阅读这种新闻的人们的思想，损害人们持续的思索和专心一致的精神力量，降低人们的欣赏情趣。它们向人们呈现出被放肆歪曲了的社会现象，把大量恐怖事件日复一日地展现在人们面前；它们把全世界的欺骗、堕落和罪恶昭示给人们，他们的文章使人们淹没在各种变态的事物之中。这种读物只有使人心变得冷酷，使良心失去敏锐的感觉，以至于不再感受到痛苦。"[2]

5. 电话：贝尔

尽管电报遭到了一些文化守成主义者的批评，但毕竟批评的声音还是太弱小了，

[1] 梭罗：《瓦尔登湖》，徐迟译，吉林人民出版社，1997年版，第47页。
[2] 切特罗姆：《传播媒介与美国人的思想》，曹静生、黄艾禾译，中国广播电视出版社，1991年版，第19页。

赖斯

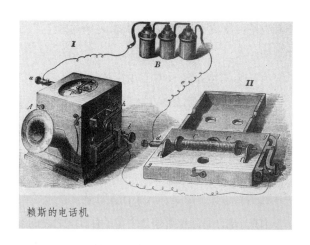

赖斯的电话机

而且，"即时通信"作为一个新鲜事物尚保持着其巨大的神秘性和吸引力，激励着技术发明家进一步向纵深开拓。就在电报发明之后不久的 1860 年，英国物理学家惠斯通就提出"电话"的概念，即通过电流传播人的声音和语言。次年，德国青年教师赖斯发明了一个电话装置。他用猪肠做发话器的振动膜，薄膜上附一块金属小片。当薄膜随着声音振动时，金属片就不断地和另一个触片接触，从而使电路随声音节奏而开闭。发话器是一个缠有线圈的钩针，钩针被放在共鸣箱中，当断断续续的电流通过线圈驱动钩针发出声音时，共鸣箱把声音加以放大。这个装置实际上只能反映说话的节奏，却是电话发明的第一次尝试。

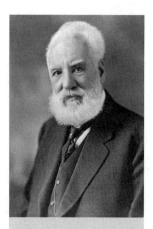

贝尔

　　电话的真正发明者是美国发明家贝尔。他出生于英国爱丁堡，1870 年移居加拿大，1874 年移居美国。贝尔大学时学习语音学，后来还当过聋哑学校的教师，对人的发声机理和声波振动等知识非常熟悉。移居美国后，他的岳父想让他发明一种方法，使一根导线能够同时传送几封电报，这样的方法电报公司肯定感兴趣。在做这项发明实验时，贝尔却偶然发现，簧片在带铁芯线圈附近的振动可以导致线圈内电流的强弱变化，而反过来，同样的电流变化可以导致磁铁线圈附近簧片的振动。根据这一物理原理，贝尔制造出了送话器与受话器。1876 年年初，他成功地造出了第一部电话。据说，当时他正在楼下调试送话器，一不小心将蓄电池中的酸液打

翻了，他脱口叫道："华生，快来帮帮我。"他的
助手华生正在楼上的受话器端，听到声音后高兴地
跑下楼来。世界历史上第一部电话就是这样接通的。
1876 年 3 月 10 日，贝尔获得了电话发明的专利。

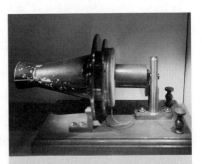

贝尔 1876 年发明的电话机，现藏于
美国国家历史博物馆。吴国盛摄

　　贝尔的电话在博览会上引起了大人物的兴趣，
新闻界则推波助澜，于是他的电话得以很快在美国
社会推广。1877 年，已经有一些报社用电话传发电
讯稿。1877 年，爱迪生发明碳精话筒，利用碳精受
压会改变电阻的原理，大大改进了话筒的质量。像
其他新型发明一样，电话机很快投入市场，加以普及。1880 年，美国的电话用户有
5 万家，到了 20 世纪初年，美国已经拥有 130 多万部电话。1881 年，贝尔建立了
自己的电话公司，致力于开发和推广电话事业。

　　电话用户的增多使电话交换机的技术改进成为必要。早期的电话交换是由人工
实现的。所有的电话线都汇集在一个中心枢纽上，用户先挂通中心，再由中心的接
线生负责接通用户要与之通话的一方，通话完毕再由接线生切断他们之间的连线。
这样的电话交换方式又慢又缺乏保密性，接错线路、久等不通甚至用户被接线员遗
忘等现象屡见不鲜。随着电话用户的增多，手工电话交换方式已经完全不能满足需
求了。自动交换电话的研制工作被提上日程。

　　1889 年，美国人阿尔蒙·斯特罗格发明了"自动拨号
电话"，取得了一项自动电话交换的技术专利。这种自动电
话的原理是，将通话对方的电话号码按顺序输入电话线，每
一个电话号码产生一个电流脉冲，而电流脉冲驱动电话局里
的选择器进行工作。经过与电话号码位数相同次数的选择之
后，在发话者与受话者之间接通线路。这个原理非常简单，
并且直到今天还在发挥作用，但实现起来并不容易。一开始，
斯特罗格的选择器只能为 100 个用户服务。到了 1900 年，
这种类型的选择器也还只能为不超过 400 个用户工作。选择
器的进一步发展可以大致分为两个阶段：电磁继电器阶段和
计算机程序控制阶段。

斯特罗格

除了自动交换的问题之外，电话发展过程中还有长距离失真和多用户同时使用一条线路两大技术难题有待解决。20 世纪初年，电话电缆最远只能传输到 200 多千米，再远声音就完全失真或根本听不到声音。电子管（1906 年发明三极管）出现之后，这两个问题实际上变成一个问题来解决。1914 年，载波法开始投入使用，其原理是将传声器的电流通过电子管电路转换成高频电流，再将高频电流馈入长途电话线路中。由于高频电流在线路上的损耗很小，而且不同的话路可以同时调制成不同频率的高频电流在同一条载波线路上传输，上述两个难题就一举解决了。1935 年，全球性电话通信正式开始。1934 年，一条电话线路传输 12 路的电话系统已经普遍使用。1943 年，实现了 48 路通话。1956 年，横跨大西洋的海底电话电缆达到了 35 路通话。到 20 世纪 70 年代，可以做到几千路话路在同一根电缆上传递。

20 世纪后半叶，电话通信技术有三个重大发展，第一是计算机控制与数字通信，第二是卫星通信，第三是光导纤维通信。这三方面的发展使得大容量和极多地址的高速通信网络成为可能。

20 世纪 50 年代人造卫星出现之后，通过卫星进行全球电话通信成为新的技术突破口。1965 年，第一颗地球同步静止轨道卫星发射成功，在欧美大陆之间建立了 240 个信道，几乎等于 4 个海底电缆的通信量。1969 年，国际通信卫星 –3 进入同步静止轨道，可以分别传递 1200 路双向电话。理论上讲，3 颗同步卫星就可以大致覆盖地球表面。由通信卫星组成的通信网可以克服固定线路容量不足以及缺乏机动性的缺点。不断增多的高性能的通信卫星，使得任何地理环境下的全球漫游通信成为可能。美国摩托罗拉公司 1987 年提出了低轨道"铱"卫星通信系统，定名为"铱"是因为它将模拟铱元素的原子结构，即 77 个电子围绕原子核转动。铱星系统由 77颗（后来的实施方案改为 66 颗）低轨道运行的小型卫星组成，轨道高度 780 千米，沿 6 条极轨道运行，每个轨道平面上都均匀分布着 11 颗卫星。由于这些卫星轨道很低，人们可以在地球上的任何一个地方运用便携式移动电话通过这些卫星进行通信。这个设想非常出色，可惜由于成本太高，铱星公司最后被迫破产。

光纤通信是利用光作为媒体的一种通信方式。光是一种频率极高的电磁波，而且频带很宽。照搬载波通信的原理，用光代替高频微波，用光导纤维（一种可以把光限制在内部传播的透明纤维材料）代替电缆，就可以实现容量更大、品质更优良的通话。通话信号还可以调制成不可见光进行传输，具有非常高的保密性。

　　计算机程序控制交换机曾经使固定电话线路的交换问题得到彻底解决，使固定电话局的容量、速度和通话质量上了一个台阶。采用程控交换机时，需要更改功能或者增加新的服务要求，不需要修改或增加设备，只要修改相应的程序便可实现。因此，它的服务性项目达到50多种。数字化是微电子技术发展之后通信技术发展的新方向。从前的通信可以称为模拟通信，即将声音信号的连续变化模拟成电信号的连续变化。数字通信一开始就将声音信号以二进制数字方式存储。其优越之处在于，首先，与模拟信号比具有更强的抗干扰能力；其次，也可能是最重要的，它使声音信号与其他计算机处理的信号具有完全相同的存在方式，因而便于与计算机联网作业。目前正在加紧研制的计算机通信（compunication）将把电脑网络、电话、电视三者合而为一，把电视网、电话网和数据网合成同一个网，即综合业务数字网（Intergrated Services Digital Network，ISDN）。

　　1910年，全世界共有1000万个电话用户，但最长传输距离不超过1500千米，越洋电话还不可能。到了1985年，全世界大约有5亿部电话机，发达国家电话基本普及，每百人占有话机数达80（美国）。中国电信业在20世纪90年代发展速度异乎寻常地惊人，城市电话普及率已接近发达国家的水平。

　　电话的普及使人们之间的交往方式发生了微妙的变化。情人之间的情书减少了，朋友之间的友情也不再以信札为证。电话取代了文字特有的情趣，创造出一种新的人际交往环境和交际情调。

6．无线电：马可尼、波波夫

　　有线电报和电话依赖于固定线路，造价高、机动性差。在无法铺设线路的原始森林、沙漠、沼泽、海上，在活动的车船上，有线通信都无法起作用。无线通信的设想被顺理成章地提了出来。

　　1865年，英国物理学家麦克斯韦从理论上预言了电磁波的存在。1886年，德国物理学家赫兹在实验室里证实了电磁波的存在。由于赫兹英年早逝，没能在电磁波的应用技术方面大展其才。

　　敏感的发明家们已经意识到电磁波可以用于无线电通信。英国物理学家洛奇研

洛奇（1904年的卡通画）

马可尼1908年的照片

波波夫

制了一种电磁波接收器，能够接收到800米以外的电波信号。意大利工程师马可尼也参与到无线电通信的研究中。1894年，他制成了金属粉屑检波器，并且在发射机和接收机上安装了天线和地线，使接收和发射的效率大大提高。1895年，他已经能够实现1英里远的无线电通信。1896年，距离又增加到了9英里，之后进展顺利，1897年12英里，1898年18英里。这时候，他开始将自己的发明付诸商业化。1900年，马可尼获得了英国政府的第7777号专利。1901年，他用无线电将英国与加拿大沟通起来。1909年，马可尼获诺贝尔物理学奖。

几乎与马可尼同时，俄国物理学家波波夫也独立地发明了无线电通信。1895年5月7日，波波夫在圣彼得堡物理化学学会上演示了他制作的一架无线接收机——雷电指示器，次年3月又在圣彼得堡做了距离约为250米的无线电报表演。波波夫发明的无线电报后来被用于俄国军舰。实际上，波波夫从事无线电发明工作比马可尼还早一点，但马可尼比较幸运地得到了英国政府（他的母国意大利也不太支持他的发明，所以他去了英国）的大力支持，比较早地获得专利和公众的认可，而波波夫在经济落后的俄国没有受到相应的重视，因而影响较小。

马可尼等人早期采用的发射和接收装置无非是火花感应线圈、天线和金属粉末检波器，这套装置频带太宽，相邻两个频率之间会有严重干扰。英国的奥利弗·洛奇除了在1894年发明了粉末检波器外，还提出了调谐原理。原理指出，如果让发射和接收电路对相同频率进行共振，那么接收器对这个频率的接收比对其他频率要敏感。当时增加通信距离的主要方式，是采用大功率的发射机和巨大的天线。一时间，从巴黎的埃菲尔铁塔到海上的船只都装上了巨大的天线。第一次世界大战时期，许多交战国家为了与自己的殖民地保持联系，不惜工本建造大功率无线电台。

无线电一开始主要用于无线电报，马可尼和波波夫的无线电通信都是无线电报通信。但随着无线电报技术的成熟，无线电话也被发明出来。1901 年，波波夫与他的助手雷波金一起研制出了无线电话接收机，并取得发明专利权。1902 年，美国物理学家费森登利用麦克风对交流电机发生的连续电磁波直接进行调制，发明了无线电话。但由于送话器的输送功率和载波功率都比较小，通信距离不大。

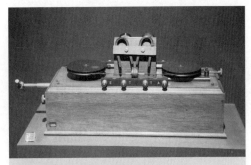

马可尼公司生产的无线信号探测器，意大利国家科技博物馆收藏。吴国盛摄

无线电技术的大发展是 20 世纪的事情，我们将在第四十三章继续讲述。

The Journey of Science

第八卷
20 世纪
探究宇宙与生命之谜

19 世纪，古典科学得到了极大的发展。在物理科学领域，以牛顿力学为基础统一了声学、光学、电磁学和热学，有效地支配着小到超显微粒子、大到宇宙天体的物理世界。在生命科学领域，以细胞学说和生物进化论为基础，统一了生物学的诸分支，确立了人在自然界中的位置。这些巨大的成就使人们相信古典科学已发展到了顶峰，剩下的事情只是将已经建立起来的原理用于自然界中的种种现象。但是，大多数人还没有看到，在理论科学的内部已潜伏着深刻的危机。

正是为了解决上一个世纪留下来的种种科学危机，20 世纪的理论科学经历了一系列的革命。以世纪之交的物理学革命为先导，在天文学、地质学和生物学领域均发生了重大的理论变革。在物理学领域，相对论、量子力学出现了，并取代牛顿力学成为物理世界更普适的基础理论。粒子物理学中的夸克模型、宇宙学中的大爆炸模型、分子生物学中的 DNA 双螺旋模型和地质学中的板块模型，被认为是 20 世纪理论科学中最重要的四大模型。它们均代表了本领域里的一场理论革命。经过一系列的观念变革，人类对宇宙和生命的认识大大深化。

爱因斯坦，他深邃的目光仿佛能洞悉宇宙的奥秘，又对人世间充满悲悯。

第三十六章
世纪之交的物理学革命

19世纪理论科学的巅峰状态以及其中隐含的危机以物理学最为典型。海王星的发现显示了牛顿力学无比强大的理论威力，光学、电磁学与力学的统一使物理学显示出一种形式上的完整，被誉为"庄严雄伟的建筑体系和动人心弦的美丽庙堂"。有一个故事很能说明古典物理学在人们心目中的完善程度。德国著名的物理学家普朗克年轻时曾向他的老师表示要献身于理论物理学，老师劝他说："年轻人，物理学是一门已经完成了的科学，不会再有多大的发展了，将一生献给这门学科，太可惜了。"[1]

开尔文

1900年4月27日，英国著名的物理学家开尔文勋爵做了题为《热和光的动力理论上空的19世纪之乌云》的长篇讲演，指出古典物理学本来十分晴朗的天空出现了两朵乌云。实际上，物理学天空中乌云何止两朵。大量新现象与已成完美体系的古典理论之间的矛盾日渐突出，酿成了深刻的危机。正是这朵朵乌云带来了世纪之交的一场物理学革命，在这场革命中诞生了相对论和量子力学。

1. 第一朵乌云：以太漂移实验

开尔文所称的第一朵乌云，指的是以太漂移实验。古典物理学统一诸多物理现

---

[1] 故事来源于普朗克1932年在德国物理学会举行的庆祝普朗克从事科学活动50年的宴会上的发言，参见李醒民的《激动人心的年代》，四川人民出版社，1984年版，第14页。

象的主要方式是找出该类物理现象的一个力学模型。例如，当我们把声音看成是声源振动在物质媒介中的纵向传播时，我们就将声学统一在关于振动的力学之中；当我们把热看成是细微分子的运动之后，我们就将热学统一在关于大量分子运动的力学之中。电磁学似乎与力学距离较远，但也有统一它们的方式。比如，我们同样可以将电磁波看成是某种电磁振荡在某种物质媒介中的传播，如果这种模型是成立的，那

迈克尔逊

莫雷

么，电磁学与力学也可以统一起来了。事实上，物理学家们就是这么做的，因为在他们看来，"一切物理现象都能够从力学的角度来说明，这是一条公理，整个物理学就建造在这条公理之上"（J. J. 汤姆逊语）[1]。开尔文也说："我的目标就是要证明，如何建造一个力学模型，这个模型在我们所思考的无论什么物理现象中，都将满足所要求的条件。在我没有给一种事物建立起一个力学模型之前，我是永远也不会满足的。如果我能够成功地建立起一个模型，我就能理解它，否则我就不能理解。"[2]

用力学振荡模型来理解电磁现象面临的一个主要问题是，它是在什么物质媒介中振荡传播的。我们知道，声音的媒介可以是许多物质，如空气、水、铁轨等，没有这些东西，声音便不能传播。可是人们一直没有搞清楚电磁振荡靠的是什么媒介。有实验表明，它在真空中也能传播，这就说明，这种媒介不是我们能看得见、摸得着的物质。法国哲学家笛卡尔曾经借用希腊词"以太"提出过一种处处充满以太的宇宙模型。在他那里，以太正好就是看不见、摸不着的一种新物质。于是物理学家们认为，电磁传播的媒介是以太。

问题在于以太将具有什么样的物理性质。比如，它有重量吗？它对物体的运动会产生阻力吗？它的密度有多大？但

---

[1] 李醒民：《激动人心的年代》，四川人民出版社，1984年版，第28页。

[2] *Notes of Lectures on Molecular Dynamics and the Wave Theory of Light*（Baltimore: Johns Hopkins University, 1884），p.270. 转引自李醒民的《激动人心的年代》，四川人民出版社，1984年版，第27页。

这些问题都非常难以回答。电磁波是一种横波，为了能传播这样一种波，以太媒介必定很硬，但行星运动中又看不出受到阻力的迹象，这使物理学家们感到十分为难。

菲兹杰拉德

更困难的问题是以太漂移问题。如果确实有以太存在，那么最好假定它相对于太阳静止，而相对于地球运动，因为只有这样才能很好地解释光行差现象。如果以太相对于地球运动，那么我们就应该可以通过某种方式探测出来。1879年，著名物理学家麦克斯韦提出了一种探测方法：让光线分别在平行和垂直于地球运动的方向等距离地往返传播，平行于地球运动方向所花的时间将会略大于垂直方向的时间。1881年，美国实验物理学家迈克尔逊依此原理设计了一个极为精密的实验，未发现任何时间差。1887年，迈克尔逊再度与美国化学家莫雷合作，以更高精度重复实验，得到的依然是"零结果"。作为一名以"探测以太漂移"为目的的实验物理学家，迈克尔逊认为自己的实验是失败的。

洛伦兹 1916 年的照片

为了解释"零结果"，1889年爱尔兰物理学家菲兹杰拉德提出了物体在以太风中的收缩假说。他认为，在运动方向上，物体长度将会缩短，以致我们无法在光学实验中探测出以太漂移的迹象。1892年，荷兰物理学家洛伦兹也独立地提出了收缩假说，并且给出了著名的洛伦兹变换。该变换使得相对于以太运动以及相对于以太静止的两种坐标系均满足同样形式的麦克斯韦方程，使经典物理学得以消除乌云，保全形式上的完美。但洛伦兹的工作已经大大修改了许多传统的观念，例如，运动粒子的质量不再是不变的，速度均以光速为上限等。

彭加勒

法国数学家、物理学家、哲学家彭加勒是相对论的重要先驱。1895年，在《谈谈拉摩先生的理论》一文中，他已经以其高超的哲学智慧为"以太问题"的解决指出了新的方向。他认为，像洛伦兹这样为新的实验引进新的孤立假设的做法是不经济的，以太漂移实验的零结果应该看成是如下原理的自然结果，即用任何实验手段都不可能测量到物质的绝对运动，所有的实验都只可能测量到物质相对于物质的相对运动。1902年，在《科学与假设》中，彭加勒把这个原理称为"相对性原理"。此外，他提出"光速不变"是一个不能诉诸实验检验的公设，还讨论了同时性问题。

2. 爱因斯坦与相对论

爱因斯坦 1882 年的照片，3 岁

洛伦兹的工作主要是对旧体系的修正，彭加勒的工作也只给出了一个概念框架，真正拉开物理学革命之序幕的是爱因斯坦。这位犹太血统的物理学家1879年3月14日生于德国南部的小城乌尔姆。和牛顿一样，爱因斯坦年幼时也未表现出智力超群，相反，到了四五岁他还不会说话。家里人生怕他是个低能儿。上中学之后，他的学业也不突出，除了数学很好外，其他功课都不怎么样。尤其是拉丁语和希腊语课，爱因斯坦学得一塌糊涂。他对这些古典语言太不感兴趣了。老师劝他退学算了，说他不会有大出息的。就这样，人类历史上最伟大的天才之一中途退学了。

　　1895年，16岁的爱因斯坦来到了瑞士苏黎世，准备报考那里的联邦工业大学。本来他的年龄不够，不能参加报考，但家里托了点关系，因为爱因斯坦失学在家总不是个事。第一次爱因斯坦没有考上。那些需要死记硬背的功课，像德语、法语、动物学、植物学等都没有考好，但他的数学和物理考得很不错。教授们安慰他还年轻，下次再来，先找个中学上。这样，爱因斯坦又进入了离苏黎世不远的阿劳镇中学。在阿劳期间，爱因斯坦拥有了人生中比较快乐的一段时光。他尝到了瑞士自由的空气和阳光，决心放弃德国国籍。1896年1月28日，爱因斯坦正式成为一个无国籍者。当年，他终于考进了联邦工业大学。

在大学期间，爱因斯坦还是只对自己感兴趣的学科着迷，而忽视其他科目。这时候，他迷上了物理学而冷落了数学。数学课全凭一位叫格罗斯曼的同学的笔记来应付。1900 年，他大学毕业了，但一时找不到工作。1901年 2 月，他取得了瑞士国籍，但工作依然没有着落。最后依然是格罗斯曼帮了他的忙。格罗斯曼的父亲有位朋友在伯尔尼专利局当局长，经说情爱因斯坦在那里找到了一份固定职业——当技术员。1902 年，爱因斯坦在伯尔尼定居了，而且在那里与几个朋友组织了一个学习小组，讨论科学和哲学的前沿问题。因常在一个叫奥林匹亚的小咖啡馆聚会，他们把自己的小组称作奥林匹亚科学院。

爱因斯坦 1893 年的照片，14 岁

早在 16 岁时爱因斯坦就在想一个问题，如果一个人以光速运行，他将看到一幅什么样的世界景象呢？电磁波是不是就像凝固了那样静止不动呢？如果是那样，电动力学就完了。看起来，电动力学的麦克斯韦方程只对于一个绝对静止不动的参考系即以太参考系是成立的。可是这与牛顿力学所遵从的惯性系等效原理相矛盾。所有的牛顿定律对于所有的惯性系都是成立的，伽利略恰当地称之为相对性原理。他的著名实验是，一个坐在船舱里的人无论用什么物理实验，也无法确定该船是否在相对于河流做匀速直线运动即惯性运动。可是，电动力学为什么不遵从伽利略的相对性原理呢？

在伯尔尼专利局的岁月里，爱因斯坦广泛关注着物理学界的前沿动态，在许多问题上深入思考，形成了自己独特的见解。1905 年是科学史上值得记载的一年，这一年中，爱因斯坦在德国《物理学年鉴》上发表了五篇论文，其中的三篇每篇均是划时代的成就。

爱因斯坦的第一任妻子米列娃·马里奇（Mileva Maric，1875—1948），他们于 1903年结婚，1919 年离婚，生有两个儿子。

一篇论文发表在《物理学年鉴》第 17 卷第 132~148 页，是关于光电效应的。当时人们已经发现，金属在光的照射下可以发射出电子，但奇怪的是，光的强度只与电子的多少有关，而不能使电子的发射能量变大。对这一点，古典物理学无法解释。爱因斯坦将德国物理学家普朗克在此之前提出的量子观点大胆推广，指出光是由一定能量的光量子组成。正是这些光量子激发了金属内部的电子，而且，只有一定能量的光量子能被金属吸收，并激发一定能量的电子。这就解释了光电效应。由于这篇论文，爱因斯坦获得了1921年的诺贝尔物理学奖。

第二篇论文发表在《物理学年鉴》第17卷第549~560页，是关于布朗运动的。布朗运动是1827年英国植物学家布朗发现的显微镜下花粉颗粒的无规则运动，长期以来得不到解释。分子运动论建立之后，曾有人用大量分子无规则运动的观点解释布朗运动，但爱因斯坦第一个从数学上详尽地解决了这一问题。

爱因斯坦1904年的照片

最伟大的成就是第三篇论文《论动体的电动力学》，刊于《物理学年鉴》第17卷第891~921页。在这篇论文中，爱因斯坦提出了他举世闻名的相对性理论即相对论。这是他多年来思考以太与电动力学问题的结果。他以同时性的相对性这一点作为突破口，建立了全新的时间和空间理论，并在新的时空理论基础上给动体的电动力学以完整的形式。以太概念不再是必要的，以太漂移问题也不再存在。如果迈克尔逊的实验导致了零结果，那么它正是一次成功的实验，证明所谓以太漂移根本就是虚幻的。

何谓同时性的相对性？要理解这个思想，首先要理解什么是同时性，特别要了解不同地点发生的两个事件的同时性意味着什么。我们是怎么知道不同地方的两个事件是同时发生的呢？我们看两个地方的钟所指示的时间。但我们怎么知道这两个钟是一致的呢？需要事先对钟。如何对钟？需要信号。如果信号的传播速度是无限大的，那么对钟就比较简单。

问题就在于，最快的光信号的速度也是有限的。用光信号来对钟会产生一个我们过去未曾想到的结论：对于静止观察者同时的两个事件，对于运动的观察者就不是同时的。设 AB 两地各发生了一个事件（比如发生了一次闪光），处在 AB 的中点 C 处的观察者同时接收到了来自 AB 两地的光信号，于是我们说两事件是同时发生的。现在我们假设，当静止在 C 处的观察者同时接收到来自 A 和 B 两地的光信号时，一个由 A 向 B 运动的观察者也恰好处在 C 处。此时，这位运动的观察者是否也同时收到来自 AB 两处的光信号呢？答案是否定的。他会发现 B 点的闪光先于 A 点的到达，因此，在这位运动的观察者看来，B 事件先于 A 事件，它们是不同时的。因此，引入了观察者的运动状态之后，我们就很容易发现，同时性不是绝对的，而是相对的。这一结论否定了牛顿力学所引以为基础的绝对时间和绝对空间框架。

同时性的相对性带来了一系列的物理后果，其中广为人知的是尺缩钟慢效应。尺缩钟慢效应说的是：对两个相互运动的参照系来说，处在某参照系中的观察者将会发现另一参照系中的物体在运动方向上缩短了，其时钟走慢了。这两个效应都只是相对论效应，在本参照系中的观察者看不出这种效应。而且，相对论效应是相互的，你看见我的尺缩钟慢，我也看见你的尺缩钟慢。

钟慢效应意味着一切周期现象的节奏都变慢了，包括人的生命周期，这就引出了一个十分有趣的双生子难题。假定有一对孪生兄弟，其中的一个

爱因斯坦在伯尔尼的旧居，这个时期他的大部分文章都写于该楼二层的公寓里。吴国盛摄

要以接近于光速（为了充分显示相对论效应）的速度做一次宇宙航行，按照相对论效应，待在地球上的那位就会发现其兄弟的生命周期放慢，比如，自己活了 10 年，对方才过了 1 年。当然，按照相对论，在宇宙飞船上的那位，也会发现待在地球上的兄弟生命周期放慢，因为在他看来，地球以一个与飞船速度相等的速度反向运动。现在假定宇航结束了，两兄弟重逢了，那么他们究竟谁更老、谁更年轻？这就是所谓的双生子佯谬。今天我们知道，这个难题在狭义相对论的范围内无法解决，因为在这个假想的实验中，地球与飞船并不都处在惯性运动状态。飞船为了离开地球以及最后回到地球，都需要经历一段加（减）速时期，而这是狭义相对论所不能处理的。只有引入广义相对论，这个问题才有一个最后的答案：经历加速度的那位生命周期更慢些。

爱因斯坦相对论所引起的物理学革命首先是时间空间观革命。这场革命的本质是恢复了物理时间作为测度时间的测度本性：时间必须是一个可观测量。时间作为一个可观测量具体体现在"同时性"的可操作性方面。牛顿力学认为存在一个普适

闵可夫斯基1909年的照片

的时间，它对不同地方、不同参照系都同样适用，因此，说两事件同时发生就带有绝对性：不论两事件发生在同一地点还是发生在不同地点，不论是从与事件相对静止的惯性系看，还是从与事件相对运动的惯性系看，都是同时的。经典力学主张同时性的绝对性。但是，这样的同时性却缺乏一个操作定义。

恢复测度时间之测度本质的举动，将时间、空间与物质运动重新联系在一起，特别是，从测度的角度看，时间与空间不再是独立不依的两个东西，而是相互不可分割的统一体中的两个方面。闵可夫斯基发展了这一思想，将时间与空间结合起来，组织成空－时（space-time）概念。他指出，"空间自身和时间自身，被宣告退隐，唯有它们的某种结合来维持一个独立的实在……空间和时间消失在阴影中，唯有世界自身存在"[1]。世界不再像传统所认为的，是三维空间中的物质客体在一维时间之中的演化，相反，世界本身就是一个四维的空－时流形（manifold），是一个整块宇宙（block universe）。我们在每一时刻所经验到的世界，只是四维连续统中的某一剖面或切片。世界就像是一盘电影胶片，只不过它将其图片一幅幅地向我们展示。

在闵可夫斯基的四维世界图景中，运动与时间性实际上已经消失。牛顿世界图景中三维世界的演化，今天成了四维世界的存在。再没有什么演化问题。四维空－时不过就是数学意义上的四

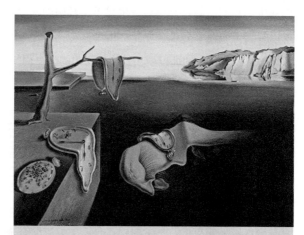

西班牙画家达利（Salvador Dali，1904—1989）1931年的作品《记忆的永恒》，是对相对论时空观的响应，现藏于纽约现代艺术博物馆。

[1] Lorentz, Einstein, and Minkowski, *The Principle of Relativity*, London, 1923, p.75, p.80.

维空间。闵可夫斯基的四维空间理论最简单明了地解释了双生子佯谬：不存在由两种不同时间尺度带来的矛盾，物理实在是唯一的四维空间。相对论放弃了相互独立的绝对时间和绝对空间概念，但并没有放弃"绝对性"本身，在相对论中起绝对作用的是四维空 - 时。

爱因斯坦得出的这些与日常经验大相径庭的结论过于离奇，一开始并未引起科学界的注意。爱因斯坦的论文只在德国有所反响。幸运的是，德国物理学的权威人物普朗克高度赞扬了这篇论文，认为爱因斯坦的工作可以与哥白尼相媲美。

可以与哥白尼相提并论的人还在伯尔尼的专利局里打杂呢！普朗克的学生劳厄来伯尔尼找爱因斯坦，他直奔伯尔尼大学找一位叫爱因斯坦的教授，可料想不到，这位"教授"还是一名公务员。1907 年，爱因斯坦听从友人的建议，提交了那篇著名的论文以申请联邦工业大学的编外讲师职位，但得到的答复是论文无法理解。德国物理学界对爱因斯坦已经耳熟能详，可在瑞士，新时代的哥白尼还是得不到一个大学教职。许多有名望的人开始为他鸣不平。1908 年 10 月 23 日，爱因斯坦终于得到了编外讲师的职位，并于次年当上了副教授。

1912 年，爱因斯坦当上了教授。1913 年，应普朗克之邀担任新成立的威廉皇帝物理研究所所长和柏林大学教授。这时期，爱因斯坦在考虑将已经建立起来的相对论推广。原先的理论只涉及惯性参考系，没有考虑到加速运动，因而被称为狭义相对论。

正在人们忙于理解狭义相对论时，爱因斯坦正接近完成广义相对论。1916 年，爱因斯坦在老同学格罗斯曼的帮助下，运用黎曼几何完成了广义相对论的最终形式。在这个理论中，引力是被考虑的主要问题。按照牛顿力学，任何物体既有惯性质量，也有引力质量。牛顿第二定律中的质量是惯性质量，而万有引力定律中的质量是引力质量。人们通常理所当然地认为它们是相等的，把它们统称为质量，可是，这种相等是偶然的吗？

狭义相对论与牛顿的万有引力理论实际上存在矛盾。在牛顿看来，引力是即时作用，引力场就像一个绝对时空的载体。这种看法为时空的相对性观念所不容。爱因斯坦

黎曼 1863 年的照片

将相对性原理推广到引力场中，指出引力场就相当于一个非惯性系。原则上人们对一个物体是正被加速还是正处在引力场中无法做出区分。这一原则被称为等效原理。惯性质量与引力质量相等是等效原理的一个自然的推论。广义相对论还指出，由于有物质的存在，空间和时间会发生弯曲，引力场实际上是一个弯曲的时空。

广义相对论首先解释了水星近日点的进动。这个进动被曾经预测海王星的法国天文学家勒维列用行星摄动方法来解释，他推测水星附近存在一个新的行星"火神星"。可是许多年过去了，谁也没有发现什么"火神星"。爱因斯坦用太阳引力使空间弯曲的理论，很好地解释了水星近日点进动中无法解释的43秒。

广义相对论的第二大预言是引力红移，即在强引力场中光谱应向红端移动。20世纪20年代，天文学家在天文观测中证实了这一点。

广义相对论的第三大预言是引力场使光线偏转，这一预言最为引人注目，因为它很快得到了天文验证。按照广义相对论，光线偏转的程度与引力场的强度成正相关。为了检验，最好是选太阳引力场，因为它是地球附近最大的引力场。爱因斯坦预言，遥远的星光如果掠过太阳表面，将会发生1.7秒的偏转。这个预言很难验证，因为大白天太阳太亮，看不到星光，晚上能看到星光太阳又下山了。但也有机会，那就是日全食的时候。1919年5月29日，这个机会终于来了。在英国天文学家爱

爱丁顿

丁顿的鼓动下，英国人派出了两支远征队，一支到非洲西部的普林西比岛，由爱丁顿本人率领，另一支到南美的索布腊尔，由另一位天文学家克劳姆林带队。两支队伍不久就带回了日全食时的太阳照片。经反复核对和比较，最终结论是，星光在太阳附近的确发生了1.7秒的偏转。1919年11月6日，皇家学会和皇家天文学会正式宣读了两支队伍的观测报告，确认了广义相对论的结论是正确的。当时的皇家学会会长汤姆逊致辞说："爱因斯坦的相对论是人类思想史上最伟大的成就之一，也许就是最伟大的成就，它不是发现一个孤岛，而是发现了新的科学思想的新大陆。"[1]

---

[1] 秦关根：《爱因斯坦》，中国青年出版社，1979年版，第176页。派依斯关于爱因斯坦的著名传记《上帝难以捉摸》中说，"也许就是最伟大的"几个字不是汤姆逊说的，而是报纸记者添加上去的。参见中译本，方在庆、李勇等译，广东教育出版社，1998年版，第356页。

　　狭义和广义相对论的诞生革新了物理科学的基本概念框架。由于近代世界图景主要由物理科学提供，也可以说相对论革新了世界图景。世界图景不再是"筐子装东西"式的"时空＋物质"模式。由于时空与物质及其运动之间发生了关联，世界图景成了"时空－场－物质－流形"。经典物理学中时空与物质之间的二分消解了，物质运动与时间空间成为一体。爱因斯坦说："空间－时间未必能被看作是一种可以离开物理实在的实际客体而独立存在的东西。物理客体不是在空间之中，而是这些客体有着空间的广延。因此，'空虚空间'这个概念就失去了它的意义。"[1]

　　相对论在时空观方面的革命完全奠基于对希腊古典科学精神的再度弘扬。这种精神就是对世界普遍性的追求，对宇宙和谐的追求，对数学简单性的追求。在狭义相对论中，"光速不变原理"起到重要的作用，它的功能在于统一电动力学与牛顿力学。爱因斯坦自己说过，"狭义相对论的成就可以表征为一般地指出了普遍常数c（光速）在自然规律中所起的作用"[2]。在广义相对论中，"等效原理"即引力场与加速系的等效是一个关键，它的功能也是为物理学的大统一奠定基础。可以说，为物理学奠定新的统一的概念基础，是相对论最重要的贡献，它也是导致物理学革命的主要原因。

　　对数学简单性的追求是爱因斯坦创立相对论的动机。他在一次报告中说："相对论是要从逻辑经济上来改善世纪交替时所存在的物理学基础而产生的。"希腊时代毕达哥拉斯学派所倡导的追求"宇宙的数学和谐"的精神，是西方科学最具支配作用的基因。带动近代科学诞生的哥白尼的工作和开普勒的工作，均属于这一希腊精神的弘扬。爱因斯坦在纪念开普勒的文章中写道："我们在赞赏这位卓越人物的同时，又带着另一种赞赏和敬仰的感情，但这种感情的对象不是人，而是我们出生于其中的自然界的神秘的和谐。古代人已设计出一些曲线，用来表示规律性的最简单的可想象的形式。在这中间，除了直线和圆以外，最重要的就是椭圆和双曲线。我们看到，这最后两种在天体的轨道中体现了出来——至少是非常近乎如此。这好像是说：在我们还未能在事物中发现形式之前，人的头脑应当先独立地把形式构造出来。开普勒的惊人成就，是证实下面这条真理的一个特别美妙的例子，这条真理是：

---

[1] 爱因斯坦:《狭义与广义相对论浅说》，英译本第 15 版说明，转引自《爱因斯坦文集》第一卷，许良英、范岱年编译，商务印书馆，1976 年版，第 560 页。

[2] 同上书，第 458 页。

爱因斯坦 1921 年获诺贝尔奖之后拍摄的照片

密立根

知识不能单从经验中得出，而只能从理智的发现同观察到的事实两者的比较中得出。"[1]相对论继承了科学理论的形式化理想，实现了在极度数学化上的物理统一性。广义相对论的几何化思路则可以看成是毕达哥拉斯主义所达到的新的峰巅。

11 月 7 日，媒体报道了英国天文学家的观测结果。爱因斯坦一下子成了世界名人。记者们蜂拥而至，索求签名照片的信件像雪片一般飞来。各国均向他发出访问邀请。爱因斯坦每到一地，均受到国王般的礼遇。

在德国，日益高涨的排犹运动使爱因斯坦忧心忡忡。德国科学家之中也有人反对相对论，说这是犹太物理学，应该加以抵制。1921 年，爱因斯坦获得了诺贝尔奖奖金，但这奖来得十分不易。当时有不少德国的诺贝尔奖获得者威胁说，如果给相对论授奖，他们就要退回已获的奖章。结果评选委员会找到了一个办法，让爱因斯坦作为光电效应理论的建立者而得奖，相对论始终没有获诺贝尔奖。

1930 年，加州理工学院院长密立根邀请爱因斯坦每年冬天去美国访问讲学。1932 年冬天，他在美国得知希特勒终于上台了，他的家也被抄了。他决定不再回德国。新泽西州普林斯顿高等研究所给了他一个高级研究员的职位，他便在普林斯顿定居下来。

爱因斯坦在生命的最后十年里，将全部精力投入统一场论的研究中。他希望将引力与电磁现象统一起来，但最终也没能成功。他总是孤身一人在物理学的最前沿拼杀，用他自己的话说，总是选木板中那些最厚的地方钻孔。他永远只做最难做的开创性工作，这种性格也使他远离了当时最火热的量子力学的发展。

在他的后半生，爱因斯坦卷入了当时复杂的国际政治中。他对到处弥漫的战争气氛感到十分不安和担忧。他从小就十分厌恶战争，热爱和平，因此一直持一种极

[1]《爱因斯坦文集》第一卷，许良英、范岱年编译，商务印书馆，1976 年版，第 277 页。

端的和平主义立场。他号召青年人不要当兵，兵工厂应该罢工。但在第二次世界大战中，爱因斯坦眼看着由一小撮法西斯主义者发起的战争完全不可避免时，他改变了自己的态度，认为应该拿起枪来，与法西斯主义者做斗争，以尽早结束战争。为了防止德国纳粹最先造出原子弹，给人类带来巨大的危

爱因斯坦在普林斯顿的旧居，目前是私人住宅。吴国盛摄

害，爱因斯坦亲自给当时的美国总统罗斯福写信，建议尽早研制原子弹。美国终于进行了曼哈顿工程，于 1945 年 7 月 16 日成功地试爆了第一颗原子弹，但这时德国人已经战败。第二颗和第三颗原子弹投到了日本，很快使日本投降，结束了第二次世界大战。爱因斯坦看到战后愈演愈烈的核军备竞赛，忧心忡忡，感到自己有责任制止核武器的扩散。他参加了无数的会议，发表了无数的宣言，致力于消灭原子弹的政治活动，但收效甚微。

1955 年 4 月 18 日，爱因斯坦在普林斯顿的家中病逝。爱因斯坦生前反复强调不设立坟墓，不立纪念碑，因此遵照遗嘱，没有举行公开的葬礼，火化时只有几位最亲近的朋友在场，骨灰则被秘密保存。法国物理学家朗之万评论说："在我们这一时代的物理学家中，爱因斯坦将位于最前列。他现在是，将来也还是人类宇宙中有头等光辉的一颗巨星。很难说，他究竟是同牛顿一样伟大，还是比牛顿更伟大；不过，可以肯定地说，他的伟大是可以同牛顿相比拟的。按照我的见解，他也许比牛顿更伟大，因为他对于科学的贡献，更加深刻地

美国国家科学院门前的爱因斯坦雕像。吴国盛摄

进入了人类思想基本概念的结构中。"[1]

3. X射线、放射性和电子的发现

早在 19 世纪 30 年代，法拉第就发现真空中放电会发生辉光现象。随着真空技术的发展，物理学家进一步发现，真空管内的金属电极在通电时其阴极会发出某种射线，这种射线受磁场影响，具有能量，被称为阴极射线。

1895 年 11 月 8 日晚，德国物理学家伦琴在做阴极射线实验时，意外地发现了一种新的射线。它具有极强的穿透力，但因不了解其本性，伦琴权且称它为 X 射线。由于 X 射线可以穿透皮肉透视骨骼，在医疗上很有用处，因此，这个发现一公布就引起了很大的轰动。尽管新发现的用途和影响很大，但物理学家对该神秘射线的本性一下子还是搞不清楚。伦琴由于发现 X 射线而成为世界上第一个荣获诺贝尔物理学奖（1901 年颁发）的人。

有关 X 射线的消息引起了法国物理学家贝克勒尔的注意。他出生在一个研究荧光的世家，因此马上联想到 X 射线是否与荧光有关。但多次实验表明，发荧光的物

伦琴 1900 年的照片

伦琴在维尔茨堡大学的实验室。吴国盛摄

<hr />

[1] 秦关根：《爱因斯坦》，中国青年出版社，1979 年版，第 310 页。

质并不产生 X 射线。后来，他又用一种铀盐做实验，因为铀盐也属于荧光物质，在太阳下曝晒后会发出荧光。实验结果表明，这种荧光物质确实可以像 X 射线那样使用黑纸包着的照相底片感光。事有凑巧，接下来的几天都是阴天，铀盐无法在阳光底下曝晒发出荧光，但奇怪的是，它照样能使底片感光。这就说明使底片感光的是一种射线，而与荧光无关。进一步研究之后，贝克勒尔得出结论，这种新射线是从铀原子本身发出的，不受外界条件的影响。

贝克勒尔

铀盐能够发出新射线的发现没有像 X 射线那样轰动一时，对它的研究也没有及时地展开，这可能是因为，它不像 X 射线那样具有医学价值。再说得到铀盐也不容易，而人们当时普遍认为，只有铀盐才具有这种特殊的放射能力。

将放射性的研究推向一个新高度的是波兰籍女科学家居里夫人。居里夫人原名玛丽·斯克罗多夫斯卡，1867 年 11 月 7 日生于波兰华沙一个教师家庭。1891 年，她考入巴黎索邦大学攻读物理学，在此期间遇上了著名的法国实验物理学家皮埃尔·居里，并于 1895 年结婚。贝克勒尔新射线的发现使她意识到该问题的重要性，当即将"放射性物质的研究"作为博士论文题目。"放射性"一词就是她首先使用的。

居里夫人约 1920 年的照片

1898 年 4 月 12 日，居里夫人宣布钍像铀一样具有放射性，从而表明放射性绝不只是某个元素独有的现象。她还指出，沥青铀矿和铜铀云母的放射性比根据铀的含量计算出的要强得多，说明这些矿石里还存在着放射性更强的元素。为了寻找这些新的元素，居里夫妇付出了令人难以置信的艰苦劳动。在一座极为简陋的实验室里，他们将奥地利政府提供的几吨废铀渣进行反复的化学分离和物理测定。1898 年 7 月 18 日，他们先发现了比铀的放射性强 400 倍的新物质，为纪念居里夫人的祖国波兰，命名为"钋"。当年 12 月 26 日，他们终于发现了另一种放射性更强的新物质镭，其放射性大约是铀的 900 倍，次年又定为 7500 倍，不久又发现为 10 万倍。这一发现在物理学界引起了轰动，

居里夫人在华沙的故居。吴国盛摄

居里夫人在巴黎的实验室。吴国盛摄

但化学家们还持怀疑态度。为了确定镭的原子量，居里夫妇又花了3年时间，提炼出了0.12克纯镭，测定出镭的原子量为225，放射性比铀强200多万倍。

居里夫人的博士论文直到1903年才最终完成。就在这一年她与丈夫及贝克勒尔共同分享了诺贝尔物理学奖。可是，他们夫妇太累了，没有力气亲自去领奖。在过去的4年多中，居里夫人体重减了10千克，健康受到严重的损害。1911年，她因发现两种新元素而再度获诺贝尔奖，这一次是化学奖。化学家们终于承认了居里夫人的工作。她成了第一位两次获诺贝尔奖殊荣的人物。

巨大的荣誉并没有改变她一贯的平易作风。第一次世界大战期间，她亲自驾驶一辆战地救护车，做人道主义救护工作。由于她在放射性方面的研究，这一领域呈现出新的热闹景象。不少新的放射性元素被发现，放射性在医学上可能的应用也被开发出来。但是，由于长期受放射线的照射，居里夫人不幸患上了白血病，1934年7月4日在法国去世。爱因斯坦对居里夫人的高尚品德评价极高，他在悼念居里夫人时这样说道："居里夫人的品德力量和热忱，哪怕只有一小部分存在于欧洲知识分子中间，欧洲就会面临一个比较光明的未来。"[1]

X射线不仅导致了放射性物质的发现，也促进了电子的发现。阴极射线的本性问题在物理学界争论已久，德国物理学家大多认为是一种以太波，英国人则认为是一种带电粒子流。1897年，英国物理学家J. J. 汤姆逊用实验证明了，阴极射线在电场和磁场作用下均可发生偏转，其偏转方式与带负电粒子相同，这就证明了阴极

---

[1]《爱因斯坦文集》第一卷，许良英、范岱年编译，商务印书馆，1976年版，第340页。

射线确实是一种带负电的粒子流。汤姆逊测出了这种粒子流的质量与电荷的比，其值只有氢离子的千分之一。1898 年，汤姆逊进一步证明了该粒子流所带电荷与氢离子属同一量级，这就表明，其质量只有氢离子的千分之一。汤姆逊将之命名为"微粒"，后来又称"电子"，意即它是电荷的最小单位。汤姆逊指出，它比原子更小，是一切化学原子的共同组分。

X 射线以及随之而来的放射性与电子的发现，给新世纪的人们打开了一个新的奇妙的微观世界。世纪之交的另一革命性理论量子力学，就是在原子物理学的基础上建立起来的。

汤姆逊

4. 紫外灾难与量子理论的提出：普朗克、爱因斯坦

导致量子论出现的倒不是原子世界的新鲜事物，而是一个古典热力学难题，即黑体辐射问题。1900 年，英国物理学家瑞利根据经典统计力学和电磁理论，推出了黑体辐射的能量分布公式。该理论在长波部分与实验比较符合，但在短波部分却出现了无穷值，而实验结果趋于零。这部分严重的背离，被称为"紫外灾难"（紫外指短波部分）。同年，德国物理学家普朗克采用拼凑的办法，得出了一个在长波和短波部分均与实验相吻合的公式。但该公式的理论依据尚不清楚。不久，普朗克发现，只要假定物体的辐射能不是连续变化的，而是以一定的整数倍跳跃式变化，就可以对该公式做出合理的解释。普朗克将最小的不可再

瑞利

分的能量单元称作"能量子"或"量子"。当年 12 月 14 日，他将这一假说报告给德国物理学会，宣告了量子论的诞生。

量子假说与物理学界几百年来信奉的"自然界无跳跃"的原则直接矛盾，因此

普朗克1933年的照片

量子论出现之后，许多物理学家不予接受。普朗克本人也非常动摇，后悔当初的大胆举动，甚至放弃量子论，转而继续用能量的连续变化来解决辐射问题，但是，历史已经将量子论推上了物理学新纪元的开路先锋的位置，量子论的发展已是锐不可当。

第一个意识到量子概念的普遍意义，并将其运用到其他问题上的是爱因斯坦。他建立了光量子论以解释光电效应中出现的新现象。光量子论的提出使关于光的本性的历史争论进入了一个新的阶段。自牛顿以来，光的微粒说和波动说此起彼伏。爱因斯坦的理论重新肯定了微粒说和波动说对于描述光的行为的意义。它们均反映了光的本质的一个侧面，因为光的确有时表现出波动性，有时表现出粒子性。但它既非经典的粒子也非经典的波，这就是光的波粒二象性。主要由于爱因斯坦的工作，量子论在最初的十年得以进一步发展。

5. 量子力学的建立：玻尔、德布罗意、海森堡、薛定谔、狄拉克

卢瑟福

量子力学起源于原子结构的研究。元素的放射性和电子的发现，促使人们去研究原子的内部结构。当时出现了不少原子结构模型，著名的有汤姆逊提出的布丁（面包之中嵌有葡萄等物）模型，电子就像布丁之中的葡萄，此外还有土星环模型等。大约在1909年，实验表明布丁模型的某些理论预言与实验观测不符。1911年，新西兰物理学家卢瑟福提出了原子的有核模型。次年，一系列 α 粒子对金箔的散射实验完全证实了有核模型所提出的理论预言。卢瑟福曾获1908年的诺贝尔化学奖。据说他对此不以为然，因为他认为他的伟大工作是一项物理学成就。

卢瑟福的有核模型假定，原子的质量基本集中于核上，

绕核旋转的电子所带的负电正好与核所带的正电等量。原子表现出电中性。但是根据经典的电磁理论，旋转的电子必定向外发射电磁波，从而损失能量，使电子最终落入原子核中。这样，卢瑟福的原子模型就是一个不稳定的模型。

正在曼彻斯特卢瑟福的实验室里从事研究工作的丹麦物理学家玻尔解决了这一问题。玻尔本来想去剑桥的卡文迪许实验室随汤姆逊研究电子，但汤姆逊对电子已经不感兴趣，他才来到了卢瑟福这里。他在曼彻斯特虽然只待了四个月，却做出了一生中最重要的工作，即提出了一种量子化的原子结构理论。他认为，电子只在一些特定的圆轨道上绕核运行。它们在这些特定的轨道上运行时并不发射能量，只有从一个较高能量的轨道上向一个较低能量的轨道跃迁时才发出辐射，反过来则吸收辐射能。这个理论不仅在卢瑟福模型的基础上解决了原子

玻尔约 1922 年的照片

的稳定性问题，而且用于氢原子时，与光谱分析所得实验结果完全符合。物理学界引起了震动，因为在此之前，光谱只有经验研究，还没有过理论说明。

玻尔的量子化的原子结构理论明显违背古典理论，同样引起许多科学家的不满。不过，它在解释光谱分布的经验规律方面意外地成功，使它赢得了很高的声誉，大大推动了量子理论的发展。当时，玻尔的理论只能用于氢原子这样比较简单的情形，

对于多电子的原子光谱尚无法解释。之后，玻尔又想出了一些办法以弥补这些缺陷，但结果是使理论基础变得更加逻辑不一致，以致有人认为量子论也出现了危机。

旧量子论确实面临着困境，但不久就被突破。1923 年，法国物理学家路易·德布罗意提出了物质波理论，将量子论发展到一个新的高度。德布罗意本来是学历史的，其兄是研究 X 射线的著名物理学家。受其兄长的影响，德布罗意毕业之后改学物理，并与其兄一起研究 X 射线的波动性与粒子性问题。

德布罗意 1929 年的照片

德布罗意在长期思考之后，突然意识到爱因斯坦的

薛定谔

德拜

海森堡1933年的照片

光量子理论应该推广到一切物质粒子，特别是电子。1923年9月至10月，他连续发表了三篇论文，提出了电子也是一种波的理论。他还预言，电子束穿过小孔时也会发生衍射现象。1924年，他写出博士论文《关于量子理论的研究》，更系统地阐述了物质波理论。爱因斯坦读到这篇论文后，十分赞赏。不出几年，实验物理学家就真的观测到了电子的衍射现象，证实了德布罗意物质波的存在。

沿着物质波概念继续前进并创立了波动力学的，是奥地利物理学家薛定谔。他在研究热力学中的统计问题时，从爱因斯坦的一篇报告中得知德布罗意的物质波概念。他马上接受了这一概念，指出粒子不过是波动辐射上的泡沫。在一次讲课时，德国物理学家德拜向学生们提出了一个问题：如果电子是波，那么它将服从什么波动方程？薛定谔经过反复思考，于1925年推出了一个相对论性的波动方程，但与实验不太符合。1926年，他改而处理非相对论性的电子问题，得出的波动方程与实验证据非常吻合。波动力学就此诞生了。

1925年，德国青年物理学家海森堡写出了以"关于运动学和力学关系的量子论的重新解释"为题的论文，创立了解决量子理论的矩阵方法。它完全抛弃了玻尔理论中的电子轨道、运行周期这种古典的却不可观测的概念，代之以可观察量，如辐射频率和强度。论文写出后，海森堡请他的老师玻恩审查。玻恩发现海森堡的方法正是数学家早已创造出的矩阵运算。当年9月，玻恩与另一位物理学家约丹合作，将海森堡的思想发展成为系统的矩阵力学理论。在英国，另一位年轻人狄拉克改进了矩阵力学的数学形式，使其成为一个概念完整、逻辑自洽的理论体系。

波动力学和矩阵力学的创始者们一开始还互相敌视，认为对方的理论有缺陷。到了1926年3月，薛定谔发现这两种理论在数学上是完全等价的，方才消除了双方的敌意。从此以后，两大理论统称量子力学。薛定谔的波动方程由于更易被物理学家掌握，成为量子力学的基本方程。

量子力学虽然建立了，但关于它的物理解释却众说纷纭，莫衷一是。波动方程中所谓的波究竟是什么？薛定谔本人认为，它就是一种物质波，而其粒子性只是波的某种密集，即"波包"。玻恩则认为，电子的粒子性是基本的，它的波函数表示的是电子这种粒子在某时某地出现的概率。1927 年，海森堡提出了微观领域里的测不准关系，即任何一个粒子的位置和动量不可能同时准确测量，要准确测量一个，另一个就完全测不准。海森堡称它为"测不准原理"。玻尔敏锐地意识到它正表现了经典概念的局限性，因此以之为基础提出了"互补原理"，认为在量子领域里总是存在互相排斥的两套经典特征，正是它们的互补构成了量子力学的基本特征。玻尔的互补原理被称为正统的哥本哈根解释，但遭到了爱因斯坦的坚决反对。爱因斯坦始终认为统计性的量子力学是不完备的，而互补原理是一种"绥靖哲学"。爱因斯坦与玻尔之间的争论持续了半个世纪，直到他们各自去世也没有完结。

玻恩

约丹

量子力学更激烈地改变了世界图景的构造。如果说相对论只是把时空框架与物质运动融为一体，还保留了牛顿力学固有的严格决定论的数学微分方程，保留了因果律，保留了定域性（拒绝超距作用），那么这一切在量子世界图景中都或多或少地遭到了破坏。量子概念是量子力学的首要概念，它的引入导致了一系列基本概念的改变：连续轨迹的概念被打破，代之以不连续的量子跃迁概念；严格决定论的概念被打破，代之以概率决定论；定域的概念被打破，代之以整体论的概念（关于量子力学的整体论特征，将在第四十五章进一步叙述）。伴随着这些基本概念的变化，量子世界出现了波粒二象性、测不准原理、定域性破坏等奇妙的现象。

狄拉克 1933 年的照片

波粒二象性起源于光的本性的历史探讨。牛顿等人曾经倾向于微粒说，主张光是微小粒子的直线运动；而以惠更斯为代表的波动说则主张光不是微粒的运动，而是媒介的波动。关于光的本性的两大学说互有利弊，微粒说能很好地解释光的直线运行、光的反射和折射现象，波动说可以解释光的反射、折射，特别是干涉、衍射及偏振现象。由于牛顿的声望很高，微粒说一度占上风。1800 年，英国医生托马斯·杨对微粒说提出异议，认为强光和弱光的速度相同，这用微粒说不好解释；光线由空气进入水中时，一部分被反射，一部分被折射，这也很难用微粒说加以解释。特别是杨用实验发现了光的波动说所预言的光的干涉效应，导致了不久之后科学界对光之波动说的认同。光之波动说和微粒说的争论似乎结束了，波动说取胜。然而富有戏剧性的是，20 世纪初爱因斯坦再次发现，某些金属在光的照射下可以发射出电子，但光的强度只能决定电子的多少，而不能改变电子的发射能量，这使他提出了光的量子理论，从而在某种意义上重新恢复了光的微粒说。量子力学后来发展出来的波粒二象性，不仅把光而且把一切物质都置于既是粒子又是波的位置，但这里的粒子不是经典意义上的粒子，波也不是经典意义上的波。它显示出在不同的实验装置中，为着不同的实验目的，量子世界中的物理客体显现出不同的面貌。

海森堡提出的测不准原理也显示了量子世界的某种奇异性。这里的"测不准"不是完全测不准，而是受制于概率波函数。这种"测不准"揭示了量子世界的非严格决定论性质，曾经引起包括爱因斯坦在内的许多物理学家的不满。人们相信，量子理论可能还只是一个唯象描述，而在它的背后尚有一个严格决定论的规律没有被揭示出来，也就是说，量子力学是不完备的。后来有许多物理学家证明，不存在量子力学背后的更完备的理论，如果构造出这样的理论，其推论将不可能与量子力学所预言的结论全部吻合。20 世纪 60 年代以来，出现了一系列新的实验，更加有利于量子力学的正统解释，而倾向于否定爱因斯坦等人关于量子力学不完备的指责。

量子力学虽然在波粒二象性、因果决定论等方面倡导一套新的概念框架，但在自然的数学化方面，走的还是理论物理学的老路，显示出量子力学对经典世界图景的认同和亲和。海森堡对此有许多哲学上的评论。他强调，原子物理学的最新发展，表明了某种从德谟克利特的原子论自然观向柏拉图的数学原子论自然观的转变，表明了新物理学从物质实体走向了数学形式。在《物理学和哲学》中，他写道："现代物理学采取了明确地反对德谟克利特的唯物主义而支持柏拉图和毕达哥拉斯的立场。基本粒子的确不是永恒的、不可毁灭的物质单位，它们实际上能够相互转化……在现代量子论中，无疑地，基本粒子最后也还是数学形式，但具有更为复杂的性质。"[1]在《物理学家的自然观》中，海森堡进一步阐发了自己对整个近代数学化运动的看法："我理解到近代的、牛顿及其继承者们的成就是希腊数学家们或哲学家们的努力的直接后果，从此，我不再认为当代科学技术属于一个与毕达哥拉斯或欧几里得的哲学世界迥然不同的世界了。"[2]

6. 诺贝尔奖与 20 世纪科学进程

　　要概括地了解 20 世纪理论科学的进展，最简单的办法也许是回顾一下 100 年来的诺贝尔奖所表彰过的那些成就。因为诺贝尔奖设立 100 年来，已经逐步成了世界上最权威的科学奖项。

诺贝尔

　　诺贝尔 1833 年 10 月 21 日生于瑞典首都斯德哥尔摩，是一位发明家的儿子。他曾在圣彼得堡、美国和欧洲等地学习、考察，后来与父亲一起经营工厂。30 岁时，发明硝化甘油炸药，获得专利。1864 年 9 月 3 日，在他研制硝化甘油炸药的过程中，实验室不幸发生爆炸，弟弟和其他 4 人当场丧命。这件事情促使他发明安全炸药。1867 年，诺贝尔发现把硝化甘油炸药放在木浆等一些惰性物质中，就可以很安全地处置了。据此他发明了安全炸药，并取得专利。1878 年，他与哥哥等人在俄国巴库开采石油，获利颇丰。到他 1896 年 12 月 10 日病逝为止，诺贝尔共获得了技术发明专利 355 项，在欧美等五大洲 20 个国家开设了约 100 家公司和工厂，积累了巨额财富。他死后留下了 920 万美元的遗产。

　　1895 年，也就是他去世的前一年，诺贝尔的心脏病已经恶化，他知道自己来日无多。回想这一生，他感到喜忧参半。他因为发明炸药而发了大财，成了化工实业

[1] 海森堡：《物理学和哲学》，范岱年译，商务印书馆，1981 年版，第 34—35 页。
[2] 海森伯（即海森堡）:《物理学家的自然观》，吴忠译，商务印书馆，1990 年版，第 30 页。

巨子，可谓功成名就，但他发明的炸药却是一个致命的摧毁者。当它被用于战争时，将会使更多的人死于非命。炸药的威力越大，人类和平受到的威胁越大。他自己一生独身，没有亲人，巨额资产该如何处理呢？诺贝尔萌发了建立世界性的奖励基金的计划。11 月 27 日，诺贝尔立下了遗嘱。

签名人阿尔弗莱德·诺贝尔，经过郑重的考虑之后，在此宣布关于我死后所留下财产的最后遗嘱如下：

我所留下的全部可成为现金的财产，将以下列方式予以处理：由我的执行人将这笔财产投资于安全的证券方面，并建立一种基金。它的利息每年以奖金的形式，分配给那些在前一年为人类做出杰出贡献的人。

上述利息平均分为 5 份。其分配办法如下：

一、物理学奖：授予在物理学方面做出最重要发现或发明的人；

二、化学奖：授予做出过最重要化学发现或改进的人；

三、生理学或医学奖：授予在生理学或医学领域做出过最重要发现的人；

四、文学奖：授予在文学方面曾创作出有理想主义倾向、最杰出作品的人；

五、和平奖：授予曾为促进国家间友好、为废除或裁减常备军及为举行促进和平会议做出最大贡献或最好工作的人。

物理学奖和化学奖由瑞典皇家科学院确定；

生理学或医学奖由斯德哥尔摩卡洛林医学院确定；

文学奖由在斯德哥尔摩的瑞典文学院确定；

和平奖由挪威议会选出的一个 5 人委员会确定。

我明确的愿望是，在颁发奖金时，对于候选人的国籍丝毫不予考虑，不管他或她是否是斯堪的纳维亚人，只要谁最符合条件，谁就应该获奖。我衷心希望世界上最有成就的人获奖。[1]

诺贝尔病逝时，诺贝尔基金会还没有成立，他的巨额财产等于留给了一个还不存在的机构。他的某些亲属对此有些异议。瑞典人也不都理解诺贝尔的良苦用心。有些人说，诺贝尔的财产应该属于瑞典，怎么能将这样巨额的奖金颁给其他国家一个不相

---

[1] 转引自中国科学技术协会编《世纪辉煌——诺贝尔科学奖百年回顾》，科学普及出版社，2001 年版，第 4 页。

干的人呢？瑞典王国政府充分理解诺贝尔的卓越眼界，决定以国家的名义使诺贝尔的遗嘱生效。1900 年 6 月 29 日，瑞典正式成立诺贝尔基金会，基金会下设 4 个诺贝尔委员会，由诺贝尔指定的各评奖单位确定其组成成员。

范特霍夫

从 1901 年开始，诺贝尔奖每年在诺贝尔的逝世日 12 月 10 日颁发。第一届的物理学奖颁给了发现 X 射线的德国物理学家伦琴，化学奖颁给了荷兰著名化学家范特霍夫，生理学或医学奖颁给了发现血清疗法的德国生物学家冯·贝林。截至 2000 年，3 大科学奖项共有 469 人次获取，其中物理学奖 162 人次，化学奖 135 人次，生理学或医学奖 172 人次。

100 年来，诺贝尔奖取得了它在国际科学界的权威地位，成了衡量科学水平和成就高低的最重要的标准。一个科学家如果摘取了这项桂冠，无论人们对他有怎样的评价，他在科学上的地位差不多是牢不可破了。一个国家和一个民族获诺贝尔奖人数的多少，也反映了该国或该民族的科技实力。从诺贝尔奖的获奖成果中，可以看出 100 年来科学发展的脉络和趋势。

冯·贝林

诺贝尔奖之所以取得这样至高无上的地位，有如下几个原因：首先，它的奖金丰厚。颁奖开始的时候，每项奖金高达 3 万美元。这个数目可以使一个科学家在 20 年内不需要任何别的收入而继续他的科学研究。其次，它总是能及时跟踪科技前沿的发展，从而在客观上引导了未来科学研究的方向。最后，但也是最重要的，它几乎没有漏掉公认的最有成就的科学家。

很显然，诺贝尔奖的权威还来自时间的考验。由于委员会制定了比较严格和稳定的评选程序，使评选标准能够持续地贯彻下去。首先，诺贝尔本人在遗嘱中提出的奖励对象限于前一年间做出的贡献，被认为不太现实而未予执行。但是，诺贝尔的这一思想仍然以某种方式被体现出来了，那就是，它只奖励某一项具体的成果，而不是科学家个人的终身成就。由于这一规定，有些人可以不止一次获奖，有些人名气很大却与奖无缘。

诺贝尔设立奖项的种类有一些局限。数学没有列入，天文学、地学、心理学、博物学都没有列入。他受限于他那个时代的科学理想，奉实证的、实验的"硬性"科学为正宗。诺贝尔委员会忠实地执行了诺贝尔的思想，给实验方面的成果以较多的机会。以获得物理学奖的人数为例，1901 年至 1998 年之间，理论方面有 50 人次，实验方面 92 人次，还有新技术的开发方面差不多 20 人次。从个案上说，重大的理论成就未获奖的不少。相对论、元素周期律、大爆炸宇宙学、大陆漂移和大地板块学说都没有获奖。天文观测一开始也没有纳入授奖范围，以致哈勃未能获奖，后来评选标准有了调整，将天文观测包括进来了，但哈勃已经去世，而按照规定，不在世的人不能获奖。由于英年早逝而未能获奖的还有女生物学家弗兰克林，她对 DNA 双螺旋模型的发现贡献很大，但未能活到这项成果获奖的 1962 年。

诺贝尔奖尽管有这样那样的不尽如人意之处，但依然能够总体地表现一个国家科技实力的变迁。再以物理学奖为例。第二次世界大战之前，美国只有 8 人获奖，而英国有 10 人，德国有 11 人。这反映了德国作为世界物理学中心的历史实情。而二战之后，美国获奖人数突然大幅增加，显示了世界物理学中心已由德国转移到美国。

第三十七章

穷宇宙之际

　　20 世纪的天文学，由于观测手段更为先进，将人类的视野扩展到了 150 亿光年的空间距离。传统的光学望远镜随光学材料的改进和加工能力的提高，出现了空前大的口径。无线电接收技术的发展，导致了可见光之外各波段的天文观测。射电望远镜冲破了银河系内星云尘埃等设置的光学屏障，把目光投向了河外星系。天文学进入了全波时代。

　　天体物理学在 20 世纪发展成了天文学的主流。最引人注目的成就是诞生了将整个宇宙作为研究对象的现代宇宙学。以爱因斯坦的相对论为理论基础，以大尺度的天文观测，特别是河外星系的普遍红移和宇宙背景辐射为事实依据，宇宙学展示了宇宙整体的物理特征。

1. 河外星系的观测与红移的发现

　　在浩瀚的太空中，除了有无数发光的星星外，还有弥散状的星云。关于星云的本质长期存在着争论。一种观点认为，星云是银河系内的星际物质，另一种观点则认为，星云实际上是像银河系一样巨大的恒星集团，只是因为太远而看起来像"云"。由于观测手段的限制，这两种观点孰是孰非无法得到最后的判明。

　　到了 20 世纪，观测手段有了较大的发展。美国在威尔逊山上建造了当时世界上最大的 2.5 米口径的反射望远镜。确定空间距离的天体物理方法也发展了起来。人们可以对星云的本质有所说明了。

　　宇宙空间的尺度太大了。不同的尺度范围必须采用不同的方法来测定空间大小，因为在某个范围有效的方法进一步扩展就失效了。对于邻近的天体，可以用三角法测距。三角法也就是传统的视差法。距离太阳最近的比邻星（半人马座 α 星，我国古代称之为南门二）就是通过视差法测出的，距离为 4.3 光年。使用三角法已经测定出 500 光年的空间距离，但更大的距离三角法就无能为力了。

更大的距离往往采用光度方法确定。我们知道，恒星的视亮度、距离与本身的光度三者之间存在某种确定的关系。视亮度是可以在地球上测定的，因此依据这三者的关系，只要知道了某恒星的光度就可以知道它的距离，而天体物理学已经能够从光谱分布相对地确定恒星的光度。光度方法可以用来大致确定更远的空间距离。使用主序星作为标准，天文学家测出了 10 万光年的空间距离，基本搞清楚了银河系的空间结构。

哈勃

超出 10 万光年之外，主序星的光度就显得太小而不为我们所见。天文学家又找到了造父变星作为标准，利用这个新的光度标准，可以确定星云的本质了。

1924 年，美国天文学家哈勃利用威尔逊山的大望远镜观察仙女座大星云，第一次发现它实际上由许多恒星组成。由于其中恰好有造父变星，就可以运用光度方法来确定它的距离了。计算的结果表明仙女座星云位于 70 万光年之外，远远超出了银河系的范围，这就最终证明了某些星云确实是遥远的星系。哈勃一鼓作气，此后 10 年致力于观测河外星云，并找到了测定更远距离的新的光度标准，将人类的视野扩展到了 5 亿光年的范围。

斯莱弗

与此同时，美国另一位天文学家斯莱弗正致力于恒星光谱的研究。从 1912 年开始，他将视线对准了河外星云，发现它们的光谱线普遍存在着向红端移动的现象。随着观测的进展，积累的数据越来越多，除个别例外，几乎所有的河外星系（此时哈勃已经表明这些星云确实是河外星系）的光谱都有红移现象。如果按照多普勒效应解释，这就意味着这些星系都在远离地球而去。观测表明，星系退移的速度相当快，比如室女座星云的速度达到了每秒 1000 千米。这样快的速度是令人称奇的。

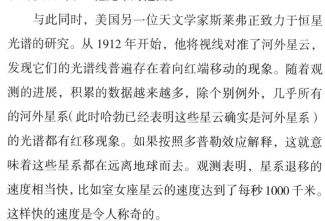

1929 年，哈勃考察了斯莱弗的工作，并结合自己对河外星系距离的测定，提出了著名的哈勃定律：星系的红移量与它们离地球的距离成正比。这一定律被随后的进一步观测所证实。哈勃定律指出了河外星系的系统性红移，反映了整个宇宙的整体特征。特别是，当红移做多普勒效应解释时，哈勃定律就展示了一幅宇宙整体退移也就是整体膨胀的图景：从宇宙中任何一点看，观察者四周的天体均在四处逃散，就像是一个正在胀大的气球，气球上的每两点之间的距离均在变大。哈勃定律因而可以表示成河外星系的退行速度与其距离的比例是一个常数。哈勃当时估计这个常数是 526。

2. 现代宇宙学的兴起

红移带来了宇宙学研究的勃兴，但现代宇宙学的源头还得从牛顿宇宙学讲起。

建立在牛顿力学基础之上的古典宇宙模型，原则上是一个无限空旷的宇宙空间。别看牛顿力学只涉及一个太阳系，可是它却预设了宇宙的无限性。这一点是由它的绝对时空观来保证的，因为无限的绝对空间是新物理学内在的必然要求。牛顿惯性定律说，一个不受外力的物体将保持其静止或匀速直线运动状态不变，那么，宇宙必须为一个自由运动粒子准备无限的空间以保持其匀速直线运动状态；牛顿的万有引力定律也暗含了以无限远处的引力势为零作为边界条件。无限宇宙论是新物理学的宇宙理论，是纯粹的观念革命的产物，但它为天文学走出太阳系进入恒星宇宙奠定了思想基础。

在望远镜的帮助之下，人类的视野冲出了太阳系，进入了恒星世界。前面讲过，大约在 19 世纪上半叶，天文学家就已经能够测定恒星离我们的距离。在此之前，利用望远镜发现了比从前肉眼所能见到的多得多的恒星。

对于一个无限的宇宙，我们还能对它说些什么呢？说实话，如果宇宙是无限的，我们原则上就建立不了一门宇宙学。宇宙学首先要求能够将宇宙当作一个整体看待，一个无限的宇宙何以能够被结成一个整体呢？

事实上，自哥白尼革命以来，人们所谓的"宇宙"体系大多指的是太阳系理论，对整个恒星宇宙则无话可说。整个 18 世纪，人们谈论最多的是太阳系的起源问题。

这个世纪对宇宙的另一个新认识是建立了银河系的概念。

随着望远镜越做越大，发现的恒星越来越多。越过银河系，外面肯定还有无数的星系。牛顿的世界图景既然已经给我们预设了一个无穷无尽的空间，我们当然就可以设想在银河系之外还有无数个像银河系一样的星系。19 世纪流行着"宇宙岛"的说法，说太阳系、银河系和其他星系，就像无限宇宙海洋中的一个一个岛。在一个岛的外边，总还有别的岛。

幸好，我们人类认识宇宙的历史，并不是像不少"无限论者"设想的那样没完没了、单调无味地重复；并不只是望远镜越做越大，看到的恒星数目越来越多这么简单。19 世纪诞生的光谱分析法被用于天文学之后，对恒星的认识方法开始发生了质的变化：不仅能够知道恒星的力学性质，还能进一步了解它的物理性质。天文学走向了天体物理学，人类关于宇宙的知识更加丰富多样。

就在思想界默认牛顿力学预设的这个无限空旷的空间时，也有人发现，这个预设其实并不是没有毛病。这些发现之中最著名的是所谓"夜黑佯谬"，又称"奥尔伯斯佯谬"，因为据说是德国人奥尔伯斯于 1820 年最先提出来的。奥尔伯斯说，如果宇宙空间是无限的，如果恒星均匀地分布在这无限的空间之中，如果每个恒星都像太阳那样发光，那么，我们就不应该有黑夜，我们的黑夜就应该像白天一样亮，而太阳就应该陷于一片光亮的背景之中，不为我们看到。

理由是这样的：恒星虽然离我们远从而光度减小，但只要它们均匀地分布，那么越远的地方恒星的数目也会越多，光度的减少量正好能被它们数目的增加所弥补。这就像一个人站在一片大森林里，四目望去，到处都是黑压压的树一样。

可是我们的经验却分明是，一旦太阳下山，天空就开始变黑，如果没有月亮，有时甚至会伸手不见五指。这是怎么一回事呢？

奥尔伯斯

还有一个与无限空间有关的悖论叫作"引力佯谬"，又称"西里格佯谬"，是德国人西里格于 1894 年提出来的。按照万有引力定律，对某一给定点而言，离它越远的地方引力势（与距离成反比）越小，直至无限远处为零。这意味着牛顿理论得以适用的宇宙，实际上是一个有限的宇宙。如果无限宇宙中处处均匀地存在着恒星，那么，宇宙中任何一点的引力势都会成为无穷大，所有的物质都会在这样强大的引力中被撕个粉碎，而这显然是不可能的。

　　为了避免夜黑佯谬和引力佯谬，一个比较简单的解决办法是，承认空间虽然是无限的，但天体却不是无限分布的。它们围绕着一个中心逐级成团，越远离中心则物质密度越小。宇宙天体呈等级式分布。这个宇宙模型被称作等级式宇宙体系，也叫沙立叶模型，是由美国天文学家沙立叶于 1908 年提出的。这个模型能够避免夜黑佯谬和引力佯谬，因为只要随着距离的增加，星体的数目增加得不要太快，就可以消除夜黑困难。同样，由于

西里格 1905 年的照片

宇宙物质实际上集中在一个有限的范围之内，是有限的，引力困难也可以消除。等级式宇宙模型假定宇宙的物质分布是不均匀的，调和了牛顿力学与无限宇宙之间的矛盾。

　　夜黑佯谬和引力佯谬引起了人们对宇宙无限性的重新思考。一个物理理论如何能够处理一个无限的"实体"呢？问题的解决需等待现代宇宙学。

　　现代宇宙学有两个来源，它的理论来源是爱因斯坦的广义相对论，它的观测方面的来源则是大尺度红移现象的发现。

　　在牛顿理论中，时间和空间只是一个空空如也的筐子，是用来装物质的。因为它完全是空的，所以丝毫不影响物质及其运动。另一方面，由于它是空的，物质及其运动也不会影响到它，所以，牛顿的时间和空间是绝对时间和绝对空间。

　　爱因斯坦在他的狭义相对论中，打破了时间空间的绝对性，将它们与运动相联系。在广义相对论中，爱因斯坦进一步将物质与时间空间相关联，提出空间弯曲的概念，认为物质的质量将决定空间的弯曲程度。所谓引力究其实质是空间发生的弯曲。行星在太阳引力作用下围绕太阳旋转，在广义相对论看来应该理解为，太阳引力使其附近的空间发生了强烈的弯曲和封闭，行星在弯曲了的空间中做直线运动，但实际上围绕着太阳转动。

　　爱因斯坦在得出了他的引力场方程之后，马上联想到将整个宇宙作为考虑对象。

宇宙论在落寞了几百年后，又开始复活，这要归功于近代科学骨子里的希腊基因。爱因斯坦像开普勒一样，相信宇宙间的神秘的和谐，相信整个宇宙一定是一个和谐的整体。他要重新恢复希腊的宇宙概念，即 cosmos，一个和谐的整体。

爱因斯坦注意到牛顿理论用于一个无限的宇宙必定会引起上面提到的引力悖论，而等级式宇宙模型继续沿用牛顿的空间与物质不相干的古典观念，不符合相对论精神。按照广义相对论，只要宇宙空间的平均物质密度不为零，它的大尺度空间就不可能是平直的欧几里得空间，空间必定发生弯曲。

爱因斯坦设想了一个最简单的情形，即封闭的球面模型。他解释说，我们的宇宙可能是这样一个三维的无界的但封闭有限的几何结构。这个几何结构是一个非欧几里得几何空间，生活在这个空间里的人们可以知道自己是否处在一个弯曲的空间之中，这只需测量一下三角形的内角和是不是 180 度就够了。如果是 180 度，则说明空间没有弯曲；如果不是 180 度，则说明空间弯曲了。这就是爱因斯坦设想的一个有限无界的宇宙模型。

德西特

爱因斯坦的宇宙模型不仅是有限无界的，还是静态的。他当时相信，宇宙整体上应该是静态的，但他的引力场方程只能得出一个动态解，所以他人为地加了一个宇宙常数，以维持宇宙的静态。

弗里德曼

爱因斯坦的广义相对论问世之后，马上就有许多人据此构造宇宙模型。几乎与爱因斯坦同时，荷兰天文学家德西特得出了一个膨胀的宇宙模型。1922 年，苏联物理学家弗里德曼得出了均匀各向同性的膨胀或收缩模型。1927 年，比利时天文学家勒梅特再次独立地得到这一模型。弗里德曼后来发现，满足广义相对论、只有引力存在的宇宙模型必定是不稳定的，基于爱因斯坦的引力场方程所得到的宇宙模型必定是动态的，或膨胀，或收缩，而且膨胀和收缩的速度与距离成正比。

以弗里德曼模型为代表的相对论宇宙学一开始并不为人重视，因为它主要是一些数学推导，看不到物理内容。到了

1929 年，情况发生了重要的变化。哈勃定律公布后，人们惊喜地发现，它所展示的宇宙大尺度膨胀现象正是弗里德曼模型所预言的现象。科学界一下子被震动了，原来研究整个宇宙的宇宙学确实是可能的，它的预言居然被证实了。作为相对论之鼻祖的爱因斯坦也为这一发现欢呼，认为自己在宇宙模型中人为地引进宇宙常数是犯下了一个大错误。

勒梅特

宇宙学变得热闹起来了。人们想到，既然宇宙是膨胀的，那么越往早去，宇宙体积就越小。在某一个时间之前，宇宙应该极为密集，以至现有的天体都不可能以目前的状态存在。按哈勃当时提供的数据估计，这个时间大概是 20 亿年。

事有凑巧，当时的地质学已经能够利用放射性同位素来测定地球上岩石的年龄。初步估计，这个年龄当在 20 亿到 50 亿年之间。相比之下，宇宙膨胀的年限就显得太短了。这使许多宇宙学家感到很为难。爱因斯坦也表态了："既然由这些矿物所测定的年龄在任何方面都是可靠的，那么，如果发觉这里所提出的宇宙学理论同任何这样的结果有矛盾，它就要被推翻。"[1]

邦迪

为了既保留宇宙膨胀的观念，又回避年龄困难，英国天文学家邦迪、戈尔德和霍伊尔在 1948 年分别提出了稳恒态宇宙模型。他们认为，宇宙虽然在不断膨胀，但其中的物质密度并不变小，因为有物质不断地凭空产生出来。由于物质密度不变，所以不存在一个宇宙的密集时期，因而也不存在星体的年龄上限问题。

稳恒态宇宙模型预言了一个极其微小的物质产生

戈尔德

---

[1]《爱因斯坦文集》第一卷，许良英、范岱年编译，商务印书馆，1976 年版，第 422 页。

霍伊尔

伽莫夫

率，这个微小的产生率在地面实验室里无法验证，但可以通过天文观测检验。如果宇宙是稳恒的，那么恒星的分布密度应该是不变的。通过20世纪30年代的星系计数和60年代的射电源计数，人们发现天体的空间分布其实是不均匀的。这就是说，稳恒态宇宙模型有问题。

1948年，美国帕洛马山天文台建成了当时世界最大的光学望远镜，其口径达到5米，远远超过了此前哈勃使用的威尔逊山天文台的2.5米口径。天文学家利用新的望远镜继续证实了哈勃定律，但发现哈勃自己定出的常数有问题，因为哈勃对星系距离的估计普遍偏小。到了1974年至1976年，经认真仔细的校订，天文学家发现哈勃常数只有55，差不多是哈勃当年估计的常数的十分之一。按新的常数估算，宇宙的年龄约有200亿年，这样，星体年龄问题就迎刃而解了。[1]

年龄问题解决之后，理论宇宙学家当即着手研究宇宙早期的密集状态。从20世纪40年代末开始，俄裔美籍物理学家伽莫夫等人提出了热大爆炸宇宙模型。他们认为，宇宙起源于一次巨大的爆炸，之后不仅连续膨胀，而且温度也在由热到冷地逐步降低。宇宙的早期，不仅密度很高，温度也很高，所有的天体以及化学元素都是在膨胀过程中逐步生成的。

大爆炸模型有一个重要的预言，即随着宇宙的不断膨胀，温度不断下降，各类元素开始形成，但原初辐射与物质元素脱离耦合后仍保持黑体谱。黑体辐射的温度大约是5k。1964年，在贝尔电话实验室工作的射电天文学家彭齐亚斯和威尔逊果然意外地观测到了这种宇宙微波背景辐射。这次意外的发现，使大爆炸宇宙模型得到了广泛的认可，成为宇宙学界的标准模型。

现代宇宙论并未真正结束，即使是标准宇宙论也面临多方面的挑战。红移究竟

---

[1] 随着天文观测的发展，哈勃常数的测定值一直在变化，宇宙年龄的估计量也在随之变化。

能不能用多普勒效应来解释，一直富有争议。但是，由于大爆炸宇宙模型如此有魅力，又如此具有包容性，大多数宇宙学家都倾向于把它作为一个基本的工作平台，而不再怀疑曾经作为它的实证基础的红移问题。

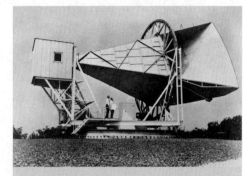

如果说红移问题的新解释会对大爆炸模型提出挑战的话，那么，这样的挑战也将轻而易举地被回避，因为大爆炸模型已经成了一个"原理"。对许多宇宙学家来说，大爆炸理论今天成了天体物理学的聚合力量，它使天体物理学与粒子物理学相关联，也使整个天文学成为一个统一的整体。所以，无论如何估计大爆炸模型对于今日天文学的意义都不过分。

贝尔电话实验室的射电天线，宇宙微波背景辐射就是由它发现的。上面站立的两人是发现者彭齐亚斯和威尔逊。

3. 射电望远镜与 20 世纪 60 年代的四大发现

　　传统的天文观测均是收集宇宙天体发来的可见光信息，但这只是它们所发射的大量电磁波的一个极小的部分。这些电磁波依波长从短到长有 γ 射线、X 射线、紫外线、光波、红外线和无线电波。亘古以来，地球大气严重地吸收了它们之中的紫外和红外的大部分，只留给人类一个狭窄的可见光段的窗口。人们常称它是大气的小天窗。当然，在电磁学理论未建立之前，人们也不知道还有其他的窗口。

　　电磁波被发现以后，很快在各个领域得到了应用。无线电是最引人注目的重大应用成就。马可尼已经发现，地球上空的电离层可以反射无线电波，这帮助他开通了英国与加拿大之间的无线电报。1924 年，在一次测定电离层高度的无线电实验中，人们偶然发现，当发射的电波波长小于 40 米时，电波便一去不回了。开始大家以为是被大气吸收了，后来才知道它透过地球大气层飞到了外层空间。既然地球内部的电波可以跑出去，宇宙空间中的电波也就可以飞进来。天文观测的另一窗口就这样不知不觉地被打开了。

　　窗口虽然已经打开，但由于仪器的灵敏度不高，一直也没有接收到来自天外的

央斯基

Sir Martin Ryle 1918-1984
Radio survey of the Universe 1959

邮票上的赖尔像

电磁信号。1932年，美国电信工程师央斯基在做无线电通信干扰实验时，偶然发现了来自银河系中心人马座的电波信号。这一发现公布后并未引起人们的注意，无线电工作者认为其干扰不大，不予理会，而天文学家则都没有意识到它的重大意义。只是随着宇宙射电信号的不断发现，天文学家才开始关注这一新的观测方法。

1946年，英国曼彻斯特大学的物理学家赖尔开始建造直径66米的固定抛物面射电望远镜。1955年又建成了当时世界上最大的直径76米的可转抛物面射电望远镜。此后，射电技术有了长足的发展。从射电望远镜发展出来的射电干涉仪，由一组射电望远镜组成一个天线阵，可以观测到很微弱的射电源。

第二次世界大战之后迅速兴起的射电天文学成了天文学中最有活力的新领域。20世纪60年代出现的四大天文发现就是在射电天文学观测中做出的。

第一个发现是宇宙微波背景辐射。1964年，贝尔电话实验室在新泽西州的克劳福德山上建立了一架供人造卫星用的天线。射电天文学家彭齐亚斯和威尔逊正在调试这架天线，以测定银河系平面以外区域的射电波强度。当他们想出办法避免地面噪声，而且提高了灵敏度后，发现总有一个原因不明的噪声消除不掉。该噪声十分稳定，相当于3.5k的射电辐射温度（次年订正为3k）。他们一开始很不理解，因而也没有立即公布自己的发现。消息传到了普林斯顿大学，那里的天体物理学家迪克等人正准备做实验，以验证大爆炸模型所预言的背景辐射。听到这个消息之后，他们立即断定这个无法理解的噪声就是宇宙背景辐射。他们通力协作，继续观测，终于证实了彭齐亚斯和威尔逊的观测结果。观测到的背景辐射是黑体谱且各向同性，与大爆炸宇宙学的预言完全相符。这就强烈地支持了大爆炸宇宙理论，使宇宙学的理论研究掀起了一个新的高潮。

第二个发现是类星体。1963年，天文学家发现了一种新的奇异的星体。它体积极小，但辐射能量极大。更为奇特的是，它们的红移量都相当巨大。这类新天体的发现给红移问题带来了麻烦。如果按红移的多普勒效应解释，类星体应该离我们极为遥远，有些类星体甚至远在上百亿光年之外。但它们的亮度又很大，这样远的天体向我们辐射出如此巨大的能量，用我们已知的任何物理规律都无法解释。由于类星体发现得越来越多，红移量也越来越大，以致许多人开始怀疑红移的本性究竟是不是多普勒效应造成的。在红移本性方面出现的争论至今也没有平息。

第三个发现是脉冲星。1967年，天文学家用射电望远镜发现了又一种新型的天体。它以很短的周期有规律地发出短促的射电脉冲。天体物理学家已经证认出，它是一种超高温、超高压、超高密、超强磁场、超强辐射的中子星。脉冲星的发现对于进一步了解宇宙的物理本质有很高的价值。

第四个发现是星际分子。1963年，射电天文学家在仙后座发现了羟基分子的光谱。1968年又在人马座方向发现了氨分子的发射谱线。更值得注意的是，1969年在人马座上还发现了一个多原子的有机分子：甲醛分子。这个发现引起了科学界的高度重视。因为甲醛分子在适当的条件下可以转化为氨基酸，而氨基酸是生命物质的基本组成形式。这个发现可能意味着，在宇宙空间确实存在着生命产生的适宜条件。随着星际分子发现得越来越多，一门星际分子天文学也诞生了。

宇宙是神秘的，它正在等待着未来的天文学家去识破、猜度。

南京大学仙林校区的天文台和小型射电望远镜。吴国盛摄

第三十八章
探粒子之微

    20 世纪的理论科学在至大和至小的两个方向上深入探究物质的奥秘。在天文学领域，望远镜为人类打开了越来越大的空间视野。在原子物理学中，高能实验揭示了越来越深层的物质结构和物理规律。

    原子物理学所涉及的领域空间尺寸很小。一个原子的直径大约是 10^{-8} 厘米，原子核就更小了，只有原子直径的万分之一那么大。这样微小的粒子用普通的光学显微镜是看不见的，就是用威力大上千倍的电子显微镜也难以直接看到。因此需要借用特殊的仪器。实验物理学已经发明了云室、气泡室、火花室，用以记录粒子的运动轨迹；还发明了盖革计数器、闪烁计数器，用以记录粒子的数目。正是借助这些仪器，原子物理学家揭开了原子世界一个又一个的奥秘。

盖革 1928 年的照片

1. 中子、质子的发现

    在早期的放射性研究中，卢瑟福已经发现放射性物质所发出的射线实际上属于不同的几种。他把带正电的命名为 α 射线，把带负电的命名为 β 射线，把那些不受磁场影响的电磁波称为 γ 射线。1910 年，卢瑟福用 α 粒子轰击原子，发现了原子核的存在，从而建立了原子的有核模型。

    如果原子有核，那么原子核是由什么构成的呢？由于原子表现出电中性，它一定是带正电的，其带电量应与核外电子所带负电量一样。1914 年，卢瑟福用阴极射

线轰击氢，结果使氢原子的电子被打掉，变成了带正电的
阳离子。后来知道，它实际上就是氢的原子核。卢瑟福推测，
这个带正电的阳离子就是人们从前发现的与阴极射线相对
的阳极射线。它的电荷量为一个单位，质量也为一个单位。
卢瑟福将之命名为质子。

莫塞莱 1910 年在牛津的化学
实验室里

　　1919 年，卢瑟福用加速了的高能 α 粒子轰击氮原子，
结果发现有质子从氮原子核中被打出，而氮原子变成了氧
原子。这可能是有史以来人类第一次真正将一种元素变成
另一种元素，几千年来炼金术士的梦想第一次成为现实。
但是，这种元素的嬗变暂时还没有实用价值，因为几十万
个粒子中才有一个被高能粒子打中。到了 1924 年，卢瑟
福已经从许多种轻元素的原子核中打出了质子，进一步证

查德威克

实了质子的存在。

　　发现了电子和质子之后，人们一开始猜测原子核由电子
和质子组成，因为 α 粒子和 β 粒子都是从原子核里放射出
来的。但卢瑟福的学生莫塞莱注意到，原子核所带正电数与
原子序数相等，但原子量却比原子序数大，这说明，如果原
子核光由质子和电子组成，它的质量将是不够的，因为电子
的质量相比起来可以忽略不计。基于此，卢瑟福早在 1920
年就猜测可能还存在一种电中性的粒子。

　　按照这种思路，卢瑟福的另一位学生查德威克在卡文迪
许实验室里加紧寻找这种电中性粒子。他一直在设计一种加
速办法使质子获得高能，从而撞击原子核，以发现有关中性
粒子的证据。1929 年，他准备对铍原子进行轰击，因为它
在 α 粒子的撞击下不发射质子，有可能分裂成两个 α 粒子
和一个中子。

波特 1954 年的照片

　　与此同时，德国物理学家波特及其学生贝克尔已经先走
一步，从 1928 年开始，他们就在做对铍原子核的轰击实验，
结果发现，当用 α 粒子轰击它时，它能发射出穿透力极强的

约里奥－居里夫妇

射线。由于该射线呈电中性，所以他们断定这是一种特殊的 γ 射线。在法国，居里夫人的女婿和女儿约里奥－居里夫妇也正在做类似的实验。波特的结果一发表，就被他们进一步证实了，但他们也误认为新射线是一种 γ 射线。

这一年是 1932 年。见到德国和法国同行的实验结果后，查德威克意识到这种新射线很可能就是自己多年来苦苦寻找的中子。他立即着手实验，花了不到一个月的时间，就发表了《中子可能存在》的论文。他指出，γ 射线没有质量，根本就不可能将质子从原子核里撞出来，只有那些与质子质量大体相当的粒子才有这种可能。此外，查德威克还用云室方法测量了中子的质量，确证了中子确实是电中性的。中子就这样被发现了。约里奥－居里后来谈到，如果他们去听了卢瑟福 1932 年在法国发表的那次演讲，就不会坐失做出这一重大发现的良机，因为卢瑟福那次正好讲到关于中子存在的猜想。查德威克由于发现中子而获 1935 年的诺贝尔物理学奖。

2. 原子核结构的研究与强、弱相互作用理论

就在查德威克发现中子的当年，海森堡当即提出，原子核是由质子和中子组成的。从前的质子－电子模型不能解释许多实验现象，而质子－中子模型可以很好地说明原子量与原子序数问题。新模型很快被人们接受，质子和中子统称为核子。

核子是如何组成原子核的呢？这又是一个新的问题。起初人们相信，核内并没有中心，中子和质子以弥漫的云雾状均匀地分布于核内。1936 年，玻尔发现原子核的密度几乎都相同，因此提出了液滴模型。他认为每个核粒子就像液滴那样紧密地压在一起，就像水由水滴组成那样。这个模型比较好地解释了核裂变现象。

第二次世界大战后，物理学家在实验室里发现了一个奇妙的现象，即当核内质

子和中子数等于某些特定的数值，如 2、8、20、50 时，原子核表现得特别稳定。为了解释这一现象，美籍德国物理学家迈耶尔和詹森分别提出了原子核的壳层结构模型理论。他们认为，质子和中子以壳层的方式层层相套，当层的数目与上述特定数值相等时，核就表现得特别稳定。可是，该模型不能说明原子核的放射性是如何可能的。为了解释核的放射和吸收现象，又有人提出了半透明模型。

汤川秀树 1949 年的照片

1953 年，玻尔的儿子建立了一个综合模型，认为当核子数等于某数值时，核表现为壳层结构，而其他时候则表现为液滴结构。这些层出不穷的结构模型，反映了人们对原子核的结构尚未有足够的认识。

最主要的原因是人们尚不知道核子的相互作用情况。目前我们已经知道宇宙间有两种普遍的相互作用，一是引力，一是电磁力，但这两种力均不足以解释核内质子与中子的结构情况。中子是电中性的，因此，它们之间不可能有电磁相互作用，而引力过于微弱，靠它绝不可能保持原子核的稳定性。在核内部必定存在着一种新的作用力，它具有吸引性，而且与电荷无关。

安德森 1936 年的照片

1935 年，日本物理学家汤川秀树提出了"交换粒子"的概念，作为新相互作用理论的基本概念。他认为，电磁相互作用的本性在于电磁场之间相互交换场量子 γ 粒子，而核力也是通过这种方式进行的，只不过所交换的是一种新的粒子，其质量约为电子的 200 倍，介于质子与电子之间，因此可以称为介子。不久，美国物理学家安德森真的在宇宙线的研究中发现了一种质量约为电子 207 倍的粒子，开始人们以为它就是汤川秀树所预言的那种介子，将之命名为 μ 介子，但后来发现，它并不是传递核力的那种介子。1947 年，英国物理学家鲍威尔终于在宇宙

鲍威尔

线中发现了另一类介子，其质量为电子的 273 倍，经反复检测，确定是汤川秀树所预言的介子，被命名为 π 介子。

汤川的理论被确立之后，原子核内相互作用的理论研究开始活跃起来。人们发现，以 π 介子传递方式产生的相互作用具有这样的特点：强度极大、独立于电荷、作用距离和作用时间均极短。这种相互作用被称为强相互作用。1933 年，意大利物理学家费米在研究原子核的 β 衰变时，发现了另一种不同性质的相互作用，后来被称为弱相互作用。

随着实验的发展，人们认识到弱作用和强作用有很大的不同，其中一个著名的差异是，有些守恒定律在强作用下成立，而在弱作用下并不成立。华裔美国物理学家李政道、杨振宁于 1956 年提出了弱相互作用下的宇称不守恒定律，被认为大大深化了人类对微观世界的认识。不久之后，另一位华裔美国物理学家吴健雄女士以其出色的实验证实了这一理论。

现在我们知道了宇宙间的四种相互作用力：引力、电磁力、强作用和弱作用。这四种力之间是否存在一种更深层次的统一性呢？爱因斯坦生前致力于统一电磁力与引力，明显由于条件不具备而收效甚微。1961 年至 1968 年，美国物理学家格拉肖、温伯格和巴基斯坦物理学家萨拉姆先后提出了弱相互作用与电磁力的统一模型。这个模型很好地解释了已知的许多基本规律，而且给出了后来得到实验验证的预言，被认为是一个成功的统一。格拉肖、温伯格和萨拉姆共同荣获了 1979 年的诺贝尔物理学奖。

费米

李政道与杨振宁

吴健雄

3. 基本粒子群的发现与夸克模型

20世纪30年代初,构成原子以及在原子层次上活跃的那些微小粒子的只有电子、质子、中子和光子几个, 人们称它们为基本粒子。但是没过多久, 先是在宇宙线中, 后是在高能加速器中, 一大批基本粒子被发现了。到目前为止, 比较稳定、寿命长的基本粒子有 30 多个, 而那些不太稳定、寿命较短的基本粒子则有 400 多个。

最先发现的是正电子。早在 1928 年, 狄拉克在建立相对论性电子运动方程时, 就从理论上预见了正电子的存在。所谓正电子就是除了带正电外, 其余性质与电子完全一样。1932 年, 美国物理学家安德森在宇宙线的研究中证实了正电子的存在。不久又发现, 正负电子相遇即迅速湮灭, 而转化为两个光子。

正电子的发现提示人们思考, 是否所有的粒子均有其反粒子。高能加速器的问世揭示了微观领域一大批新现象, 其中包括许多粒子的反粒子。迄今为止, 几乎所有粒子的反粒子都被找到。

第二项重要的发现是中微子。1922 年, 在研究原子核的 β 衰变时发现有能量莫名其妙地消失了。为此, 玻尔曾一度猜想能量守恒定律是否在微观领域不再适用。但大多数物理学家不同意玻尔的意见。1931 年, 玻尔的学生、奥地利物理学家泡利提出了中微子假说, 认为在衰变中放出了一种静止质量为零、电中性、与光子有所不同的粒子, 所以出现了能量亏损。由于这种新粒子质量为零, 又不带电, 所以很难被观测到。泡利的中微子假说因而被认为只是为了挽救能量守恒定律而提出的一种特设性假说。但到了 20 世纪 50 年代, 高能实验室发展起来了, 中微子终于被观测到了, 泡利的假说最终得到了证实。

泡利

20 世纪 60 年代以后, 大型和超大型的高能加速器相继建立起来, 人们有可能观测那些寿命较短的粒子（所谓的共振态粒子）, 这样, 一大批基本粒子被发现。今天, 随着高能加速器的改进和发展, 几乎每年都有新的基本粒子被发现。

这么多基本粒子的出现使物质的微观结构和规律又变得复杂了。首先必须有一套办法将它们区别开来, 为此引入了量子数的概念来标记每种基本粒子的特性。在标记这些基本粒子的时候，人们常常想起门捷列夫给化学元素列表，结果发现了周期律，从而为认识深一层次的规律奠定了基础。但给基本粒子排序很不容易。为了排出某种序列来，不得不增加它们的量子数种类，可是量子数种类太多了，那些不断涌现的新粒子又不能纳入已经排定的序列中来。

坂田昌一

20世纪50年代，美国物理学家在用高能电子轰击质子时，发现质子的电荷分布并不均匀。这意味着质子也有内部结构，但究竟有什么样的内部结构呢？早在1949年，费米和杨振宁就提出了基本粒子的复合结构模型，指出 π 介子由质子和中子复合而成。当然，这个模型过于简单，与不少新出现的现象矛盾，但"复合"的概念被认为是有意义的。1956年，日本物理学家坂田昌一改进了费米－杨模型，与实验取得了更大的一致。但人们也同时发现，由该模型复合出来的基本粒子与作为复合基础的粒子在性质上非常相似，很难说哪个更为基本。看起来，复合必须在更深层次上进行。

1961年，美国物理学家盖尔曼等人排出了一张基本粒子的"周期表"。这张表揭示了基本粒子在许多性质上存在着的对称性，所以是一张对称图。有意义的是，依据对称图对有关空位做出的预言，于1964年被实验证明是成立的。1964年，盖尔曼正式提出了基本粒子结构的"夸克模型"。

盖尔曼2012年1月28日的照片

在这一模型中，三种不同类型（被称为具有三种"气味"）的夸克（上夸克、下夸克和旁夸克）及其反夸克，代替了坂田模型中的基础粒子。经巧妙组合，所有的强子（静质量比较大的基本粒子）均可以由这三个夸克组成，在相互作用中强子的生成、湮灭和转化均可以归结为夸克的重新组合。该模型还指出了某些不允许出现的组合，而且这些被禁止的组合果然没有在实验中发现。夸克模型出现后，很快吸引了理论物理学家的注意力，被认为是统一基本粒子的一个卓有成效的方向。

新的实验事实层出不穷，夸克模型也就一直处在修改完善之中。模型刚提出不久，夸克就被认为性征过于单一，于是又增加了一维参数，称为"颜色"。这个色性征让每个夸克都具有红、蓝、绿三种基色。当然，这里的"色"均是一种借喻，并非它真有什么我们人类能看得见的颜色。正像电子拥有"电荷"而出现了"电"动力学以及量子"电"动力学一样，关于夸克的"色荷"也出现了一门量子"色"动力学。

1970年，美国物理学家格拉肖发现必须再加一种夸克才能解释新的实验现象，于是在上、下、旁之外又出现了一种"粲夸克"。1977年，新的事实迫使人们提出第五种夸克"底夸克"（因"底"与"美丽"的英文第一个字母均为 b，故又称"美丽"夸克），1994年又发现第六种夸克"顶夸克"（因"顶"与"真理"的英文第一个字母均为 t，故又称"真理"夸克）。究竟还会有多少夸克出现，现在还不清楚。

格拉肖

众多夸克的出现，使人们觉得在这一物质层次上，物理性质似乎也不是单纯的，似乎还存在着另一更深层次的规律在起作用。但是，这只是事情的一个方面。事情的另一方面是，尽管人们提出了这么多的夸克，但这些夸克究竟是些什么东西并没有搞清楚。盖尔曼起初并没有把夸克当成物质实体，只不过是些数学模型而已，但由于夸克模型在解释实验事实上越来越成功，人们开始越来越相信夸克确实就是存在于更深层次的物质实体。但可惜的是，高能实验中从未发现有单个的自由夸克。也就是说，虽然人们提出了这么多的夸克，但实验中从未发现过一个。

如果夸克确实是更深层次的粒子，为什么实验总是发现不了呢？为此有人提出了夸克禁闭假说。意思是说，之所以看不到单独的夸克，也许是因为自然界中根本就不可能有自由夸克。所有的夸克都有色，但由它们复合的强子却是无色的。从实验中只可能看到不带色的粒子，因此所有的夸克均因其"色"而被禁闭在强子之中。也有人认为，之所以没有发现自由夸克，是由于现今的高能粒子能量还不高，不足以从强子中打出自由夸克来，只有继续发展高能加速器，大大提高能量，才有可能找到自由夸克。今天多数物理学家倾向于认为，由于夸克间的相互结合力随距离的增大而急剧增大并趋向无穷，夸克可能永远被禁闭。

夸克禁闭理论是对物质无限可分理论的一个挑战，也是对单向线性思维的一个挑战。有一种单向线性思维方式认为，自然科学不断取得进步的标志就是宏观视野越来越大，看到的东西越来越多，空间尺度越来越大，永无止境；微观视野越来越小，看到的东西越来越多，空间尺度越来越小，也是永无止境。这种思维方式有它的历史根据，即在某一特定的历史时期，科学的进步的确是以这种线性增长的方式进行。但是，他们把在有限情境中总结出来的科学发展模式推广到了科学发展的全过程，完全忽视了理论范式的变化，忽视了科学思想中质的变化。夸克禁闭宣告了经典原子论模型的终结。

高能粒子物理学已经表明，物理学家不再能找到质量和尺寸更小的粒子来充当更深层次的基础。海森堡对此有一个很简明通俗的解释："为什么物理学家主张他们的基本粒子不能分成更小的部分？论证过程如下：人们怎样才能分裂一个基本粒子？当然只有利用极强的力和非常锐利的工具。唯一适用的工具是其他基本粒子。可见，两个非常高能的基本粒子间的碰撞是能够实际分裂粒子的唯一过程。实际上，它们在这样的过程中能够被分裂，有时分成许多碎片；但碎片仍然是基本粒子，而不是它们的任何更小的部分，这些碎片的质量是由两个相碰粒子的非常巨大的动能产生的。换句话说，能量转换成为物质，使得基本粒子的碎片仍然能够是同样的基本粒子。"[1]

"分割"需要能量，分割越小的粒子，所需要的能量也越高。这都是从前人们未加考虑的新现象。如果我们能确定分割越来越小的粒子所需要的能量至少呈线性增长，那么，无限地分割一个粒子至少在物理上是行不通的。况且，以上的考虑还没有顾及能量与质量之间的转化问题。如果考虑到能量与质量之间的转化，我们首先就会发现，找到越来越小的质量的粒子是不可能的。此外，在夸克禁闭模型中，所有的有色粒子都是禁闭的。"要把夸克从核子中拉出来就必须消耗无穷多的能量，但这是不可能的。"[2]这就是说，为了打出夸克就需要无限大的能量。夸克已经成了分割的极限。

---

[1] 海森堡：《物理学和哲学》，范岱年译，商务印书馆，1981 年版，第 36 页。
[2] 周光召：《三十年来的杨—密尔斯场》，《百科知识》1985 年第 4 期。

第三十九章

20 世纪的遗传学

　　20 世纪生物学最重大的成就是分子生物学的诞生，它将人类认识生物界的水平深入到分子层次。借助先进的物理和化学方法，分子生物学重新找到了生命现象的统一基础，并逐步揭示了生命遗传和进化的奥秘。遗传学既孕育了分子生物学，又是分子生物学的核心学科。

1. 孟德尔的再发现

　　1866 年，孟德尔发表了《植物的杂交实验》一文，首次阐明了生物界有规律的遗传现象。但由于各种各样的原因，这篇划时代的论文未引起人们的注意。孟德尔于 1884 年默默无闻地去世。

　　新世纪的第一年，三位互不相识的生物学家各自独立地发现了孟德尔的意义。他们是荷兰的德弗里斯、德国的柯林斯和奥地利的切马克。当时，他们都正在从事

德弗里斯 1918 年的画像

柯林斯

切马克

植物的杂交实验工作。正当自己的工作快要结束时，他们偶然发现了孟德尔的论文，而且发现孟德尔早就得出了自己正要得出的结论。1900年，德弗里斯第一个发表了关于杂种的两篇论文。文中写道："孟德尔的这项重要的研究竟极少被人引用，以致在我总结我们的主要试验，并从试验中推导出孟德尔论文中已经给出的原理之前，竟然不知道有这项研究。"柯林斯在他的论文中则直接提出了孟德尔定律的说法。他也说："我，如同德弗里斯相信他自己一样，也相信自己是一个创新者。然而，后来我发现，在布隆，60年代时的孟德尔院长，许多年来投身于最广泛的豌豆试验，不仅得到了同德弗里斯和我自己的相同结果，实际上还做出了与我们十分相同的、

贝特森

在1866年时可能做出的最好解释。孟德尔的论文……在所有已知的关于杂交种的论文中是最优秀的。"[1]

三个植物学家不约而同地发现了孟德尔曾经发现过的遗传定律，这个戏剧性的事件被历史学家称为孟德尔的再发现。1901年，孟德尔的两篇论文《植物杂交试验》及《人工授粉得到的山柳菊属的杂种》重新以德文发表。当年，英国生物学家贝特森将之译成英文，并向英国生物学界传播孟德尔的学说。1906年，贝特森第一次提出了"遗传学"一词，以称呼这门研究生物遗传问题的新学科。孟德尔的再发现开辟了遗传学的新纪元。20世纪成了名副其实的遗传学的世纪。

2. 染色体－基因遗传理论：摩尔根

孟德尔学说的一个核心概念是"遗传因子"。由于有遗传因子的遗传作用，生物在进化过程中就不是连续地变异，而是不连续地变异，这与达尔文的连续变异的进化思想是不同的。也正因如此，孟德尔虽然被发现了，一开始并没有得到普遍的理解。特别是在英国，达尔文的影响比较大，对孟德尔的抵触更多。幸亏贝特森反

---

[1] 玛格纳：《生命科学史》，李难等译，华中工学院出版社，1985年版，第564页。

复用杂交实验证实孟德尔的理论，人们才逐步接受了遗传的事实。

如果孟德尔的理论是正确的，那么他所谓的"遗传因子"究竟在细胞中的什么地方呢？当时关于细胞的生物化学研究已经有一定的深度。1879年，德国解剖学家弗莱明运用染色的方法观察细胞，发现细胞中的有些部分能吸收某些染料，有些则不吸收。在细胞核中，有一些物质大量吸收他当时所用的碱性苯胺染料，他便称这些物质为染色质。1882年，弗莱明在观察细胞分裂的过程中，发现染色质扮演一个十分特殊的角色。分裂一开始，染色质缩成短短的线状体（后来被称为染色体）。在分裂的过程中，染色体数目增加一倍。分裂完毕后，两个子细胞各分得与母细胞相同数目的染色质。由于当时他不知道孟德尔的工作，所以也未深究染色体在遗传学上的意义。

弗莱明

孟德尔被发现之后，人们马上想到染色体可能就是遗传因子。1904年，美国生物学家萨顿证明了染色体总是成对存在的，而每个性细胞只具有每一对染色体中的一个，这就指明了染色体与孟德尔遗传因子的平行性。但是，染色体数目很少，如豌豆只有7对，人也只有23对，但遗传特征却是多样的，因此，萨顿猜想，每条染色体上带有多个遗传因子。1906年，贝特森发现，豌豆的某些特征确实总是与另一些特征一起遗传，这就说明萨顿的猜想是有道理的。1909年，丹麦植物学家约翰逊提议用原意为"发生"的希腊语"基因"一词代替孟德尔的"遗传因子"，这个建议被采纳。

萨顿

染色体显然不是"基因"，但可以肯定基因就存在于染色体内。它们是如何排列的呢？这个问题的深入研究留给了美国生物学家摩尔根。摩尔根青年时代是一位博物学家，后来才转向实验生物学。起初他对孟德尔理论和染色体学说不

约翰逊

摩尔根

太相信，认为缺少实验证据。1908 年，他读到德弗里斯的《突变论》一书，受到了很大的震动。此后，他亲自动手做有关遗传问题的实验，结果使他越来越相信染色体确实是遗传物质的载体，特别是决定性别的唯一因素。

1909 年，摩尔根开始用果蝇做遗传学实验。后来证明，用果蝇做实验是十分有利的，因为它们的生命周期只有 10 到 14 天，又易于饲养，而且染色体不多，只有 4 对，很适合做实验分析。1910 年，他在一群红眼果蝇中发现了一只白眼雄果蝇。当他用这只白眼果蝇同这些红眼果蝇交配时，发现第二代白眼果蝇全都是雄性的。这就说明，决定白眼的基因与决定性别的基因是联系在一起的。由于实验已经证明性别是由染色体决定的，因此，白眼基因也一定在染色体上。这是染色体作为基因载体所获得的第一个实验证据。

更进一步的实验表明，一条染色体上可以有许多个基因。摩尔根和他的学生们经过十多年的努力，终于建立了基因遗传学说。他们认为染色体是基因的物质载体，基因在染色体上做直线排列；不同染色体上的基因可以自由组合，同一染色体上的基因遵守连锁遗传定律，不能自由组合。连锁遗传定律的建立是对孟德尔遗传学的新贡献。

摩尔根还发明了测定基因相对位置的方法，给出了第一个果蝇染色体的连锁图，即确定了每一特定性状的基因在染色体上的位置，从而确立了基因作为遗传基本单位的概念。1915 年，摩尔根和他的合作者们出版了《孟德尔遗传学原理》。1919 年和 1926 年又相继出版了《遗传的物质基础》和《基因论》，建立了完整的基因遗传理论体系，将孟德尔的性状遗传学推进到细胞遗传学的新阶段。摩尔根因此而获 1933 年的诺贝尔生理学或医学奖。

基因遗传理论虽然确立了，但基因究竟是不是一种物质实体尚不清楚。摩尔根本人倾向于基因"代表一个有机的化学实体"的看法。他在《基因论》中说："像化学和物理学家假设看不见的原子和电子一样，遗传学家也假设了看不见的要素——基因。三者主要的共同点，在于物理化学家和遗传学家都根据数据得出各人的结论。只有当这些理论能帮助我们做出特种数字的和定量的预测时，它们才有存在的价值。"[1]显然,他相信基因与原子和电子一样,虽然看不见但都是一种物质实体。确定基因的物质性,需要等到生物化学发展到一定程度之后才有可能。

3. DNA 双螺旋模型的建立与分子生物学的诞生

分子生物学起源于细胞化学的研究。

米歇尔

大约在 1836 年,著名瑞典化学家柏采留斯提出了"蛋白质"的概念。1842 年,李比希证实了蛋白质是生命的基本构成物质。后来发现,蛋白质由 20 种氨基酸组成,而氨基酸则是由氨基和羧基联成的。蛋白质越来越被证明是生物体内的主要组成部分。

1869 年,瑞士生物化学家米歇尔从病人绷带上取下来的脓细胞中发现了一种与蛋白质不同的物质,称之为核素。由于它呈酸性,后来改称核酸。1911 年,俄裔美国化学家列文查明核酸有两种,一种是核糖核酸(RNA),另一种是脱氧核糖核酸(DNA)。列文还建立了核酸的结构模型。但这个模型过于简单,以致不能设想核酸在遗传中起什么作用。受该模型的影响,许多人只好设想可能是蛋白质的 20 种氨基酸的不同组合构成了遗传信息。

摩尔根的基因学说建立之后,许多生物化学家致力于确定基因的物质基础。事实上,从 19 世纪末开始,就已经有人提出染色体的主要成分就是核酸,但受列文的核酸结构模型的影响,人们不相信遗传物质是由核酸构成的,这些观点因而也得不到学界的承认。

列文

打开这一僵局的是关于肺炎双球菌的研究。这种病菌有两种,一种有外膜,有传染性,另一种没有外膜,没有传染

---

[1] 摩尔根:《基因论》,卢惠霖译,科学出版社,1959 年版,第 1 页。

格里菲思1936年的照片

艾弗里1937年的照片

德尔布吕克在20世纪
40年代早期

性。1928年，英国生物学家格里菲思发现有一种转化因子能使无膜病菌变为有膜病菌，这令他感到非常奇怪。当时谁也不能解释这种现象，因而称为格里菲思之谜。1944年，美国细菌学家艾弗里领导的研究小组花了10年时间，最终证明了这种转化因子就是DNA。艾弗里等人用实验事实初步证明了，DNA确实是遗传信息的载体。

德裔美国生物学家德尔布吕克及其小组关于噬菌体的研究最终支持了艾弗里的结论。德尔布吕克少年时喜爱天文学，后改学理论物理学，是玻尔的学生、薛定谔的好友。他们共同提出的遗传信息的思想，反映在薛定谔后来所写的《生命是什么》一书中。由于逐渐对生命的本质感兴趣，德尔布吕克于1938年来到美国，改行专门研究基因问题。他的小组选择噬菌体作为研究对象，因为这种小生命只有两种类型的分子即蛋白质和核酸，结构简单，繁殖又快。起初他们相信蛋白质是遗传物质。1952年，他们最终发现，在噬菌体的繁殖过程中，噬菌体本身并不钻入细菌体内，而只是将自己的DNA注入其中。这就证明了，在噬菌体的繁殖过程中，传递遗传物质的是DNA而不是蛋白质。

在艾弗里和德尔布吕克工作的鼓励下，生物化学家重新考察了核酸的结构。列文已经指出DNA有四种碱基，但他认为这四种碱基的含量相等，因而提出了一种简单的核酸结构模型。1950年，奥地利裔美国生物化学家查哥夫通过精密的测定发现四种碱基的含量并不相等，但是腺嘌呤与胸腺嘧啶数量几乎一样，鸟嘌呤与胞嘧啶的数量也一样。这就动摇了束缚了人们数十年的列文模型。人们不再怀疑DNA就是遗传物质的载体了。

下一步就是要搞清楚DNA的化学结构以及它在蛋白质中产生什么样的化学作用，从而支配着蛋白质的合成。时间已经到了20世纪50年代，不仅关于生物大分子化学的研究已有一定水平，运用X射线等先进的物理学方法研究生物大分子的晶体结构也取得了重大的突破。后一工作主要是在英国进行的。
1951年，英国生物物理学家维尔金斯研究了DNA的晶体结构，
给出了关于DNA纤维的X射线衍射图。这些工作为DNA双螺
旋结构的发现打下了基础。

查哥夫

　　完成这一伟大工作的是美国生物学家沃森和英国生物学家
克里克。沃森本来是艾弗里创立的闻名世界的噬菌体研究小组
的年轻成员，克里克则是英国结构学派的成员。1951年11月，
两人在剑桥大学的卡文迪许实验室相遇，很快发现双方都对
DNA的分子结构极感兴趣，遂决定合作研究。

　　当时已经有好几个小组在做类似的工作。一是英国的维尔
金斯和女生物物理学家弗兰克林，他们已经拍下了非常清晰的
X射线衍射图。再就是美国的著名化学家鲍林。这两个小组实
际上已经搞清楚了DNA的螺旋结构。

维尔金斯

　　沃森和克里克抓紧时间研究已经获得的数据，于1951年
年底提出了第一个模型。这个模型是一个由三股链组成的螺旋
结构，但后来发现，由于少算了DNA的含水量而设想的三股
链是不对的。第一个模型失败了。

　　1952年7月，克里克从查哥夫处得知DNA所含四种碱基
含量中腺嘌呤与胸腺嘧啶数量相等，鸟嘌呤与胞嘧啶的数量也

沃森与克里克

弗兰克林

鲍林

相等，便提出了碱基配对的思想。1953年2月，他们又得到了维尔金斯和弗兰克林关于DNA结构的新照片和新数据。沃森决定建立一个二链成对的DNA双螺旋模型。1953年4月，他们终于将新的DNA结构模型在《自然》杂志上公之于世。

这是一个成功的DNA分子结构模型。它由两条右旋但反向的链绕同一个轴盘绕而成，活像一架螺旋形的梯子。生命的遗传密码就刻在梯子的横档上。

DNA双螺旋结构模型的提出是生物学史上划时代的事件。它宣告了分子生物学的诞生，标志着生物学已经进入了分子水平。以此为开端，生物学各个领域均发生了巨大的变化。沃森、克里克和维尔金斯因此获得了1962年的诺贝尔生理学或医学奖。

DNA结构的发现给解决遗传信息的传递问题带来了新的希望。DNA由4种碱基组成，而蛋白质由20种氨基酸组成，4种碱基如何才能决定20种氨基酸的排列组合呢？1944年，著名量子物理学家薛定谔出版了《生命是什么》一书，提出了遗传密码的思想。他认为，莫尔斯电码只用了点和划两种符号，通过排列组合就可以产生几十种代号，基因分子一定也可以按如此方式进行编码。

1954年，曾提出大爆炸模型的著名物理学家伽莫夫提出，DNA的四种碱基可能就是基本的密码符号。如果只用两个碱基进行组合，四种碱基只能得到16种可能性，比氨基酸的数目还少；如果用三个碱基进行组合，则能得到64种可能性，又比氨基酸的数目多。于是他假定，有些氨基酸可以对应几种碱基密码。这就是著名的三联密码假说。这个由一位业余生物学爱好者提出的科学假说，后来被证明最具科学价值。

1959年，克里克声明支持伽莫夫的三联密码假说。他认为，DNA通过信使RNA将遗传信息由细胞核传送到细胞质，再在细胞质中决定蛋白质的合成。这个假说被后来的一系列实验证实。1966年，64种遗传密码被全部破译。

遗传密码的破译导致了一门新的学科即遗传工程的出现。所谓遗传工程，就是用人工的方法将生物体内的DNA分离出来，重新组合搭配，再放回生物体中，创造新的生物品种。20世纪70年代以来，遗传工程取得了重大的突破，它将在农业生产和医疗卫生领域产生巨大的影响。

在分子水平上探索生命的奥秘成了20世纪后半叶生命科学的主流。搞清了遗传密码、阐明了蛋白质的合成机制，为生物学的大发展奠定了良好的基础。但是生命的奥秘是无穷的，人类对生命本质的探索也将永无穷尽。

第四十章

现代地学革命

在地质学发展的历史上，曾经出现过三次著名的争论。第一次是以赫顿为代表的火成论与以维尔纳为代表的水成论之间的争论，第二次是以居维叶为代表的灾变论与以赖尔为代表的渐变论之间的争论，第三次则是发生在 20 世纪的地壳构造的固定论与活动论之间的争论。第三次争论以活动论最后取得胜利告终，被认为完成了地学领域的一次伟大的革命。

1. 大陆漂移说：魏格纳

19 世纪之前，人们尚未开始系统地研究地球整体的地质构造，对海洋与大陆是否变动并没有形成固定的看法。由于有许多迹象表明，欧、非、美洲三大陆起初可能是连在一起的，因此不少人提出过大陆变迁的思想。随着地质学的发展，对地球整体的地质构造的研究开始提上日程。19 世纪后期，地质学出现了所谓的"槽台说"，地壳构造的固定论思想反而占了统治地位。

槽台说认为，地壳的基本运动形式是地槽和地台的运动。所谓地槽就是地壳中活动强烈的地带，而地台是地壳中比较稳定的地带。槽台说认为，地槽开始缓慢地下沉，沉积成厚厚的地层，继而上升，使地层发生褶皱而形成山脉。地台作为地槽发展到一定阶段的产物，具有相对的稳定性。槽台说在 19 世纪下半期得到了重大的发展，到 20 世纪初年牢固确立了自己的权威地位。槽台说基本上只承认有垂直方向的运动（地槽运动），而否定有水平方向的运动（地台不动）。

作为地壳固定论之代表的槽台说当然有许多地质观察证据，但欧非大陆与美洲大陆之间在地质构造上，在古生物化石分布上，以及在现存生物的习性上惊人的相似性，也一直为人们所注目。很显然，任何人只要看一看南大西洋的两对岸，就一定能发现巴西与非洲间海岸线轮廓的相似性。此外，某些特定的动植物如肺鱼、鸵鸟，只有在纬度相同的南美、非洲和澳大利亚才能发现，而与此间邻近的大陆反而没有，这也说明了两大陆之间隐约的相关性。

大陆固定论的支持者们提出过两种假说，一是为了解释生物亲缘关系的所谓"陆桥说"，一是为了解释地球造山运动的所谓"地球冷缩说"。

人们相信，隔洋的大陆之间之所以存在这样多和这样明显的生物亲缘关系，是生物迁徙造成的，而生物之所以能发生这种迁徙，是因为过去有一种狭窄的陆地作为联系大陆的桥梁。后来这种陆桥沉入海底，两大陆才被海洋隔开。陆桥说在一定程度上解释了两大陆之间生物的亲缘关系，却无法解释它们在气候、地层构造以及岩相方面的相似性和连续性。更重要的是，人们并没有在海底发现过陆桥的痕迹。起初确实发现了海岭，但它同海岸线是平行的，不可能是陆桥。

19世纪中期，有人提出过地球冷缩理论，认为地球会因冷却而收缩，收缩时像个干瘪的苹果产生皱纹那样产生褶皱山脉。这个理论由于形成了一种物理模型，因而颇受学界的好评。它显然是对槽台说的有力支持。根据地球上发现的褶皱山脉的大小，人们可以算出地球降温的量，结果发现相当之大。这就使人对地球冷缩说产生了怀疑。20世纪初，有人在地壳岩石中发现了放射性元素，它们所产生的热量足以抵消地壳向太空的散热量。这样一来，地球也许根本就不存在一个地质上的冷缩过程。冷缩理论也遇到了麻烦。

大陆固定论所遇到的困难，正是促使人们提出大陆活动论的动力。其实大陆漂移的思想古已有之。西方第一个自然哲学家泰勒斯就认为地球像一个圆盘，浮在水面上。英国哲学家弗兰西斯·培根已经注意到了非洲西部和南美东部海岸线的吻合不是偶然的。自此以后的几百年中，有不少著名的科学家提出美洲大陆和欧洲非洲大陆本来是连在一起的猜想，但由于没有更多有说服力的证据，这些猜想依然只是猜想。

1889年，美国地质学家达顿提出地壳均衡理论。他认为，大陆下面岩石的密度比海洋下面岩石的密度小，所以

达顿

大陆就像一个浮体，浮在海洋地壳上。地壳均衡理论是通
向大陆漂移说的重要桥梁，因为，既然大陆是一个浮体，
在某种水平力的作用下就必然会发生漂移。

魏格纳

最终提出大陆漂移说的是德国地质学家魏格纳。魏格
纳少年时便向往到北极去探险，由于父亲的阻止，他没能
在高中毕业后就加入探险的行列，而是上了大学学习气象
学。1905 年，他以优异的成绩获得气象学博士学位后，致
力于高空气象学的研究。1906 年，他和弟弟两人驾驶高空
气球在空中连续飞行了 52 小时，打破了当时的世界纪录。
后来，他又参加了去格陵兰岛的探险队，岛上巨大的冰山
的缓慢运动给了他极深的印象。

1910 年的一天，魏格纳偶然翻阅世界地图，发现大西洋两岸轮廓线有惊人的相
似性。次年秋天，他又在一本文献中看到有人根据古生物学的证据，提出巴西和非洲
曾有过陆地连接的观点，引起了他莫大的兴趣。他开始利用业余时间搜集地学资料，
查找海陆漂移的证据。1912 年 1 月 6 日，魏格纳在法兰克福地质学会上做了题为《大
陆与海洋的起源》的讲演，提出了大陆漂移的假说。同年参加探险队再次考察格陵兰岛。
在第一次世界大战中，魏格纳负了重伤，被送回后方养伤。在养病期间，他着手系统
整理从前的研究工作，于 1915 年出版了《海陆的起源》一书，系统地阐述了大陆漂移说。

魏格纳认为，在地质历史上距今 3 亿年的古生代，地球上只有一块大陆，即所
谓的泛大陆。大约在 2 亿年前，由于太阳和月亮的引潮力作用以及地球自转产生的
离心力作用，浮在大洋壳上的大陆壳便相对落后并分崩离析，花岗岩层在玄武岩层
上做水平漂移。到了距今 300 万年前，大陆最终漂移到我们今天所看到的位置。

魏格纳从古生物学、地质学、古气候学三个方面收集了大量的证据。在古生物
学方面，主要是大西洋两岸存在的许多生物亲缘关系；在地质学方面，主要是大西
洋两岸岩石、地层和褶皱构造的相似性和连续性；在古气候学方面，主要是指出两
极地区曾有热带沙漠，而赤道地区有冰川的痕迹。

大陆漂移说一提出，便在地质学界引起了轩然大波，因为它明确地向当时在地
质界占统治地位的大陆固定论提出挑战。年轻一代地质学家热情地为此理论欢呼，
认为它开创了地质学的新时代。魏格纳所在的汉堡附近的德国海洋观象台，成了世

界各地大陆漂移说支持者朝拜的圣地。但老一代地质学家均不承认这一新的学说。在他们看来，它只依据了一些表面现象，而提不出一个有说服力的物理模型。确实，魏格纳学说有一个最致命的弱点，即它没有提出令人信服的关于漂移动力的说明。地球自转的离心力和日月的引潮力太弱，根本不足以推动如此巨大的陆地做如此长距离的漂移。魏格纳本人也意识到这个问题。即使他强调了这些力虽然小但上亿年的积累将产生可观的效应，他依然对此没有信心，以致不得不承认，"形成大陆漂移的动力问题一直是处在游移不定的状态中，还不许可得出一个能满足各个细节的完整答案"[1]。保守的地质学家们抓住这一弱点，给新理论以猛烈的打击。再加上魏格纳本人不是专业的地质学家，也容易使人们对他的理论产生不信任感。1926年，在美国召开了一次大陆漂移理论讨论会，与会的14位著名的地质学家只有5人支持漂移理论，2人弃权，7人反对，结果大陆漂移理论遭到了否定。

魏格纳在一片反对声中继续坚持为自己的理论搜集证据，特别是直接的第一手证据。为此，他又两次去格陵兰考察，发现格陵兰岛相对于欧洲大陆依然有漂移运动。他测定出漂移的速度是每年1米左右。1930年11月，魏格纳第四次考察格陵兰，由于疲劳过度，心力衰竭，倒在了茫茫雪原上。直到次年5月，一支德国探险搜索队才找到了他的遗体。他被埋葬在被发现处，永远在格陵兰安息。

魏格纳的不幸去世使大陆漂移说失去了一位坚定的倡导者。20世纪30年代以后，漂移理论逐渐悄无声息。

2. 海底扩张说

导致大陆漂移说复活的首先是古地磁学的研究。许多岩石在形成时期由地磁场励磁，因而都具有稳定的磁性，而且，它们的磁化方向与地磁方向相同，因此根据岩石中磁极的方向可以判定岩石形成时期地磁的方向。研究结果表明，地球的磁极在不断变迁，并且北美和欧洲各有一条形状相同但方向不同的磁极迁移曲线。由于地球只有一个地磁场，这种双重曲线只能被解释为是大陆漂移造成的。

---

[1] 魏格纳：《海陆的起源》，李旭旦译，商务印书馆，1964年版，第170页。

对大陆漂移学说的复兴起极大推动作用的是关于海洋地质学的研究。魏格纳的漂移学说假定了海底是完全平坦的，大陆漂移是在平坦的海底上进行的，但当时人们并不了解海底的地质情况。后来，人们用超声波探知海底并不平坦，而是沟壑纵横、起伏不平。人们又进一步发现一个奇怪的现象，海底的岩石相当年轻，只有1亿多年，而海洋动物至少有5亿年历史。这就是说，海底比海水年轻。

关于海底的地质探测虽然否定了魏格纳关于海底平坦的假定，从而对他的大陆漂移机制提出了质疑，但从根本上否定了大陆固定论关于海陆同样古老的思想。海底如此年轻，说明它处在变动中。1961年，美国地质学家赫斯等人提出了海底扩张理论。他们认为，在大洋的中脊有一条裂谷，地幔中的炽热的熔岩从这个裂缝溢出，到达顶部后向两侧分流。熔岩冷却后形成新的海底，并推动原来的海底向两边扩张，大陆和海底便一起随着地幔流体漂移。海底扩张说进一步支持了大陆漂移说，并将漂移的传送带由海底深入到更深的地幔对流体，解决了漂移机制问题。

赫斯

海底扩张说提出时，也面临着强大保守势力的攻击，主要创立者赫斯也不相信很快能得到承认。但他比魏格纳幸运多了。不到几年，洋底磁异常现象的发现、关于横断大洋中脊转换断层的研究，以及深海钻探所获得的大量资料，均进一步证实了海底扩张说。到了1967年，地质学界大多数人已接受了该理论。活动论终于开始成了地学的主导思想。

3. 板块学说

随着海底扩张说的确立，人们开始重新思考大陆漂移问题。由于海底扩张，地壳在水平方向上发生了较大的位移，但大陆的整体形状并没有大的改变。非洲与巴西海岸线的相似性就证明了这一点。这促使地质学家们进一步提出了板块学说。

1965年，加拿大地球物理学家威尔逊最早提出了"板块"一词。当年，他同赫

威尔逊

勒比雄

斯一起访问剑桥，同那里的地质学家们共同讨论了大陆漂移说的发展问题。正是在那里，板块构造学说在海底扩张说的基础上脱颖而出。

板块构造理论主张，整个地球表面是由几个坚硬的板块构成的。由于地球内部温度和密度的不均匀分布，地幔内的物质发生了热对流。在热对流的带动下，各大板块之间发生相对运动，它们或被拉开，或被挤压。在板块之间被拉开的地方出现了裂谷，海底扩张运动实际上是板块在地幔流的推动下向海洋裂谷两侧的运动。所谓大陆漂移，其实是在地幔流上漂移，即不仅大陆在漂移，大陆所附着于其上的海底板块也在漂移。板块学说是大陆漂移说和海底扩张说的新形式。

1968年，法国地质学家勒比雄在前人研究的基础上提出了六大板块的主张。这六大板块是：欧亚板块、非洲板块、美洲板块、印度板块、南极板块和太平洋板块。后来，为了解释新出现的地质现象，人们对此又有所修正，但没有重大的更改。

板块学说很好地解决了魏格纳生前一直没有解决的漂移动力问题，使地质学在一个新的高度上获得了全面的综合。威尔逊在1967年出版的《地球科学的革命》一书中指出："地学进行重大的科学革命的时机已经成熟，至少，现在它的境遇，很像哥白尼和伽利略的设想被承认以前的天文学家所处的境遇；或像原子分子被介绍出来之前化学所处的境遇；或像进化论以前的生物学所处的境遇；或像量子力学之前物理学所处的境遇。"[1]但是，无论如何，随着板块运动被确立为地球地质运动的基本形式，地学也进入了一个新的发展阶段。大陆分久必合、合久必分，海洋时而扩张、时而封闭，已成为人们广为接受的地壳构造图景。到了20世纪80年代，人们确实相信，从大陆漂移说的提出到板块学说的确立，构成了一场名副其实的现代地学革命。

---

[1] 竹内均等：《地壳运动假说——从大陆漂移到板块构造》，牟维国译，地质出版社，1978年版，第222页。

The Journey of Science

第九卷

20 世纪

高技术时代

与 19 世纪一样，20 世纪的重大科学成就很快就转变成相应的技术，在经济生产和社会生活中发挥作用。但与 19 世纪不同的是，20 世纪的科学更加高深，更加远离我们的日常生活经验，相应地，它所转化的技术实际威力更大，也更难被人类所控制。

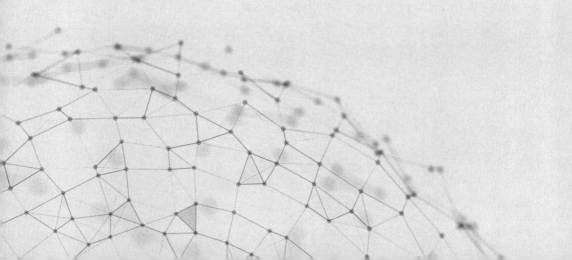

美国国家航空航天博物馆里的"发现号"航天飞机。吴国盛摄

1999 年 2 月 24 日，由美国新闻博物馆主持评选的 20 世纪世界 100 项重大新闻事件揭晓。由资深新闻专业人员和著名学者参与评选的百大新闻中，有 38 项与科技有关，超过总数的三分之一，其中：

纯理论 5 项（DNA 结构、相对论、量子论、弗洛伊德理论、进化论）

核能利用 4 项（投弹、试爆、研制、核电站事故）

航空 3 项（莱特兄弟、林白、喷气式）

航天 7 项（登月、卫星、加加林、谢帕德、挑战者号、格伦、火星探索者号）

生物医药 6 项（盘尼西林、避孕丸、脊髓灰质炎疫苗、艾滋病、克隆羊、试管婴儿）

通信传媒 10 项（电视机、个人电脑、WWW、晶体管、电台节目、ENIAC、电视节目、晶片专利、马可尼、微软）

日常生活 2 项（汽车、塑胶制品）

环境保护 1 项（卡逊）

其初排名次如下：

第 1 名　1945 年美国在广岛和长崎投下原子弹

第 2 名　1969 年美国人阿姆斯特朗成为第一个登上月球的人

第 4 名　1903 年莱特兄弟成功试飞第一架引擎飞机

第 11 名　1928 年英国细菌学家弗莱明发明第一种抗生素盘尼西林

第 12 名　1953 年发现 DNA 双螺旋结构，为遗传工程开启先河

第 17 名　1913 年美国汽车大王亨利·福特创办福特汽车厂，发展流水线生产技术，使美国成为汽车大国

第 18 名　1957 年苏联发射世界第一颗人造卫星，触发美苏太空竞赛

第 19 名　1905 年爱因斯坦发表狭义相对论

第 20 名　1960 年美国食品及药物管理局批准生产避孕丸

第 21 名　1953 年美国病毒学家索尔克成功研制脊髓灰质炎疫苗

第 25 名　1981 年发现全球第一宗艾滋病病例

第 28 名　1939 年第一部电视机在纽约举行的世界博览会中展出

第 30 名　1927 年美国飞行员林白单人驾驶飞机跨越大西洋

第 31 名　1977 年第一款大量生产的个人电脑进入市场

第 32 名　1989 年万维网（WWW）出现，掀起网络通信革命

第 33 名　1948 年贝尔实验室发明晶体管

第 40 名　1909 年美国首次出现在固定时间播放的电台节目

第 42 名　1946 年第一台电脑 ENIAC 问世

第 43 名　1941 年美国首次出现在固定时间播放的电视节目

第 46 名　1909 年塑胶制品问世

第 48 名　1945 年首枚原子弹在美国新墨西哥州试爆成功

第 51 名　1959 年美国科学家获得电脑晶片专利权

第 52 名　1901 年意大利人马可尼成功完成无线电信号横越大西洋的实验

第 57 名　1962 年美国女生物学家卡逊发表《寂静的春天》，引发全球环保运动

第 60 名　1961 年苏联人加加林成为第一个进入太空的人

第 61 名　1941 年第一架喷气式飞机启航

第 64 名　1942 年美国实施曼哈顿计划，秘密研制原子弹

第 66 名　1961 年谢帕德成为第一个进入太空的美国人

第 78 名　1900 年德国物理学家普朗克提出量子论

第 79 名　1997 年英国科学家成功复制绵羊多莉

第 83 名　1986 年美国"挑战者号"航天飞机爆炸

第 86 名　1900 年奥地利精神病学家弗洛伊德发表《梦的解析》

第 90 名　1962 年格伦成为美国首位环绕地球轨道飞行的宇航员

第 92 名　1997 年火星"探索者号"抵达火星并将一些惊人的图片传回地球

第 95 名　1978 年第一名试管婴儿出生

第 97 名　1975 年比尔·盖茨与保罗·艾伦创办微软公司

第 98 名　1986 年苏联切尔诺贝利核电站发生爆炸，数千人因之丧生

第 99 名　1925 年美国田纳西州政府禁止在学校讲授进化论，反对者败诉

　　尽管由美国人发布的排行榜带有强烈的美国味道，但从这个排行榜还是可以看出科技在 20 世纪历史演进中所占据的分量。在诸多科技事件中，尤以核能利用技术、航空航天技术、信息技术和医药生物技术四项最为突出。前两项显示人类空前的力量，后两项显示人类对自身社会属性和自然属性的再造。

第四十一章
原子能时代

　　自古以来，人类所使用的一切能源都来自太阳。作为燃料的木材是通过植物的光合作用而获得的，作为动力的水力是太阳蒸发造成的水位差带来的。近代以来大力开采的新能源煤炭，其实是造山运动中的原始树木变成的，是地底下的太阳。直到 20 世纪初，人类尚未拥有除太阳之外的任何能源。太阳的光芒是一切力量的源泉，居于大地上的人们因为太阳的指引而昂首挺胸。

　　近代科学本质上是一种盗取天火的工作，即把自然神秘的能量人为地释放出来，为我所用。产业革命所完成的只是对地球上各种形式太阳能量的重新开发、贮存、传输、转换。很显然，把握能量的最高形式应当是"制造"太阳能。

　　什么是太阳能，太阳为何能发出如此巨大的能量？这个问题直到 20 世纪初还是一个未解之谜。天文学家大致猜测到，太阳能可能来自引力收缩，但具体的产能机制直到原子物理学诞生之后才真正搞清楚。准确地说，太阳产能机制是在人类自己制造太阳能的过程中弄明白的，"知识"来自"制造"。

1. 核裂变链式反应的发现

　　1919 年，卢瑟福用 α 粒子轰击氮原子核，使氮原子嬗变成了氧原子，首次实现了原子核人工嬗变。他在历史上首次把一种化学元素变成了另一种化学元素，被誉为当代炼金术。卢瑟福有一部著作名字就叫《新炼金术》。1932 年，卢瑟福的学生查德威克发现中子。由于中子是电中性的，不受静电力的影响，因此很适合作为"炮弹"去轰击原子核。

　　1934 年，约里奥 – 居里夫妇用 α 粒子轰击铝，产生了一个天然不存在的放射性元素，即磷的同位素。这个同位素是不稳定的，产生之后很快蜕变为稳定元素硅，同时放出正电子。这一实验的重大意义在于，它首次人工产生了放射性元素。

迄今为止，虽然原子物理学仍在迅速发展，但人们还看不到原子能实际利用的可能性。最先敲开原子大门的卢瑟福在1933年的一次演讲中说："一般说来，我们不能指望通过这种途径来取得能量，这种生产能的方法是极端可怜的，效率也是极低的。把原子嬗变看成是一种动力来源，只不过是纸上谈兵而已。"[1]爱因斯坦也作如是观。1935年在匹兹堡，记者问他原子能是否可能被实际利用，他回答说："这就像黑暗中在一个地方射鸟，而此地仅仅有几只鸟。"[2]最伟大的科学家都没料到原子能时代已经近在咫尺。

费米

约里奥－居里夫妇的实验激励实验物理学家们致力于轰击原子核的工作。1934年，意大利物理学家费米改用新发现的中子去逐个轰击元素周期表上的元素原子，到氟时终于得到了放射性同位素，并且在短短几个月内发现了数十种放射性同位素。费米还意外地发现，在中子源与被轰击的银金属之间放一块石蜡后，所激发的核反应更为强烈。这就是说，经过减速后，中子引致核反应的能力更强了。这一发现被认为是原子时代的"真正起点"。费米因此而获1938年诺贝尔物理学奖。

费米的研究小组继续沿着元素周期表往下实验，轰到铀时，他们猜想应该能得到一个原子序数为93的超铀元素，但结果有些异常。一开

---

[1] 海森堡在《原子物理学的发展和社会》一书中回忆了他于1935年与卢瑟福和玻尔的面谈，当时卢瑟福说："无论如何，没有谁认真设想可以从核过程中得到能量。要通过质子或中子同原子核的聚合来释放能量，首先，就必须大量地造成这种聚合。例如，通过加速大量质子来实现，其中大多数质子可能击不中靶。这种能量的绝大部分都会在任何情况下以布朗运动的方式损耗掉。因此，就能量的释放而言，用原子核进行的实验，可以称之为纯粹的浪费。所有谈论在技术上利用核能的人都是在演讲天方夜谭。"参见中译本，马名驹等译，中国社会科学出版社，1985年版，第172–173页。

[2] 内森等编的《巨人箴言录：爱因斯坦论和平》（上），李醒民译，湖南出版社，1992年版，第384页。直到1939年3月14日，爱因斯坦还在《纽约时报》上发表文章说："关于分裂原子迄今所得到的结果并未证明下述设想是合理的：在该过程释放的原子能能够经济地加以利用。"参见中译本，第384页。

始他们还以为出现了超铀元素，未对异常现象进一步深究。后来，有不少其他核物理学家同时发现了异常现象。主要的异常是，用中子轰击之后的铀产生了许多新的放射性元素，而这些元素在周期表中并不与铀邻近。德国女化学家诺达克提出，在中子轰击下，铀分裂成几块，只有这样才能解释新出现的放射性元素与铀并不邻近的"奇怪"现象。但这一观点一开始不被人们接受，因为从表面上看，慢中子能量这样小，怎么能将铀的核打碎呢？

诺达克

　　1938 年，德国物理学家哈恩受约里奥 - 居里夫妇实验报告的启发，也重做了有关的实验，并且确信铀嬗变后出现的确实是钡、镧等一些与铀相距甚远的元素。哈恩对实验结果感到十分迷惑，便将这些结果和疑问写信告诉了奥地利女物理学家迈特纳。迈特纳当即提出了一个大胆的猜想：铀核在俘获了一个中子后分裂成两个大致相等的部分。她称这一过程为"分裂核"，玻尔后来改称为"核裂变"。她认为裂变过程要发生质量亏损，根据爱因斯坦的质能关系式，裂变应放出大量的能量。迈特纳的侄儿弗里希将姑母的这个想法告诉了玻尔，并说自己要着手验证这个想法。玻尔当时正准备启程去美国开会，刚一到美国，弗里希就电告实验已经证实了迈特纳的想法。玻尔立即将消息告诉了与会的物理学家们，引起了强烈的轰动。有的人甚至连报告都没有听完，就急着赶回去做实验。原子核裂变的实验事实很快就得到了公认。哈恩因此获得 1944 年的诺贝尔物理学奖。

弗里希

　　核裂变的发现很自然地促使人们想到链式反应的可能性。所谓链式反应就是当中子轰击铀核使核发生分裂时，又有新的中子产生从而再轰击别的铀核，使这一反应像链条一样一环扣一环地持续下去。费米在得到核裂变的消息后，当即提出了链式反应的概念，并预言一个重核裂变成两个轻核时一定会出现多余的中子。约里奥 - 居里夫妇率先证实了链

惠勒

式反应的可能性。他们发现，链式反应速度非常之快。

就在第二次世界大战爆发前两天，玻尔和惠勒指出，铀 235 比铀 238 更能发生裂变，而慢中子更能引起裂变。至此，关于释放原子核能的理论和实验依据均已经齐备。科学家们已经清楚地认识到，只要链式反应一开始，无比巨大的能量就会在极短的时间内爆发出来。

2. 推动原子弹的研制：齐拉德

二战前，原子物理学的研究中心根本不在美国。它们分布在欧洲的三个地方：

奥本海默约 1944 年的照片

一是卢瑟福领导下的剑桥，一是玻尔领导下的哥本哈根，再就是德国哥廷根，那里有马克思·玻恩、詹姆斯·弗兰克和大卫·希尔伯特三巨头。一战之后，原子物理学处在飞速发展的黄金时期。在欧洲，那些老资格的鸿儒硕学与年轻人一道沉浸在不断出现的新发现中，而美洲大陆却还在讲授那些陈旧的物理学。美国年轻一代的物理学家与哥廷根结下了不解之缘。他们要走与哥伦布相反的道路：由美洲出发，到欧洲去寻找物理学的"新大陆"。包括奥本海默在内的几乎所有后来成名的美国原子科学家，1924 年至 1932 年间都曾在哥廷根待过。

20 世纪 30 年代初，希特勒开始走上德国的政治舞台。纳粹情绪在德国社会中弥漫开来，犹太人开始受到歧视和迫害。这种风气也传到了德国物理学界，传到了哥廷根这个大学城。1933 年，希特勒执政，清洗犹太物理学家的行动开始了。哥廷根陆续有人被开除或辞职。不到一年，弗兰克也走了。这些人起初大多到了尼尔斯·玻尔那里，使哥本哈根一时人气兴旺。但随着纳粹在欧洲的得势以及后来第二次世界大战的爆发，玻尔支撑的余地越来越小。许多暂时在哥本哈根避难的物理学家，又陆续迁往美国，因为那里有许多大学教席等待着这些一流的科学家。1933 年秋，爱因斯坦去了普林斯

朗之万

顿。法国物理学家朗之万开玩笑说："这是一个重要事件。其重要程度就如同把梵蒂冈从罗马搬到新大陆去一样。当代物理学之父迁到了美国，现在美国就成了物理学的中心了。"[1]

齐拉德

在流亡到美国的物理学家中，有一位匈牙利籍的犹太物理学家名叫齐拉德。他在核武器发展史上占有特殊的地位。早在1933年，像卢瑟福这样的大科学家还否定利用原子能的可能性时，齐拉德就已经敏锐地意识到原子能的开发可能会带来政治军事后果。1935年，齐拉德向许多原子科学家建议，鉴于原子能开发可能带来意想不到的严重后果，是否应该暂缓发表他们的研究成果。科学家们拒绝了齐拉德的建议，认为是操心过早。直到1939年，玻尔还开列出15条理由，认为核裂变反应的实际应用是不可能的。链式反应的可能性未被证实之前，科学家对后果没有警惕。

齐拉德一点没有气馁，继续向同行建议对他们的研究采取某种程度的保密措施，因为他日益忧虑地发现，类似链式反应的实验在欧洲各地同时展开，非常像是研制原子武器的竞赛。科学共同体的确遇到了新问题。几个世纪以来，近代科学一直奉自由探索、自由交流为科学研究的最高原则，也正是这种自由精神，使得近代科学保持活力。

魏茨萨克1993年的照片

但今天，科学已经不由自主地卷入政治。对科学的后果，科学家无法置身事外。

1939年年初，欧洲的战争虽然尚未爆发，但战争的阴云密布、纳粹德国的侵略野心路人皆知。链式反应的可能性正在接受实验研究，人们均倾向于相信它是可能的。齐拉德非常担心，希特勒敢于挑起战争，除了他在空军和坦克方面的优势外，是否还有什么新

---

[1] 容克:《比一千个太阳还亮》，何纬译，原子能出版社，1966年版，第29页。

的超级武器。他非常清楚地知道，链式反应一旦实现，其释放的巨大能量就完全可能被用来制造大规模的杀人武器。

与德国同行的联系大多中断，不仅在于通信方面，更主要在彼此的信任方面。虽然大家也知道希特勒政府与德国物理学家的关系不太好，比如劳厄公开批评法西斯制度，海森堡等人受到攻击，但谁能担保在纳粹的威胁利诱之下，德国原子科学家不会被迫从事原子武器的研制呢？要知道，在德国国内的还有普朗克、玻恩、海森堡、魏茨萨克、劳厄、哈恩、盖革等一大批第一流的原子物理学家。在美国，齐拉德成功地说服原子科学家们自动承担起"自我出版检查"的制度，对敏感的实验结果，特别是导致链式反应可能发生的核裂变后是否会出现多余中子的实验结果，自动保守秘密。意大利物理学家费米因为反感法西斯，也于1938年11月从意大利逃到了美国——他去斯德哥尔摩领完了诺贝尔奖就没再回去。他本来不同意齐拉德提出的限制自由发表的"自我出版检查"制度，但最后还是接受了。

在欧洲推行这一制度更难。齐拉德给法国原子物理学家约里奥－居里写信，建议欧洲的原子物理学家也能接受这一"保密"约定。但约里奥－居里没有予以重视，还是继续发表实验报告。齐拉德也面临在美国的同行的反对。迫于压力，他一度也同意发表自己的研究材料。但是，他日益感到，这个问题必须提交美国当局，引起他们的重视，以便应付有可能来自希特勒的原子威胁。

齐拉德等人曾试图与美国政府接触，讨论制造原子弹的可能性，但没有成功。这时，他们接到秘密情报说，德国政府正在加紧研究链式反应。大概在4月底，当局召集原子物理学家秘密开会，讨论制造铀设备的问题。与会者中没有核裂变现象的发现者哈恩，因为哈恩公开反对为纳粹制造铀弹。但开会的消息泄露给了哈恩的一个新近的同事。这个同事也担心希特勒会制造原子弹，但与齐拉德的思路正好相反，他认为只有公开发表一切最新研究成果，才会避免原子研究可能带来的政治后果。于是，他写了几篇文章向大众通俗地介绍链式反应的有关情况。阴差阳错，这篇文章把在美国的齐拉德们吓坏了。他们想，既然德国允许登这样的实验报告，那他们已经掌握的知识必定多得多。接着，当年夏天，海森堡到美国访问，谢绝了主人让其留下的建议。再接着，从欧洲传来的秘密情报说，德国又开了一次原子能的秘密会议，而且这一次是由军事部门主持的。最后，美国方面得知，德国突然禁止被其占领的捷克的铀矿石出口。

敏感的齐拉德马上意识到德国可能正在研制原子弹。要是让希特勒这样的战争狂人拥有了原子弹，那人类的未来将不堪设想。齐拉德想的第一件事是如何保护好欧洲的另一个铀矿出产地比利时。他知道爱因斯坦与比利时女王伊丽莎白有很好的私人交情，便想通过他向比利时政府发出适当的警告。1939 年 7 月炎热的一天，齐拉德在长岛好不容易找到了正在度假的爱因斯坦。爱因斯坦本来并不知道铀内可能发生链式反应，听到齐拉德的解释之后，立即意识到事情的严重性。他在给比利时政府的信上签了字。离开爱因斯坦的住地之后，齐拉德又找到了罗斯福总统的朋友和顾问、国际金融家亚历山大·萨克斯。萨克斯很支持齐拉德的行动，决定再起草一封信，除了建议美国政府与比利时政府就铀储备问题进行商谈外，还希望政府拨款支持原子物理研究。

8 月 2 日，齐拉德再次去了长岛。爱因斯坦又在一封已经起草好的信上签了名。9 月 1 日，德国占领波兰，第二次世界大战打响。10 月 11 日，萨克斯亲自将爱因斯坦签署的信交给了罗斯福。据说筋疲力尽的罗斯福一开始并没有特别在意，只是说这是个有意思的想法，但现在政府没有精力考虑这个事情。萨克斯一看总统无意支持此事，很是着急，一夜都在想如何才能说服罗斯福，后来他终于想到了拿破仑当年拒绝富尔顿建造汽船的历史故事，决心以此来打动总统。次日，罗斯福请萨克斯共进早餐，萨克斯说了这样一席话：

在拿破仑战争时代，一个年轻的美国发明家富尔顿来到了这位法国皇帝面前，他建议建立一支由蒸汽机舰艇组成的舰队，拿破仑可以利用这支舰队无论在什么天气情况下都能在英国登陆。军舰没有帆能走吗？这对于那个伟大的科西嘉人来说简直是不可思议的，因此他竟把富尔顿赶了出去。根据英国历史学家阿克顿爵士的意见，这是由于敌人缺乏见识而使英国得以幸免的一个例子。如果当时拿破仑稍稍动一动脑筋，再慎重考虑一下，那么十九世纪的历史进程也许完全会是另外一个样子。[1]

这个故事果然打动了罗斯福，他沉默了一会儿，叫来了一位将军部下，指着萨克斯的信说："此事要立即采取行动！"

---

[1] 容克：《比一千个太阳还亮》，何纬译，原子能出版社，1966 年版，第 74 页。

格罗夫斯将军

但开头的一年多，政府并没有给予多少实际的支持，1940 年 3 月 7 日爱因斯坦写的促使政府支持原子能研究的第二封信也未产生实际的效果。直到 1940 年 7 月，美国政府得知在战争结束之前就有可能造出原子弹，才真正重视起来。12 月 6 日，亦即日本偷袭珍珠港的前一天，美国政府正式大量拨款研制原子弹。政府成立了一个军政委员会，领导制造原子武器的计划。该计划被命名为"曼哈顿工程"。1942 年 9 月 17 日，职业军人莱斯利·格罗夫斯将军成为整个曼哈顿工程的行政首脑。

3. 曼哈顿工程：第一颗原子弹的研制

1941 年 12 月，已逃亡到美国并定居下来的费米来到芝加哥，领导美国第一个原子反应堆的建造。这是一个可控的链式反应装置，用石墨作为中子的减速剂，用镉棒来吸收中子以控制裂变反应的速度。经过近一年的努力，反应堆于 1942 年 12 月 2 日正式开始运转。它第一次实现了输出能大于输入能的核反应，宣告了人类利用核能时代的开始。

在芝加哥大学第一个链式反应堆原址建立的雕像"核能"，既像蘑菇云，又像骷髅头，既象征力量，又象征死亡。吴国盛摄

费米反应堆的建成为原子弹的研制提供了大量有用的数据，但制造核弹还有许多技术方面的困难。最主要的问题是铀的提纯问题。当时认为，最好的裂变材料是铀 235，但这种铀的天然含量很低，只占 0.7%，必须用某种方法将铀 235 分离出来，获得高含量的铀 235。当时有好几种分离方法可供采用。美国政府决定不惜工本，几种方法同时进行试验，以尽快分离出足够的高纯度铀 235。

由于分离铀的成本太高，后来又发现了元素钚 239 也是一种良好的裂变材料。钚是由铀 238 嬗变而来的，因此，可以用分离中剩下的大量铀 238 制造钚。

原子弹的研制工作由美国物理学家奥本海默负责，在新墨西哥州一个叫洛斯－阿拉莫斯的荒凉高地上秘密进行。1942 年 11 月 25 日，洛斯－阿拉莫斯被征用。1943 年 3 月，第一批原子科学家入住此地。7 月，从全国各大学拆运的设备陆续到达。同时，奥本海默被任命为洛斯－阿拉莫斯实验室主任。

1945 年春，三颗原子弹造出来了。1945 年 7 月 12 日和 13 日，原子弹的内部爆炸机械部件陆续运到了被称作"死亡地带"的试验地点。这是一片沙漠，原子弹就装配在沙漠中心一座高大的钢架上。14 日和 15 日两天，在洛斯－阿拉莫斯工作的全体人员被召集起来开会，他们被告知原子武器实验即将开始。他们中的很多人还是第一次知道自己所做工作的真正用途。会后，与会者乘车经 4 小时的路程到达试验场。他们聚在离原子弹 16 公里的地方，每人都穿着特制的衣服，戴上了黑色保护镜，脸上涂上防辐射油膏。爆炸原定在 16 日凌晨 4 点钟，因气候恶化推迟了一些。5 时 10 分，奥本海默的副手发出了倒计时信号。所有的人立即伏卧在地上。人们安静地等待着，但内心十分紧张。5 时 30 分，第一颗铀原子弹成功爆炸。巨大的冲天火球把天空照得煞白。有些人激动得忘了戴面罩就下了汽车，但只有两三秒钟，他们就丧失了视力。这令人心悸的一幕，使在场的每个人都感到异常恐惧。奥本海默靠在观察站的一个柱子上，心里涌出了古印度圣诗中的一段：

漫天奇光异彩

有如圣灵逞威

只有一千个太阳

才能与其争辉[1]

30 秒后，暴风向人们冲来，可怕的吼叫声惊天动地，仿佛世界末日来到了。由于亲身领略了向神灵挑战的滋味，许多科学家在这惊心动魄的场面前手足无措。据说费米事后连开汽车的力气也没有了。这场爆炸力相当于两万吨 TNT 炸药的试验，比原来预想的效果要大 10 倍乃至 20 倍。住在 200 公里外的居民都看到了空中的强烈闪光。为了保密，军事当局发布新闻说一个弹药库不幸爆炸，但没有人员伤亡。

在不到 4 年的时间里，美国就成功地试制了原子弹，这完全取决于两个因素。一是希特勒将一大批极有才华的欧洲核物理学家赶到了美国，使美国拥有了当时世

---

[1] 容克：《比一千个太阳还亮》，何纬译，原子能出版社，1966 年版，第 138 页。

界上最强大的科学家阵容。二是美国政府迫于战争的需要，投入了巨大的人力和物力。为了完成曼哈顿工程，美国政府动员了 50 多万人（其中科研人员 15 万），耗费 22 亿美元，占用了全国近三分之一的电力。为分离高纯度铀，同时试用了三种方法：电磁分离法、气体扩散法和热扩散法，每种方法各建一个大型工厂。第一个建起的电磁分离工厂，建造费用达 3 亿多美元，有 2 万多人在此工作。原子弹的研制是 20 世纪大科学的典型范例。

4. 科学家反对使用原子弹

1945 年 5 月，德国宣布无条件投降，人们才知道德国虽然在原子物理研究方面有一些进展，但比盟国至少落后两年，离造出真正的原子弹还远着呢。希特勒对物理学工作不太重视，物理学家们也不买他的账。原子物理学家对铀弹均持观望态度，并不积极，到后来甚至消极怠工、虚与委蛇。由于希特勒缺乏远见，德国根本没有制造原子弹的系统计划。况且某些研制核反应的设施还屡遭盟军和抵抗运动战士的破坏，根本谈不上制造原子武器。

事实上，在盟军占领德国之前的 1944 年年底，美国专门调查德国原子弹研制情报的特工小组就已经查实，经常被认为在原子武器的研制上走在前面的德国比美国落后得多。他们还没有生产铀 235 或钚 239 的工厂，也没有能与美国相比的铀反应堆。德国 1945 年 2 月才开始在图宾根的海格洛赫小城建立原子反应堆实验室。特工小组经侦察后甚至认为根本没有必要对那里做特别的搜查，因为那里实际上并没有构成威胁的实验材料。

参加了特工小组的丹麦实验物理学家戈德斯密特这时松了一口气。他对自己的上司说：“德国人没有原子弹，这岂不是妙极了？现在我们可以不必生产它了。”不料，他的军人上司回答说：“如果我们自己有这种武器，我们当然应该利用它。”[1]

特工小组的情报给原子科学家们提出了一个难题：继续干下去吗？这项工作已经缺乏政治上和道义上的支持，因为德国已经垮了，而唯一的敌人日本不可能造出

---

[1] 容克：《比一千个太阳还亮》，何纬译，原子能出版社，1966 年版，第 119 页。

这样的武器来；不继续做吧？在眼看快要达到胜利成果的时候半途而废，不符合现代科学和技术的精神。新的理由很快被创造出来了。原子科学家认为，应该让全人类知道这种武器的可怕性质，并避免它被某个不文明的大国秘密制造出来危害人类。要达成这一目的，唯一的办法就是将它公开制造出来，并将之置于全人类的监督之下。

军方对新式武器的使用很感兴趣。格罗夫斯每天都催促他的工作人员抓紧时间，生怕在战争结束之前原子弹还没有制造出来。1945 年春天，美国军方已经在部署原子弹的投弹计划。然而，以齐拉德为首的一群科学家却心情沉重，他们就像那个从瓶子里放出妖怪的渔夫一样无奈——渔夫从瓶子里放出了妖怪，再想放回去已无可能。齐拉德又去找爱因斯坦，向他说明情况已经发生了改变，令人担心的不再是德国人用原子弹轰炸我们，而是美国政府可能会用原子弹去轰炸别国。爱因斯坦又写了一封信给罗斯福总统，连同齐拉德的建议报告一并递给了总统。但罗斯福没有来得及读就突然于 4 月 12 日去世了。新任总统杜鲁门任命了一个专家委员会讨论原子弹的使用问题，但据说，需要专家们讨论的不是要不要使用的问题，而是如何使用的问题。格罗夫斯十分强硬地指出，每天都有大量的美国青年死于对日作战，而反对对日本使用原子弹的科学家没有一个有亲人在战场上作战。结果，专家委员会最后呈送给杜鲁门的报告完全按照格罗夫斯的意思起草，建议快速对日本使用原子弹。

科学理论一旦变成了技术，并且被政治家所掌握，科学家就无法改变它的命运了。6 月，以齐拉德为首的 7 名科学家联名给美国国防部长写信，指出原子弹会引起核军备竞赛。7 月 16 日原子弹首次试爆成功之后，齐拉德又起草了给白宫的紧急请愿书，征集了 69 位著名科学家的签名。但这一切根本无法改变原子弹被使用的命运。研制原子弹已经花去了 20 亿美元，如果战争结束，这一切都成了毫无意义的浪费。这是连美国总统都无法向人民交代的实情。况且由于日本顽固地不肯投降，每天都有大量的美国人死去。要立即结束战争，使用原子弹是最简单的办法。芝加哥的反原子弹情绪最为激烈，由康普顿主持，在芝加哥的原子科学家中进行了一次投票，投票结果表明较多数人认为可以向日本发动新武器的军事示威，但在示威之前给日本一次投降的机会。

1945 年 7 月 26 日，中、美、英三国联合发表《波茨坦宣言》，命令日本立即无条件投降，否则日本将遭到毁灭性打击。美国总统杜鲁门下令，如果在最后通牒到期（8日）后日本没有答复，就使用原子弹。1945年8月6日，一颗重4吨、外号"小男孩"的铀弹投到了日本的军港城市广岛，摧毁了这座有35万人口的城市。这颗原子弹还是没能使日本人接受《波茨坦宣言》，他们甚至怀疑原子弹已经研制出来了。美国见日本拒绝投降，便决定继续投原子弹。8月9日，另一颗重5吨、外号"胖子"的钚弹在长崎上空爆炸，使之瞬间化为废墟。原子弹的巨大威力令世人惊恐。日本天皇在长崎被炸后的第二天便命令其首相接受《波茨坦宣言》。8月14日，日本政府正式宣布无条件投降。

5. 核军备竞赛与国际战略格局

　　二战尚未结束，原子科学家们就已经预感到将来各大国之间会发生核军备竞赛。在攻入德国时，美国军事当局抢在法国之前搜寻海森堡的反应堆实验室。这个实验室位于爱兴根，本来是法占区。美国人却赶在法国人之前18小时占领了该镇，查抄了海森堡的实验室，抓住了哈恩、劳厄和魏茨萨克等人。后来发现这里并没有多少有用的资料，才把这批德国核物理学家交给英国人看管。美国这时候不再害怕德国，担心的倒是自己的盟国。在美国本土，曼哈顿工程的核心研究部门都不让外国人参加。

　　原子弹试爆成功以及在战争中发挥作用之后，原子物理学家一下子成了特殊人物。在公众面前，他们成了传说中的能召唤魔力的人，而在政府眼中，他们与国家安全息息相关。美国政府要保持核垄断，保持核大国的地位，科学家们却一再表示核垄断是靠不住的。对于原子科学家，比战时更加严格的保密制度和审查制度开始实行。有的人被剥夺了工作，有的人被监禁。即使在实验室里，人们也只能低声说话。空气中弥漫着不信任和恐惧。连领导整个曼哈顿工程技术工作、被称为"原子弹之父"的奥本海默，也一直受到审查。直到最后，1953年12月3日，美国联邦调查局甚至怀疑他是苏联间谍。艾森豪威尔总统决定将奥本海默排除出美国的原子能领导阶层。次年，奥本海默接受审判。

　　正像早期错误地估计德国会很快造出原子弹一样，现在美国的科学家和当局又错误地估计了别国发展原子弹的速度。苏联在原子能知识方面一向不弱，拥有像萨哈罗夫这样非常优秀的原子科学家，也拥有足够发达的工业生产能力。美国在广岛投下原子弹后，苏联政府立即做出了研制原子弹的决定。8月中旬的一次会议上，斯大林说："对你们的唯一要求，同志们，是在尽可能短的时间内为我们提供原子武器。你们知道，广岛事件震撼了整个世界，均势已经被破坏。提供这种炸弹——它将使我们免受巨大的威胁。"[1]原子弹作为影响国际战略格局的重要因素，已经为大国的首脑所充分意识到。

萨哈罗夫1989年3月1日的照片

　　苏联的动作之快出乎美国人的意料。1949年8月29日，就在美国在广岛投下原子弹4年后，苏联就成功地进行了一次核试验。美国的飞机很快发现苏联远东地区大气中有放射性粒子的明显痕迹。9月23日，杜鲁门宣布苏联进行了核爆炸。4个月后，也就是1951年1月31日，他宣布美国将继续发展氢弹，毫不犹豫地朝核军备竞赛迈出了第一步。1952年11月1日，美国在马绍尔群岛爆炸了第一颗氢弹。次年8月，苏联也爆炸了一颗氢弹。氢弹的爆炸当量相当于数百万吨TNT炸药，比原子弹大得多。

　　苏联很快自行制造出了原子弹，打破了美国的核垄断和核威慑，核军备竞赛就此开始。除苏联外，1952年10月3日，英国的第一颗原子弹试制成功；1960年2月13日，法国爆炸了第一颗钚弹。1964年10月16日，中国也成功试爆了第一颗原子弹。原子武器巨大的摧毁性以及核垄断的打破造成了谁也不敢首先使用核武器的局面，这反而使世界局势趋于缓和，爆发世界大战的可能性变小了。

6. 核能的和平利用

　　原子能的和平利用提上了议事日程。核能的效率是惊人的，1千克核燃料（如

---

[1] 邦迪:《美国核战略》，褚广友等译，世界知识出版社，1991年版，第244页。

浓缩铀）所释放的能量相当于 2500 吨煤或 2000 吨石油燃料，如果将它用于和平事业，将大大地造福人类。实际上，有了反应堆就可以建核电站，这在技术上是不困难的。1954 年，苏联建成了第一座小型的原子能发电站，装机容量为 5000 千瓦。1956 年和 1957 年，英国和美国也相继建成了核电站。

经过 20 世纪 60 年代的反复摸索实践，核电技术已经比较成熟了。其成本比火电低，正常运转时环境污染也比火电小得多。对环境的放射性污染微乎其微。核电站主要的问题出在事故上。在正常情况下，它是相当安全的，但一出事故，如发生爆炸，其危害性就非常严重了。因此，现代核电技术中，安全防护技术是最重要的一个环节。从几十年的核电站运行记录看，核电安全技术是过关的。已经出现的几次核电站事故均属人为造成，与核电技术无关。最著名的核电站事故是 1986 年 4 月 26 日在苏联切尔诺贝利核电站发生的第四号机组的爆炸事件，事后经查证，证明这是一起由于工作人员严重违反操作规定造成的事故。他们将控制棒、自动保护系统和蒸汽安全系统三道安全阀门全部切断，结果导致爆炸，31 人当场死亡，对周围环境产生了严重的放射性污染。相比之下，1979 年 3 月 28 日美国三里岛核电站二号堆由于操作失误而发生的事故，由于多种安全系统同时发挥作用，没有造成人身伤亡和环境污染。

20 世纪 60 年代以来，全球出现的能源危机给发展核电事业以更大的推动力。煤、石油和天然气的开采量总是有限的，以目前的消耗量计算，石油还能采几十年，煤顶多能采 200 年。由于人口和经济的增长，能源的消耗量逐年增加，因此，这一计算还要大打折扣。太阳能的利用成本太高，近期内看不到大规模使用的可能性。相比之下，发展核电是解决能源危机的一条有希望的途径。

目前的核电站都是依靠核裂变反应获得能量，但裂变反应会产生大量的核废料，而这些核废料会产生严重的放射性污染。随着核电的发展，核废料会越积越多，到现在为止还没有找到永久性地处理这些废料的办法。它是发展核电事业的一个潜在危险。

为了克服核裂变反应这一棘手的问题，科学家们正在探讨利用核聚变反应获取核能。所谓核聚变就是几个轻核（如氢）聚合成一个重核，在这一过程中会放出远大于裂变反应所放出的能量。天文学家发现，太阳上 80% 是氢，如果太阳能真是核反应提供的，那这种核反应很可能就是氢核聚变。1938 年，美国物理学家贝特证明了，在太阳的高温下，失去了电子的氢核会结合成一个双质子。但这种核不稳定，其中的一个质子会马上放出一个正电子而变成中子，使双质子核变成氢的同位素氘。在高温动能的驱使下，两个氘核又会合成一个氦核，并放出巨大的能量。这种反应不但能量更大，而且反应的生成物是稳定的元素，没有放射性污染。如果能利用这种能源，就再好不过了。

但是，核聚变反应的超高温条件是人类在地球上无法提供的。要想在地球上使氢发生聚变，需10亿摄氏度以上的高温。1944年，费米指出用氢的同位素氘和氚做燃料，只需5000万摄氏度就可以发生核聚变。但是，这样的高温在实验室里也还是达不到的。第一颗原子弹爆炸后，人们想到可以用裂变反应产生的超高温来实现核聚变反应，这也就是氢弹的原理。

与裂变反应不同，聚变反应的原料氘就存在于普通的水中，而海水在地球上应有尽有，取之不尽，用之不竭。据计算，一桶海水中能提取的氘的能量相当于300桶汽油。可见，一旦核聚变能被利用起来，人类将彻底摆脱能源危机。现在的关键问题是高温问题和控制问题。科学家们已经发现了几种有效的方法，例如用激光点火，用强磁场约束反应材料等，但这些方法还在进一步探索之中。

第四十二章
航空航天时代

　　自古以来，人类就向往像鸟儿一样自由地在天空展翅飞翔。流传于各民族神话和传说中的飞天的故事，就是人类渴望在蓝天飞行的真实写照。几千年来，许多发明勇士做了种种努力，试图通过人自身的力量实现飞行的梦想，但均没有成功。到了 20 世纪，人类终于依靠高度发达的科学技术飞上了天空。不仅如此，人类还登上了月球，完成了从前只有在神话中才能想象的伟大壮举。

1. 气球与飞艇

　　人类受地球重力的约束，只能在地表活动。人们是多么羡慕鸟类的自由。古代人认为人之所以不能飞起来，是因为没有翅膀，因此，只要造出一对合适的翅膀来，大概就可以像鸟一样飞。据说，在中国汉代曾有人用鸟的羽毛制成翅膀，绑在身上，然后从高台上跳下，滑翔飞行了几百步。在近代欧洲，更是有许多将翅膀绑在身上做飞行试验的记载。这些人类飞行事业的先驱，不是摔死，就是残废，留下了一串飞行失败的记录。

　　实际上，由于天赋的身体素质方面的限制，人只靠自身的生理力量是飞不起来的。人的手臂产生的力量与其体重之比太小，即使有翅膀也飞不起来。17 世纪意大利学者波雷利通过对鸟类的解剖研究表明，"人依靠自己的力量进行扑翼飞行是不可能的"。英国物理学家胡克也指出，利用人现有的肌肉无法飞起来，因为人的肌肉占体重的比例太小。人要想飞起来，胸部必须得有 2 米宽的丰满肌肉才行。

　　人类最早自由升空靠的是热气球。热气球升空的原理即阿基米德的浮力原理：热空气比空气轻，因而上浮。中国汉朝的《淮南子》一书中有热空气升空的实验叙述：

"取鸡子,去其汁,烧艾火纳空卵中,疾风因举之飞。" 五代时期,曾有人发明松脂灯,利用松脂蜡烛将纸灯内的空气加热,使纸灯升空,作为军事信号。

蒙哥菲尔兄弟的热气球复制品,现藏于美国国家航空航天博物馆。吴国盛摄

　　1782 年 11 月,法国造纸商的儿子蒙哥菲尔兄弟受烟火上升的启发,设计了一个热气球。起初,他们用一个大纸口袋口朝下放在炉子上,使热空气和烟充入其中,很快,纸口袋就能够上升。接着,他们又用丝织的布袋子做实验,布气球上升了 20 多米。1783 年 6 月 5 日,蒙哥菲尔兄弟造出了一个直径 11 米的大热气球,当众表演升空试验。实验非常成功,大热气球上升了数百米,飞行了 10 分钟,最后降落在 1.5 公里远的地方。这次实验在法国引起了轰动,公众非常渴望看到热气球载人升空。当年 9 月 19 日,蒙哥菲尔兄弟又完成了一次热气球升空试验。这一次气球上载了一只公鸡、一只鸭子和一只绵羊,8 分钟后落在 3 公里外的农田里。1783 年 11 月 21 日,法国青年科学家罗泽尔和达尔朗德完成了首次人类升空试验。他们乘坐热气球升到了 26 米的高空。

　　热气球在高空中如不继续加热,会冷却下来,从而最终自动降落到地面。就在蒙哥菲尔兄弟成功完成首次热气球升空试验的同时,法国物理学家查理决定把氢气引入气球中。查理是氢气研究方面的专家,他知道氢气比空气轻得多,用它作为填充气体,升空效果应该比热空气更好。1783 年 8 月 27 日,查理制作了一只直径只有 3.7 米的氢气球。被放上天空之后,它在空中飘荡了近一小时。它的体积较小,但升得高,空中停留时间长。在蒙哥菲尔兄弟的热气球把人送上天空之后仅仅 10 天,查理就和他的助手坐着自制的氢气球在巴黎上空航行了两个多小时。

　　巴黎上空的载人气球飞行,在法国引起了巨大的震动。法国人处在一种对升空气球的狂热之中。载人气球的成功也激发了欧洲飞行爱好者的热情,使气球飞行活动在 18 世纪末一时掀起高潮。1785 年,英国人和法国人联合飞越了多佛尔海峡。1794 年,法国将军开始使用气球对敌人阵地进行侦察。到了 19 世纪,气球被直接用于战争。它不仅可以用于临空侦察,还可以实施挂炸弹空袭。气球在战争中发挥出的巨大威力给人留下深刻印象。军事家们开始意识到，立体作战的时代就要到来了，制空权变得越来越重要。

气球不仅被用于军事目的，对大气科学探索也起到了至关重要的作用。随着气球升空高度的增加，人们认识到高空缺氧，载人气球需要携带氧气瓶。此外，高空大气压很低，人类生理上无法承受。1927年，美国陆军上尉格瑞到达了最大高度12954米，当他在下一次试图打破这一高度时不幸遇难。这一高度再也没有被乘坐敞开式吊舱的人打破。人们意识到，为了进一步升高需要采用封闭式的座舱。乘坐封闭式座舱，可以升到3万多米的高度。采用无人操控的气象气球，气象学家们发现了同温层。

气球只能简单地上升，而且其飞行状态无法控制，基本上是随风飘荡。气球发明之后，就有许多人在思考如何使气球变得可操控。发明家们对气球进行了一系列的改进：把它的形状做成椭圆形，以减少空气阻力；添加螺旋桨空气推进系统；添加方向操控器。于是，气球就变成了飞艇。

飞艇一开始用人力做推进系统，结果发现这点力量完全不够用。内燃机发明之后被用于飞艇，很好地解决了动力问题。飞艇可以装载更多的人和物，进行有目的的飞行，是一种有效的空中运载工具。19世纪末20世纪初，飞艇已经发展得相当顺利。1909年，德国人齐伯林创办了世界上第一家民用航空公司，将飞艇用于客运。据说，第一次世界大战之前，该公司运送了上万人次，居然未发生一次事故。后来，齐伯

齐伯林

德国腓特烈港的齐伯林纪念碑。吴国盛摄

林的飞艇在第一次世界大战时派上了很大用场。那时的飞艇技术也有了极大的提高，飞行高度和载重能力连当时新出现的飞机都无法相比。

飞艇越做越大，但 20 世纪 30 年代是飞艇的不祥年代。从那时起，飞艇起火爆炸的事故不断发生，其固有的缺陷开始暴露。世界各国不再发展飞艇事业，转而大规模发展飞机制造业。

2. 飞机的诞生

人要想飞上天空，必须依靠飞行器械。至今仍被孩子们喜爱的风筝，可能是人类最原始的飞行器械。实际上，风筝是利用流动空气产生的举力而上升的最简单装置，也是后来飞机机翼的原始模型。据说，有些风筝确实将人载上了天空。

气球是靠空气浮力升空的，也就是说，它的总比重要比空气小、比空气轻。能不能造出比空气重的飞行器械呢？人们从风筝中得到启发，开始了滑翔机的研制。18 世纪末 19 世纪初的英国人乔治·凯利在这方面有开创性贡献，被誉为航空之父。他把人造飞行器械的功能分解成升举和推进两种，并确立了优先解决升举问题的研究思路。在这一思路指引下，他打破了长期以来模拟鸟类飞行的活动机翼方式，朝固定机翼方式的方向发展。他还做了大量的空气动力学实验，确定了升力与空气密度、机翼面积、运动速度等参数大致的定量关系。

凯利

继凯利的研究之后，英国陆续有飞行机械爱好者研究试制飞机，但进展不大。人们逐步意识到，由于动力不足，飞机速度很慢，因此需要很大的机翼面积来产生足够的举力。可是太大的机翼又要求机翼材料有足够的强度，而当时找不到高强度但又轻便的材料。为了弥补这一缺陷，那时候的飞机都是多翼的。整个 19 世纪下半叶，飞机的试制工作在艰难地前行。一个主要的原因是，科学界很少介入这种看起来过分妄想、不切实际的工作，而狂热的爱好者们大多科学知识不够，也没有注意与理论研究相结合。另一

早期的滑翔机，伦敦科学博物馆藏。吴国盛摄

个原因是，当时的动力机——蒸汽机的马力 - 重量比太小，不能提供足够强大的动力。因此，在动力机械尚未准备好的条件下，只有滑翔机的研制才有可能取得较好的成果。

在滑翔机研制方面最重要的先锋人物是德国工程师李林塔尔。他同那个时代所有的飞机爱好者一样，先是模仿鸟的飞行，搞扑翼机，没有成功，但积累了关于鸟类飞行的经验数据。1889 年，他出版了《论作为航空基础的鸟类飞行》一书，仔细

地分析了鸟翼的形状和结构，给出了许多重要的数据。此后，他开始进行滑翔机的设计和试验，获得了巨大的成功。从 1891 年到 1896 年，李林塔尔先后制造了 18 种不同式样的滑翔机。利用这些滑翔机，他进行了多达 2500 次的滑翔飞行试验，取得了丰富的人工飞行经验数据和大量珍贵的飞行历史照片。1896 年 8 月 9 日，他驾驶一架滑翔机在大风中失去了控制，不幸坠落，从 15 米高处摔了下来，第二天在医院死去。据说他留下的临终遗言是："要想学会飞行，就要做出牺牲。"

李林塔尔约 1896 年的照片

在 19 世纪最后的 10 年里，李林塔尔成了世界知名的"空中飞人"。他多次成功地滑翔飞行，不仅鼓舞了飞行爱好者，

也积累了丰富的经验和数据。虽然他本人依旧相信人必须模仿鸟类的飞行动作才能飞行，因此一直以设计扑翼机为目标，但他为设计扑翼机所做的滑翔机实验，为飞机的问世奠定了坚实的基础。在李林塔尔的影响下，世界各地于 19 世纪末掀起了一股飞行试验热，恰如 18 世纪末的气球热一样。但在飞行试验过程中，不断有英勇无畏的飞行家遇难。人类企图飞上天空的历史，是一部悲壮的历史，是一部灾难的历史。

奥维尔·莱特 1905 年的照片

　　现代意义上的第一架飞机是由美国人威尔伯·莱特和奥维尔·莱特兄弟俩制造的。莱特兄弟本来经营自行车生意，对机械制造技术十分在行。他们也是当时众多的飞行爱好者之一。从 1896 年开始，兄弟俩研究飞行技术，并立志制造出一架用引擎驱动的飞机。与其他飞行设计爱好者不同，他们一开始就非常重视理论指导，系统阅读了空气动力学方面的许多文献，充分吸取了航空先驱者们的经验和教训。为了读李林塔尔的著作，他们还顽强地学会了德文。在很短的时间内，他们就搞清楚了当时飞机研制所达到的水平和存在的主要问题。他们明白了英国人凯利已经发现的飞机三要素：升举、推进和控制。但可惜的是，100 年过去了，这期间的众多飞行勇士都没有系统地看待这三者，以致方向走偏。莱特兄弟同时还认识到，对他们而言，平衡控制问题是比升举和推进更困难的问题，因为到了他们的时代，轻型动力装置（活塞式汽油发动机）和高强度的轻型材料都出现了，而他们精通机械制造，升举和推进方面的设计困难不大。

威尔伯·莱特 1905 年的照片

　　1899 年，莱特兄弟通过对鸽子飞行的观察得出了第一个重要的发现，即鸟的横向平衡是通过翼尖沿一横向轴摆动而实现的，而纵向平衡则由翅膀的前后伸展来保证。这就是后来所谓的"翼尖翘曲"法。它首次突破了凯利所开创的固定机翼模式。1900 年，他们试制了两架滑翔机。经过数次改进之后，1902 年又制造了第 3 架滑翔机。这架滑翔机的

位于俄亥俄州代顿的莱特兄弟自行车店。吴国盛摄

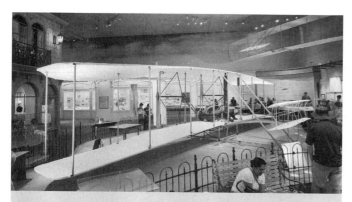

莱特兄弟的"飞行者1号"原件，现藏于美国国家航空航天博物馆。
吴国盛摄

1903年12月17日莱特兄弟的第一架动力飞行器"飞行者1号"成功
升空，奥维尔正趴在飞机中部操作机器，威尔伯在地面跟着跑动，帮
助平衡机翼。

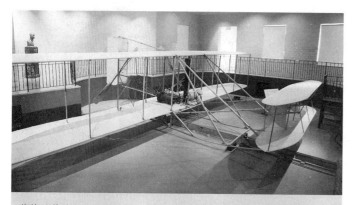

莱特兄弟的"飞行者3号"原件，现藏于代顿卡里林历史博物馆。吴
国盛摄

稳定性大大增加，即使在每小时36千米的强风之中也能照常飞行，还能在操纵之下左右转弯。他们隐约感到，人类的航空时代就要来临了。

1903年，他们在第3架滑翔机的基础上加载动力机，造出了第一架动力飞行器"飞行者1号"。当年12月17日上午10时30分，奥维尔驾驶该机在北卡罗莱纳州的基蒂霍克海滩成功地进行了一次动力飞行。飞行距离为36米，在空中逗留了12秒。随后，又由哥哥威尔伯做了一次飞行，结果在59秒内飞行了260米。第一架飞机就这样诞生了。

莱特兄弟继续改进，于1904年和1905年分别造出了"飞行者2号"和"飞行者3号"。1905年10月5日，威尔伯驾驶"飞行者3号"

持续飞行了 38 分钟，航程达 39 公里，也就是说，"飞行者 3 号"实际上已经具有实用效能。莱特兄弟确信，一个飞行器的时代已经来临。之后的几年，他们一面改进飞机性能，一面在世界各国做飞行表演，向人们显示人类自古以来的飞行梦想已经成真。

莱特兄弟成功试制飞机的消息一开始并没有引起很大的轰动，原因是公众尚未从不久前的失败中醒过来，还以为他们是骗子。但事实胜于雄辩。1908 年，莱特兄弟在法国进行了他们在欧洲的首次飞行表演，一下子震动了法国和整个欧洲。欧洲的飞行爱好者纷纷惊呼："我们被击败了！和莱特兄弟比我们简直什么都不是！"同年 9 月，奥维尔在首都华盛顿举行飞行表演，令华盛顿万人空巷。人们全都去看飞行表演了。

在莱特兄弟取得的成功的鼓舞下，欧洲飞行设计师们加快了研制和试验的脚步。1909 年 7 月 25 日，法国人布雷里奥驾驶自行设计的"布雷里奥 11 号"飞机飞越了英吉利海峡。从法国海岸出发，他用 36 分钟飞行了 42 公里，最终到达英国。这是飞机的第一次国际航行，惊动了不少历史学家和军事战略家。

布雷里奥

布雷里奥飞越英吉利海峡的那架"布雷里奥 11 号"，现在悬挂在巴黎工艺博物馆。吴国盛摄

3. 战火中飞速发展

在航空展览和航空竞赛的有效刺激下，飞机制造技术和飞行技术均提高得极快。在莱特兄弟第一架飞机成功试飞之后不到 10 年，飞机就大规模、成批量地投入军

事和民用领域。第一次世界大战前后，由于军事上的需要，航空技术得以大大发展。1909年，美国开始生产军用飞机。1914年大战爆发时，各国已有千架飞机参战。同飞艇一样，飞机可以执行情报侦察、投弹、发射鱼雷、撒传单、空中照相、与炮兵配合校正炮弹落点、直接机枪扫射等工作。飞机开始用于战争时，主要起侦察作用。但侦察是相互的，这就需要阻止敌方飞机进入我方阵地获取情报，于是不可避免地导致空战。当时飞机上都没有装配武器，因此空战的方式大多是相互撞击，同归于尽。后来，人们在飞机上安装了轻重武器，使飞机成为战斗机。1914年10月5日，法国飞机用机枪将一架德国侦察机击落，开空战之先河。

从1914年大战开始到1918年大战结束，专业的飞机制造公司达2000个。5年间共制造了183877架飞机，其中英国47800架，法国67982架，德国47637架，意大利20000架，美国15000架，法国处在领先位置。由于战争的要求，飞机的品种越来越多，性能也越来越优良。随着发动机的改进，在飞机的飞行速度、高度、飞行距离、操纵性能等方面均出现了重大的突破。飞机的最大飞行速度由每小时165千米增加到230千米，最大飞行高度由5000米增加到8000米，最大航程由600千米增加到1200千米，发动机最大功率由120千瓦增加到313千瓦，最大起飞重量由700千克增加到14000千克，最大载重由50千克增加到3400千克，最大续航时间由4小时增加到10小时。由这些数据可以看出5年来飞机制造业的惊人进步。

一战时期参战飞机虽多，但一开始并无独立的编制，因此存在组织协调不力等问题。1918年4月1日，饱尝德军飞机轰炸之苦的英国率先成立了世界上第一支独立的空军——英国皇家空军。除了建制上的发展外，空军在战争中的重要地位也被充分地认识到，各国军事战略家都提出了自己的制空权理论。

一战结束后，各国充分认识到飞机在未来战争中的重要性，纷纷大力发展自己的航空工业和航空兵兵种。德国、美国、苏联、日本发展最快。这期间，新一代飞机技术被采纳，包括：全金属单翼结构、可收放起落架、封闭式座舱、大功率发动机、无线电及仪表技术等。

第二次世界大战使飞机制造技术进入了一个新的兴盛时期，各种各样的新式战斗机，包括轰炸机、攻击机，不断涌现。二战期间，参战的军用飞机达70多万架，战斗机飞行高度达7000米，最大时速达600千米以上，续航能力达2000千米以上。

一开始德国空军（1935 年 3 月 10 日成立）占据领先地位。他们的俯冲轰炸机和中型轰炸机性能优良，但缺少具有战略意义的远程轰炸机。由于在战争期间飞机技术没有持续改进，战争后期其战斗机的性能和数量优势就被盟军超过了。二战期间，德国生产了 11 万多架飞机，英国生产了 9 万多架，苏联生产了 10 万多架，而美国生产了 20 万架。美国虽然是第一架飞机的诞生国，但航空工业的整体水平不高，一战的参战飞机全都是进口货。二战开始后，美国政府非常重视，使美国航空事业起点虽低，但发展最快，战后成为世界首屈一指的超级航空大国。它的远程战略轰炸机最为有名，曾经成功执行过在日本投掷原子弹的任务。

如果说空军在一战中还只是起补充作用的话，那么在二战中则起着举足轻重的作用。德国的闪电战和入侵苏联的巴巴罗萨计划之所以奏效，就是因为其空军掌握了制空权。而计划在英国登陆的"海狮计划"之所以失败，就因为在一开始的不列颠空战中未能夺得制空权。在太平洋战场上，日本偷袭珍珠港获得成功而在中途岛海战中大败，都完全是因为夺取或丧失了制空权。空战成为太平洋战争中起决定性作用的因素。

4. 航空工业

飞机是高度精密的技术产品，因此航空工业是多行业多部门的综合工业，涉及动力、材料和通信导航技术等方面。飞机性能的不断改进是多种技术不断革新的结果。

战后，飞机在动力方式上有重要改变，原先使用的活塞式发动机无法满足更高速飞行的要求，结果出现了以喷气式发动机为动力的喷气式飞机。

19 世纪，飞机之所以没能真的飞上天，主要原因是当时的动力机——蒸汽机原则上不能满足飞行的需要。从莱特兄弟开始，飞机均采用活塞式汽油发动机，但活塞式汽油发动机有其固有的局限。首先，当需要进一步提高功率时，汽油机的体积和重量就不得不跟着提高，从而使功率 – 重量比无法进一步提高；其次，发动机最终需要通过螺旋桨把功率转化成飞机的推进力，但当飞机的速度接近或超过音速时，螺旋桨的效率将大大降低，而且容易出事故。对速度的进一步追求导致了涡轮喷气发动机的出现。涡轮喷气发动机将压缩后的空气放在燃烧室燃烧，燃烧后剧烈膨胀的气体朝尾部高速喷出，其巨大的反作用力直接成为飞机的推进力。这一过程与火箭的工作原理十分相似。唯一的差别是火箭自带燃料和氧化剂，而喷气发动机只带燃料，利用大气做氧化剂，因此它只能在大气层工作。1939 年 8 月 27 日，德国首先成功试飞了世界上第一架喷气式飞机。1941 年 5 月 15 日，英国人也成功试飞了自己的第一架喷气式飞机。1952 年 4 月，美国波音公司成功研制了极具续航能力的 B-52 重型轰炸机，它曾经于 1957 年 1 月首次完成不着陆的环航飞行。

维尔姆

与发动机的改进相伴随的是飞机制造材料的改进。一战时期，多数飞机以木板为主要材料。当时的飞机速度低，重量轻，而木头便于加工，又很便宜，故能满足需要。随着速度越来越快，载重要求越来越高，木质材料逐步向金属材料转变。1906 年，德国工程师维尔姆偶然发现铝合金硬度高，质量轻，而且塑性好，便于加工，于是生产了第一代铝合金——杜拉铝。1915 年，德国的容克斯公司首次用全金属制造了一架飞机，速度是当时所有飞机之最。一战之后，全金属材料的飞机开始逐步占据主流。之后随着飞行速度进一步加快，新的耐热合金材料陆续出现，又耐热强度又高的钛合金成为发动机的主要材料。

早期的飞机没有导航装置，全靠飞行员肉眼认路。随着飞机的飞行速度越来越快、航程越来越远，靠肉眼难以保证飞机准确飞达目的地。地面无线电导航应运而生。1910 年，飞机上首次出现了无线电通信装置。1932 年，无线电罗盘开始投入使用。20 世纪 60 年代，全球导航系统开通，并且使用卫星导航，提高了准确性和安全性。

二战之后，虽然新的世界大战一直没有打起来，但局部的小规模战争还是零星未停。况且，以美国和苏联为首的两大阵营之间的冷战持续不断。冷战时期的军备竞赛一点不比战时消停，导致飞机的技术一刻不停地改进，飞机的性能持续上升。后掠式机翼、喷气式发动机成为飞机的主流模式。超音速已不稀奇。火箭式推进器使飞机飞到大气层之外，成为太空飞机。飞机的最高时速可达数千千米，载重量最大可达 600 吨。

民用航空事业在战后有了很大发展，飞机已经成为最重要的交通工具。1930年，美国波音公司推出了历史上第一架真正现代意义上的客机——波音247型客机。它采用全金属材料、可收放起落架和单翼结构，时速248千米，航程776千米，可载客10人。飞机于1933年试飞成功，广泛用于世界各大民航公司。自那时以来，各大飞机制造公司处在巨大的商业竞争压力之下，基本上是持续地改进和更新机型。继波音247之后独领风骚的是美国道格拉斯公司的DC系列，其中DC-3型客机于1936年问世，使航空公司首次摆脱了客运亏损局面。20世纪50年代以来，喷气式客机问世，并逐步在客运业务中占据主导地位。1959年，波音公司利用自己先进的强续航技术推出的波音707喷气式客机越洋飞行成功，从此打破了道格拉斯公司对民用客机市场的垄断，开始了波音系列与DC系列喷气式客机的竞争年代。1994年，波音公司推出了波音系列中的最新成员波音777型远程客机，它的最大载客量可达400人，航程可达13000多千米。

人类飞上天空的历程，是一部牺牲的历程。航空技术的每一次推进，几乎都是以事故、空难和飞行员的牺牲为代价的。人类何以对飞离地面孜孜以求？创造和发明过风筝、松脂灯和竹蜻蜓的古代中国人，却从来没有把自己飞离大地的梦想付诸实践。古代和中世纪的欧洲人也没有过类似的尝试，尽管滑翔机并不要求使用特别高级的材料。飞离地面的心理要求，只是在近代科学诞生之后，在文艺复兴运动之后，才走向了现实的追求。这是人类胆敢攫取力量并展示自己力量的时代。飞行不仅意味着自由，也意味着力量。只要想一想现代战争基本上是空战，基本上是制空权的争夺，就完全明白"飞行就是力量"了。

1991年1月17日，以美国为首的多国部队开始对入侵科威特而拒不撤军的伊拉克进行军事打击，拉开了海湾战争的序幕。这场战争持续了42天，前38天全都是空袭。多国部队利用导弹和飞机对伊拉克的军事目标、后勤补给线、后方战略目标进行了24小时不间断的地毯式轰炸，完全摧毁了伊拉克的战斗力。最后4天的地面进攻，多国部队几乎不费吹灰之力就将伊拉克部队赶出了科威特，并且占据了伊拉克南部，迫使伊拉克无条件接受联合国决议。美国人击溃了伊拉克的50多万大军，俘虏了17万多人，自己只死了79人。多国部队动用了多达3900架飞机，机种包括战斗机、战斗轰炸机、攻击机、轰炸机、空中加油机、运输机、武装直升机、侦察机、预警机等。伊拉克的空军在头几天的空袭中完全丧失战斗力，多国部队一直掌握着制空权。伊拉克人在通信设备被摧毁后，完全陷入被动挨打的局面。海湾战争充分显示了现代战争主要是空战，是高技术之战，是综合国力之战，不是人海战役（因为人员伤亡很小）。它是不怎么流血的，但以消耗巨量的自然资源为代价。

5. 航天的观念

飞行是力量的表现，人们通常用"如虎添翼"来形容力量的壮大。如果说航空事业的发展实现了人类在近地空间的支配性力量，那么航天技术就标志着人类的这种力量扩展到了宇宙空间。20世纪人类空前良好的自我感觉，主要来自航天技术。美国前总统里根曾对"哥伦比亚号"航天飞机上的宇航员说："多亏了你们，我们现在再一次感到自己像巨人一样。"这句话是人类无比骄傲神情的真实写照。

航空与航天均是飞离地面，均依赖一种飞离大地的主导动机。但它们在世界观基础方面存在根本的区别。"天空"的存在毋庸置疑，而"太空"即星际空间的存在却依赖某种特殊的世界图景——它要求首先确立"宇宙空间"的概念。古代和中世纪的欧洲人认为宇宙是一层层水晶球包围着地球组成的，日月星辰全都镶嵌在水晶天球上。这样的世界图景当然无法构想和安排航天事业。只是在如此世界图景通过"科学革命"被打破的近代，才有可能出现对航天技术的追求。

哥白尼革命之后，地球成了太阳系一颗普通的行星。从前作为普照万物、给万物以光明的宇宙力量之源泉的太阳，以及从前处于宇宙中心、作为上帝选民的唯一居所的地球，现在均不再是单数而是复数。像地球这样的行星不止一个。天上的星星可能都是一个个太阳，而这些太阳都可能有自己的地球（行星）。并没有什么水晶天球，天体都是像地球一样的物质球体。它们漂浮在宇宙太空之中，按照牛顿力学的定律有规则地运行。近到月球，远到银河系中的恒星系，都有可能是人类新的生活场所。多世界的观念驱动人们思考星际旅行的可能性。这就是"航天"事业的观念起源。

1572年，丹麦天文学家第谷·布拉赫发现超新星，使他对传统的亚里士多德观念提出了疑问。亚里士多德认为，月上天是完美无缺的，变化和衰败只会发生在月下天。超新星的出现使第谷意识到天界也会有变化。1577 年，第谷在对大彗星的观测中发现，彗星根本不是亚里士多德所说的大气现象，而是月上天中的天体。彗星既然能在行星之间自由穿行，就说明水晶天球根本就是子虚乌有。

牛顿力学建立之后，人类对太阳系的力学和几何构造开始有了十分清楚的认识。各大行星的质量和离太阳的距离可以基于天文观测通过牛顿定律推算出来，人们发现火星和金星与地球十分相似，重量相差不多，在太阳系中的位置也十分接近。19世纪天体物理学发展起来，人们发现天体的物质基础与地球是相同的。1859 年，基尔霍夫证明了行星和恒星与地球有完全相同的元素。

凡尔纳

伴随着近代天文学的每一进展，人们的航天梦越做越多、越做越大，也越来越真切。早在 17 世纪初，著名天文学家开普勒、英国皇家学会首任主席威尔金斯等，就已经在勾画登月旅行。19 世纪是航天幻想文学大繁荣的世纪。法国作家儒勒·凡尔纳发表了《从地球到月球》，惊人地预见了后来航天活动的许多场景，如火箭发射、飞船密闭舱、飞船海上溅落、失重等。著名法国作家大仲马写过《月球之旅》，英国著名历史学家威尔斯也写过《星际战争》和《第一批月球人》等科幻小说。太空幻想文学为 20 世纪人类真正迈向太空准备了思想基础。

6. 火箭与导弹技术

航天飞离地面更远，要求更高的速度、更长的航程、更可靠的控制。飞机必须在大气层内飞行，因为它依靠空气动力升空，而且利用大气做氧化剂。如果想飞到大气层外面去，飞机就不行了，必须依靠新的动力装置——火箭。火箭是航天器的基本动力装置。

火箭是古代中国人的发明。至迟到宋代，中国民间已出现了利用燃烧火药产生的高速气体推进箭只的技术。朝廷接受了民间人士的奉献，并加以改进而用于军事。

重庆科技馆制作的万户与火箭模型。吴国盛摄

据说，1083年宋朝与西夏的兰州之战便大量使用了火箭。

利用火箭作为动力制造飞天装置也是中国人的发明创造。据西方著作记载，明代有一位木匠叫万户，喜好钻研，精通制造火箭的技术。他在几个徒弟的帮助下，造出了一只"飞鸟"。飞鸟以一把椅子为主体，在四只椅脚上绑上了四支大火箭，以提供向上的推力。在椅背上绑了49支小火箭，以提供向前的推力。椅子的两侧还安装了翅膀。万户让人把他也绑在椅子上，并点着火箭。只见飞鸟急速上升，冲入半空，不一会儿，火箭点完了，飞鸟又急速向下坠落，在下落时翅膀又掉了一只，万户不幸坠地身亡。这虽然是一次失败的飞行，却是人类有史以来第一次以火箭为动力飞向天空，是一次伟大的壮举。国际天文学会将月球上的一座环形山命名为万户，以纪念这位勇士。

蒙古人西征把火箭技术传到了西方。西方人使用火箭的同时开始改进火箭技术，其中对西方火箭技术的发展贡献最大的，当属英国人康格里夫。拿破仑时代，英国面临着法国的威胁，战争的阴云密布，康格里夫正是在这一特殊的历史时期研究火箭这一新型武器的。英国上层很重视康格里夫的研制计划，予以强力资助，使他制造的固体火药火箭的射程达到了近3千米。用于实战之后，在战场上确实发挥了一定的作用。但是，随着火炮技术的发展，射程和精度迅速提高，特别是在炮膛里增加来复线之后，火炮的精度远远超过了火箭，使作为一种武器的火箭渐渐退出了战场。

现代火箭航天技术的先驱是俄国科学家齐奥尔

康格里夫

科夫斯基。齐奥尔科夫斯基出生在一个贫苦的农民家庭，主要靠自学获得了航天方面的知识。他意识到，在没有空气的宇宙空间中，火箭是唯一的动力推进装置。1903年，他发表《利用喷气装置探测宇宙空间》的论文，第一次提出以火箭作为动力航天的思想。他指出，由于固体燃料振动太大，无法控制，航天火箭必须使用液体燃料。他还证明了，为了脱离地球引力必须使用多级火箭。在《在地球之外》这本科学幻想小说里，他系统完整地描述了宇宙航行的全过程。他提到了宇航服、太空失重状态、登月车。令人吃惊的是，他的设想与现代太

齐奥尔科夫斯基

空技术完全一样。1910年以后，齐奥尔科夫斯基又接连在莫斯科的《航空报告》上发表了几篇论文，比较系统地建立了火箭航天学理论。他的理论表明，火箭能够达到的最大速度与喷气的相对速度成正比，火箭的最大速度与火箭的质量比（起飞质量与燃料耗尽后的质量之比）成正比。可惜的是，齐奥尔科夫斯基的这些科学设想在当时没有得到应有的重视。当时的科学家对他的工作不感兴趣，而他的论文的专业性又阻碍了普通读者了解他的研究成果。后来，人们逐渐认识到了他的工作的价值，但当时的技术条件无法帮助他实现构想，因而他生前始终没能亲自造出一枚火箭。尽管有这些坎坷，齐奥尔科夫斯基对空间技术的未来始终充满了信心。他的墓碑上刻着这样一句话："人类不会永远将自己束缚在地球上。"这段话来自他自己的一段名言："地球是人类的摇篮，但人类不可能永远被束缚在摇篮里。它首先将小心地探索大气层的边缘，然后将把控制和干预能力扩展到整个太阳系。"[1]

高达德

　　齐奥尔科夫斯基设想的液体火箭由美国人高达德首先研制成功。他几乎独自一人设计、制造并进行试验，是真正的孤胆航天英雄。1918年11月，他成功地发射了一枚固体火箭，为液体火箭做好了技术准备。1919年，他发表了《到达超高

---

[1] 这段话出自齐奥尔科夫斯基1911年8月12日给《航空评论》杂志的编辑的一封信。转引自李
　　成智编著的《通向宇宙之路》，湖北教育出版社，1998年版，第31页。

高达德1926年5月研制的液体燃料火箭，现藏于美国国家航空航天博物馆。吴国盛摄

奥伯特

空的方法》一文，指出火箭可以在没有空气的太空中飞行。它既不需要空气的举力，也不需要空气作为氧化剂。1926年3月26日，第一枚以液体氧和汽油为燃料的液体火箭在麻省发射成功。火箭经过2.5秒的飞行，高度达12米，飞行距离56米。高达德兴奋地对助手们说："这一下我可创造了历史。"

　　与齐奥尔科夫斯基的情况类似，高达德的试验也没有引起美国政府的重视。当时世界各国正致力于发展飞机，对火箭这种新型的飞行工具尚没有足够的认识。但高达德试验成功的消息在德国引起了反响。德国作为第一次世界大战的战败国，被禁止研制飞机这种进攻性武器，因此对火箭十分重视。罗马尼亚出生的德国科学家奥伯特一直在从事火箭的研究，并于1923年出版了《向星际空间发射火箭》一书，建立了航宇火箭的数学理论。在高达德试验的鼓舞下，他于1929年开始研制液体火箭。

　　1930年，奥伯特的学生冯·布劳恩发明了液氧和煤油混合燃料。1933年制成了A-1火箭，次年制成了A-2火箭。1936年又制成了A-3火箭，射程已达18千米。1942年，A-4火箭问世，其速度已达每秒2千米，射程达190千米。当时，第二次世界大战已经爆发，火箭马上被作为一种新式武器投入研制和使用。导弹登上了军事史的舞台。

　　在火箭上装弹头，并附加上良好的导向装备，就成了导弹，也叫弹道火箭，即一种超级大炮。1939年，冯·布劳恩和他的研究小组被迁往皮曼德组建一个研究所和发射场，专门研制远距离导弹。在这位杰出的青年火箭专家（只有20多岁）的带领下，德国于1943年造出了V-2导弹。它是在A-4火箭的基础上改进的，重约6吨，射程达300多千米，速度是音速的6倍。1944年，德国在各条战线频频失利的情况下决定使用新型的导弹武器袭击英国，此举令英国手足无措。虽然导弹的命中率还不高，但由于它速度快，飞机和高炮均无法拦截它，因此对英国产生了极强的威慑力。

　　德国战败后，冯·布劳恩等100多名德国火箭专家被美国人捕获，转到美国继续从事火箭的研究。苏联迟到一步，没抓到重要的专家，但得到了一些V-2火箭和工厂设备。战后，两国展开了激烈的太空争夺战。苏联科学家在科罗列夫的领导下，很快掌握了V-2导弹的制造技术。1954年赫鲁晓夫上台后，非常重视和支持科罗列夫的洲际导弹研制计划。1957年8月21日，苏联成功发射了第一枚洲际弹道导弹，射程达8000千米，使苏联的火箭技术领先于美国。此前苏联已经制造出了原子弹，洲际导弹的成功意味着它可以把原子弹打往世界任何一个地方。一时间，两大阵营军事力量的对比发生了巨大的改变。美国人慌了。

冯·布劳恩

7. 卫星上天

　　苏联在研制洲际导弹的过程中，火箭技术有了极大的发展。他们同时进行人造地球卫星的研制工作。1955年，苏联成立了"人造地球卫星委员会"，负责组织研制工作。1957年，他们研制的火箭速度已达每秒8千米，已具有摆脱地球引力飞出地球的轨道速度。齐奥尔科夫斯基的航天计划可以实施了。

　　1957年10月4日，苏联用两级火箭成功地发射了第一颗人造地球卫星。这颗被命名为"斯普特尼克"（Sputnik）的卫星实际上只是一个空心小球，它重83.6千克，直径58厘米，中间装有一个能发射电码的发报机，以证明卫星的存在。这颗卫星在轨道上运行了92天，绕地球飞了约1400圈。卫星上天宣告了航天时代的到来，

科罗列夫1964年的照片

也宣告了苏联在航天技术方面遥遥领先。

第一颗卫星一上天，世界各地的监测站便立即收到了来自太空的电码。正当各国科学家纷纷向苏联表示祝贺时，美国却乱成一团。苏联成功发射卫星的消息一传到美国，举国上下为之震惊。社会各界纷纷指责政府的无能和失策，媒体掀起了一场声讨美国政府的空间技术政策的运动，政界一片慌乱。美国的航天技术基础本来比苏联雄厚，但战后政府认为自己拥有核武器，又有高速飞机，无须大力发展空间技术。后来虽然调整了政策，但起步已晚，让苏联占了先。

正当美国人乱成一锅粥，政府要员到处演讲，声称要立即在空间技术上赶上苏联时，苏联又于12月4日发射了第二颗卫星。这一次，卫星不但重了许多（达500千克），而且在上面装了一只名叫"莱伊卡"的小狗。美国人真急了。艾森豪威尔总统立即制订了一系列计划，成立了各种专门委员会和机构，集中人力物力研制卫星。由于急于求成，12月6日，美国由海军试发射了一颗卫星，但只上升了2米就爆炸了。

1958年1月31日，由陆军的导弹顾问冯·布劳恩设计的"丘比特－C"火箭将美国的第一颗人造地球卫星"探险者1号"送上了轨道。这颗卫星只有8.3千克，远比不上苏联的第一颗卫星，但美国人能在这么短的时间内就突击将卫星送上天，也反映了它雄厚的技术基础。

美苏的空间竞赛拉开了序幕。1958年是热闹非凡的一年。3月15日，苏联发射了第三颗卫星。美国紧随其后，也发射了一颗"先锋1号"卫星。7月，美国成立了国家航天局，开始研究载人飞行问题。10月11日，美国发射了"先驱者1号"，12月18日，又发射了"成功计划"。苏联一路领先，于1959年1月2日发射了第一颗人造行星"梦想1号"，又一次将美国甩在后头。3月3日，美国也发射了一颗人造行星"先驱者4号"。9月12日，苏联发射的"梦想2号"在月球硬着陆（撞在月球上），使月亮上第一次出现了人造物体。1960年10月4日即第一颗人造地球卫星上天三周年的日子，苏联发射了"梦想3号"，使之成为月球的卫星。8月10日，美国成功地回收了卫星。8月15日，苏联也将载有两条狗等动植物的"太空舱2号"卫星回收。在这阶段的竞赛中，苏联一直跑在前面。

8. 人类飞向太空

空间竞赛最激动人心的一幕是载人太空飞行。本来，从卫星上天到载人飞行还需经过一段时间的准备和试验。但空间竞赛一旦开始，双方心理上的压力都很大，因为每一次的领先都具有巨大的政治象征意义。因此，在开头的几步领先之后，苏联就决定再次抢先实现载人飞行。苏联航天领导人科罗列夫清醒地知道，从技术实力上讲，苏联对美国的领先都只是暂时的，必须率先实现载人飞行，巩固已经取得的领先地位。经过多次的生物太空飞行实验，苏联造出了实用可行的载人飞船，但火箭动力尚嫌不够。科罗列夫决定将 5 枚当时苏联最大的火箭捆绑组合起来，造出了世界上第一艘载人飞船"东方 1 号"。

加加林

飞船分两部分。上半部分是球形的宇航员舱，下半部分是仪器舱。宇航员舱内设有能维持宇航员生存 10 昼夜的生命保障系统，以及观测和操控装置。设计飞船将以低轨道运行，因为若是火箭系统发生故障，飞船可以在大气阻力的作用下慢慢减小速度和降低轨道。原本设计让飞船落在公海上，但赫鲁晓夫不同意，要求必须让第一艘苏联载人飞船在苏联领土上降落。科罗列夫没有办法，只好把原本的回收宇航员舱方案改为只回收宇航员本人，座舱则不管了。

1961 年 4 月 12 日上午 9 时 7 分，苏联宇航员尤里·加加林少校驾驶着"东方 1 号"飞上了太空。在 327 千米的高空，加加林逐步适应了失重的环境，有条不紊地做各种科学实验。上午 10 时 25 分，飞船从北非上空返回大气层。机械舱已自动脱落，只剩生活舱在大气层中下降。离地面 7700 米时，加加林与座椅一起被弹出，随降落伞徐徐下落。加加林安全地飘落到地面，成功地实现了人类历史上的第一次太空飞行。

加加林的太空飞行又一次轰动了全球。美国总统肯尼迪十分沮丧地说："看到苏联在太空方面比我们领先一步，没有人比我更泄气了……但无论如何，加加林的飞行终止了人是否能在太空生存的争论。"1961 年 5 月 5 日，美国也发射了"自由 7 号"飞船。美国第一位宇航员艾伦·谢帕德在空中逗留了 15 分 23 秒。但该飞船并未做环球飞行，只是在太空中画了一道大弧，属亚轨道飞行，而非轨道飞行。况且，谢帕德在太空中只有 5 分钟的失重状态。

与苏联的"东方计划"类似，美国的载人航天计划被命名为"水星计划"，于 1958 年 11 月 26 日开始实施。但由于开头重视不够，政策失误，经过了多次失败之后，被苏联落在后头。谢帕德的飞行已经比加加林晚，而且只是亚轨道飞行。1962 年 2 月 20 日，宇航员格伦乘坐"友谊 7 号"升空，在 260 千米高的轨道上飞行了 3 周，才真正实现了美国的载人轨道飞行计划。当年 5 月 24 日和 10 月 3 日，宇航员卡彭特和希拉又先后进行了两次轨道飞行，其中希拉飞了 9 小时 12 分，时间最长。希拉返回地面后表示，更长时间的失重对人体不会有任何不利影响。

从那以后，美苏两国的载人宇宙飞船不断地将宇航员送上太空。飞船性能越来越强，宇航员在太空中的生活越来越方便。1965 年 3 月 18 日，苏联宇航员从座舱里走了出来，在太空中做了 10 分钟的漫步。3 个月后，美国宇航员也从舱内走出，在太空中逗留了 20 分钟。失重状态下的太空漫步不再是人们的幻想，而变成了现实。全世界人民都从电视机里看到了他们具有历史意义的漫步。

9. 阿波罗计划：人类登上月球

在加加林飞出地球的 43 天之后，美国总统肯尼迪宣布："美国要在十年内，把一个美国人送上月球，再让他安全返回地球。"这就是著名的"阿波罗计划"。

"阿波罗计划"分三步。第一步是前面讲到的"水星计划"，即将宇航员送上太空，以测试人在太空中的活动能力；第二步是"双子星座计划"，有两个目的，一是测试人在太空中长时间停留可能引起的生理问题，二是将两个航天器在太空中进行对接，从而奠定登月技术的基础；第三步是"土星计划"，即制造能将载人飞船送出地球并进入月球轨道的大动力火箭，最终完成登月行动计划。

水星计划与苏联的东方计划相比，虽然没有争先，在轨飞行时间也没有那么长，但是在技术上取得的成就较大。它改进了多种运载火箭，为未来更大型计划的实施打下了基础，而且发展了宇航员发射救生系统和飞船姿态控制系统两大技术。1963 年 5 月 15 日，"水星 9 号"载人发射，飞行了 34 小时，绕地球 21 圈，宣告水星计划结束。接着实施的"双子星座计划"也较顺利。1965 年，"双子星座 3 号"飞船做了变轨实验，同年，"双子星座 7 号"和"双子星座 6 号"做了太空会合实验。其中"双子星座 7 号"在太空中飞行了 14 天，宇航员的身体安然无恙。

1965 年 4 月，在冯·布劳恩的领导下研制出了"土星 5 号"火箭。它总长 85 米，竖起来有 30 层楼那么高。火箭由三级组成，其第一级推力达 3500 吨。土星 5 号是"阿波罗计划"中最关键的一环。它的出现标志着在运载火箭技术方面，美国已经超过了苏联。"阿波罗计划"可以最终实施了。

阿波罗飞船由指令舱、服务舱和登月舱三部分组成。指令舱是飞船的核心部分，而且最终由它把宇航员送回地球。服务舱主要装燃料和宇航员的生活资料，包括氧气、食物和水。登月舱是最终登上月球的部分，最后也要将登月宇航员送回到指令舱。1967 年 1 月 27 日，第一艘阿波罗飞船正在做模拟实验，为 2 月的正式发射做准备，不料太空舱着火，使 3 名宇航员丧生。为此阿波罗飞船推迟了一年发射。次年，"阿波罗 7 号"环绕地球飞行。"阿波罗 8 号"成功地绕月球飞行，并顺利返回地球。

1969 年 3 月 3 日，"阿波罗 9 号"发射成功，在太空中做了登月舱与母舱的分离与对接试验。5 月 18 日，"阿波罗 10 号"飞向太空，再次进入了月球轨道。宇航员驾驶着与母舱分离的登月舱，在离月面仅 14 千米的低空飞行，并且向地球转播了 29 分钟的月球风光。26 日，全体宇航员平安返回了地球。这次被认为是登月总排练的成功飞行，使人们对登月计划充满信心。

1969 年 7 月 16 日美国东部时间 9 时 32 分，"阿波罗 11 号"载着阿姆斯特朗、奥尔德林和柯林斯 3 名宇航员于佛罗里达州的肯尼迪航天中心起飞。飞船很快到达地球轨道。飞行 3 小时后，飞船改变轨道进入奔月轨道。三天后的中午 12 时，宇航员们感觉身体舒服多了，原来，月球的引力开始起作用了。在环绕月球飞行了 20 多个小时之后，地面控制中心指示登月行动开始。阿姆斯特朗和奥尔德林驾驶着被称为"鹰"的登月舱与被称为"哥伦比亚号"的母船分离，向月球飞去。

1969 年 7 月 20 日美国东部时间下午 4 时 17 分 40 秒，"鹰"在月面上"静海"西南部安全降落。停下来 6 个多小时后，阿姆斯特朗率先走出了登月舱，一步一步走下阶梯，在月球上留下了地球人的第一个脚印。他后来说："这一步，对一个人

奥尔德林在月球上做实验。阿姆斯特朗拍摄

来说，是小小的一步；对整个人类来说，是巨大的飞跃。"[1]

奥尔德林紧跟其后也踏上了月球。他们在月球微弱引力下一跳一跳地走动。这是一个荒凉冷寂的世界，没有生命，没有一丝绿色。故乡地球像一个明亮的圆盘悬挂在月球上林立的高山丛中。他们俩将一块特制的金属牌竖立在月面上，并默念："公元1969年7月，来自行星地球上的人类首次登上月球，我们为和平而来。"金属牌下放置了5个遇难宇航员的金质像章，他们是苏联的加加林、科马罗夫和美国的格里索姆、怀特和查菲。

在月面上逗留了两个半小时后，阿姆斯特朗两人驾驶"鹰"离开了月球，与柯林斯驾驶的"哥伦比亚号"会合，并开始返回地球。24日，指令舱重新进入大气层，安全降落在太平洋檀香山西南海域。阿波罗载人登月计划成功了！

自"阿波罗11号"登月成功之后，美国又相继进行了5次登月飞行（阿波罗12号、14号、15号、16号和17号），共有12名宇航员登上了月球。"阿波罗15号"登月最为有趣。宇航员斯科特驾驶着一辆月球车在月面上行驶了28千米。他在月球上表演了羽毛和铁球同时下落的自由落体实验，还拿出邮戳盖了几个纪念封，象征性地开设了第一家月球邮局。月球车上的电视系统将这一切都转播给了地球。

经检查从月球上带回来的岩石，发现月球上没有任何生命的迹象，连最低级的微生物也没有。这就使多年来关于月球是否存在生命的争论得到了最终答案。

原定的阿波罗18号、19号、20号飞船的登月飞行因为经费超支被取消。反正预定的目标已经基本达到，任务均已完成。从"阿波罗11号"开始的登月飞行，只有"阿波罗13号"失败，但这次失败与其说是失败，倒不如说是对阿波罗飞船应变能力的一次成功考验。该飞船于1970年4月11日升空之后，服务舱中的氧气

---

[1] 伯高斯特：《布劳恩》，陈安全、潘幼仲译，上海译文出版社，1982年版，第340页。

箱发生爆炸，地面指挥系统命令飞船取消登月计划。宇航员完全靠登月舱中的动力、空气、水和食品安全地回到了地球。

阿波罗计划是 20 世纪大科学的又一典型。美国政府为了实施这一历时近 12 年的计划，动员了 40 多万人、约两万家公司和研究机构、120 多所大学，耗费了 250 亿美元。这种规模的科研项目，如果不是政府尽全力支持，是绝不可能完成的。

阿波罗登月计划在人类文明史上具有划时代的意义。它首次将人类带进了地外空间，显示了文明的伟大成就，使人类真正进入了一个空间时代。有的历史学家说："500 年后，人类对本世纪仅留下的记忆可能是：这是人类探索太空的世纪。"还有人把登陆月球看成人类伟力的象征："如果我们连月球都能登上去，那我们就无所不能了。"争夺太空的竞赛也可以看成是国力的竞争，是国际安全战略的重要组成部分。政治家们认识到，控制了太空就控制了地球，就像从前几个世纪控制了海洋的国家就控制了陆地一样。

10.　空间站与航天飞机

1975 年 7 月 15 日，苏联和美国先后发射了"联盟 19 号"和"阿波罗 18 号"飞船。在"联盟号"升空 51 小时 49 分钟之后，两艘飞船实现了对接。苏美两国宇航员在过渡舱里亲切握手，并联合进行了数项科学实验。这项对接活动标志着人类的航天事业由竞赛走向了联合。

随着航天技术的发展和太空竞赛意识的淡化，空间技术的应用提上了日程。从应用角度看，人造卫星、载人飞船都有其不足。卫星太小，装载仪器有限，而且没有人操控，无法进行大规模的科学实验。载人飞船大一点，也有人操控，但轨道飞行时间有限，不能进行长时间的科学实验。能够在轨道上长期停留的载人空间站，可以解决这些问题。

苏联在 20 世纪 60 年代中期同时制订了两项太空计划，一是与美国进行竞赛的载人登月计划，另一个就是载人空间站计划。载人登月计划虽然落在美国后面，但苏联发射了世界上第一个空间站——"礼炮 1 号"。

在载人登月竞赛中，苏联研制出了"联盟号"飞船。飞船虽然没有把苏联人送上月球，但为建立"礼炮1号"空间站积累了经验和技术基础。"礼炮1号"由3个直径不同的柱形舱组成：头部是直径2米的过渡舱，用于同"联盟号"飞船对接；中间是双圆柱体工作舱，长约9米，直径分别约为3米和4米；尾部是仪器和推进舱，装有一台主发动机。过渡舱和主发动机舱两侧均装有两个太阳能电池板。"礼炮1号"全长约14.5米，总重达18吨。与飞船相比，空间站太大了。宇航员们都说："简直一眼望不到边。"

1971年4月19日，也就是加加林进入太空的10年之后，"礼炮1号"空间站被送上了200千米的太空，成为一座可以定期更换宇航员的太空工作站。6月6日，"联盟11号"飞船载着3名宇航员与"礼炮1号"对接，宇航员顺利进入空间站，并多次操纵改变了空间站的轨道。他们在空间站里按计划进行了多项实验，包括观测恒星、拍摄地球、种植植物和鱼类的运动实验等。3名宇航员在空间站工作到6月29日，按地面指令返回。不幸的是，在成功地与"礼炮1号"分离后，指令舱的一个压力调节阀被打开，舱内的空气泄漏，3名宇航员窒息而死。

苏联的"礼炮1号"空间站属第一代空间站，其轨道大致保持在250千米，为克服空气阻力每年需耗费4.75吨推进剂。改进后的第二代空间站，轨道升高到350千米，每年消耗的推进剂降到了600千克。第二代的改进还有，增加一个对接口用于补充燃料；在空间站外壳上增加把手，便于宇航员舱外活动；加大太阳能电池板的面积，以提供更多的电能。1984年，苏联宇航员创造了在轨道工作237天的最新纪录。

与苏联大致同时，美国也在研制自己的载人轨道空间站——"天空实验室"，但因为主要精力都投入了登月飞行，"天空实验室"计划的执行比较缓慢。阿波罗登月计划完成后，"天空实验室"计划的进展大大加快了。1973年5月14日，"天空实验室"发射升空。但不久出现了一系列的毛病。最主要的问题是流星防护罩丢失，以及太阳能电池板无法展开。5月25日，3名宇航员乘坐阿波罗飞船去修理发射不久的"天空实验室"。经过多次艰苦的努力，反复与实验室对接，终于在6月7日解决了防护罩和太阳能电池板问题。

美国发射的"天空实验室"总长达36米，规模非常庞大。顶端安装的阿波罗天文望远镜，是实验室里主要的科学仪器。第一批宇航员在上面工作了28天，于6月22日返回地面。7月28日，第二批3名宇航员给"天空实验室"带去了补给品和生物实验品。他们在上面工作了59天，曾三次到舱外活动，完成了几次修理工作。

11月16日，第三批宇航员上去了，用望远镜发现了一颗新彗星，还拍摄了一次太阳耀斑爆发的全过程。

苏联在20世纪80年代推出了第三代空间站——"和平号"空间站计划。"和平号"空间站的对接窗口增加到了6个，太阳能电池板面积更大、效率更高。由于采用了积木结构，它还可以与5个大型的专用轨道舱对接，使实验规模和范围更大，可开展多用途的工作。1986年2月20日，"和平号"空间站成功发射升空，进入350千米的高空。25天后即3月13日，第一批2名宇航员进入空间站。1987年3月31日，内装天文物理仪器的第一个专业实验舱"量子1号"升空，4月12日与"和平号"空间站成功对接。此后，1989年11月组装了"量子2号"，1990年6月组装了"量子3号"，1995年6月组装了"量子4号"。这期间，俄罗斯宇航员波利亚科夫创造了留空438天的纪录。1995年6月29日，美国"亚特兰蒂斯号"航天飞机与"和平号"对接成功，使轨道空间站一下子成了一个庞然大物：联盟TM飞船－量子1号－和平号－量子2号－量子4号－量子3号－航天飞机。自1971年以来，苏联再也没有发生过宇航员遇难的事故。即使在几次发射、对接失败和飞船发生故障时，宇航员也都安全脱险。

自从航天领域的政治竞赛气氛淡化之后，美国取消了载人火星登陆计划，改而发展航天飞机，强调航天技术的社会效益和经济效益。航天飞机之前的航天器，差不多都由三个部分构成：第一部分是提供飞离地球引力的大推力多级火箭，第二部分是进行太空作业的仪器设备，第三部分是保证宇航员飞回地面的舱体设施。通常完成一次航天飞行，前两部分都丢失了，整个飞船无法重复利用，浪费很大，很不经济。设计航天飞机的目标是使航天器能够重复利用，使升空和太空活动变得更加容易。

航天飞机的设计难度可想而知。根据齐奥尔科夫斯基的质量比定律，为了使整个航天器获得最大速度离开地面，（最终消耗掉的）燃料占全部航天器总质量的比重越大越好，也就是在上升过程中留下来的部分越小越好。等到进入轨道之后再返回，同样的定律起作用了，也是回来的部分越小越好。航天飞机的目标在于，使航天器的主体均能返回并重复使用，这样折算回去，发射时就得携带巨大数量的燃料。

1973年，研制工作正式开始。基本方案是"三位一体"，即航天飞机由轨道器、外贮箱和两个固体助推器组成，其中后两部分不能回收。能够回收的轨道器外形像飞机一样，有机头、机尾和机翼，除主发动机外，在轨道器的多个部位装有46

台火箭发动机，用于在主发动机停止工作后变轨、返回制动和姿态控制。1977 年，第一架航天飞机"企业号"在波音 747 飞机的背驮下进行了空域飞行，检验了轨道器的气动性能。1981 年 4 月 12 日，正是加加林首飞太空 20 周年的纪念日，第二架航天飞机"哥伦比亚号"在肯尼迪航天发射中心顺利发射升空。这次飞行持续了 54 小时，绕地球 36 圈，最后在加州的爱德华兹空军基地降落。此后一年，"哥伦比亚号"又进行了 3 次试验飞行，均获圆满成功。1982 年，"哥伦比亚号"投入商业使用，将两颗通信卫星送上了轨道。

1983 年，美国的第三架航天飞机"挑战者号"也进行了 6 次轨道飞行，发射了几颗商业卫星。宇航员还练习了舱外作业。但两年来的航天飞机试营运表明，每次升空的费用还是太高，耗资 1.5~2 亿美元，而从商业发射中得到的补偿远远不够发射成本。这意味着航天飞机并未达到大大降低成本的预期目标。1986 年 1 月 28 日，"挑战者号"第 10 次发射升空，73 秒后发生爆炸，包括一名中学女教师在内的 7 名宇航员全部遇难，成了航天史上最大的灾难性事件。整个美国沉浸在一片悲痛之中，航天飞机事业被罩上了一团阴影。

"挑战者号"遇难之后，美国加紧调查事故原因，并着手对现有航天飞机进行改进。两年后的 1988 年 9 月 29 日，"发现者号"航天飞机再次成功升空。1992 年，代替"挑战者号"的"奋进号"航天飞机成功地发射升空。这次飞行中，宇航员 4 次出舱对一颗国际通信卫星进行了空间修理，作业时间长达 8.5 小时。

未来的航天技术将会朝着什么方向发展？按照发展主义的逻辑，作为工业化的一部分，实现工业化生产将会是航天事业的下一步目标。人类在实现了脱离地球的主体意志之后，向外层空间移民、向星球移民，均是合乎逻辑的必然要求。有人确实设计了向月球和火星移民的方案。方案通常分三步走：第一步，对月球或火星进行实地科学探测；第二步，改造月球或火星的生态环境，使之像地球一样适合人类居住；第三步，大规模移民。

20 世纪 90 年代以来，航天事业处在某种低迷状态。耗费太大、经济上不划算是直接原因，而确立下一步的航天目标也是难题。地球上的问题越来越多，环境恶化、生态退化愈演愈烈。如果我们有能力在外星球上重造优美生态，从而向那里大规模移民，为什么我们不用这些力量将地球治理好呢？如果连地球都治理不好，我们怎么能期望在外星球上建立一个适合人类生存的环境？

第四十三章
电子技术与信息时代

继以蒸汽机为代表的第一次技术革命和以电动机为代表的第二次技术革命后，世界近代史上的第三次技术革命于 20 世纪中叶爆发，其核心技术是电子计算机技术。电子计算机是一种代替人的脑力劳动的机器，它不仅运算速度快、处理数据量大，而且能部分模拟人的智能活动。它的出现，使人类社会的信息处理方式发生了翻天覆地的变化，从而从根本上改变了现代社会的运作结构。为电子计算机奠定基础的是电子技术，而计算机的出现则带动了一大批高新技术的发展，使人类进入了信息时代。

1. 电子管、晶体管和集成电路：弗莱明、德福雷斯特、肖克莱

1883 年，美国大发明家爱迪生在研制灯泡时无意中发现一个有趣的现象。把一块金属板与灯丝一起密封在灯泡内，给灯泡通电后，如给金属板加正电压，则发热的灯丝与金属板之间就会有电流流过，相反则没有电流流过。这一现象后来被称为爱迪生效应。但当时爱迪生没有更多地去研究它。直到 1897 年汤姆逊发现电子，人们才知道，原来灯丝加热后有电子射出，与金属板之间正好形成回路。

1904 年，英国发明家弗莱明打算利用爱迪生效应制造一种高性能的电磁波检波器，以提高无线电通信效果，结果研制成了真空二极管。他在真空管中放置两块金属板，一个是正极，一个是负极。当加热负极时，就有电子流入

弗莱明

正极。当正极加上无线电信号时，通过的电流就随之发生波动，这样，二极管就能够起到检波作用。美中不足的是，电信号过于微弱，主要原因是，人们无法控制二极管内电子流的大小。

德福雷斯特

1906年，美国物理学家德福雷斯特把弗莱明的二极管发展成为三极管，实现了信号的放大功能。三极管是在热的灯丝和冷的阳极之间安置一个栅极，栅极的作用是控制由灯丝到阳极所通过的电子流。但是栅极的控制作用可以用来实现信号放大：在栅极上微弱的电势变化却能使在阳极和阴极之间很强的电流产生类似的变化，这样电子管就可以放大栅极的电压变化。三极管的电子流更大，检波更灵敏，无线电信号的放大问题从此可以解决了。

电子管元件在三极管发明后又有了很大的发展，四极管、五极管、微波管相继问世，使可利用的电波频率区段大大扩展、电子设备功率大大增加。

20世纪初，一些无线电爱好者发现有些半导体矿石有单向导电性，因此很适合做检波器。这使科学家们想到，用半导体可以制作与电子管性能相同的晶体管。由于许多理论和技术问题没有解决，真正发明晶体管时已经到了20世纪40年代末。美国贝尔电话实验室的肖克莱、巴丁和布拉坦，经十几年的努力，终于在1947年12月23日成功研制了以锗为材料的第一只晶体管。三人因此而获得1956年的诺贝尔物理学奖。1950年，肖克莱等人又发明了晶体三极管，放大能力更强。锗比较稀少，因此第一批晶体管价格很贵，到了20世纪50年代初发现更合适的半导体材料硅之后，实用性晶体管才大规模地普及开来。地球上到处都是硅，真可以说是取之不尽、用之不竭，

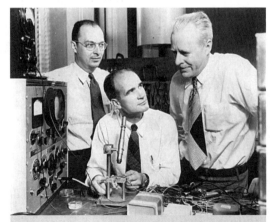

1948年（左起）巴丁、肖克莱和布拉坦在贝尔实验室

用它加工制作的晶体管要改变这个世界。

与电子管相比，晶体管具有体积小、重量轻、耗能低、寿命长、制造工艺简单、使用时不需预热等优点，它的问世大大加速了电子技术的发展。用高纯硅制作的晶体管只有米粒大小，耗电量只有电子管的十万分之一。晶体管首先在收音机领域大显神通，原先摆在家里的像大箱子一样的电子管收音机，一经更换晶体管就由"柜子"变成了"盒子"，再由"盒子"变成了"烟盒"。

晶体管出现后，20世纪50年代人们又推出了集成电路。所谓集成电路就是将电子元器件（晶体管）与电子线路组合起来，构成一个整体，做在同一块硅晶片上。它能完成从前需要几个分立电子元件才能完成的功能。集成电路是在晶体管微型化的基础上出现的，它开创了晶体管微型化的新思路和新方向。随着工艺水平的不断提高，集成电路的集成度不断上升，价格则不断下降。1959年1月，美国得克萨斯仪器公司（Texas Instruments）率先推出了第一块集成电路。大约同时，美国仙童公司（Fairchild Semiconductor）也宣布研制出集成电路。

集成电路今日也称"芯片"。它在一块硅晶片上埋管铺线。其铺线方式是利用半导体再掺杂一些特殊的杂质来使其导电，其埋（晶体）管的方式是高温熔化。集成电路的制作有如在头发丝上刻字，微电子技术有如微雕艺术。在邮票那么大的地方，一开始只有4个晶体管，到20世纪60年代中期达到10个。

20世纪60年代以来，集成电路向大规模集成电路甚至超大规模集成电路发展，其集成度越来越高，功能越来越强。20世纪70年代中期，出现了在一块硅片上包含10万个晶体管的超大规模集成电路。由于电子元件的变革，电子产品的性能不断提高，价格则急剧下降，达到了空前的普及，使人类进入了电子化时代。仙童公司的创始人之一高登·摩尔于1965年对微电子技术的发展做了一个预言。他认为，每过18个月，集成电路的价

高登·摩尔

格降低一半而性能增加一倍。这就是著名的摩尔定律。摩尔在微电子技术发展早期的这一预言后来被历史事实所证明。

电子技术的突飞猛进扶持了一大批高精尖技术的发展，其中包括航空航天技术、

自动化技术、激光技术。电子计算机是电子技术的最高成就。

2. 无线广播：费森登

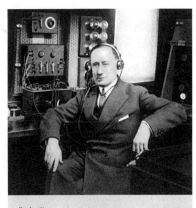

费森登

三极管的发明为无线电通信和广播开辟了道路。发明了无线电话机的美国物理学家费森登最早提出了无线电广播的设想。1906 年的圣诞之夜，他使用功率为 1 千瓦、频率为 50 赫兹的发射机，借助麦克风将讲话和音乐进行调制，首次成功地实现了无线电广播。当年，一种特别简单的高频振荡检波装置即矿石检波器被发明出来，使得大量的无线电接收机和大量听众的出现成为可能。任何无线电爱好者，只要花上几块钱买一副耳机和矿石等元件，就可以自己安装一台简易的收音机。一战期间，许多地区性的广播节目得以在比利时、荷兰和德国出现。

由于早期的三极管真空度不高，收音质量不好，直到 1914 年高真空管问世，无线电广播方有大规模发展。1920 年 11 月 2 日，美国威斯汀豪斯公司在匹兹堡建成了第一座定时发布的广播电台。电台定时播送音乐节目、新闻消息和广告。两年之后，美国的广播电台达到 500 多个。大致与此同时，英国的广播公司也开张营业。1922 年 5 月，马可尼公司在伦敦创办了 2LD 广播台，使用波长为 360 米。同年年底，英国广播公司成立。但在德国，收听一开始受到限制，使用收音机需要特别的批准。但无线电爱好者们用各种各样的方式突破禁令。许多个人和组织都在尝试发布自己的广播节目，而听众们则用废旧的军用物资，拼凑安装自己简单的收音机来收听。1923 年 9 月，德国终于废除了限制收听广播的禁令。几周之后的 10 月 29 日，德国第一家广播电台在柏林开始广播。到了 1930 年，美国有 600 多家电台向 1200 万户拥有收音机的家庭广播，覆盖了约 40% 的美国家庭。就在那一年，有近 400 万台收音机售出，收音机的总数超过 1300 万台。

尽管无线电广播一开始的飞速发展得益于商业运作，大多数电台也都是商业电台，但是无线电广播的进一步发展逐步偏离早期的商业用途，而成为改变公众生活方式的契机。收音机走进了千家万户，极大地提升了人们日常生活的情趣。

首先是培养了一批无线电技术迷。他们的目的不在于收听电台的内容，而是在技术上改善收音机的接收能力和收音质量。这些无线电迷是人类进入技术时代的一道亮丽的风景线。为了获得最佳收听效果，他们不断地调整和重新安装电池、晶体检波器和真空管。通过技术开发奇妙无比的世界，这一新时尚成为技术时代最强有力的注脚。"在这里，技术和创造力可以部分地抵消金钱的力量，把富人所享受的东西转移过来。无线电绝不仅仅是一种被动的消遣工具，它带动起来的是许许多多富有创造性的活动。"[1]自从无线电迷之后，不断出现对各种新鲜电器设备着迷的"爱好者""发烧友"。对今日的"音响发烧友"和"电脑发烧友"而言，无线电迷正是他们的前辈。

其次，广播突破了空间距离，将娱乐带进了家庭，使小小的收音机替代餐桌、壁炉成为家庭新的娱乐中心。随着这种中心的转移，广播所携带的教化功能更趋强大。广播的内容由早期的广告为主，逐步向音乐、戏剧、新闻、时事评论为主过渡。广播正式成为大众传媒，主导着大众的喜怒哀乐。1939 年的一项调查表明，70% 的美国人把广播当作获得新闻的主要途径，58% 的人认为广播比报纸提供的消息更准确。广播电台开始与报纸构成竞争关系。

3. 电视：尼普科、兹沃里金

在出现无线电广播这样的大众传媒之后，电视无论从技术意义上，还是从社会学意义上，都只是一种可以预料到的量的延伸和覆盖。

电视的基本原理早在电报发明时代就已经被提出来：把图像分解成像素，再把像素转换为电信号，电信号传送到远方后通过接收机把它还原为图像。到了 20 世纪 20 年代，电信号传输的方式经过了有线和无线两个阶段，传输的内容也由简单的电报码发展到复杂变化的声音信号。更加复杂的图像信号的传输技术脱颖而出，

---

[1] 切特罗姆：《传播媒介与美国人的思想》，曹静生、黄艾禾译，中国广播电视出版社，1991 年版，第 80 页。

史密斯

尼普科

布劳恩

而且越过了有线阶段，直接用无线方式传输。

1873年，英国的史密斯发现了硒的光敏性，即在有光照射的情况下导电性能增加。这种光敏材料的出现使像素转换成电信号成为可能。1884年，还是一名大学生的德国发明家尼普科提出了一种图像分解方案，即著名的尼普科扫描圆盘。该圆盘上有一圈沿螺旋线排列的孔，当转动圆盘时，每一个孔就呈现出图像不同的部分，从而产生明暗程度不同的光信号。把这些光信号引到光电池上，电池上产生的光电流就会随着被扫描部分的变化而变化。整个圆盘的转动相当于对图像整体进行扫描。如果在接收端设置一个同样的尼普科圆盘，并与发射端的圆盘同步旋转，那么，通过发射端圆盘的光电调制，可以再现原来的图像。尼普科圆盘利用了人眼的"视觉暂留"现象，当圆盘的转速到达某一个值之后，复原的图像就不再是断续的图像片段，而是一个看起来连续的完整图像。

尼普科圆盘在发明的时候还只是一个方案，很难付诸实施。当时的光电流和电压的变化太小，而且放大技术还未问世。1897年，布劳恩发明了一种带荧光屏的阴极射线管，当电子束撞击时荧光屏会发光。1907年，俄国发明家罗辛将尼普科扫描圆盘与布劳恩管结合起来，设想了一种由前者发射信号，后者接收信号的电视系统。1908年，苏格兰工程师坎贝尔－斯温顿进一步设计出了发射端和接收端均采用阴极射线管的方案：发射端的阴极射线管由互相绝缘的光敏元件镶嵌而成，有待传输的图像投射到阴极管时，对不同光敏元件产生不同的电荷存储量，当用电子束对这些带电光敏元件进行扫描时，它们放电产生不同强度的电流。坎贝尔－斯温顿设计的发射端的阴极管，正是今日摄像管的基本雏形。

20世纪20年代，无线电广播的成功提供了研制电视的基本技术条件和经验，也唤起了公众对电视的巨大期望。由于当时的阴极管寿命短，扫描精度和速度均有限，因此一开始的研制还是沿着尼普科机械扫描的思路进行。电视的研制工作在多个国家多名发明家中同时开展。英国发明家贝尔德从 1923 年开始研制电视系统，1925 年取得初步成功。他的电视装置采用尼普科盘进行扫描，精度为 80 行，扫描频率为每秒 5 帧。他还采用了电子管对图像信号进行放大。尽管复原的图像很少，很不稳定，但确实能大体看出图像的面貌。1929 年，贝尔德可以实现每秒 12.5 帧、每帧 30 行的电视传输，并开始在英国广播公司进行公共电视广播。据说，"电视"（television）一词就是贝尔德最先使用的。与此同时，美国贝尔实验室的艾夫斯于 1927 年实现了每秒 17.5 帧、每帧 50 行的图像传输。1932 年，美国无线电公司的电视图像已经达到了每秒 24 帧、每帧 120 行的水平。从 1930 年开始，电视机进入市场。1931 年，上千户拥有电视机的英国市民从电视上观看了爱普森赛马盛会的现场直播。

罗辛

20 世纪二三十年代，电视技术的发展受制于机械扫描固有的限度。高质量的图像传输需要高速度和高精度的扫描技术，但尼普科盘难以胜任。人们又想起了布劳恩管。从 20 世纪 30 年代开始，人们逐渐认识到坎贝尔－斯温顿方案是电视技术发展的必由之路。早在 1923 年，美籍俄国发明家兹沃里金就开始研制电子显像管，并于 1928 年获得成功。1933 年，他公开发表了他的光电摄像管成果。自从电子扫描技术取代机械扫描技术，图像分辨率大大提高。1935 年，英国政府将每秒 50 帧、每帧 405 行作为国家标准。美国采用每秒 30 帧、每帧 525 行，一些欧洲国家则采用每秒 25 帧、每帧 625 行作为自己国家的电视标准。

坎贝尔－斯温顿 1908 年的照片

二战结束后，电视机工业进入突飞猛进时期。英国在 1948 年一年生产了 10 万台电视机。美国增长得最快：1946

贝尔德

艾夫斯 1913 年的照片

兹沃里金

年是 6500 台，1948 年 9.75 万台，1949 年一下子生产了 300 万台，而 1950 年增长到 746 万台。这时候电视机的清晰度已经达到了电影放映机的质量，所以，20 世纪 50 年代以后，电视有取代无线电广播成为新的娱乐中心的趋势。

黑白电视成熟之后，下一个技术攻关的目标是彩色电视。彩色电视的原理并不复杂：所有的彩色都可以通过三原色（红、蓝、绿）调配出来。与黑白电视不同的只是，原先的一种信号要增加到三种。这三种信号是同时发射还是按顺序发射，决定了彩色电视不同的发展方向。"同时发射"可以与黑白电视机兼容，是当时公众能够接受的方式。1953 年，美国国家电视委员会（NTSC）推出了自己的调制标准，为彩色电视系统的发展奠定了基础。次年，美国正式采用 NTSC 制式发布电视信号。后来，在 NTSC 基础上相继推出了改进型的 PAL 制式和 SECAM 制式。1960 年，日本宣布采用 NTSC 制式。1967 年，英国和德国采用 PAL 制式。同年，法国和苏联采用 SECAM 制式。到了 20 世纪 70 年代，三种制式三分天下的局面固定下来。20 世纪 70 年代初期，全世界已有 4000 万台彩色电视机。进入 80 年代后，中国逐步成为彩电大国。中国彩电工业飞速发展，电视迅速成为新的娱乐中心和最大的传播媒介。

4. 电子计算机：巴比奇、莫克莱、冯·诺伊曼

让机器从事数学运算，从而制造计算机，并不是从 20 世纪才开始的。17 世纪法国数学家、物理学家、哲学家帕斯卡曾造出一台能进行加减法运算的手动计算机。他意识到计算机的深远意义，在《思想录》中写道："数学机器得出的结果，要比动物所做出的一切更接近于思想。"[1] 德国数学家、哲学家莱布尼茨也是计算机研

---

[1] 帕斯卡尔（即帕斯卡）:《思想录》，何兆武译，商务印书馆，1985 年版，第 156 页。

制的重要先驱。

18 世纪出现了一股研制计算机的热潮，但造出的都不是自动计算机。它们与中国古代的算筹及算盘并没有质的区别。第一个提出自动计算机设计思想的是英国数学家巴比奇。1822 年，他设计制造了一台差分机模型。这种机器不但每次能完成一个算术运算，而且可以自动完成一套运算。1834 年，他借用提花机中穿孔卡片的自动控制功能，设计出一台分析机模型。由于当时技术条件的限制，巴比奇的模型没能最终实现，但他关于自动计算机的设计思想是现代计算机的先驱。

19 世纪末期，由于电动技术的发展，计算机的动力方式得以改进。在美国统计局工作的工程师霍勒里斯为了应付繁重的人口统计工作，对手动机械计算机进行了改进，于

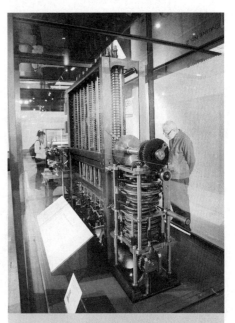

伦敦科学博物馆组织专家小组按照巴比奇的图纸制作的差分机二号，现藏于伦敦科学博物馆。吴国盛摄

1884 年造出了第一台电动计算机。1890 年，他又用电磁继电器部分替代机械元件控制穿孔卡片，造出了第一台机电式自动计算机。1941 年，德国工程师苏泽全部使用继电器，造出了一台完全由程序控制的机电式计算机。美国科学家艾肯也于 1944 年和 1946 年造出了两台全继电器操作的计算机。它用穿孔卡片进行输入和输出，两个 23 位数的加减法只需 0.3 秒，而相乘则需 6 秒。

机电计算机在程序自动控制和数据存储方面，为计算机的进一步发展奠定了基础。但它的速度还是很慢，也容易出错。时间到了第二次世界大战后期，盟军与轴心国进入决战阶段，有许多新式武器为了提高命中率需进行大量的计算，而且要求在很短的时间内得出结果。这时，原有计算机的速度就特别不能令人满意。研制更高速的计算机迫在眉睫。电子计算机就是在这种情况下

霍勒里斯约 1888 年的照片

苏泽

艾肯

诞生的。

　　实际上，电子管一问世，有些目光敏锐的发明家和科学家就意识到它可以被用于制造计算机，因为它的开闭速度比继电器快1万倍，性能也可靠得多。而且它能被方便地控制，易于实现复杂的运算。因此，制造电子计算机几乎是与制造机电计算机同步进行的。只是由于电子技术本身还不成熟，加上找不到资助，一开始它的发展速度相对慢一些。

　　第一台电子计算机是由美国宾夕法尼亚大学莫尔学院的莫克莱成功研制的。第二次世界大战期间，他奉命为美国的阿伯丁试炮场制定火力表，每天用计算机不停地计算各种弹道，深感改进计算机之必要。1942年8月，他提出了试制电子计算机的爱尼阿克（Electronic Numerical Intergrator and Computer，ENIAC，意即电子数值积分计算机）方案，次年得到空军方面的支持。6月，成立了由莫克莱和埃克特领导的莫尔研制小组。经过近3年的努力，花费了48万美元，终于在1945年年底制成了世界上第一台电子计算机。1946年2月15日举行了公开表演，1947年运往阿伯丁做科学计算。这台电子计算机，使用了1.8万个电子管，每秒能进行

艾肯设计的"马克1号"穿孔计算机，现存于哈佛大学科学中心大楼一层。吴国盛摄

霍勒里斯制表公司约1900年制造的打卡机，硅谷计算机历史博物馆收藏。吴国盛摄

莫克莱（右）与埃克特

1947 年，莫克莱与埃克特在"爱尼阿克"中

5000 次加法运算，比当时最好的机电计算机快千倍。1949 年，经过 70 小时的运算，它把圆周率 π 计算到了小数点后 2037 位，创造了当时远远超出笔算的成绩，显示了电子计算机的巨大优越性。1955 年 10 月 2 日，"爱尼阿克"在运行 10 年后"退休"。据说，这期间它的运算量比人类有史以来全部大脑的运算量还多。

"爱尼阿克"计算机有一个最大的问题，即计算程序是外插型的，需要花很多时间先将程序准备好，这样大大影响了运算速度。这一弱点也正是机电计算机的弱点。1946 年，美国数学家冯·诺伊曼提出了一个新的改进方案。这个被称为"爱达法克"（Electronic Discrete Variable Auto Computer，EDVAC，意即离散变量自动电子计算机）的方案主要有两大改进，一是用二进制代替十进制，进一步发挥电子元件的速度潜力，二是将"程序"本身当作数据存储起来，使运算的全过程均由电子自动控制，进一步提高运算速度。这两大改进是划时代的天才的发明，构成了迄今为止一切电子计算机的原型。"爱达法克"机也称冯·诺

冯·诺伊曼

伊曼机，又称通用计算机。许多科学史家相信，冯·诺伊曼模型是可以与夸克模型、宇宙大爆炸模型、DNA 双螺旋模型、大地板块模型相并列的 20 世纪第五大科学模型。

"爱达法克"方案提出之时，"爱尼阿克"已经上马，难以半途而废，所以"爱达法克"最终建成是在 1952 年。但是冯·诺伊曼方案红杏出墙，在英国率先结果。1949 年 5 月，第一台冯·诺伊曼机"爱达赛克"（Electronic Delay Storage Automatic Calculator，EDSAC）在英国剑桥大学试制成功。以莫里斯·威尔克斯为首的剑桥数学实验室，利用水银传声延迟线做存储器，首次实现了冯·诺伊曼的存储程序计算机方案。从此以后，电子计算机进入了工业生产阶段，世界各国相继推出了自己的电子管计算机。我国在 20 世纪 50 年代末也造出了第一台电子计算机。

随着电子技术的发展，计算机也出现了数次较重大的变革。电子真空管计算机是第一代，晶体管计算机是第二代，集成电路和大规模集成电路计算机则为第三代和第四代。

"爱尼阿克"体积大、重量大、功耗大，乍一看，根本就不像是一台机器，而像是一个大车间。这个车间里共配备有 18000 个真空管（电子管），1500 个继电器，70000 个电阻器，10000 个电容器，总重量达 30 吨。冯·诺伊曼的改革方案也没有解决这些问题。

晶体管问世后，马上被用于研制新一代的电子计算机。1956 年，麻省理工学院研制出了第一台晶体管电脑 TX-O（Transistorized Experimental Computer），即"晶体管试验电脑"。大致同时，发明晶体管的贝尔实验室也做出了自己的晶体管电脑。1959 年，较早开始计算机生产的美国 IBM（国际商用机器）公司推出了第一代晶体管电脑 IBM1620 和第二代 IBM1790。这些电脑的运算速度比第一代高两个数量级，达每秒几十万次。1961 年，IBM 公司生产了一台大型的电子计算机，使用了 169000 支晶体管，运算速度达每秒百万次。

由集成电路和大型集成电路组成的第三代和第四代电子计算机，其速度更快、存储量更大、体积更小、价格更低。1996 年，宾夕法尼亚大学为了庆祝第一台计算机"爱尼阿克"诞生 50 周年，把当年的电脑在一块芯片上完全复原了。这块芯片只有 7.44 毫米 ×5.29 毫米大，却集成了 174569 个晶体管，完全具备从前 30 吨重的"爱尼阿克"的功能。

1964 年 4 月 7 日，IBM 公司生产的"360 型系统计算机"标志着第三代计算机的诞生。为了研制和开发这个系列的计算机，该公司历时 5 年，耗资 50 亿美元，超过了美国研制第一颗原子弹的曼哈顿计划。它的速度达到了每秒千万次，内存量达几百 K。这种新型电脑的划时代意义还在于其通用性和标准化。从前的电脑都是专门从事某一方面工作的"专家"，这台机器的程序在另一台机器上就不能使用。IBM 的新型电脑引入了"兼容"概念，使任何一台电脑既能做专业的科学计算，也能从事商业数据处理。

1968 年，高登·摩尔和罗伯特·诺伊斯离开了他们亲手创办的仙童公司，成立了另一家名叫"集成电子"（Integrated Electronics）的公司。这个公司就是今日享誉世界的"英特尔"（Intel）公司。从 20 世纪 50 年代中叶开始，加利福尼亚州旧金山南部的一条狭长地带逐步兴盛起来。这里北接著名的斯坦福大学，本来是斯坦福的工业园区。越来越多的电脑生产车间拔地而起。先是 IBM 和惠普公司，再后来，越来越多的电脑公司来这里置地买房，创立基业。今天，这里成了电脑业的圣地。它就是闻名遐迩的"硅谷"。

诺伊斯

硅谷的发展也许与晶体管之父肖克莱有关。这里本来是肖克莱的故乡。1955 年，肖克莱从贝尔实验室回到故里，创办了肖克莱半导体公司。1956 年肖克莱获诺贝尔物理学奖之后，一大批有才华的青年电子工程人员被吸引到他的公司里来。1957 年，从肖克莱的公司里跑出了 8 个人组建了仙童公司。1968 年，仙童公司的老板自炒鱿鱼，成立英特尔公司。据统计，在硅谷的大小老板大多数都在仙童工作过。如此算来，硅谷的创业者们或多或少都与肖克莱攀得上徒子徒孙关系。

1969 年 7 月，IBM 宣布电脑产品不再像从前那样分为电子元件、硬体设备、外部设置、操作系统和程序，而是分为硬件和软件两大类，两类产品各自计价。

1969 年，英特尔开发出了容量为 1KB 的动态随机存储芯片，宣告了过去磁芯存储器的终结。1971 年 11 月，

肖克莱

比尔·盖茨

保罗·艾伦

沃兹尼亚克

英特尔公司推出了世界上第一个微处理器（Microprocessor）"英特尔 4004 芯片"。上面集成了 2250 个晶体管，每个晶体管之间的距离是 10 微米，每秒运算量为 6 万次，售价 200 美元。次年，英特尔又推出了 8008 微处理器芯片。这两个芯片的问世，标志着微电子时代的真正到来。

1974 年，英特尔推出了著名的 8080 微处理芯片，其功能是 8008 的 10 倍，售价 360 美元。正是这个芯片敲开了个人电脑时代的大门。当年，美国的微型仪器和遥感系统公司（Micro Instrumentation and Telemetry Company，MITS）就使用 8080 微处理芯片推出了"牛郎星 8800"电脑。新电脑一上市就获得了巨大成功。

但是，这台电脑只提供硬件不提供软件，程序需要用户自己来编。当时还是哈佛大学法律系二年级学生的比尔·盖茨和他的朋友保罗·艾伦见到牛郎星电脑的广告之后非常激动。他们从中学时起就是电脑迷，微型机出现后他们就想开发软件，但一直没有机会。这次机会是真的来了。比尔·盖茨从哈佛休学，开始同艾伦一起为牛郎星开发软件。1974 年，两人决定成立一个微电脑软件公司，名字就叫"微软"（Micro-Soft）。

微处理芯片问世后，激起了一大批电脑"发烧友"自己组装电脑的热情。他们自发地组织起来，定期交流。在这群电脑发烧友中有两位怪才后来组建了自己的"苹果电脑公司"，他们是斯蒂夫·沃兹尼亚克和斯蒂夫·乔布斯。他们看着"牛郎星 8800"卖得火热，决定也自己组装电脑。1976 年 4 月 1 日，也就是西方的愚人节，他们宣布成立苹果公司，在一间废旧的车库里组装他们的"苹果 1 型"电脑。不久，英特尔公司原来负责销售的阿马斯·马克库拉加入了他们的阵营，于 1977 年 1 月正式注册成立"苹果公司"。4 月，苹果公司推出了"苹果 2 型"电脑。这台电脑包括显示器、键盘和主机，支持多种语言，可用于商业管理、科学计算和数据处理等多方面，而售价只有 1298 美元。"苹果 2 型"电脑一问世就令整个电脑界震惊，订户蜂拥而至。此后，苹果公司的销售额以年增长 700% 的速度上升。1980 年年底苹果公司上市时，第一天就由每股 22 美元上涨到 29 美元。苹果电脑的出世标志着"个人电脑"即所谓 PC（Personal Computer）时代的到来。

乔布斯

20 世纪 70 年代以来，由于大规模集成电路的问世，微型计算机迅速发展起来。微机进入了各个生产环节，并开始向办公室和家庭渗透。1980 年，全美电脑总数是 100 万台，到 1984 年，猛增至 1000 万台。1986 年是 3000 万，1989 年 5000 万台，全球电脑总数达 1 亿台。进入 90 年代，发达国家的个人电脑已经像彩色电视机一样普及。1996 年，全世界大约有 1 亿 7000 万台个人电脑。个人电脑像潮水一样涌进千家万户，电脑不再是军事工业和大企业的专属品，也不再是"电脑发烧友"小圈子里摆弄的东西。它成了一种时尚消费品，也成了一种巨大的产业力量。电脑开始无声无息地改变人类的文化。

克雷站在他的计算机旁边

与微型机的发展同时，巨型机也取得了令人瞩目的成就。巨型机即超级计算机，专门用于数据量极大的科学计算。美国的西蒙·克雷是超极计算机之父。他于 1957 年创办 CDC（控制数据公司），并担任 CDC 系列大型机的总设计师。1969 年，CDC-7600 每秒运算能力超过 1000 万次。1975 年，克雷自己创办的克雷研究所推出"克雷 1 型"超级计算机，随即主宰了世界超级计算机市场。1983 年，"克雷 2 型"机达到每秒 10 亿次浮点运算。1987 年，"克雷 IS 型"达到 14 亿次。中国于 1982 年由国防科技大学研制出了每秒浮点运算达到 1 亿次的"银河 1 号"，1992 年的"银河 2 号"达到 10 亿次。1995 年，中国国家智能计算机中心推出"曙光 1000"大规模并行机，每秒浮点运算速度为 25 亿次，1998 年推出的"曙光 2000-I"型机达到 200 亿次。20 世纪 90 年代国际最先进的巨型机运算速度已超过万亿次。

自第一台电子计算机问世以来，计算机的发展速度大致是，平均每 5 年速度提高 10 倍，体积和成本降低 10 倍，这种发展势头至今仍未减弱。1981 年，IBM 使用英特尔的 8088 芯片、微软公司开发的 MS-DOS 操作系统，推出了"5150 个人电脑"。1982 年，IBM 开发出了名叫 IBMPC/XT 的电脑，它采用了英特尔的 80286 芯片。当年，IBM 个人电脑销售量突破 20 万台。1985 年 7 月，英特尔公司推出了带 27.5 万个晶体管元件的 80386 微处理器，次年，康柏公司推出第一台 386 个人电脑。这台售价数千美元的电脑的性能，相当于 70 年代数万美元的小型机或 60 年代数十万美元的大型机的性能。1989 年，英特尔发布带有 120 万个晶体管的 486 芯片。90 年代，英特尔继续推出更高性能的微处理器，并统一注册命名为"奔腾"（Pentium）。CPU 更新换代，未有穷期。

迄今为止，计算机已经历了四代，代与代之间依照电子元件区分：第一代是电子管（1946—1956），第二代是晶体管（1956—1965），第三代是集成电路（1965—1971），第四代是大规模集成电路（1971—   ）。四代电脑尽管在电子元件、速度和性能方面有很大的差别，但均属于冯·诺伊曼机的范畴。冯·诺伊曼机的一般特征是"存储程序"，机器按照线性顺序依次执行程序指令。程序的预先存储导致存储器与处理器相互独立，不断攀升的速度要求使得存储器与处理器之间的通道日益拥挤。人们一直在试图超越冯·诺伊曼模型，建立一个非线性化的、非存储程序的、存储器与处理器合二为一的新机型。据说，这将是第五代计算机的目标。此外，在电脑元件方面，人们正致力于开发与人脑神经网络相类似的超级大规模集成电路，即所谓的"分子芯片"。还有人建议用光子代替电子，开发"光子芯片"，这样可以使计算机的速度提高好几个量级。

电子计算机的出现使人类认识自然和改造自然的能力大大提高。由于它能模拟人脑的部分思维功能，使人的智力得以物化和放大，解决了从前只靠人的脑力根本无法解决的问题。依靠快速的运算能力，它能使气象预报建立在大量数据的统计分析基础之上；它可以模拟科学实验，节省财力、物力和人力；它证明了四色定理——

这一定理的证明由于运算过于繁复，从前一直无人问津。

电脑智能的发展同时也给人类提出了新难题：电脑是否能够在智能上超过人类，从而成为一种人类无法控制的技术力量。1996年2月，世界第一国际象棋大师卡斯帕罗夫与IBM公司研制的"深蓝"（Deepblue）电脑对弈，最后以4比2获胜。然而次年5月，卡斯帕罗夫再次与改进了的"更深蓝"（Deeperblue）较量时，却以2.5比3.5战败。这一结局尽管还只是人机之间某种量上的比拼，但已显示了电脑无穷的潜力。

计算机的出现不仅在数学和科学技术研究方面发挥了智能作用，而且开辟了一个信息化时代，对人类社会的政治、经济、法律、教育等产生重大的影响。信息的传输、接受和处理过程是一个社会的基本运行方式之一，计算机在这方面具有高效能和通用性。它不仅准确迅速，而且对任何信息处理都敞开大门。难怪美国的未来学家托夫勒称电子计算机掀起了人类历史上的第三次浪潮。

在电脑发展史上，时代英雄像走马灯一样"你方唱罢我登场"。无数的电脑公司在电脑市场上沉浮。那些曾经红极一时但最后败下阵来的人，大多没有真正把握住信息时代的本质。他们总是把电脑的用途限制得很窄，没有意识到电脑本质上是一种个人化的信息处理机器。这里的信息处理包含了几乎无限广泛的可能空间，它可以是科学计算、数据处理、文字处理，也可以是图像处理、声音处理，以及一切能够被数字化的东西的处理。电脑铺天盖地的风行，意味着一个信息时代的来临。以比尔·盖茨为代表的软件产业成为电脑业的龙头产业，也表明一种新型的经济形态正在形成，这就是今日正被炒得沸沸扬扬的"知识经济"。

5. 互联网与虚拟生活

个人电脑的大批上市掀起了全民参与的信息处理运动，作为这场运动的逻辑补充，一场信息传输运动也随之而来，这就是计算机网络的兴起。

电脑网络也是冷战时期的产物。它的第一个形态是美国国防部高级研究计划署（the Advanced Research Projects Agency，ARPA）于1969年建立的，俗称"阿帕网（ARPANET）"，而这个"阿帕"（研究计划署）正是美国为了应付苏联在太空领域的技术领先而成立的高技术开发机构。阿帕网缘于对资源共享的要求。它一开始只有加州大学和斯坦福研究院等单位的 4 个节点，1971 年达到 19 个节点，1973 年节点数翻了一番，达到 40 个。

电脑在发展早期缺乏统一的标准。要将不同的电脑联络起来，首先需要确立它们之间共同接受的协议。有了这个协议，不同的电脑才有可能互通有无地交换数据。此外，数据通信本身也是有待攻克的技术难题。1975 年，阿帕网正式交由国防通信署管理。从那以后，不断有新的主机加入。1981 年是 213 台，1985 年是 1961 台，1990 年则达到 31.3 万台。

在阿帕网研制出来之前，已经有大量的局域网在筹建之中。局域网的常规运作方式是中央控制式的。中央有一台大型电脑存储和处理数据，其他电脑则作为终端与这个数据中心相连通，并通过数据中心与其他终端联络。中央控制式网络便于管理，但有一个致命的弱点就是，两个终端计算机之间只有唯一一条通道。只要这条通道被切断，联络就不得不中断，更不用说中央控制中心一旦被摧毁，整个网络就全部陷入瘫痪。美国军方在 20 世纪 60 年代之后高度依赖中央控制式网络进行通信联络，其中的缺点被有识之士发现。这激发网络专家思考新的网络模式。

最先提出的有多中心模式，即全部网络由多个控制中心构成。一个控制中心出了毛病只影响局部，其他几个中心则没有问题。但这一步只有量的改进，还没有质的突破。进一步的突破在于完全取消中心，建立像蜘蛛网那样两两连通的网络。每一个终端两两直接连接，不依赖任何中心。这种蜘蛛网式的难以一举摧毁的网络被称为分布式网络，它是阿帕网最为出色的一项技术创造。

阿帕网不仅自己在壮大之中，也起了良好的示范作用。到 1977 年，美国已经建立了三个电脑互联网，除阿帕网外还有无线电信包网和卫星信包网。这三个网在这一年也成功互联。通过海底电缆和通信卫星，三个网初步实现了全球互联。1982 年，美国国防部把 1973 年制定的 TCP/IP 协议正式定为网络标准，此后，全世界不断有新的网络依照这个标准加入互联网（Internet）。世界上最大的电脑联合国正式成立了。到 1994 年，互联网用户达 2000 万，仅一年后，用户数量就翻了一番，达到 4000 万。

1991 年，瑞士日内瓦的欧洲粒子物理实验室的软件工程师伯纳斯－李发明了一种网上交换文本的方式，创建了网上软件平台 World Wide Web（万维网）。这个平台开始只在很小范围内流行，但很快风靡整个互联网。万维网实现了媒体思想家特德·纳尔逊于1965年提出的超文本设想。超文本将文字、声音、图像、电影等一视同仁地视为"文本"。

伯纳斯–李

随着互联网的壮大，一个新的虚拟世界正在诞生。这个世界的丰富程度直追我们的现实世界。很大一部分社会活动都可以在网上开展，因此，人们的交往方式将发生质的变化。"秀才不出屋，能知天下事"在网络时代完全成为现实。家庭办公、网上购物已经或正在成为现实。

互联网的非中心思想更加契合现代民主思想，而远离独裁和极权思想。人们开始意识到，互联网正是"德先生"和"赛先生"最完美的结合。在网上，每一个网民是充分自主、充分平等的。这里没有主流意识形态，只有完全独创性的个人。互联网使地球村成为真正的现实。

上网结束了工作与闲暇的对立、文化与技术的对立、艺术与商业的对立。上网即学习，学习即游戏。但按照网络世界自己的规则，游戏即网上人生的全部。网民们就像在神奇世界中漫无目的地嬉戏的孩子，常常找不到归路。通常以有目的的寻找始，以无目的的漫游终。这就使人类面临一个更为严峻的问题：生活的意义被虚无化、真空化。在这个到处是信息的世界上，人类在逐步丧失自己的头脑。信息挤走了观念，空洞的事实反而使人六神无主。网上杀人甚至大规模的杀戮只是游戏，从而使道德感虚化。早就有思想家说过，武器的进步使人类的道德下降，用枪远距离杀人不会溅自己一身血，因而能减少道德负疚感。如今在电脑前、在网上杀人，其道德负疚感几乎等于零。20世纪90年代的海湾战争、科索沃战争，绝大部分都是在电脑控制室里进行的。坐在电脑前的士兵向南斯拉夫发射一枚导弹，与他们平时在网上玩战争游戏，从感觉上讲毫无区别。

电脑和网络时代带给人类更大的问题是人对机器的过分依赖性，而机器一旦出现故障，其后果就必然是灾难性的。人类通过使用工具解放了自己的手脚，获得了自由，但久而久之产生的对工具的依赖性，却使刚刚获得的自由又在不知不觉中丧失了。这就是黑格尔曾经说过的主奴辩证法在起作用。

第四十四章
生物技术时代

医学与实验生理学联手是近代医学的一个突出特征。诺贝尔奖的五大奖项之一就是生理学或医学奖，这显示了两门学科之间的联合在 20 世纪初年就已见端倪。事实上，医学的进步比生理学的进步来得迟缓，对生命世界新的透视和新的解析，并没有立即反映在相应的医疗和医药措施上。当宣告近代生命科学之诞生的人体结构和血液循环理论建立起来时，近代医学还是沿袭传统的放血和泻药疗法。医学与生理学的真正联手是 19 世纪后半叶的事，突出的成就是细胞理论和微生物学的建立促成了病理学和免疫学。德国病理学家微耳和建立的细胞病理学提出细胞是疾病发生的基本单位，使病理学建立在更加科学的基础之上。巴斯德对微生物界的发现、对微生物与传染病之关系的揭示，以及他建立的疾病细菌说，宣告了整个医学抗菌治疗时代的到来。英国外科医生李斯特率先在外科手术前引入抗菌灭菌程序，使临床死亡率大大降低，为推广巴斯德的灭菌理论做出了重要贡献。

19 世纪已经成形的生理学、病理学、微生物学、临床医学及公共卫生学，在 20 世纪完全进入了实际应用阶段。不仅如此，20 世纪生命科学的新突破，也很快引入医疗实践中，形成了今日多元复杂的医疗保健体系。如果说原始时代的巫医可以叫作"神灵医学模式"，希腊的四体液理论、印度的三原质学说以及中国的阴阳五行学说所指导的医学为"自然哲学模式"，那么近代医学就是"机械论医学模式"，而 19 世纪下半叶开始进入"生物医学模式"。我们这里着重讲述生物医学模式中有代表性的三大成就——抗生素、生殖技术和基因工程，以及它们可能存在的问题。

1. 抗生素与化学药物：缪勒、弗莱明

　　生物医学最显著的成就是化学药物和抗生素的使用带来的。19 世纪伟大的生物学家巴斯德曾有一句名言："生命扼止生命"，表明了各种生命为了争取自己的生存空间而相互残杀的实情。他使人们认识到，人类的疾病大多数是由于其他生命在作怪造成的，因此，治病就是消除这些作怪的生命。19 世纪后期，不少由化学提取或合成的药物如奎宁、吗啡、颠茄、阿斯匹林等，广泛用于临床，起到了很好的镇痛解热效果。化学药物的目标是杀死细菌，但对人体无害。按照这个思路，20 世纪初年出现了一大批有良好杀菌效果的化学药物，如能够杀死梅毒螺旋体的"606"有机砷制剂，能够杀死链球菌、肺炎双球菌、脑膜炎双球菌、淋球菌的各种磺胺类药物。

缪勒

　　除了杀死微生物的化学药物外，一系列用来杀死害虫的药物也被研制出来。1939 年，瑞士化学家缪勒发现 DDT（双对氯苯基三氯乙烷）对害虫有极高的触杀作用。蚊虫、虱子、跳蚤、苍蝇等虫子是传播许多疾病和传染病的媒介，有效地杀灭这些害虫可以有效地防止疾病的流行。缪勒因为此发现获得 1948 年的诺贝尔生理学或医学奖。大约与发现 DDT 同时，一种名为"666"（苯环同 6 个氯原子结合构成 6 碳 6 氢 6 氯）的高效杀虫剂也问世了。

　　化学药物利用化学物质杀菌。科学家还发现，利用微生物与微生物之间的对抗作用（拮抗）同样可以达到杀菌的目的。这类用来杀死特定细菌的微生物就是抗生素。早在巴斯德时代，人们就已经能够利用微生物之间的拮抗制造某些疫苗，以预防天花、霍乱、白喉等传染病的发生。但是，如果人们不幸染上了这些病，还没有什么有效的治疗办法。如何杀死这些有害病菌但又不伤害人体其他的细胞，是摆在生物化学家面前的一个非常迫切的难题。英国细菌学家弗莱明于 1928 年无意中发现青霉菌能够抑止葡

弗莱明

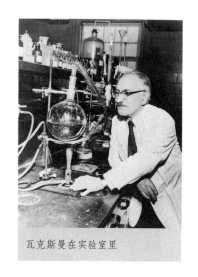

瓦克斯曼在实验室里

萄球菌的生长。那年夏末，弗莱明正在研究容易引致传染性皮肤病和脓肿的葡萄球菌。9 月的一天，他偶然发现青色霉菌周围的细菌全被消灭了。进一步的研究表明，在青霉菌被除去之后，培养基也具有杀菌作用。他意识到，起杀菌作用的是青霉菌在生长过程中的代谢产物，于是将这种杀菌剂起名为"青霉素"（Penicillin，一译盘尼西林）。1929 年 2 月 13 日，弗莱明向伦敦医学俱乐部提交了一份研究报告，但听众们兴趣不是很大，他的工作因此没有得到应有的重视。20 世纪 30 年代，德国科学家发明了磺胺类药物。这些药物对化脓性咽喉炎、脊膜炎、淋病有显著的疗效，但后来发现效力比较局限，对有些人还有严重的副作用。有鉴于此，牛津大学的病理学家弗劳雷和德国生物化学家钱恩开始研究溶菌酶的抗菌作用。其间，他们发现了弗莱明的工作，并将青霉素的研究大大推进，彻底解决了阻碍临床应用的浓缩和大量生产问题。1943 年，青霉素第一次大量投入临床使用，对猩红热、白喉、化脓性咽喉炎、淋病、梅毒等曾经被认为是不治之症的急性传染病有显著的治疗作用，对气性坏疽、血中毒、心骨膜炎和脑膜炎也有很好的疗效。青霉素的成功激励科学家进一步寻找其他的抗生素。1943 年，俄裔美国生物化学家瓦克斯曼发现了链霉素。这种药物对肺结核有显著的治疗作用，但毒性比青霉素大。此后不断有氯霉素、金霉素、土霉素等新的抗生素问世。1945 年，弗莱明与弗劳雷和钱恩一起获得了诺贝尔生理学或医学奖。

抗生素和化学药物的两大前提——生命之间相互遏制、杀死有害生命但对人体无害——事实上是片面的。生命是一个非常复杂的系统，物种与物种之间既有相互对抗、生存竞争的一面，也有相依为命、相濡以沫的一面。生命系统这种复杂的相互联系，使得抗生素的第二个前提无法得到保证，即在杀死被认为有害的生命的同时，必定给人体带来或多或少的损害，给生态环境带来更大的损害。美国生物学家蕾切尔·卡逊在其《寂静的春天》一书中讲述了滥施 DDT 的后果：不仅杀灭了害虫，还杀死了许许多多无辜的生命，使春天成了没有鸟叫的寂静的春天。事实上，人们还发现，曾经高效的杀虫剂除了滥杀无辜之外，对于真正要杀死的"敌人"也不再

蕾切尔·卡逊

卡逊的书房，《寂静的春天》就是在这里写作的。吴国盛摄

高效，因为"敌人"有了抗药性。于是从 20 世纪 60 年代开始，一些曾经风行一时的高效杀虫剂因其有毒和无效而退出了历史的舞台。1969 年，美国纽约长岛地方法院颁布了世界上第一个禁止使用 DDT 的法令。1971 年，挪威成为第一个禁止使用 DDT 的国家。

抗生素和化学药物的大量使用，使得从前数十个世纪中人类的常发病基本得到根治。但生物医学模式的广泛流行带来了一个重大的后果，即人类的疾病谱正在发生改变。细菌性传染病不再占主要地位。在死亡原因中，生物性因素减弱，生活方式、行为方式、环境和社会的因素成为主要的致死病因。居死亡原因前四位的心脏病、脑血管病、恶性肿瘤、呼吸道慢性疾病，都不是细菌性传染病，而与不良生活方式和环境恶化有关。在这样的情况下，许多学者开始质疑"生物医学模式"的普遍适用性，因为人类的健康和疾病不再是由单一的生物因素所决定。一种以整体论、系统论为方法论，以自然哲学为本体论的新的医学模式正在引起越来越多的注意。

由于医学的巨大进步，特别是免疫疗法和抗生素问世以后对传染病的有效扼制——历史上传染病的致死力甚至比战争还强——世界人口死亡率普遍降低，人类的平均寿命大大提高。但是，随着人的寿命的增长，人口问题和粮食问题变得日益严峻。公元元年，世界人口大致为 2.5 亿人，到 1650 年为 5 亿人，1750 年为 7.5 亿人，1850 年上升到 12 亿人，1900 年达到 15 亿人，1955 年升到 25 亿人，1982 年达46 亿人，2011 年突破 70 亿人。从这些数字可以看出，20 世纪以前的人口基本上以算术级数增长，而到了 20 世纪则出现几何级数增长的势头，是真正的"人口爆炸"。人口爆炸与人类在医学上的巨大进步直接相关，同样，解决人口问题、节制生育也是摆在医学面前的一个难题。

2. 避孕与生殖技术

控制人口的一个直接措施是节育，包括避孕和人工流产。避孕的历史几乎同人类历史一样悠久。各民族都有一些传统的避孕方法，比如躲开被认为最易怀孕的时期（希波克拉底认为月经之后为最易怀孕的时期）、使用被认为能杀死精子的杀精剂、中断性交、使用子宫托等。17 世纪在欧洲出现了最早的男性避孕套，但效果不好而且昂贵。20 世纪 50 年代出现了供避孕的化学药物"异炔诺酮"。这是一种孕激素，能够抑制排卵，是比较方便的女性避孕药。中国在 20 世纪 70 年代从棉籽油中分离出棉酚，发现它能够使男性的生殖力下降，据此制造出了男性避孕药。

避孕药的普遍使用使传统的婚姻、性与生育三者之间的联系解体，女性得以从生育的苦难中解脱出来，获得了更大的性自由。但同时，非婚性关系比从前增多，给社会的伦理道德带来了严峻的挑战。

与避孕药的普遍使用相并列的节育措施是人工流产，即人为地终止妊娠。人工流产也分为治疗性流产和非治疗性流产。当胎儿的正常发育和分娩会危及母亲的生命安全时，为了保护母亲、救护母亲的生命而进行的人工流产是治疗性流产。这种流产自古有之。但随着医疗技术的进步，有可能在胎儿出世前就鉴别出胎儿是否有严重缺陷，为了避免生下有严重缺陷的婴儿而施行的人工流产开始出现。此外，由于人工流产在技术上的安全性和简易性得到了保障，出于个人（女性蒙辱怀孕、孩子多影响母亲或家庭幸福等）或社会（控制总体人口）的目的而进行的人工流产越来越多，在数量上超出了治疗性流产。人工流产成了一个引起纷争的伦理问题。

人口太多了需要节育，而有些人因为这样那样的缺陷想生育而不可得。20 世纪发展起来的生殖技术解决了这一部分人的问题。人类的自然生殖过程包括性交、输卵管受精、植入子宫、子宫内妊娠等，对其中某一个或全部步骤的人工替代就是生殖技术。其主要措施有人工授精（代替性交）、体外受精（代替输卵管受精）、代理母亲（用另一个妇女的子宫妊娠）、克隆（无性生殖）等。有了生殖技术，配子来源、受精场所和妊娠场所三者成了可以变化的变量，它们不同的搭配构成非自然生殖的不同形式。生殖技术一旦发展，就远离了起初解除少数人不能生育的痛苦的目的，而朝着技术的方向自行独立地扩展——越是远离自然的生殖方式，技术就越高级。"婴儿是被制造出来的"这种观念逐步变得平常，生殖与情爱、家庭相分离在不知不觉中成为事实。这是给人类伦理提出的空前难题。

　　克隆技术在 1997 年成为一项引人注目的科技大事，因为前一年英国罗斯林研究所的维尔穆特宣布，他们用母羊的胚胎细胞成功地克隆出了第一只克隆羊，并取名为"多莉"。多莉存活下来，进而成为全世界一时关注的焦点。无性生殖本来只发生在低级生命之中，而有性生殖提高了遗传上的多样性，具有进化上的优点，因而是高级生命的一般生殖方式。但高级生命的无性生殖能力并没有完全丧失。许多有性植物通过嫁接等方法，很容易实现无性繁殖。对动物而言，无性繁殖就比较复杂。通常的动物克隆是将一个受精

维尔穆特与多莉

卵除去细胞核，或用辐射等手段使受精卵内的细胞核失去活性，然后再用注射器将另一个个体的细胞核转换到刚才的受精卵中，这样新的受精卵发育出来就是提供细胞核的个体的克隆。

　　克隆技术属于四大生物工程之一的细胞工程（其余三个是基因工程、酶工程、发酵工程），它通过细胞之间基因的转移和融合，改良品种或者创造新的生物类型。其技术手段包括细胞器移植、原生质体融合、染色体工程等。应用细胞融合技术可以在不同生物物种之间进行杂交，比如将仙人掌与小麦杂交，培育出耐旱小麦品种；把马铃薯与西红柿杂交，培育出茎上结西红柿根部长马铃薯的植物。这其中，对高等动物进行克隆是细胞工程中最复杂最高级的技术。

　　克隆技术可以用来复制完全一样的人体器官，从而能够避免器官移植手术中的排异现象，这是对人类有用的地方。克隆技术还可以用来制造对人有用的药品。但是，打破高等动物的有性生殖方式，对高等动物的成体进行完整复制，会对该种群

造成无法估量的危害。因为无性生殖是以基因多样性的消失为代价的。即使对个体
而言，细胞克隆技术也非常不完善。有证据表明克隆动物很难长寿，因为体细胞克
隆过程中的细胞核移植操作可能对遗传物质造成损伤，影响克隆动物免疫系统正常
发育，严重危及其健康。法国全国农业研究所的让·勒纳尔及其同事在英国《柳叶刀》
杂志发表文章介绍说，一头利用成年牛的耳细胞克隆出的牛犊，虽然看起来很健康，
但出生后一个月，体内的淋巴细胞和红血球突然急剧减少，不久后就死于贫血。尸
体解剖发现，它的脾脏、胸腺和淋巴结等淋巴组织都没有正常发育。曾经培育出多
莉羊的英国罗斯林研究所对这一研究评价很高，认为是目前对克隆动物最深入的研
究。该所所长格里芬说，这一发现表明，克隆人是不安全、不可行的。

3. 基因工程

自 DNA 双螺旋结构被发现之后，在分子水平上进行生命的探索、操作和创造，
已经成为实验生理学传统的最新乐章和最强音。DNA 是一种遗传物质，所有的遗传
信息都由 DNA 携带着。DNA 除了自我复制以保证遗传信息保存在人体内每一个细
胞中之外，还提供人体细胞发育的指令。人体细胞 DNA 分子中大约有 10 万个基因，
由这些基因来控制 10 万种人体蛋白质的合成。

对 DNA 进行重组，按照人类的某种意愿剔除不好的基因，补充好的，再把重
组的 DNA 植入适当的细胞中，让它表达出来，这就是基因工程。

基因工程的第一步就是寻找目的基因，即与人的目的有关的基因。比如为了培育耐寒、抗病虫害的水稻新品种，就需要找出耐寒、抗病虫害的基因。但这第一步非常艰难。DNA 分子很小，直径只有 20 埃，相当于五百万分之一厘米。而基因更小，只是 DNA 分子之中的一个片段，把它们找出来很困难。找出来之后，对它们进行切割和再粘贴也是一个问题。1960 年，瑞士科学家沃纳·阿尔伯发现核酸的内切酶具有限制性作用，在基因工程中可以扮

阿尔伯

演"剪刀"的角色。之后，科学家们又发现了"连接酶"，它能够起"糨糊"的作用，将 DNA 片段粘贴起来。1970 年，美国分子生物学家内森斯使用能起剪切和连接作用的"工具酶"，首次实现了 DNA 切割。1971 年，美国分子生物学家伯格运用"工具酶"首次将两种不同的 DNA 连接起来，形成新的 DNA 分子，完成了基因重组。

内森斯

20 世纪 90 年代初，科学家们制订了"人类基因组计划"，打算将人类基因逐个解析出来，进行定位和测序。这个计划如果完成，对许多遗传性疾病的根治将是福音。

基因重组和基因改造也可以用于动植物的培育，目的之一在于增强农作物对除草剂和虫害的抵抗力，之二是增产。据说美国已经大量生产经基因改造的黄豆和玉米，是世界上种植转基因农作物的大户。中国对于转基因农作物的兴趣很高，过去 20 多年来，积极推动转基因技术的研究，目前的转基因食品技术达到国际先进水平。

然而，破译生命奥秘并从事生命制作的基因工程，实际上是在挑战自然，是在从事只有自然才能从事的工作。这里面究竟蕴藏了多少危险实难预料。基因改造过的食物可能会增加食物中的毒素，导致环境受到污染。有科学家相信，以基因工程技术培植的农作物可能有损人类的健康，因为经过基因改造的马铃薯对实验老鼠的肝、胃和免疫系统会造成伤害，其受损原因与食物里所含的"外来基因"有关。

伯格

The
Journey
of ———
Science

第十卷
科学处在转折点上

———————————

　　新世纪的钟声已经敲响，20世纪的科学历程落下了帷幕。这是第二个科学的世纪。与19世纪人们对科学时代即将到来的欢呼不同的是，我们陷入空前的忧虑之中。经历了两个科学的世纪，科学确实造就了不少人间奇迹，但它对于人类文化的负面影响也日益明显。人口问题、能源问题、核扩散问题、环境污染问题，生物多样性、文化多样性的破坏，均与科技的发展密切相关。但是，哪里有危险，拯救就会在哪里升起。一个世纪以来，人类优秀的头脑一直在关注人类的命运，思考科学的发展方向。今天，无论在科学理论方面，还是在科学的技术应用及社会影响方面，都显示某种深刻的"转折"正在发生。

摆的理论与实验。美丽的少女在荡秋千，科学家却专注于地面上关于单摆的数学，对身边的摆
视而不见。科学忽略了生活吗？

第四十五章
世界图景的重建

　　古典科学，无论是牛顿的力学还是爱因斯坦的相对论，正像爱因斯坦本人所说，在许多主要的方面保持着一致。而新兴的系统科学、非线性科学，特别是生态科学，试图改变古典的还原论、原子论、决定论的世界图景，向古典科学发起了根本性的挑战。与古典科学注重世界的简单性和原子构成性形成对照，整体的观念、非还原的观念、非决定论的观念、复杂性观念、不可逆性的观念突出出来，与自然界生命的原则、有机的原则相衔接。

　　尽管与以相对论和量子力学为代表的新古典科学相比，新范式尚显势单力薄，但是它们所代表的研究纲领极有思想魅力，呼应了这个时代人类对自身存在方式的

1911 年秋第一次索尔维会议，站立者有普朗克（左二）、索末菲（左四）、德布罗意（左六）、朗之万（右一）、爱因斯坦（右二）、昂内斯（右三）、卢瑟福（右四），坐者有能斯特（左一）、布里渊（左二）、索尔维（左三）、洛伦兹（左四）、居里夫人（右二）、彭加勒（右一）。

反省。它们正在寻找旧范式中的革命性力量可以联合的部分，继续扩大自己的影响力和说服力。这正是"转折点"的理论背景。

1. 经典框架的内部冲突

四大理论模型可以看成是以物理学革命为先导的理论自然科学的主要成就，但是，它们并不是自然科学的全部成就，也不足以展开今日科学世界图景的全貌。四大理论模型所代表的，主要是物理世界图景的变迁，这从某种意义上印证了"20世纪是物理学的世纪"的说法。这里面，由于分子生物学的诞生而促成的物理学范式向生命科学的侵入，格外说明了物理科学在全部自然科学中的核心地位。

迈尔

物理科学的核心地位决定了今日主流世界图景的物理学性质，这被许多人称为"大物理沙文主义"。著名生物学家迈尔强调，达尔文进化论的出现显示了物理世界图景的不完善性。它引入了物理学世界图景所轻视或缺少的一些思想，如变异、多样性、概率、不确定性、目的性、历史性。确实，以达尔文进化论为支柱的生物学构成了一幅生物学的世界图景，它展示了控制事物运演过程的各种力量之间相互作用的图景。迈尔认为，几个世纪以来，人们习惯于以物理学的眼光看待科学史，评价其他的学科，习惯于把物理学看作科学的模范，而"科学哲学"就一直等同于"物理学哲学"。但是，生命是最为复杂和高级的物质形式，统一的科学应该以"生命"为研究中心，才有可能建立起来。以物理学为核心的科学必定是不统一的，因为它只是从不同的侧面逼近"生命"。

当代自然科学的世界图景事实上并不是完整统一的，相反，它处于一种非常明显的分裂状态。哈佛的天体物理学家大卫·雷泽尔将这种分裂状态概括为四种原则上不相容的世界图景的并存。[1]按所描述的自然过程是否是时间性的可以分为两类，

[1] 雷泽尔：《创世论——统一现代物理·生命·思维科学》，刘明译，河北教育出版社，1992 年版。

其中由量子物理学所表述的微观世界是无时间的，这是第一种图景。在有时间性的自然过程中，按向低熵发展还是向高熵发展又可分为两类，其中由热力学第二定律所表述的热力学过程是熵增（序减）的，这是第二种图景。在有时间性而且是熵减（序增）的过程中，还可以按是否可预测分为两类：由现代宇宙学（相对论宇宙学）所表述的宇宙演化进程，属于有时间性的、熵减（序增）的且可以预测的自然过程，是为第三种图景；而由进化生物学所表述的生命世界的发展道路，属于有时间性的、熵减（序增）的且不可能预测的自然过程，是为第四种图景。存在科学和演化科学并立，是当代理论自然科学的一个基本格局，对它们的整合将是世界图景的另一次重建。

<h3 style="text-align:center">世界图景的多元格局</h3>

无时间性图景（以量子力学为代表）

有时间性图景———向高熵发展（以热力学第二定律为代表）

向低熵发展———可预测的（以相对论宇宙学为代表）

不可预测的（以生物进化论为代表）

2. 时间性的发现：霍金与普里戈金[1]

现代科学世界图景的分裂状态以"时间性"作为分野的标志。这个分裂状态由来已久。近代科学有两个传统，即数理科学传统与博物学（自然史）传统。它们最终的分野就在于前者以数学化的方式对待自然，后者则面向自然的历史性和时间性。但是长期以来，前一传统占据了人们的视野，科学革命主要被理解成伽利略－牛顿革命。近代自然观念的变革主要被理解成牛顿的机械论自然观从亚里士多德有机论自然概念中脱胎而出。新的自然概念强调质还原为量，数学定律代替目的论趋向，实验和预测代替沉思和理解。这些变化可以看成是机械论与有机论之对立的一个方

---

[1] 要进一步了解本节内容，可参见作者的《时间的观念》第九章《物理时间之矢的发现》，中国社会科学出版社，1996 年版。

面，但另一个方面，即历史性与非历史性的对立，一直没有引起重视。18 世纪后期以来，在自然科学内部形成了一股新的思潮，即重新发现时间。这股思潮包括生物学、地质学中进化论的确立，物理科学中热力学不可逆定律的确立，社会思想领域出现的"进步""发展"的观念。它们共同形成了 19 世纪思想史上所谓"时间的发现"。正是时间的发现，使我们有可能意识到现代自然科学的世界图景的不完全性。

以牛顿、爱因斯坦为代表的古典数理科学倾向于否定时间的真实性，它对待时间之矢的态度是，时间的方向性、过去与未来的不对称性，只是一种与人类这个特有物种相关的幻觉。爱因斯坦在悼念青年时代的好朋友贝索时写了这样一句话："对于我们有信仰的物理学家来说，过去、现在和未来之间的分别只不过有一种幻觉的意义而已，尽管这幻觉很顽强。"[1] 相对论引入的流形概念，将整个宇宙变成了一个本质上没有演化、没有时间性的整块宇宙。

霍金

整块宇宙观念的典型代表是英国物理学家霍金。斯蒂芬·霍金 1942 年 1 月 8 日生于牛津，1962 年进入剑桥，1963 年被诊断患有运动神经病，此后身体每况愈下。他除了头脑活动如常，只能斜躺在轮椅上动动手指，通过为他特制的电脑系统与外界交流。他曾是皇家学会最年轻的会员，也曾担任剑桥大学的卢卡斯数学教席。1987 年，他为了给女儿筹措学费，写了一本畅销世界的科普著作《时间简史——从大爆炸到黑洞》。在书的结尾部分，他特别加上了伽利略、牛顿和爱因斯坦三人的小传，强烈暗示自己是伽利略 - 牛顿 - 爱因斯坦这个科学传统的正宗传人，也是这条"路线"的代表。他的时间简史其实是宇宙简史。他的时间完全是坐标时间，时间的方向性在他那里并不重要。霍金一度把宇宙的膨胀作为时间的方向，而把宇宙的收缩当成时间的倒流。后来，英国物理学家彭罗斯发现，即使宇宙收缩时间也不可能倒流，他才放弃了这个想法。但是，他的宇宙模型建立在虚时间基础之上，而虚时间是对坐标时间的进一步坐标化，因而完全是非

---

[1]《爱因斯坦文集》第三卷，许良英、范岱年编译，商务印书馆，1979 年版，第 507 页。

时间性的。

　　然而，物理科学内部从 19 世纪就在引入时间之矢。热力学第二定律揭示了物理世界的方向性和过程性，给出了一个时间箭头。如果知道一个系统的两个不同的热力学状态，根据第二定律我们就能辨别出哪一个状态在先，哪一个在后。而这种时间箭头在牛顿力学中是不存在的。只凭牛顿力学无法判断两个物理状态孰先孰后。

　　热力学第二定律所揭示的物理过程的方向性与牛顿方程所表明的世界的无方向性之间的矛盾，很快引起了人们的注意。如果热不过就是微观粒子大量运动的宏观表现，如果粒子运动服从牛顿无时间方向性的运动定律，那么，宏观上的热力学第二定律就是不可思议的，因为一个可逆的微观世界必定导致一个可逆的宏观世界。然而，在我们的生活经验中，在我们的物理经验中，时间的方向性如此显著，基础物理学怎能对此无动于衷？热力学和牛顿力学之间需要调解。

　　牛顿力学在此后几百年的运用实践中所表现的极度有效和成功，使人们不会想到去修正它。热力学第二定律出现之后，物理学家做的主要工作都是力图添加某些条件，使宏观的不可逆性还原成微观的可逆性，由经典力学来整合热力学。

　　整合的主要成就是发展了以概率学说为核心内容的统计力学。统计力学将概率论运用于大量分子的统计行为，得出它们的平均值，而这个平均值就是宏观可观测值。对系统的平衡态而言，统计力学十分成功，而对正在演化之中的非平衡态则比较麻烦。

　　1890 年，彭加勒证明了，遵循牛顿力学的粒子系统在经过足够长的时间之后总会回到它的初始状态。彭加勒意识到，这个定理用于分子层次，将使热力学第二定律失效，而用于宇宙学中，则可以破除宇宙热寂说。彭加勒的回归定理宣告了热力学还原到动力学的企图暂时失败。

　　正当热力学的时间之矢在纳入经典框架受阻时，在动力学的框架之内新的时间之矢出现了。首先，以相对论为基础的现代宇宙学给出了宇宙的整体膨胀图景，而膨胀就意味着宇宙的整体演化，同时也给出了演化的方向性。

　　导致时间之矢突现出来的，除了相对论宇宙学之外，还有量子力学。表面看来，时间并不是量子力学中的可观测量，因此，量子力学对于时间概念并无新的贡献。然而，量子力学已经让不可逆性成为一个不可回避的问题，这就是测量在量子理论构架中的特殊地位。首先，测量对于量子力学具有根本的意义，量子世界的一切奇妙性都是由测量来给出的，正是因为对测量的过于依赖，量子力学曾经被看成唯象理论。其次，量子力学的理论结构之中也浸透了对测量的依赖，矩阵力学中矩阵代数的不可对易运算，显示的就是不同的测量次序将会带来不同的结果。

有意义的是，尽管测量在量子力学中占据那么重要的位置，但对测量本身的描述和解释却没有被纳入量子理论之中，因为量子理论本质上是关于微观世界的，而测量涉及的是微观世界与宏观世界的相互作用。

测量问题的不可回避反映了量子力学的不完备性、非封闭性，反映了量子力学以可逆性动力学方程为主干的经典框架的局限性。测量问题提醒着时间之矢。

由于广义相对论的宇宙学无法逃避有一个起点（霍金曾经严格地证明了这一点），量子论与引力论终于会合到一起来了。在宇宙起始的一个极短时间内，量子论开始起作用。一个对于宇宙完备的物理描述和解释，取决于引力论与量子论的统一。在这个未来的统一理论中，应该有一个内禀的时间之矢，这个时间之矢应该与热力学的时间之矢相一致，它将使热力学第二定律成为像爱丁顿所说的"在自然定律中占有至高无上的地位"。

引力论与量子论相统一的理论还遥遥无期，宇宙学和量子论的时间之矢已然浮现，但远未被澄清。但是，对热力学第二定律的理解却在进一步深化，这特别应归功于以普里戈金为首的布鲁塞尔学派的工作。

耗散结构理论的创立者普里戈金生于莫斯科的一个工程师家庭，当时正是十月革命的前夜。此后俄国社会翻天覆地的变化使普里戈金一家过上了漂泊不定的旅居

柏格森 1927 年的照片

生活。他们 1921 年离开祖国到达德国，再于 1929 年定居比利时。普里戈金在布鲁塞尔接受教育，从小热爱音乐。在大学，他起初学习古典语言、历史和考古学，这使他具备了深厚的人文修养和对时间性的特有感觉。当时法国哲学家柏格森的影响极大，普里戈金读他的《创造进化论》，对时间和创造问题十分着迷。当他后来转入物理和化学研究之后，物理定律的无时间性给他留下极深的印象。沟通时间性的人文科学和非时间性的物理科学，构成了普里戈金日后科学生涯的一个主导动机。1941 年，普里戈金在布鲁塞尔自由大学获博士学位，1949 年加入比利时国籍，1951 年任自由大学理学院教

授，1959 年担任索尔维国际物理和化学研究
所所长，1967 年兼任美国得克萨斯大学统计
力学研究中心主任，长年往来于布鲁塞尔和
得克萨斯之间。在这两处工作的各国科学家
形成了一个非常有实力的研究群体，人们称
其为非平衡统计物理的布鲁塞尔学派。

普里戈金在讲课

　　普里戈金在其科学生涯一开始，就对时
间之矢有着刻骨铭心的感觉。他回忆说："在
我年轻的时候，我就读了许多哲学著作，在
阅读柏格森的《创造进化论》时所感到的魔
力至今记忆犹新。尤其是他评论的这样一句话：'我们越是深入地分析时间的自然
性质，我们就会越加懂得时间的延续就意味着发明，就意味着新形式的创造，就意
味着一切新鲜事物连续不断地产生。'这句话对我来说似乎包含着一个虽然还难以
确定，但是却具有重要作用的启示。"[1]在物理学中重新确立时间之矢的基础地位，
是普里戈金毕生的目标。

　　普里戈金的理论展示了全新的概念结构：第一，热力学第二定律并不是在经典
动力学基础之上的宏观近似，而是动力学的基本原理，可以从它开始建立动力学的
更一般的形式体系；第二，热力学第二定律并不意味着热力学系统的单向退化，它
也是进化的原动力，熵最大状态只是演化的终态，而在演化过程中，不可逆性会导
致自组织的出现。在远离平衡态的系统中，如果系统对外界开放，系统本身所产生
的高熵将被及时地输送到外界，而自身保持在有序状态。这种通过与外界保持开放
而将自己维持在远离平衡态的有序状态的系统被称为耗散结构。

　　耗散结构理论表明生物进化论如何可能与热力学第二定律相一致，因为在远离
平衡态的条件下，物理系统会自发地产生高度有组织的行为。地球太初时期处处会
发生的偶然涨落，被不断地放大成越来越高级的自组织行为，可能就是地球生命进
化的真正奥秘。

---

[1] 普里戈金：《我的科学生活》，转引自湛垦华等编的《普利高津与耗散结构理论》，陕西科学技术
　　出版社，1982 年版，第 2 页。

在越来越远离平衡态的情况下，我们越过了越来越多的分叉点，分叉点之后可选择的可能性也越来越多，此时，我们就进入了完全不可预测的状态，即所谓的决定性混沌（determinstic chaos）状态。对决定性混沌的研究，已经或正在形成一个热火朝天、朝气蓬勃的新兴领域，有人说，一场新的科学革命将在这里掀起。

决定性混沌区别于一般混乱无序的所谓随机性混沌在于，它是由遵循决定论的动力学系统在并无外部随机性干扰的情况下，自发产生的内禀性混沌现象。它虽然完全不可预测，但内部依然隐藏着结构和规则。在传统观点看来，混沌只能是随机性混沌，决定性混沌是不可思议的。词典上，"混沌"一词的释义一般有二："1.（常大写）据认为在有秩序的宇宙之前就已存在的无秩序、无定形的物质；2.完全的无序，彻底的混乱。"1986年，英国皇学学会在伦敦召开的一次有影响的关于混沌的国际会议上，又提出了新的定义："3.数学上指确定性（determinstic）系统中出现的随机性态。"[1]因此，决定性混沌确实是新近被发现的。它的发现立刻引起对传统的机械论世界图景最严峻的挑战，成了普里戈金发起的以"时间的再发现"为主题的科学革命的生力军。

混沌学已经展示了世界图景即将面临的革命性变化。这其中最重要的革命性因素是确立了"开放的未来"的概念。在牛顿的钟表式宇宙图景中，未来与过去一样已然预定。而混沌显示，未来是纯粹的"未定"。开放未来的概念真正揭示了时间之矢的本质。

3. 还原论与古典科学

与时间的发现相伴随的重建世界图景的另一个维度，是整体论的出现。整体论是与原子构成主义相对立的一种世界观。继承自希腊的数学理性传统，原子构成主义支配着近代科学的主流研究纲领。总的来看，"物质实体＋形式法则"的模式是西方思维的核心特征，不仅表现在对自然界的构造上，而且表现在对人类社会运作模式的构思上。由自由的个人（原子）所组成的社会，得以保持其有序运作的唯一

---

[1] 斯图尔特：《上帝掷骰子吗——混沌之数学》，潘涛译，上海远东出版社，1995年版，第13页。

办法是制定某些规则，这些规则就是法律（law）。Law 既是人类社会中的"法律"，也是自然界的"定律"。对"规则"和"程序"的强调与对个体自由的强调相辅相成，是西方民主体制不可或缺的两大要素。同样，对物质实体和自然规律的强调，是近代科学思想中一系列二元论的根本来源。物质与运动、空间与时间、惯性与力、实体与场、数学与物理等的二分对立，都在某种程度上来源依赖"原子"加"规则"的西方思维模式。

原子构成主义是实体主义和形式主义相结合的产物。早期希腊自然哲学提供了科学思想的两大传统，一是由泰勒斯开创的实体论的构成主义研究纲领，一是由毕达哥拉斯开创的结构论的形式主义研究纲领。泰勒斯的名言是"万物源于水"，这个平凡的说法中包含着科学思想的精髓。首先，它表现了对世界统一性的把握；其次，它指出把握世界统一性的方式是找出其"始基"。在这个纲领之下，米利都学派分别找出了"水""气"作为万物由以构成的始基。阿那克西米尼不仅找到了"气"作为始基，而且发现了由这个东西去解释自然界各种事物的方式，即由气的"凝聚"和"稀释"产生出不同的事物。毕达哥拉斯学派的自然哲学问题不是"万物由什么组成"，而是"是什么使得万物彼此呈现出差别"。他们的答案也是肯定的："是数学结构的不同导致了它们表观上的不同。"数量上的差异和几何结构上的差异在他们看来更具有哲学意义，是事物的本质，至于事物是由什么物质实体构成的则不重要。始基永远是均匀同一的，即使找到了也无法解释自然界中复杂多样的事物，而数学形式本身即具有无穷的样式，用它来解释万物不存在本质的困难，更具说服力。

米利都学派的实体主义和毕达哥拉斯学派的形式主义经过后来的发展，形成了相互支撑、相互制约的局面，希腊原子论只是这种局面的一个样本。原子论认为，世界由无数原子在无限虚空之中以各种各样的排列组合构成，我们经验中各种不同的物质就反映了它们不同的排列组合。近代以来，亚里士多德的四因说中的目的因和终极因被否弃，而质料因和动力因突出出来。其中的质料因具体为物质微粒，而动力因则成了"力"，一种微粒与微粒之间相互发生的关联。正是"力"将整个微粒世界结成一体，不至于一盘散沙。在古典力学中，"力"的作用服从方程所拟定的规则。

牛顿力学的方程是线性的微分方程，其"线性"意味着大尺度现象可以看成小尺度现象的放大，其应用"微分"方程意味着整体等于部分之和。微分的意思是把一个对象无限地分割下去，微分方程表述的是把一个研究对象无限分割之后所找到的函数关系。牛顿力学能够以微分方程的方式出现，意味着对对象进行无限分割之后所得到的函数关系，也正是整个力学体系所具有的函数关系。一叶知秋，窥一斑而知全豹，这是牛顿力学的方法论准则。阿尔文·托夫勒生动形象地表述说："在当代西方文明中得到最高发展的技巧之一就是拆零，即把问题分解成尽可能小的一些部分。我们非常擅长此技，以致我们竟时常忘记把这些细部重新装到一起……在科学中，我们不仅习惯于把问题划分成许多细部，我们还常常用一种有用的技法把这些细部的每一个从其周围环境中孤立出来。这种技法就是我们常说的 ceteris paribus，即'设其他情况都相同'。这样一来，我们的问题与宇宙其余部分之间的复杂的相互作用，就可以不去过问了。"[1]

的确，蕴含在牛顿微分方程之中的方法论精神不仅包括拆大为小，还包括"孤立法"，即不考虑与其余部分复杂的相互联系，孤立地分析本系统的受力情况以及运动状态。在高中时代，如何用简单的牛顿定律去解决复杂的力学问题，是每一个高中生面临的难题——这大概是他或她第一次碰到与生活世界相分裂的物理世界，并且要亲自把这个物理世界从生活世界中提炼出来。我们的年轻人通常手足无措，因为大量的常识混杂在分析之中，因而难以建立一个纯正的物理世界。一个优秀的物理老师之优秀，就在于把孤立法这个牛顿科学的方法论准则显示给学生，使学生学会孤立的受力分析法。在受力分析完成之后，运用牛顿定律进行计算就非常简单了。

牛顿力学拆整为零的方法论，对整个古典科学起了示范作用。把复杂的事物分解成简单事物的组合，把宏观的物理现象归结为微观现象的组合，成了近代科学一个占主导地位的方法论原则，这个原则通常被称为还原论（reductionism）。

还原论具体表现在，力图将心理意识现象还原为大脑的生理机能，把生命现象还原为物理和化学现象，把化学现象还原为原子和分子的运动和结构，把物理学还原为力学。简而言之，把人类所面临的一切问题都还原为科学问题。赫尔姆霍茨曾经说过："自然科学的最终目的是要发现所有变化下面的运动，以及它们的动力；

---

[1] 普里戈金等:《从混沌到有序》，曾庆宏、沈小峰译，上海译文出版社，1987 年版，第 5 页。

那就是说，把全部自然科学分解成为力学。"这是还原论的宣言。从科学史上看，还原论的确产生了丰硕的成果。由于近代原子论的建立，化学的大部分都已经成了原子或分子物理的一部分；二十世纪分子生物学的发展，部分沟通了生命科学和物理科学。

还原论有过许多形式。有原子论的还原论，有机械还原论，有力学还原论，但总的原则是将某种不好处理的现象看成某种好处理的现象的变种，以获得对本来不好理解的现象的理解。还原有强弱之分。强还原坚持还原即是完全归结、完全等同，弱还原不坚持归结的完全性。自然界的现象林林总总、变化万千，还原方法几乎是人的认识所不可避免的。只要把科学的目标定在把握宇宙的统一性，而且相信这种统一性确实存在上，就必定要用还原的方法。爱因斯坦曾经说过："人们总想以最适当的方式来画出一幅简化的和易领悟的世界图像；于是他就试图用他的这种世界体系来代替经验的世界，并来征服它。这就是画家、诗人、思辨哲学家和自然科学家所做的，他们都按自己的方式去做。各人都把世界体系及其构成作为他的感情生活的支点，以便由此找到他在个人经验的狭小范围里所不能找到的安静和安定。"[1]这就表明，某种最基本意义上的还原论不仅是人类的认识所不可避免的，还是人类基本的存在方式。

问题只在于：向哪里还原，以及还原是完全的还是不完全的。作为一个实际的科学家，他可能只关心向哪里还原而不关心还原是否完全。他也许认为，能还原多少算多少、只要能工作起来、能增长知识，是否最终完全把握了对象的一切并不重要。每当一种还原方法开始投入使用时，使用者必定持有坚定的信念，相信该种还原论是完全的，而随着该方法大面积的使用，涉及越来越多的现象，暴露越来越多的问题，还原论才开始弱化。但也不会完全消失。除非一种新的还原论兴起，取代从前旧的还原论。但还原论本身可能永远会是科学的方法，建立起一种还原论的说明模型是科学成熟的表现。

近代还原论纲领到了今天有所弱化，但不是全面弱化。其最核心的还原即质还原为量的纲领已成共识，根本没有弱化，相反不断强化。在科学共同体看来，未能完成这一还原不是因为质不能还原为量，而是科学水平不够，科学之光尚未照亮这

---

[1]《爱因斯坦文集》第一卷，许良英、范岱年编译，商务印书馆，1976 年版，第 101 页。

一领域。

近代还原论可以概称为机械还原论，但细分起来，机械还原论还只是其最初的阶段，以笛卡尔为代表。第二阶段的还原论可称为力学还原论，以牛顿为代表。第三阶段是物理还原论，主要反映在生命科学中。这三种还原论不是后一个否定前一个，而是一个比一个更加精细化，基本思路是一致的。机械还原论在发展过程中，尽管始终受到批评，却一直占据着主导地位，因为批评者提不出新的还原论纲领，或者提出的纲领无法与主流相抗衡，或者提出的纲领只是对机械论的改进，只是增加了一种新的机械还原论。

在物理科学（包括物理学、天文学、化学等）的发展过程中，机械还原论走的是不断修正的路子。牛顿力学建立之后，力学还原论一直占据着统治地位。牛顿力学本身巨大的成功使人们相信它就是自然科学的典范，只有建立了像牛顿力学那样的体系，一门学科才算是成熟了；只有出现了像牛顿那样的伟人，一门学科才有值得夸耀的地位。牛顿之后，物理科学里出现了一大批"力学"，最先是天体力学、热力学，再是电动力学。直到19世纪末，自然界中的各种物理现象，包括热、声、光、电等，都可以用力学方法加以说明。在世纪之交的物理学危机中，有两派就物理学的前途进行争论，其中一派是力学学派，另一派是批判学派。力学学派为古典的力学还原论辩护，批判学派则对旧的体系发起攻击。在物理学革命中诞生的相对论和量子论抛弃了古典的力学还原论，但建立了新的力学还原论，即相对论力学和量子力学。相对论和量子论的"力学"之所以为力学，在于它们建立了普适方程，并且依然是原子主义的。虽然物理的原子论受到一定程度的冲击，但数学的原子主义突出了。物理现象由从前的向微观粒子还原变为向几个数学概念还原。相对论把物理学还原成张量方程，量子力学把物理学还原为波函数方程。总的来说，在物理科学中，原子主义的力学还原至今仍是卓有成效的。

在生命科学的发展过程中，机械还原论也一直是一条主线，但受到生物学自主论者的严重冲击，甚至形成了两军长期对垒的局面。机械还原论者的基本思想是把生物学看成与物理学同等的、无质的区别的学科，力图用物理学中比较成熟的研究纲领处理生物学问题。在近代早期，将人体与机械类比极为盛行。达·芬奇用静力学观点解释骨骼的杠杆作用，塞尔维特用水力学的观点解释人体内的血液循环，哈维则进一步在机械论的基础上建立了血液循环理论。笛卡尔本人特别对人体的机械构造做了详细描述，以至在唯物主义哲学家阵营里，人人相信人是机器。法国哲学家拉美特利干脆写了一本书，就叫《人是机器》。随着物理科学的发展，生命科学中出现了生理学、生物化学、生物物理学、分子生物学。这些学科都力图运用机械的、力学的、原子主义的还原纲领，对生命现象在微观层次上加以解释。但由于生物学固有的特殊性，总有相当多的生物学家怀疑物理的还原论，坚持生物学的目的论、活力论、有机论、系统论等解释。所有这些，在当代以同一个声音发出，即强调生物学的自主性。

拉美特利

20世纪分子生物学取得巨大的成就后，机械还原论又极为深入人心。几乎所有的分子生物学家都主张物理基础主义的还原论。DNA双螺旋结构的发现者之一克里克说："事实上，当代生物学运动的最终目标是根据物理学和有机化学解释所有的生物学。"[1]在他们看来，物理还原纲领是真正有成效的生物学研究纲领，虽然现在仍有许多生命现象不能由物理化学方法得到说明，但这不是原则上的不可能。随着生命科学和物理科学的进一步发展，它们最终都可以得到彻底说明。当然，与此同时，依然有许多生物学家坚持生物学不可能完全还原为物理化学。

克里克

总而言之，笛卡尔时代成形的机械还原论在当代有所弱化，在物理科学中还原的具体方式发生了变化。在生命科学中，物理还原论尽管本身遭到非议，但依然是当代古典科学中占主导地位的研究纲领。

4. 量子力学与整体论

正如古典科学内部浮现"时间之矢"一样，古典科学内部也出现了"整体论"

---

[1] Crick, *Of Molecules and Men*, Settle: University of Washington Press, 1966, p.10.

因素。这特别表现在量子力学中。量子力学在最微观的领域巩固了整体论的基础地位。

以尼尔斯·玻尔为首的哥本哈根学派，整合了以物质的波动图像为基础的波动力学和以物质的粒子图像为基础的矩阵力学，提出了波函数的统计解释（玻恩）、测不准原理（海森堡）和互补原理（玻尔），形成了对量子力学的系统解释。由于哥本哈根学派在量子力学创造过程中发挥了巨大的作用和影响，他们的解释通常被称为正统解释。

玻尔 1950 年在讲课

正统解释所给出的世界图景的突出特点之一是，在微观领域引入了概率随机性。特点之二则是，突显了量子现象的整体性以及伴随而来的主客体分界的模糊性。由于量子力学直接建立在实验观测结果之上，而实验观测又依赖于测量仪器以及测量程序的选择和安排，并不只是一个独立不依的客体世界的不走样的反映，因此，量子力学所提供的世界图景原则上无法排除观察主体的作用。它所展示的是一幅主体和客体相互交融、相互作用的图景，"在伟大的生存戏剧中，我们既是观众又是演员"。[1]

正统解释极大地动摇了古典科学的传统概念框架和思想方法，引起了许多争论。其中最有影响的是爱因斯坦与玻尔之间就量子力学是否完备所发生的争论。爱因斯坦本来也是量子论的创始人之一，但他对量子理论后来的发展以及哥本哈根的解释不满。对于正统解释所给出的量子世界图景的两大突出特征——概率随机性、量子整体性，爱因斯坦都持异议。爱因斯坦坚决认定，科学的目的在于发现隐藏在自然界背后的确定性的规律。上帝不是赌徒，不会掷骰子。因此，只给出了统计规律的量子力学，肯定是不完备的。玻尔与爱因斯坦所进行的争论，被科学史家称为"物

---

[1] 波尔（即玻尔）：《原子论和自然的描述》，郁韬译，商务印书馆，1964 年版，第 85 页。在《原子物理学和人类知识》中，玻尔亦提到，"当寻求生活中的调谐时，人们永远不应该忘记我们自己在现实戏剧中既是演员又是观众"，参见中译本，郁韬译，商务印书馆，1964 年版，第 69–70 页。

理学史上的伟大科学论战之一，也许只有 18 世纪初的牛顿 – 莱布尼茨论战才能与之比拟"。[1]

　　1927 年，在布鲁塞尔索尔维研究所召开的第五次索尔维会议（由比利时化工实业家索尔维资助，自 1911 年以来每 3 年举行一次）上，爱因斯坦与玻尔发生了激动人心的争论。爱因斯坦想出了一个理想实验，试图证明所谓的量子力学不确定性关系（测不准原理）是可以被打破的。理想实验是这样的：通过屏幕上一条狭缝的电子（或光子），再通过有着两条狭缝的第二个屏幕，最后落在一个照相底片上。由于电子（或光子）在量子领域的波动性质，传向第二个屏幕的电子将作为波列离开这个屏幕，并互相干涉，在照相底片上形成干涉图样即明暗条纹。自然，这个条纹是由电子打在底片上形成的点造成的，这体现了电子的粒子性；这些条纹是按照波动的规律分布的，这体现了电子的波动性。以上这些说法是爱因斯坦和玻尔两人都同意的。现在，爱因斯坦的设想是，调整第一个屏幕的狭缝使其足够小，以至只有一个电子打向第二个屏幕。这个电子作为一个粒子，或是通过上缝，或是通过下缝。

1927 年 10 月第五次索尔维会议合影（后期着色版）：前排有普朗克（左二）、居里夫人（左三）、洛伦兹（左四）、爱因斯坦（左五）、朗之万（左六）；二排有玻尔（右一）、玻恩（右二）、德布罗意（右三）、康普顿（右四）、狄拉克（右五）；后排有薛定谔（左六）、泡利（右四）、海森堡（右三）。

[1] 雅默：《量子力学的哲学》，秦克诚译，商务印书馆，1989 年版，第 139 页。

它在通过上（下）缝时会对屏幕有一个轻微向上（下）的反冲。通过测量电子传给屏幕的这一动量，再加上对底片上衍射图样的分析，我们知道了该电子通过狭缝时的动量情况。而同时，通过测量电子传给屏幕的动量是向上还是向下，我们还可以知道电子究竟是通过上缝还是下缝——这样电子的位置也清楚了。爱因斯坦认为，这样就可以打破海森堡的不确定关系。

　　会议期间的一次早饭后，爱因斯坦把这个理想实验交给了玻尔。当天傍晚，玻尔就准备好了答案。玻尔说，考虑到第二个屏幕的量子性质，同时测定它的动量和位置是不可能的。我们的精度要达到能够测量出电子是通过上边还是下边的狭缝，狭缝的位置就存在一个相应的不确定量，而这一不确定量足以使底片上的衍射图样面目全非。

　　看起来量子力学在逻辑上是无矛盾的，爱因斯坦没有话说，只好把争论的话题引向哲学层面。他无奈地说："你们真的相信全能的上帝只会掷骰子吗？"据说玻尔风趣地回答说："指导上帝如何管理世界那可不是咱们的任务。"时间到了1930年，下一次索尔维会议召开了。爱因斯坦又带来了一个新的理想实验，向玻尔们挑战。这个实验装置是一个封闭的箱子，一个面上装有一个快门。快门由一个定时装置控制，定时装置的时钟与盒外的时钟已经对准。箱子里面有一定的辐射，快门打开时就会有一个光子放出去，一秒钟之后打在离箱子30万千米处的照相底片上。箱子挂在弹簧秤上，可以称出因光子的跑出所减少的重量。这个箱子后来常被称为爱因斯坦光子箱。爱因斯坦说，按照你们的测不准关系，能量和时间不可能同时测准，但在我这个理想实验中，跑出一个光子的时间以及这个光子的能量（通过质能关系由质量的减少来测定）是可以同时精确测定的。

　　这个新的理想实验更加精致，而且用上了爱因斯坦本人的相对论。据说玻尔思考了很长的时间，为此度过了一个不眠之夜，但最终他还是给出了答案。这个答案非常巧妙，它以其人之道还治其人之身，即用爱因斯坦的相对论来驳斥爱因斯坦的这个理想实验。玻尔说，回答这个问题的关键在于这个盒子是处在（地球）引力场中，因为只有在引力场中，才有可能根据弹簧秤的变化（重力的变化）测出质量的变化。按照相对论，处在引力场中的时钟，其走时依赖它在引力场中所处的位置。当从快门飞出一个光子时，盒子在引力场中的位置发生了变化，因而影响了盒子内时钟（相对于外部时钟）的准确性。在这里，飞出多少光子的测定与时间的测定不可能同时准确。[1]

　　爱因斯坦又一次不得不表示同意，开始相信玻尔在逻辑上是自洽的。不过，他怀疑量子力学是否是完备的。逻辑一致性与完备性不是一回事。从前爱因斯坦一直想证明量子力学在逻辑上是不一致的，但他承认失败了。1935 年，爱因斯坦与波多尔斯基、罗森合作发表了《能认为量子力学对物理实在的描述是完备的吗？》，提出了以他们姓氏的第一个字母简称的 EPR 论证，表明量子力学对物理实在的描述是不完备的。论证由四部分组成：

　　第一，定义完备性。所谓一个物理理论的完备性指的是，它的必要条件是：物理实在的每一要素在物理理论中都有其对应物（完备性判据）。所谓物理实在指的是，它的充分条件是：如果在物理系统未受任何干扰的情况下，我们能够确切地预言一个物理量的值，那么对应于这个物理量存在着物理实在的一个要素（实在性判据）。

　　第二，描述量子力学的一般特征。对量子力学而言，两个由不可对易算符代表的物理量（比如位置和动量、能量和时间等）中，对其中一个的精确知识将排除对另一个的精确知识。如果这两个物理量都对应着一个物理实在，那么，基于波函数描述的量子力学是不完备的。否则，这两个物理量不可能同时是实在的。这是一个非此即彼的推理：或者量子力学是不完备的，或者这两个物理量不可能同时实在。

　　第三，对一个特例的应用。考虑一个由 A、B 两个粒子组成的系统，这两个粒子开始相互作用一段时间，此后各奔东西，不相往来。按照量子力学，在它们分开后，只需对其中的 A 粒子进行测量，比如动量，就能准确测算出 B 粒子的动量，而无须对之做任何干扰。或者测量 A 粒子的位置，就能准确测算出 B 粒子的位置。很显然，前一种情况下的动量和后一种情况下的位置，都应被视为实在的要素。

　　第四，由第一和第三可以得出结论：动量和位置可以同时被视为实在的，因此，量子力学是不完备的。

　　EPR 论证的要害在于利用了 A、B 两个粒子不再相互作用这一事实。由于它们不再相互作用，EPR 就认为，对 A 的任何测量不会影响到 B 粒子的实在性，也就是说，B 粒子的实在性并不取决于对 A 的测量。不论你对 A 测量其动量，还是测量其

[1] 对爱因斯坦与玻尔的这两次著名争论的详细记载可见于玻尔的《就原子物理学中的认识论问题和爱因斯坦进行的商榷》一文，收录于《原子物理学和人类知识》，郁韬译，商务印书馆，1964 年版。

位置，相应算得的 B 粒子的动量或位置的实在性都不应该受到影响。因此，要确认
B 粒子的位置或动量的实在性，既不要求对 A 同时测量位置和动量，也不要求前后
测量或者只测量其中的一个——根本就没有关系。这一"无关性"概念虽然 EPR 没
有明白地说出来，但却在论证过程中起着关键的作用，后人称之为"定域性假设"。
通俗地说，定域性假设就是指任何两个物体不存在神秘的远距关联。

玻尔反驳说，EPR 提出的实在性判据中"物理系统未受任何干扰"这样的说法
是含糊不清的，是测量 A 的动量还是测量 A 的位置，这对 A+B 系统是决定性的，
而 B 的动量或位置被计算出来，依据的正是 A+B 系统的波函数。玻尔强调说，经典
力学物理客体与测量装置之间的相互作用，原则上可以排除或者被补偿，但在量子
力学中，这种相互作用成了量子现象不可分割的部分。玻尔说："对于量子力学形
式体系的任何明确应用来说，这种实验装置的确定是不可缺少的。"[1]测量条件应
该被看成是整个量子现象的一个不可分割的部分。

玻尔对 EPR 的反驳揭示了量子现象的整体论特征。两个粒子即使相隔遥远，用
光速也不可能发生相互作用，但从量子力学的意义上，它们仍旧可以有密切的、有
决定意义的联系。这种超距作用显然违反相对论精神，是爱因斯坦所不能同意的。
由于量子现象被认为是物理世界最基本和最普遍的现象，这种整体关联将渗透到世
界的每一角落。即使宇宙的起点与现在也存在着某种量子关联。物理学家惠勒就曾
经构想出了这样的可能性，即我们今日所做的某些事情改变着在宇宙的开端处发生
的物理事件，因此，我们的宇宙是一个我们参与着的宇宙。这乍看起来不免有点荒谬。
哥本哈根学派的狄拉克也承认量子力学面临着"定域性破坏"的困难，感到丧失了
明确的物理概念。有的物理学家在 EPR 论证的激励下，试图寻找一个"定域性"的
隐变量理论，即把量子力学作为唯象理论从隐变量理论中推导出来，而这一隐变量
理论保持完好的定域性。

然而，半个多世纪过去了，并没有一个更好的理论出现，以解释量子力学已经
解释了的那些现象。这一事实似乎提醒人们，量子力学的确是完备的。1965 年，贝
尔提出，任何定域性的隐变量理论都不能重复给出量子力学的全部统计性预言。这
个论断被称为贝尔定理。他导出了一个自旋关联的不等式，即著名的贝尔不等式。

---

[1] 波尔（即玻尔）：《原子物理学和人类知识》，郁韬译，商务印书馆，1964 年版，第 63 页。

把这个不等式的预言与量子力学的预言进行比较，可以发现定域性隐变量理论给出
的自旋相关变量，不总是等于量子力学给出的相关度。贝尔不等式比量子力学弱。
之后的多次实验均表明贝尔不等式被打破，贝尔定理在某种程度上被证明了。1979
年，美国加州大学伯克利洛伦兹实验室的斯塔普进一步把贝
尔的发现发展成为广义贝尔定理：没有任何定域性理论能够
重复给出量子力学的全部统计性预言内容。

量子力学的定域性破坏显示了量子力学与相对论的某
种冲突。这两大理论的整合有待时日。但贝尔定理日益得到
证实，向人们展现了奇妙的量子关联的实在性。这种关联表
现在人与自然之间、主体与客体之间，也表现在宇宙的过去
与现在之间。量子领域的整体论特征，是从古典科学自身中
生长出来的新的思想，它在某种意义上给诸多新兴的整体论
科学以极大的鼓舞。

斯塔普

5. 系统科学：申农、维纳、贝塔朗菲、普里戈金、哈肯、托姆、艾根、洛伦兹

真正对还原论构成冲击的，是系统科学在 20 世纪的成长壮大。所谓系统科学，
通常指的是在二战之后兴起的控制论、信息论和系统论，
20 世纪 60 年代以后出现的耗散结构论、协同学、突变论、
超循环论等自组织理论，以及 80 年代以来日渐活跃的混沌
学。这些学科有一些像维特根斯坦所说的"家族相似性"，
但并没有一个通行的名称概而称之。人们从不同的角度称它
们是复杂性科学、非线性科学、整体性科学，我们权且称它
们为系统科学。

第二次世界大战中，为了提高战时通信的效率和可靠
性，许多科学家致力于研究通信技术及其理论问题。1948 年，
美国应用数学家申农发表《通信的数学理论》，标志着信息

申农

布里渊

论的诞生。申农首先把信息传输过程理想化为五个部分，即信息源、发送器、信道（传输媒介）、接收机、信息接受者。其次，他提出信息量的量化概念，即把信息同熵联系起来。最后，他提出了信道定理，即信道容量是信道能够几乎无误差地传送信息的最大速度，在这个速度之内，信道原则上可以无限地降低噪声造成的误差。信息论最重要的贡献在于，把通信过程看成是一种信息的传输过程，而信息本质上是统计的，其量化形式与熵密切关联。申农的信道定理可以看成是热力学第二定律在通信问题中的特殊形式。美国物理学家布里渊发展了信息与熵相联系的思想，在信息与熵等价的基础上提出了广义熵增定理，以此解释麦克斯韦妖。此后，信息论主要在通信工程领域发挥作用，而它对一般系统科学的贡献则是提出了与热力学相关的信息概念。

也是与第二次世界大战中弹道计算的要求相联系，控制论在美国科学家维纳手里被创立出来。维纳当时正从事防空火力自动控制装置的研究，对系统通过信息交换和处理进行控制的机制深有领悟。当时他与其他工程师一起合作，研究高射炮自动瞄准问题。他们仔细分析了飞行员与高射炮手的目的性行为，并力图采用技术手段进行机械模拟，以实现自动跟踪。在这些研究活动中，他抓住了自动控制过程中的两个核心概念，即"信息"和"反馈"，构造了控制论的基本框架。

信息概念引入预测过程，表明了一种革命性的转变。维纳在 1948 年出版的《控制论》一书的第一章就富有启发性地提出了"牛顿时间"与"柏格森时间"的区别以及天文学与气象学的区别。前者是确定的、决定论的、可精确预测的、可逆的，而后者是不确定的、非决定论的、不可精确预测的、不可逆的。关键问题是，过去后者只被看成是前者的补充，不具有决定性意义，而在维纳这里，后者第一次以一种无法回避的、成为主要关注焦点的面目出现。维纳写道："我们是受时间支配的，我们跟未来的关系和我们跟过去的关系并不相同。我们的一切问题都被这种不对称性制约着，我们对这些问题的全部答案也同样受着这种约束。"[1]他承认，明确这

---

[1] 维纳：《控制论》，郝季仁译，科学出版社，1962 年版，第 33 页。

一点对我们理解通信问题非常关键，因为"能够与我们通信的任何世界，其时间方向和我们相同"[1]。由于时间性的引入，偶然性最早在通信和控制的问题中成为科学研究的主要对象。

维纳在讲课

防空火炮的自动控制需要解决两个问题。首先是瞄准提前量的预测和计算，这涉及通信，导致维纳提出了"信息"概念。其次是自动调整偏差，这涉及控制作用，维纳提出了"负反馈"的概念。事实上，这个概念并非维纳首创，早在蒸汽机时代，瓦特发明的速度调控器就使用了负反馈的原理，而 1868 年麦克斯韦更对该原理进行过理论上的探讨。但维纳的贡献在于，把反馈过程在控制中的作用普遍化，指出任何一个有效的行为都必须通过反馈过程来取得信息，从而判定自身是否达到了预定的目标。

维纳并没有把控制过程局限在自动机领域。他意识到，以信息和反馈为基本机制的控制过程，不仅可以用来描述自动机，大概也可以用于神经系统以及更大范围的其他领域。整个 20 世纪 40 年代，控制论的思想先是影响了脑神经生理学领域，再是计算机科学领域，直至最后蔓延到心理学、生理解剖学、人类学和经济学领域。这些不同领域的科学家们相互交流，对他们从事的事业有了基本的认同。1948 年维纳的《控制论》一书宣告了这门学科的诞生。

反馈问题的研究将原来为生命系统所独有的行为目的性普遍化了。控制论学者们在许多能够有效地运用控制论的非生命科学领域中发现了这种目的性，使被近代科学否定的亚里士多德四因说中的目的因又以某种形式复活了。

信息论与控制论把一类特殊的对象，即通信和控制问题，提到了科学研究主战场的位置，系统论则从更加广泛的角度，展开了更加广阔的问题空间。这就是突出系统及其"复杂性"，与古典科学对"简单性"的寻求与解决形成鲜明的对照。

---

[1] 维纳：《控制论》，郝季仁译，科学出版社，1962 年版，第 35 页。

　　系统论有两个来源。一个是与具体的管理工作相联系的系统工程，与之相关的学科有归于运筹学之下的线性规划、非线性规划、对策论、排队论、搜索论、库存论、决策论和统筹论等。它们都直接来源于并服务于大企业管理和大工程管理。系统工程强调系统的整体目标，并围绕实现整体目标的最优化来配置和管理系统各部分的运作。这里最重要的思想是整体高于部分，部分受整体的支配、服从整体的目标，整体不单是部分的线性相加。

贝塔朗菲

　　另一个来源是关于系统一般原则和规律的一般系统论研究，其主要代表人物是有奥地利血统的美国生物学家贝塔朗菲。贝塔朗菲的系统论最早来自他的生物有机论。在解释生命这种神奇的现象时，向来有两种观点。一种是机械论，试图用还原论将生命还原到物理化学甚至力学层次；另一种是活力论，主张生命有某种科学无法解释的神秘因素在起作用。机械论解释不能令贝塔朗菲满意，因为它忽视了生命的特质；活力论也不能令贝塔朗菲满意，因为他毕竟是一位科学家，在一种科学的解释中乞求于非科学的神秘因素只表现了科学上的无能。在他1928年出版的《现代发展理论》和1932年的《理论生物学》中，贝塔朗菲提出了比较系统的有机论思想。他的有机论把生命看成一个既具有高度的自主性，又与外界交换物质和能量的开放系统，强调生命的整体性、动态过程性、能动性和组织等级性。至此，生物系统论的思想已初步具备。此后的战争年代，贝塔朗菲把生物系统论推广到一般系统论，但他的新思想在当时没有引起注意。1948年，他出版了《生命问题》一书，系统地论述了他的一般系统论，宣告了这个新理论的诞生。

　　虽说一般系统论力图概括包括生命系统在内的所有系统的一般规律，但贝塔朗菲所依据的依然是生命系统的那些不可归约和还原的突出特征，而他居然能够把生命系统论推广到一般系统论，也就表明他意识到，生命的那些不可还原的特征无处不在，是具有普遍意义的。这些特征是代谢、生长、发育、繁殖、自主性活动——贝塔朗菲将它们均看作自我调节的稳态活动，而生命系统是本质上能自主活动的系统。

　　诚然，贝塔朗菲的系统论更多的是一种哲学思想，尚未定量化、可操作化，因而它的影响比不上控制论和信息论，也比不上那些具体的系统工程。但是，作为对传统世界图景的一个重大修正，系统论第一次试图把整体论作为哲学原则纳入科学，其目标是要建立"整体论"的科学。贝塔朗菲本人把一般系统论看作"一种整体的逻辑数学科学"。系统哲学家拉兹洛在《用系统论的观点看世界》中对这种新的科学有如下的述说："当代科学拿这种复杂情况怎么办呢？它提供了一种解决办法。这是另外一种对事情真实状态进行简化的办法，但这种办法能更充分地把握事态的复杂性：那就是把这种复杂情况当作结合在一起的一整块来考虑。"[1]系统

拉兹洛

科学力图恢复世界真实的复杂性，但科学总是要简化。系统科学是科学，同样也要使用简化。

系统科学力图凸现的"整体性"用通俗的话来说，就是所谓的"整体大于部分之和"。系统整体上凸现出了某些为它们的组成部分所不具有的特征，这些新的特征绝不是通过对其组成部分的分析可以得出的。我们身体中的细胞大约7年之后就全部换过一遍，但我依旧还是我，使我得以保持我之同一性的不是构成我的细胞，而是我的身体系统整体性的东西。一个国家大概经过100年，它的人民就会全部更换，但这个国家依然是这个国家，在这里起同一作用的是国家系统整体性的东西。这个意义上的整体性，在物质世界的各个层次上，包括无机界、有机界直至人类社会，都可以或多或少地找到。

系统科学所凸现的"整体性"的另一方面是系统自我保持、自我修复的稳定性。这种稳定状态，贝塔朗菲曾经称它是"稳态"。这样的稳定性依赖于系统的开放性，因为唯有系统与外界进行物质和能量的交换行为，才能保持这样的稳定性。

控制论、信息论和系统论这三门大致在二战结束后形成的学科，实际上有强烈的家族相似性，即都以系统中的信息问题为主要研究对象。它们的突出特征是与具体的工程技术问题联系密切，因而有着广泛的实际用途。其影响也来源于此。它们在理论上的成就是，在由"还原论"科学向着"整体论"科学的道路上迈出了一大步，

[1] 拉兹洛:《用系统论的观点看世界》，闵家胤译，中国社会科学出版社，1985年版，第4—5页。

虽然它们中走得最远的"一般系统论"并不是影响最大的。也许正是与具体的工程问题联系过于紧密这一点，影响了它们在一般世界观意义上发挥作用。中国学术界通常有所谓"老三论""新三论"之说。"老三论"指的正是控制论、信息论和系统论。说它们"老"，除了指时间上在先，也指它们在走向"整体论"的道路上还走得不太远。

"新三论"是耗散结构论、突变论和协同学理论，后来有人也把"超循环理论"添加进来，组成系统科学的新生代。新生代的系统科学群朝着"整体论"方向走得更远，理论成就也更大。它们的共同特征是，不仅指出了系统的整体性，而且将这种整体性予以动力学的表述——如果说"老三论"更多地强调了系统静态的整体性，那么"新三论"则强调这种整体性的动态的方面，因而在基础理论层面上更富有成果。"新三论"突出了系统的"自组织"能力，发展出了在或大或小范围内有效的自组织动力学。这种动力学假定，当系统满足如下三个条件时就会出现系统的自我组织、自我维护、自我修复、自我复制和自我更新现象。这三个条件是：第一，它是开放系统；第二，它远离平衡态；第三，它内部各要素之间存在非线性的相互作用。对一个封闭系统而言，热力学第二定律确认它必定走向无序和混乱，因此唯有系统开放，从外界引进负熵流以抵消系统内部的熵增，才有可能出现有序结构。此外，开放系统还必须远离平衡态。对于近平衡态的系统，它的必然趋势是回到平衡态，自组织机制在这里难以发挥作用。远离平衡态的系统最终能够出现高度有序的结构，原因在于非线性作用给出了多种多样发展的可能性和分支，其中就存在高度有序的分支。这些有序分支通过随机涨落被选择出来。

普里戈金领导的布鲁塞尔学派经过近 20 年的努力，终于在 1969 年推出了"耗散结构"理论（dissipative structure theory）。该理论认为，一个远离平衡态的开放系统，当其变化达到一定的阈值，通过涨落有可能发生突变，由原来的混沌无序状态转变为一种在空间上、时间上或功能上的有序状态和有组织结构。这种结构由于需要与外界交换物质和能量才能够维持，所以被称作"耗散结构"。导致由混沌到有序的是极度的非平衡，是随机涨落。耗散结构理论把发展的方向性、系统的复杂性、演化的不确定性所有这些整体性特征，整合进了一个完整的动力学模型之中。

普里戈金的模型最先在化学系统的研究中取得成果，并使他本人获得 1977 年的诺贝尔化学奖。大概在普里戈金获奖的同一年，德国理论物理学家哈肯系统而全面地提出了协同学（Synergetics）理论，从另一个角度解释系统的自组织行为。协同学认为，系统的自组织是由于子系统之间的协同运动造成的，而协同学就是给出这种协同运动的条件和规律，从而为自组织提供理论依据。

哈肯

哈肯生于德国莱比锡，毕业于埃尔兰根大学，24岁以群论方面的论文获得数学博士学位，1956年在埃尔兰根大学任数学讲师，1960年成为斯图加特大学理论物理学教授。1959年至1960年，哈肯因担任美国贝尔实验室顾问而参与了世界上第一台激光器的研制工作。他从激光现象得到启发，开始研究远离平衡的物理相变问题，因为激光正是系统在远离平衡时出现的典型的非平衡相变。通过分析和比较多领域的非平衡相变问题，哈肯确信可以建立一门统一的学科，来阐述处理非平衡相变问题的统一方案。1971年，哈肯发表《协同学：一门协作的学说》，给出了协同学的主要概念构架。1977年，哈肯出版了《协同学导论》，全面推出了协同学的理论体系。此后，哈肯致力于协同学的应用研究，研制协同计算机。

协同学认为，任何系统的子系统都同时存在两种运动倾向。第一种是无规则运动，它通常导致系统走上无序的道路；第二种是由于子系统之间的关联引起的协调运动，它导致宏观有序。不同的协同运动导致不同的宏观结构。子系统的这两种运动倾向同时存在。如果前者占上风，则系统表现出均匀的无序状态；如果后者占上风，则系统会在某一个关节点上突然表现出高度有序的结构。这两种运动的此消彼长受制于外界环境条件的改变。因此，协同学把这些决定着系统相变的环境条件称作控制参量。随着控制参量量上的变化，系统则会发生由无序到有序的质的转变。协同学就研究这种变化的动力学。

贝塔朗菲已经指出，系统科学的任务就在于揭示"整体大于部分之和"中那多出来的东西。它是什么？是如何出现的？对此，他也提出了"突现"（emergence）的概念，以说明这种多出来的东西的产生方式。"新三论"致力于以动力学的语言描述这些突现过程。耗散结构论在化学领域，协同学在物理学领域均做出了卓有成效的工作。突变论则是法国数学家勒内·托姆在数学领域里的贡献。

凡人皆知，哲学上有所谓"量变引起质变"的命题，但刻画这些变化的机制的

托姆 1970 年在尼斯

科学理论到了 20 世纪 70 年代才出现。突变论就是这样的数学理论。托姆 1951 年获巴黎大学国家博士学位，1958 年获国际最高数学奖——四年一度的菲尔兹大奖。托姆从 20 世纪 60 年代开始研究突变现象，1968 年发表第一篇论文《生物学中的拓扑模型》，1972 年出版《结构稳定性和形态发生学》，系统地论述了突变理论。

从前的数学分析以及用微分方程表述的理论物理学，处理的都是连续和光滑的情况。对不连续和突变现象的研究不在传统数学的视野之内。个别数学家就奇点和奇性的研究，也没有引起数学界的注意和重视。托姆注意到，微分拓扑学领域关于奇点研究已取得的成果，与生物形态分类学有密切的关系。他从这个角度切入，发展出了突变理论。突变论提出后引起了很大的反响。20 世纪 70 年代中期开始，曾经一度出现所谓的"突变热"。有人甚至认为它是"自牛顿发明微积分以来数学史上最大的成就"。还有人认为它是"说明参数的连续改变怎样会引起不连续现象的第一种理论"。不久，有的科学家提出批评，突变热开始降温，但突变理论的应用部分所取得的成果还是被人们接受。一些被突变论所深化的概念如"奇点""临界点""分叉"等被人们继续使用。

也是从 70 年代开始，德国生物物理化学家曼弗雷德·艾根提出超循环理论，以解释生命起源问题，即生命如何从物理和化学的层次突现出来的问题。超循环论认为，在化学进化之后，存在一个生物大分子的自组织进化。在这个进化过程中，原始的蛋白质和核酸之间的相互作用形成了某种超循环组织，这种超循环组织能够稳定地、协同整合地朝着自我优化的方向进化。艾根认为，这个超循环的自组织进化阶段，是理解自然界由化学进化过渡到生物学进化的关键。

所谓超循环，是相对于在化学反应中普遍存在的循环反应而言的。在通常的循环反应中，催化剂与反应底物相结合生成产物和催化剂，形成了催化剂的自我再生。如果这样的循环反应本身就构成了某种催化剂，那么就可以形成更高层次的催化循环。而超循环，就是比催化循环再高一个层次的循环，即把催化循环本身作为催化剂的超级循环。超循环具备自我复制能力，而且作为一个整体具备自我选择的能力。

艾根揭示出，超循环可以作为生物大分子的一般模式，由它的种种高阶形式，可以解释由化学过程向生命过程的种种突变现象。

艾根

超循环对生命必然发生的解释引起了国际学术界的不同反响。主张生命纯属偶然事件的法国生物学家莫诺对此不以为然。有的科学家认为，艾根的理论只涉及"复制"问题，只相当于生命起源的"软件"层次，并没有涉及生命起源的"硬件"层次即"代谢"问题。艾根及其同事尚在继续他们的研究。

系统科学的新生代大多在 20 世纪五六十年代酝酿，于 70 年代提出，显示了这个研究方向的大趋势。它们分别在数学（托姆的突变论）、物理学（哈肯的协同学）、化学（普里戈金的耗散结构论）、生物学（艾根的超循环论）上，创造了为科学共同体所认可的成果。但是，从 70 年代末开始，致力于探索复杂性、非线性和整体性的科学家们，几乎又被另一个新的领域所吸引，这就是混沌学。

莫诺

正如新生代的系统科学注重系统整体性的"自组织"的方面，在解释"整体突现"的机制方面下了许多功夫，混沌学则抓住了系统整体性的"随机"的方面，研究偶然性、无规则性、不可预测性背后的非线性动力系统的确定性规律。来自各门学科的混沌研究者们，从各自的领域发现了"混沌现象"，即服从确定性规则的非周期性的随机现象。这里有心脏的运动、昆虫数目的更迭、股票价格的涨落，也有电路噪声、云的形状、闪电的路径、行星的轨道、地震、气象的"蝴蝶效应"。它们来自流行病学、种群生物学、生理学、电学、天文学、气象学和经济学等领域。

混沌是非线性造成的。气象学家洛伦兹在保留非线性的前提下将模型简化到只剩下三个变量，混沌依然能够出现。混沌来自确定性的规则，是由确定性导致的随机性。对一个非常简单的非线性方程进行迭代，就能得出混沌。混沌局部的不稳定性是与整体的稳定性相适应的。混沌学家们普遍认为，混沌是普遍存在的，而非特异的，相反，古典力学所给出的情况倒是十分少见的理想状态。对混沌的研究将导致世界图景的改观。

近半个多世纪的系统科学发起的整体论运动并未结束，毋宁说刚刚开始，所以，对这一运动的走向还不能说得十分清楚。非线性既导致自组织，也导致混沌。何时出现自组织，何时出现混沌，这两者是什么关系？所有这些问题提示着，非线性科学、复杂性科学，或者说系统科学需要一个新的概念框架，以整合在多个领域、多个战场奋力开拓的系统科学大军。

1984年，包括诺贝尔物理学奖获得者盖尔曼、安德森，诺贝尔经济学奖获得者阿罗在内的一批大科学家，在美国成立了圣塔菲研究所（Santa Fe Institute），试图建立一元化的复杂系统科学理论，整合系统科学半个多世纪的发展。他们提出的重要概念就是系统的"突现性"。这个概念早就被贝塔朗菲提出过，但经过半个多世纪的发展，这一概念的内涵已经非常丰富。人们现在可以规定整体突现的不同程度和水平。如果说控制论和运筹学处理的是简单大系统，那么协同学等自组织理论所处理的就是简单巨系统，但真正复杂的巨系统的研究还没有十分明显的成果。圣塔菲学者们在经过十年努力之后，居然有"从复杂性走向困惑"的感叹。

6.　生态科学

20世纪整体论勃兴的另一个线索是生态科学提供的。这门兼具理论与现实意义的学科，为整个新科学开辟了概念平台和广阔的发展空间。

生态学天然地属于整体论，它一开始就是关于事物与其环境相互关联的理解和研究。"生态学"（ecology）一词源于希腊文 oikos 和 logos，前者意指"住所"或"栖息地"，因此从词根上讲，生态学是关于居住环境的科学，它研究生物的聚居地或生活环境。1866年，德国生物学家海克尔在其《普通生物形态学》中首先使用"生态学"这个词。他把生态学理解成"研究生物在其生活过程中与环境的关系，尤指动物有机体与其他动植物之间互惠或敌对的关系"。

生态学是从近代科学的博物学传统中孕育出来的。1859年，达尔文的《物种起源》问世，促进了生物与环境关系的研究。1895年，丹麦植物学家瓦尔明发表《以植物生态地理学为基础的植物分布学》，1909 年改写为《植物生态学》。1898 年，波恩大学教授希姆普出版《以生理为基础的植物地理学》。这两本书代表了 19 世纪生态学的最重要成就。

20 世纪上半叶，出现了不少生态学派，但主要限于生物学内部的发展。动物生态学和植物生态学各自独立地发展。1935 年，英国植物生态学家坦斯莱正式使用"生态系统"一词。与此同时，德国水生生物学家蒂内曼把生态系统分成生产者（如植物利用日光能合成糖类）、消费者（食草动物和食肉动物）、分解者（微生物）三个部分，建立了生态系统物质循环的概念。20 世纪 50 年代以后，生态学打破了动植物的界限，并超出生物学领域。奥登在其著名教科书《生态学基础》中，把生态学定义为"自然界的构造和功能的科学"。人们进一步认识到，生态学是研究生物与其环境的相互关系的科学。

从 60 年代开始，由于人类活动大大改变了自然环境，居住环境的污染、自然资源的破坏和枯竭，对人类本身的存在构成了威胁。生态学开始成为人们关心

瓦尔明

希姆普

坦斯莱

蒂内曼

和注目的聚点，进入大规模立体发展的现代生态学时期。

奥登

纵观 20 世纪生态科学的发展，从研究对象上看，层次越来越丰富，包括单种生活环境研究、群落研究、生态系统研究、各生态系统之间相互作用研究，以及生物圈和全球生态学研究，研究对象更加宏观。从研究方法上看，系统科学被大量引入，系统方法和数学模型用于生态学，诞生了系统生态学。用计算机模拟生态系统的行为，成为常用的方法。另一方面，生态科学的应用性更强、交叉性更强，出现了像生态经济学、工程生态学、人类生态学、城市生态学这样的新兴交叉学科。

任何生物与其环境构成一个不可分割的整体，任何生物均不能脱离环境而单独生存，这被美国学者康芒纳确定为生态学的第一定律。运用系统科学已经取得的成就，生态学家使用稳恒态、反馈、能量流等概念，来研究生态系统间的相互作用。在整体论思维的支配下，生态学重视种群，重视在群落中研究个体。

康芒纳

在整体的观念之下，循环的观念、平衡的观念、多样性的观念，是生态学中突出的三大观念。

构成生态系统之整体性的，首先是生态系统各子系统之间构成的循环关系。自然生态系统基本的循环，是生产者 – 消费者 – 分解者之间的循环。通过光合作用储存太阳能的绿色植物和光合细菌是生产者，食草动物是初级消费者，食肉动物是次级消费者，大型食肉动物是三级消费者。在这些逐次为后者提供能量和营养的生命之间，形成了一个金字塔形的食物链。中国有句俗话叫"大鱼吃小鱼，小鱼吃虾米，虾米吃泥巴"，形象地反映了水生生物的食物链。所谓的金字塔是指，越是处在塔基的生物数量越多，植物最多，初级食草动物次之，食肉动物再次，大型食肉动物最少。比如昆虫吃植物，鸟类吃昆虫，狐狸吃鸟类，狮虎吃狐狸，狮虎是最少的，因此才有"一山不容二虎"的说法。以海洋食物链为例，一条鲸鱼一顿要吃 1 吨、约 5000 条鲱鱼，一条鲱鱼饱食一顿需要近 10 只小甲壳动物，一只甲壳动物一顿要吃约 13 万片硅藻。

如果只是一味地单向生产和消费，那么一个有限的地球很快就会被消耗掉。地球上将会到处是动物和植物的尸体。新生的动植物既没有生存物质，也没有生存空间了。所幸的是，地球生态系统中还有一个极为重要的环节，那就是分解者——微生物。微生物直到 19 世纪才被法国生物学家巴斯德发现并确立起来，从而将地球生命系统由原来的植物 – 动物两界说扩展成植物 – 动物 – 微生物三界说。微生物专事分解动植物的尸体，将之转化成为植物生产所需的新养料。有了微生物这个分解者，地球生命系统的循环就建立起来了。在一个池塘里，浮游植物是鱼的营养源，鱼死后，水里的微生物把鱼的尸体分解为基本的化合物。这些化合物又是浮游植物的营养源。

通过食物链，大大小小的生态系统各以其特有的方式紧密地联系在一起。达尔文在他的《物种起源》中曾经提到三叶草与蜜蜂共生的故事。英国盛产三叶草，它是牛的主要饲料。英国也盛产野蜂，而且正是因为盛产野蜂才盛产三叶草，因为野蜂有很长的舌头，能够有效地替三叶草深红色的花朵传授花粉。但是，田鼠喜欢吃野蜂的蜜和幼虫，从而影响三叶草的授粉。但猫吃田鼠，有猫的地方田鼠少，三叶草就长得茂盛，养牛业就发达。猫少的地方田鼠多，三叶草少，牛饲料就少，养牛业发达不起来。后来有人将这个故事进一步演绎下去，说英国海军的主要食品是牛肉罐头，所以英国雄霸海上的大功臣应该是猫。生物学家赫胥黎听了这个故事之后，又补充说，英国的猫主要都是由老小姐喂养的，因此英国有如此强大的海军，功劳在英国的老小姐们身上。

像猫与三叶草这样的故事在地球生命系统中普遍存在，因此一种生物的减少或灭绝将会引起一连串意想不到的神奇的连锁反应。美国西部落基山脉以东，曾经是辽阔的大草原。印第安民歌这样唱道："高高的落基山，无边的大草原 / 莽莽苍苍的绿色原野 / 曾是我们祖先的家园。"但如今，这里已是一片沙漠。早期的欧洲移民导致了这一切。他们为了自己的经济利益，大兴畜牧业，改造大草原；他们大量枪杀野牛和羚羊，因为它们与家养的牛羊争夺水、草；他们大量枪杀狼，因为它们吃家养的牛羊；他们还在草原上放毒药，大量捕杀草原犬鼠，因为它们的洞穴使牛足深陷其中，伤害牛腿。没过多长时间，草原上的野牛、羚羊消失了，狼和鼠灭绝了。不久，那些误食了有毒犬鼠尸体的鹰隼和其他动物纷纷死去。再过些时候，那些过去被鹰隼捕食的小型啮齿动物大批繁殖起来，对草原进行大肆破坏。加上牛羊越来越多，过度放牧，草原上的草越来越少，最后连草根也被吃光了。植被破坏后，经风力的侵蚀，大草原逐渐被沙化，成了荒凉的大沙漠。

生物之间的食物链关系、金字塔结构和循环体系处在一种动态的平衡之中。如果这种平衡被打破，整个生态系统都会受到损害。正所谓"一损俱损，一荣俱荣"。20世纪初年，美国总统老罗斯福为了保护亚利桑那州北部森林中的鹿，大肆捕杀狼。结果，鹿过量地繁殖，小草和树木都被吃光了，绿色植被急剧减少。植被一减少，鹿又大量地死亡，结果森林和鹿都没有保住。本来狼吃掉一些鹿，可以控制鹿的种群数量，而且吃掉的都是一些病鹿，反而有效地控制了疫病对鹿群的威胁。老罗斯福总统为了保护鹿，却毁了整体森林生态系统。这真是人算不如天算。

由于生命系统复杂而微妙的相互关联，任何一个环节的缺损都会招致意想不到的生态后果，因此，生态学上强调保护生物物种的多样性，强调多样性导致稳定性。正如"生物与其环境构成不可分割的整体"被称为生态学第一定律，"多样性导致稳定性"也被称为生态学第二定律。生物多样性的丧失，直接威胁着生态系统的稳定。在非洲岛国毛里求斯曾经生活着两种特别的生物，一个是渡渡鸟，一个是大颅榄树。渡渡鸟身体大，行动迟缓，不过岛上没有天敌，它们过得很好。16、17世纪，欧洲人带着猎枪和猎犬来到毛里求斯，不会飞又不会跑的渡渡鸟大难临头。1681年，最后一只渡渡鸟被杀死了。令人奇怪的是，渡渡鸟灭绝后，大颅榄树也日益稀少。到了20世纪80年代，毛里求斯只剩下13棵这种珍贵的树。生态学家们为了保护这个物种想了多种办法。一开始，大家都猜测是毛里求斯的土壤出了问题，决定在土壤改造方面下功夫。但想了许多办法，情况并没有改观。直到1981年，美国生态学家坦普尔发现，幸存的大颅榄树的年轮是300年，而这一年也正好是渡渡鸟灭绝300周年。他意识到，原来渡渡鸟的灭绝之日正是大颅榄树绝育之时。坦普尔经进一步的考察发现，渡渡鸟喜欢吃这种树木的果实，果实经渡渡鸟消化后，外壳没了，但种子排了出来。排出的种子正好可以生根发芽了。原来，渡渡鸟与大颅榄树相依为命。大颅榄树为渡渡鸟提供食粮，渡渡鸟则帮助大颅榄树繁殖后代。

地球生态系统中诸多生物，有的共生，有的寄生，有的相互竞争，有的构成捕食关系。上述渡渡鸟与大颅榄树属于共生关系。白蚁与其体内的鞭毛虫，人与其肠道中的细菌，也是共生关系。一个人如果服用过量抗生素，大量杀死肠道内的细菌，则人体可能会患维生素缺乏症等疾病。构成共生关系的物种自然是唇齿相依，缺一不可。就是寄生关系，寄生物尽管明摆着侵害寄主的利益，但也不会过分损害寄主的健康，因为寄主的健康是寄生物自身生存的基本前提。生存竞争使得物种之间保持进化的动力和活力，食物链则控制各个种群数量的稳定性和生态平衡。

生态科学所揭示的生态系统的整体论特征由如下事实得到确证：对生态系统的破坏通常是由那些反整体论的思维方式做出的。康芒纳这样写道：

环境的恶化很大程度上是由新的工业和农业生产技术的介入引起的，这些技术在逻辑上是错误的，因为它们被用于解决单一的彼此隔离的问题，没有考虑到那些必然的"副作用"。这种副作用的出现，是因为在自然中，没有一个部分是孤立于整体的生态网络之外的。反之，技术上的支离分散的设计是它的科学根据的反映。因为科学分为各个学科，这些学科在很大程度上是由这样一种概念所支配着，即认为复杂的系统只在它们首先被分解成彼此分割的部分时才能被了解。还原论者的偏见也趋于阻碍基础科学去考虑实际生活中的问题，诸如环境恶化之类的问题。[1]

直面环境日益恶化和生态危机之现实的生态科学，是新科学的曙光。它以活生生的例证向人们展示整体论被忽视的恶果，呼唤整体论科学的全面复兴。可以期望的是，在量子力学这样的古典数理科学，以及在系统科学这样新兴的亚微观和宏观层次的数理科学中，会有整合了既有成就的新的统一理论出现。它们将与生态科学联手，弥平近代科学革命以来物理科学与生命科学的鸿沟、自然科学与人文科学的鸿沟、人与自然的鸿沟。

---

[1] 康芒纳:《封闭的循环——自然、人和技术》，侯文蕙译，吉林人民出版社，1997 年版，第 154 页。

第四十六章
科学与人类未来

　　在当代中国人的眼里，科学无疑是一盏神灯，它带给了人类那么多不可思议的东西。与 19 世纪一样，20 世纪的重大科学成就很快就转变成相应的技术，在经济活动和社会生活中发挥作用。但与 19 世纪不同的是，20 世纪的科学更加高深，更加远离我们的日常生活经验。相应地，它所转化的技术实际威力更大，也更难被人类控制。原子能的开发与太空的开发最具有典型性，它们充分显示了人类主体"翻天覆地"的伟力，是迄今为止古典科技在操作能力方面达到的极致。核能代表着无比巨大的难以驾驭的能量；遨游太空代表着对整个宇宙空间的征服，把"世界图景的时代"由潜在的理念变成现实。对这些超级能量的掌握和控制，实际上决定了 20 世纪国际战略格局的形成。核武器和制空技术避免了第三次世界大战，创造了"冷战"时代。

　　以基因工程和电脑网络为代表的高新技术，显示了科学对于我们生活世界的重新改造和塑造的能力。前者将改变人类的自然属性，后者将改变人类的社会属性。科学不仅刷新了我们的世界图景，也刷新了我们的日常生活。电气化、电子化使我们置身于一个安全、舒适、便利的人工世界中；汽车、火车、飞机等交通工具大大加快了我们的生活节奏；化学和生物药品减轻了人类的病痛，发达的医疗卫生条件延长了人类的寿命。

　　面对这异彩纷呈的科技文明，我们不禁会产生这样一种信念：科学简直是万能的，它会有什么做不了的事情呢？如果它现在无能为力，那是因为它还不发达。只要继续发展科学，人类征服自然和改造自然的能力就会越来越强，人类的生活就会越来越美好。

　　然而，在科学成功的背后，我们必须看到一个潜在的危险正在显露出来：人类通过大规模地开发大自然，虽然掌握了更高的能量，有了支配自然界的能力，却动摇了人类生存的根基。

现代工业和现代生活所需的能源绝大部分来自煤和石油，但是，地球花了30亿年积攒下的非再生能源总归是有限的。以目前的开采速度，在一个不远的将来，也许在本书读者的有生之年，我们就能看到它被彻底耗光。如果到时候没有新的能源供应，文明社会就会土崩瓦解。

当然，我们可以用核能，也许到那时候，核能的开发水平会达到我们现在无法想象的地步。但也正是核能，时刻像一把利剑倒悬在人类的头顶。人类的非理性行为总是存在的，即使是理性的行为也难免有失误。处理常规能源，个别的失误造成的危害是有限的，而使用核能，一旦失误，就会造成不可挽回的、无限的灾难。现在世界上拥有数万个核弹头，其威力相当于投在广岛的原子弹的100万倍。如果发生核战争，其结果就是人类文明的毁灭。难怪有人说，知识确实是力量，但今天我们却不能控制这种力量。科学家们制造了原子弹，却不能阻止人类使用原子弹的历史教训，充分表明掌握了知识力量的人们并不能控制这种力量的运用。

标志着第一次技术革命的蒸汽机，放出浓浓的遮天蔽日的烟雾，发出震耳欲聋的吼声。这曾经是新时代强劲的声音，是人类向大自然宣战的象征。但它发出的废气和噪声污染了人类的生存环境，造成生态平衡的破坏。

由于大量燃烧化石燃料，大气的二氧化碳含量急剧增加。这些二氧化碳将形成会导致温室效应的隔热层，使地球表面温度逐渐上升。温度上升必将导致南北极冰雪融化。海平面将上升，大片陆地将被淹没。此外，全球气候也将发生变化，从而影响森林和农作物的生长，使生态环境恶化。

由大工业带来的还有大气臭氧层的破坏、酸雨污染、化学品污染、城市垃圾泛滥，使用化肥导致的土壤肥力递减，生态环境恶化导致的森林锐减、水资源短缺和物种灭绝。这些问题触目惊心，不能不引起人们的深思。

在欧洲发达工业国家，早在产业革命的初期就出现过环境污染问题。煤炭的大量开采和普遍使用使大气中的烟尘和二氧化硫急剧增多。伦敦发生过多次毒雾事件，日本的矿区废气也曾毁坏过大片的山林和庄稼。

化学工业的发展带来了更强烈的大气污染和水质污染，石油和天然气的开采又雪上加霜，使污染问题达到了空前严重的程度。各种污染直接或间接、明显或潜在地危害着人类的身体健康。

环境污染直接破坏了地球的生态平衡。大片的森林被滥砍滥伐，大片的草地因过度放牧而荒芜，大片的湖面因围湖造田而干涸。地球上的物种大量减少，许多珍稀动物濒临灭绝。农药化肥的广泛使用损害了土地的肥力，破坏了食物的营养结构，最终危害人类物种的安全。

正在全球组织实施的人类基因组计划，将使整个生命科学和医学为之改观。但是，人类基因图谱一旦绘制和解读成功，生命的安全感将顿时灰飞烟灭。

信息高速公路使全球结成一体，便利了文化交流，但加速了文化融合，使文化生态面临失衡的危险。如果说工业文明破坏了自然生态，那么信息时代则加速了文化生态的解体。发达的全球电子传媒和广告业，正在塑造单一的文化品位。几乎全世界都在喝可口可乐、吃麦当劳、听同样的歌、看同样的球赛，各民族青少年的文化品位趋同，人类的文化生态平衡遭到破坏。

科学在带来福音的同时，也造就了危害人类的魔鬼。科学的未来如何，人类的未来如何，这是一个引起现代人深思的问题。

有的人深信，由科学带来的问题还需由科学的进一步发展来解决，人类不能舍弃目前的生活方式，不能舍弃我们赖以生存的现代科学技术。

有的人认为，我们固然能指望，科学通过进一步的发展来消除它所带来的一切已知的危害，但谁能保证，它不会给我们带来新的更严重的灾难；如果科学的每一步发展、每一次解决旧问题的能力的提高，都以危及人类的生存根基为代价，那么，人类的生活方式确实应该改变了，科学的发展方向确实应该改变了。环境问题提示的，也许不只是科技的正当运用问题，而是科技本身的固有缺陷问题。

在全人类面临共同的难题的时候，我们的耳边响起了中国伟大智者的声音。老子说："为无为，则无不治。"庄子说："无为也，则用天下而有余；有为也，则为天下用而不足。"无为就是不违反自然的行为和活动。人类只要顺应自然，与自然适应、协作，则自然资源供人类使用绰绰有余，否则就将破坏人与自然的平衡关系。在决定全人类命运的时刻，中国哲人所教导的生活方式具有巨大的启发意义。

亲爱的读者，对这个事关全人类命运的问题，也请您认真地思考。

生卒年 / 活跃期	人名	生平简述
公元前 585 年左右	泰勒斯（Thales）	西方第一位哲学家
约公元前 570—约前 495	毕达哥拉斯（Pythagoras）	西方第一位数学家
公元前 5 世纪	扁鹊	中国古代名医，中医三大祖师之一
约公元前 460—约前 370	希波克拉底（Hippokrates）	西方医学之父
公元前 428—前 348	柏拉图（Plato）	希腊哲学家，奠定西方思想的基本走向
公元前 384—前 322	亚里士多德（Aristoteles）	希腊哲学家，第一位百科全书式的思想家，近代许多学科的先驱
公元前 300 年左右	欧几里得（Euclid）	希腊几何学的集大成者，著有《几何原本》
约公元前 287—约前 212	阿基米德（Archimedes）	古代世界最伟大的数理科学家
约公元前 276—约前 194	埃拉托色尼（Eratosthenes）	西方地理学之父
公元前 255 年左右	李冰	主持修建都江堰
公元前 1 世纪	维特鲁维（Vitruvius）	罗马建筑家
公元 1 年左右	塞尔苏斯（Celsus）	罗马医学百科全书编写者
23—79	普林尼（Pliny）	罗马博物学家，著有《自然志》
78—139	张衡	东汉时期的科学与文学全才
105 年左右	蔡伦	纸的重要发明者
129—199	盖伦（Galen）	罗马医学家，希腊医学的集大成者
150—219	张仲景	中医三大祖师之一
2 世纪前半叶—208	华佗	中医三大祖师之一
2 世纪	托勒密（Ptolemy）	希腊天文学的集大成者，著有《天文学大成》（《至大论》）
250 年左右	刁番都（Diophantos）	罗马帝国时期融演绎数学与应用算术为一体的希腊化数学家
265 年左右	刘徽	曹魏和西晋时期的数学大家
429—500	祖冲之	南北朝时期数学家、天文学家
600 年左右	李春	隋朝石匠，赵州桥的设计建造者
683—727	僧一行	唐代天文学家，主持编制《大衍历》

续表

生卒年 / 活跃期	人名	生平简述
858—929	阿尔巴塔尼（al-Battani）	阿拉伯天文学家
965—1039	阿尔哈曾（Alhazen）	阿拉伯物理学家
980—1037	阿维森纳（Avicenna）	阿拉伯医学的集大成者
1031—1095	沈括	北宋科学家，著有《梦溪笔谈》
?—约 1051	毕昇	宋代工匠，活字印刷术的发明者
1126—1198	阿维罗意（Averroes）	阿拉伯医学家、哲学家，亚里士多德著作的整理和注释者
1192—1279	李冶	元代数学大家
1202—1261	秦九韶	宋元之际数学大家
1219—1292	罗吉尔·培根（Roger Bacon）	近代实验科学的先驱
13 世纪中后期	杨辉	南宋末年数学大家
13、14 世纪之间	朱世杰	元代数学大家
1231—1316	郭守敬	元代天文学家，创制《授时历》
1452—1519	达·芬奇（Leonardo da Vinci）	意大利文艺复兴时期科学与艺术全才
1473—1543	哥白尼（Copernicus）	波兰天文学家，著有《天球运行论》
1493—1541	帕拉塞尔苏斯（Paracelsus）	德国—瑞士医生、炼金术士
1494—1555	阿格里科拉（Agricola）	德国医生、矿物学家，著有《论金属》
1514—1564	维萨留斯（Vesalius）	比利时生理学家，著有《人体结构》
1518—1593	李时珍	明代医学家，著有《本草纲目》
1544—1603	吉尔伯特（Gilbert）	英国医生，磁学研究的先驱者
1546—1601	第谷·布拉赫（Tycho Brahe）	丹麦天文学家
1548—1600	布鲁诺（Bruno）	意大利思想家，哥白尼学说的传播者
1561—1626	弗兰西斯·培根（Francis Bacon）	英国哲学家，提出归纳方法论
1563—1633	徐光启	明末科学家，著有《农政全书》
1564—1642	伽利略（Galileo）	意大利物理学家
1571—1630	开普勒（Kepler）	德国天文学家
1578—1657	哈维（Harvey）	英国医生，发现血液循环
1580—1644	赫尔蒙特（Helmont）	比利时医生、思想家、化学家
1586—1641	徐霞客	明末旅行家、地理学家，著有《徐霞客游记》
1587—约 1666	宋应星	明末科学家，著有《天工开物》
1596—1650	笛卡尔（Descartes）	法国哲学家、数学家、物理学家，近代哲学的开创者
1602—1686	盖里克（Guericke）	德国物理学家，设计著名的马德堡半球实验
1623—1662	帕斯卡（Pascal）	法国思想家、文学家、物理学家

生卒年 / 活跃期	人名	生平简述
1627—1691	波义耳（Boyle）	英国物理学家、化学家
1629—1695	惠更斯（Huygens）	荷兰物理学家，著有《论光》
1635—1703	胡克（Hooke）	英国物理学家、显微生物学家
1643—1727	牛顿（Newton）	英国物理学家
1646—1716	莱布尼茨（Leibniz）	德国哲学家、数学家
1693—1762	布拉德雷（Bradley）	英国天文学家，观测到光行差
1706—1790	富兰克林（Franklin）	美国政治家，独立战争的领袖，也是著名的电学家
1707—1778	林奈（Linne）	瑞典生物学家，著有《自然系统》
1707—1788	布丰（Buffon）	法国博物学家，著有《自然志》
1717—1783	达朗贝尔（d'Alembert）	法国数学家
1731—1810	卡文迪许（Cavendish）	英国实验科学家
1733—1804	普里斯特利（Priestley）	英国化学家
1736—1806	库仑（Coulomb）	法国物理学家，发现库仑定律
1736—1813	拉格朗日（Lagrange）	法国数学家，分析力学的集大成者
1736—1819	瓦特（Watt）	英国发明家
1737—1798	伽伐尼（Galvani）	意大利解剖学家、电物理学家
1738—1822	赫舍尔（Herschel）	德国—英国天文学家，发现天王星
1743—1794	拉瓦锡（Lavoisier）	法国化学家
1744—1829	拉马克（Lamarch）	法国生物学家，进化论的先驱
1745—1827	伏打（Volta）	意大利物理学家
1749—1827	拉普拉斯（Laplace）	法国物理学家，集天体力学之大成
1753—1814	伦福德伯爵（Rumford）	美国—英国物理学家
1765—1815	富尔顿（Fulton）	美国工程师，发明蒸汽汽船
1766—1844	道尔顿（Dalton）	英国化学家，建立化学原子论
1769—1832	居维叶（Cuvier）	法国比较解剖学家
1771—1833	特里维西克（Trevithick）	英国工程师，发明第一辆蒸汽机车
1773—1829	托马斯·杨（Thomas Young）	英国医生，光的波动说的复兴者
1775—1836	安培（Ampère）	法国物理学家，发现安培定律
1777—1851	奥斯特（Oersted）	丹麦物理学家，发现电流的磁效应
1778—1829	戴维（Davy）	英国物理学家、化学家
1791—1867	法拉第（Faraday）	英国实验科学家，发现电磁感应现象
1791—1871	巴比奇（Babbage）	英国数学家，电子计算机的先驱

续表

生卒年/活跃期	人名	生平简述
1791—1872	莫尔斯（Morse）	美国工程师，发明莫尔斯电码
1796—1832	卡诺（Carnot）	法国工程师，热力学的创立者
1797—1875	赖尔（Lyell）	英国地质学家
1800—1882	维勒（Wohler）	德国化学家，首次人工合成尿素
1803—1873	李比希（Liebig）	德国化学家
1804—1881	施莱登（Schleiden）	德国植物学家，创立细胞学说
1809—1882	达尔文（Darwin）	英国生物学家，创立进化论
1810—1882	施旺（Schwann）	德国动物学家，创立细胞学说
1811—1877	勒维烈（Leverrier）	法国天文学家，发现海王星
1813—1878	伯纳尔（Bernard）	法国生理学家，创立实验生理学
1818—1889	焦耳（Joule）	英国物理学家，发现热功当量
1819—1868	傅科（Foucault）	法国物理学家，精确地测定光速
1821—1894	赫尔姆霍茨（Helmholtz）	德国物理学家，建立能量守恒定律
1821—1902	微耳和（Virchow）	德国生理学家，建立细胞病理学
1822—1884	孟德尔（Mendel）	奥地利修道士，遗传学的开创者
1822—1888	克劳修斯（Clausius）	德国物理学家，建立热力学第二定律
1822—1895	巴斯德（Pasteur）	法国生物学家，创立微生物学
1824—1887	基尔霍夫（Kirchhoff）	德国物理学家，发明光谱分析法
1824—1907	开尔文勋爵（Kelven）	英国物理学家，建立热力学第二定律
1831—1879	麦克斯韦（Maxwell）	英国物理学家，建立电磁场理论
1832—1891	奥托（Otto）	德国工程师，发明四冲程内燃机
1834—1907	门捷列夫（Mendeleev）	俄国化学家，发现元素周期表
1834—1914	魏斯曼（Weismann）	德国生物学家，创立细胞遗传学
1843—1910	科赫（Koch）	德国医生，传染病学的开创者
1844—1906	玻耳兹曼（Bolzman）	奥地利物理学家
1844—1929	本茨（Benz）	德国工程师，发明汽车
1847—1922	贝尔（Bell）	美国发明家
1847—1944	爱迪生（Edison）	美国发明家
1849—1945	弗莱明（Fleming）	英国发明家，发明真空二极管
1854—1912	彭加勒（Poincare）	法国数学家、物理学家
1857—1894	赫兹（Hertz）	德国物理学家，首次检验到电磁波
1857—1935	齐奥尔科夫斯基（Tsiolkovskii）	俄国工程师、发明家，现代航天先驱
1858—1947	普朗克（Planck）	德国物理学家，量子论的创立者

生卒年/活跃期	人名	生平简述
1866—1932	费森登（Fessenden）	美国物理学家，发明无线电广播
1866—1945	摩尔根（Morgan）	美国遗传学家
1867—1912	威尔伯·莱特（Wilbur Wright）	美国发明家，成功试飞第一架飞机
1867—1934	居里夫人（Marie Curie）	波兰物理学家、化学家
1871—1937	卢瑟福（Rutherford）	新西兰物理学家
1871—1948	奥维尔·莱特（Orville Wright）	美国发明家，成功试飞第一架飞机
1874—1937	马可尼（Marconi）	意大利工程师，实现无线电通信
1879—1955	爱因斯坦（Einstein）	德国—美国物理学家
1880—1930	魏格纳（Wegener）	德国地质学家，提出大陆漂移学说
1882—1945	高达德（Goddard）	美国工程师、发明家，发明液体火箭
1885—1962	玻尔（Bohr）	丹麦物理学家
1889—1953	哈勃（Hubble）	美国天文学家，发现星系有普遍红移
1889—1982	兹沃里金（Zworykin）	美籍俄国发明家，发明电子显像管
1901—1954	费米（Fermi）	意大利物理学家，主持研制第一个原子反应堆
1901—1976	海森堡（Heisenberg）	德国物理学家，创立矩阵力学
1902—1984	狄拉克（Dirac）	英国物理学家
1903—1957	冯·诺伊曼（Von Neumann）	美国数学家，提出电子计算机的冯·诺伊曼模型
1904—1967	奥本海默（Oppenheim）	美国物理学家，主持研制原子弹
1904—1968	伽莫夫（Gamov）	俄裔美籍物理学家，提出大爆炸模型
1906—1966	科罗列夫（Korolev）	苏联火箭专家，主持苏联航天事业
1907—1964	卡逊（Carson）	美国生物学家，著有《寂静的春天》
1907—1980	莫克莱（Mauchly）	美国工程师，主持研制第一台电子计算机ENIAC
1910—1989	肖克莱（Shockley）	美国电子工程师，发明晶体三极管
1912—1977	冯·布劳恩（Von Braun）	德国火箭专家，主持美国航天事业
1916—2004	克里克（Crick）	英国生物学家，发现DNA双螺旋结构
1917—2003	普里戈金（Prigogine）	俄裔比利时物理学家、化学家，创建耗散结构理论
1928—	沃森（Watson）	美国生物学家，发现DNA双螺旋结构
1929—	盖尔曼（Gell-Mann）	美国物理学家，提出夸克模型

人名译名对照表

A

Abel, Niels Henrik
阿贝尔

Adam, Johann
汤若望

Adames, John Couch
亚当斯

Aesop
伊索

Agricola, Georgius
阿格里科拉

Aiken, H.
艾肯

Airy, George Biddell
艾里

Aischulos
埃斯库罗斯

Alan, Paul
艾伦，保罗

Albert, Maganus
大阿尔伯特

Alberti, Leone Battista
阿尔伯提

Alcuin
阿尔昆

Aldrin, Edwin Eugene
奥尔德林

Aleni, Giulio
艾儒略

Alexander the Great
亚历山大大帝

al-Battani
阿尔巴塔尼

Alhazen
阿尔哈曾

Ali ibn Abbas al-Majusi
阿拔斯

al-Khwarizmi
花拉子模

al-Mámum
阿尔马蒙

al-Razi
阿尔拉兹

Amerigo Vespucci
亚美利哥

Amontons, Guillaume
阿蒙顿

Ampère, Andrè Marie
安培

Anaxagoras
阿那克萨哥拉

Anaximandros
阿那克西曼德

Anaximenes
阿那克西米尼

Anderson, Carl David
安德森

Antigonus
安提柯

Apollonius of Perta
阿波罗尼

Aquina, Thomas
阿奎那，托马斯

Arago
阿拉果

Arber, Werner
阿尔伯，沃纳

Archimedes
阿基米德

Archytas of Tarentum
阿尔基塔

Aristarchus of Samos
阿里斯塔克

Aristophanes
阿里斯托芬

Aristoteles
亚里士多德

Arkwright
阿克赖特

Armstrong, Neil Alden
阿姆斯特朗

Arrow, Kenneth Joseph
阿罗

Aryabhata
圣使

Atreya
阿特里雅

Augustinus, Saint
奥古斯丁

Averroes
阿维罗意

Avery, Oswald Theodore
艾弗里

Avicenna
阿维森纳

Avogadro, Amedeo
阿伏伽德罗

B

Babbage, Charles
巴比奇，查尔斯

Bacon, Francis
培根，弗兰西斯

Bacon, Roger
培根，罗吉尔

Baird, J. L.
贝尔德

Balboa, Vasco
巴尔波亚

Bardeen, John
巴丁

Bateson, William
贝特森

Bayer, Otto George
拜尔

Becher, Johann Joachim
贝歇尔

Becker, H.
贝克尔

Becquerel, Antoine Henri
贝克勒尔

Bell, A. G.
贝尔

Bell, J. S.
贝尔

Benedict of Nursia, Saint
本尼狄克

Benz, C.
本茨

Bernal, John Desmond
贝尔纳

Bernard, Claude
伯纳尔

Berners-Lee, Timonthy
伯纳斯 – 李

Bernoulli, Daniel
伯努利，丹尼尔

Bernoulli, Jakob
伯努利，雅克

Bernoulli, Johann
伯努利，约翰

Bernoulli, Nicholas
伯努利，尼古拉斯

Bertalanffy, Ludwig
贝塔朗菲

Berthollet, Claude Louis
贝托莱

Berzelius, J. J.
柏采留斯

Bessel, Friedrich Wilhelm
白塞尔

Bethe, Hans Albrecht
贝特

Biot, Jean-Baptiste
比奥

Black, Joseph
布莱克

Blériot, Louis
布雷里奥

Bode, Johann Elbert
波德

Boethius
波依修斯

Bohr, Niles
玻尔，尼尔斯

Bolzman
玻耳兹曼

Bond, William Cranch
邦德

Bondi, Hermann
邦迪

Borelli, G. A.
波雷利

Born, Max
玻恩

Bothe, Walther Wilhelm Georg
波特

Botticelli, Sandro
波提切利

Bouvet, Joachim
白晋

Boyle, Robert
波义耳

Bradley, James
布拉德雷

Brahe, Tycho
第谷，布拉赫

Brattain, Walter
布拉坦，瓦尔特

Braun, Karl
布劳恩，卡尔

Brillouin, Léon
布里渊

Brown, Robert
布朗

Bruno, Giordano
布鲁诺

Buckland, William
巴克兰

Buffon
布丰

Bunsen, Robert Wilhelm
本生

C

Caesar, Gaius Julius
恺撒

Campbell-Swinton, A. A.
坎贝尔 – 斯温顿

Cannizzaro, Stanislao
坎尼查罗

Carnegie, Andrew
卡内基

Carnot, Lazare Nicolas
Marguerite
卡诺

Carnot, Nicolas Léonard Sadi
卡诺

Carpenter, M. Scott
卡彭特

Carson, Rachel
卡逊，蕾切尔

Cartwright, Edmund
卡特莱特

Cassini, Gion Domenico
卡西尼

Catherine II
叶卡捷林娜二世

Cato, Marcus porcius
卡图

Cauchy, Augustin-Louis
柯西

Cavendish, Henry
卡文迪许

Cayley, George
凯利，乔治

Cecil, W.
西塞尔

Celsus
塞尔苏斯

Celsius, Anders
摄尔修斯

Cervantes, Miguel de
塞万提斯

Chadwick, Sir James
查德威克

Chaffee, Roger Bruce
查菲

Chain, Ernst Boris
钱恩

Challis, James
查理士

Chaptal
查普特尔

Chargaff, Erwin
查哥夫

Charles, Jacques Alexander César
查理

Charlier, C. V. L.
沙立叶

Chatelet, Gabrielle-Emilie le
Tonnelier de Breleuil
夏特莱夫人

Cicero, Marcus Tullius
西塞罗

Clairaul, Alexis-Claude
克莱罗

Clapeyron, Benoit Paul Emile
克拉佩龙

Clausius, Rodolf
克劳修斯

Cleopatra
克里奥帕特拉

Colbert, Jean-Baptiste
科尔培尔

Colding, Ludvig August
柯尔丁

Collins, Michael
柯林斯

Columbus, Christopher
哥伦布

Commoner, Barry
康芒纳

Compton, Arthur Holly
康普顿

Comte, Auguste
孔德

Condillac, Etienne Bonnot de
孔迪亚克

Congreve, W.
康格里夫

Constantine
君士坦丁大帝

Coolidge, W. D.
库利奇

Copernicus, Nicolaus
哥白尼

Correns, Carl Erich
柯林斯

Cort, Henry
科特，亨利

Coulomb, Charles-Augustin
库仑

Cray, Seymour R.
克雷，西蒙

Crick, Francis Harry Compton
克里克

Crommelin
克劳姆林

Crompton, Samuel
康普顿，塞缪尔

Ctesibius of Alexandria
克特西布斯

Cugnot, Nicolas-Joseph
居纽

Curie, Marie
居里夫人

Curie, Pierre
居里，皮埃尔

Cuvier, Georges Léopold
Chrétien Frédéric Dagobert
居维叶

Cyril
里尔

D

d'Alembert, Jean le Rond
达朗贝尔

d'Arlandes
达尔朗德

Daguerre, Louis Jacques Mande
达盖尔

Daimler, Gottlieb
戴姆勒

Dalton, John
道尔顿

Dante, Alighieri
但丁

Darby, Abraham
达比，阿布拉罕

Darwin, Charles
达尔文，查理

Darwin, Erasmus
达尔文，伊拉斯谟

Davy, Sir Humphry Baronet
戴维

de Broglie, Louis
德布罗意

de Forest, Lee
德福雷斯特

de Morvean
德莫瓦

de Novara
德诺瓦拉

de Rochas, Alphonse Beau
德罗夏

de Rozier, Jean-Fran ois Pil tre
德罗泽尔

de Sitter, Willem
德西特

de Vries, Hugo Marie
德弗里斯

Debye, Peter Joseph William
德拜

Delbrück, Max
德尔布吕克

Demokritos
德谟克利特

Deprez, Marcel
德波里

Descartes, René
笛卡尔

Dias, Bartholomeu
迪亚士

Dicke, Robert Henry
迪克

Diderot, Denis
狄德罗

Diesel, Rudolf
狄塞尔

Digges, Thomas
迪吉斯

Dijksterhuis
戴克斯特霍伊斯

Diophantos
刁番都

Dirac, Paul Adrien Maurice
狄拉克

Donatello
多那台罗

Doppler, Johann Christian
多普勒

Drake, Edwin
德莱克

Dufay, Charles-Francois de Cisternai
迪费

Dumas *père*, Alexandre
大仲马

Dumas, Jean Baptiste André
杜马

Dunlop, John Boyd
邓洛普

Dutton, Clarence Edward
达顿

E

Eckert, John Presper
埃克特

Eddington, Arthur Stanley
爱丁顿

Edison, Thomas Alva
爱迪生

Eigen, Manfred
艾根，曼弗雷德

Einstein, Albert
爱因斯坦

Epicurus
伊壁鸠鲁

Empedocles
恩培多克勒

Euclid
欧几里得

Euler, Leonhard
欧拉

Engels, Friedrich
恩格斯

Eudemos
欧得谟斯

Euripides
欧里庇得斯

Eratosthenes of Cyrene
埃拉托色尼

Eudoxos
欧多克斯

F

Fabricius
法布里修斯

FitzGerald, George Francis
菲兹杰拉德

Fourier, Jean Baptiste Joseph
傅立叶

Fahrenheit, Daniel Gabriel
华伦海

Fizeau, Armand Hippolyte-Louis
菲索

Franck, James
弗兰克，詹姆斯

Falloppio, Gabriele
法娄皮欧

Flamsteed, John
弗拉姆斯特德

Franklin, Benjamin
富兰克林，本杰明

Faraday, Michael
法拉第

Flaubert, Gustave
福楼拜

Franklin, Rosalind Elsie
弗兰克林

Fechner, Gustav Theodor
费希纳

Fleming, John Ambrose
弗莱明

Fraunhofer, Joseph von
夫琅和费

Ferdinand II, Grand Duke of Tuscany
斐迪南二世

Fleming, Sir Alexander
弗莱明，亚历山大

Frederick II
腓特烈二世

Fermat, Pierre de
费马

Flemming, Walther
弗莱明

Fresnel, Augustin Jean
菲涅尔

Fermi, Enrico
费米

Florey, Sir Howard Walter
弗劳雷

Freud, Sigmund
弗洛伊德

Ferraris, Galileo
费拉里斯

Fontenelle, Bernard Le Bouyer
丰特涅尔

Friedman
弗里德曼

Fessenden, A.
费森登

Ford, Henry
福特，亨利

Frisch, Otto Robert
弗里希

Fischer, E.
费舍尔，爱米尔

Foucault, Jean Bernard Léon
傅科

Fulton, Robert
富尔顿

Fitch, John
菲奇

Fourcroy, Antoine François de
富克鲁瓦

G

Gagarin, Yury Alexeyerich
加加林，尤里

Galileo Galilei
伽利略

Galois, Evaliste
伽罗华

Galen
盖伦

Galle, Johann Gottfried
加勒

Galvani, Luigi
伽伐尼

Gama, Vasco da
达·伽马

Gamov, George
伽莫夫，乔治

Gassendi, Pierre
伽桑狄

Gates, Bill
盖茨，比尔

Gaulard, Lucien
高拉德

Gauss, Carl Friedrich
高斯

Gay-Lussac, Joseph Louis
盖－吕萨克

Geiger, Hans
盖革

Gell-Mann, Murray
盖尔曼

Gerard of Cremona
杰拉德

Gerbillon, F.
张诚

Gessner, A.
格斯纳

Ghiberti, Lorenzo
吉伯尔提

Gibbs, J.D.
吉布斯

Gibbs, Josiah Willard
吉布斯

Gilbert, William
吉尔伯特

Giotto di Bondone
乔托

Girardin, Emile de
吉拉丹

Glashow, Sheldon Lee
格拉肖

Glenn, John
格伦

Göbel, Heinrich
戈贝尔

Goddard, Robert Hutchings
高达德

Goethe, Johann Wolfgang von
歌德

Gold, Thomas
戈尔德

Goldschmidt
戈德斯密特

Gorgias
高尔吉亚

Gray, H.G.
格瑞

Gray, Stephen
格雷

Gregory xⅢ
格里高利十三世

Griffin
格里芬

Griffith, William
格里菲思

Grissom, Virgil. Ivan.
格里索姆

Grosseteste, Robert
格罗塞特

Grossmann, Marcel
格罗斯曼

Grove, William Robert
格罗夫

Groves, Leslie
格罗夫斯，莱斯利

Guericke, Otto von
盖里克

Guettard, Jean Etienne
盖达尔

Gutenberg, Joham
古登堡

H

Hacken, Hermann
哈肯

Hadrian
哈德良

Haeckel, Ernst Heinrich
海克尔

Hahn, Otto
哈恩

Hales, Stephen
黑尔斯

Hall, James
霍尔

Halley, Edmond
哈雷

Hammurabi
汉谟拉比

Hargreaves, James
哈格里夫斯，詹姆斯

Harun al-Raschid
哈伦·拉希德

Harvey, William
哈维

Hegel, Georg Wilhelm Friedrich
黑格尔

Heisenberg, Werner
海森堡

Helmholtz, Hermann von
赫尔姆霍茨

Helmont, Joan Baptista van
赫尔蒙特

Helvétius, Claude-Adrien
爱尔维修

Hess, Harry Hammond
赫斯

Hooke, Robert
胡克，罗伯特

Henderson, Thomas
亨德森

Hicetas of Syracuse
希西塔斯

Hooker, Joseph Dalton
胡克

Henry, Joseph
亨利，约瑟夫

Hieron II
希龙二世

Hoyle, Fred
霍伊尔

Henry the Navigator
恩里克亲王

Hilbert, David
希尔伯特，大卫

Hubble, Edwin Powell
哈勃

Heraclius
赫拉克流

Hipparchus
希帕克斯

Huggins, William
哈金斯

Herakleitos
赫拉克利特

Hippias
希匹阿斯

Huntsman, Benjamin
亨茨曼，本杰明

Herapath, John
赫拉派斯

Hippokratēs
希波克拉底

Hutton, James
赫顿

Hero
希罗

Hobbes, Thomas
霍布斯

Huxley, Thomas Huxley
赫胥黎

Herodotus
希罗多德

Hoffmann, August Wilhelm von
霍夫曼

Huygens, Christiaan
惠更斯，克里斯蒂安

Herschel, Caroline Lucretia
赫舍尔，卡罗琳

Holbach, Paul Henri Thiry
霍尔巴赫

Huygens, Constantijn
惠更斯，康士坦丁

Herschel, Frederick William
赫舍尔，威廉

Hollerith, Herman
霍勒里斯

Hypatia
希帕提娅

Herschel, John Frederick William
赫舍尔，约翰

Holton, Gerald
霍尔顿，杰拉德

Hertz, Heinrich Rudolph
赫兹

Homer
荷马

I

Ives, H. E.
艾夫斯

Ibn Majid, Ahmad
伊本·马吉德，阿赫默德

J

Jabir ibn Hayyan
贾比尔

Jansky, Karl Guthe
央斯基

Jenner, Edward
詹纳

Jacobi, Moritz Hermann von
雅可比

Jeannel, René
勒纳尔，让

Jensen, Johannes Hans Daniel
詹森

Jammer, Max
雅默

Jenkin, Henry Charles Fleeming
詹金

Jobs, Steven Paul
乔布斯，斯蒂夫

Johannsen, Wilhelm Ludwig
约翰逊

Jordan, Pascual
约丹

Justinian
查士丁尼

John II
裴安二世

Joule, James Prescott
焦耳

Joliot-Cuie, Jean Frederic
约里奥 – 居里

Jussier, B. de
朱西厄

K

Kallippos
卡里普斯

Khafre
哈夫拉

Komarov, Vladimir Mikhaylovich
科马罗夫

Kant, Immanuel
康德，伊曼努尔

Khayyam, Omar
卡亚，奥马

Korolev, S. P.
科罗列夫

Kasparov, Gary
卡斯帕罗夫

Khufu
胡夫

Koyré, Alexandre
柯瓦雷，亚历山大

Kay, John
凯，约翰

Kirchhoff, Gustav Robert
基尔霍夫

Kronig, August Karl
克里尼希

Kekule, von Stradoniz August
凯库勒

Kleist, Ewald Georg von
克莱斯特

Kuhn, Thomas Samuel
库恩，托马斯

Kepler, Johannes
开普勒

Koch, Heinrich Hermann Robert
科赫

L

La Mettrie, Julien Offray de
拉美特利

Laurent, August
罗朗

Lee, Tsung-Dao
李政道

Lacaille, Nicolas-Louis de
拉卡伊

Lavoisier, Antoine-Laurent
拉瓦锡

Leeuwenhoek, Antoni van
列文虎克

Lagrange, Joseph Louis
拉格朗日

Layzer, David
雷泽尔，大卫

Leibniz, Gottfried Wilhelm
莱布尼茨

Lamarch, C.
拉马克，柯莱丽

Le Pichon, X.
勒比雄

Lemaitre, Georges
勒梅特

Lamarch, Jean-Baptiste
拉马克

Leakey, Louis Seymour Bazett
利基，路易斯

Lenoir, J. J. E.
勒努瓦

Lambert, Johann Heinrich
朗贝尔

Leakey, Richard
利基，理查德

Lenz, Heinrich Friedrich Emil
楞次

Langmuir, Irving
朗缪尔

Leblanc, Nicolas
勒布朗

Leonardo da Vinci
达·芬奇

Laplace, Pierre Simon, Marquis de
拉普拉斯

Lebon, Philippe
勒朋

Leukippos
留基伯

Levene, Phoebus Aron Theodor
列文

Leverrier, Urbain Jean Joseph
勒维烈

Liebig, Justus von
李比希

Lilienthal, Otto
李林塔尔

Lindbergh, Charles Augustus
林白

Linné, Carl von
林奈

Lippershey, Hans
利珀希，汉斯

Lister, Joseph
李斯特

Livingston, Robert R.
列文斯顿

Lobachevsky, Nikolai Ivanovich
罗巴切夫斯基

Lodge, Sir Oliver Joseph
洛奇

Lomonosov, M.
罗蒙诺索夫

Lorenz, Edward Norton
洛伦兹

Lorenz, Hendrik Antoon
洛伦兹

Louis XVI
路易十六

Lowell, Percival
卢克莱修

Luther, Martin
路德，马丁

Lyell, Charles
赖尔

M

Maestlin, Michael
麦斯特林，米切尔

Magellan, Ferdinand
麦哲伦

Magendie, François
马让迪

Makadam
马卡达姆

Malpighi, Marcello
马尔比基，马尔切诺

Malthus, Thomas Robert
马尔萨斯

Malus, Étienne-Louis
马吕斯

Marcellus
马塞拉斯

Marco Polo
马可·波罗

Marconi, Guglielmo Marchese
马可尼

Mariotte, Edme
马略特

Markkula, Armas
马克库拉，阿马斯

Masaccio
玛萨乔

Mason, Stephen F.
梅森

Mauchly, John
莫克莱

Maupertuis, Pierre-Louis Moreau de
莫培督

Maxwell, James Clerk
麦克斯韦

Mayer, Julius Robert von
迈尔，罗伯特

Mayer, Maria Goeppert
迈耶尔

Mayr, Ernst
迈尔

Meitner, Lise
迈特纳

Mendel, Gregor
孟德尔

Mendeleev, Dmitri Ivanovich
门捷列夫

Mersenne, Marin
墨森

Merton, Robert King
默顿，罗伯特

Meton
默冬

Meyer, Julius Lothar
迈耶尔

Michelangelo
米开朗琪罗

Michell, John
密切尔

Michelson, Albert Abraham
迈克尔逊

Miescher, Johann Friedrich
米歇尔

Minkowski, Hermann
闵可夫斯基，赫尔曼

Monge, Gaspard
蒙日

Monod, Jacques, Lucien
莫诺

Montesquieu
孟德斯鸠

Montgolfier, J. M.; Montgolfier, J. E.
蒙哥菲尔兄弟

Montmor, Henri Louis Habert de
蒙特莫尔

Moseley, Henry Gwyn Jeffeys
莫塞莱

Murchison, Roderick Impey
默奇森

Moore, Gordon E.
摩尔，高登

Muawiyah
摩阿维亚

Murdock, W.
默多克

Morgan, Thomas Hunt
摩尔根

Muhammad
穆罕默德

Musschenbroek, Pieter van
马森布罗克

Morley
莫雷

Müller, Johannes Peter
缪勒

Morse, Samuel Finley Breese
莫尔斯，塞缪尔

Muller, Paul Herman
缪勒

N

Nägeli, Karl Wilhelm von
耐格里

Newton, Isaac
牛顿，伊萨克

Noddack, Walter
诺达克

Napoléon I
拿破仑

Nicomachus
尼各马可

Nollet, Jean-Antoine
诺莱特

Necker, Jacques
内克，雅克

Niepce, Joseph
涅普斯

Noyce, Robert
诺伊斯，罗伯特

Nelson, Ted
纳尔逊，特德

Nipkow, P.
尼普科

Newcomen, Thomas
纽可门

Nobel, Alfred Bernhard
诺贝尔

O

Oberth, Hermann
奥伯特

Ohm, Georg Simon
欧姆

Oppenheim, Samuel
奥本海默

Octavius
屋大维

Oken, Lorenz
奥肯

Orestes
奥雷斯蒂

Odum, Eugene
奥登

Olbers, Heinrich Wilhelm Mathias
奥尔伯斯

Otto, Nikolaus August
奥托

Oersted, Hans Christian
奥斯特

Oldenburg, H.
奥尔登堡

Owen, Sir Richard
欧文

P

Page, Charles Grafton
佩奇

Papin, Denis
巴本

Paracelsus, Theophrastus
帕拉塞尔苏斯

Parmenides
巴门尼德

Philip of Macedon
腓力

Poisson, Simeon-Denis
泊松

Pascal, Blaise
帕斯卡

Philolaos
菲罗劳斯

Polyakov, Valery Vladimirovich
波利亚科夫

Pasteur, Louis
巴斯德

Picard, Jean
皮卡尔

Poncelet, Jean Victor
彭塞列

Paul
保罗

Pilate
彼拉多

Pope, Alexander
波普

Paul, Lewis
保罗，路易斯

Pindar
品达

Pobov, Alexander Stepanovich
波波夫

Pauli, Wolfgang
泡利

Pixii, Hippolyte
皮克希

Porta, Giambattista della
波尔塔

Paulze, Marie-Anne
波尔兹，玛丽

Planck, Max Karl
普朗克

Priestley, Joseph
普里斯特利

Penrose, Roger
彭罗斯

Plato
柏拉图

Prigogine, I.
普里戈金

Penzias, Arno Allan
彭齐亚斯，阿诺

Pliny
普林尼

Proclus
普罗克罗

Pericles
伯里克利

Podolsky, Boris
波多尔斯基

Protagoras
普罗泰哥拉

Peregrinus, Peter
帕雷格里纳斯

Pogson, Norman Robert
波格森

Ptolemy
托勒密

Petrarca
彼特拉克

Poincare, Jules Henry
彭加勒

Pythagoras
毕达哥拉斯

R

Raphael
拉斐尔

Rhind, Alexander Henry
莱因特，亨利

Roebuck, John
罗巴克

Ray, John
雷，约翰

Ricci, Matthoeus
利马窦

Roget, Peter Mark
罗吉特

Rayleigh
瑞利

Richer, Jean
里歇

Römer, Ole Christensen
罗伊默

Redi, Francesco
雷迪

Richmann, Georg Wilhelm
里赫曼

Rontgen, Wilhelm Konrad
伦琴

Reis, J. P.
赖斯

Riemann, G. F. B.
黎曼

Rosen, Louis
罗森

Rheticus
雷提卡斯

Rockefeller, John Davison
洛克菲勒

Rosing, B.
罗辛

Rouelle, G. F.
卢埃尔

Rutherford, Daniel
卢瑟福，丹尼尔

Rousseau, Jean-Jacques
卢梭

Rutherford, Ernest
卢瑟福

S

Sachs, Alexander
萨克斯，亚历山大

Secchi, Pietro Angelo
塞奇

Smobolenski, Nicolas
穆尼阁

Sakata shyoichi
坂田昌一

Sedgwick, Adam
塞奇威克

Snell, Willibrord
斯涅尔

Sakharov, A.
萨哈罗夫

Seebeck, Thomas Johan
塞班克

Socrates
苏格拉底

Salam, Abdus
萨拉姆

Seeliger, Hugo von
西里格

Solon
梭伦

Salk, Jonas
索尔克

Seleucus
塞琉古

Sophocles
索福克勒斯

Sappho
萨福

Serveto, Miguel
塞尔维特，迈克尔

Sosigenes
索西吉斯

Sarton, George Alfred Léon
萨顿，乔治

Shakespeare, William
莎士比亚

Spencer, Herbert
斯宾塞

Savery, Thomas
萨弗里

Shannon, C. E.
申农

Speusippus
斯彪西波

Scheele, Carl Wilhelm
舍勒

Shepard, Alan Bartlett
谢帕德，艾伦

Spinoza, Baruch de
斯宾诺莎

Schimper, Andreas Franz Wilhelm
希姆普

Shockley, William
肖克莱，威廉

Sprat, Thomas
斯普拉特

Schirra, Walter Marty
希拉

Siemens, Ernst Werner von
西门子

St. Hilaire, Etienne Geoffroy
圣提雷尔

Schleiden, Mathias Jacob
施莱登

Silliman, Benjamin Jr.
西里曼

Stahl, Georg Ernst
斯塔尔

Schroedinger, Erwin
薛定谔，埃尔温

Slipher, Vesto Melvin
斯莱弗

Stanley, William
斯坦德莱

Schwann, Theodor Ambrose Hubert
施旺

Smeaton, John
斯密顿，约翰

Stapp, H. P.
斯塔普

Scott, Dave
斯科特

Smith, James Edward
史密斯

Steno, Nicolaus
斯台诺

Scott, Archer
斯科特，阿切尔

Smith, W.
史密斯

Stephenson, G.
斯蒂芬逊

Stevin, Simon
斯台文

Struve
斯特鲁维

Swan, J. W.
斯旺

Stobaeus
斯托拜乌

Sulzer, Johann George
祖尔策

Szilard, L.
齐拉德

Strato
斯特拉图

Sutton, W. S.
萨顿

Strowger, Almon
斯特罗格，阿尔蒙

Swammerdam, Jan
斯旺麦丹

T

Tansley, A.G.
坦斯莱

Theophrastus
特奥弗拉斯特

Toffler, Alvin
托夫勒

Tartaglia, Niccolo
塔尔塔利亚

Thienemann, A.
蒂内曼

Torricelli, Evangelista
托里拆利

Temple, Stanley
坦普尔

Thom, Rene
托姆，勒内

Toscanelli, Paolo
托斯卡内利

Terrenz, Joannes
邓玉函

Thompson, Sir Benjamin, Count
(graf) von Rumford
伦福德伯爵

Trajan
图拉真

Tesla, Nikola
特斯拉

Thomson, Joseph John
汤姆逊

Trevithick, R.
特里维西克

Thales
泰勒斯

Thomson, Sir William, Lord Kelvin
开尔文勋爵

Tschermak von Seysenegg, Erich
切马克

Theodosius I
狄奥多修

Thucydides
修昔底德

Tsiolkovskii, K.
齐奥尔科夫斯基

Theon
塞翁

Titus, Flavius Vespasianus
泰特

Tyndall, John
丁铎尔

Theophilus
德奥菲罗斯

Tyrtaeus
提尔泰奥斯

V

van't Hoff, Jacobus Henricus
范特霍夫

Verne, Jules
凡尔纳，儒勒

Vitruvius, Marcus
维特鲁维

Varáhamihira
彘日

Vesalius, Andreas
维萨留斯，安德烈

Viviani, Vincenzo
维维安尼

Varro, Marcus Terentius
瓦罗

Vespasian
韦斯巴辛

Volta, Alessandra Giuseppe
Antonio Anastasio
伏打

Verbiest, Ferdinandus
南怀仁

Virchow, Rudolf Carl
微耳和

Voltaire
伏尔泰

von Braun, W.
冯·布劳恩

von Behring, Emil Adolph
冯·贝林

von Neumann
冯·诺伊曼

W

Waksman, Selman Abraham
瓦克斯曼

Wallace, Alfred Russel
华莱士

Wallis
瓦里士

Wantzel, Pierre Laurent
范齐尔

Ward, Joshua
瓦尔特，乔舒亚

Warming, Johannes Eugenius
Bulow
瓦尔明

Watson, James Dewey
沃森

Watt, James
瓦特

Wedgwood, Josiah
韦奇伍德

Wegener, Alfred
魏格纳

Weinberg, Steven
温伯格

Weismann, August
魏斯曼

Weizsäcker, Carl Friedrich von
魏茨萨克

Wells, H. G.
威尔斯

Werner, Abraham Gottlob
维尔纳

Wheatstone, Charles
惠斯通

Wheeler, John Archibald
惠勒

Whewell, William
休厄尔，威廉

White, Edward Higgins
怀特

Whitehead, Alfred North
怀特海

Wilberforce, Samuel
威尔伯福斯

Wilkes, Maurice Vincent
威尔克斯，莫里斯

Wilkins, John
威尔金斯

Wilkins, Maurice Hugh Frederick
维尔金斯

Wilm, Alfred
维尔姆

Wilson, John Tuzo
威尔逊

Wilson, Robert Woodrow
威尔逊，罗伯特

Wittgenstein, Ludwig
维特根斯坦

Wohler, Friedrich
维勒

Wollaston, William Hyde
沃拉斯通

Woodward, John
伍德沃德

Wozniak, Steve
沃兹尼亚克，斯蒂夫

Wren, Sir Christopher
雷恩

Wright, Orville
莱特，奥维尔

Wright, Thomas
赖特

Wright, Wellman
赖特

Wright, Wilbur
莱特，威尔伯

Wu, Chien-Shiung
吴健雄

Wyatt, John
惠特，约翰

X

Xenophon
色诺芬

Y

Yang, Chen Ning
杨振宁

Young, Thomas
杨，托马斯

Young, J.
杨

Yukawa Hideki
汤川秀树

Z

Zeno
芝诺

Zosimos
佐西默斯

Zworykin, V. K.
兹沃里金

Zeppelin, Ferdinand von
齐伯林

Zuse, Konrad
苏泽

人名索引

本索引一律以中文名或中文译名拼音排序，凡外国科学家知其原文名而不知其译名者，可先查人名译名对照表。

中文（译）名	原文名	生卒年 / 活跃期	生平简述	在本书中出现的页码
阿贝尔	Abel, Niels Henrik	1802—1829	挪威数学家。	342
阿波罗尼	Apollonius of Perta	约前 262—前 190	希腊世界三大数学家之一，以圆锥曲线的研究而闻名。	84, 128, 131, 136, 159, 249, 263
阿尔巴塔尼	al-Battani	约 858—929	阿拉伯天文学家。	169
阿尔伯提	Alberti, Leone Battista	1404—1472	意大利数学家、物理学家、哲学家。	222
阿尔伯，沃纳	Arber, Werner	1929—	瑞士生物学家，发现核酸的内切酶具有限制作用。	654
阿尔哈曾	Alhazen	965—1039	阿拉伯物理学家。	169, 170, 217
阿尔基塔	Archytas of Tarentum	活跃于前 400—前 350	毕达哥拉斯学派的重要成员。	128
阿尔昆	Alcuin	732—804	英国学者，在查理曼帝国任教。	212
阿尔马蒙	al-Mámum	786—833	阿拔斯朝的哈里发，在巴格达创建智慧馆，鼓励学术发展。	163
阿尔拉兹	al-Razi	约 865—923/932	巴格达的医生，阿拉伯著名的炼金术士，著有《秘密的秘密》。	166, 167
阿伏伽德罗	Avogadro, Amedeo	1776—1856	意大利物理学家，提出分子概念，发现阿伏伽德罗定律。	425, 426
阿格里科拉	Agricola, Georgius	1494—1555	德国医生、矿物学家，著有《论金属》。	277~279
阿基米德	Archimedes	约前 287—约前 212	生于意大利西西里岛的叙拉古，是古代世界最伟大的科学家，亦名列希腊世界三大数学家之一。	11, 38, 84, 128~134, 136~138, 144, 147, 169, 170, 223, 252, 259, 341, 602
阿克赖特	Arkwright	1732—1792	英国发明家，发明水力纺纱机。	318, 319
阿奎那，托马斯	Aquina, Thomas	1224/1225—1274	中世纪的经院哲学大家，著有《神学大全》。	39, 212, 215, 216, 235
阿拉果	Arago	1786—1853	法国物理学家。	390, 404, 434, 435, 438, 478, 502
阿里斯塔克	Aristarchus of Samos	约前 310—约前 230	希腊天文学家，最早提出日心地动学说。	129, 130
阿里斯托芬	Aristophanes	约前 450—约前 388	希腊喜剧家。	85

中文（译）名	原文名	生卒年/活跃期	生平简述	在本书中出现的页码
阿罗	Arrow, Kenneth Joseph	1921—	美国经济学家，获 1972 年度诺贝尔经济学奖。	686
阿蒙顿	Amontons, Guillaume	1663—1705	法国物理学家，改进了空气温度计。	343,420
阿姆斯特朗	Armstrong, Neil Alden	1930—2012	美国宇航员，首次登上月球。	585,623,624
阿那克萨哥拉	Anaxagoras	约前 499—约前 428	希腊哲学家。	84,94,100,111,113,128
阿那克西曼德	Anaximandros	约前 610—前 545	希腊哲学家。	84,96,99,101,128
阿那克西米尼	Anaximenes	活跃于前 546 年左右	希腊哲学家。	38,84,96,99,100,128,667
阿特里雅	Atreya	约活跃于前 6 世纪	印度名医，有医书《阿特里雅本集》传世。	75
阿维罗意	Averroes	1126—1198	原名伊本·拉希德，阿拉伯医学家、哲学家，亚里士多德著作的整理者和注释者。	171,172
阿维森纳	Avicenna	980—1037	原名伊本·西纳，阿拉伯医学的集大成者，有《医典》传世。	170,171
埃克特	Eckert, John Presper	1919—1995	美国工程师，发明第一台电子计算机 ENIAC。	638,639
埃拉托色尼	Eratosthenes of Cyrene	约前 276—约前 194	希腊地理学家。	84,134,135,140,310
埃斯库罗斯	Aischulos	前 525—前 456	希腊三大悲剧作家之一。	85,92
艾夫斯	Ives, H. E.	1882—1953	美国发明家，电视的发明者。	635,636
艾弗里	Avery, Oswald Theodore	1877—1955	美国细菌学家，证明转化因子就是 DNA。	574,575
艾根，曼弗雷德	Eigen, Manfred	1927—	德国生物物理和生物化学家，提出超循环理论。	677,684,685
艾肯	Aiken, H.	1900—1973	美国工程师，发明继电器操作的计算机。	637,638
艾里	Airy, George Biddell	1801—1892	英国皇家天文学家，拖延了亚当斯关于海王星预言的证认工作。	433~435
艾伦，保罗	Alan, Paul	1953—	美国计算机科学家。	586,642
艾儒略	Aleni, Giulio	1582—1649	意大利来华传教士。	206
爱迪生	Edison, Thomas Alva	1847—1944	美国发明家。	348,484,406~510,515,629
爱丁顿	Eddington, Arthur Stanley	1882—1944	英国天文学家。	532,664

中文（译）名	原文名	生卒年 / 活跃期	生平简述	在本书中出现的页码
爱尔维修	Helvétius, Claude-Adrien	1715—1771	法国哲学家。	331
爱因斯坦	Einstein, Albert	1879—1955	德国 – 美国物理学家，相对论的创立者。	20,26,33~35,249,258,342,436,452,522,526~529,531~535,538~544,549,553~555,564,585,588~590,593,594,597,659,662,669,672~676
安德森	Anderson, Carl David	1905—1991	美国物理学家，从宇宙线中发现介子和正电子。	563,565,686
安培	Ampère, André Marie	1775—1836	法国物理学家，发现安培定律。	389~391,501,511
安提柯	Antigonus	前 382—前 301	亚历山大大帝手下的将军，亚氏死后统治马其顿地区。	124
奥本海默	Oppenheim, Samuel	1904—1967	美国物理学家，主持原子弹的研制。	590,595,598
奥伯特	Oberth, Hermann	1894—1989	德国火箭专家。	618
奥登	Odum, Eugene	1913—2002	美国生态学家，著有《生态学基础》。	687,688
奥尔伯斯	Olbers, Heinrich Wilhelm Mathias	1758—1840	德国天文学家，提出奥尔伯斯佯谬。	552
奥尔德林	Aldrin, Edwin Eugene	1930—	美国宇航员，第二个登上月球的人。	623,624
奥尔登堡	Oldenburg, H.	约 1619—1677	英国富商，皇家学会首任秘书。	305,306
奥古斯丁	Augustinus, Saint	354—430	罗马神父，教父哲学的代表人物之一。	215,463
奥肯	Oken, Lorenz	1779—1851	德国博物学家。	457
奥雷斯蒂	Orestes	不详	亚历山大里亚的行政长官，与希帕提娅关系密切，与教长里尔不睦。	159
奥斯特	Oersted, Hans Christian	1777—1851	丹麦物理学家，发现电流的磁效应。	389~394,501,511
奥托	Otto, Nikolaus August	1832—1891	德国工程师，研制成功第一台四冲程内燃机。	493,495,496
巴本	Papin, Denis	1647—1712	法国发明家，蒸汽机的早期发明者。	319~322,494
巴比奇，查尔斯	Babbage, Charles	1791—1871	英国数学家，电子计算机的先驱，著有《论英国科学的衰退》(1830)。	480,636,637
巴丁，约翰	Bardeen, John	1908—1991	美国电子工程师，发明晶体管。	630

中文（译）名	原文名	生卒年 / 活跃期	生平简述	在本书中出现的页码
巴尔波亚	Balboa, Vasco	1475—1519	西班牙籍美洲移民，第一次把太平洋命名为大南海。	232
巴克兰	Buckland, William	1784—1856	英国地质学家，水成论代表人物，著有《洪水遗迹》。	443,444
巴门尼德	Parmenides	鼎盛年约在前504—前501	希腊哲学家。	84,104,128
巴斯德	Pasteur, Louis	1822—1895	法国生物学家、化学家，微生物学的创立者。	458,459,468~475,648,649,689
白晋	Bouvet, Joachim	1656—1730	法国来华传教士。	208
白塞尔	Bessel, Friedrich Wilhelm	1784—1846	德国天文学家，发现天鹅座61号星的周年视差。	431~433
柏采留斯	Berzelius, J. J.	1779—1848	瑞典化学家，提出电化二元论。	426,429,430,573
柏拉图	Plato	约前428—约前348	古希腊著名哲学家。	84,85,94,97,111,112,114~119,125,127,128,135,137,157~159,161,164,165,213,215,247,248,544
拜尔	Bayer, Otto George	1902—1982	德国工业化学家。	482
坂田昌一	Sakata Shyoichi	1911—1970	日本理论物理学家。	566
邦德	Bond, William Cranch	1789—1859	美国天文学家。	438
邦迪	Bondi, Hermann	1919—2005	英国天文学家、数学家，提出稳恒态宇宙模型。	555
保罗	Paul	约10—约67	圣经人物，耶稣门徒。	156
保罗，路易斯	Paul, Lewis	?—1759	英国发明家，于1738年与惠特一起发明滚轮式纺织机。	318
贝尔	Bell, J. S.	1928—1990	英国物理学家，提出贝尔定理、贝尔不等式。	676,677
贝尔	Bell, A. G.	1847—1922	美国发明家，电话的发明者。	513~515
贝尔德	Baird, J. L.	1888—1946	英国发明家，电视的发明者。	635
贝尔纳	Bernal, John Desmond	1901—1971	英国科学史家，著有《历史上的科学》。	29
贝克尔	Becker, H.	1911—1942	德国物理学家，波特的学生。	561
贝克勒尔	Becquerel, Antoine Henri	1852—1908	法国物理学家，发现铀的放射性。	536~538
贝塔朗菲	Bertalanffy, Ludwig	1901—1971	美国生物学家，一般系统论的创始人。	677,680,681,683,686

中文（译）名	原文名	生卒年 / 活跃期	生平简述	在本书中出现的页码
贝特	Bethe, Hans Albrecht	1906—2005	美国物理学家，发现太阳上核反应的机制。	600
贝特森	Bateson, William	1861—1926	英国生物学家，将孟德尔的论文首次译成英文。	570, 571
贝托莱	Berthollet, Claude Louis	1748—1822	法国化学家，与拉瓦锡一起出版了《化学命名法》（1787）。	373
贝歇尔	Becher, Johann Joachim	1635—约 1682	德国化学家，著有《地下物理学》（1669）。	364, 365
本茨	Benz, C.	1844—1929	德国工程师，发明以汽油内燃机作引擎的三轮汽车。	497
本尼狄克	Benedict of Nursia, Saint	约 480—约 547	中世纪教士，创立修道院制度。	161
本生	Bunsen, Robert Wilhelm	1811—1899	德国化学家。	437, 482
比奥	Biot, Jean-Baptiste	1774—1862	法国物理学家，发现电流元磁力定律。	468, 478
彼拉多	Pilate	26—36	罗马驻巴勒斯坦的地方长官，下令钉死耶稣。	155
彼特拉克	Petrarca, Francesco	1304—1374	意大利文艺复兴时期著名诗人。	222
毕达哥拉斯	Pythagoras	前 497—约前 495	希腊哲学家。	38, 70, 94, 100~104, 128, 134, 544, 545, 667
毕昇		?—约 1051	宋代工匠，活字印刷术的发明者。	199
扁鹊		前 5 世纪	中国古代名医，中医三大祖师之一。	77, 176
波波夫	Pobov, Alexander Stepanovich	1859—1906	俄国物理学家，最早实现无线电通信。	517~519
波德	Bode, Johann Elbert	1747—1826	德国天文学家，提出行星轨道的波德定则。	360, 361
波多尔斯基	Podolsky, Boris	1896—1966	美国物理学家，与爱因斯坦一起提出 EPR 悖论。	675
波尔塔	Porta, Giambattista della	1535—1615	意大利物理学家，创建"自然秘密研究会"，著有《自然法术》（1558）、《神灵三书》（1601）。	303, 304, 320
波尔兹，玛丽	Paulze, Marie-Anne	1758—1836	拉瓦锡的妻子，拉瓦锡死后嫁给伦福德伯爵。	375
波格森	Pogson, Norman Robert	1829—1891	英国天文学家，建立光度星等关系式。	438

续表

中文（译）名	原文名	生卒年／活跃期	生平简述	在本书中出现的页码
波雷利	Borelli, G. A.	1608—1679	意大利数学家、生理学家。	304,602
波利亚科夫	Polyakov, Valery Vladimirovich	1942—	俄国宇航员，创造了留空 438 天的纪录。	627
波普	Pope, Alexander	1688—1744	英国诗人。	274
波特	Bothe, Walther Wilhelm Georg	1891—1957	德国物理学家，在轰击铍原子核时发现电中性射线。	561,562
波提切利	Botticelli, Sandro	1444—1510	意大利文艺复兴时期画家。	215,222
波依修斯	Boethius	约480—524	罗马贵族，其著作《哲学的安慰》在中世纪广为流传。	161
波义耳	Boyle, Robert	1627—1691	英国物理学家、化学家，著有《怀疑的化学家》（1661）。	261,280,300
玻恩	Born, Max	1882—1970	德国物理学家。	542,543,590,592
玻尔，尼尔斯	Bohr, Niles	1885—1962	丹麦物理学家。	540,541,562,563,565, 589,672~674
玻耳兹曼	Bolzman	1844—1906	奥地利物理学家。	421,422
伯里克利	Pericles	约前495—前429	希腊雅典政治家。	94,95,100
伯纳尔	Bernard, Claude	1813—1878	法国生理学家，著有《实验医学导论》（1865）。	459~462,470
伯纳斯－李	Berners-Lee, Timonthy	1955—	瑞士软件工程师，创建万维网（WWW）。	646,647
伯努利，丹尼尔	Bernoulli, Daniel	1700—1782	瑞士伯努利数学家族的第三代，约翰·伯努利的儿子，著有《流体动力学》（1738）。	338,339,421
伯努利，尼古拉斯	Bernoulli, Nicholas	1623—1708	瑞士伯努利数学家族的第一代。	338
伯努利，雅克	Bernoulli, Jakob	1654—1705	瑞士伯努利数学家族的第二代。	338
伯努利，约翰	Bernoulli, Johann	1667—1748	瑞士伯努利数学家族的第二代，提出虚位移原理。	338~340
泊松	Poisson, Simeon-Denis	1781—1840	法国数学家、物理学家。	478
布丰	Buffon	1707—1788	法国博物学家，著有《自然志》（1749—1788）。	331,379~381,385
布拉德雷	Bradley, James	1693—1762	英国天文学家，观测到光行差。	356~358,405,431
布拉坦，瓦尔特	Brattain, Walter	1902—1987	美国电子工程师，发明晶体管。	630

中文（译）名	原文名	生卒年 / 活跃期	生平简述	在本书中出现的页码
布莱克	Black, Joseph	1728—1799	苏格兰化学家，发现潜热。	322,344,366,367,369
布朗	Brown, Robert	1773—1858	英国植物学家，发现布朗运动。	423,456,457,528
布劳恩，卡尔	Braun, Karl	1850—1918	发明家，1897 年发明带荧光屏的阴极射线管，与马可尼一起获得 1909 年诺贝尔物理学奖。	634
布雷里奥	Blériot, Louis	1872—1936	法国发明家，1909 年驾机飞越英吉利海峡。	609
布里渊	Brillouin, Léon	1889—1969	法国物理学家，发展了信息与熵相联系的思想。	678
布鲁诺	Bruno, Giordano	1548—1600	意大利思想家，哥白尼学说的杰出传播者。	242,243,250
蔡伦		活跃于 105 年左右	东汉太监，纸的重要发明者。	196
查德威克	Chadwick, Sir James	1891—1974	英国物理学家，卢瑟福的学生。	561,562,587
查菲	Chaffee, Roger Bruce	1935—1967	美国宇航员，因事故身亡。	624
查哥夫	Chargaff, Erwin	1905—2002	奥地利裔美籍生物化学家。	574,575
查理	Charles, Jacques Alexander César	1746—1823	法国物理学家，发现气体运动的查理定律。	417,420,603
查普特尔	Chaptal, Jean-Antoine	1756—1832	法国化学家、政治家，1791 年把拉瓦锡命名的"硝"改称"氮"，沿用至今。	372
查士丁尼	Justinian	不详	东罗马皇帝（527—565 年在位），曾一度统一东西罗马。他于公元 529 年下令封闭雅典所有的学校，包括柏拉图学园。	118,157
巢元方		活跃于 610 年左右	隋代医学家，著有《诸病源候论》。	178
陈旉		1076—？	南宋农学家，著有《陈旉农书》。	174,175
陈规		不详	宋代工匠，发明火枪。	201
陈元靓		不详	南宋学者，著有《事林广记》，内有指南龟的介绍。	203
达比，阿布拉罕	Darby, Abraham	1677—1717	英国工程师，1735 年发明焦炭炼铁法。	325
达顿	Dutton, Clarence Edward	1841—1912	美国地质学家，提出地壳均衡理论。	578
达尔朗德	d'Arlandes, François Laurent	1742—1809	法国发明家，首次乘坐热气球升空。	603

中文（译）名	原文名	生卒年/活跃期	生平简述	在本书中出现的页码
达尔文，查理	Darwin, Charles	1809—1882	英国生物学家，进化论的创立者，著有《物种起源》（1859）。	17,18,381,386,441,444~459,462,465~467,479,570,660,686,689
达尔文，伊拉斯谟	Darwin, Erasmus	1731—1802	英国医生和博物学家，查理·达尔文的祖父，进化论的先驱。	444,445
达·芬奇	Leonardo da Vinci	1452—1519	意大利文艺复兴时期的科学和艺术全才。	222~224,382,511,670
达·伽马	Gama, Vasco da	约1460—1524	葡萄牙探险家，开辟了第一条绕非洲通往印度的航线。	203,229,230,232,234
达盖尔	Daguerre, Louis Jacques Mande	1789—1851	法国发明家，1839年与涅普斯一起发明第一台照相机。	407,408,438
达朗贝尔	d'Alembert, Jean le Rond	1717—1783	法国数学家、《百科全书》副主编，提出达朗贝尔原理，著有《论动力学》（1743）。	331,332,339,340,354,355,370,478
大阿尔伯特	Albert, Maganus	1193—1280	德国哲学家，阿奎那的老师，最先尝试将亚里士多德学说与基督教教义相结合。	215,216
大仲马	Dumas père, Alexandre	1802—1870	法国作家，著有科幻作品《月球之旅》。	615
戴姆勒	Daimler, Gottlieb	1834—1900	德国发明家，研制成功第一台以汽油为燃料的内燃机。	493,496,497
戴维	Davy, Sir Humphry Baronet	1778—1829	英国物理学家、化学家。	336,393,409~411,479,492,506
但丁	Dante, Alighieri	1265—1321	意大利诗人，著有《神曲》。	222,235
道尔顿	Dalton, John	1766—1844	英国化学家，化学原子论的建立者，著有《化学哲学的新体系》（1808）。	423~425,479
德奥菲罗斯	Theophilus	?—412	主教，主持焚毁埃及亚历山大里亚的塞拉皮斯神庙。	159
德拜	Debye, Peter Joseph William	1884—1966	荷兰裔美国物理学家。	542
德波里	Deprez Marcel	1843—1910	法国物理学家，建成第一条远距离直流输电线路。	504,505
德布罗意	de Broglie, Louis	1892—1990	法国物理学家，提出物质波理论。	540~542
德尔布吕克	Delbrück, Max	1906—1981	德裔美国生物学家。	574
德弗里斯	de Vries, Hugo Marie	1848—1935	荷兰生物学家，重新发现孟德尔定律。	569,570,572

中文（译）名	原文名	生卒年／活跃期	生平简述	在本书中出现的页码
德福雷斯特	de Forest, Lee	1873—1961	美国发明家，研制成第一个真空三极管。	629,630
德莱克	Drake, E. L.	1819—1880	美国石油大亨，在宾夕法尼亚州打出世界上第一口油井。	494
德罗夏	de Rochas, A. B.	1815—1891	法国工程师，提出四冲程循环理论。	495,496
德谟克利特	Demokritos	约前460—约前370	希腊哲学家。	84,107~109,146,544
德莫瓦	de Morvean	1737—1816	法国化学家，与拉瓦锡一起出版了《化学命名法》（1787）。	373
德诺瓦拉	de Novara	1454—1540	博洛尼亚大学天文学教授，对哥白尼影响很大。	236
德西特	de Sitter, Willem	1872—1934	荷兰天文学家，第一个提出膨胀宇宙模型。	554
邓洛普	Dunlop, John Boyd	1840—1921	英国发明家，发明充气轮胎。	497,498
邓平		活跃于公元前2世纪末叶	汉代天文学家，与落下闳一起创制太初历。	180
邓玉函	Terrenz, Joannes	1576—1630	德国来华传教士，介绍西方的力学知识。	207
狄奥多修	Theodosius I	347—395	罗马皇帝，于公元380年将基督教定为国教。	156,157,159
狄德罗	Diderot, Denis	1713—1784	法国思想家，《百科全书》主编。	331,332,340,472,485
狄拉克	Dirac, Paul Adrien Maurice	1902—1984	英国物理学家，量子力学的创始人之一。	540,542,543,565,676
狄塞尔	Diesel, Rudolf	1858—1913	德国工程师，研制成功第一台以柴油为燃料的内燃机。	493,496
迪亚士，巴特罗缪	Dias, Bartholomeu	约1450—1500	葡萄牙探险家，发现非洲好望角。	229
迪费	Dufay, Charles-Francois de Cisternai	1698—1739	法国物理学家。	345,346,349
迪吉斯，托马斯	Digges, Thomas	1546—1595	英国哲学家，最早由哥白尼体系推出宇宙无限。	242
迪克	Dicke, Robert Henry	1916—1997	美国天体物理学家。	558
戴克斯特霍伊斯	Dijksterhuis	1892—1965	荷兰科学史家，著有《世界图景的机械化》。	32,296

中文（译）名	原文名	生卒年 / 活跃期	生平简述	在本书中出现的页码
笛卡尔，勒内	Descartes, René	1596—1650	法国哲学家、数学家、物理学家，近代哲学的开创者，著有《方法谈》（1637）、《折光学》（1637）、《哲学原理》（1644）等。	110,263,270,274,280,289,296~300,302,329,330,337,338,401,402,524,670,671
第谷，布拉赫	Brahe, Tycho	1546—1601	丹麦天文学家。	244~246,250,255,308,614,615,697
提尔泰奥斯	Tyrtaeus	不详	希腊古代瘸腿诗人。	296
蒂内曼	Thienemann, A.	1882—1960	德国水生生物学家。	687
刁番都	Diophantos	活跃于250年左右	希腊化时期的数学家。	70,84,138,142,159,259
丁度		990—1053	北宋文字训诂学家、军事家，与曾公亮合著有《武经总要》，内有关于指南鱼的记载。	202
丁铎尔	Tyndall, John	1820—1893	英国物理学家。	474
杜马	Dumas, Jean Baptiste André	1800—1884	法国化学家。	468,471,478,479
多那台罗	Donatello	1386—1466	文艺复兴时期的雕刻家。	222
多普勒	Doppler, Johann Christian	1803—1853	奥地利物理学家，发现多普勒效应。	439,463
恩格斯	Engels, Friedrich	1820—1895	马克思主义经典作家。	221
恩里克亲王	Henry the Navigator	1394—1460	葡萄牙王子，开创地理大发现时代。	229
恩培多克勒	Empedocles	约前493—前433	希腊哲学家。	84,94
法布里修斯	Fabricius ab Aquapendente, Hieronymus	1537—1619	意大利医生，发现静脉瓣膜，著有《论静脉瓣膜》（1603）。	286~288,290,303
法拉第	Faraday, Michael	1791—1867	英国实验科学家，发现电磁感应现象。	392~398,425,479,501,502,504,507,536
法娄皮欧	Falloppio, Gabriele	1523—1562	意大利生理学家，维萨留斯的学生，法布里修斯的老师，输卵管的发现者。	287
凡尔纳，儒勒	Verne, Jules	1828—1905	法国科幻作家，著有《从月球到地球》《海底两万里》等。	488,489,615
范齐尔	Wantzel, Pierre Laurent	1814—1848	法国数学家，于1837年证明了用尺规不能作出2的开立方。	110

续表

中文（译）名	原文名	生卒年/活跃期	生平简述	在本书中出现的页码
范特霍夫	Van't Hoff, Jacobus Henricus	1852—1911	荷兰化学家。	547
菲罗劳斯	Philolaos	公元前5世纪后半叶	希腊天文学家，毕达哥拉斯学派成员。	103
菲涅尔	Fresnel, Augustin Jean	1788—1827	法国物理学家，独立提出光的波动说。	402,404,408,478
菲奇	Fitch, John	1743—1798	美国工程师，第一个将蒸汽动力用于船运。	487,488,490
菲索	Fizeau, Armand Hippolyte-Louis	1819—1896	法国物理学家，在实验室里第一次测定光速。	405,438,439
菲兹杰拉德	FitzGerald, George Francis	1851—1901	爱尔兰物理学家，提出以太风收缩假说。	525
腓力	Philip of Macedon	前382—前336	马其顿王，亚历山大大帝之父。	118,123
腓特烈二世	Frederick II	1740—1786	德国皇帝，在位期间热心于柏林科学院的建设。	244,246,340~342,481,485
斐迪南二世	Ferdinand II, Grand Duke of Tuscany	1610—1670	意大利显赫的美第奇家族成员，是实验科学的狂热爱好者，资助过齐曼托学院。	304
费马	Fermat, Pierre de	1601—1665	法国数学家。	309,401
费拉里斯	Ferraris, Galileo	1847—1897	意大利物理学家，1885年发明交流感应电动机。	504
费米	Fermi, Enrico	1901—1954	意大利物理学家。	564,566,588,589,592,594,595,601
费森登	Fessenden, A.	1866—1932	加拿大－美国物理学家，发明无线电话和无线电广播。	519,632
费舍尔，爱米尔	Fischer, E.	1852—1919	德国化学家。	482
费希纳	Fechner, Gustav Theodor	1801—1887	德国生理学家。	437
丰特涅尔	Fontenelle, Bernard Le Bouyer	1657—1757	法国作家，法国科学院常务秘书，在传播笛卡尔的学说方面贡献很大。	329,330
冯·贝林	von Behring, Emil Adolph	1854—1917	德国生物学家，发现血清疗法。	547
冯·布劳恩	von Braun, W.	1912—1977	德国－美国火箭专家，奥伯特的学生。	618~620,623

中文（译）名	原文名	生卒年 / 活跃期	生平简述	在本书中出现的页码
冯·诺伊曼	von Neumann	1903—1957	美国数学家，提出电子计算机的冯·诺伊曼模型。	636,639,640
夫琅和费	Fraunhofer, Joseph von	1787—1826	德国物理学家，发现太阳光谱中的暗线，即夫琅和费线。	406,407,436
弗拉姆斯特德	Flamsteed, John	1646—1719	英国天文学家，格林尼治天文台第一任台长。	307~309
弗莱明	Fleming, Sir Alexander	1881—1955	英国细菌学家，发现青霉素。	585,649,650
弗莱明	Fleming, John Ambrose	1849—1945	英国发明家，研制成第一个真空二极管。	510,629,630
弗莱明	Flemming, Walther	1843—1905	德国解剖学家，最早发现染色体。	571
弗兰克，詹姆斯	Franck, James	1882—1964	德裔美籍物理学家。	590
弗兰克林	Franklin, Rosalind Elsie	1920—1958	英国物理化学家、分子生物学家。	548,575,576
弗劳雷	Florey, Sir Howard Walter	1898—1968	英国病理学家。	650
弗里德曼	Friedman	1888—1925	苏联物理学家，提出均匀各向同性的弗里德曼宇宙模型。	554,555
弗里希	Frisch, Otto Robert	1904—1979	奥地利物理学家，迈特纳的侄子。	589
弗洛伊德	Freud, Sigmund	1856—1939	奥地利 – 美国精神病学家。	35,585,586
伏打	Volta, Alessandra Giuseppe Antonio Anastasio	1745—1827	意大利物理学家。	349~351,393
伏尔泰	Voltaire	1694—1778	法国启蒙思想家，著有《哲学通信》（1734）。	275,330
福楼拜	Flaubert, Gustave	1821—1880	法国作家。	462
福特，亨利	Ford, Henry	1863—1947	美国发明家，研制了美国第一部汽车。	497~499,585
傅科	Foucault, Jean Bernard Léon	1819—1868	法国物理学家，精确地测定光速，支持波动说。	405,438
傅立叶	Fourier, Jean Baptiste Joseph	1768—1830	法国数学家。	392,478
富尔顿	Fulton, Robert	1765—1815	美国工程师，首次实现蒸汽动力用于水运。	483,487~489,490,593
富克鲁瓦	Fourcroy, Antoine François de	1755—1809	法国化学家。	335

中文（译）名	原文名	生卒年 / 活跃期	生平简述	在本书中出现的页码
富兰克林，本杰明	Franklin, Benjamin	1706—1790	美国政治家，独立战争的领袖，也是著名的电学家。	345,347~349,367,391,483,486,488
伽伐尼	Galvani, Luigi	1737—1798	意大利解剖学家、电物理学家，发现伽伐尼电流。	349~351
伽利略	Galileo Galilei	1564—1642	意大利物理学家。	5,11~13,40,227,250~258,261,262,265,267~271,273,274,280,287,289,295,297~301,303,304,306,343,359,477,527,582,662
伽罗华	Galois, Evaliste	1811—1832	法国数学家。	342
伽莫夫，乔治	Gamov, George	1904—1968	俄裔美籍物理学家。	33,556,576
伽桑狄	Gassendi, Pierre	1592—1655	法国哲学家，在近代首先复兴原子论思想。	300,301,309,345
盖茨，比尔	Gates, Bill	1955—	美国计算机科学家。	586,642,645
盖达尔	Guettard, Jean Etienne	1715—1786	法国地质学家，是火成论和水成论的共同先驱，对拉瓦锡有影响。	371
盖尔曼	Gell-Mann, Murray	1929—	美国物理学家，提出夸克模型。	566,567,686
盖革	Geiger, Hans	1882—1945	德国物理学家，发明盖革计数器。	560,592
盖里克	Guericke, Otto von	1602—1686	德国物理学家，设计并演示了马德堡半球实验，证实了真空和大气压力的存在。	261,264,265,345
盖－吕萨克	Gay-Lussac, Joseph Louis	1778—1850	法国化学家，发现盖－吕萨克定律。	420,425,426,430,434,478
盖伦	Galen	129—199	罗马名医。	84,138,141,170,213,277,283~286,288,289
甘德		大约生活在公元前 4 世纪中期	战国时期齐国人，著有《天文星占》，后人将之与石申的《天文》合为《甘石星经》。	79
高达德	Goddard, Robert Hutchings	1882—1945	美国工程师、发明家，发明液体火箭。	617,618
高尔吉亚	Gorgias	约前 483—约前 376	希腊哲学家。	84,109
高拉德	Gaulard, Lucien	1850—1888	法国工程师，制造第一台实用的变压器（1883）。	504
高斯	Gauss, Carl Friedrich	1777—1855	德国数学家。	131,342

728

中文（译）名	原文名	生卒年 / 活跃期	生平简述	在本书中出现的页码
高仙芝		?—756	唐朝将军，唐天宝十年（751）指挥军队与阿拉伯人作战，大败，被俘唐兵中有许多造纸工匠，将造纸术传到阿拉伯世界。	197
戈贝尔	Göbel, Heinrich	1818—1893	德裔美国商人，发明第一盏用竹子纤维做灯丝的白炽灯。	506
戈德斯密特	Goldschmidt	不详	丹麦物理学家。	596
戈尔德	Gold, Thomas	1920—2004	奥地利 – 美国天文学家，提出稳恒态宇宙模型。	555
哥白尼	Copernicus, Nicolaus	1473—1543	波兰天文学家，著有《天球运行论》。	26,28,40,129,130,235~255,284,297,301,305,311,356,357,431,432,531,533,582
哥伦布	Columbus, Christopher	1451—1506	意大利航海家，最先到达美洲大陆的欧洲人。	140,202,203,217,229~233,255,590
歌德	Goethe, Johann Wolfgang von	1749—1832	德国文学家。	380,454
格拉肖	Glashow, Sheldon Lee	1932—	美国物理学家。	564,567
格雷	Gray, Stephen	1666—1736	英国电学家。	345,346
格里菲思	Griffith, William	1810—1845	英国生物学家，发现转化因子。	574
格里芬	Griffin, Harry	不详	英国生物学家，罗斯林研究所所长。	654
格里高利十三世	Gregory XIII	1502—1585	罗马教皇，于1582年颁布格里高利历。	145,246
格里索姆	Grissom, Virgil. Ivan.	1926—1967	美国宇航员，因事故身亡。	624
格伦	Glenn, John	1921—2016	美国宇航员。	585,586,622
格罗夫	Grove, William Robert	1811—1896	英国律师，能量守恒原理的首创者之一。	19,415
格罗夫斯，莱斯利	Groves, Leslie	1896—1970	美国将军，曼哈顿工程的行政首脑。	594,597
格罗塞特	Grosseteste, Robert	1168—1253	英国教士，罗吉尔·培根的老师。	216,217
格罗斯曼	Grossmann, Marcel	1878—1936	瑞士数学家，爱因斯坦的大学同窗好友，帮助建立广义相对论。	527,531
格瑞	Gray, H.G.	不详	美国陆军上尉，1927年乘气球升到12954米高空。	604
格斯纳	Gessner, A.	1797—1864	加拿大地质学家，首次提炼出煤油。	494

中文（译）名	原文名	生卒年 / 活跃期	生平简述	在本书中出现的页码
葛洪		284—364	东晋炼丹术士、医学家，著有《肘后备急方》。	178
古登堡	Gutenberg, Joham	约 1400—1468	德国发明家，在欧洲首创活字印刷术。	200，226，227
郭守敬		1231—1316	元代天文学家，在天文仪器的制造上造诣高超，创制《授时历》。	180，183，185
哈勃	Hubble, Edwin Powell	1889—1953	美国天文学家，发现河外星系普遍红移的哈勃定律。	548，550，551，555，556
哈德良	Hadrian	76—138	罗马皇帝，建造了万神庙。	150
哈恩	Hahn, Otto	1879—1968	德国原子物理学家。	589，592，598
哈夫拉	Khafre	约前 2600 年左右	胡夫之子，希腊人称齐夫林，他的金字塔前有一座用整块巨石雕刻的狮身人面像，希腊人称之为斯芬克斯。	66
哈格里夫斯，詹姆斯	Hargreaves, James	约 1720—1778	英国发明家，于 1765 年发明珍妮机。	318，319
哈金斯	Huggins, William	1824—1910	英国天文学家。	439
哈肯	Hacken, Hermann	1927—	德国理论物理学家，创立协同学。	677，682，683
哈雷	Halley, Edmond	1656—1742	英国天文学家，格林尼治天文台第二任台长，哈雷彗星的发现者。	271~273，307，357
哈伦·拉希德	Harun al-Raschid	约 764—809	阿拔斯朝的哈里发，首开翻译希腊典籍之风。	163
哈维	Harvey, William	1578—1657	英国医生、生理学家，血液循环的发现者，著有《心血运动论》（1628）。	40，141，224，286~290，303，477，670
海克尔	Haeckel, Ernst Heinrich	1834—1919	德国生物学家，著有《普通生物形态学》（1866）、《宇宙之谜》（1899）。	452~455，459，686
海森堡	Heisenberg, Werner	1901—1976	德国物理学家，创立矩阵力学。	540，542~545，562，568，592，598，674
汉谟拉比	Hammurabi	约前 1810—前 1750	巴比伦国王。	66
荷马	Homer	约公元前 8、9 世纪	希腊游吟诗人。	84，87
赫顿	Hutton, James	1726—1797	英国地质学家，地质火成论的代表人物，著有《地质学理论》（1795）。	382~384，443，444，577

中文（译）名	原文名	生卒年 / 活跃期	生平简述	在本书中出现的页码
赫尔蒙特	Helmont, Joan Baptista van	1580—1644	比利时医生、思想家、化学家，著有《医学精要》。	277,279,280,366,371,470
赫尔姆霍茨	Helmholtz, Hermann von	1821—1894	德国物理学家，能量守恒定律的重要建立者。	19,35,399,413,415,482,668
赫拉克利特	Herakleitos	约前 540—约前 480	希腊哲学家。	84
赫拉克流	Heraclius	约 575—641	东罗马皇帝（610—641 年在位），于公元610年开始帝国的希腊化。	157
赫拉派斯	Herapath, John	1790—1868	英国物理学家，气体运动论的先驱者。	421
赫舍尔，卡罗琳	Herschel, Caroline Lucretia	1750—1848	德国 – 英国天文学家，威廉·赫舍尔的妹妹。	358,359
赫舍尔，威廉	Herschel, Frederick William	1738—1822	德国 – 英国天文学家，发现天王星。	352,354,358,359,363,432,479
赫舍尔，约翰	Herschel, John Frederick William	1792—1871	英国天文学家，威廉·赫舍尔的儿子。	361,362
赫斯	Hess, Harry Hammond	1906—1969	美国地质学家，提出海底扩张理论。	19,581
赫胥黎	Huxley, Thomas Huxley	1825—1895	英国博物学家，以"进化论的斗犬"闻名。	17,452~455,689
赫兹	Hertz, Heinrich Rudolph	1857—1894	德国物理学家，在实验室里检验到电磁波。	399,400,517
黑尔斯	Hales, Stephen	1677—1761	英国植物学家，著有《植物静力学》（1727），第一次给出气体的水面收集法。	366,368,379
黑格尔	Hegel, Georg Wilhelm Friedrich	1770—1831	德国哲学家。	20,647
亨茨曼，本杰明	Huntsman, Benjamin	1704—1776	英国钟表匠，发明新式炼钢法。	325
亨德森	Henderson, Thomas	1798—1844	英国天文学家，发现半人马座阿尔法星的周年视差。	431,432
亨利，约瑟夫	Henry, Joseph	1797—1878	美国物理学家，发现电磁感应现象。	392,395,483,502,511
胡夫	Khufu	不详	埃及古王国第四王朝国王，希腊人称他齐奥普斯（Cheops），他为自己建造的金字塔是所有埃及金字塔中最大的。	65,66

续表

中文（译）名	原文名	生卒年 / 活跃期	生平简述	在本书中出现的页码
胡克	Hooker, Joseph Dalton	1817—1911	英国植物学家。	289,291
胡克，罗伯特	Hooke, Robert	1635—1703	英国物理学家、显微生物学家、著名的实验科学大师，著有《显微图》（1665）等。	26,228,265~267,270~273,280,282,322,471,602
花拉子模	al-Khwarizmi	约 800—847	原名伊本·穆萨，阿拉伯数学家，著有《复原和化简的科学》。	167,168
华莱士	Wallace, Alfred Russel	1823—1913	英国生物学家，进化论的创立者之一。	444,450
华伦海	Fahrenheit, Daniel Gabriel	1686—1736	荷兰仪器商人，华氏温标体系的制定者。	343,344
华佗		约公元 2 世纪前半叶—208	东汉至三国时期名医，中医三大祖师之一。	176,177
滑寿		约 1304—1386	元代医生，著有《十四经发挥》。	178
怀特	White, Edward Higgins	1930—1967	美国宇航员，因事故身亡。	624
怀特海	Whitehead, Alfred North	1861—1947	英国数学家、哲学家。	92,93,144,216,249
皇甫谧		215—282	东汉 – 西晋医学家，著有《针灸甲乙经》。	178
惠更斯，康士坦丁	Huygens, Constantijn	1628—1697	克里斯蒂安·惠更斯的兄长。	267
惠更斯，克里斯蒂安	Huygens, Christiaan	1629—1695	荷兰物理学家，著有《论光》（1690）等。	228,267~269,274,309,311,320,337,338,343,357,401,402,544
惠勒	Wheeler, John Archibald	1911—2008	美国物理学家。	589,590,676
惠斯通	Wheatstone, Charles	1802—1875	英国电学家,发明半自激式发电机。	501~503,514
惠特，约翰	Wyatt, John	1700—1766	英国发明家，于 1738 年与保罗一起发明滚轮式纺纱机。	318
霍布斯	Hobbes, Thomas	1588—1679	英国哲学家。	309
霍尔	Hall, James	1761—1832	英国业余科学家，赫顿的朋友，用实验证明了熔岩可以固化为晶体。	384
霍尔巴赫	Holbach, Paul Henri Thiry	1723—1789	法国哲学家。	331

中文（译）名	原文名	生卒年 / 活跃期	生平简述	在本书中出现的页码
霍尔顿，杰拉德	Holton, Gerald	1922—	当代美国科学史家，哈佛大学科学史系教授。	15, 32, 33
霍夫曼	Hoffmann, August Wilhelm von	1818—1892	德国有机化学家。	482
霍勒里斯	Hollerith, Herman	1860—1929	美国工程师，发明第一台电动计算机（1884）。	637, 638
霍伊尔	Hoyle, Fred	1915—2001	英国天文学家，提出稳恒态宇宙模型。	555, 556
基尔霍夫	Kirchhoff, Gustav Robert	1824—1887	德国物理学家，发明光谱分析法。	406, 407, 437, 438, 615
吉布斯	Gibbs, J.D.	不详	英国工程师，制造第一台实用的变压器（1883）。	504
吉布斯	Gibbs, Josiah Willard	1839—1903	美国物理学家。	484, 485
吉尔伯特	Gilbert, William	1544—1603	英国医生，磁学研究的先驱者。	259~261, 294, 345, 346, 389, 477
吉伯尔提	Ghiberti, Lorenzo	1378—1455	文艺复兴时期的雕刻家。	222
吉拉丹	Girardin, Emile de	1806—1881	法国文学评论家。	460, 461
加加林，尤里	Gagarin, Yury Alexeyerich	1934—1968	苏联宇航员，第一个走入太空的地球人。	585, 586, 621, 622, 624, 626, 628
加勒	Galle, Johann Gottfried	1812—1910	德国天文学家，证认了勒维烈关于海王星的预测。	434, 435
贾比尔	Jabir ibn Hayyan	约 721—815	阿拉伯著名的炼金术士。	163, 166, 167
贾思勰		活跃于 540 年左右	北魏农学家，著有《齐民要术》。	174, 175
焦耳	Joule, James Prescott	1818—1889	英国物理学家，发现焦耳定律和热功当量。	413~415, 421, 479
杰拉德	Gerard of Cremona	约 1114—1187	意大利人，在西班牙从事希腊典籍的翻译工作。	213
居里，皮埃尔	Curie, Pierre	1859—1906	法国物理学家。	537
居里夫人	Curie, Marie	1867—1934	原名玛丽·斯克罗多夫斯卡（Maria Sklodowska），波兰物理学家、化学家，以放射性研究著称，发现钋、镭等多种元素，两度获诺贝尔奖。	537, 538, 562
居纽	Cugnot, Nicolas-Joseph	1725—1804	法国工程师，制造了第一辆蒸汽机驱动的三轮车。	491

续表

中文（译）名	原文名	生卒年/活跃期	生平简述	在本书中出现的页码
居维叶	Cuvier, Georges Léopold Chrétien Frédéric Dagobert	1769—1832	法国比较解剖学家，著有《地球表面的革命》（1825）。	386,441~443,479,577
君士坦丁大帝	Constantine	约272—337	罗马皇帝，于公元325年亲自主持基督教世界的第一次全体主教会议。	156,157
卡里普斯	Kallippos	活跃于前370年左右	希腊天文学家，欧多克斯的学生，发展了同心球模型，把原来的27个球增加到34个。	120
卡内基	Carnegie, Andrew	1835—1919	美国大企业家。	484
卡诺	Carnot, Lazare Nicolas Marguerite	1753—1823	法国数学家，物理学家卡诺的父亲。	335,411
卡诺	Carnot, Nicolas Léonard Sadi	1796—1832	法国工程师、物理学家，热力学的创立者。	19,411,412,415~418,478,495
卡彭特	Carpenter, M. Scott	1925—2013	美国宇航员。	622
卡斯帕罗夫	Kasparov, Gary	1963—	世界首席国际象棋大师，与IBM的机器人"深蓝"大战告败。	645
卡特莱特	Cartwright, Edmund	1743—1823	英国发明家。	319
卡图	Cato, Marcus porcius	前234—前149	罗马首席执政官，著有《论农业》。	151
卡文迪许	Cavendish, Henry	1731—1810	英国实验科学家，发现氢气，测定万有引力常数G。	351~353,367,368,372,398,479,541
卡西尼	Cassini, Gion Domenico	1625—1712	意大利天文学家，巴黎天文台的首任台长。	304,310,311,331,334,356
卡逊，蕾切尔	Carson, Rachel	1907—1964	美国生物学家，环境运动的先驱，著有《寂静的春天》。	585,586,650,651
卡亚，奥马	Khayyam, Omar	约1048—约1131	阿拉伯数学家、天文学家。	168
开尔文勋爵	Thomson, Sir William, Lord Kelvin	1824—1907	原名威廉·汤姆逊，英国物理学家，热力学第二定律的建立者，建立绝对温标。	415~417,451,452,523,524
开普勒	Kepler, Johannes	1571—1630	德国天文学家。	35,40,170,239,246~251,255~257,270~274,301,304,401,481,533,554,615
凯，约翰	Kay, John	1704—1764	英国发明家，于1733年发明飞梭。	318
凯库勒	Kekule, von Stradoniz August	1829—1896	德国化学家。	482

中文（译）名	原文名	生卒年/活跃期	生平简述	在本书中出现的页码
凯利，乔治	Cayley, George	1773—1857	英国发明家，滑翔机研制的先驱。	605,607
恺撒	Caesar, Gaius Julius	前100—前44	罗马皇帝。	144~147,158
坎贝尔–斯温顿	Campbell-Swinton, A. A.	1863—1930	英国工程师，电视的发明先驱。	634,635
坎尼查罗	Cannizzaro, Stanislao	1826—1910	意大利化学家。	426,427
康德，伊曼努尔	Kant, Immanuel	1724—1804	德国哲学家，提出太阳系起源的星云假说，有自然哲学著作《自然史与天体论》（1755）。	356,362,389
康格里夫	Congreve, W.	1772—1828	英国发明家，将火箭改造成一种武器。	616
康芒纳	Commoner, Barry	1917—2012	美国生态学家，著有《封闭的循环》（1971）。	688,691
康普顿	Compton, Arthur Holly	1892—1962	美国物理学家。	597
康普顿，塞缪尔	Crompton, Samuel	1753—1827	英国发明家，于1779年发明骡机。	319
柯尔丁	Colding, Ludvig August	1815—1888	丹麦工程师，能量守恒原理的首创者之一。	19,416
柯林斯	Collins, Michael	1930—	美国宇航员。	623,624
柯林斯	Correns, Carl Erich	1864—1933	德国生物学家，重新发现孟德尔定律。	569,570
柯瓦雷，亚历山大	Koyré, Alexandre	1892—1964	俄国–法国科学史家，现代科学史学科的重要创始人之一。	28,29,32
柯西	Cauchy, Augustin-Louis	1789—1857	法国数学家。	342,478
科尔培尔	Colbert, Jean-Baptiste	1619—1683	法国国王路易十四的近臣，法兰西科学院的创建者。	309,310
科赫	Koch, Heinrich Hermann Robert	1843—1910	德国医生，传染病学的开创者之一，1905年诺贝尔医学奖获得者。	468,474
科罗列夫	Korolev, S. P.	1906—1966	苏联火箭专家。	619,621
科马罗夫	Komarov, Vladimir Mikhaylovich	1927—1967	苏联宇航员。	624
科特，亨利	Cort, Henry	1740—1800	英国工程师，发明搅拌法冶炼术（1784）。	325
克拉佩龙	Clapeyron, Benoit Paul Emile	1799—1864	法国工程师，热力学的早期奠基者。	412

续表

中文（译）名	原文名	生卒年/活跃期	生平简述	在本书中出现的页码
克莱罗	Clairaul, Alexis-Claude	1713—1763	法国科学家，领导了赤道处大地测量工作。	331
克莱斯特	Kleist, Ewald Georg von	约1700—1748	德国牧师，莱顿瓶的独立发明者。	347
克劳姆林	Crommelin	1865—1939	法国天文学家，验证星光在太阳附近偏转的广义相对论效应。	532
克劳修斯	Clausius, Rodolf	1822—1888	德国物理学家，热力学第二定律的建立者。	416,418,421,422
克雷，西蒙	Cray, Seymour R.	1925—1996	美国计算机科学家。	643
克里奥帕特拉	Cleopatra	前69—前30	埃及女王。	158,159
克里克	Crick, Francis Harry Compton	1916—2004	英国生物化学家。	575,576,671
克里尼希	Kronig, August Karl	1822—1879	德国物理学家，气体运动论的先驱。	421
克特西布斯	Ctesibius of Alexandria	约前285—前222	亚历山大里亚的工程师。	138
孔德	Comte, Auguste	1798—1857	法国哲学家，著有《实证哲学讲义》（1825）。	436
孔迪亚克	Condillac, Etienne Bonnot de	1715—1780	法国哲学家。	331
库恩，托马斯	Kuhn, Thomas Samuel	1922—1996	美国科学史家、科学哲学家，历史主义科学哲学的代表人物。	28,29,32
库利奇	Coolidge, W. D.	1873—1975	美国工程师，发明钨丝灯泡。	510
库仑	Coulomb, Charles-Augustin	1736—1806	法国物理学家，发现库仑定律。	334,351,353,389~391, 395,397
拉斐尔	Raphael	1483—1520	意大利文艺复兴时期画家。	82,222
拉格朗日	Lagrange, Joseph Louis	1736—1813	法国数学家，分析力学的集大成者，著有《分析力学》（1788）。	334,339,341,342,354, 375,478,481
拉卡伊	Lacaille, Nicolas-Louis de	1713—1762	法国天文学家，对拉瓦锡有影响。	370
拉马克	Lamarch, Jean-Baptiste	1744—1829	法国生物学家，进化论的先驱，著有《动物哲学》（1809）。	25,384~386,441,443~ 445,462,463,479
拉马克，柯莱丽	Lamarch, C.	不详	拉马克的女儿。	386
拉美特利	La Mettrie, Julien Offray de	1709—1751	法国唯物主义哲学家，著有《人是机器》。	671

中文（译）名	原文名	生卒年/活跃期	生平简述	在本书中出现的页码
拉普拉斯	Laplace, Pierre Simon, Marquis de	1749—1827	法国数学家、物理学家，著有《天体力学》（1799—1825）。	334，354~356，373，478
拉瓦锡	Lavoisier, Antoine-Laurent	1743—1794	法国化学家，著有《化学纲要》（1789）。	41，282，334，335，342，364，369~375，424，429，460，466，478
莱布尼茨	Leibniz, Gottfried Wilhelm	1646—1716	德国哲学家、数学家，微积分的发明者。	35，275，311~313，338，477，481，485，636，673
莱特，奥维尔	Wright, Orville	1871—1948	美国发明家，第一架飞机的发明者。	496，497，585，607~609，611
莱特，威尔伯	Wright, Wilbur	1867—1912	美国发明家，第一架飞机的发明者。	496，497，585，607~609，611
莱因特，亨利	Rhind, Alexander Henry	1833—1863	英国人，1858年发现埃及数学纸草，以他的名字命名，现存于大英博物馆。	63
赖尔	Lyell, Charles	1797—1875	英国地质学家，著有《地质学原理》（1830—1833）。	443，444，446~450，452，479，558，577
赖斯	Reis, J. P.	1834—1874	德国发明家，发明第一个电话装置。	514
赖特	Wright, Wellman	活跃于19世纪前期	英国工程师，煤气内燃机的早期发明者。	495
赖特	Wright, Thomas	1711—1786	英国天文学家。	362
朗贝尔	Lambert, Johann Heinrich	1728—1777	德国天文学家、物理学家、数学家。	362
朗缪尔	Langmuir, Irving	1881—1957	美国工程师，建议在灯泡中加入惰性气体氩，以延长灯丝寿命。	510
勒比雄	Le Pichon, X.	1937—	法国地质学家，提出六大板块理论。	582
勒布朗	Leblanc, Nicolas	1742—1806	法国医生，1788年发明制碱新法。	326，327
勒梅特	Lemaitre, Georges	1894—1966	比利时天文学家。	554，555
勒纳尔	Jeannel, René	1879—1965	法国生物学家。	654
勒努瓦	Lenoir, J. J. E.	1822—1900	法国工程师，发明第一台实用的内燃机。	493，495
勒朋	Lebon, Philippe	1767—1804	法国工程师，设计了第一个用煤气作燃料的内燃机。	494，495
勒维烈	Leverrier, Urbain Jean Joseph	1811—1877	法国天文学家，预测了海王星的轨道并得到证实。	433~436
雷迪	Redi, Francesco	1626—1698	意大利胚胎学家。	304

续表

中文（译）名	原文名	生卒年 / 活跃期	生平简述	在本书中出现的页码
雷恩	Wren, Sir Christopher	1632—1723	英国建筑学家，牛顿时代的皇家学会主席，曾促成牛顿对万有引力定律的研究。	271,272,305
雷提卡斯	Rheticus	1514—1564	哥白尼的学生，帮助出版《天球运行论》。	238
雷，约翰	Ray, John	1627—1705	英国生物学家，17世纪自然分类法的代表人物，也是地质火成论的先驱。	376,377,382
雷泽尔，大卫	Layzer, David	1925—	美国天体物理学家。	660
楞次	Lenz, Heinrich Friedrich Emil	1804—1865	德国物理学家。	19,482
黎曼	Riemann, G. F. B.	1826—1866	德国数学家。	531
李比希	Liebig, Justus von	1803—1873	德国化学家，发展了有机化学的定量分析方法。	19,429,430,469,482,573
李冰		活跃于前255年左右	公元前256至前251年间为蜀郡太守，主持修建都江堰。	77
李处人		不详	唐代航海家，开通温州至日本的航线。	203
李春		生活在600年左右	隋朝石匠，于开皇、大业年间（590—608）设计建造赵州桥。	192
李建元		不详	李时珍之子。	179
李诫		?—1110	宋代建筑师，编有《营造法式》。	194
李邻德		不详	唐代航海家，开通宁波至日本的航线。	203
李林塔尔	Lilienthal, Otto	1848—1896	德国工程师，滑翔机研制的关键人物。	606,607
李时珍		1518—1593	明代医学家，著有《本草纲目》。	178,179,204
李斯特	Lister, Joseph	1827—1912	英国医生，最先将巴斯德消毒法用于外科手术。	471,648
李冶		1192—1279	元代数学家，著有《测圆海镜》《益古演段》等。	188
李政道	Lee, Tsung-Dao	1926—	华裔美国物理学家，发现宇称不守恒定律。	564
里尔	Cyril	不详	亚历山大里亚的教长，策划杀害希帕提娅。	159
里赫曼	Richmann, Georg Wilhelm	1711—1753	俄国物理学家，罗蒙诺索夫的老师，做闪电实验时被雷击身亡。	349

中文（译）名	原文名	生卒年 / 活跃期	生平简述	在本书中出现的页码
里歇	Richer, Jean	1630—1696	法国天文学家，发现赤道处摆钟较慢。	330
利基，理查德	Leakey, Richard	1944—	英国考古学家。	52,53
利基，路易斯	Leakey, Louis Seymour Bazett	1903—1972	英国－肯尼亚考古学家，1959 年在东非发现一具距今 175 万年的头骨，被认为是最早出现的人类。	52
利马窦	Ricci, Matthoeus	1552—1610	意大利来华传教士，在西学东渐中起过重要作用，与徐光启合译《几何原本》。	206,207,209
利珀希，汉斯	Lippershey, Hans	1570—1619	荷兰眼镜商人，据说是他于 1608 年第一个造出了望远镜。	26
梁令瓒		活跃于 8 世纪	设计黄道游仪。	185
列文	Levene, Phoebus Aron Theodor	1869—1940	俄裔美国化学家，发现核酸分为 RNA 和 DNA 两种（1911）。	573,574
列文虎克	Leeuwenhoek, Antoni van	1632—1723	荷兰显微生物学家，是位业余科学家，但成果丰硕，著有《自然的奥秘》。	26,289~292
列文斯顿	Livingston, Robert R.	1746—1813	美国发明家，帮助富尔顿造成汽船。	489
林白	Lindbergh, Charles Augustus	1902—1974	美国飞行员，1927 年单人驾机飞越大西洋。	585
林奈	Linné, Carl von	1707—1778	瑞典生物学家，著有《自然系统》（1735—1768）。	376~381
刘徽		活跃于 265 年左右	曹魏和西晋时期的著名数学家，著有《九章算术注》（263）。	184,187,188
留基伯	Leukippos	前 440 年左右	希腊哲学家，原子论创始人。	84,107,108,146
卢埃尔	Rouelle, G. F.	1703—1770	法国化学家，对拉瓦锡有影响。	370
卢克莱修	Lucretius	约前 99—前 55	罗马诗人，原子论思想家。	146
卢瑟福	Rutherford, Ernest	1871—1937	新西兰物理学家，提出原子的有核模型。	540,541,560~562,587, 588,590,591,659
卢瑟福，丹尼尔	Rutherford, Daniel	1749—1819	英国化学家，布莱克的学生，发现氮气。	367,369
卢梭	Rousseau, Jean-Jacques	1712—1778	法国启蒙运动思想家。	331,332,385
路易十六	Louis XVI	1754—1793	法国国王，被法国大革命推翻。	333,342

续表

中文（译）名	原文名	生卒年 / 活跃期	生平简述	在本书中出现的页码
伦福德伯爵	Thompson, Sir Benjamin, Count (graf) von Rumford	1753—1814	原名本杰明·汤普森，美国出生的英国物理学家。	19,345,409~411
伦琴	Rontgen, Wilhelm Konrad	1845—1923	德国物理学家，发现 X 射线。	536,547
罗巴克	Roebuck, John	1718—1794	英国化学家，发明了制造硫酸的"室法"。	326
罗巴切夫斯基	Lobachevsky, Nikolai Ivanovich	1792—1856	俄国数学家，独立建立非欧几何。	486
罗吉特	Roget, Peter Mark	1779—1869	英国医生，发现视觉暂留现象（1824）。	509
罗朗	Laurent, August	1807—1853	法国有机化学家。	479
罗蒙诺索夫	Lomonosov, M.	1711—1765	俄国物理学家、诗人。	349,485,486
罗森	Rosen, Louis	1909—1995	美国物理学家，与爱因斯坦一起提出 EPR 悖论。	675
罗辛	Rosing, B.	1869—1933	俄国发明家，电视的发明先驱。	634,635
罗伊默	Römer, Ole Christensen	1644—1710	丹麦天文学家，首次测定光速。	311,357,405
罗泽尔	de Rozier	不详	法国发明家，首次乘坐热气球升空。	603
洛克菲勒	Rockefeller, John Davison	1839—1937	美国大企业家。	484
洛伦兹	Lorenz, Hendrik Antoon	1853—1928	荷兰物理学家，给出洛伦兹变换。	525,526
洛伦兹	Lorenz, Edward Norton	1917—2008	美国气象学家，发现确定性混沌。	677,685
洛奇	Lodge, Sir Oliver Joseph	1851—1940	英国物理学家，发明电磁波检测器。	517,518
落下闳		活跃于公元前 2 世纪末叶	汉代天文学家，与邓平一起创制《太初历》。	180,182
路德，马丁	Luther, Martin	1483—1546	德国宗教改革家，新教的创立者。	225,238
马尔比基，马尔切诺	Malpighi, Marcello	1628—1694	意大利医生、显微生物学家，发现毛细血管。	289~291,377
马尔萨斯	Malthus, Thomas Robert	1766—1834	英国经济学家，著有《人口论》。	448~450
马卡达姆	Makadam	1756—1836	英国工程师，发明柏油马路。	498

中文（译）名	原文名	生卒年/活跃期	生平简述	在本书中出现的页码
马可·波罗	Marco Polo	1254—1323	意大利旅行家，著有《马可·波罗游记》。	229~231
马可尼	Marconi, Guglielmo Marchese	1874—1937	意大利工程师，最早实现无线电通信。	400,517~519,557,585,586
马克库拉，阿马斯	Markkula, Armas	1942—	美国计算机科学家。	642
马吕斯	Malus, Étienne-Louis	1775—1812	法国物理学家，发现光的偏振现象。	404,478
马略特	Mariotte, Edme	约1620—1684	法国物理学家，发现波义耳-马略特定律。	265,310
马让迪	Magendie, François	1783—1855	法国生理学家，实验生理学的奠基者。	460,461
马塞拉斯	Marcellus	不详	罗马将军，指挥围攻阿基米德的祖国叙拉古。	134
马森布罗克	Musschenbroek, Pieter van	1692—1761	荷兰物理学家，莱顿瓶的发明者。	345~347
玛萨乔	Masaccio	1401—1428	文艺复兴时期的画家。	222
迈尔	Mayr, Ernst	1904—2005	美国生物学家。	33,660
迈耶尔	Meyer, Julius Lothar	1830—1895	德国化学家，元素周期表的独立发现者。	428
迈尔，罗伯特	Mayer, Julius Robert von	1814—1878	德国医生，能量守恒原理的首创者之一。	19,413~415
迈克尔逊	Michelson, Albert Abraham	1852—1931	美国物理学家，做过著名的光速测定。	484,524,525,528
迈特纳	Meitner, Lise	1878—1968	奥地利籍瑞典原子物理学家。	589
迈耶尔	Mayer, Maria Goeppert	1906—1972	美籍德国物理学家，提出原子核的壳层结构理论。	563
麦克斯韦	Maxwell, James Clerk	1831—1879	英国物理学家，建立麦克斯韦方程，著有《电磁通论》（1873）。	396~400,408,421~423,479,517,525,527,679
麦斯特林，米切尔	Maestlin, Michael	1550—1631	德国图宾根大学的天文学教授，哥白尼学说的传播者，对开普勒影响很大。	247
麦哲伦	Magellan, Ferdinand	1480—1521	葡萄牙航海家，首次环航地球。	229,232~234
梅毅成		1681—1763	清代学者，与传教士白晋等一起编写《数理精蕴》。	208
梅森	Mason, Stephen F.	1923—2007	英国科学史家。	31

续表

中文（译）名	原文名	生卒年 / 活跃期	生平简述	在本书中出现的页码
梅文鼎		1633—1721	清朝算学家。	208
门捷列夫	Mendeleev, Dmitri Ivanovich	1834—1907	俄国化学家，元素周期表的发现者。	426~428,486,566
蒙哥菲尔兄弟	Montgolfier, J. M. Montgolfier, J. E.	1740—1840 1745—1799	法国发明家，首次实现热气球升空。	603
蒙日	Monge, Gaspard	1746—1818	法国数学家。	335,336,478
蒙特莫尔	Montmor, Henri Louis Habert de	1600—1679	法国行政院审查官，经常主持法国科学家聚会。	309
孟德尔	Mendel, Gregor	1822—1884	奥地利修道士，遗传学的开创者。	452,462~466,569~572
孟德斯鸠	Montesquieu	1689—1755	法国哲学家。	331
米开朗琪罗	Michelangelo	1475—1564	意大利雕刻家。	222,251
米歇尔	Miescher, Johann Friedrich	1844—1895	瑞士生物化学家，发现核酸（1869）。	573
密切尔	Michell, John	1724—1793	英国地质学家，发明扭秤。	352
闵可夫斯基，赫尔曼	Minkowski, Hermann	1864—1909	俄国数学家。	530,531
缪勒	Muller, Paul Herman	1899—1965	瑞士化学家，发明 DDT。	649
缪勒	Müller, Johannes Peter	1801—1858	德国生理学家。	458
摩阿维亚	Muawiyah	602—680	阿拉伯帝国倭马亚王朝的创建者。	163
摩尔，高登	Moore, Gordon E.	1929—	美国电子工程师，仙童公司创始人之一，提出摩尔定律。	631,641
摩尔根	Morgan, Thomas Hunt	1866—1945	美国遗传学家。	570~573
莫尔斯，塞缪尔	Morse, Samuel Finley Breese	1791—1872	美国工程师，发明莫尔斯电码。	484,511,512,576
莫克莱	Mauchly, John	1907—1980	美国工程师，发明第一台电子计算机 ENIAC。	636,638,639
莫雷	Morley	1838—1923	美国化学家，与迈克尔逊合作做过有名的迈克尔逊 – 莫雷实验。	524,525
莫诺	Monod, Jacques, Lucien	1910—1976	法国生物学家。	685
莫培督	Maupertuis, Pierre-Louis Moreau de	1698—1759	法国数学家，提出最小作用原理。	331,339~341,481
莫塞莱	Moseley, Henry Gwyn Jeffeys	1887—1915	英国物理学家，卢瑟福的学生。	561
墨森	Mersenne, Marin	1588—1648	法国修道士、思想家。	309

中文（译）名	原文名	生卒年 / 活跃期	生平简述	在本书中出现的页码
默冬	Meton	公元前 5 世纪	希腊天文学家，发现 19 年 7 闰的历法周期。	68,84,113
默顿，罗伯特	Merton, Robert King	1910—2003	美国科学社会学家，著有《17 世纪英格兰的科学、技术与社会》。	29,32
默多克	Murdock, W.	1754—1839	英国工程师，发明了第一辆蒸汽驱动的无轨火车。	491,494
默奇森	Murchison, Roderick Impey	1792—1871	英国地质学家。	443,444
穆罕默德	Muhammad	约 570—632	伊斯兰教的创立者。	162,163
穆尼阁	Smobolenski, Nicolas	1611—1656	波兰来华传教士，把对数引入中国。	207
拿破仑	Napoléon I	1769—1821	法国政治家、军事家。	123,334~336,341,355,356,386,390,404,411,468,478,489,593,616
内克，雅克	Necker, Jacques	1732—1804	法国大革命前期的大臣，主张改革被撤职，引发大革命。	333
纳尔逊，特德	Nelson, Ted	1937—	美国媒体思想家，提出超文本构想（1965）。	647
耐格里	Nägeli, Karl Wilhelm von	1817—1891	瑞士植物学家。	465~467,482
南怀仁	Verbiest, Ferdinandus	1623—1688	比利时来华传教士。	206~208
尼各马可	Nicomachus	不详	亚里士多德的父亲，马其顿王阿明塔二世的御医。	118,119
尼普科	Nipkow, P.	1860—1940	德国发明家，发明尼普科扫描圆盘。	633~635
涅普斯	Niepce, Joseph	1765—1833	法国发明家，1839 年与达盖尔一起发明第一台照相机。	407
牛顿，伊萨克	Newton, Isaac	1643—1727	英国物理学家，著有《自然哲学的数学原理》（1687）、《光学》（1704）。	11,15,20,25,26,28,35,40,131,242,251,252,254,257,267~276,299~302,306,308,309,312,313,328,330,331,339,342,353~357,373,379,395,401~403,406,417,421~423,452,477,479,526,530,535,540,543~545,551~554,659,661~663,666~668,670,684

中文（译）名	原文名	生卒年 / 活跃期	生平简述	在本书中出现的页码
纽可门	Newcomen, Thomas	1663—1729	英国工程师，实用蒸汽机的早期发明者之一。	319,322~324
诺贝尔	Nobel, Alfred Bernhard	1833—1896	瑞典化学实业家、炸药大王，设立诺贝尔奖。	545~548
诺达克	Noddack, Walter	1896—1978	德国物理学家、化学家，最早提出铀裂变理论。	589
诺莱特	Nollet, Jean-Antoine	1700—1770	法国物理学家，组织了莱顿瓶放电表演，轰动一时。	347,348
诺伊斯，罗伯特	Noyce, Robert	1927—1990	美国计算机科学家，仙童公司的创始人之一。	641
欧得谟斯	Eudemos	约前4世纪后半叶	亚里士多德的学生，据说写过一部几何学史，但已失传。	128
欧多克斯	Eudoxos	约前409—前356	希腊天文学家、数学家。	84,116,117,120,128,131,136
欧几里得	Euclid	活跃于公元前300年左右	希腊数学家，著有《几何原本》。	38,84,100,126~128,130,131,139,158,159,163,170,213,341,401,545
欧拉	Euler, Leonhard	1707—1783	瑞士数学家。	339~341,354,481,485
欧里庇得斯	Euripides	约前485—前406	希腊戏剧家。	85,92
欧姆	Ohm, Georg Simon	1789—1854	德国物理学家，发现欧姆定律。	391,392,482
欧文	Owen, Sir Richard	1804—1892	英国解剖学家。	453
帕拉塞尔苏斯	Paracelsus, Theophrastus	1493—1541	德国－瑞士医生、炼金术士。	148,277~281,365
帕雷格里纳斯	Peregrinus, Peter	活跃于13世纪	法国学者，是西方最早的磁学研究者，著有《论磁书简》。	260
帕斯卡	Pascal, Blaise	1623—1662	法国思想家、文学家、物理学家。	261~264,309,312,636
泡利	Pauli, Wolfgang	1900—1958	奥地利物理学家，提出中微子假说。	565
培根，弗兰西斯	Bacon, Francis	1561—1626	英国哲学家，著有《新工具》（1620）、《新大西岛》（1625）等。	10,287,293~297,578
培根，罗吉尔	Bacon, Roger	约1219—1292	中世纪学者，近代实验科学的先驱。	39,212,216~218,223,226,230
佩奇	Page, Charles Grafton	1812—1868	美国发明家，制造可驱动有轨电车的电动机。	502

中文（译）名	原文名	生卒年/活跃期	生平简述	在本书中出现的页码
彭加勒	Poincare, Jules Henry	1854—1912	法国数学家、物理学家。	423,525,526,663
彭罗斯	Penrose, Roger	1931—	英国物理学家。	662
彭齐亚斯，阿诺	Penzias, Arno Allan	1933—	美国射电天文学家，发现宇宙微波背景辐射。	556~558
彭塞列	Poncelet, Jean Victor	1788—1867	法国数学家，创立射影几何。	478
皮卡尔	Picard, Jean	1620—1682	法国天文学家，巴黎天文台的创建者。	310
皮克希	Pixii, Hippolyte	1808—1835	法国发明家，发明发电机。	501~503
品达	Pindar	约前 522—约前 443	希腊诗人。	84
普朗克	Planck, Max Karl	1858—1947	德国物理学家，量子论的创立者。	523,528,531,539,540,586,592
普里戈金	Prigogine, I.	1917—2003	俄裔比利时物理学家、化学家，创建耗散结构理论。	661,664~677,682,685
普里斯特利	Priestley, Joseph	1733—1804	英国化学家，发现氧气。	365,367~370,372,445,479
普林尼	Pliny	公元 23—79	罗马将军、博物学家，著有《自然志》37 卷。	38,40,148,149,151,283,295,380
普罗克罗	Proclus	410—485	柏拉图学园的学长，新柏拉图主义的代表人物。	127,158
普罗泰哥拉	Protagoras	约前 480—前 408	希腊哲学家。	84,110
齐奥尔科夫斯基	Tsiolkovskii, K.	1857—1935	俄国工程师、发明家，现代航天先驱。	616~619,627
齐伯林	Zeppelin, Ferdinand von	1838—1917	德国发明家，首次将飞艇用于客运。	604
齐拉德	Szilard, L.	1898—1964	匈牙利物理学家，推动美国研制原子弹。	590~593,597
钱恩	Chain, Ernst Boris	1906—1979	德国生物化学家。	650
乔布斯，斯蒂夫	Jobs, Steven Paul	1955—2011	美国计算机科学家。	642,643
乔托	Giotto di Bondone	1266—1337	意大利画家。	222
切马克	Tschermak von Seysenegg, Erich	1871—1962	奥地利生物学家，发现孟德尔。	569
秦九韶		1202—1261	宋元之际数学家，著有《数书九章》。	188
裘安二世	John II	1455—1495	葡萄牙国王。	229,231

续表

中文（译）名	原文名	生卒年 / 活跃期	生平简述	在本书中出现的页码
瑞利	Rayleigh	1842—1919	英国物理学家。	539
萨顿	Sutton, W. S.	1877—1916	美国生物学家，证明染色体成对存在。	571
萨顿，乔治	Sarton, George Alfred Léon	1884—1956	比利时 - 美国科学史家，现代科学史学科的重要创始人之一。	27,28,30,32,36
萨弗里	Savery, Thomas	约 1650—1715	英国工程师，发明蒸汽泵。	321,322
萨福	Sappho	活跃于约前610—约前 580	古希腊女诗人。	84
萨哈罗夫	Sakharov, A.	1921—1989	苏联核物理学家。	599
萨克斯，亚历山大	Sachs, Alexander	1893—1973	美国金融家，罗斯福总统的私人顾问，支持美国政府研制原子弹。	593
萨拉姆	Salam, Abdus	1926—1996	巴基斯坦物理学家。	564
塞班克	Seebeck, Thomas Johan	1770—1831	德国物理学家，发现温差电效应。	391,392
塞尔苏斯	Celsus	活跃于公元 1 年左右	罗马医学百科全书编写者。	147,148,151
塞尔维特，迈克尔	Serveto, Miguel	1511—1553	西班牙医生，发现人体血液的小循环，著有《基督教的复兴》（1553）。	286,287,670
塞琉古	Seleucus	约前 358—前280	亚历山大大帝手下的将军，后创建塞琉古王朝。	66,67,124
塞奇	Secchi, Pietro Angelo	1818—1878	意大利天文学家。	438
塞奇威克	Sedgwick, Adam	1785—1873	英国地质学家。	443,444,446
塞万提斯	Cervantes, Miguel de	1547—1616	西班牙文学家，创作有《堂吉诃德》。	222
塞翁	Theon	约 335—约 405	希帕提娅之父，亚历山大里亚的数学家。	159
色诺芬	Xenophon	约前 431—前354	古希腊历史学家、作家。	85
沙立叶	Charlier, C. V. L.	1862—1934	瑞典天文学家，提出等级式宇宙模型。	553
查理士	Challis, James	1803—1882	英国天文学家，剑桥大学天文台台长，拖延了亚当斯预测的证认工作。	433~435
莎士比亚	Shakespeare, William	1564—1616	英国文学家。	222,419
舍勒	Scheele, Carl Wilhelm	1742—1786	瑞典化学家，发现氯气和氧气。	326,365,369,370,429

中文（译）名	原文名	生卒年 / 活跃期	生平简述	在本书中出现的页码
摄尔修斯	Celsius, Anders	1701—1744	瑞典天文学家，摄氏温标体系的制定者。	343,344
申农	Shannon, C. E.	1916—2001	美国应用数学家，信息论的创始人。	677,678
沈括		1031—1095	北宋著名科学家，著有《梦溪笔谈》。	202,203
圣使	Aryabhata	476—550	印度天文学家，又名阿耶波多。	75
圣提雷尔	St. Hilaire, Etienne Geoffroy	1772—1844	法国动物学家，进化论的先驱。	441,443,479
施莱登	Schleiden, Mathias Jacob	1804—1881	德国植物学家，细胞学说的创立者。	456~458,482
施旺	Schwann, Theodor Ambrose Hubert	1810—1882	德国动物学家，细胞学说的创立者。	456~458,469,482
石申		不详	战国时期魏国人，著有《天文》，后人将之与甘德的《天文星占》合为《甘石星经》。	79
史密斯	Smith, W.	1828—1891	英国物理学家，发现硒的光敏性（1873）。	634
史密斯	Smith, James Edward	1769—1839	英国博物学家，买走了林奈的全部书籍和标本。	379
斯彪西波	Speusippus	约前 408—前 339/338	柏拉图的外甥，阿卡德米的第二代学长。	118
斯宾诺莎	Spinoza, Baruch de	1632—1677	荷兰哲学家。	267
斯宾塞	Spencer, Herbert	1820—1903	法国社会学家。	452,453,455
斯蒂芬逊	Stephenson, G.	1781—1848	英国工程师、发明家，改进了特里维西克的机车，使之实用化。	490~493
斯科特	Scott, Dave	1932—	美国宇航员，乘阿波罗 15 号登上月球。	624
斯科特，阿切尔	Scott, Archer	1813—1857	发明用柯格酊湿片作底片的照片术。	438
斯莱弗	Slipher, Vesto Melvin	1875—1969	美国天文学家，首次发现河外星系存在普遍红移。	550,551
斯密顿，约翰	Smeaton, John	1724—1792	英国工程师，发明鼓风机。	325
斯涅尔	Snell, Willibrord	1580—1626	荷兰数学家，发现光线折射定律。	401
斯普拉特	Sprat, Thomas	1635—1713	威尔金斯的学生，著有《皇家学会史》（1667）。	306

续表

中文（译）名	原文名	生卒年/活跃期	生平简述	在本书中出现的页码
斯塔尔	Stahl, Georg Ernst	1660—1734	德国化学家，系统提出燃素说。	364, 365, 373
斯塔普	Stapp, H. P.	1928—	美国物理学家，提出广义贝尔定理。	677
斯台诺	Steno, Nicolaus	1638—1687	丹麦地质学家、医生，近代第一位地质学家，研究化石问题的先驱。	382
斯台文	Stevin, Simon	1548—1620	荷兰物理学家。	253, 258, 259
斯坦德莱	Stanley, William	1858—1896	美国工程师，建立最早的交流发电站（1886）。	504
斯特拉图	Strato	约前335—前269	吕克昂学园第三代学长。	121, 129
斯特鲁维	Struve	1793—1864	德裔俄国天文学家，发现织女星的周年视差。	431
斯特罗格，阿尔蒙	Strowger, Almon	1839—1902	美国发明家，发明自动拨号电话。	515
斯托拜乌	Stobaeus	活跃于公元5世纪	希腊化晚期的作者。	127
斯旺	Swan, J. W.	1828—1914	英国电机工程师，发现碳丝可以做灯丝。	508, 509
斯旺麦丹	Swammerdam, Jan	1637—16802	荷兰博物学家、显微生物学家。	289, 290, 292
氾胜之		不详，曾于公元前32年至前7年出任官职	汉代农学家，著有《氾胜之书》。	174
宋应星		1587—约1666	著有《天工开物》。	197, 204, 205
苏格拉底	Socrates	前468—前400	希腊哲学家。	84, 94, 96, 111~114
苏泽	Zuse, Konrad	1910—1995	德国工程师，发明第一台完全程序控制的机电式计算机。	637, 638
孙思邈		581—682	唐代名医，著有《千金方》。	178, 201
梭伦	Solon	约前638—前558	希腊雅典政治家。	94, 95, 97, 114
索尔克	Salk, Jonas	1914—1995	美国病毒学家，成功研制脊髓灰质炎疫苗（1953）。	585
索福克勒斯	Sophocles	前496—前406	希腊戏剧作家。	85, 92
索西吉斯	Sosigenes	不详	亚历山大里亚的希腊天文学家，协助恺撒制定儒略历。	145
塔尔塔利亚	Tartaglia, Niccolo	1499/1500—1557	意大利数学家。	254

中文（译）名	原文名	生卒年 / 活跃期	生平简述	在本书中出现的页码
泰勒斯	Thales	鼎盛年约在公元前 585 年	希腊第一个哲学家和科学家。	38，59，84，94，96~99，101，107，128，260，578，667
泰特	Titus, Flavius Vespasianus	39—81	罗马皇帝，韦斯巴辛的儿子。	148
坦普尔	Temple, Stanley	1946—	美国生态学家。	690
坦斯莱	Tansley, A.G.	1871—1955	英国植物生态学家。	687
汤川秀树	Yukawa Hideki	1907—1981	日本物理学家，预言介子的存在。	563，564
汤姆逊	Thomson, Joseph John	1856—1940	英国物理学家，曾任皇家学会会长，发现电子。	524，532，538~541，629
汤若望	Adam, Johann	1591—1666	德国来华传教士。	206~208
唐福		不详	宋代工匠，发明火蒺藜。	201
唐慎微		11 世纪后期	北宋药学家，著有《经史证类备急本草》。	178
陶弘景		456—536	南朝药学家，著有《神农本草经集注》。	178
特奥弗拉斯特	Theophrastus	约前 371—前 286	亚里士多德的学生，吕克昂学园第二代学长、生物学家。	84，119，121，283
特里维西克	Trevithick, R.	1771—1833	英国工程师、发明家，发明第一辆蒸汽机驱动的有轨火车。	490~492
特斯拉	Tesla, Nikola	1857—1943	美国物理学家，发明交流感应电动机。	504
图拉真	Trajan	98—117	罗马皇帝。	156
托夫勒	Toffler, Alvin	1928—2016	美国未来学家，著有《第三次浪潮》等。	645，668
托勒密	Ptolemy	约前 367—前 283/282	亚历山大手下的一名将军，亚氏死后统治埃及。	124~127
托勒密	Ptolemy	活跃于 2 世纪	希腊天文学家，著有《至大论》。	38，84，138~140，158，159，163，168~170，213，230，234~237，248，249，255，401
托里拆利	Torricelli, Evangelista	1606—1647	意大利物理学家，伽利略的学生，首次通过实验证实了真空的存在。	261~263，265，301，304
托姆，勒内	Thom, Rene	1923—2002	法国数学家，创立突变论。	677，683~685
托斯卡内利	Toscanelli, Paolo	1397—1482	意大利地理学家，对哥伦布的探险行动有过影响。	230，231

中文（译）名	原文名	生卒年 / 活跃期	生平简述	在本书中出现的页码
瓦尔明	Warming, Johannes Eugenius Bulow	1841—1924	丹麦植物学家，著有《以植物生态地理学为基础的植物分布学》（1895）、《植物生态学》（1909）。	686,687
瓦尔特，乔舒亚	Ward, Joshua	1685—1761	英国医生，1736 年发明新的硫酸制造法。	326
瓦克斯曼	Waksman, Selman Abraham	1887—1974	俄裔美国生物化学家，发现链霉素。	650
瓦里士	Wallis	1616—1703	英国数学家。	305
瓦罗	Varro, Marcus Terentius	前 116—前 27	罗马大法官，著有《农业论》。	151
瓦特	Watt, James	1736—1819	英国发明家，以蒸汽机的改进而闻名于世。	11,319,322~325,344,411,445,487~489,491,679
王充		27—约 97	东汉学者，著有《论衡》，内有关于司南的记载。	202
王焘		670—755	著有《外台秘要》。	178
王叔和		201—280	晋代医生，著有《脉经》，整理了张仲景的《伤寒杂病论》。	176~178
王惟一		987—1067	宋代医生，著有《铜人腧穴针灸图经》。	178
王锡阐		1628—1682	清代历法家。	208
王祯		不详	元代农学家，著有《王祯农书》。	174,175,199,200
威尔伯福斯	Wilberforce, Samuel	1805—1873	牛津大主教，外号"油嘴的山姆"。	17,18,453,454
威尔金斯	Wilkins, John	1614—1672	英国牧师，科学活动家，组建"哲学学会"和皇家学会，著有《新行星论》。	305,306,615
威尔克斯，莫里斯	Wilkes, Maurice Vincent	1913—2010	英国计算机科学家，领导试制成功"爱达赛克"。	640
威尔斯	Wells, H. G.	1866—1946	英国历史学家、科幻小说作家，著有《星际战争》《第一批月球人》等。	615
威尔逊	Wilson, John Tuzo	1908—1993	加拿大地球物理学家，提出大地板块模型。	581,582
威尔逊，罗伯特	Wilson, Robert Woodrow	1936—	美国射电天文学家，发现宇宙微波背景辐射。	556~558
微耳和	Virchow, Rudolf Carl	1821—1902	德国生理学家，建立细胞病理学。	454,456,458,459,482,648

中文（译）名	原文名	生卒年 / 活跃期	生平简述	在本书中出现的页码
韦奇伍德	Wedgwood, Josiah	1730—1795	英国收藏家，达尔文的外祖父。	445,448
韦斯巴辛	Vespasian	9—79	罗马皇帝，普林尼的朋友。	148
维尔金斯	Wilkins, Maurice Hugh Frederick	1916—2004	英国生物物理学家。	575,576
维尔姆	Wilm, Alfred	1869—1937	法国冶金学家，发明铝合金。	612
维尔纳	Werner, Abraham Gottlob	1749—1817	德国地质学家，水成论的重要代表人物。	382~384,577
维勒	Wohler, Friedrich	1800—1882	德国化学家，首次人工合成尿素，打破了有机物与无机物之间的界限。	429,430
维萨留斯，安德烈	Vesalius, Andreas	1514—1564	比利时医生、生理学家，著有《人体结构》（1543）。	40,283~287,303
维特根斯坦	Wittgenstein, Ludwig	1889—1951	奥地利哲学家。	677
维特鲁维	Vitruvius, Marcus	约公元前 1 世纪	罗马工程师。	147
维维安尼	Viviani, Vincenzo	1622—1717	意大利物理学家，伽利略的学生。	252,253,262,304
魏茨萨克	Weizsäcker, Carl Friedrich von	1912—2007	德国物理学家。	591,592,598
魏格纳	Wegener, Alfred	1880—1930	德国地质学家，提出大陆漂移说。	577,579~582
魏斯曼	Weismann, August	1834—1914	德国生物学家。	462,466,467,482
温伯格	Weinberg, Steven	1933—	美国物理学家。	564
沃拉斯通	Wollaston, William Hyde	1766—1828	英国物理学家。	394
沃森	Watson, James Dewey	1928—	美国生物化学家。	575,576
沃兹尼亚克，斯蒂夫	Wozniak, Steve	1950—	美国计算机科学家。	642
屋大维	Octavius	前 63–14	罗马皇帝，恺撒的继承人。	144,145
吴健雄	Wu, Chien-Shiung	1912—1997	华裔美国物理学家，用实验证实了宇称不守恒定律。	564
伍德沃德	Woodward, John	1665—1728	英国医生，著有《地球自然历史试探》（1695），是近代研究化石问题的先驱。	382,383
西里格	Seeliger, Hugo von	1849—1924	德国天文学家，提出引力佯谬。	552,553
西里曼	Silliman, Benjamin Jr.	1816—1885	美国工程师，发明石油的分馏法。	496
西门子	Siemens, Ernst Werner von	1816—1892	德国工程师、电业大王，发明完全自激式发电机。	501,503

中文（译）名	原文名	生卒年 / 活跃期	生平简述	在本书中出现的页码
西塞尔	Cecil, W.	不详	英国工程师，煤气内燃机的早期发明家。	494
西塞罗	Cicero, Marcus Tullius	前 106—前 43	罗马政治家、著作家。	144, 146, 147, 240
希波克拉底	Hippokratēs	约前 460/459—前 370	希腊医学家。	84, 108, 109, 141, 170, 213, 472, 652
希尔伯特，大卫	Hilbert, David	1862—1943	德国数学家。	35, 590
希拉	Schirra, Walter Marty	1923—2007	美国宇航员。	622
希龙二世	Hieron II	约前 308—前 215	阿基米德时代叙拉古国王。	130, 132, 133
希罗	Hero	活跃于公元 62 年左右	亚历山大里亚的著名数学家、工程师。	84, 137, 138, 320
希罗多德	Herodotus	约前 484—前 430/420	古希腊历史学家。	43, 60, 63, 65, 71, 85, 96
希姆普	Schimper, Andreas Franz Wilhelm	1856—1901	德国生态学家，著有《以生理为基础的植物地理学》（1898）。	687
希帕克斯	Hipparchus	约前 190—约前 125	希腊天文学家，旧译伊巴谷。	84, 135~137, 139, 145, 437
希帕提娅	Hypatia	约 370—415	亚历山大里亚的女数学家。	159
希匹阿斯	Hippias	活跃于公元前 5 世纪后期	古希腊的智者、数学家。	111
希西塔斯	Hicetas of Syracuse	约前 400—前 335	希腊天文学家。	84
夏特莱夫人	Chatelet, Gabrielle-Emilie le Tonnelier de Breleuil	1706—1749	法国作家，伏尔泰的朋友，将牛顿的《原理》译成法文（1759）。	330
肖克莱，威廉	Shockley, William	1910—1989	美国电子工程师，发明晶体三极管。	629, 630, 641
谢帕德，艾伦	Shepard, Alan Bartlett	1923—1998	美国宇航员。	585, 586, 621, 622
休厄尔，威廉	Whewell, William	1794—1866	英国科学史和科学哲学家，旧译惠威尔。	25
修昔底德	Thucydides	约前 460—前 400	希腊历史学家。	85
徐光启		1563—1633	明末科学家，著有《农政全书》，译有欧几里得的《几何原本》。	127, 175, 176, 204, 207~209
徐霞客		1586—1641	明末旅行家、地理学家，著有《徐霞客游记》。	204, 205

中文（译）名	原文名	生卒年 / 活跃期	生平简述	在本书中出现的页码
薛定谔，埃尔温	Schroedinger, Erwin	1887—1961	奥地利物理学家，建立量子力学的薛定谔方程。	35,540,542,543,574,576
雅可比	Jacobi, Moritz Hermann von	1801—1874	德国物理学家，制造第一台实用的电动机。	502
雅默	Jammer, Max	1915—2010	美国 – 以色列物理学史家，著有《量子力学的哲学》等。	673
亚当斯	Adames, John Couch	1819—1892	英国天文学家，预测了海王星的轨道。	5,433~435
亚里士多德	Aristoteles	前 384—前 322	希腊哲学家。	12,13,21,26,39,40,84,85,88,89,94,98,106,118~121,123~125,128,129,135,158,159,161,164,165,171,172,182,213,215~217,234~236,242,244,245,253~255,257,261,262,264,278,279,283~285,294,295,301,376,614,615,661,667,679
亚历山大大帝	Alexander the Great	前 356—前 323	希腊化时代的开创者。	61,66,94,118,119,123,124,157
亚美利哥	Amerigo Vespucci	1454—1512	意大利航海家，哥伦布的追随者，今日美洲大陆以他的名字命名。	232
央斯基	Jansky, Karl Guthe	1905—1950	美国电信工程师，最早接收到来自宇宙空间的电磁波信号。	558
杨	Young, J.	1811—1883	英国化学家，首次提炼出煤焦油。	494
杨，托马斯	Young, Thomas	1773—1829	英国医生，光的波动说的复兴者，著有《自然哲学讲义》（1807）。	25,268,402~404,408,479,544
杨光先		1597—1669	清代历法家，强烈抵制汤若望的新历法。	208
杨辉		13 世纪中后期	南宋末年数学家，有《杨辉算法》7 卷传世。	188,189
杨振宁	Yang, Chen Ning	1922—	华裔美国物理学家，发现宇称不守恒定律。	564,566
叶卡捷林娜二世	Catherine II	1762—1796	俄国女沙皇。	332,485
一行		683—727	俗名张遂，唐代天文学家，主持编制《大衍历》。	183,185

续表

中文（译）名	原文名	生卒年 / 活跃期	生平简述	在本书中出现的页码
伊本·马吉德，阿赫默德	Ibn Majid, Ahmad	不详	阿拉伯水手，为达·伽马领航到达印度。	230
伊壁鸠鲁	Epicurus	前 341—前 270	希腊哲学家。	146, 301
伊索	Aesop	约公元前 6 世纪	古希腊寓言作家。	84
约丹	Jordan, Pascual	1902—1980	德国物理学家。	542, 543
约翰逊	Johannsen, Wilhelm Ludwig	1857—1927	丹麦植物学家，发明"基因"一词。	571
约里奥 – 居里	Joliot-Cuie, Jean Frederic	1900—1958	法国物理学家，居里夫人的女婿。	562, 587~589
曾公亮		999—1078	北宋军事家，与丁度合著有《武经总要》，内有关于指南鱼的记载。	202
詹金	Jenkin, Henry Charles Fleeming	1833—1885	英国工程师，用融合遗传理论反对达尔文的进化论。	451
詹纳	Jenner, Edward	1749—1823	英国医生，发明种牛痘，制服天花。	472, 473
詹森	Jensen, Johannes Hans Daniel	1907—1973	德国物理学家，提出原子核的壳层结构理论。	563
张诚	Gerbillon, F.	1654—1707	法国来华传教士。	208
张衡		78—139	东汉著名科学家、文学家。	182~184
张仲景		150—219	东汉 – 三国时期名医，中医三大祖师之一，著有《伤寒杂病论》。	176, 177
郑和		1371 或 1375— 1433 或 1435	明代太监，率领庞大的船队七下西洋。	203
郑震		不详	元代航海家，1281 年开通泉州至斯里兰卡航线。	203
芝诺	Zeno	鼎盛年约在前 464—前 461	希腊哲学家。	84, 104~107, 128
彘日	Varáhamihira	505—587	印度天文学家，又名伐罗诃密希罗。	75
朱世杰		13、14 世纪之间	元代数学家，著有《算学启蒙》《四元玉鉴》。	188, 189
朱西厄	Jussier, B. de	1699—1777	法国植物学家，时任特里亚农皇家植物园园长。	385
兹沃里金	Zworykin, V. K.	1889—1982	俄籍美国发明家，发明电子显像管。	633, 635, 636
祖冲之		429—500	南北朝时期数学家、天文学家，以圆周率的计算最著名，是大明历的制定者。	183, 184, 187, 188

续表

中文（译）名	原文名	生卒年 / 活跃期	生平简述	在本书中出现的页码
祖尔策	Sulzer, Johann George	1720—1779	意大利学者，最先记载金属流电现象。	349
祖暅		活跃在 6 世纪左右	祖冲之之子，数学家，在圆周率的计算方面世界领先，证明了"祖暅定理。	188
佐西默斯	Zosimos	生活在 3 世纪末4 世纪初	埃及亚历山大里亚的炼金术士。	165